U0316028

中国工程院重点项目

稀贵金属冶金新进展

Progress of Rare and Precious Metal Metallurgy

邱定蕃　王成彦　主编

北 京

冶金工业出版社

2019

内 容 提 要

本书系统地介绍了近十年来我国在稀土、钛、钨、钼、铼、锂、铷、铯、钒、钽、铌、铍、锆、铪、镓、铟、锗、硒、碲、金、银、铂族金属、锡、镍、钴、锑、铋等稀有/稀散/难熔/稀土/贵金属等金属冶金领域所取得的研究进展，包括主要生产方法及主要技术特点、主要技术经济指标、环境、能耗，以及发展趋势等。

本书可供有色金属冶金领域广大科技人员、管理者、工程技术人员和教学人员阅读参考。

图书在版编目（CIP）数据

稀贵金属冶金新进展/邱定蕃，王成彦主编 . —北京：冶金工业出版社，2019.4
ISBN 978-7-5024-8074-5

Ⅰ.①稀… Ⅱ.①邱… ②王… Ⅲ.①稀有金属—有色金属冶金 ②贵金属冶金 Ⅳ.①TF84 ②TF83

中国版本图书馆 CIP 数据核字（2019）第 064680 号

出 版 人 谭学余
地 址 北京市东城区嵩祝院北巷 39 号 邮编 100009 电话 （010）64027926
网 址 www.cnmip.com.cn 电子信箱 yjcbs@cnmip.com.cn
责任编辑 刘小峰 曾 媛 美术编辑 彭子赫 版式设计 孙跃红
责任校对 李 娜 责任印制 李玉山
ISBN 978-7-5024-8074-5
冶金工业出版社出版发行；各地新华书店经销；三河市双峰印刷装订有限公司印刷
2019 年 4 月第 1 版，2019 年 4 月第 1 次印刷
169mm×239mm；30 印张；585 千字；464 页
146.00 元
冶金工业出版社 投稿电话 （010）64027932 投稿信箱 tougao@cnmip.com.cn
冶金工业出版社营销中心 电话 （010）64044283 传真 （010）64027893
冶金工业出版社天猫旗舰店 yjgycbs.tmall.com
（本书如有印装质量问题，本社营销中心负责退换）

中国工程院重点项目
"稀贵金属及部分重金属冶金发展战略研究"
项 目 组 人 员

高级顾问：张国成　何季麟　陈　景　黄小卫
项目组长：邱定蕃
副 组 长：王成彦

稀土组
组长：黄小卫　徐志峰
执笔：张永奇　焦云芬　王春梅　肖燕飞　杨宏博　徐　旸
参加：冯宗玉　聂华平　王志强　杨幼明　王良士　王　猛
　　　赵龙胜　孙　旭　彭新林　龙志奇

钨钼铼组
组长：赵中伟
执笔：赵中伟　刘旭恒
参加：刘旭恒　杨金洪　杨晓明　王正娟　刘　萌　刘沛源
　　　张　鹏

钛组
组长：王向东　阎守义
执笔：王向东　阎守义
参加：郝　斌　黄　敏　杨　峰　侯盛东　姜宝伟　曲银化
　　　刘正红

锆铪组

组长：车小奎

执笔：王力军　吴延科

参加：张建东

钽铌铍组

组长：陈　林

执笔：颉维平　白掌军　李军义　李仲香　鲁　东

审稿：王　莉　李　峰

锂铷铯组

组长：林如海　王中奎　徐爱华

执笔：李冰心

参加：罗宁川　郭　宁

镍钴钒组

组长：林如海　王中奎　徐爱华

执笔：徐爱东

参加：高海亮　范润泽　刘　磊

铟硒碲组

组长：杨　斌

执笔：杨　斌　蒋文龙　邓　勇

参加：查国正　黄大鑫　张丁川　陈思峰

镓锗组

组长：陈少纯

执笔：陈少纯

参加：曹洪杨　金明亚

金组

组长：韦华南　刘江天　郑　晔

执笔：郝福来　张世镖

参加：霍明春　付文姜　陈明军

银组

组长：杨　斌

执笔：杨　斌　李一夫

参加：张　环

铂族金属组

组长：崔　宁

执笔：崔　宁

参加：张昆华

锡组

组长：杨　斌

执笔：杨　斌　李一夫

参加：徐俊杰

锑铋组

组长：王成彦

执笔：王成彦

参加：陈永强　马保中

综合组

组长：王成彦　陈永强

参加：马保中　姚志超　揭晓武　张永禄

前　言

　　有色金属包括64种元素，冶金技术十分复杂。改革开放以来，中国从发达国家引进了不少先进技术，经过消化、吸收和再创新，许多工艺技术已达到国际先进水平。近年来，在国家对技术创新的高度重视和大力支持下，中国产生了大量具有自主知识产权的新工艺和新装备，冶金技术取得了巨大进步。为了总结有色冶金技术成果，推动今后的可持续发展，2013年，邱定蕃、张国成、何季麟三位院士向中国工程院建议立项"有色冶金（Cu、Al、Pb、Zn、Mg）节能减排技术及潜力研究"，项目得到了工程院的高度重视并列为工程院重点项目（编号2012-XZ-19）。由于有色金属品种多，流程复杂各异，在有限时间内，我们只能针对占有色金属产量95%的五大金属开展研究，作为我们的第一阶段研究任务。并计划在完成该项目研究之后，再继续申请立项研究其他有色金属，特别是具有重要战略意义的稀贵金属，作为第二阶段研究任务。经过多位院士和专家的努力工作，"有色冶金（Cu、Al、Pb、Zn、Mg）节能减排技术及潜力研究"项目在2015年顺利结题，并向工程院、工信部等部委提交了咨询报告，同时在项目研究的基础上编辑出版了47万字的《有色冶金与环境保护》一书。

　　在第一阶段的研究过程中，大家始终坚持"高效、节约"的精神，项目经费节省了一半。三位院士经过商议，决定不再向中国工程院申报新的研究经费，而是用第一阶段剩余的费用继续完成其他有色金属，特别是稀贵金属的战略研究。2017年，在征得工程院有关领导的同意并批准之后，我们开展了"中国稀贵金属及部分重金属冶金发展战略研究"。由于涉及42种有色金属，特邀请了国内有关企业集团、高校及研究所的 50 多位专家一起工作。经过一年的企业实地调查，参阅了大量文献资料，并进行了深入论证研究之后，向工程院提交了《中国稀贵金属及部分重金属冶金发展战略研究报告》，完成了第二阶段的研究任务。

以上两项战略研究涉及 47 个元素，比较全面和完整地反映了中国有色金属冶金的全貌及近十多年来的发展过程、趋势和存在问题，提出了一些建议供有关部门参考，以便进一步制订有色金属冶金的可持续发展战略。

在第二阶段的研究过程中，专家们提供了大量宝贵的文献资料和实地调研结果，在几次研讨会上发表了许多有价值的学术观点。为了保存这些珍贵的资料供大家参考，我们编写了《稀贵金属冶金新进展》，稀贵金属占了本书的大部分内容，但也包含了镍钴锡锑铋等重有色金属。实际上，本书是 2015 年出版的《有色冶金与环境保护》的姐妹篇。本书是数十位专家学者辛勤工作的结果，相信对广大的科技人员、大专院校师生和有关管理部门，了解近十多年来中国有色冶金的现状和今后的发展趋势具有重要的参考价值。

因编者水平所限，书中难免有不足之处，敬请谅解。

编　者

2018 年 10 月于赣州丫山

目　录

稀　土　篇

钨 钼 篇

钛锆铪篇

钽铌铍篇

锂铷铯篇

稀散金属篇

金银铂族篇

镍钴钒锡锑铋篇

稀土篇

1 中国稀土冶金概况

1.1 稀土的应用和需求

稀土（Rare Earth）是化学元素周期表中 15 个镧系元素——镧（La）、铈（Ce）、镨（Pr）、钕（Nd）、钷（Pm）、钐（Sm）、铕（Eu）、钆（Gd）、铽（Tb）、镝（Dy）、钬（Ho）、铒（Er）、铥（Tm）、镱（Yb）、镥（Lu），以及与镧系同族的两个元素——钪（Sc）和钇（Y），共 17 种元素的总称（RE）[1]。

稀土是全球公认的重要战略资源，被誉为"现代工业维生素"和"21 世纪新材料宝库"，广泛应用于航空航天、国防军工、电子信息、智能装备、新能源、现代交通、节能环保等战略性新兴产业和国家重大工程，对发展现代高新技术和国防尖端技术、改造提升传统产业等都发挥着不可替代的关键作用。世界各国对稀土资源的战略保障、稳定供应和高效应用均给予了高度重视。美国能源部的"关键材料战略"、日本文部科学省的"元素战略计划"都将稀土列为战略元素，欧盟发布的《欧盟危急原材料》《用于国防技术的原材料：欧盟供应链的关键》《欧盟关键原材料报告》等，也将稀土列为对欧洲军事防务、经济发展至关重要的材料。我国《国务院关于促进稀土行业持续健康发展的若干意见》明确提出稀土是不可再生的重要战略资源，《国家中长期科学和技术发展规划纲要（2006—2020）》中，也将稀土材料列入制造业领域优先发展的重点基础原材料[2]。

60 多年来，我国开发了一系列先进的稀土采选冶工艺技术，建立了较完整的稀土工业体系，成为世界稀土生产、出口和消费大国，在世界上具有举足轻重的地位。我国稀土磁性材料、发光材料、催化材料及储氢材料等稀土功能材料的开发与应用研究不断取得重大突破，稀土新材料科学技术取得长足的进步，部分技术已达到或超过世界先进水平，有力地推动了下游应用行业或产业的发展。

1.1.1 稀土的应用

稀土材料的应用遍及国民经济中冶金、机械、玻璃、陶瓷、石油、化工、电子、光学、磁学、医学、生物、航空航天、原子能工业等领域的 40 多个行业，主要产品包括稀土盐类、稀土氧化物、稀土金属、稀土合金、稀土新材料（稀土永磁材料、稀土储氢材料和稀土发光材料）等。稀土应用分为传统领域（冶金/

机械、石油/化工、玻璃/陶瓷、农业等）和新材料领域（永磁材料、光功能材料、催化材料、储氢材料、特种玻璃、高性能陶瓷、超导材料等），传统领域主要消费的是混合稀土氧化物及盐类、混合稀土金属及合金等，在高新技术领域主要应用单一及高纯稀土氧化物及盐类、高纯稀土金属及特种合金等。

1.1.1.1　稀土永磁材料

稀土永磁材料的开发与应用体现了我国战略新兴产业领域的重大发展需求方向，稀土永磁产业不仅是稀土应用领域发展最快、规模最大的产业，也是最大的稀土消耗领域。随着烧结钕铁硼磁体在风力发电、混合动力汽车/纯电动汽车和节能家电及低碳经济等领域中的应用需求飞速增加，双高磁体（高磁能积和高矫顽力）和低成本磁体成为研发的主要方向[3-6]。粘结稀土永磁材料具有形状自由度大、一致性好、原料利用率高、近净成形等优点，广泛应用于信息产业、办公自动化、消费电子、家用电器和汽车等高新技术领域，成为烧结稀土永磁材料的一个重要补充[7-9]。

我国是全球最大的钕铁硼永磁材料生产国。2016 年全球烧结钕铁硼磁体产量近 12 万吨，其中中国为 10.7 万吨，约占全球的 89%。

1.1.1.2　特种稀土磁性材料

特种稀土磁性材料主要分为磁致伸缩材料、磁制冷材料和微波磁性材料等。

磁致伸缩效应是指铁磁材料在施加磁场后的弹性形变现象。近年来磁致伸缩材料受到人们的广泛关注，作为一种关键的能量转换材料用于传感器、发生器、线性马达、作动器、泵阀器件、位移器件和水下扫描声呐等。目前的研究热点主要是超磁致伸缩材料的性能改进与应用，开发低场下大磁致伸缩，同时具有高的机械强度、窄滞后的新型磁致伸缩材料[10-16]。

$La(Fe,Si)_{13}$ 基化合物的最大磁熵变大于或至少相当于 $Gd_5(Si_xGe_{1-x})_4$ 系化合物，这一发现引起了人们对这类材料的研究兴趣。美、日、欧等多国将 $La(Fe,Si)_{13}$ 基磁制冷材料用于样机试验，取得良好效果。中国科学院物理研究所团队研究了粉末粘结技术制备 $La(Fe,Si)_{13}$ 基磁制冷材料，克服了一级相变材料循环过程容易开裂、粉化的缺点，大幅改善了力学性能，抗压强度达到 192MPa。中国科学院理化技术研究所利用粘结技术制备了薄片状 $La_{0.85}Ce_{0.15}Fe_{11.25}Mn_{0.25}Si_{1.5}H_y$ 磁制冷材料，和丹麦技术大学合作在样机上测量了制冷效果，室温附近 1T 磁场下获得的冷、热端最大温跨达到 6.4K。包头稀土研究院在 2015 年设计、研发出了新型一体式室温磁制冷冰箱，该制冷机磁场系统采用双环双组 Halbach 阵列磁场，最大磁场强度为 1.5T[17-22]。

信息技术对高频软磁材料使用频率的要求已从几千赫兹拓展至上百兆赫兹，甚至是 1GHz 以上，对材料的要求也从传统块体延伸到薄片化、结构化及磁性/非磁性复合材料。具有平面各向异性的稀土-3d 金属间化合物，饱和磁化强度可以达到 1.5T，且相比于传统材料，这类材料能在更高的频率下保持高的磁导率[23,24]。随着 Fe 元素替代量的增加，$Y_2Fe_{14-x}Co_xB(x=6～14)$ 的饱和磁化强度呈现逐渐增大的趋势。Fe 原子被 Co 原子替代后，改变了某些晶位原子的局域环境，增强了 3d 过渡族原子之间的铁磁耦合作用，从而提高了样品的饱和磁化强度。此外，通过对成分的调整，可以实现对材料易磁化方向的调控[25]。

1.1.1.3　稀土催化材料

催化技术可以产生巨大的经济效益和社会效益。稀土元素具有独特的 4f 电子层结构，使其在石油裂化、机动车尾气净化等催化剂表现出良好的助催化性能与功效，具有降低贵金属用量并改善催化剂性能的作用。发展以稀土催化剂为核心的催化技术，提高相关反应过程的效率，是稀土催化材料的发展方向和趋势。发现和发展新结构、新功能的稀土催化材料，扩展其应用领域，是稀土催化材料发展的机遇。拓展镧、铈等轻稀土催化剂在石油化工、环境治理中的应用，不仅有利于我国稀土资源的高效利用和稀土产业结构的优化调整，而且还有利于减缓日益突出的贵金属资源供需矛盾。

充分发挥稀土与贵金属协同作用，可极大地助推高性能汽油车尾气催化剂的开发应用。在复合稀土氧化物方面，国内高校、科研院所在铈锆储氧材料、铈铝复合材料及贵金属与稀土氧化物相互作用等方面进行了系统深入的研究。在活性氧化铝研究方面，稀土、硅、磷改性方面，我国处于领先地位[26-35]。

在其他新领域，如稀土催化材料在固体氧化物燃料电池的应用、在掺杂钛酸钡基纳米介电陶瓷材料的应用、在陶瓷墨水中的应用、在生物质高效转化，以及 CO_2 捕集与利用等，也取得了长足进步。在石化领域和机动车尾气净化方面，开拓稀土催化材料的应用新领域，实现高丰度轻稀土资源的高质化利用，促进稀土材料产业的可持续发展具有重要的战略意义[36-38]。

1.1.1.4　稀土光功能材料

稀土光功能材料是稀土应用的主要领域之一。稀土发光材料约 90% 的需求来自节能照明和电子信息产业，目前已形成三大主流产品：照明用稀土发光材料、显示用稀土发光材料以及信息探测等特种光源用稀土发光材料。我国是世界稀土发光材料第一生产国和第一大消费国。近年来的新研究成果、新技术和新应用不断涌现，不仅带动了传统稀土光功能材料及其终端产业的更替与升级，也推动了新的稀土光功能材料及其新产业的出现。

在照明领域内，以白光 LED 为基础的半导体照明在 20 世纪 90 年代末出现。与传统照明光源相比，白光 LED 具有更高的光效、更长的寿命（数万小时）。目前，国际上第三代半导体材料已经取得了原理性的科学突破，即将进入颠覆性技术创新和应用的阶段，以第三代半导体材料、新型显示等为代表的先进节能器件进入黄金发展时期[38-41]。

1.1.1.5 稀土储氢材料

稀土元素作为安全有效的吸氢物质，在固体储氢方面得到了极大的应用，稀土储氢合金是能源环保领域重要的功能材料之一。稀土储氢合金中稀土的质量分数约为33%，主要以 La、Ce 轻稀土为主，是 La、Ce 轻稀土的主要应用领域之一。稀土储氢材料经过多年的体系创新、成分优化、结构调制和表面改性研究，性能逐年提高，在电化学储氢和气固相储氢等方面得到大量应用。近年来，可替代一次电池的低自放电镍氢二次电池技术逐年进步，混合动力汽车销量的增长带动了稀土储氢材料产销量的增长，风能等间歇性新能源的储存、燃料电池的高密度氢源，太阳能光热发电储热正逐渐成为稀土储氢材料的应用重点，稀土储氢材料的研发向高性能化和低成本化的方向发展[42-47]。

我国自1993年储氢材料和镍氢电池产业化以来，2008年储氢材料的年需求量最高达到12000t，其后由于稀土和 Ni、Co 的涨价及锂离子电池的竞争，年需求量逐步下降，近几年一直处于8000t/a 左右。

1.1.1.6 稀土陶瓷材料

稀土元素在功能陶瓷中有着比在传统陶瓷中更为广泛、重要，甚至不可替代的作用。常见的有氧离子导体、介电、压电、敏感陶瓷等。

氧化钇稳定氧化锆可以用来制备光纤连接器的稀土结构陶瓷光纤插芯（精密针）和套筒，是光纤网络中应用面最广并且需求量最大的光纤无源器件，是信息网络基础设施建设的重要组成部分。我国是全球最大的光纤陶瓷插芯供应市场，2016年光纤陶瓷插芯产销量分别达到了14.1亿只和13.2亿只，消费纳米复合氧化锆约2800t。

Y_2O_3、Al_2O_3、CeO_2 等稳定的 ZrO_2 四方相复合陶瓷具有优异的物理和化学性能。钇稳定的氧化锆由于具有高的氧离子导电性且高温稳定性好，已成为目前制作氧传感器的主要原料。目前，全球年消费氧传感器5亿只，需氧化钇稳定氧化锆2500t，且每年需求量会有 25%~30% 增幅[48-57]。

1.1.1.7 稀土超导材料

1986年美国 IBM 公司发现了含稀土的氧化物 La-Ba-Cu-O 系超导体，使高 Tc 超导材料的研究有了重大突破。日本 Fujikura 公司、美国 SuperPower 公司、韩国 SuNAM 公司等多家公司先后成功研制出长度超过100m，最长达到1000m 且能够传输数百安培以上超导电流的第二代高温超导带材。我国采用 TSMTG 制备方法，在直径 30~50mm Y-Ba-Cu-O 超导单畴的批量化制备方面具有一定特色[58-60]。

1.1.1.8 稀土铸铁材料

稀土是球墨铸铁生产使用的球化剂中的重要组成元素。以稀土作为主要成分的蠕化剂，拓宽了获得蠕墨铸铁的工艺范围。在灰铸铁中采用稀土硅铁孕育剂、在白口合金铸铁中加入稀土变质剂，均可有效地改善合金组织，提高性能。

我国研究成功了具有高强度（$\sigma_b \geqslant 1000\text{MPa}$，最高可达到 1600MPa 以上）、高韧性（$A \geqslant 11\%$）的奥氏体球铁（ADI），已在汽车、柴油机、拖拉机和工程机械的齿轮、曲轴和各种结构件中应用。离心球墨铸铁管也在我国得到迅猛发展，2016 年产量达 695 万吨，装备水平国际领先。轨道交通用低温铁素体球墨铸铁件在我国已经大量使用，在基础性研究和工业化生产基础上，制订了"轨道交通用低温铁素体球墨铸铁件"行业标准：在 $-50 \pm 2℃$ 低温条件下，最小冲击功 A_{KV} 为 12J[61-63]。

硅强化铁素体球墨铸铁具有铸造充型性能好、切削性能好、机加工成本低等优点，被德国铸造杂志评为"21 世纪德国铸造材料排位第一的新成果"。我国的共享集团已对"硅强化铁素体球墨铸铁"进行了系统试验研究[64,65]。

蠕墨铸铁具有优越的耐热疲劳性能。近年来，我国采用稀土蠕化剂制造的高端蠕墨铸铁件成功应用于以下方面：生产柴油机的蠕墨铸铁缸盖，利用蠕墨铸铁良好的力学性能和高热导率等材质特点，较大幅度地提高了缸盖的耐热疲劳性能；在温度（热）交变工况下工作的零件，如汽车排气管、增压器壳体、钢锭模、焦炉配件、制动零件和玻璃模具等；应用于要求致密性很高的铸件，如液压元件等[66,67]。

1.1.1.9　稀土在有色金属中的应用

稀土在有色合金中的应用分散在金属加工与制造的各个领域。稀土镁合金主要应用于航空航天、军事工业等领域。可降解医用镁合金被誉为"革命性的金属生物材料"，是许多发达国家竞相发展的研究方向，稀土在其中发挥着重要的作用。近些年快速发展起来的能源汽车产业，也是稀土镁合金产品的重要应用领域[68,69]。稀土在铝合金中主要用于微合金化和变质处理[70-72]。我国已经开发了一系列稀土高温钛合金，包括 Ti-55、7715C、Ti633G、Ti-60、Ti600 等[73]。稀土钼合金既可用作结构材料，又可用作新型功能材料，稀土氧化物掺杂是钼合金主要的强韧化技术之一[74,75]。

1.1.1.10　特殊稀土化合物材料

稀土发热材料、稀土助剂、稀土基靶材和稀土抛光材料是近年来研究与应用较广泛的特殊稀土化合物材料。

稀土发热材料包含铁铬铝合金、镍铬合金和铬酸镧三种。其中，铬酸镧稀土发热材料在大气中最高使用温度可达 1900℃，稳定炉温可达 1800℃，是一种新型的高温电炉用加热元件。包头稀土研究院采用涂覆扩散技术制备出各种形状的铬酸镧发热材料，可根据需求在铬酸镧毛坯上的任意位置制造冷端和热端，工艺简单高效，元件长度可以增加到 3000mm[76,77]。

近年来以镧、铈等轻稀土为主要原料的新型稀土功能助剂在聚氯乙烯、天然橡胶、聚氨酯橡胶、尼龙、涂料等高分子材料中取得了重大突破，一些研究成果已经实现产业化，打破了某些高端化工助剂的国外垄断。包头稀土研究院近年来在稀土 PVC 热稳定剂、稀土 PVC 改性剂和稀土橡胶助剂等方面开展了大量工作。其中镧、铈稀土 PVC 热稳定剂应用于板材、管材中可不同程度地提高 PVC 制品性能；稀土橡胶助剂，不仅能够提高轮胎橡胶的热老化性能，还能够降低轮胎橡胶的磨耗量[78-80]。

稀土元素在电学、磁学、热学、光学等方面具有独特性能，广泛应用于高性能功能薄膜的制备。包头稀土研究院相继进行了 La、Ce、Pr、Nd、Gd、Dy、Tb、Yb、Y_2O_3、La_2O_3、Gd_2O_3 等稀土靶材，YSZ、Ln_2O_3-Ta_2O_5-Y_2O_3-ZrO_2、$LaMgAl_{11}O_{19}$等热障涂层陶瓷靶材，Al-Zn-Si-La 防腐涂层用靶材和 Ni-Cr-Si-RE 高阻合金靶材等系列靶材的制备工作，靶材品质好，无明显缺陷。有研稀土新材料股份有限公司和有研亿金新材料有限公司共同开发了 Zr-Co-RE 吸气薄膜用靶材、铝-高熔点稀土合金（Al-Sc、Al-Y、Al-Er 等）靶材、300mm 晶圆制造用高纯 La_2O_3 靶材等。有研稀土新材料股份有限公司等单位开发出 Dy、Tb、La、Y、Gd、Yb、Sc 等靶材，部分产品实现规模化应用[81,82]。

稀土抛光材料广泛应用于玻璃饰品、液晶显示玻璃、触控玻璃、光学玻璃和电子元器件等领域。纳米 CeO_2 磨料因对抛光表面具有高表面光洁度、平整粗糙度和明显降低表面损伤的优势，故合成小粒径、窄粒径分布、均匀且有规则形貌的纳米 CeO_2 是当前新型抛光材料研究的一个重要方面[83]。

1.1.2 稀土产品的需求情况

从全球看，新能源汽车、大功率风机、变频压缩机和节能电机等低碳工业发展前景较好，而这些行业对稀土最大的下游应用永磁材料（即钕铁硼永磁材料）有较大的需求，预计 2018 年需求达到 7.6 万吨，占比接近 40.0%，同时增速较高，复合增长率约 6.3%；新兴应用中主要用于电子工业的抛光粉受益于电子行业的增长，增速也较快，复合增长率为 2.8%；成熟应用中，催化剂是需求最大的领域，预计 2018 年需求为 2.6 万吨，占比为 13.3%；玻璃、陶瓷等成熟应用保持较平稳增长。综合来看，全球稀土需求预计复合增长率为 4.1%，见表1-1[84]。

表 1-1　2010~2020 年全球各应用领域对稀土需求量　　　　（REO，t）

应用领域	年　份										
	2010	2011	2012	2013	2014	2015	2016	2017	2018E	2019E	2020E
催化剂	20500	21115	21748	22401	23073	23765	24478	25212	25969	26748	27550
玻璃	11500	11500	11500	11500	11500	11500	11500	11500	11500	11500	11500
抛光粉	15750	15908	16067	16227	16390	16553	16719	16886	17055	17226	17398
冶金	24000	26160	28514	31081	33878	36927	40250	43873	47822	52125	56817

应用领域	年　份										
	2010	2011	2012	2013	2014	2015	2016	2017	2018E	2019E	2020E
永磁体	33250	36908	40967	45474	50476	56028	62191	69032	76626	85055	94411
荧光粉和颜料	8000	8560	9159	9800	10486	11220	12006	12846	13745	14708	15737
陶瓷	4500	4905	5346	5828	6352	6924	7547	8226	8967	9774	10653
其他	7500	8025	8587	9188	9831	10519	11255	12043	12886	13788	14754

资料来源:《稀土信息》中各年度稀土年评;《中国稀土学会年鉴 2013》。

　　国外市场对稀土的需求主要依赖于从中国进口。数据显示,2017 年 1～11 月中国出口稀土 46043t,与上年同期相比增长 10%。

　　2016 年中国稀土消费量 147700t(REO),约占全球的 70%以上。2000 年以来,由于中国工业化进程的不断加快和经济发展方式的转变,尤其是在信息产业和环保、节能、新能源等领域的发展,为中国稀土应用产业发展提供了良好的机遇,中国对稀土的消费量以平均每年约 15%左右的增幅增长,见表 1-2[85]。

表 1-2　2000 年以来中国稀土消费情况　　　　　　　　(REO, t,%)

行业	冶金/机械		石油/化工		玻璃/陶瓷		新材料		农业/轻纺		消费总量
年份	消费量	比例	消费量	比例	消费量	比例	消费量	比例	消费量	比例	
2001	5500	24.3	4500	19.9	2900	12.8	6300	27.9	3400	15.0	22600
2002	5700	23.0	4680	18.9	3000	12.1	8000	32.3	3400	13.7	24780
2003	6150	20.1	4850	15.9	6100	20.0	10250	33.6	3200	10.5	30550
2004	5000	15.0	4000	12.0	6200	18.6	15911	47.6	2300	6.9	33411
2005	9738	18.8	6000	11.6	6500	12.5	24662	47.5	5000	9.6	51900
2006	10085	16.1	6800	10.8	7607	12.1	30701	48.9	7600	12.1	62793
2007	10994	15.2	7548	10.4	7872	10.9	38450	53.0	7686	10.6	72550
2008	10370	15.3	7520	11.1	7160	10.6	35510	52.5	7120	10.5	67680
2009	11000	15.1	7500	10.3	7200	9.9	40300	55.2	7000	9.6	73000
2010	11200	12.9	7500	8.6	7600	8.7	53825	61.9	6900	7.9	87025
2011	10100	12.2	7500	9.0	7000	8.4	55010	66.2	3500	4.2	83110
2012	1000	1.5	7600	11.7	7000	10.8	46697	72.1	2500	3.9	64797
2013	14375	16.9	7592	8.9	7225	8.5	53429	62.8	2500	2.9	85121
2014	14500	16.8	7600	8.8	7300	8.4	54500	63.1	2500	2.9	86400
2015	13500	16.5	7300	8.9	6500	7.9	52500	64.0	2200	2.7	82000
2016	13500	15.7	7400	8.6	6500	7.5	56500	65.6	2200	2.6	86100

2000~2010 年我国稀土总体消费量呈现快速增长的趋势，2011 年和 2012 年消费量有所下降，2013 年稀土消费量迅速回升，说明我国稀土消费量整体仍然处于上升趋势；由于稀土涉及的下游领域和行业众多，而国内外稀土新材料方面几乎每隔 3~5 年就会出现一次重要的技术突破，形成新的市场需求，导致稀土在新材料领域的消费增长非常迅速。2007 年以后中国稀土消费由传统领域为主转变为以新材料领域为主，尤其稀土永磁体、稀土 LED 发光材料、稀土催化材料等领域应用稀土的增长幅度较大，见表 1-3[86]。

表 1-3　2000 年以来中国稀土材料消耗稀土量　　　　　（REO，t）

年份	稀土永磁体	稀土荧光材料	稀土储氢材料	稀土催化净化剂	液晶抛光材料	合计
2001	3720	865	600	135	980	6300
2002	4376	800	634	110	—	5920
2003	6564	1600	1036	800	250	10250
2004	10756	2135	2000	1020	—	15911
2005	15404	2825	4333	2100	—	24662
2006	18095	3106	5000	2500	2000	30701
2007	22250	4490	6200	2710	2800	38450
2008	20100	2870	6160	2880	3500	35510
2009	23000	3700	6200	3300	4100	40300
2010	34125	5000	6300	3800	4600	53825
2011	36600	4800	4430	4380	4800	55010
2012	30847	3100	3190	4560	5000	46697
2013	34500	2600	2600	5079	8650	53429
2014	36000	2500	2500	5500	8000	54500
2015	42000	2540	2430	4320	17000	68290
2016	42300	2410	2490	5040	18700	70940
2017	44100	2200	2700	6100	23800	78900

2000 年以来，稀土在永磁材料中的用量增速高于其他材料，其中烧结钕铁硼产量和用量最大；稀土荧光材料在 2011 年开始出现需求量减少的现象，主要原因是白光 LED 照明产业的迅速发展导致灯用三基色荧光粉需求量的减少，以及荧光粉质量和应用水平的提高；稀土储氢材料的消费也在 2011 年出现拐点，因为稀土价格的上涨在一定程度上促使了锂离子电池的市场扩大，锂离子电池的使用导致储氢材料用量的减少；稀土在催化与抛光材料领域需求量虽在增长，但在新材料中应用比例却趋于平稳。

稀土新材料种类繁多，用途广泛，除永磁材料、发光材料、储氢材料、催化材料、抛光材料外，还有稀土超磁致伸缩材料、磁制冷材料、稀土磁光存储材料、稀土超导材料、巨磁阻材料、光制冷材料、稀土高分子助剂、稀土发热材料等。随着研究和应用的进一步发展，未来稀土新材料将不断涌现，稀土在新材料领域的应用将不断扩大。

根据战略性新兴产业对新材料年均 8% 的增长需求测算，预计到 2020 年，中国国内稀土消费总量将达到 19 万吨，其中高新技术领域消费量达到 13 万吨，所占比例约为 68%，稀土新材料将一直成为中国稀土工业发展的主要增长点。未来，在中国低碳经济及高新技术发展的驱动下，稀土在新能源汽车、工业机器人、节能环保等领域中的需求发展将具有巨大潜力。

1.2 中国稀土资源情况

1.2.1 稀土矿物资源

1.2.1.1 稀土元素在地壳中的丰度

稀土在地壳中的分布很广，17 种稀土元素在地壳中的总含量为 151.3mg/kg，比铜、铅、锌等金属都高，各稀土元素及其他重要金属元素在地壳中的质量分数见表 1-4[1]。

表 1-4 稀土元素及其他重要金属元素在地壳中的质量分数

元素	质量分数/%	元素	质量分数/%
钪	5.0×10^{-4}	铝	8.8
钇	2.8×10^{-3}	铁	5.1
镧	1.8×10^{-3}	镁	2.1
铈	4.6×10^{-3}	钛	0.60
镨	5.5×10^{-4}	锰	9.0×10^{-2}
钕	2.2×10^{-3}	锆	2.0×10^{-2}
钷	4.5×10^{-8}	钒	1.5×10^{-2}
钐	6.5×10^{-4}	铜	1.0×10^{-2}
铕	1.1×10^{-4}	锡	4.0×10^{-3}
钆	6.4×10^{-4}	铅	1.6×10^{-3}
铽	9.1×10^{-5}	锌	5.0×10^{-3}
镝	4.5×10^{-4}	镍	8.0×10^{-3}
钬	1.2×10^{-4}	钴	3.0×10^{-3}
铒	2.5×10^{-4}	铂	5.0×10^{-7}
铥	2.0×10^{-5}	金	5.0×10^{-7}
镱	2.7×10^{-4}	银	1.0×10^{-5}
镥	7.5×10^{-5}	锑	1.0×10^{-4}
合计	15.13×10^{-3}	钨	1.0×10^{-3}

稀土元素在地壳中最常见的存在形式是复杂氧化物、含水或无水磷酸盐、磷硅酸盐、氟碳酸盐、氟化物等,而我国最早发现的离子型稀土矿,其稀土元素是以离子吸附状态赋存于某些矿物表面和颗粒中。由于稀土离子半径、氧化态和所有其他性质都近似,因此在矿物中通常共生在一起。稀土在矿物中基本上是三价状态,很少为四价和二价。

1.2.1.2 主要稀土矿物

世界稀土资源丰富,已知含稀土的矿物有 13 大类 250 种,目前已开采利用的仅十几种。轻稀土矿物原料主要有氟碳铈矿、独居石矿、铈铌钙钛矿;中重稀土矿物原料主要有磷钇矿、褐钇铌矿、离子吸附型稀土矿、钛铀矿等。重要稀土矿物及其分布见表 1-5。

表 1-5　重要稀土矿物及其分布

名　称		组　成		分　布
		化学成分	含量	
轻稀土矿物	氟碳铈矿	$(Ce,La)FCO_3$	95%~98%铈组稀土	中国、美国、前苏联等
	独居石	$(Ce,La,Y,Th)PO_4$	90%~95%铈组稀土	中国、澳大利亚、印度、巴西、刚果、南非、美国、前苏联等
重稀土矿物	离子吸附型稀土矿	$[Al_2Si_2O_2(OH)_4]_m \cdot REO$	富镧富铈轻稀土型:70%~80%铈组稀土	中国、缅甸、越南等
			高钇重稀土型:55%~65%钇组稀土	中国、缅甸、越南等
			中钇富铕型:45%~55%钇组稀土	
	磷钇矿	YPO_4	60%~80%钇组稀土	中国、澳大利亚、挪威、巴西等
	黑稀金矿	$Y(Nd,Ta)TiO_6 \cdot H_2O$	13%~35%钇组稀土	澳大利亚、美国等
	硅铍钇矿	$Y_2FeBe_2(SiO_4)_2O_2$	35%~48%钇组稀土	瑞典、挪威、美国等

A　氟碳铈矿

氟碳铈矿是最重要的稀土工业矿物之一,属氟碳酸盐类型,其中稀土元素的含量(以 REO 计)为 70%左右,通常含有锶、镁、铁、铝、钍等元素。稀土元素主要为铈组。氟碳铈矿呈板状或柱状、星点状。集合体一般呈长条状、柱状及放射状。颜色有黄色、棕色、黄褐色、红褐色,具有蜡质玻璃光泽。硬度 4.2~4.6,密度 4.2~4.5g/cm³,具有弱放射性和弱磁性,不溶于水,能够溶于盐酸、硝酸和硫酸,且在磷酸中迅速分解。

B 独居石

独居石也是稀土原料中最重要的矿物之一，属磷酸盐矿物，其中稀土元素的含量（以 REO 计）一般为 50%~60%，常含铀、钍、镭，故具有放射性。独居石呈单斜晶系，晶体为板状或柱状，因经常呈单晶体而得名。棕红色、黄色，有时褐黄色，油脂光泽，硬度 5~5.5，密度 4.9~5.5g/cm³。主要作为副矿物产在花岗岩、正长岩、片麻岩和花岗伟晶岩中，与花岗岩有关的热液矿床中也有产出，但主要矿床是滨海砂矿和冲积砂矿。不溶于水，能够溶于热氢氧化钠和浓硫酸。

C 包头混合型稀土矿

包头混合型稀土矿是氟碳铈矿和独居石组成的混合型轻稀土矿物。稀土的化学成分主要为氟碳酸盐和磷酸盐，精矿中氟碳铈矿与独居石的质量比在 9∶1~6∶4 之间波动，精矿中包括铁矿物、萤石、重晶石和磷灰石等矿物，其中稀土元素 La~Eu 的轻稀土氧化物的含量占稀土氧化物总量的 98% 左右，重稀土中 Y_2O_3 约占 0.4%，其他元素含量甚微。包头混合型稀土矿中还含有 Nb、Fe、Mn 等多种元素，U、Th 含量比独居石低，具有重要的综合利用价值。

D 离子吸附型稀土矿

离子吸附型稀土矿是我国最早发现和工业利用的一种富含中重稀土的矿种，稀土以离子吸附态被风化壳的高岭土等硅铝酸盐矿物所吸附。矿物根据稀土元素配分情况可分为高钇重稀土型、中钇富铕型和富镧富铈轻稀土型，其中，高钇重稀土型富含中重稀土，钇含量可达到 55%~65%；而铈组稀土元素含量较低，是中重稀土生产的主要工业原料；中钇富铕型，铕的含量比其他矿物的高，铈组稀土与钇组稀土的比例约 1∶1。富镧富铈轻稀土型，含有 70%~80% 铈组稀土。

E 磷钇矿

磷钇矿是一种钇和重稀土含量高的磷酸盐类矿物，含钇 60%~80%，常含铒、铽、镝、铒和钍等元素。四方晶系，晶体呈四方柱状或双锥状，集合体呈散染粒状或致密块状，黄褐、红、灰色等，玻璃光泽至油脂光泽，硬度 4~5，密度 4.4~5.1g/cm³，常具放射性，化学性质稳定。主要分布于火成岩、伟晶岩、碱性花岗岩中，也产于砂矿中，是提取钇的重要矿物原料。

F 褐钇铌矿

褐钇铌矿，晶体属四方晶系的氧化物矿物，属于稀土铌酸盐矿物。化学成分为 $YNbO_4$。褐钇铌矿主要产于花岗岩或花岗伟晶岩中，也见于砂矿，还可产于与基性岩有关的矿床中，与磷钇矿、独居石、锆石、石英或黑云母等共生。褐钇铌矿属于稀土铌酸盐矿物，常含少量铀、钍等，通常为块状或粒状集合体，颜色为黄褐色到黑褐色，硬度 5.5~6.5，密度 5.0~5.8g/cm³，新鲜断面呈树脂光泽或半金属光泽。

1.2.1.3 世界稀土储量及分布

国外已经查明的稀土总储量中（以矿物类型计），氟碳铈矿占 50.6%，独居石和磷钇矿占 46.7%，其他矿物占 2.7%。美国芒廷帕斯的氟碳铈矿（图 1-1），不但储量巨大，而且矿物中稀土品位高，其 REO 品位为 4%～10%，其精矿产品中，REO 为 50%～70%，Y_2O_3 为 0.1%，Eu_2O_3 为 0.1%。印度、东南亚、澳大利亚等地的独居石配分中的 Y_2O_3 和 Eu_2O_3 比美国的氟碳铈矿都高。加拿大北部沥青铀矿副产稀土，产品配分中含 Y_2O_3 为 50%，具有很高的工业价值。

图 1-1　美国芒廷帕斯的氟碳铈矿矿区

1.2.2 中国稀土资源及分布

中国稀土资源成矿条件十分有利、矿床类型齐全、分布面广而又相对集中，目前，地质科学工作者已在全国 2/3 以上的省（区）发现上千处矿床、矿点和矿化地。但集中分布在内蒙古包头（白云鄂博）、南方七省（江西赣南、广东粤北）、四川（凉山）和山东（微山）等地（资源情况如图 1-2 所示），具有北轻南重的分布特点。轻稀土矿主要分布在内蒙古包头白云鄂博等北方地区和四川凉山等地；离子型中重稀土矿主要分布在江西赣州、福建龙岩

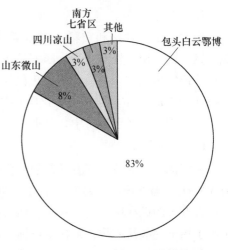

图 1-2　中国稀土资源储量分布情况

等南方地区。

1.2.2.1 矿物型稀土资源

中国稀土资源主要以矿物型的轻稀土矿资源为主,占总储量的90%以上,工业稀土矿物主要是氟碳铈矿和独居石,其轻稀土含量高达96%~98%,稀土配分不全,它们的稀土配分见表1-6。具有工业应用价值的轻稀土矿床主要为包头白云鄂博稀土矿、四川攀西冕宁稀土矿和山东微山稀土矿[87]。

表1-6 矿物型稀土矿稀土配分 （REO,%）

配 分	矿物型稀土矿		
	包头白云鄂博	四川攀西冕宁	山东微山
La$_2$O$_3$	25.00	38.37	35.46
CeO$_2$	50.07	43.96	47.76
Pr$_6$O$_{11}$	5.10	3.80	3.95
Nd$_2$O$_3$	16.60	10.25	10.90
Sm$_2$O$_3$	1.20	1.24	0.79
Eu$_2$O$_3$	0.18	0.23	0.13
Gd$_2$O$_3$	0.70	0.54	0.53
Tb$_4$O$_7$	0.01	0.08	0.14
Dy$_2$O$_3$	0.01	0.21	—
Ho$_2$O$_3$	0.01	0.04	—
Er$_2$O$_3$	0.01	0.10	—
Tm$_2$O$_3$	0.01	0.02	—
Yb$_2$O$_3$	0.01	0.06	0.03
Lu$_2$O$_3$	0.01	0.00	—
Y$_2$O$_3$	0.43	1.11	0.76
ΣREO	99.35	100.01	100.45
ΣCeO$_2$	98.15	97.85	98.99
ΣY$_2$O$_3$	1.20	2.16	1.46

资料来源:《2015年中国稀土学会年鉴》(1) 包头白云鄂博稀土矿。

白云鄂博矿是中国乃至世界最大的稀土矿山 (图1-3),分为主东矿和西矿,属于稀土与铁、铌、钍等元素共生的综合矿床。稀土储量占全国稀土总储量的83%以上,居世界第一,是我国轻稀土主要生产基地[88-93]。

该矿类型复杂,矿区共发现有71种元素、170余种矿物,包括铁、稀土、铌、钍、萤石、钾、磷、硫和钪等,其中稀土矿物15种之多,但主要是氟碳铈矿和独居石,比例为3∶1,都达到工业应用要求,故又称为包头混合型稀土矿。

图 1-3　白云鄂博稀土矿

其中，镧、铈、镨和钕轻稀土占总稀土量的 98%。稀土、铌、钍等资源随铁矿采出，铌、钍等资源尚未开发利用。铁、稀土经过 40 多年的开发利用，白云鄂博主东矿区已采出铁矿石约 2.4 亿吨，其中含 REO 约 1440 万吨，"十五" 末期包钢每年采铁矿 1200 万吨，随铁矿采出的稀土约 72 万吨。每年向包钢尾矿坝转移的稀土量约 63 万吨，这些含有较高的稀土、钍、铌等元素的废渣是宝贵的矿物资源，尚未开发综合利用。

四川攀西冕宁、德昌稀土矿和山东微山稀土矿以氟碳铈矿为主，伴生有重晶石等，是组成相对简单的一类易选轻稀土矿[94-97]。四川攀西冕宁牦牛坪稀土矿探明稀土氧化物储量约 300 万吨，矿中镧、铈、镨、钕等轻稀土占 98% 以上，且具有如下特点：

（1）稀土矿资源储量大，稀土储量居全国第二位，仅次于白云鄂博矿。

（2）稀土矿物较单一。以氟碳铈矿为主，仅含少量硅钛铈矿、氟碳钙铈矿、氟碳钡铈矿等。最高品位 REO 24.20%，一般为 1.5%~6.0%，矿体平均品位 4.11%。钐、钇等中重稀土元素较同类型矿山含量高。

（3）大规模开采条件好。矿带埋藏浅，基本裸露于地表，易开采，剥采比小。稀土矿带主要由不同类型的多组稀土矿脉间的霓石花岗岩型稀土矿条块组成。矿脉以北-北东向为主，伴随有北东、北西、北-北西及近东西向等脉组，并彼此贯通，形成形态不规则的巨大网脉状稀土矿带。整个矿带的控制程度高，属矿脉密集矿段，适合于大规模露天开采。

（4）矿物结晶粒度粗，易磨、易选。以氟碳铈矿为主，稀土矿物组分单一。块矿的矿物嵌布粒度粗，一般大于 1.0mm，其中氟碳铈矿一般在 1~5mm，粒度极粗，易磨，单体解离度好；粉状矿石的风化比较彻底，局部风化深度达 300m。

黑色风化矿泥中的稀土矿物以胶质状形态存在，稀土含量较高，钐、铕、钇配分较高。

（5）中重稀土含量高，有害杂质含量低，易冶炼。铕、钇等中重稀土较同类型矿山含量高，磷、硫、钛、钍等有害杂质低于包头矿，分解工艺操作简便、相对环境污染小。

山东微山稀土矿是迄今为止华东地区唯一的一个稀土资源生产基地。矿区东西长 1.0km，南北长 0.85km，矿区内发现有 60 多条矿脉，稀土储量约 1275 万吨，其中可开采的稀土氧化物约 300 万吨。该稀土矿床的稀土矿物主要以氟碳铈矿为主，是典型的轻稀土矿。其中，镧铈镨钕四种元素占稀土总量 98% 以上（镧34%、铈49%、镨4%、钕11%），其他稀土元素占 2% 左右。此外，该稀土矿山具有矿石及脉石矿物简单、可选性好、易开采、杂质含量低、便于加工利用的特点。

1.2.2.2　离子吸附型稀土资源

离子吸附型稀土矿是中国最早（20 世纪 60 年代末）于江西龙南发现的一类独特而又普遍存在的稀土资源[98]，属于外生稀土矿床，也是目前已经大规模开采的非矿物型稀土资源。该类矿床是富含稀土矿物的花岗岩和火山岩，在亚热带温暖湿润的气候条件下，经化学和物理风化作用，原岩风化形成黏土矿物，诸如埃洛石（多水高岭石）和高岭石等；同时解离出稀土及其他阳离子，这些离子以水合阳离子的形式吸附在黏土矿物上使稀土富集成矿，因而有多种类型的稀土存在，包括离子态、类质同象固体分散态和矿物态。其中，最为主要的是以离子形式被一些黏土矿物吸附而稳定存在的稀土，称之为离子态稀土。但其含量极低，一般在 1‰ 左右，高的可以达到 3‰，多数在万分之几。

离子吸附型稀土矿储量少、配分全，选冶过程相对简单，且富含现代高新技术与国防尖端技术中不可缺少的铽、镝、铕等中重稀土元素。比如，江西寻乌等地离子吸附型稀土矿中氧化钐、氧化铕、氧化钇、氧化铽含量分别比美国芒廷帕斯氟碳铈矿中含量高 10 倍、5 倍、12 倍和 20 倍。离子型稀土在我国南方七省（区）100 多个县（市）均有不同程度的分布，仅南岭五省（区）矿化面积就达近 10 万平方千米，已发现矿床 214 个，尤以江西赣南和广东最为丰富。经地勘部门正式地质勘查工作，已探明储量中公开的数字为 148 万吨（表 1-7）。

表 1-7　中国离子吸附型稀土资源储量[86]

省区	表内/万吨	表外/万吨	合计/万吨	比例/%
江西	47.2054	7.6185	54.7239	36.89
广东	42.1450	2.4022	44.5472	30.03
广西	29.1919	4.4149	33.6068	22.65

续表 1-7

省区	表内/万吨	表外/万吨	合计/万吨	比例/%
湖南	11.0717	0.0150	11.0877	7.47
福建	4.3762	—	4.3762	2.95
总计	133.4902	14.3156	148.3418	100

离子吸附型稀土按矿物的稀土配分可分为 3 种类型（表 1-8），其中，寻乌型、信丰型和龙南型分别占探明储量的 80%、5% 和 15%。

表 1-8　典型离子吸附型稀土矿配分类型及配分

产地	稀土元素配分（REO,%)													
	La	Ce	Pr	Nd	Sm	Eu	Gd	Tb	Dy	Ho	Er	Tm	Yb	Lu	Y
寻乌	38.0	3.5	7.41	30.18	5.32	0.51	4.21	0.46	1.77	0.27	0.88	0.13	0.62	0.13	10.07
信丰	2.18	<1.0	1.08	3.47	2.34	<0.37	5.69	1.13	7.48	1.60	4.26	0.60	3.34	0.47	64.90
龙南	27.56	3.23	5.62	17.55	4.54	0.93	5.96	0.68	3.71	0.74	2.48	0.27	1.13	0.21	24.26

资料来源：《中国稀土学会年鉴（2011）》。

1.2.2.3　其他稀土资源

中国稀土海滨砂矿较为丰富，主要分布于广东、海南海滨区，成矿物质花岗岩、片麻岩及混合岩，形成于第四纪。矿石类型为砂矿，矿物成分为独居石、磷钇矿、锆石、金红石、钛铁矿、钽铌铁矿，品位 1%~3%。

此外，中国内蒙古东部地区与碱性花岗岩有关的稀有稀土矿床，湖北、新疆等地与碳酸盐有关的铌稀土矿床，云南、四川等地与贵州织金相同类型的含稀土磷块岩矿床等均具有很大的资源潜力。

1.3　中国稀土产业现状

1.3.1　稀土产业整体现状

经过 60 多年发展和结构调整，中国稀土产业根据资源和市场走向，基本形成了三大稀土生产基地（内蒙古包头市、四川凉山州、江西赣州市）和两大生产体系（北方轻稀土生产体系和南方中重稀土生产体系）[99]。

北方形成了以包头稀土资源为主、四川资源为辅的轻稀土生产体系，重点企业有包钢稀土集团、甘肃稀土公司、四川盛和资源、四川江铜稀土、乐山有研稀土等。主要产品有镧、铈、镨、钕等氧化物、混合稀土化合物或富集物、混合稀土金属及合金，以及抛光粉、永磁体、储氢合金等外延产品。北京、包头、天津和山西等地还建成了较大规模生产稀土永磁材料的专业化工厂。

南方构成了以江西、广东、广西、福建、湖南五省（区）离子型稀土矿为主要资源地，以江苏、江西、广东、广西、福建等地稀土冶炼加工企业为主体的中重稀土生产体系。主要产品是以中重稀土为主的各种单一或高纯稀土化合物和金属、富集物、混合金属和合金。

自 2011 年《国务院关于促进稀土行业持续健康发展的若干意见》颁布以来，稀土行业在资源保护、产业结构调整、应用产业发展、创新能力提升、管理体系建设等方面取得积极进展：

（1）产业结构调整取得突破：一是产业集中度大幅提高。广东稀土、南方稀土、中国五矿、中铝公司、北方稀土、厦门钨业等稀土大集团组建验收工作完成，6 家稀土集团控制了全国稀土资源总量的 99%，主导市场的格局初步形成，冶炼分离产能从 40 万吨压缩到 30 万吨。二是产品结构进一步优化。以资源开采、冶炼分离和初级产品加工为主的产业结构加快向以中高端材料和应用产品为主的方向转变，80% 以上的初级加工品被用于制造磁性、催化、储氢、发光、抛光等功能材料。三是产业布局趋于合理。围绕资源地建成包头、赣州、凉山、龙岩等稀土资源开采和冶炼分离基地；围绕消费市场建成宁波、厦门、成都、包头等稀土应用产业基地。

（2）应用产业发展成果显著：一是应用产业规模不断扩大。稀土磁性、催化材料产量年均增幅超过 15%，稀土磁性、发光、储氢等主要功能材料产量占全球总产量 70% 以上。二是产品性能大幅提升。稀土磁性材料综合性能可以满足电动汽车、风力发电设备等需要，汽车尾气净化催化器达到国 V 标准，国产石油裂化催化剂自给率超过 90%，LED 器件发光效率由 90lm/W 提高到 150lm/W 以上。三是取得一批突破性成果。国产汽车尾气催化剂和器件打入国际知名企业，稀土脱硝催化剂在电力、钢铁、玻璃等工业窑炉废气处理中实现产业化示范应用，高端稀土激光晶体、闪烁晶体、超高纯稀土金属和化合物、高性能稀土合金等关键制备技术取得突破，部分产品应用于重点工程和国防科工等领域。

（3）可持续发展能力进一步提升：一是创新能力大幅提高。建成了 7 家集技术研发、产业转化、分析检测和应用评价于一体的稀土公共技术服务平台。二是企业实力明显增强。形成了一批知名稀土新材料企业，装备、技术和管理水平大幅提高。三是环保水平明显提升，稀土绿色化生产水平大幅提升。

（4）行业管理体系基本健全：一是完善了行业管理机构，成立了工业和信息化部牵头的稀有金属部际协调机制，设立了稀土办公室，组建了中国稀土行业协会。二是制定了行业管理制度，实施了稀土开采生产总量控制计划、行业规范、环保核查、增值税专用发票、资源税、战略储备、产业调整升级财政专项等管理制度。三是地方监管责任得到落实。四是建立了相对完善的稀土技术标准体系，涵盖稀土矿山开采、冶炼分离和加工等全产业链，规范了稀土生产与贸易活动。

（5）稀土违法违规行为逐步得到遏制：一是持续打击稀土违法违规行为。二是内蒙古包头市白云鄂博矿区、尾矿库实现了全封闭式管理；江西赣州、四川凉山等重点资源地建设了稀土矿区保护设施和开采监管系统。三是建设稀土产品追溯体系，实现从稀土开采、冶炼分离到流通、出口全过程的产品追溯管理。

目前，我国稀土行业发展仍存在一些问题，主要表现在：资源保护仍需加强，私挖盗采、买卖加工非法稀土矿产品、违规生产等问题时有发生；持续创新能力不强，核心专利受制于人，基础研究整体实力有待提升；结构性矛盾依然突出，上游冶炼分离产能过剩，下游高端应用产品相对不足，元素应用不平衡；相关法律体系仍不完善，一些地方政府监管责任尚未完全落到实处。

2016 年 10 月 18 日，工信部在发布的《稀土行业发展规划（2016—2020年）》中明确指出，2020 年底，6 大稀土集团完成对全国所有稀土开采、冶炼分离、资源综合利用企业的整合，形成科学规范的现代企业治理结构。这意味着中国稀土必须走集约化生产道路，将矿山开采、冶炼分离及资源综合利用全部纳入6 家集团管理，实现稀土集中生产、管理、工艺流程再造，推动产品结构和产业布局的优化。

1.3.2 稀土分离与冶炼产业现状

2006 年以来中国主要稀土精矿产量见表 1-9。2016 年，全球稀土产量为 12.6万吨。其中，中国生产了 10.5 万吨，占比高达 83%。

表 1-9 2006~2017 年中国主要稀土精矿产量及构成　　　　（REO，t）

年份	包头矿	氟碳铈矿	离子型稀土矿	总计
2006	50377	37000	45129	132506
2007	69000	6800	45000	120800
2008	66000	22500	36000	124500
2009	65000	31710	32695	129450
2010	49900	24637	14722	89259
2011	49960	24769	10214	84943
2012	41649	25880	8500	76029
2013	47447	25878	7098	80423
2014	50000	25900	17900	93800
2015	59500	27600	17900	10500
2016	59500	27600	17900	10500
2017	59500	27600	17900	10500

资料来源：2006~2014 年数据来源于《中国稀土学会年鉴（2015）》；2015~2017 年数据来源于我国稀土矿产品生产指令性计划。

中国稀土分离企业主要分布于内蒙古、甘肃、四川、江西、福建、广东等省区。可以生产 400 多个品种、1000 多个规格的稀土产品，是世界上唯一能够大量提供各种品级稀土产品的国家。近十年来中国稀土冶炼产品量见表 1-10。

表 1-10　2006~2017 年中国稀土冶炼产品的产量　　　　（REO，t）

年份	2006	2007	2008	2009	2010	2011
产量	156969	126000	134644	127320	118900	96934
年份	2012	2013	2014	2015	2016	2017
产量	82000	83000	109800	88000	100000	100000

资料来源：2006~2015 年数据来源于《中国稀土学会年鉴（2015）》；2016 年、2017 年数据来源于《稀土生产总量控制计划》，冶炼分离产品第一批 45000t、第二批 55000t。

工信部下达的 2017 年稀土生产总量控制计划（表 1-11），维持 2015 年、2016 年水平，其中矿产品计划 105000t，冶炼分离产品生产计划 100000t，全部分配给了六大稀土集团。工信部在《稀土行业发展规划（2016—2020 年）》中要求到 2020 年中国稀土矿产量将不超过 14 万吨，由此测算每年产量将同比增加 4.58%。

表 1-11　2017 年稀土生产总量控制计划表　　　　（REO，t）

公司名称	矿产品	冶炼分离产品
中国五矿集团	2260	5658
中国铝业公司	12350	17379
中国北方稀土（集团）高科技股份有限公司	59500	50084
厦门钨业股份有限公司	1940	2663
中国南方稀土集团有限公司	26750	14112
广东省稀土产业集团	2200	10104
合　计	105000	100000

目前，六大稀土集团产能 28 万吨，行业产能（包括稀土资源综合回收利用在内）约 45 万吨，六大集团产能占行业能力的 62.2%，产能过剩问题仍比较突出。

1.4　中国稀土科技与产业发展历程

1.4.1　中国稀土科技与产业发展的基本特征

1.4.1.1　国家层面高度关注产业发展

党和国家历任领导人对稀土发展十分关注。1955 年周恩来总理主持制定的

《十二年科技规划》中就包含了开展稀土元素提取技术攻关的内容；20世纪60年代聂荣臻元帅组织开展了包头白云鄂博矿利用研究和稀土推广应用工作；1978~1986年方毅副总理先后七次赴包头领导组织稀土资源综合利用和科技攻关工作，领导和组织全国的科技力量对包头资源的综合利用进行了前所未有的大规模科技攻关。1978年在冶金部成立了全国稀土推广应用办公室；1979年国家经委、国家计委、国家科委和冶金部共同制定了《1979~1981年稀土推广应用规划》；1980年中国稀土学会成立，与全国稀土推广应用办公室合署办公；1983年在第四次全国稀土推广应用会议上制定了《1983~1985年稀土工业发展规划》；1988年成立国务院稀土领导小组；1992年，邓小平同志"南巡"期间指出"中东有石油，中国有稀土，一定要把稀土的事情办好"；1999年，江泽民同志在内蒙古视察工作时，要求搞好稀土开发应用，把资源优势转化为经济优势；2011年2月，温家宝总理主持召开国务院常务会议，研究部署促进稀土行业持续健康发展的政策措施，2011年5月10日，国务院发布《国务院关于促进稀土行业持续健康发展的若干意见》，为稀土行业持续健康发展指明了方向。国家层面的高度关注决定了稀土行业的发展既受市场客观规律的调控，又与宏观政策的调整息息相关。

1.4.1.2 技术进步引领行业发展

稀土的价值在于应用，稀土行业的每一次技术进步都带动了产业的跨越式发展。20世纪60年代，以北京有色金属研究总院、中国科学院等为代表的科研单位集中力量攻克了稀土氧化物分离、稀土金属制备等技术难题，氧化钇、氧化镝、氧化铥、氧化铈等一批单一稀土化合物生产线陆续建成投产，为我国稀土工业起步奠定了基础；70~80年代，北京大学徐光宪先生创立的串级萃取理论为我国稀土萃取分离工艺技术的研发与产业化打下理论基础，北京有色金属研究总院张国成先生自主研发的包头稀土矿硫酸焙烧法冶炼分离工艺在包钢稀土、甘肃稀土等公司实现大规模生产，大幅提升了我国稀土冶炼分离效率，我国稀土产品产量快速增加，1986年超越美国成为全球第一大稀土生产国；90年代后，稀土永磁、发光、储氢等材料制备技术陆续突破，带动了相关产业快速发展，主要稀土功能材料产量年均增幅30%以上。截至目前，稀土永磁材料、稀土发光材料年产量占世界总产量80%以上，稀土储氢合金产量超过全球总产量的70%。在国家产业政策引导下，高端稀土应用技术不断取得新突破，高性能稀土永磁体、LED发光材料等产品性能指标达到或接近国际先进水平，在新能源汽车、高端显示、机器人等领域显示出广阔的应用前景，高端稀土材料市场份额稳步增加。

1.4.1.3 产业发展影响因素众多

稀土产品的特点是品种多、应用领域广、产业链条长、关联度大、战略价值高，决定了稀土产业的高度敏感性，既受经济发展客观规律的影响，又与国家政策导向、相关产业运行情况等密不可分。1989~1994 年，稀土行业在经历了持续 5 年的高速发展后，产品价格大幅下滑，企业经济效益锐减甚至亏损；2010~ 2011 年，在国家出台加强稀土行业管理政策的背景下，主要稀土产品价格涨幅均在 10 倍以上，稀土企业迎来了一场赚钱"盛宴"。但 2011 年以后，稀土价格又经历了持续的下滑和低迷。

1.4.2 中国稀土工业发展史[100]

中国稀土研发起步于 20 世纪 50 年代，产业起步于 60 年代，一直受到政府的高度重视。经过 60 多年的发展，实现了从无到有，从小到大的跨越式发展，取得了举世瞩目的成就。中国稀土工业的发展可大致分为以下三个阶段：

（1）起步阶段（1949~1978 年）。

1949 年底中华人民共和国刚成立，政府就组织北京地质研究所白云鄂博调查队（后改为 241 地质勘探队），对白云鄂博矿区进行了大规模地质勘探与研究。"一五"期间，白云鄂博矿的综合利用被列为国家重点科研项目，中央专门成立了包头矿领导小组，组织国内有关科研单位开展工作。

1953 年，中央人民政府政务院根据 241 地质勘探队报告，决定利用白云鄂博矿资源，在绥远西部建设一个大型钢铁企业，将白云鄂博矿的综合利用列为我国第一个"五年计划"重点建设项目之一。

1955 年，全国储委审查了 241 地质勘探队 1950~1954 年提交的《内蒙古白云鄂博铁矿主东矿地质勘探报告》，核准了主东矿表内铁矿石储量，其中稀土储量为主矿 C1 13610400t、C2 12942460t，东矿 C1 4691000t、C2 15433000t。

1955 年 9 月，中国科学院两矿加工小组召开第十二次会议，首次专门讨论如何进一步开展包头铁矿石中稀土金属的研究。

1956 年，全国储委审查了 241 地质勘探队 1951~1955 年提交的《内蒙古白云鄂博铁矿西矿地质勘探报告》，核准了西矿铁矿储量和稀土储量，其中稀土储量为主矿 C2 10494949.7t，REO（稀土氧化物）平均品位 1.09%。同年，国家发布《1956—1967 年科学技术发展规划纲要》，其中第 16 项涉及对稀土元素的分析、提取、分离及其化合物的研究并探索新用途的内容。

1957 年，包头钢铁公司决定成立白云鄂博铁矿，至年底共采出富铁矿石 2573510t（平均含 REO 2.88%）。上海永联化工厂（1960 年并入上海跃龙化工厂）以独居石矿为原料，采用氢氧化钠处理矿石（即碱法工艺）制造硝酸钍和硝酸铈获得成功，并正式投产。

1958 年，我国开始实施第二个"五年计划"，同时开始执行《十二年科技规划》。中国科学院和中科院长春应用化学研究所、北京有色金属研究总院等先后研发成功离子交换和萃取分离工艺；提出了熔盐电解法、金属热还原法制备稀土金属和合金的方法，并第一次制得了除元素钷以外的所有单一稀土氧化物、金属和合金。

1959年，包钢第二选矿厂第一座5t电炉建成并炼出第一炉稀土硅铁合金。这是包头工业规模生产稀土合金的起始点。

1962年，北京有色金属研究总院首次制备出全部16种单一稀土金属，开创了我国稀土元素科学研究的先河。

1963年，国家科委正式批准，从北京有色金属研究总院、钢铁研究总院各抽调170人组建冶金工业部包头冶金研究所，建立了704厂和8861厂。

1963年4月，国家科学技术委员会、冶金工业部、中国科学院在北京共同组织召开"包头矿综合利用和稀土应用工作会议"（即第一次"415"会议），制定了《1963—1967年包头矿综合利用及稀土应用研究规划》。

1964年，上海跃龙化工厂正式投产，建成了我国第一条以独居石为原料的稀土分离生产线；1970年，上海跃龙化工厂建成我国第一条可生产99.99%氧化钇的萃取分离生产线。

1964年，北京有色金属研究总院发明了锌粉还原碱度法制备99.99%氧化铕的技术，满足了国内早期彩色电视生产对红色荧光粉的需求；1976年采用离子交换技术实现了高纯单一稀土氧化物的规模化生产。

1965年4月，国家科委、冶金部在包头召开第二次"包头矿综合利用及稀土推广应用工作会议"，制定了《包头钢铁基地综合利用技术3年（1965—1968年）规划》，并决定在包钢建设回收稀土、铌的中间试验厂。

1966年，北京有色金属研究总院、北京有色冶金设计总院、包头冶金研究所、上海跃龙化工厂、中科院长春应化所和包钢稀土三厂等单位开展了碳酸钠焙烧—硫酸浸出—P204萃取提铈和高温氯化等工艺技术的试验会战，开发出氯化稀土生产工艺。同年，北京有色金属研究总院与复旦大学、上海跃龙化工厂合作使用甲基二甲庚脂（P350）作为萃取剂，萃取分离99.99%的氧化镧。

1969年，江西省地质局908地质队在龙南县足洞地区首次发现离子吸附型稀土矿。1970年开始，江西有色冶金研究所以溶浸为主要方案，开发出氯化钠浸取—草酸沉淀工艺，即第一代的池浸提取工艺，并应用于工业生产。

1970年，中国科学院上海有机化学研究所在工业规模上成功合成了P507萃取剂，为稀土高效萃取分离工艺开发与规模应用奠定了物质基础。

1971年北京有色金属研究总院与空军第四研究所研制出同位素金属[147]Pm。

1972年，中国人民解放军成字361部队发现了四川冕宁县牦牛坪稀土矿。

1972年，北京有色金属研究总院采用回转窑浓硫酸焙烧冶炼低品位包头稀土精矿生产氯化稀土，哈尔滨火石厂、包钢稀土三厂先后采用该工艺生产氯化稀土，年生产能力超过了10000t。广东珠江冶炼厂、包头市稀土冶炼厂、九江有色金属冶炼厂也相继投产，形成了中国稀土工业的主体框架。

1972~1974 年北京大学徐光宪先生领导的科研组在萃取分离包头轻稀土方面取得重大突破，提出了著名的稀土串级萃取理论；1976 年在上海跃龙化工厂举办串级萃取理论研讨班，使这一理论在全国得以推广应用。

1975 年，国家经委、冶金工业部、中国科学院在包头召开"全国稀土推广应用会议"。会议重申白云鄂博资源"以铁为主，综合利用，全面发展"的方针，讨论并制定了《全国稀土生产、科研和应用十年规划草案》。

1976 年，广州有色金属研究院率先突破了包头稀土矿的选矿难关，选出了REO 品位为 60% 的精矿，为包头稀土资源的综合回收奠定了基础。随后北京有色金属研究总院、包头稀土研究院、中科院长春应化研究所和包头钢铁公司等推出了硫酸化焙烧、氢氧化钠分解等五大工艺流程。在此阶段也同时开始了稀土永磁材料、储氢材料、抛光材料、荧光材料、催化材料等的开发和应用研究。

（2）快速发展阶段（1978~2000 年）。

1978~1986 年方毅同志先后七次赴包头领导组织稀土资源综合利用和科技攻关工作，领导和组织全国的科技力量对包头资源的综合利用进行了前所未有的大规模科技攻关。1978 年成立全国稀土推广应用办公室，设在冶金部；1979 年国家经委、计委、科委和冶金部共同制定了《1979~1981 年稀土推广应用规划》；1980 年，中国稀土学会成立，与全国稀土推广应用办公室合署办公；1983 年在第四次全国稀土推广应用会议上制定了《1983~1985 年稀土工业发展规划》；1988 年成立国务院稀土领导小组，全面推动稀土技术研发和推广应用工作。在此期间，我国稀土资源开发和稀土应用的科研工作及生产建设都取得了蓬勃的发展。采、选、冶的关键技术获得了突破，应用领域获得了重大发展。

1980 年，北京有色金属研究总院的"浓硫酸强化焙烧—环烷酸萃取转型处理包头稀土精矿生产氯化稀土工艺"获得突破，并于 1982 年 10 月在甘肃 903 厂建成年产 6000t 氯化稀土生产线，成为当时亚洲最大的稀土冶炼厂。

1981 年，北京有色金属研究总院的"钙热还原法制备钐钴永磁粉末工艺"通过部级鉴定，在上海跃龙化工厂建成年产 30t 钐钴永磁粉末生产线。

1981 年，上海跃龙化工厂生产的荧光级氧化钇解决了钙镧含量问题，10 项主要质量指标全部达到国际先进水平，当年外销 3.558t。

1985 年，赣州有色研究所和江西大学共同完成了离子吸附型稀土矿硫酸铵浸取—碳铵沉淀工艺，使稀土提取成本大幅下降。之后，开发推广了第二代堆浸浸取工艺，生产效率得到进一步提高。1983 年起，赣州有色研究所提出"就地浸取"工艺，联合长沙矿冶研究院和江西省科学院等单位在 1995 年完成了国家"八五"攻关项目"离子吸附型稀土原地浸矿新工艺研究"，并在龙南推广应用。

1983~1987 年，北京有色金属研究总院开发成功包头稀土矿第三代硫酸法

（硫酸焙烧—水浸—氧化镁中和除杂—P204 萃取转型分离）新工艺，相继在哈尔滨稀土材料厂、包钢稀土三厂、甘肃稀土公司、包头 202 厂等多家大中型稀土企业推广实施，使包头稀土矿实现大规模连续化生产，稀土回收率进一步提高、成本降低，逐步发展成为主流生产工艺流程。

"七五"期间，稀土行业的技术改造和技术进步工作被纳入国家计划管理，开始推动稀土新材料在高新技术产业的应用和发展，稀土产业步入高速发展阶段。北方稀土产业规模进一步扩大，形成了世界级的生产基地；南方离子吸附型稀土矿原地浸矿工艺、全分离工艺等产业化技术取得突破。

1986 年，中国稀土产品生产总量达到 11860t，跃居世界第一。

1988 年，国务院稀土领导小组成立，第一次会议讨论落实中央确定的"强化管理、保护资源、科学开发、联合对外"发展稀土工业的十六字方针。

"八五"期间，中国稀土生产继续保持年均递增 20% 左右的发展速度。1995 年，中国稀土冶炼分离产品产量达到 40000t，其中高纯单一产品产量为 8550t；矿产品产量达到 48000t，占当年世界总产量的 70%~80%，产销率几乎为 100%，世界稀土生产中心逐步转到中国。

"九五"期间，稀土行业坚持"以政策为导向，以推广应用为中心，以科技发展开发和技术改造为主要手段，生产与市场开发并重"的方针，充分发挥市场的主导作用，稀土工业迅速发展。2000 年，我国稀土矿产品产量达 73000t，稀土分离产品产量达到 65000t，各类高纯单一稀土的产量占稀土产品总量的比例达到 48.5%。我国稀土产品由初级产品逐步向高附加值产品转变，产品结构向效益好的深加工方向调整，稀土生产步入世界先进行列。稀土永磁材料、发光材料、汽车尾气净化催化剂等高技术材料的应用研究也取得了重大突破。

（3）调整升级阶段（2001~2016 年）。

"十五"以来，我国稀土行业贯彻落实"开拓市场，推广应用，保护资源，合理开采"的发展思路，产业结构调整出现了积极变化，稀土磁性材料、稀土发光材料、稀土储氢材料等稀土新材料发展迅猛，技术装备水平和生产规模有很大提升，我国稀土产业进入了高速发展时期。

2006 年，国土资源部下发了《关于下达 2006 年钨矿和稀土矿开采总量控制指标的通知》和《国土资源"十一五"规划纲要》，对稀土等矿产资源实行严格控制，其中稀土矿开采总量控制指标 86620t（REO）。2007 年国家发展和改革委员会制定《稀土工业中长期发展规划（2006—2020)》以及召开全国稀土生产计划工作会议，第一次提出调整产业机构、转变发展方式。

2007 年，根据《国务院关于下达 2007 年国民经济和社会发展计划（草案）的通知》要求，稀土矿产品和冶炼分离产品生产纳入国家指令性计划管理。

"十一五"期间，中国的稀土材料产量总体呈快速增加态势，中国不仅在稀土资源储量、生产量、出口量和消费量上居世界第一，各类稀土功能材料产量也居世界领先地位，稀土永磁材料、稀土发光材料年产量占世界总产量的80%以上，稀土储氢合金产量超过全球总产量的70%，成为名副其实的稀土大国。

"十二五"以来，为实现稀土工业的健康发展，我国相继出台了一系列稀土行业管理政策和法规，管理体系逐步完善。2011年，国务院颁发了《关于促进稀土行业持续健康发展的若干意见》，工业和信息化部设立稀土办公室，牵头建立了14个部门参加的稀有金属部级协调机制，统筹协调跨部门、跨地区的管理工作，相关省（区）成立地方稀土办公室并建立了相应协调机制，稀土行业管理机构逐步健全。工业和信息化部出台《稀土指令性生产计划管理暂行办法》，加强稀土开采和生产管理；环境保护部出台《稀土工业污染物排放标准》并开展了稀土企业环保核查；工业和信息化部出台并实施《稀土行业准入条件》；国家税务总局实施了稀土专用发票；财政部提高了稀土资源税征收标准；工业和信息化部、国土资源部、公安部、海关总署等部门连续开展打击稀土违法违规行为专项行动。政策的出台及实施推动了稀土资源的高效开发利用和生态环境的有效保护，进一步加快了稀土产业结构调整的步伐，稀土行业生产经营秩序逐步规范，稀土行业向持续健康发展的目标稳步前进。

2011年，科技部发布《国家"十二五"科学和技术发展规划》，将先进稀土材料列为需大力培育和发展的新材料科技产业化工程之一，包括：围绕分离提纯—化合物及金属—高端功能材料—应用全产业链；提高高丰度稀土在化工助剂、轻金属合金、钢铁等材料中的应用水平，促进稀土材料的高效利用。加强知识产权保护和标准制定，培育稀土材料领域的创新型企业。

2013年7月，在科技部的指导下，北京有色金属研究总院牵头成立的"先进稀土材料与清洁平衡利用产业技术创新战略联盟"和包钢稀土牵头成立的"稀土产业技术创新战略联盟"整合为"先进稀土材料产业技术创新战略联盟"（以下简称联盟），集聚了六家稀土集团、国内重点稀土材料企业、科研机构和高等院校共33家成员单位，共同致力解决我国稀土产业发展中所面临的重大关键技术问题，促进我国稀土行业健康有序发展。

2016年，中铝公司、北方稀土、厦门钨业、中国五矿、广东稀土、南方稀土六大稀土集团组建完成，行业长期"多、小、散"的局面得到改善；化解冶炼分离过剩产能10万吨，产业集中度大幅提升。

"十五"以来，我国稀土产品结构加快向以中高端材料和应用产品为主的方向调整，稀土在稀土功能材料中的消费量超过总产量的80%。稀土磁性、催化材料年均增幅超过15%，稀土磁性、发光、储氢等主要功能材料产量占全球总产量70%以上，稀土功能材料及器件性能大幅提升，基本满足国际国内需求。稀土永磁材料综合磁性能提高到70kOe以上，基本满足新能源汽车、风力发电等需要；

汽油车用稀土催化剂及系统集成技术达到欧 V 排放标准，国产石油裂化催化剂自给率超过 90%；LED 器件发光效率达到 150lm/W 以上。15 种稀土金属绝对纯度达到 99.99%（统计杂质数量 40~75 个，其中包括 4 种气体杂质）。联动-模糊萃取分离、非皂化萃取分离、碳酸氢镁皂化萃取分离与沉淀结晶等高效清洁分离提纯稀土技术成功开发并应用于稀土工业，稀土资源利用率进一步提高，"三废"污染物大幅减少，有力推动了稀土工业的绿色发展。

2 稀土冶金的主要方法

我国从 20 世纪 50 年代开始进行稀土的提取分离技术研究，60 多年来，我国稀土工作者针对国内稀土资源特点，开发了大量先进的稀土采选冶工艺技术，并在工业上广泛应用，建立了较完整的稀土工业体系，并发展成为世界生产大国。实现了从稀土资源大国到生产大国、出口大国及应用大国的跨越。目前，我国稀土冶炼分离能力达到 40 万吨/a 以上，稀土年产量为 10 万吨左右，占世界总产量的 90% 以上，其中 80% 左右的稀土产品在国内应用。我国在稀土湿法冶炼分离领域的工艺技术优势明显，围绕包头混合型稀土矿、氟碳铈矿和南方离子吸附型稀土矿、伴生独居石矿，形成了特色湿法冶炼分离生产工艺。

2.1 离子吸附型稀土矿冶金

2.1.1 离子吸附型稀土矿工业提取方法

离子吸附型稀土矿的主体是岩浆型花岗岩或火山岩等风化后形成的各类矿物，包括石英、钾长石、斜长石、高岭土、蒙脱土和白云母等，所以原矿的化学成分以 SiO_2 为主，约占 70%；其次是 Al_2O_3，约占 15%；矿物中还含有少量的铁、钙、镁、钾等其他元素，约占 10%。其中高岭土、蒙脱土和白云母等为黏土矿物，矿物表面分子中氧原子核外有孤电子对，且存在铝氧八面体中铝被硅镁取代的现象，所以高岭土等黏土矿物通常呈负电性，能通过静电作用吸附阳离子。离子吸附型稀土矿原矿的全相稀土品位一般为 0.05%~0.3%，其中 75%~95% 的稀土元素是以离子的形态存在，并吸附于黏土矿物上，而余下部分的稀土元素则以水溶相、胶态相、矿物相的形式存在[98]。吸附了稀土离子的高岭土和白云母可表示为：

$[Al_2Si_2O_5(OH)_4]_m \cdot nRE^{3+}$：吸附了稀土的高岭土

$[KAl_2(AlSi_3O_{10})(OH)_2]_m \cdot nRE^{3+}$：吸附了稀土的白云母

这种硅铝酸盐矿物的静电作用力比较弱，当这些被吸附在黏土矿物上的稀土离子（离子相稀土）遇到化学性质活泼的阳离子（如 Na^+、K^+、H^+、Mg^+、Ca^{2+}、NH_4^+ 等）时，能被其交换解吸。因此，采用一定浓度的电解质溶液即可将离子相稀土交换和淋洗下来。以 $(NH_4)_2SO_4$ 为例，$(NH_4)_2SO_4$ 中的 NH_4^+ 能够置换矿物中呈离子吸附状态的稀土，具体的离子交换反应为：

$$[Al_2Si_2O_5(OH)_4]_m \cdot nRE^{3+}(s) + 3NH_4^+(aq) \Longleftrightarrow$$
$$[Al_2Si_2O_5(OH)_4]_m \cdot 3NH_4^+(s) + RE^{3+}(aq) \qquad (2-1)$$
$$[KAl_2(AlSi_3O_{10})(OH)_2]_m \cdot nRE^{3+}(s) + 3NH_4^+(aq) \Longleftrightarrow$$
$$[KAl_2(AlSi_3O_{10})(OH)_2]_m \cdot nRE^{3+} \cdot 3NH_4^+(s) + RE^{3+}(aq) \qquad (2-2)$$

式中，s 表示固相；aq 表示水溶液。

目前，工业上主要用于离子吸附型稀土矿提取的方法包括硫酸铵原地浸取法及硫酸铵堆浸法。对于一座稀土矿山，确定采用何种浸取方式，其决定因素主要有以下 3 个：（1）矿体底板的透水性。矿体底板的透水性是确定能否采用原地浸出的关键因素。矿体底板透水性好，浸出液大部分或全部渗漏到地下，收集不到浸出液，导致稀土资源浪费，在这种情况下如何做好原地浸出工艺的防漏工作是一个重点，因此在底板透水性好的情况下，不适宜用堆浸工艺。（2）矿体的渗透性。矿体的渗透性是决定能否采用原地浸出的另一个重要因素。矿体的渗透性差，浸出液无法在矿体中渗透流动和矿石中有价元素充分接触，则无法将有价稀土元素浸出。（3）矿床的地形地貌。矿山的地形地貌是否有利于浸出液自流和收集，也是一个重要因素。例如，对于某些盗采或前期开挖后的残次矿，由于不利于自然收集，同时本身矿体表面裸露，此时采用堆浸工艺不存在破坏植被的问题，同时该工艺稀土收率较高。再如，对于全覆式的稀土矿山，由于其存在矿体底板隔水层低于当地侵蚀基准面，或在坡脚处其矿体底界面在潜水面以下，此时也可考虑采用堆浸工艺。

2.1.1.1 硫酸铵原地浸取工艺

硫酸铵原地浸取工艺是在不破坏矿体地表植被、不剥离表土开挖矿石的情况下，利用一系列浅井（浅槽）注液，浸矿液从天然埋藏条件下的非均质矿体中有选择性地溶解或交换回收稀土元素。浸出液采用密集导流孔和集液沟进行回收。收集的浸出液经过碳酸氢铵除杂沉淀后获得沉淀母液和稀土沉淀物，沉淀母液再调配成一定浓度的浸取剂溶液返回用于稀土矿的浸取，或将沉淀母液直接用做顶水注完后，实现水溶液的闭路循环，而稀土沉淀物经过焙烧获得离子型稀土精矿。该方法稀土浸取回收率达 70%~75%，不需要破坏矿区地表植被，不开挖表土与矿石，对稀土资源的利用率较池浸工艺有了较大提升，降低了生产成本，减少了对环境的破坏，尤其改善了传统工艺水土流失状况，在开采离子吸附型稀土矿中已得到广泛的应用。但该方法存在地质勘探不到位，因渗漏容易造成地下水源污染等问题，对于复杂地质情况的矿山适应性差，稀土回收率低。流程如图2-1 所示。

A 浸取过程

浸取过程主要包括两个重要的过程，即注液过程和收液过程。原地浸矿过程硫酸铵的耗量为 6~10t/t-REO，稀土浸出率基本维持在 80% 左右。

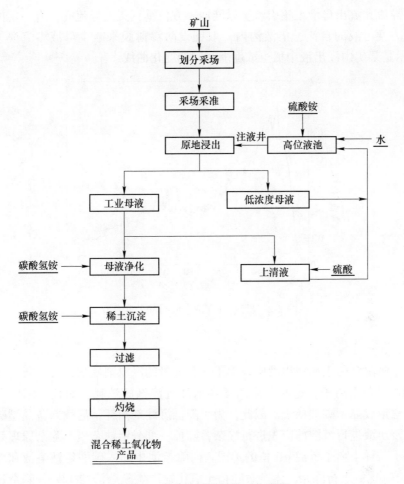

图 2-1 硫酸铵原地浸取工艺流程

a 注液过程

按一定比例（浓度）配置的"浸矿液"，依据每一矿体的不同条件，按一定"固液比"的数量，在常压或压力状态下，不断地被原地注入含矿山体后，会在每一"注液井（孔、沟槽）"周围，将"由上而下""由中心而周围"逐步形成有规律的"浸矿漏斗"，最终直达漏斗边界。"离子相"稀土主要在此漏斗形成过程中，逐步被"交换"出来。

b 收液过程

收液是原地浸矿最关键的一步，而矿体底板的不同决定了不同的收液技术。目前大部分矿山都采用密集导流孔和集液沟进行收液。导流孔布置于矿体下盘，孔深方向垂直矿体走向长度，孔径为 $\phi100mm$，出口位于回采工作面上，采用机械钻机打孔，用于将矿层内交换出的稀土母液导流出山体至导流沟内。而集液沟为了将导流孔流出母液汇集引流至母液池,方位垂直集液导流孔,有一定的倾斜角度,方便母液的自流,集液沟内一般铺设防渗薄膜来减少母液渗流损失。图2-2所示是某矿山浸出液中稀土浓度随时间的变化曲线。

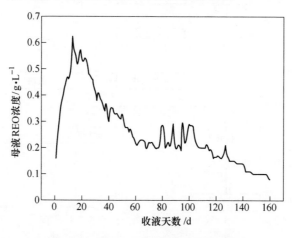

图 2-2　母液 REO 浓度随时间的变化

B　除杂过程

离子吸附型稀土矿浸出液中,除了含有大量的浸取剂硫酸铵外,还含有一部分的铝铁等杂质离子,这些杂质离子会增加沉淀剂的消耗,而且会影响产品质量,无法形成晶型碳酸稀土。因此,为了降低沉淀剂消耗,后续制备晶型碳酸稀土,在浸出液进行沉淀前应先进行除杂,除掉一部分铝铁杂质。除杂原理是利用杂质离子与稀土离子沉淀 pH 值的不同,向除杂池中加入碳酸氢铵溶液和稀土母液,调节 pH 值进行除杂。生产每吨稀土氧化物产生除杂渣约 12kg,除杂过程杂质去除率达到 99% 以上,稀土损失率约 6%,碳铵消耗量随杂质含量不同而不同,一般约 1.0t/t-REO。

C　沉淀陈化过程

除杂工序完成后,得到富含稀土的上清液,上清液通过管道输送至沉淀池。沉淀过程根据母液中稀土浓度不同向沉淀池中加入质量分数为 3%~5% 的碳酸氢铵溶液,加料方式为并流加料,加料过程中采用鼓风搅拌使溶液混合均匀,并采用 pH 试纸监控沉淀过程的溶液 pH 值,当溶液 pH 值为 6.7~7.0 时(一般为6.7),停止加料。结束后经过 6~8h 静置,得到的碳酸稀土沉淀沉降至沉淀池底部,上部为上清液,实现了稀土元素的富集。沉淀过程稀土沉淀率达到 98% 以上,碳酸氢铵消耗量约 3t/t-REO。

沉淀工序中产生的碳酸稀土沉淀物为无定型非晶形沉淀,后期过滤困难,不易洗涤,含水率高且夹带杂质多,会影响最终产品质量,因此需要在沉矿池中进行陈化结晶，让沉淀颗粒进一步结晶长大，以形成晶型沉淀；同时通过沉矿池陈化作用，静置后得到上清液，排出上清液后碳酸稀土浓度得到进一步浓缩，陈化时间一般控制在 8h 左右。

D 灼烧过程

灼烧工序是将压滤所得的碳酸稀土（草酸稀土）在高温条件下失水并最终得到稀土氧化物。灼烧主要指标：灼烧温度约 1000℃，煤耗低于 1.5t/t-REO（碳酸盐），产品烧得率不低于 17%，产品烧失率小于 2.0%；氧化物指标：TREO≥92.0%，Al_2O_3≤1.5%，H_2O≤1.0%，灼减不大于 2.0%。

E 尾矿修复

对于开采完成的矿山，要及时进行修复，并做好以下措施：（1）注液井施工过程中，大的乔木基本得到保留，仅砍伐一些小的灌木丛；（2）采矿结束后 3 个月内及时拆除区域的管道、临时工棚、泵房、防渗膜等，对作业井/导流巷子道进行回填，对汇流沟/集液池/高位池/临时排土场进行摊平/用糖厂滤泥和渣进行增肥，补充完善区域的排水系统防止积水；（3）6 个月后对区域植被恢复情况进行复查，恢复不好的进行增肥、补撒草种等措施强化。经过上述种种措施，矿山在开采过程中得到了尽量小的破坏，开采后及时修复，可在短时间内恢复原貌。

2.1.1.2 硫酸铵堆浸工艺

南方离子吸附型稀土矿堆矿浸取工艺回采构成要素包括筑堆、注液、集液、除杂、沉淀、灼烧、生态修复等过程。其中除杂、沉淀、灼烧等过程与原地浸取工艺类似。堆浸过程稀土回收率能达到 90%~95%，硫酸铵消耗量约 4~5t/t-REO，大大提高了稀土浸出效率，同时矿堆不渗漏、不压矿、不弃矿，充分利用了资源，有效地防止了铵盐的流失和环境污染，但堆浸水土流失和植被破坏严重。

2.1.1.3 离子型稀土矿绿色高效提取新方法

A 离子型稀土原矿浸萃一体化新技术

2011 年以来，北京有色金属研究总院黄小卫团队开发了离子型稀土原矿浸萃一体化新技术，并在中铝广西崇左稀土矿山建立了首条工业示范线，工艺流程如图 2-3 所示[101-103]。

离子型稀土原矿浸萃一体化新技术主要由以下核心技术组成：

（1）生态环境友好型镁盐及其复合体系浸取离子型稀土矿新技术，解决氨氮污染及土壤中交换态钙/镁营养元素流失问题。通过建立浸取双电层模型，揭示了不同无机盐溶液浸取的规律，开发出硫酸镁/氯化钙/硫酸亚铁等复合体系浸取离子型稀土矿技术，根据矿区土壤成分调整浸取剂成分，使土壤中交换态钙/

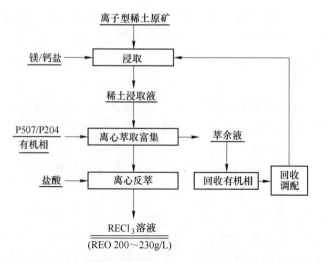

图 2-3　离子型稀土原矿浸萃一体化新技术流程

镁比例保持 8~12，满足土壤养分比值要求。稀土浸出率与硫酸铵浸取相当，铝的浸出率与硫酸铵浸取相比降低了 13%。

（2）离子型稀土矿浸出液 P507/P204 非平衡离心萃取富集稀土新技术。非皂化与非平衡耦合离心萃取富集稀土新技术，实现了弱酸性条件下稀土高效富集，解决了传统皂化萃取有机相乳化难题，大幅减少有机相损失；研究开发出离心分相耦合原位气浮除油回收有机相新技术，解决有机相损失及萃余液循环利用的难题，萃余液中磷含量降至 1mg/L 以下，萃余液经过调配浸矿剂后全部回用于浸矿，有机相溶解损失减少 95% 以上；开发适用于低浓度稀土溶液萃取的大流比、高通量新型结构离心萃取机，解决大规模连续化生产难题。

B　低浓度大相比鼓泡油膜萃取技术

北京科技大学黄焜团队提出基于气泡支撑有机萃取剂油膜的低浓度大相比鼓泡油膜萃取技术，利用气泡表面的有机萃取剂油膜，可将极大体量稀土浸矿液中极稀浓度稀土离子萃取富集到有机相中。萃取过程水油相比可高达 600 以上，萃取富集比高。由于萃取反应发生在气泡表面油膜层，界面效应强化萃取传质效率高，传质推动力大，可将水相中极低浓度稀土离子快速回收富集于有机萃取剂油膜内，且油膜破坏容易，经反萃后可使稀土离子富集至近百克每升浓度。目前已在东江足洞完成日处理 300m³ 离子吸附型稀土矿浸取尾液的放大验证。低浓度稀土溶液经大相比萃取后，萃余液中残留的稀土离子含量 REO<0.1mg/L，残油含量 P <0.3mg/L，COD< 50mg/L。新技术可从极低浓度的离子吸附型稀土矿的原地浸矿液直接萃取中重稀土元素，也适用于工业废水中高效提取、富集和回收低浓度稀贵重金属离子[104,105]。

C 离子型稀土矿浸矿尾水回收处理技术

南昌大学李永绣团队针对离子吸附型稀土矿浸取过程废水量大、稀土浓度低和铝含量高等问题，研究开发了从废水中回收稀土和铝的新技术，分离回收稀土后的硫酸铝用于稀土尾矿中残余稀土的浸出，稀土回收率可以提高 10% 左右；尾矿经护尾处理，在雨水淋浸下的铵和金属离子释出量大大降低，可以满足废水直接排放要求[102]。2014 年在江西安远建成了年产 10t REO 规模的低浓度稀土尾矿尾水和淋滤水中稀土富集回收示范生产线。

2.1.1.4 离子吸附型稀土生产稀土精矿技术经济指标

离子吸附型稀土矿提取工艺主要技术经济指标见表 2-1、表 2-2。

表 2-1 离子吸附型稀土矿提取工艺主要技术经济指标

名 称	指 标	堆 浸
总回收率	65%~72%	80%~85%
精矿品位	≥92%	≥92%
除杂渣产量	80~120kg	80~120kg
硫酸铵消耗量	7~12t/t-REO	4~5t/t-REO
碳酸氢铵消耗量	4~5t/t-REO	草酸 1.5~2t/t-REO
硫酸消耗量	0.4~0.5t/t-REO	0.4~0.5t/t-REO

表 2-2 离子吸附型稀土原矿浸萃一体化新技术与传统工艺的主要技术经济参数对比

项 目	传统工艺	新技术
1. 稀土矿浸取富集	硫酸铵浸取—碳酸氢铵沉淀富集	镁盐体系复合浸取—离心萃取富集
稀土浸取回收率	约 80%	>82%
稀土富集回收率	90%	>98%
稀土产品	离子型稀土精矿（REO > 90%）；Fe_2O_3 0.1%~0.2%，Al_2O_3 0.6%~1.2%，SO_4^{2-} 约 1%	氯化稀土溶液（REO 约 230g/L）；Fe_2O_3 < 0.07%，Al_2O_3 < 0.5%，SO_4^{2-} < 0.05%
环保水平	土壤营养元素流失，产生大量氨氮废水、含放射性废渣	满足土壤养分比值；萃余液磷含量<1mg/L；无氨氮排放、不产生含放射性废渣
2. 制造水平	半机械化、机械化生产	自动化控制；绿色制造；减少 5 道工序
3. 新增利税	基准	>2 万元

2.1.1.5 离子吸附型稀土生产稀土精矿污染物指标

（1）固体污染。目前主要采用的原地浸矿工艺产生固体废弃物很少，主要有：1）岩土。注液孔、收液巷道施工过程产生的岩土量较少，就近堆存在注液孔周边，待浸矿完毕后，回填注液孔。2）母液沉淀除杂渣。在母液处理工程中，母液经过中和除杂产生除杂渣，主要是含铝、铁和硅的固体渣，因其含有少量稀土而全部外卖进一步回收稀土。而在池浸工艺中，还包括浸取后的稀土尾矿，后期处理方式为复垦和植被恢复，保持水土不流失。

（2）废气污染。原地浸矿不需要破碎筛分，因此，不存在有组织的大气污染排放源。汽车运输、注液孔挖掘、排土场等存在一些无组织的大气污染排放，对周边的环境空气污染很小。另外，碳酸稀土焙烧过程中存在焙烧烟气，主要污染物为粉尘和氨气等，产生量约 12.26mg/m^3。

（3）废水污染。稀土浸出液经过碳酸氢铵沉淀回收稀土，沉淀母液经过硫酸酸化处理后，可作为浸矿液循环应用于原地浸矿过程，故不产生废水外排。但在浸矿过程中由于浸矿液泄漏会对地表水和地下水造成氨氮污染，另外矿山采矿停止后，需对矿山进行清水顶洗、修复，沉淀母液需经过处理达标排放，避免矿体内吸附的氨氮进入地下水或地表水，带来潜在的氨氮污染。总之，原地浸矿工艺主要是浸矿液对矿山的地表水、地下水和土壤等环境状况产生影响。原地浸矿工艺引起水环境质量恶化的渠道主要有两个：一是由于地表植被破坏引起悬浮物等污染物质对地表水的污染；二是浸矿作业残留于矿块或尾矿中的浸矿液、浸出母液以及整个作业过程中各种溶液泄漏引起地表水及地下水的污染。现有矿山在正常情况下，在母液处理环节中所产生的废水经收集后能够全部回用，不外排。但是，在原地浸矿采场中，由于浸矿母液不能全部回收，导致浸矿母液渗漏到外环境水体中，属于无组织排放，主要污染物为氨氮，目前产生量还不能定量，也没有特定的处理方式，只能通过做好防渗工程、收液工程而防止氨氮污染的方式。

2.1.2 离子型稀土萃取分离工艺

常规生产工艺以稀土氧化物含量为 90% 左右的离子吸附型稀土精矿为原料，经盐酸溶解、除杂得到混合氯化稀土料液，然后采用 P507 和环烷酸等萃取剂进行萃取分组或分离提纯，得到单一高纯稀土氯化物溶液，或稀土富集物溶液，经碳酸氢铵、碳酸钠或草酸沉淀、过滤、煅烧，得到稀土氧化物，冶炼分离工艺流程如图 2-4 所示。

酸溶渣一般含有放射性，需建库堆存。目前，在稀土氧化物生产过程中仍存在化工材料消耗高、资源综合利用率低、"三废"污染严重等问题。主要消耗（t-REO）：稀土精矿 1.2～1.25t，盐酸 5～10t，液碱 5～10t，纯碱 0.55～0.60t，草酸 0.78～0.86t，石灰（中和）0.4～0.85t，稀土总收率 93%～95%。污染物指标见表 2-3 和表 2-4。离子吸附型稀土精矿溶矿过程会产生含放射性废渣，总放射性比活度达到 10^5Bq/kg，渣量为 0.1t/t-REO。

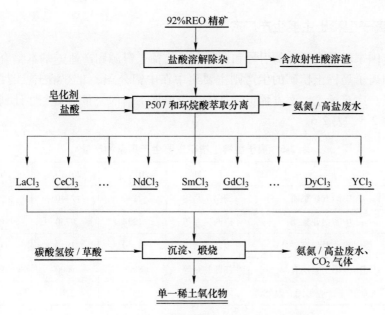

图 2-4 南方离子型稀土精矿冶炼分离工艺流程

表 2-3 离子吸附型稀土精矿冶炼分离过程废气污染物及排放量

来　源		污染物	排放浓度
锅炉烟气	WNS4-1.0Y 全自动燃油蒸汽锅炉	SO_2	小于 700mg/Nm^3
		烟尘	小于 110mg/Nm^3
		NO_x	小于 400mg/Nm^3
灼烧废气	草酸稀土灼烧	CO_2	小于 12.26mg/Nm^3
工艺废气	盐酸净化，入库和精制、负载有机相反萃取等工序	HCl	小于 8mg/m^3

表 2-4 萃取分离和沉淀过程废水污染物

序号	废水名称	产出量/$m^3 \cdot t$-REO^{-1}	COD/ppm	pH 值
1	碱皂化废水	3.5~8.0	500~800	0.5~2.0
2	稀土皂母液	5~17	600~1200	1.0~5.0
3	碳盐沉淀母液	15~20	30~60	5.7~6.2
	碳盐沉淀洗水	5~15	20~50	6.0~7.0
	草盐沉淀母液	6~10	800~2000	0~1.0
4	草盐沉淀洗水	7~15	500~1200	1.0~5.0

2.1.3 离子型稀土主要生产厂家

基于国家对稀土行业的引导和调整,目前稀土资源和产业链基本整合在六大集团,而离子型稀土精矿的生产则主要集中在中铝公司、北方稀土、厦门钨业、中国五矿、广东稀土、南方稀土,具体产量根据工信部公布的指令性计划进行统计,见表2-5、表2-6。

表2-5 离子型稀土精矿主要生产厂家和产量 (t)

序号	厂家	厂址	2015年	2016年	2017年
1	中国五矿集团	湖南永州等	2140	2140	2260
2	中国铝业集团	广西崇左等	1274	9750	9750
3	厦门钨业股份有限公司	福建龙岩等	1940	1940	1940
4	中国南方稀土集团有限公司	江西赣州等	8900	9000	9000
5	广东省稀土产业集团有限公司	广东河源等	2320	2200	2200

表2-6 离子型稀土冶炼分离主要厂家和产量 (REO,万吨)

序号	厂家	产能	序号	厂家	产能
1	赣县红金稀土有限公司	0.45	15	赣州稀土龙南冶炼分离有限公司	0.30
2	定南大华新材料资源有限公司	0.35	16	全南县新资源稀土有限责任公司	0.30
3	定南县南方稀土有限责任公司	0.25	17	金世纪新材料股份有限责任公司	0.30
4	寻乌南方稀土有限责任公司	0.25	18	江西明达功能材料有限责任公司	0.30
5	五矿江华瑶族自治县兴华稀土新材料有限公司	0.30	19	赣州稀土(龙南)有色金属有限公司	0.15
6	广州建丰五矿稀土有限公司	0.25	20	龙南龙钇重稀土科技股份有限公司	0.05
7	中铝广西有色金源稀土股份有限公司	0.30	21	广东富远稀土新材料股份有限公司	0.30
8	江苏省国盛稀土有限公司	0.30	22	清远市嘉禾稀有金属有限公司	0.20
9	中铝广西国盛稀土开发有限公司	0.55	23	德庆兴邦稀土新材料有限公司	0.20
10	中铝稀土(江苏)有限公司	0.55	24	龙南和利稀土冶炼有限公司	0.30
11	江阴加华新材料资源有限公司	0.22	25	金坛市海林稀土有限公司	0.05
12	全南包钢晶环稀土有限责任公司	0.30	26	广东珠江稀土有限公司	0.30
13	信丰县包钢新利稀土有限公司	0.25	27	宜兴新威利成稀土有限公司	0.50
14	福建省长汀金龙稀土有限公司	0.50		合计	8.07

2.2 包头混合型稀土精矿冶金

2.2.1 工业应用的包头混合型稀土矿冶炼分离工艺

包头混合型稀土矿由氟碳铈矿和独居石组成，位于内蒙古包头市白云鄂博地区，是世界最大的单体稀土矿山，由于其矿物结构和成分复杂，被世界公认为难冶炼矿种。中国稀土工作者长期致力于该矿的冶炼分离工艺研究，开发了硫酸焙烧法、烧碱分解法、碳酸钠焙烧法、高温氯化法、电场分解法等多种工艺方法，目前在工业上应用的只有硫酸法和烧碱法。

2.2.1.1 硫酸法

浓硫酸强化焙烧—萃取分离（第三代酸法）是北京有色金属研究总院张国成院士带领团队开发的具有原始知识产权的冶炼分离工艺。包头稀土精矿与浓硫酸混合在回转窑中进行焙烧分解，钍和磷生成不溶性焦磷酸盐进入渣中固化，稀土矿物转化为硫酸稀土，经水浸、中和除杂后得到硫酸稀土溶液。该法具有连续化、控制简便、易于大规模生产等优点，特别是对原料品位要求低、运行成本低、产品质量好、稀土回收率高。目前 90% 以上的包头混合型稀土矿采用该方法进行处理。该方法也被扩展用于低品位氟碳铈矿、独居石矿的处理，目前澳大利亚在位于马来西亚的工厂即采用该法处理 Mt. Weld 独居石型稀土矿。

从硫酸稀土溶液中提取稀土可采用图 2-5 所示的两种工艺路线：（1）将硫酸稀土溶液直接进行碳酸氢铵沉淀、盐酸溶解转型得到氯化稀土溶液，该方法投资小，碳酸稀土便于转运，目前基本是包钢稀土采用，年处理精矿能力 8 万吨，但沉淀 1t 稀土氧化物要消耗 1.6t 碳酸氢铵，运行成本较高，而且产生大量硫酸铵废水。（2）先采用 P507 进行 Nd-Sm 预分组，再用 P204 进行硫酸-盐酸混合体系萃取分组，盐酸反萃转型为氯化稀土溶液。该方法所用 P507、P204 不用皂化，萃取过程不产生氨氮废水，稀土收率高，产品质量好，目前基本被甘肃稀土采用，年处理精矿能力为 1.5 万吨。但由于硫酸体系稀土浓度低，设备投资较大。上述两种方法得到的混合氯化稀土溶液都要经过 P507 萃取分离 La、Ce、Pr、Nd 单一稀土。

第三代酸法工艺已运行近 30 年，为稀土工业的建立、发展壮大做出了重要贡献。但随着稀土产业的快速发展，对环境造成的影响也逐年增大。近年来，国内科研院所、稀土企业针对目前存在的环境污染问题，投入了大量的人力、物力进行绿色冶炼分离工艺的研发，取得了一些新的进展。针对包头混合型稀土精矿硫酸焙烧浸出液中稀土浓度低、中重稀土元素含量少的特点，北京有色金属研究总院、有研稀土新材料股份有限公司与甘肃稀土公司合作研发成功非皂化 P204、

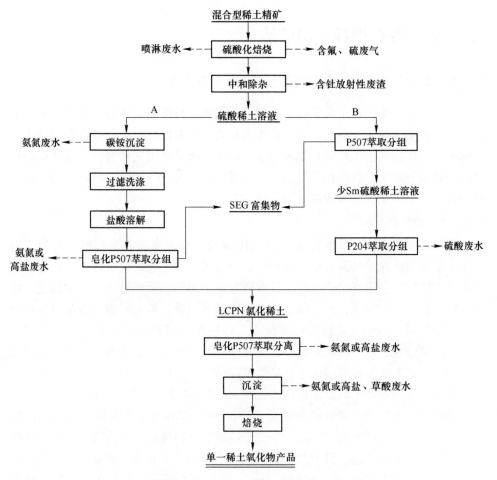

图 2-5　包头混合型稀土矿第三代硫酸法工艺流程

P507 在 H_2SO_4、HCl 混合体系中萃取分离稀土多出口工艺。2010 年以来，甘肃稀土公司与北京有色金属研究总院、北京大学、五矿稀土研究院合作将非皂化萃取分离技术与联动萃取分离技术进行有机结合，建成 4000t/a 硫酸体系非皂化联动萃取分离稀土生产线，从而实现了包头混合型稀土矿冶炼分离过程无氨氮排放，并降低了生产成本。该技术于 2012 年获得国家发明奖二等奖。

目前包头混合稀土矿冶炼分离过程中高盐废水的处理及排放问题十分突出。针对包头混合型稀土矿处理过程中产生的含硫酸镁酸性废水，传统的化学中和法是加入石灰或电石渣等进行中和处理，产生大量硫酸钙、氟化钙、氢氧化镁等沉淀物，澄清处理后废水达标排放。该处理工艺虽然消耗的主要是石灰、电石渣等中和剂，但沉淀量大、沉淀物复杂且操作环境恶劣，最主要的是，处理后得到的废水的循环利用受到限制。这是由于该工艺处理后的废水中钙、镁以及硫酸根含量饱和，在循环使用时会随着温度的变化在管道、输送泵以及储槽等器件中形成硫酸钙结垢，进而对连续化生产造成较大影响。此外，这种工艺处理后的废水含盐量极高，直接外排将导致江河水质矿化度提高，给土壤、地表水以及地下水带来严重的污染，进而导致生态环境的进一步恶化。随着新的环境保护法颁布实施，解决高盐废水问题并使得废水近零排放将是最终目标。对此，北京有色金属研究总院 2010 年以来开发了低碳低盐无氨氮萃取分离稀土新技术[106,107]，利用生产过程产生的 CO_2 与含镁废水制备纯净的碳酸氢镁溶液，用于稀土萃取分离（图 2-6），实现了物料循环利用，节约生产成本。2016 年，在甘肃稀土新材料股份有限公司改建了年处理包头混合型稀土精矿 30000t 的新一代绿色冶炼分离生产线，实现硫酸镁废水的循环利用，解决了生产过程中硫酸钙结垢的行业难题，并大幅降低了原材料消耗，生产成本降低 30% 左右，产生了巨大的社会和经济效益。该技术 2016 年入选工信部和环保部《水污染防治重点行业清洁生产技术推行方案》。

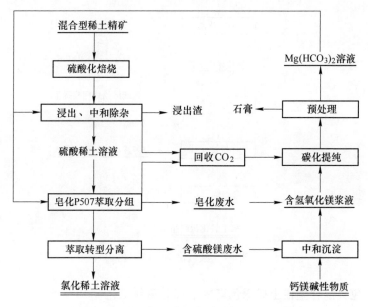

图 2-6　包头矿新一代绿色冶炼分离工艺流程

2.2.1.2　烧碱法

氢氧化钠分解法（烧碱法）的工艺流程如图 2-7 所示，其采用液碱常压分解处理高品位混合型稀土精矿。该工艺是将包头混合型稀土精矿经盐酸洗钙，液碱分解、洗涤、盐酸优溶得到优溶液和优溶渣，优溶液经浓缩和萃取分组得到混合氯化稀土、中重稀土化合物和混合氯化轻稀土，优溶渣经硫酸化焙烧回收稀土。其分解过程无酸气等有害气体产生，无需复杂的废气处理设备，投资较少。但碱法工艺对包头混合型稀土精矿的品位要求较高，液碱等化工原材料处理成本高。钍分散在废水和废渣中，含钍废渣中稀土含量较高，可以加入硫酸强化焙烧系统回收稀土，并使钍形成焦磷酸钍而固化在渣中。目前，淄博包钢灵芝采用该工艺，年处理精矿能力为 2 万吨。

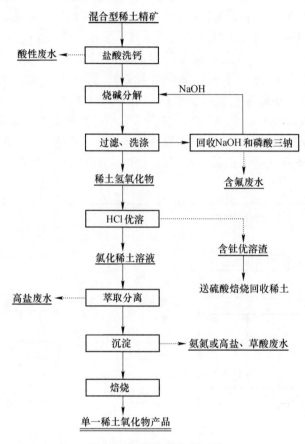

图 2-7　氢氧化钠分解工艺

2.2.1.3　包头混合型稀土矿绿色高效冶炼分离新工艺

近年来，国内许多研究院所、稀土企业针对包头混合型稀土矿冶炼分离过程存在的资源消耗和环境污染问题，开展了绿色高效冶炼分离工艺的研发，取得了一些新的进展[108]。

东北大学张廷安团队提出采用微波强化分解转型的清洁提取稀土新工艺。在微波强化分解过程中，以 NaOH 作为吸波剂、固氟剂和反应助剂，稀土精矿分解率大于95%，矿中的氟、磷转化为氟化钠和磷酸钙或氟磷酸钙，通过水洗可回收80%以上的氟；最后通过低浓度盐酸温和浸出水洗矿，稀土浸出率可达 93% 以上。该工艺大大降低了碱用量，仅为稀土矿质量的 35%；实现了氟资源回收独立操作，含氟废水量相比于传统碱分解工艺降低了67%。该团队同时还提出了微波场作用下稀土精矿氯化分解提取稀土新工艺，利用微波流化床将稀土精矿与碳混合氯化分解，得到稀土氯化物、氟化硅以及三氯氧磷，根据各物质的沸点差异进行精馏分离回收稀土、硅以及磷等[109,110]。

五矿（北京）稀土研究院有限公司廖春生团队通过理论计算研究，开发了包头矿转型—分离一体化分离新工艺，并于2016年在甘肃稀土新材料股份有限公司成功应用。与早期转型—分组一体化工艺相比，新工艺在转型过程中即同步实现部分纯Ce、PrNd、Nd等纯产品的分离，并延续产出LaCe、CePrNd等中间产品，以匹配原有生产线处理能力。新工艺流程的总萃取量由早期工艺的1.7~1.75进一步降至1.35~1.4，进一步接近于1.10的理论极限，有效降低了酸碱消耗。

中科院应化所陈继团队采用新焙烧工艺处理包头矿构建Ce(IV)体系，研究了复杂体系中Ce(IV)、氟、磷的萃取热力学和界面动力学，提出了Ce(IV)固定氟和磷的萃取机理，Cyanex923在硫酸介质对包头矿料液中Ce(IV)、F、P具有较好的萃取性能，通过反萃制备出$CePO_4$和CeF_3混合粉体，可有效回收包头混合型稀土矿中的氟、磷资源，利用铈资源固定氟、磷资源，从源头解决氟、磷环境污染问题。同时把稀土配分中占50%的铈优先分离出来，可为其他RE(III)的分离节约成本[111]。

包头混合型稀土矿经弱磁—强磁—浮选回收稀土、铁等资源后，大量含铁稀土尾矿不断被排入尾矿坝内堆积，尾矿中稀土平均品位逐步增加到6.8%~8.85%，接近白云鄂博原矿稀土品位，且铌、钪含量富集3倍，分别为0.36%和0.03%，尾矿的堆积不仅污染环境更造成资源的严重浪费。针对这一现状，东北大学薛向欣团队提出了钙基固氟还原焙烧—弱磁分选—酸浸取工艺处理包头含铁稀土尾矿[112,113]，以期回收尾矿中的有价元素。该方法利用钙基固氟，不仅有效降低烟气含氟量，同时促进稀土矿物的分解，分解率可达98%。还原焙烧过程可将尾矿中赤铁矿还原为人造磁铁矿，通过弱磁分选回收铁资源。

针对硫酸化焙烧产生的含硫和氟酸性废气的回收，包钢稀土开发出了高效酸回收技术，回收氟和硫酸，目前已经在包头华美、甘肃稀土公司等单位推广应用。

2.2.2 包头混合型稀土精矿冶炼主要技术经济指标

2.2.2.1 酸法工艺

包头混合型稀土精矿酸法提取工艺主要技术经济指标见表2-7。与传统工艺相比，新一代绿色冶炼分离工艺的稀土总收率提高1%，在浸出和萃取转型阶段原材料消耗降低50%，废水回收率由10%提高到95%，污染物排放量大幅削减。

包头混合型稀土矿冶炼过程中产生的废气主要包括浓硫酸高温焙烧稀土精矿产生的硫酸化焙烧尾气和稀土草酸盐或碳酸盐在窑炉内高温灼烧时产生的灼烧烟

气。废气来源及特征见表 2-8；冶炼废水主要包括焙烧尾气喷淋废水、硫酸铵废水、氯化铵废水、硫酸废水、草沉废水等，废水来源及特征情况见表 2-9；冶炼过程中产生的固体废物主要包括含钍的水浸渣和中和渣，通常处理 1t 精矿产生 1.4~1.6t 渣（含水 30% 左右），总比放射性活度低于 $1.85 \times 10^4 Bq/kg$，另外，冶炼过程中产生的固体废物还有石灰中和废渣等。

表 2-7 包头混合型稀土矿酸法提取工艺主要技术经济指标 (t/t-REO)

名　称	酸法提取工艺	新一代绿色冶炼分离工艺
	原料单耗	原料单耗
精　矿	2.2~2.3	2.2~2.3
硫　酸	3.4~4.0	4~5
氧化镁	0.6~0.8	—
碳酸氢氨	0.3~0.5	—
碳酸氢镁	—	0.4~0.5
铁　粉	0.1~0.3	0.1~0.3
生石灰	0.8~1.1	0.25~0.32
盐酸（折31%）	3~4	3~4
氢氧化钠（折固碱）	1~2	1~2
稀土总收率/%	89~91	91~92

表 2-8 包头矿冶炼中产生的废气污染物及来源

废气种类	来源及特征	主要污染物	产生量
硫酸化焙烧尾气	回转窑内产生，排放量大，成分复杂	硫酸雾、SO_2、氟化物和烟尘等	$30000 m^3/t$-精矿，其中 SO_2 $2g/m^3$，氟化物 $2.4g/m^3$，硫酸雾 $12g/m^3$，烟尘 $4g/m^3$
灼烧烟气	稀土草酸盐或碳酸盐灼烧分解产生	粉尘、HCl 等	$12.26mg/m^3$

表 2-9 包头矿冶炼工艺工业废水产生及来源

废水种类	来源及特征	主要污染物
尾气喷淋废水	回转窑尾气喷淋净化产生的酸性废水	$16t/t$-精矿，SO_4^{2-} $15\sim22g/L$，F^- $2\sim5g/L$，pH1.5
混合碳沉废水	硫酸稀土溶液碳铵沉淀转型过程产生，氨氮浓度低、杂质含量高	$16t/t$-精矿，NH_4-N $6.5\sim8.5g/L$，SO_4^{2-} $30\sim50mg/L$，pH6.5~7
萃余废水	稀土萃取过程产生的萃余液，为酸性废水	$8.5t/t$-精矿，NH_4-N $22g/L$，Cl^- $45g/L$，SO_4^{2-} $102mg/L$，pH0.9
单一 REO 碳沉废水	稀土碳沉过程产生的废水	$5.1t/t$-精矿，NH_4-N $22g/L$，Cl^- $47g/L$，SO_4^{2-} $23.5mg/L$，pH6.9

包头混合型稀土矿工艺污染防治可行技术工艺组合如图2-8所示。

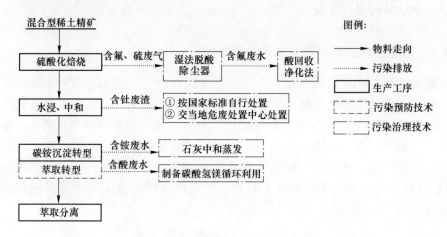

图 2-8　包头混合型稀土矿分解过程污染防治可行技术工艺组合

2.2.2.2　碱法工艺

包头混合型稀土精矿碱法提取工艺主要消耗（t/t-REO）：稀土精矿 1.7～
1.8、盐酸 7～8、片碱 1.3～1.8、氨水 1.5～2。

碱法工艺对稀土精矿品位要求较高，化工原材料处理成本高，含钍废渣中稀
土含量高，需要转入硫酸强化焙烧体系回收稀土和固定钍。伴生钍分散在渣和废
水中，酸溶渣总放射性比活度（2.3～3）×10^5Bq/kg，超标 2.5 倍。

2.2.3　包头混合型稀土精矿主要生产厂家

包头混合型稀土精矿主要生产厂家及产量见表2-10。

表 2-10　包头混合型稀土精矿主要生产厂家及产量　（REO，万吨）

工艺	序号	酸法、碱法冶炼工艺厂家	产能
酸法冶炼	1	包头华美稀土高科有限公司	4
	2	甘肃稀土新材料股份有限公司	1.5
	3	五原县润泽稀土有限公司	0.8
	4	包头市红天宇稀土磁材有限公司	0.8
	5	包头市新达茂稀土有限公司	0.5
	6	包头市聚峰稀土有限公司	0.8
碱法冶炼	1	淄博包钢灵芝稀土高科技股份有限公司	0.8

2.3 氟碳铈矿冶金

2.3.1 工业应用的氟碳铈矿冶炼分离工艺

氟碳铈矿普遍采用氧化焙烧—盐酸浸出法处理工艺，工艺流程如图 2-9 所示。精矿经过氧化焙烧分解生成可溶于盐酸的氧化稀土、氟化稀土或氟氧化稀土，铈被氧化为四价，盐酸浸出过程中三价稀土被浸出得到少铈氯化稀土，铈和部分三价稀土、氟、钍留在优溶渣中，再经过碱分解除氟，得到的富铈渣可用于生产硅铁合金，或经还原浸出生产纯度为 98% 左右的氧化铈。少铈氯化稀土经过 P507 萃取分离为单一稀土。目前，四川地区稀土企业基本都采用该法生产稀土。

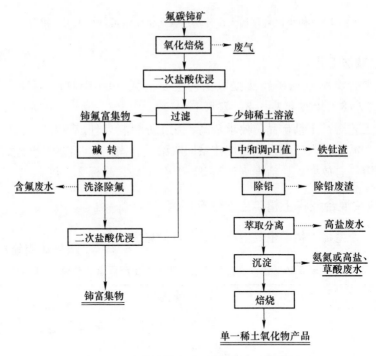

图 2-9　氧化焙烧—盐酸浸出法工艺流程

该工艺的特点是投资小、生产成本较低；但存在工艺不连续，盐酸浸出过程中铈、钍、氟不溶解留在渣中，渣经过碱转化后，氟以氟化钠形式进入废水，钍、氟分散在渣和废水中难以回收利用，对环境造成污染，而且铈产品纯度仅 98% 左右，价值低。因此，针对氟碳铈矿，有待进一步开发能同时回收稀土、钍及氟的高效、清洁、低成本的生产工艺。

2.3.2 氟碳铈矿绿色冶炼分离新工艺

针对目前氟碳铈矿冶炼分离过程存在伴生资源钍、氟浪费与环境污染问题，科研人员一直致力于氟碳铈矿绿色冶炼工艺的研发，主要思路是在氟碳铈矿焙烧过程中加入钙、铝、硅等化合物，将氟固化在渣中或将其气化脱除。该技术尚未能完全实现氟资源的有效利用，有待于进一步完善。

黄小卫院士团队提出氟碳铈矿氧化焙烧—硫酸浸取—HEH（EHP）一步萃取分离回收铈、氟和钍。氟碳铈矿经过氧化焙烧—硫酸浸出，使四价铈、钍、氟等均进入硫酸稀土溶液，萃取过程中 F（Ⅰ）分别与 Ce（Ⅳ）、Th（Ⅳ）形成 $[CeF^x]^{4-x}$、$[ThF^x]^{4-x}$ 配合物，更易于被 HEH（EHP）萃取进入有机相中，从而实现与 RE（Ⅲ）的分离；负载有机相中的 F（Ⅰ）采用 Al（Ⅲ）配位洗涤使其进入水相，并以冰晶石产品形式回收；负载有机相再采用 H_2O_2-HCl 还原反萃回收 Ce（Ⅳ），最后采用硫酸反萃回收 Th（Ⅳ），获得纯度为 99.95% 的 CeO_2 产品以及纯度为 99.5% 的 ThO_2 产品，避免了危废物氟、钍排放造成的环境污染问题，且伴生资源可综合回收利用[114-120]。

中科院应化所廖伍平等详细研究对比了 Cextrant230 与 Cyanex923、TBP、DE-HEHP 等萃取剂对四价铈、钍、稀土及氟的萃取热力学性能，发现硫酸体系中 Cextrant230 萃取分离稀土、四价铈和钍的优异性能，提出了基于该萃取剂的氟碳铈矿清洁冶金新工艺，并于 2015 年在四川江铜方兴稀土公司进行扩大试验，获得总铈收率 78.22%，氟回收率达到 60% 的效果；采用 30% Cextrant230 有机相萃取分离钍，有机相钍负载量可达 30g/L，尾液中的钍的含量 Th/TREO<5×10^{-5}。该工艺实现了占稀土总量 50% 左右的铈的优先分离，大大降低了后续工艺的处理量，同时回收放射性元素钍和有价元素氟[121,122]。

东北大学吴文远团队提出先冶后选的新流程，主要由氟碳铈矿固氟热分解技术以及稀土、萤石、重晶石等有价矿物浮选分离综合利用技术组成。由于冶炼过程生成的人造矿物（如稀土氧化物、萤石等）表面性质与天然矿物差别较大，目前的选矿药剂和选矿工艺无法直接应用，开展了氟碳铈矿固氟钙化分解过程矿物物相转变规律研究，阐明人造矿相的晶体表面化学特征，以及分解后的矿物与浮选药剂在浮选过程中的界面相互作用与吸附行为，筛选出在油酸钠和水玻璃的作用下通过浮选可实现稀土氧化物和萤石的分离[123]。

针对氟碳铈矿氧化焙烧—盐酸浸出工艺存在的含氟废气、高价态氧化铈难浸出等难题，东北大学张廷安团队提出加压钙化转型分解—盐酸温和浸取稀土的新思路，即采用低温预处理，将稀土氟碳酸盐转化为稀土氟氧化物，避免出现含氟废气污染；氟碳铈矿经预处理后再进行高压钙化转型，将稀土氟氧化物转变为稀土氢氧化物，氟转变为氟化钙；经高压钙化转型采用低浓度盐酸温和浸出，氟以氟化钙的形式进入浸渣，稀土浸出率可达90%以上[110]。

2.3.3 氟碳铈矿冶炼主要技术经济指标、环境及能耗

氟碳铈矿冶炼工艺主要消耗（t/t-REO）：稀土精矿1.6~1.8、盐酸1.5~2、液碱0.5~1、氯化钡0.03~0.05、硫化钠0.02~0.05、碳酸钠0.02~0.04，稀土总收率90%~93%。

氟碳铈矿冶炼过程中产生的废气主要包括氧化焙烧尾气、酸溶过程产生的盐酸酸雾、产品灼烧烟气等，废气来源及特征见表2-11。

表 2-11　四川氟碳铈矿冶炼中产生的废气污染物及来源

废气种类	来源及特征	主要污染物
焙烧尾气	氟碳铈矿氧化焙烧窑燃煤产生，氧化焙烧分解过程不产生有害气体	烟尘、SO_2
酸溶废气	氟碳铈矿氧化焙烧矿盐酸溶解产生	Cl_2、HCl
灼烧烟气	稀土草酸盐或碳酸盐灼烧产生	粉尘、HCl 等

冶炼废水主要包括碱转含氟废水、氯化铵废水、草沉废水等。每处理1t氟碳铈精矿，产生废水约50t，其中含氯化铵约为0.37t，氟化物约为0.5t，废水来源及特征情况见表2-12；产生的固体废物包括低放射性铁钍渣、石灰中和除氟渣、除铅渣等。

表 2-12　四川氟碳铈矿冶炼工艺工业废水产生及来源

废水种类	来源及特征	主要污染物
碱转废水	碱转过程中产生的含氟废水	F^-、SS
氯化铵废水	氯化稀土碳铵沉淀过程产生氨氮废水	COD、氯化铵、磷等
草沉废水	草酸沉淀过程产生，酸性废水	草酸、COD

氟碳铈矿工艺污染防治可行技术工艺组合如图2-10所示。

2.3.4 氟碳铈矿稀土主要生产厂家

氟碳铈矿稀土主要生产厂家及产能见表2-13。

表 2-13　氟碳铈矿稀土主要生产厂家及产能　　　　（REO，万吨）

序号	厂　　家	产能
1	四川江铜稀土有限责任公司	0.8
2	四川省冕宁县方兴稀土有限公司	0.8
3	冕宁县飞天实业有限责任公司	0.5
4	四川省乐山锐丰冶金有限公司	0.5
5	乐山盛和稀土股份有限公司	0.8
6	总　计	3.4

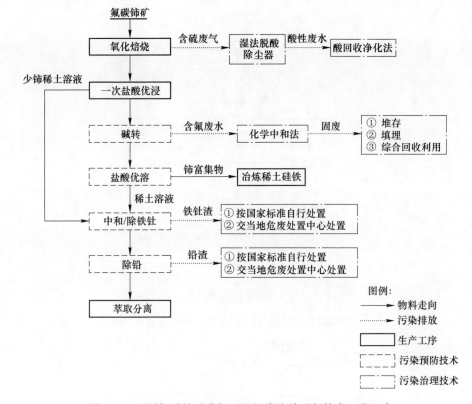

图 2-10　四川氟碳铈矿分解过程污染防治可行技术工艺组合

2.4　独居石和磷钇矿冶金

2.4.1　工业应用的独居石和磷钇矿的冶炼分离工艺

独居石和磷钇矿是稀土和钍的磷酸盐矿物，由于稀土磷酸盐化学性质非常稳定，目前广泛应用氢氧化钠分解法处理，工艺流程如图 2-11 所示。

以独居石为代表的磷酸盐类稀土矿物中钍、铀含量高，放射性总比活度较高，处理过程安全防护要求高于前面三种资源，其中铀钍渣需要建立专门的防护措施进行回收或按放射性废物处置要求堆存。目前，国内湖南、广东地区部分企业采用该法处理独居石精矿，合计年产能约 1.1 万吨。

2.4.2　独居石矿冶炼主要技术经济、污染物指标

独居石矿冶炼工艺主要消耗（t/t-REO）：稀土精矿 1.6~1.8、盐酸 6~7、片碱 1.5~2、其他辅料 0.03~0.06，稀土总收率 90%~93%。工艺流程及主要产污环节如图 2-12 所示。

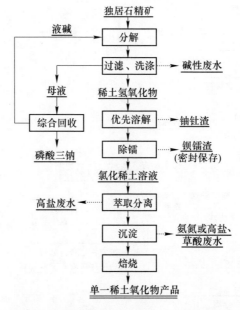

图 2-11　独居石/磷钇矿碱法分解工艺流程

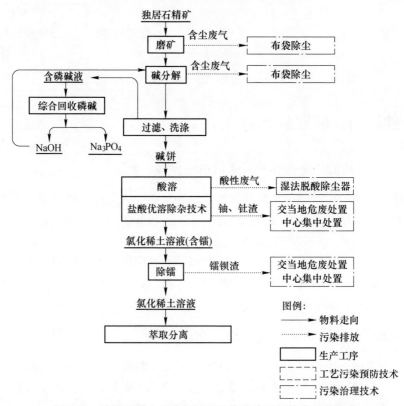

图 2-12　独居石稀土矿分解过程污染防治可行技术工艺组合

2.5 稀土化合物分离提纯

稀土元素化学性质相近，相邻元素分离系数小、分离提纯难度大，是化学元素周期表中为数不多的难分离元素组之一。为此，稀土科技工作者围绕着稀土元素的分离、提纯开展了大量的研究开发工作，开发了分步结晶、氧化还原、离子交换、溶剂萃取和萃取色层等分离提纯技术。

2.5.1 稀土萃取分离工艺

溶剂萃取法是指含有被分离物质的水溶液与互不混溶的有机溶剂接触，借助于萃取剂的作用，使一种或几种组分进入有机相，而另一些组分仍留在水相，从而达到分离的目的。溶剂萃取分离法具有连续性强、成本低、处理能力大等优势，被广泛应用于稀土元素的分离提纯。

中国从 20 世纪 50 年代开始溶剂萃取法分离稀土元素工艺技术研究，取得了许多具有自主知识产权的科研成果，并广泛应用于稀土工业生产。1966 年北京有色金属研究总院与复旦大学、上海跃龙化工厂合作使用甲基二甲庚酯（P350）作为萃取剂，萃取分离生产 99.99% 的氧化镧，是国内稀土工业首次采用萃取法分离稀土元素；1970 年北京有色金属研究总院采用 P204 富集、N263 二次萃取提纯得到纯度大于 99.99% 的氧化钇，1976 年研究成功环烷酸萃取提纯钇工艺，得到 99.99%~99.999% 的荧光级氧化钇，1981 年跃龙化工厂使用该技术建成年产 10t 的荧光级氧化钇生产线，并使用 P507 和 N235 萃取除杂，使产品达到日本涂料株式会社的荧光级氧化钇产品标准，成本不到离子交换法的 1/10。

20 世纪 70 年代初中国科学院上海有机化学研究所成功地实现了规模化合成 P507 溶剂萃取剂，为 P507 萃取分离稀土元素工艺的大规模应用奠定了基础；北京大学徐光宪院士提出了稀土串级萃取理论，广泛应用于稀土萃取分离工艺研究与工业生产设计优化。20 世纪 80 年代长春应用化学研究所、北京有色金属研究总院、九江有色金属冶炼厂、江西六〇三厂合作研究成功用 P507-盐酸体系从龙南混合稀土中全分离单一稀土元素的工艺技术，现在 P507 萃取分离稀土元素工艺已广泛应用于稀土工业。

20 世纪 70 年代，北京大学徐光宪教授建立了稀土串级萃取理论，该理论的成功推广和应用对稀土萃取分离乃至稀土材料的发展起到了重要的推动作用。采用溶剂萃取法分离提纯稀土，进行稀土精矿十多个稀土元素的全分离提纯，需要超十种规格、2000 级左右的混合澄清萃取槽。中国稀土萃取分离技术及装备整体水平居世界领先地位，近十多年来，稀土萃取分离技术又得到了大幅度改进提升，如模糊萃取技术、联动萃取技术、新型萃取体系研究和非皂化清洁萃取分离技术、低碳低盐无氨氮分离提纯稀土技术等，使稀土萃取分离效率、稀土纯度、稀土回收率得到提高，化工原材料消耗和废水排放量大幅度减少。

2.5.1.1 模糊联动萃取分离技术

目前我国的稀土萃取分离技术中以酸性萃取剂为主。在使用时，萃取剂首先要采用氨水或液碱进行皂化，然后皂化萃取剂与稀土溶液进行阳离子交换反应，生成含稀土的负载有机相和氨（钠）盐溶液，含稀土的负载有机相在多级萃取槽中进行稀土间元素交换纯化后，经酸反萃后得到高纯的单一稀土料液。皂化使用的碱和反萃使用的酸是萃取分离过程的主要化工材料消耗和外部推动力，使得萃取剂的预处理及再生循环利用符合要求。实际上，稀土元素本身在萃取剂有机相和水相中分配能力的不同是稀土分离的内在动力，然而这一因素往往被忽视。我国科研工作者经过长期的研究、探索和实践，采用以含难萃组分的有机相代替原用空白有机相，以富含易萃组分水相代替空白洗涤或反萃酸的方式，实现了整个流程的"超链接"。该工艺最大程度地利用了外部和内部推动力，可使酸碱消耗和废水的排放均降低25%以上，而且流程的生产能力可增加20%以上，从而提高分离流程效率。模糊联动萃取分离原理如图2-13所示。

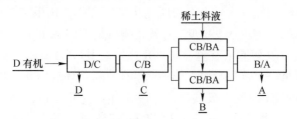

图 2-13　模糊联动萃取分离原理

2.5.1.2 新型萃取体系研究

经过长期工业生产实践的检验，综合萃取性能，如分离系数和萃取容量等，最理想的还是 P507、P204 和环烷酸等酸性萃取剂。但是该体系也存在许多缺点，例如同属于酸性萃取剂，其萃取能力（分配比）与水相 H^+ 浓度的 3 次方成反比，一般萃取一个 RE^{3+} 要置换 3 个 H^+ 进入水相，因此普遍采用氨水对酸性萃取剂预先皂化，将氢离子去除。但此过程产生大量的氨氮废水，回收难度大，对水资源造成严重的污染。此外，P204、P507 的不足之处还表现在平衡酸度过高，随着稀土元素的原子序数的增加，有机相的反萃越来越困难。尤其对重稀土铽、镝、镥的反萃，萃取平衡时间长，反萃余酸多，而且有机相不易再生干净。

为此研究人员提出了两种解决模式：一是开发新型萃取剂，如 Cyanex272、Cyanex923 等新型萃取剂得到了广泛的研究。此外，离子液体替代煤油等有机溶剂与萃取剂组成新的萃取体系，可避免有机挥发性污染等问题。二是改良主流萃取剂的萃取性能。例如 Cyanex272 和 P507 混合使用替代单一的 P507 萃取剂，可以有效降低酸碱消耗，改善操作条件。采用添加 EDTA、DTPA、H3cit 等络合剂的方式，与萃取剂 P507 和 P204 进行配合萃取，避免氨水皂化，也得到了较好的分离效果。总之，开发新的萃取剂体系、不断改进萃取剂是萃取分离技术永恒的课题。

中科院应化所陈继团队进行了 P507-异辛醇从 Tm、Yb、Lu 富集物（6%～8%Lu）中分离 Lu 的理论计算和工艺设计，确定了镱镥交换、平衡酸度等工艺参数研究，企业生产线验证了参数的可靠性，与江西金世纪新材料股份有限公司合作建成重稀土分离示范平台。福建省长汀金龙稀土有限公司、赣州稀土（龙南）有色金属有限公司、龙南县和利稀土冶炼有限公司等重稀土分离龙头企业采用该专利技术，分别建成了南方离子型矿重稀土高效分离生产线，生产实践证明新体系反萃酸度小于 5M，重稀土可以完全反萃，萃取体系稳定，无乳化等界面现象，生产出大于 5N 的 Lu_2O_3，3N～4N 的 Tm_2O_3 和 Yb_2O_3 产品，产品一致性好，质量稳定。

2.5.1.3 非皂化清洁萃取分离技术研究

为了解决萃取分离过程氨皂化有机相带来的氨氮废水污染问题，北京有色金属研究总院、有研稀土新材料股份有限公司针对不同稀土资源和萃取体系，开发了酸平衡技术、浓度梯度技术、协同萃取技术等多项非皂化萃取分离技术。对于硫酸体系，利用 P507、P204 等萃取剂的平衡酸度的差异及协同效应，可以解决 P204 低酸度下萃取过饱和乳化、反萃酸度高的问题，同时也可提高 P507 在酸性条件下的萃取容量；该技术可以直接在硫酸法处理包头矿得到的硫酸稀土溶液中进行萃取转型或直接萃取分离。对于盐酸体系，利用萃取剂直接将稀土离子萃入有机相中，用含镁和/或钙的碱土金属化合物保持萃取体系酸度平衡，得到含稀土的负载有机相用于稀土元素的萃取分离，整个过程 Ca、Mg 等杂质比稀土离子难萃取，基本不进入后续萃取线。非皂化清洁萃取分离技术从源头消除了氨氮废水，酸碱等化工材料消耗也大幅度降低，目前已在多家大型稀土企业应用，为液碱皂化成本的 15%～30%。

2.5.1.4 低碳低盐无氨氮分离提纯稀土新工艺研究

为了更高效、低成本地解决稀土冶炼分离过程的环境污染问题，有研稀土提出了基于碳酸氢镁溶液的低碳低盐无氨氮分离提纯稀土新工艺（图 2-6），即以自然界广泛存在的钙镁矿物为原料，稀土提取过程回收的 CO_2 为介质，通过碳化反应制备碳酸氢镁介稳溶液用于稀土分离过程，实现稀土萃取分离过程无氨氮排放，并解决早期开发的非皂化工艺中存在的三相物、杂质含量高、反应慢等问题，成本进一步降低，技术更具有先进性和科学性，可为稀土行业达到新的排放标准提供更先进实用的技术。目前，已经在江苏省国盛稀土有限公司、中铝广西国盛稀土开发有限公司分别建成了 2000t、3000t 稀土氧化物高效清洁萃取分离生产线，镁盐和 CO_2 回收利用率大于 90%，稀土萃取回收率大于 99.5%，材料成本较液碱皂化降低 50%以上，从源头解决了氨氮、高盐废水污染问题。2016 年被列为稀土行业"十二五"十大突破技术之一，获中国专利优秀奖、中国有色金属科技奖一等奖[124-129]。

在中国，对于高纯稀土化合物（5N～6N）的主要生产工艺是溶剂萃取、离子交换、萃取色层和氧化还原法，等等。目前，高纯氧化镧、氧化钪、氧化钇可通过溶剂萃取获得，高纯氧化镨和氧化钕由离子交换获得，氧化铽和氧化铒由离子交换纤维法制得，氧化钐、氧化钆、氧化铽、氧化镝、氧化铥、氧化镱和氧化镥由萃取色层法制取，氧化铈通过电化学氧化—溶剂萃取制得，氧化镨通过电化学还原—溶剂萃取或锌粉还原碱法工艺。氧化镧、氧化铈、氧化钇、氧化铽、氧化铥、氧化镱、氧化镥和氧化钪可达到 6N，其他产品的纯度也高于 5N。

2.5.2　离子交换法和萃淋树脂色层法

离子交换法与萃淋树脂色层法分离无机盐类都属于色层技术。萃取色层法是在离子交换法与溶剂萃取法基础上发展起来的一种新的分离技术。离子交换色层技术被应用到单一稀土的分离和净化上，迄今已有 70 多年的历史。

萃取色层法是一种以吸附在惰性支持体上的萃取剂为固定相，无机盐类溶液或矿物酸做流动相，用以分离无机物质的新型分离技术，具有萃取法萃取剂的良好选择性与色层法的多级性双重优点。1958 年，J. M. 温切斯特首先尝试用荷载在氧化铝上的 P204 作固定相的萃取色层法分离稀土，后来改用经硅烷化处理的硅藻土做支持体，在约 65℃的条件下，用盐酸梯度淋洗，分离了痕量的所有镧系元素。20 世纪 60 年代，S. 西基尔斯基等应用荷载在经疏水处理的白色硅藻土上的 TBP 作固定相，用硝酸和盐酸作流动相，也分离了几乎所有镧系元素，此后萃取色层法迅速发展起来，特别是在稀土分离领域内展开了大量的研究工作，使萃取色层法成为稀土分离的手段之一。80 年代，中国科技工作者研究了 P204 树脂分离稀土的性能，取得了良好的结果，但分离重稀土时，淋洗酸度太高，给流出液的处理带来困难。P507 萃取稀土时，平均分离因数高于 P204，且反萃酸度低，所以合成了 P507 树脂并被应用于高纯单一稀土分离。90 年代，北京有色金属研究总院采用离子交换法及萃取色层法研究开发了 15 种高纯稀土元素的制备工艺，产品纯度达到 5N～6N，建立了规模为年产 30～50t 高纯稀土氧化物样板车间，产品应用于 YLF、YAG 激光晶体，取得了较好的效果。萃取色层/离子交换法制备高纯稀土大致流程如图 2-14 所示，经济指标见表 2-14。

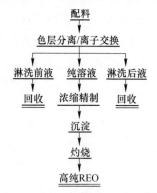

图 2-14　萃取色层/离子交换法制备高纯稀土流程

表 2-14　萃取色层法制备高纯稀土氧化物技术经济指标　　（kg/kg）

原料	单耗	原料	单耗
盐酸	30~40	水	5~10t
草酸	1.8~2.0	电	约10kW·h
氨水	2.5~3.0	蒸汽	0.2~0.3t

2.5.3　氧化还原法提纯稀土

稀土元素里铈、钐、铕、镱、镨和铽除具有三价氧化态外，在一定的氧化还原条件下，能形成 Ce^{4+}、Sm^{2+}、Eu^{2+}、Yb^{2+}、Pr^{4+}、Tb^{4+}。这些离子的性质与三价稀土的性质有很大区别，利用这种性质上的差别，可以有效地将它们从三价稀土元素中分离出来。目前较为成熟的是氧化法生产 $Ce(OH)_4$ 和还原法生产$Eu(OH)_2$。

铈的氧化法有空气法、氯气法、高锰酸钾法、电解法、双氧水法及臭氧法，一般空气和氯气氧化法只能获得纯度 95% 的 $Ce(OH)_4$，高锰酸钾法可制取 4N 的 $Ce(OH)_4$，但会引入 MnO_2 杂质，影响品质。电解氧化法氧化率达到 98% 以上，成本较低，且不引入杂质。北京有色金属研究总院 1979 年即开发了铈电解氧化工艺及连续电解设备，制备的氧化铈纯度达到 6N。双氧水法常用来从三价稀土中去除铈，制得无铈稀土。臭氧法需臭氧发生器，所以工业上应用较少。甘肃稀土原有一条高锰酸钾氧化铈的萃取分离生产线，可制备高纯 $Ce(OH)_4$ 和少铈氯化稀土，产能近 1 万吨/a，2010 年后，受产品结构变化而取消。

20 世纪 60 年代，北京有色金属研究总院即开发了铕的金属还原法。2001 年，北京有色金属研究总院改进了生产工艺，开发了电解还原法。金属还原法是利用锌粉、锌粒或锌汞齐为还原剂，在弱酸性溶液中将三价铕还原成二价铕。用锌粉为还原剂时，操作是间断还原，而用锌粒或锌汞齐为还原剂时可以实现连续还原。将 10 目左右的锌粒或锌汞齐填充在有机玻璃柱中，含 Eu^{3+} 的氯化物溶液连续地流入柱内，流出液中铕还原为 Eu^{2+}，还原率为 98%。但采用锌粒或锌汞齐法，一段时间后，其还原性降低，需更换锌粒。另一种方法是电解法还原，即以含铕的氯化稀土溶液为原料进行电解，Eu^{3+} 在阴极上被还原为 Eu^{2+}。该法连续，铕纯度高，可获得 5N 以上的高纯铕，目前已替代金属还原法而广为使用，代表企业有甘肃稀土，产能 24t/a，德庆兴邦、清远稀土、虔东稀土、全南晶环等企业也都建设了电解法还原铕的生产线。主要技术经济指标见表 2-15。电解还原铕技术从源头避免了锌、铅等重金属对环境的污染，电解产生的氯气经氢氧化钠吸收处理，副产次氯酸钠。

表 2-15　电解还原铕工艺技术经济指标

名　称	单　耗
铕还原率	>95%
铕纯度	>99.999%
电流效率	>70%
电解还原铕的回收率	>95%
电解还原能耗	$2.5kW \cdot h/kg\text{-}Eu_2O_3$
氢氧化钠（折固碱）	$0.5 \sim 0.7kg/kg\text{-}Eu_2O_3$

2.5.4　稀土元素与非稀土杂质分离

稀土元素与非稀土杂质的分离可分为粗分离与精制两部分。粗分离是从稀土精矿分解时产生的硫酸稀土溶液或其他料液中除去钍、磷、铁、钛、锰等，常用的方法有中和法、硫酸稀土复盐沉淀法、草酸盐法等；精制是从单一稀土元素中除微量杂质，制取高纯稀土氧化物。生产上用草酸盐沉淀法、硫化物沉淀法和萃取法等精制稀土氧化物。近年来，稀土厂都采用 P507、P204 萃取法除稀土中的碱土金属，用 N235 萃取法除锌，效果较好[130-134]。

2.6　稀土二次资源回收

2.6.1　回收方法及主要技术特点

中国是世界稀土消费量第一的国家，伴随着稀土资源在高性能材料和重大高端工程应用的不断扩大，中国稀土消费保持着年均 10% 以上的递增速度。随着稀土需求量和应用的增加，资源储备逐渐减少，同时也产生大量稀土废料。稀土废料主要包括钕铁硼稀土永磁废料、稀土荧光粉废料、稀土抛光粉废料、稀土催化剂废料、稀土储氢废料等。据中国稀土行业协会统计，2016 年全国稀土废料的回收量为 73150t，其中钕铁硼废料回收 61000t，荧光粉废料 1000t，抛光粉废料 2150t，电解渣 6500t，其他加工废料 2500t，见表 2-16。

表 2-16　2012~2016 年我国稀土废料回收量　　　　　　　（t）

年份	稀土钕铁硼废料	稀土荧光粉废料	稀土抛光粉废料	电解渣	其他废料	合计
2012	41700	2310	2150	4000	3200	53360
2013	50600	2100	2150	5000	3200	63050
2014	55000	1600	2150	6100	2500	67350
2015	57000	1200	2150	6000	2500	68850
2016	61000	1000	2150	6500	2500	73150

稀土废料中含有可观的稀土氧化物，如何从稀土废料中提取稀土氧化物，对于促进资源的二次利用、保持经济的可持续发展、实施创新驱动发展战略具有重大意义。目前已开发利用的稀土废料，主要包括钕铁硼稀土永磁废料、稀土荧光粉废料和稀土抛光粉废料等。

2.6.1.1　钕铁硼废料

中国是稀土永磁体第一生产大国，产量占全球总产量的80%。近年以来，我国永磁产业迅猛发展，2016年Nd-Fe-B永磁材料产量达11万吨左右。而在低碳经济席卷全球的趋势下，新能源汽车、风力发电、节能家电等低碳经济产业的发展，给稀土永磁产业发展带来了新的动力。在可预见的10~20年间，我国稀土永磁材料市场仍将保持快速增长。预计到2020年全球稀土永磁材料产量将超过20万吨，2030年将达到38万~40万吨。钕铁硼市场的蓬勃发展产生了大量的废料，造成了环境的污染和资源的浪费。在钕铁硼磁铁的生产过程中的各个环节均会产生一定量的废料或废品，如在原料的预处理工序中产生的原材料损耗、在感应熔炼过程中产生的严重氧化的钕铁硼废料、在制粉工序中产生的超细粉、因暴露在空气中而产生的氧化粉末、在烧结过程中产生的一些轻微氧化的钕铁硼块状料、在机加工过程中产生的大量边角料和表面处理过程中的不合格产品等，这些废料的成分和钕铁硼材料的成分基本一致。据统计，稀土钕铁硼磁性材料的生产、应用、废弃环节产生的大量稀土废料约占其总量的30%。按照目前15万吨钕铁硼材料的年产量计算，国内每年将会产生约5万吨的钕铁硼废料，包含1万~1.5万吨的镨钕，0.1万~0.4万吨的钆铽镝以及一小部分的钴，就每年产出的钕铁硼废料中有价金属而言，其潜在价值就超过70亿元。这些废料的堆放，不仅会产生固体废物污染、占用土地资源，同时会使得钕铁硼中的稀土元素进入土壤、水体等环境后，污染环境，危害人体健康；更为重要的将造成稀土资源的严重浪费。

目前工业上常用的回收钕铁硼废料中稀土的工艺技术为盐酸优溶法，其工艺流程包括以下四个步骤：球磨焙烧、分解除杂、萃取分离、沉淀焙烧，具体的流程图如图2-15所示。

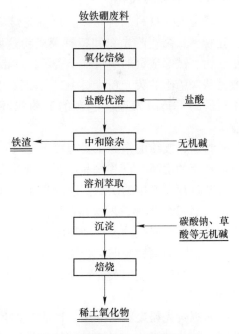

图 2-15　氧化焙烧—酸浸法回收钕铁硼废料中稀土的原则流程

（1）球磨焙烧。将块状钕铁硼废料使用球磨机球磨，然后与其他类型（如油料等）钕铁硼废料一起投入到回转窑中，自热反应将稀土和铁氧化，焙烧料再进行球磨过200目后再次焙烧，使得金属氧化率达到95%左右。

（2）分解除杂。使用盐酸对钕铁硼废料进行酸溶，控制酸分解工艺条件，使得废料中稀土在盐酸溶液中优先溶解并过滤，在氯化稀土溶液中加入氧化剂将Fe^{2+}氧化为Fe^{3+}，然后中和除杂，使三价铁水解生成氢氧化物，过滤获得铁含量小于10ppm的稀土料液和铁渣。

（3）萃取分离。对稀土料液采用P507进行萃取分离，用氢氧化钠/氨水等碱性溶液进行有机相皂化、盐酸反萃，萃取率可达98%以上，最终得到单一的稀土溶液。萃取过程在密封（采用水封）的萃取槽内进行，有机相经反萃后循环使用。经萃取分离得到的稀土溶液浓度为80~100g/L。

（4）沉淀焙烧。将单一稀土氯化物用草酸或者碳酸氢铵等沉淀剂处理，得到稀土草酸盐或碳酸盐沉淀，再经过900~1100℃条件下灼烧、焙烧，将其转化为单一稀土氧化物。

该工艺的特点是工艺简单、酸耗量少、稀土和铁的分离简单、能获得单一稀土氧化物；但是其酸溶过程稀土浸出率偏低，焙烧过程需要经过二次焙烧才能获得较高的氧化率，能耗较高。

2.6.1.2　荧光粉废料

稀土发光材料品种繁多，可分为灯（照明）用三基色荧光粉、信息显示用荧光粉、长余辉荧光粉和特种荧光粉这四大主流产品。电子产品的废料中含有钇、铕、铽等宝贵的中重稀土资源，在市场应用需求持续稳定增长的形势下，有效地从含稀土的荧光粉废料中二次回收利用稀土元素，对实现我国离子吸附型稀土资源的可持续发展、能源的节约和环境保护，都具有重要应用前景和现实意义。

目前，废粉的来源主要有以下三种：（1）稀土荧光粉生产过程中高温固相反应产生的次品，这些次品中稀土含量高，且不含汞、玻璃等杂质。（2）荧光灯生产过程中产生的次品。以杭州临安恒星照明电器有限公司为例，其生产过程中的成品率约93%，即次品占生产量的7%左右。（3）每年从一些含稀土荧光粉的报废产品中回收的废粉，如废稀土荧光灯、彩色电视显像管、X射线增感屏光粉等。上述前两种废旧荧光粉成分单一、杂质含量较低、回收工艺简单、回收成本较低；第三种废旧荧光粉成分复杂、杂质含量较高，需要预处理才能回收其中的稀土。

根据荧光粉废料的类型，目前工业上常用的工艺包括直接酸溶法和碱焙烧预处理—氧化酸浸法。对于单纯的红粉，其废料中的稀土主要以氧化物形式存在，可直接酸溶再萃取分离后沉淀灼烧获得单一稀土氧化物；对于铝酸盐或磷酸盐体系的绿粉和蓝粉，或者是混合的三基色荧光粉，则需在原料中加入碱性物质（氢氧化钠、碳酸钠等）在 800~1000℃ 进行焙烧，使稀土盐转变成稀土氧化物，再在氧化剂的辅助下 80~90℃ 盐酸溶解、中和除杂后获得稀土料液，再进行萃取分离、沉淀、灼烧获得单一稀土氧化物，原则流程如图 2-16 所示。

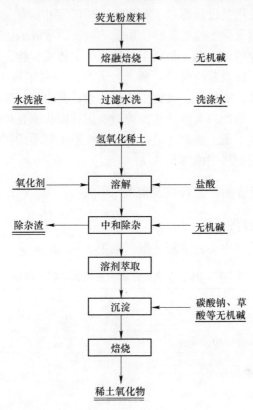

图 2-16 碱焙烧预处理—酸浸法回收荧光粉废料中稀土的原则流程

碱焙烧预处理—酸浸法工艺简单，获得的稀土浸出率高，基本都能达到 90% 以上；同时，该工艺还能处理一些较难浸出的稀土荧光粉。但是，该工艺同样存在一些问题：稀土浸出液杂质含量过高，比如 Al、Si、Ca 等，这些杂质元素会影响到后续的分离，而且，存在酸碱消耗量过大等问题。

2.6.1.3 稀土抛光粉废料

从 20 世纪初开始，稀土抛光粉已广泛应用于精密光学器件和军工产品加工；20 世纪中期，它开始应用于玻璃眼镜片、CRT 电视机玻壳和光学器件等领域；21 世纪，其已涉及硬盘玻璃盘片、ITO 导电玻璃、水晶水钻等材料和器件的抛光。最近十年来，伴随触控技术和液晶显示技术的发展，手机及电脑外屏的抛光成为稀土抛光粉的又一主要应用领域。稀土抛光粉应用领域的不断扩大，使稀土抛光粉的需求量不断增大。目前，我国在世界稀土抛光行业中已经占据了主导地位，并成为世界稀土抛光粉的生产和供应大国。用稀土抛光粉对物品抛光时，把抛光浆注入物品表面，反复抛光，抛光液不能循环使用，直到失效为止。

最近几年，我国稀土抛光粉消耗很大，每年以10%的速度在增长，2010年我国的稀土抛光粉使用量已经超过了15000t，2017年中国稀土抛光粉的需求量达到1.7万吨左右。随着稀土抛光粉的使用量的增长，形成的稀土抛光粉固体废粉也在持续增长。废弃的稀土抛光粉属于无危害的固体废弃物，不具有易燃性、腐蚀性、毒性、放射性以及其他危害。稀土抛光粉是一种轻稀土氧化物的混合物，其主要成分是氧化铈、氧化镧、氧化镨和氧化钕，其中氧化铈含量可超过80%以上。目前，稀土抛光粉废料大部分被当成产业固体废物搁置填埋，没有进行有效的管理及利用，造成了稀土资源的浪费，只有少数工厂采用碱焙烧预处理—酸浸工艺回收稀土抛光粉废料中的稀土。

2.6.2 主要技术经济指标、环境及能耗

2.6.2.1 主要技术经济指标

稀土二次资源冶金主要技术经济指标见表2-17。

表2-17 稀土二次资源冶金主要技术经济指标 （t/t-REO）

序号	名称	单耗	序号	名称	单耗
1	废料REO	4~6	8	氯酸钠	50~80kg
2	P507	10~20kg	9	石灰	0.5~0.7
3	煤油	20~40kg	10	氯化钡	0.04~0.05
4	工业盐酸	8~10	11	煤	1~1.5
5	氢氧化钠	8~10	12	电	0.5万~0.6万kW·h
6	草酸	0.2~0.4	13	水	50~70m³
7	碳酸钠	0.6~0.8			

2.6.2.2 稀土二次资源回收过程的环境保护

稀土钕铁硼废料、稀土荧光粉废料及稀土抛光粉废料中稀土的回收都经过了焙烧—酸溶—萃取—沉淀—灼烧过程，整个过程的"三废"基本一致。

稀土二次资源冶炼过程中产生的废气主要包括废料焙烧产生的烟尘、尾气和稀土草酸盐或碳酸盐在窑炉内高温灼烧时产生的烟气，废气来源及特征见表2-18；废水主要包括焙烧尾气喷淋废水、萃取废水、稀土沉淀废水及稀土沉淀洗涤水、生活污水等，其污染物指标基本与稀土萃取分离工艺一致；废渣主要包括酸溶渣、废水处理沉淀渣、烟气脱硫中和渣、布袋收集尘、隔油渣（乳化物）、生活污水处理站污泥和生活垃圾等。

表 2-18 稀土二次资源冶金的废气环境保护

废气种类	来源及特征	主要污染物	产生量/mg·Nm⁻³	处理
焙烧窑烟气	废料焙烧过程产生	烟尘、SO_2、NO_x	约9000	两段水喷淋塔除尘,尽可能收集有价烟尘
灼烧窑烟气	稀土草酸盐或碳酸盐灼烧分解产生	烟尘、SO_2、CO_2、NO_x	约9600	两段水+碱液喷淋塔进行脱硫除尘
锅炉烟气	煤燃烧制热过程产生	烟尘、SO_2、NO_x	约30000	旋流塔板脱硫除尘器进行脱硫除尘
酸溶废气	焙烧料盐酸溶解产生	HCl	约9600	在酸雾净化塔中用氢氧化钠溶液喷淋吸收
沉淀、配酸废气	草酸沉淀过程及盐酸配置过程产生	HCl	约8000	在酸雾净化塔中用氢氧化钠溶液喷淋吸收

2.6.3 稀土二次资源回收企业

我国稀土二次资源回收主要企业及产能见表2-19。

表 2-19 生产企业及产能

一、钕铁硼废料回收企业及处理量/t·a⁻¹

序号	厂家	处理量	序号	厂家	处理量
1	赣州步莱铽新资源有限公司	5000	21	江苏北方永磁科技有限公司	10000
2	赣州市恒源科技股份有限公司	5000	22	吉安县鑫泰科技有限公司	5000
3	赣县金鹰实业有限公司	3000	23	寿光市宏达稀土材料有限公司	5000
4	信丰县包钢新利稀土有限责任公司	5000	24	泰和长炜新材料有限公司	3000
5	吉安县鑫泰科技有限公司	5000	25	和平县福和新材料有限公司	5000
6	赣州弘昇科技有限公司	3000	26	赣州新盛稀土实业有限公司	2100
7	龙南县锴升有色金属有限公司	3000	27	贵州大龙领航新材料有限公司	3000
8	赣州力赛科新技术有限公司	8000	28	赣州荧光磁性材料有限公司	1200
9	赣州集盛科技有限责任公司	4000	29	定南县长华稀土有限公司	5000
10	龙南县林强稀土新材料科技有限公司	2000	30	赣州友力磁材有限公司	6000
11	江西万弘高新技术材料有限公司	12000	31	大余县天盛金属新材料有限公司	2000
12	赣州市南环稀土综合冶炼有限公司	5000	32	赣州隆泉新材料有限公司	4000
13	新干县鑫吉新资源有限公司	5000	33	江西炬诚科技有限公司	2000
14	龙南县京利有色金属有限责任公司	3000	34	遂川和创金属新材料有限公司	2000
15	赣州通诚稀土新材料有限公司	3000	35	遂川群鑫强磁新材料有限公司	3000
16	山西晋骏新材料科技有限公司	3000	36	永修县赣宇有色金属再生公司	3000
17	阳泉市林兴磁性材料有限公司	5000	37	包头市玺骏稀土有限责任公司	5000
18	赣州齐飞新材料有限公司	4000	38	赣州市鸿富新材料有限公司	3000
19	龙南县东和磁业有限责任公司	2000	39	赣州天和永磁材料有限公司	3000
20	福建省华裕天恒科技有限公司	2000			

二、稀土荧光粉废料回收企业及处理量/t·a^{-1}

序号	厂 家	处理量	序号	厂 家	处理量
1	江西华科稀土新材料有限公司	1000	11	泰和长炜新材料有限公司	1000
2	龙南县中利再生资源开发有限公司	1000	12	赣州集盛科技有限责任公司	1000
3	赣州钰铖新材料有限公司	2000	13	赣州齐畅新材料有限公司	1000
4	信丰华盛荧光材料有限公司	1000	14	龙南县银和有色金属有限公司	1200
5	龙南县林强稀土新材料科技有限公司	500	15	定南县长华稀土有限公司	1000
6	赣州中凯稀土材料有限公司	2000	16	江西炬诚科技有限公司	500
7	龙南县京利有色金属有限责任公司	1500	17	赣州晨阳稀土材料有限公司	500
8	龙南县东和磁业有限责任公司	400	18	赣州齐飞新材料有限公司	500
9	龙南县埝然科技有限公司	500	19	信丰县通宝稀土有限公司	500
10	吉安县鑫泰科技有限公司	1000			

三、稀土抛光粉废料回收企业及处理量/t·a^{-1}

序号	厂 家	处理量	序号	厂 家	处理量
1	龙南鑫辉功能材料有限公司	3000	3	贵州大龙领航新材料有限公司	1000
2	信丰华盛荧光材料有限公司	1500			

2.7 稀土火法冶金

2.7.1 概述

　　稀土火法冶金是指在高温下应用冶金炉进行稀土金属的制备和提纯的各种作业。稀土火法冶金具备过程简单、生产效率高的优势。我国稀土火法冶金研究始于 20 世纪 50 年代[135]，以北京有色金属研究总院、中科院长春应用化学研究所、包头稀土研究院、赣州有色冶金研究所和湖南稀土金属材料研究院等单位为代表，研究、发展了熔盐电解法、热还原法等一系列制备稀土金属的工艺技术和装备，并通过技术辐射逐步建立了我国稀土金属工业体系。1962 年，北京有色金属研究总院首次制备出全部 16 种单一稀土氧化物及稀土金属，填补了国内空白，开创了我国稀土元素科学研究的先河，并于 1970 年制备出同位素金属^{147}Pm，填补了我国在该领域的空白。

　　20 世纪 70 年代，混合稀土金属在钢中大量应用，其在钢铁中的消耗量占到总消耗量的 50%以上，从而推动了稀土氯化物熔盐电解法生产混合稀土金属产业化技术的发展；1973 年上海跃龙化工厂万安培电解工艺设备投入生产，到 20 世纪 70 年代末我国混合稀土金属的产量达到 1200t。

20世纪70年代初，钐钴永磁材料开发成功促进了金属钐的工艺技术成果转化为工业生产，真空还原—蒸馏工艺、设备达到产业化规模，单炉产量由100克级到公斤级。2000年达到百公斤级，目前达到300公斤级。

20世纪80年代初，日本住友金属公司NdFeB高性能永磁材料开发成功，极大地推动了我国稀土氟化物体系氧化物电解工艺、设备产业化的进程，电解槽规模由试验室100A提到了3kA，到2000年末达到6kA，2002年万安级电解槽已投入工业生产；同时，随着NdFeB永磁材料对金属镝、铽的需求量扩大，金属热还原法制备金属镝、铽的工艺技术及装备也达到了产业化的规模，2000年前后还原单炉产量达到百公斤级；随着金属镝的需求不断增大，1998年开发了更为经济的熔盐电解生产镝铁合金的工艺技术，从而镝铁合金取代了大部分纯金属镝的需求，目前电解镝铁合金普遍使用4kA电解槽。

到20世纪末21世纪初，我国在稀土火法冶金领域已经基本形成了较为完整的工业技术体系和创新体系，稀土金属产业蓬勃发展。目前我国稀土金属及其合金年产量约4万吨，我国已成为世界最大的稀土金属生产、消费和出口国，产品涵盖16种稀土元素，形成了囊括工业级稀土金属及合金、高纯级稀土金属的多系列、多品种、多规格的产品布局。

我国稀土金属提纯技术研究始于20世纪90年代，主要研究单位为北京有色金属研究总院、有研稀土新材料股份有限公司、湖南稀土金属材料研究院、北京大学、内蒙古大学等单位。我国稀土金属提纯技术研究可归纳为三个阶段：

第一个阶段是"九五"期间（1996~2000年）：国内高纯技术研究的起步阶段。北京有色金属研究总院承担了国家重点基础研究项目（"973"）"稀土功能材料的基础研究"子课题"高纯稀土金属的制备"，制得了当时国内所报道的最高纯度的高纯镝、铽、钪，并相继开发了高纯Ho、Er、Tm、Yb、Eu、Lu等高纯产品，其中：高纯金属镝工业制备技术获中国有色金属工业总公司科学技术奖三等奖，金属铽和高纯铽工业制备技术获北京市科技进步奖三等奖，中间合金—真空蒸馏法制备高纯金属钪技术获中国有色金属工业总公司科学技术奖三等奖。

第二个阶段是"十五"期间（2001~2005年）：在国家产业政策的支持下，北京有色金属研究总院、有研稀土新材料股份有限公司承担了国家稀土材料产业化及应用专项"高纯稀土金属产业化示范工程项目"，开发成功高纯金属钐专用生产设备及层馏技术，研制成功制备高纯稀土金属专用设备及配套纯化技术：可提纯13种稀土金属，产品绝对纯度达到3N~3N5，该项目成果2006年获北京市科学技术奖一等奖，2007年获中国有色金属工业科学技术奖一等奖2项，2008年获国家发改委"国家高技术产业化十年成就奖"。

第三个阶段是"十一五"至今：以北京有色金属研究总院、有研稀土新材料股份有限公司为主，湖南稀土金属材料研究院、北京大学等单位相继承担了国家科技支撑计划"科研用高纯无机试剂核心单元物质的研制与开发"、国家"863"计划"超高纯稀土金属及合金节能环保制备技术"、国家"973"计划"稀土无水卤化物及金属高纯化过程的科学基础"项目,开发了一系列国产高温、高真空的稀土金属专用提纯装备,并获得覆盖 16 种稀土金属、整套的集成优化提纯技术路线,突破了 16 种 4N 级超高纯稀土金属提纯技术,分析的杂质多达 75 种(包括 C、O、N、H 四种气体杂质),该项目成果:2013 年"超高纯稀土金属制备技术获得突破"入选"中国稀土十大科技新闻",2015 年"3N~4N级超高纯稀土金属及合金"获得国家科技部颁发"国家重点新产品",2016 年获中国有色金属工业科技进步奖一等奖。

近 20 多年来,随着稀土功能材料产业的快速发展,我国凭借火法冶金技术的进步和资源优势,已成为全球最大的稀土金属及合金生产国和供应国,稀土金属年产能达到 5.5 万吨,年产量约 3 万吨,供应量占世界总量的 90% 以上。

目前稀土火法冶金技术主要包括四种:熔盐电解技术、金属热还原技术、中间合金技术以及金属提纯技术。95% 以上稀土金属及合金的制备采用熔盐电解技术,主要产品为单一轻稀土金属镧、铈、镨、钕及镨钕、镝铁、钇铁等合金;钐、铽、镝、钬、铒等中重稀土金属普遍采用金属热还原工艺进行生产;铽、镝、钬、铒等重稀土普遍采用钙热还原工艺和中间合金工艺进行生产;稀土金属提纯主要是通过真空蒸馏、固态电迁移、区域熔炼、电子束熔炼、悬浮熔炼等多种提纯技术优化组合进行生产,可得到绝对纯度大于 99.99% 的超高纯稀土金属[136-139]。

2.7.2 稀土火法冶金方法及主要技术特点

2.7.2.1 熔盐电解法

目前 95% 以上的稀土金属及合金采用氧化物-氟化物熔盐电解法生产,该方法是在氟化物熔盐中通直流电,将稀土氧化物直接还原为稀土金属或者合金。常见稀土氧化物-氟化物熔盐电解工艺流程如图 2-17 所示,主要的电解稀土产品包括钕、镨钕、镧、铈、混稀、镝铁、钇铁、钬铁、稀土镁、稀土铝等。电解稀土金属及合金质量要求越来越严格,关键 C、Fe 元素含量要求达到 0.05%、0.15% 以内,个别企业针对高端客商控制的指标要求更为严格。

熔盐电解法使用的装备为电解槽,电解槽结构主要包括石墨坩埚、石墨阳极、阴极棒、炉台板、保温层、炉壳等。目前电解槽正呈现大型化趋势,槽型从3kA 逐渐发展到 6kA、8kA、10kA、25kA。我国的氧化物-氟化物熔盐电解法按地域特点呈现明显的南北特色,北方以包头地区为代表,槽型多偏大型化,出炉方式以"舀埚"为主;而南方以赣州地区为代表,槽型普遍偏小,多在 6kA 以内,出炉方式以"夹埚"为主。

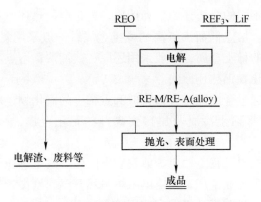

图 2-17　氧化物-氟化物熔盐电解工艺流程

稀土熔盐电解法的主要技术优点为：（1）设备投资成本低；（2）电解温度相对较低（1100℃以内），可连续生产稀土金属或合金，产业化优势明显；（3）电解槽结构简单，工艺流程短，可操作性强，便于管理。主要技术缺点为：（1）槽型小，产品一致性略低，仅适于提供工业纯产品；（2）操作环境恶劣，炉前温度高，挥发物多；（3）人工依赖性强，优秀技工需求缺口大。

经过多年的实践和探索，熔盐电解法的经济技术指标已经有较大提高，稀土直接收率为 90%~95%，稀土氧化物单耗为 0.88~1.16kg/kg，稀土氟化物单耗为 0.10~0.15kg/kg，电流效率为 70%~80%，电耗为 8~10kW·h/kg，能量利用率仅为理论值的 13%~15%，加工成本为 15~30 元/kg。常见稀土金属及合金熔盐电解的详细经济技术指标见表 2-20。

表 2-20　氧化物-氟化物熔盐电解经济技术指标

工艺条件及指标	金属镧	金属镨	金属钕	镝铁合金	钆铁合金
温度/℃	950~1000	1000~1050	1050~1080	1050~1100	1050~1100
电耗/kW·h·kg^{-1}	7~9			8~10	
电流效率/%	75~80			70~75	
稀土直收率/%	94~95			92~94	90~92
REO 单耗/kg	1.15~1.16	1.15~1.16	1.13~1.14	0.88~0.89	0.88~0.89
REF$_3$ 单耗/kg	0.14~0.15	0.14~0.15	0.10~0.12	0.12~0.14	0.14~0.15
LiF 单耗/kg	0.01~0.015				

在环境影响方面，熔盐电解法每生产 1t 稀土金属大约产生 8.5kg 的氟和 13kg 的烟尘。因此，随着节能和环保大力推进，国内主要的稀土电解生产企业均配备了收尘装置和尾气处理系统。

2.7.2.2　金属热还原法

金属热还原法是利用金属还原剂和稀土金属卤族化合物之间发生化学反应制

备稀土金属。根据不同的金属还原剂和还原工艺，金属热还原法可分为还原—蒸馏法和钙热还原法。熔点低而沸点高的稀土金属，一般采用氯化物钙热还原法；沸点低、熔点居中的稀土金属，一般采用还原—蒸馏法；熔点高且沸点高的稀土金属，一般采用氟化物钙热还原法。

还原蒸馏法是通过金属镧或者铈将低沸点稀土的氧化物还原为稀土金属，并在高温真空条件下将稀土冷凝收集得到高纯的稀土金属，一般金属纯度达到99.99%以上。

还原蒸馏设备主要是真空感应炉或真空电阻炉。真空感应炉升温、降温速度快，已经广泛应用于工业生产；真空电阻炉虽然升温速度慢，但电耗低、真空度低，单炉装入量大，目前正处于推广应用阶段。

钙热还原法是通过金属钙在高温条件下将稀土氟化物或者氯化物还原为稀土金属的制备方法，所制的稀土金属纯度能够达到99.90%以上。

氯化物钙热还原设备可以是电阻炉也可以是感应炉，因还原炉料化学性质活泼，需配备真空系统和充氩气设备。氟化物钙热还原设备可以是真空感应炉也可以是真空电阻炉，要求冶炼设备温度能够达到1600℃，真空感应炉较为理想。

金属热还原法的主要技术优点是：（1）流程短，可操作性强；（2）工作环境好，粉尘少，污染小；（3）产品纯度高。主要技术缺点是：（1）生产不连续，冶炼周期长，产能小；（2）熔炼温度高，需要保护气氛，设备要求苛刻；（3）坩埚材料多为钨、钼、钽等，生产成本高。

金属热还原法的主要经济指标见表2-21。

表 2-21　金属热还原法主要经济技术指标

工艺条件及指标	还原—蒸馏法	氯化物钙热还原法	氟化物钙热还原法
反应温度/℃	1300~1400	800~1100	1450~1750
稀土回收率/%	85~90	80~92	83~94
电耗/kW·h·kg^{-1}	6~15	5~9	6~10

2.7.2.3　中间合金法

中间合金法基于钙热还原稀土氟化物，在还原过程添加了能够降低氟化钙渣熔点的氯化钙造渣剂，在炉料中添加了熔点低、蒸气压高的合金化组元金属镁，其显著优点是降低了钙热还原温度。

中间合金法的主要设备包括真空还原设备、真空蒸馏设备和电弧熔炼设备。真空还原设备和真空蒸馏设备可以是感应炉也可以是电阻炉。感应炉应用较为普遍，公称容量可达300kg，真空度达到10^{-4}Pa。电弧熔炼设备多采用电弧炉，在惰性气氛（氩气）下利用电弧产生高温将海绵态稀土金属熔化为致密的金属锭。

中间合金法的主要技术优点是：（1）相对于金属热还原法的1600℃左右，

中间合金法的反应温度在1000℃左右，能耗低；（2）产品质量好，收率高，可达到95%~97%；（3）可以使用钛坩埚代替钨、钼和钽等昂贵金属。产品质量控制要求较高是其主要不足。

2.7.2.4 稀土金属提纯

工业纯金属是指用金属热还原法和熔盐电解法大量制备的稀土含量在95%~99%的稀土金属。工业纯稀土金属经特殊工艺处理除去其中的杂质得到纯度高的稀土金属称为高纯稀土金属，其稀土含量可以达到99.9%以上。

提纯稀土金属的主要方法有真空蒸馏法、区域熔炼法、电迁移法、电解精炼法，任何一种方法只能取出稀土金属中的某些杂质，需要根据杂质的种类和金属纯度的要求，选用几种合适的提纯方法相结合去除稀土金属中的杂质。

（1）真空蒸馏法。稀土金属真空蒸馏提纯是利用某些稀土金属蒸气压高的特性，在高温高真空下蒸馏使稀土金属与杂质分离进行提纯。该方法的主要特点是：1）杂质元素和稀土挥发性差别要大，高温高真空下杂质元素能够挥发逸出，或者将金属蒸馏收集；2）对于蒸气压较低的稀土金属，C、O、N杂质元素去除难度大。

（2）区域熔炼法。区域熔炼提纯是在一个被熔炼提纯的锭料上造成一个或者多个熔区，熔区沿锭长方向做多次定向移动，使锭料中的杂质重新分布，达到集中杂质提纯金属的方法。

区域熔炼可采用感应加热或者电子轰击加热，所采用设备分别为高真空冷坩埚区域熔炼炉和高真空电子束熔炼炉。该方法的主要技术特点是：1）熔炼快捷，处理量大；2）金属类杂质去除效果明显，杂质含量可下降数百倍；3）晶隙类杂质（N、O、C、H等）去除效果一般。

（3）电迁移法。电迁移法提纯金属是指利用固体（或者液体导体）中溶解的原子在直流电场的作用下能够有顺序地迁移的原理提纯金属。该方法的主要技术特点是：能够有效除去稀土中O、C、N、H等杂质以及部分金属杂质。

（4）电解精炼法。电解精炼法是将稀土金属在一定的熔盐体系中经电解去除杂质的提纯方法，该方法的主要技术特点是：对于H、N、O晶隙杂质和Al、Fe、Ta等金属杂质去除效果明显，C含量变化不大，F含量略有增加。

稀土金属提纯主要经济技术指标见表2-22。

表2-22 稀土金属提纯主要经济技术指标

工艺条件及指标	金属蒸馏法	区域熔炼法	电迁移法
提纯效果	纯度大于99.90%，金属杂质总量小于0.01%，气体杂质总量小于0.005%	纯度大于99.95%，金属杂质总量小于0.005%，气体杂质去除效果不明显	纯度大于99.99%，金属杂质总量小于0.01%，气体杂质总量小于0.005%
电耗/kW·h·kg^{-1}	>1000	>2000	>3000

2.7.3　稀土火法冶金主要应用情况

95%以上稀土金属及合金由熔盐电解法生产,该方法的主要应用厂家、产能及产品见表2-23。

表 2-23　稀土熔盐电解法应用情况

序号	生产企业	生产规模/t	主要产品
1	有研稀土新材料股份有限公司	2000	重稀土金属及合金
2	乐山有研稀土新材料有限公司	3000	轻稀土金属
3	包头瑞鑫稀土金属材料股份有限公司	8000	轻稀土金属
4	赣州科力稀土新材料有限公司	2000	轻/重稀土金属
5	江西南方稀土高技术股份有限公司	3500	轻/重稀土金属
6	赣州晨光稀土新材料股份有限公司	2500	轻/重稀土金属
7	丹东金龙稀土有限公司	3000	轻稀土金属
8	徐州金石彭源稀土材料厂	1200	轻稀土金属
9	锦州坤宏新材料实业有限公司	2000	轻稀土金属
10	包头市玺俊稀有限责任公司	4450	轻/重稀土金属
11	西安西骏新材料有限公司	2000	轻/重稀土金属
12	四川省乐山市科百瑞新材料有限公司	2000	轻稀土金属
13	甘肃稀土新材料股份有限公司	1000	轻稀土金属
14	四川江铜稀土有限责任公司	2000	轻稀土金属

高纯稀土金属主要生产单位、产能及主要产品见表2-24。

表 2-24　4N 级高纯稀土金属生产企业

序号	生产单位	生产规模/t	主要产品
1	有研稀土新材料股份有限公司	10	La、Ce、Pr、Nd、Sm、Eu、Gd、Tb、Dy、Ho、Er、Tm、Yb、Lu
2	湖南稀土金属材料研究院	5	Sc、Ho、Er、Yb、Eu

2.7.4　稀土火法冶金新技术

稀土金属及其合金是制备高性能稀土磁性功能材料、储氢材料以及国防军工等高技术材料必不可少的基础原料。我国稀土金属及合金年产量达到5万吨以上,供应量占世界总量的90%以上。近些年来的研究进展主要体现在高附加值高纯及深加工稀土金属制备和绿色高效冶金技术研发领域,装备水平获较大提升。

2.7.4.1 超高纯稀土金属提纯技术及装备

超高纯稀土金属是研究稀土本征性质、开发高端功能材料的关键原料，新型巨磁熵变磁制冷材料、高温超导材料、激光晶体、闪烁晶体材料等新材料体系及应用性能的开发均与稀土金属纯度密切相关。"十二五"期间，我国在稀土金属提纯领域已取得长足进步。

北京有色金属研究总院和北京大学在国家"973"计划支持下，系统深入研究了不同杂质在不同提纯方法中的引入、分布、迁移及脱除规律：首次采用^{18}O示踪方法揭示了稀土金属的氧化机理；建立了稀土金属-氢二元相图，发展了原位吸氢及氢等离子电弧熔炼提纯技术，阐明了吸氢除气的机理；首次将凝固前沿的溶质再分配理论引入到稀土金属的蒸馏提纯后蒸馏产物中杂质浓度分布的研究中，获得了杂质在蒸馏产物分布的数学模型；为高纯度稀土金属的高效制备提供了理论依据。并提出了高纯稀土金属高效制备技术路线，获得了纯度大于99.99%，气体杂质总量小于50ppm 的 Gd、Tb 和 Dy[140-142]。

此外，包头稀土研究院开展了高纯稀土金属制备技术研究并实现了产业化，通过集成创新开发了高纯稀土金属镝产业化技术及成套装备，获得了纯度大于4N 的高纯稀土金属，稀土收率大于95%，建成了年产 10t 高纯稀土金属生产线。

2.7.4.2 稀土金属熔盐电解技术及装备

包头稀土研究院成功研制了工业规模新型节能稀土金属电解槽及其尾气处理配套技术，并开发了高温氟盐腐蚀条件下具有稳定性能的绝缘材料，实现了新槽型工业规模稳定运行。运行表明：电解过程平均电流效率90%以上，综合电耗降低 10%以上；利用新型节能电解槽及其工艺生产的金属在质量方面较传统槽型工艺有较大提升，金属碳含量可稳定在 0.01%（wt）以下，Fe 含量可稳定在 0.1%（wt）以下，金属纯度不小于 99.5%；电解尾气中烟尘含量 30mg/m^3 以下，氟含量 3mg/m^3 以下[144,145]。

针对大型熔盐电解槽目前人工舀出法的出炉方式，包头稀土研究院成功研制了机械出金属装置，并在万安培电解槽得到试用。结果表明：机械出金属装置能够稳定运行，出炉时间较现有方式缩短 5~10min，出炉后炉温波动小，增加产量2%以上，金属质量稳定、抗氧化性强。

北京有色金属研究总院、有研稀土新材料股份有限公司开发了板式并联多阴极稀土电解槽，将传统的棒状阴极改为平板式阴极，在 10000A 镧、铈电解槽上成功运行，电解槽可在 7.5V 以下平稳运行，金属直流电耗降低 880kW·h/t，总料比约降低 0.02，阳极单耗、氟化锂单耗显著降低，电流效率提高约 5%，产品质量与传统结构电解槽相当。稀土熔盐电解自动化及智能化近两年发展也十分迅速，已经成为未来稀土熔盐电解的必然发展趋势。北京有色金属研究总院、包头稀土研究院、宁波富能等研究院所和企业正致力于熔盐电解的核心装备、检测手段、自控软件、数据处理等方面自动化和数字化升级的研究和开发，目前已经能够实现自动加料、参数在线检测（电压、电流、温度、加料量等）、机械出金属等，不仅大幅度降低人工成本，改善操作环境，同时也提高了产品的质量稳定性。

2.7.4.3 镁稀土合金的熔盐电解技术

中科院长春应用化学研究所开发了镁稀土合金电解制备新技术，即在镁电解槽中一步制备出镁稀土合金，不需要重新设计电解槽，只在现有的镁电解槽中添加 $RECl_3$，适当调整电解工艺，即可制备出镁稀土合金，稀土含量在 10% 以下。由于稀土含量低，合金的密度低于熔盐密度，保证合金漂浮在熔盐表面，可以在现有的镁电解槽中实现制备镁稀土合金的新工艺。具体的工艺参数为：电解温度在 650~700℃，补加少量 $RECl_3$，调节阴极电流密度在 $5 \sim 10A/cm^2$，即可制备出稀土含量小于 5% 的镁稀土合金；提取出的合金，不需要浇铸，加入已经熔融好的 Al、Zn 等合金化元素，直接制备成镁稀土应用合金[145]。

北京有色金属研究总院、有研稀土新材料股份有限公司成功开发出高稀土含量镁合金的电解制备工艺，稀土含量大于 75%。该工艺制备得到的稀土镁合金具有成本低、成分均匀、氧含量低等优势；所得稀土镁合金可直接作为镁合金添加剂，相较传统稀土添加剂，具备改善稀土团聚特性的优势，能够充分发挥稀土的优异特性，提高镁合金综合性能；也可将镁蒸馏去除得到纯稀土金属，所得稀土金属氧含量能够降低 20%~30%。该工艺采用氧化物熔融盐电解方式，利用稀土、镁阳离子在极化条件下共电沉积形成高稀土含量合金，O 含量低于 300ppm，电解综合电效大于 60%，收率大于 95%，合金中稀土含量大于 70%，电解温度 960~1100℃。

2.8 稀土行业环保指标分析

近年来，针对稀土生产的环保问题，国家出台了若干政策法规，并开展了严格整治行动。环保部于 2011 年 1 月 24 日颁布世界首部《稀土工业污染物排放标准》（GB 26451—2011），对现有和新建稀土工业企业生产设施水污染物和大气污染物排放限值、监测和监控都做出了明确要求；2011 年 5 月 10 日，《国务院关于促进稀土行业持续健康发展的若干意见》（国发〔2011〕12 号）中明确指出"鼓励企业利用原地浸矿、无氨氮冶炼分离、联动萃取分离等先进技术进行技术改造。加快淘汰池浸开采、氨皂化分离等落后生产工艺和生产线"；2012 年 8 月，工信部颁布了《稀土行业准入条件》，对稀土矿山开发、冶炼分离、金属冶炼项目的生产规模、能源消耗及环境保护等方面均提出了准入标准；2013 年 7 月底，国家工信部联合公安部、国土资源部等八部门开展全国稀土整治工作，整顿稀土非法生产违规排放；2015 年 1 月 1 日起实施的《中华人民共和国环境保护法》明确规定企业应当采用资源利用率高、污染物排放量少的工艺、设备以及废弃物综合利用技术和污染物无害化处理技术，减少污染物的产生，同时对重点行业实行重点污染物排放总量控制制度；2015 年 4 月 15 日，国家发改委、环保部、工信部三部委联合发布 2015 年 9 号公告，发布《稀土行业清洁生产评价指标体系》以指导和推动稀土企业依法实施清洁生产，提高资源与能源利用率，减少污染物的产生和排放，加快生态文明建设；2016 年 10 月，工信部发布的《稀土行业发展规划（2016—2020 年）》对稀土行业"十三五"期间的生产指标和绿色发展指标都做出了明确要求[99]。

上述一系列稀土环保标准的制定对保护环境、防治污染、节能减排、调整产业结构、优化生产工艺具有重要作用，同时对进一步保护稀土资源具有战略意义。

2.9　存在的问题

我国针对国内稀土资源特点，开发了一系列先进的稀土采选冶工艺技术，并在工业上广泛应用，建立了较完整的稀土工业体系，成为世界稀土生产、出口和消费大国，在世界上具有举足轻重的地位。但在高端稀土材料及应用领域仍与国外存在一定的差距。

（1）稀土初级产品生产能力过剩，违法开采、违规生产屡禁不止，导致稀土产品价格低迷，未体现稀缺资源价值，迫切需要进一步规范行业秩序，严格控制增量，优化稀土初级产品加工存量，淘汰落后产能。

（2）我国稀土产业整体处于世界稀土产业链的中低端，高端材料与先进国家仍存在较大差距，缺乏自主知识产权技术，产业整体需要由低成本资源和要素投入驱动，向扩大新技术、新产品和有效供给的创新驱动转变，优化产业结构，重点发展稀土高端产业。

（3）清洁生产水平难以满足国家生态文明建设要求，行业发展的安全环保压力和要素成本约束日益突出，供给侧结构性改革、提质增效、绿色可持续发展等任务艰巨。

（4）基础研究投入不够，知识产权有待加强。国内对稀土生产工艺研究较多，但对稀土本征性能、应用研究实力相对不足，涉及产品结构、配分及应用性能的原始专利比重较低，造成关键产品和产业发展受制于人。

3 国内外稀土冶金方法的比较

国外稀土冶金始于 20 世纪 50 年代，法国罗纳普朗克公司以独居石为原料，实现稀土规模生产。60 年代，美国芒廷帕斯氟碳铈矿实现工业生产。1986 年以前，稀土产品主要由美国钼公司（Molycorp）和法国罗地亚公司（Rhodia）等国外企业生产供应。之后，稀土冶炼分离产业逐步转向中国。目前，我国稀土产量占世界总量的 85%。

2008 年以来，为了保护稀土资源，减少环境污染，我国出台了一系列政策和管理规定，引起了以美国和日本等主要稀土消费国的"恐慌"，稀土价格大幅度提升。为保证稀土原料供应，国际上掀起了稀土资源开发热潮，停产的国外企业纷纷恢复或扩大生产，并启动一大批稀土资源勘探、开采项目，世界稀土生产与供应格局发生变化。

3.1 国外稀土冶金方法

3.1.1 美国钼公司（Molycorp）

1949 年，在芒廷帕斯发现了氟碳铈矿型稀土资源。1952 年，美国钼公司开始稀土生产。1965 年，钼公司开发了经典的氧化焙烧—盐酸浸出工艺生产少铈氯化稀土和铈富集物，少铈氯化稀土再经过萃取分离生产高纯氧化铕和富镧，以满足彩电用红色荧光粉和石油裂化催化剂对高纯氧化铕和富镧的需求增长。随着抛光粉对氧化铈用量增加，又对铈富集物采用浓硫酸分解工艺回收轻稀土铈。1998 年，由于废水环保问题，稀土分离厂停产，2002 年停止了采矿作业。2007年，全球稀土价格回升，钼公司镨钕萃取分离生产线重新启动。2010 年又恢复了矿山的开采。2011 年扩建稀土生产线，主要采用氧化焙烧—盐酸浸出—萃取分离工艺，有机相采用液碱皂化，萃取分离产生的氯化钠废水采用氯碱电解工艺回收酸和碱，实现循环利用。由于生产成本高、投资大，项目亏损严重，2015年 6 月，美国钼公司申请破产保护，芒廷帕斯矿山也随之停止开采。

2017 年 6 月，我国盛和资源联合美国本土基金成立的芒廷帕斯矿山运营有限公司（"MPMO 公司"）参与美国芒廷帕斯稀土矿破产拍卖，获得了芒廷帕斯矿采矿权和专利权的独家使用许可，7 月完成了资产交割。2018 年，已经开始向我国大规模供应氟碳铈矿精矿。

3.1.2 比利时索尔维公司 (Solvay)

Solvay 的前身是法国罗地亚公司 (Rhodia)、罗纳普朗克公司,主要生产厂位于法国拉罗歇尔。1990 年以前以澳大利亚独居石为原料,采用烧碱分解—硝酸溶解—TBP 萃取分离铀、钍和稀土。由于独居石矿中放射性元素铀、钍含量高,防护及环保成本高,于 20 世纪 90 年代停止处理独居石,改用包头混合碳酸稀土,经过硝酸溶解后进行萃取分离生产高纯稀土化合物,直至 2005 年停产。法国罗地亚公司 20 世纪 90 年代末在中国建立了两个稀土冶炼分离厂,为法国本部提供稀土原料,2011 年后,已经转型为生产抛光粉、催化材料和稀土粉体材料。

3.1.3 澳大利亚莱纳公司韦尔德山稀土项目 (Lynas)

澳大利亚韦尔德山稀土矿中主要矿物为独居石,但其铁含量高,而放射性钍、铀含量远远低于广泛应用的独居石。2001 年,莱纳公司获得了韦尔德山稀土矿权权益。2011 年 5 月,韦尔德山启动精矿生产,精矿出口至马来西亚关丹市的新材料厂进行冶炼分离,采用与处理包头混合型稀土矿相同的高温硫酸焙烧—水浸—萃取分离工艺处理精矿,主要产品为碳酸镧、碳酸铈、碳酸镧/铈、镨/钕氧化物和重稀土富集物,年产稀土 (REO) 达 2 万吨以上。

3.1.4 印度稀土公司

印度稀土公司成立于 1950 年,是印度政府与 Kochi 特拉凡哥尔政府间的合资企业,其位于 Aluva 的稀土工厂于 1952 年建成并投产,采用溶剂萃取和离子交换工艺生产分离稀土氧化物。由于市场不景气,2004 年暂停了独居石的加工。

2008 年,印度稀土公司恢复独居石的处理,并进一步冶炼分离生产草酸钍、氧化铈和无铈混合氯化稀土。利用碱分解工艺处理生产出的独居石精矿,将磷酸盐和稀土-铀-钍氢氧化物分离。将氢氧化物用盐酸溶解,生产出氯化稀土和铀-钍废渣,氯化稀土用于生产氢氧化铈、氧化铈、硝酸铈、碳酸镨钕、氧化钕和氟化稀土。

3.1.5 独联体 Solikamsk 镁工厂

独联体的 Solikamsk 镁工厂成立于 1936 年,工厂以铈铌钙钛矿为原料,生产镁及其合金、铌、钽、钛及稀土等产品,2010 年生产混合碳酸稀土 1495t (REO),目前生产能力达到 3800t-REO/a。

3.1.6 国外近几年计划开发的其他稀土项目

根据 2012 年美国 TMR 公司研究报告显示,2011 年后,国外共有 37 个国家和地区总计 261 家公司的 429 个稀土项目启动。但由于环境、资金、技术等各方面因素，很多项目开采难度大，缺乏经济可行性，目前来看，经过上述一轮稀土资源开发热潮，稀土丰富、各类稀土资源在世界广泛分布已经成为共识，但世界稀土冶炼分离产品的供应格局未发生本质变化，仍然是以中国供应占主导地位。

早期国外对稀土冶炼分离的特征污染物氨氮和氟化物的排放限值远低于我国，导致国外企业在环保的投入要比国内高，生产运行成本高，缺乏竞争优势。2011 年后，随着我国《稀土工业污染物排放标准》的颁布，氨氮和氟化物的排放限值接近国外标准，特别是环保执法力度不断提高，而大部分企业主要采用末端治理，投入大，生产成本也不断上升，国内稀土企业成本优势逐渐降低。

3.2　国内稀土矿物冶金方法

我国从 20 世纪 50 年代开始进行稀土冶炼分离工艺研究，20 世纪 70 年代开始产业化，20 世纪 80 年代，随着我国自主开发的硫酸法冶炼包头混合型稀土矿及溶剂萃取分离稀土等先进技术的突破，生产成本大幅度降低，世界稀土产业的格局从此发生了巨大变化。我国已经建立了完整的稀土工业体系，稀土冶炼分离工艺技术居世界领先水平，成就了世界生产大国的地位。稀土提取与冶炼分离领域居于世界领先水平，尤其是近些年来，一批新型绿色高效提取分离技术、节能降耗工艺相继得到广泛应用，使得绿色清洁水平大幅提升。

近年来，越南、老挝、缅甸、智利、柬埔寨、马达加斯加等地都陆续有离子吸附型稀土矿发现。国外在离子吸附型稀土矿提取方面研究投入较少，缺乏相关的人才队伍和开发能力，国外可查询到的文章或报道少，且都是对国内技术的跟踪研究，技术水平较低，中国政府明确规定离子吸附型稀土矿原地浸取技术属于禁止出口技术，国外主要通过非正常途径从我国获取技术，加上国内环保和安全生产成本上升，以及资源税费提升，导致我国周边国家的离子吸附型稀土矿资源提取优势明显，呈现国外离子型稀土精矿向国内进口的趋势。

总体来看，近 10 多年来，国外在稀土冶炼分离提纯方面的研究投入很少，缺乏人才队伍和开发能力，主要从中国寻求支持；而在新一代信息产业等高端应用需求稀土化合物材料方面，则掌握着核心知识产权和应用市场。

3.3　稀土火法冶金

3.3.1　超高纯稀土金属提纯技术及装备

熔盐电解法制备稀土金属始于 1875 年，W. 希尔布兰德（Hillebrand）和 T. 诺顿（Norton）首次开展了电解熔融氯化物制取稀土金属研究。1902 年，W. 姆斯曼（Munthman）首次提出用稀土氧化物熔于熔融氟盐中作为电解稀土的熔体。

1960~1970 年，美国矿务局雷诺研究中心在氟化物体系电解氧化物制得了 La、Ce、Pr、Nd 及镨钕混合金属。Morrice 和 Henrie 在氟化稀土-氟化锂体系中，电解稀土氧化物制得了金属钕、镨、镨钕混合金属。随着氟化物-氧化物体系电解研究的深入和完善，1975 年美铝公司建造了 20kA 氧化物电解槽。20 世纪 70 年代末，日本三德金属工业公司将稀土氧化物电解法用于工业生产，实现了金属钕、镧、混合稀土金属的规模生产。

20 世纪 80 年代以来，我国逐渐成为世界稀土金属及合金最大的生产国，成为稀土熔盐电解产业领跑者。电解质体系由氯化物体系发展到氟化物体系，电解槽规模由 3kA 发展到 25kA，产品涵盖镧、铈、钕等单一轻稀土金属，镨钕等混合稀土金属，镝铁、钆铁、钕铁等稀土铁合金，钇镁、钇铝、钆铝、镁锂钐、铝锂钐等稀土轻合金等，产品质量也不断提升，主流产品碳含量控制在 0.03%以内。新型节能环保槽型发展也十分迅速，能耗得到显著降低，而国外在此领域的产业和研发却基本处于停滞状态。

近年，国内研究院所和企业积极推进熔盐电解自动化和智能化升级改造，目前已经能够实现自动加料、数据在线采集等，极大改善了操作环境，降低了生产能耗，提高了产品质量，但是距离完全自动化和智能化还有很大差距。

3.3.2　超高纯稀土金属提纯技术及装备

20 世纪 60 年代，美国埃姆斯实验室、英国伯明翰大学、俄罗斯科学研究固体物理研究所、日本东京大学等单位展开了稀土金属提纯方面的研究工作，系统地研究了真空蒸馏、电解精炼、区域熔炼、固态电迁移等稀土金属提纯技术，并开发相应的提纯装备。其中，埃姆斯实验室根据稀土金属的性质，将稀土金属分成四类，开发了 4 条稀土金属制备及提纯技术路线，被称为埃姆斯工艺流程（Ames process）[146]；该实验室在 20 世纪 90 年代已掌握了大部分 4N 级稀土金属的制备技术，并组建了材料制备中心（MPC），现阶段侧重于利用高纯稀土金属作为原材料开发磁制冷、催化、金属间化合物等高性能功能材料，以及相关基础理论研究。

我国的稀土金属的提纯研究工作起始于 2000 年，主要研究单位有北京有色金属研究总院、湖南稀土金属材料研究院、包头稀土院、北京大学、武汉工业大学、内蒙古大学等。经过十几年的攻关，超高纯稀土金属制备技术取得了重大突破，成功制备出 15 种绝对纯度达 4N 的稀土金属，开发了高真空蒸馏、固态电迁移、区域熔炼、电子束熔炼、悬浮熔炼、固相外吸气、氢等离子电弧熔炼等稀土金属提纯技术及装备，装备水平得到了大幅提升。但目前所开发的设备生产规模小、工艺流程冗长，要经过多次或多种方法进行提纯，能耗及成本高，有待于进一步开发高效低成本规模制备技术和专用提纯装备。

4 稀土冶金的发展趋势

4.1 国外稀土冶金发展趋势

由于环保及生产成本等问题，国外的稀土冶炼分离企业基本于21世纪初关闭或停产，将精力主要投入于特殊稀土化合物材料的研制，掌握着稀土化合物材料高端市场的核心知识产权。2008年后，我国政府加强对稀土工业政策管控，引起了美国、日本、欧盟等国家和地区的强烈反响和高度关注，开始前所未有地重视稀土资源开发，并从资源勘探、开采加工、采购、战略储备、回收利用到研发替代稀土的其他新材料，在各个环节寻求建立应对策略，也陆续恢复稀土冶炼分离生产，到2018年，真正形成新产能的主要是澳大利亚Lynas在马来西亚关丹的冶炼分离项目。

日本是全球第二大的稀土消费国，但国内没有稀土资源，原料全部依赖进口，而中国是其主要的原料供应国。日本的稀土应用技术水平高、战略意识强。近年来，正在逐步加快推进海底矿产资源开发利用计划及开展稀土替代材料和稀土金属回收研究。

美国是世界上重要的矿产资源大国。目前，美国把稀土作为国防安全战略材料进行储备，美国能源部、国家科学基金会等政府机构都大力支持稀土相关基础研究和回收利用工作。美国生产稀土产品的主要企业为钼公司、格雷戴维森公司以及活性金属和合金公司。钼公司是美国唯一一家综合性稀土生产企业，现在主要生产稀土精矿。格雷戴维森化学公司主要生产用于石油裂化催化剂和抛光粉的少铈稀土化合物，同时还生产少量氧化钕等高纯稀土氧化物。活性金属和合金公司以生产混合稀土为主，同时还生产稀土硅铁合金、脱硫稀土添加剂及其他合金；该公司还与日本三菱金属公司合资组建了一家稀土公司，专门研究开发生产金属钕、钕合金和其他稀土金属合金。

欧盟国家中，法国是涉足稀土生产的代表性国家。法国和日本一样，没有稀土资源，所需原料全部依靠进口。近年来，法国拉罗歇尔厂的经营重点转向汽车催化剂及其他特殊产品（如用于荧光粉及特种颜料的稀土氧化物），转移到中国生产的稀土分离线由于原料保障问题也于2015年左右关闭。

除日本、美国和法国外，加拿大、英国、奥地利等十几个国家也生产稀土产品。主要企业包括加拿大的AMR技术公司、英国的真空熔炼公司等，均在进行稀土相关研发计划，强调稀土元素的回收、高效利用以及替代材料研究等。

目前，国外已经恢复生产的稀土冶炼分离项目主要是美国钼公司的 Mt. Pass 项目和澳大利亚 Lynas 在马来西亚关丹的冶炼分离项目，在矿物资源综合利用、清洁化生产及环境保护方面等方面投入较大，在稀土化合物高纯化、分离提纯过程在线实时监测反馈调控等方面发展较为领先。目前，稀土化合物材料发展的重点是要解决稀土粉体材料的物理性能控制问题，解决产品粒度、粒度分布、比表面积、流动性能、松装密度、晶体形态等可量化指标和不可量化指标的稳定控制问题。国外在稀土化合物产品水法合成工艺、后处理工艺、设备自动化控制水平方面投入大，基础工作扎实，产品附加值高，成为他们重点发展的领域。

美国铝公司和日本三德金属公司在 20 世纪 70 年代，就已经成功建成了上插式阴极的 25kA 的氟化物稀土熔盐电解槽，后来迫于成本和环境压力停产。鉴于这些国家的工业体系完备，具有智能控制及自动化方面的优势，稀土熔盐电解槽将向大型化、自动化、智能化方向发展。

氟化物稀土熔盐电解是当今稀土火法冶炼的主流工艺，国外的工艺及自动化程度都远高于国内的技术发展水平。国外重启稀土金属冶炼生产，将更加注重环境保护要求，着重改进和优化现有工艺；国内的稀土企业存在槽型小、能耗高、污染严重的问题，淘汰落后技术，开发大型、节能、环保熔盐电解技术及装备将是必然选择。从槽型而言，液态下阴极熔盐电解槽在降低槽电压、降低能耗方面都具有绝对优势，将是稀土熔盐电解领域的一次技术革命。

4.2　国内稀土冶金发展趋势

随着国民经济的迅速发展，尤其是新材料技术的进步，国内外对高纯稀土化合物的需求量将逐年增加，环保的压力也将逐渐增大。为此，国家环保部颁布了世界首部《稀土工业污染物排放标准》，严格控制氨氮等排放限值，进一步提高了企业的环保要求，迫使稀土企业追寻具有环保优势和成本优势的稀土化合物高效清洁制备技术。为此，未来发展趋势将是集成优化稀土高效清洁冶炼分离提纯和化合物制备技术并推广应用，从源头解决稀土生产过程"三废"污染问题，降低能耗，提高资源综合利用水平。争取到 2020 年，稀土资源利用率提高 5~10 个百分点，化工材料循环利用率达到 80% 以上，水循环利用率大于 85%，氨氮、盐实现近零排放，生态环境得到有效保护。

4.2.1　稀土提取与冶炼分离

为了加快推进稀土技术进步和产业结构优化升级，努力破解资源、环境瓶颈制约，提高资源利用率，必须加强稀土科学基础研究和应用技术开发，为稀土可持续发展提供技术支撑。

（1）稀土提取、分离提纯过程基础理论。重点开展典型稀土矿及尾矿的组成、结构和表面状态及其对选矿和分解过程的影响；进一步发展复杂体系的串级萃取理论，优化稀土分离流程；稀土冶金过程物理化学特性与传质动力学研究；稀土冶金过程多元多相复杂体系相图及物性体系的构建；稀土冶金过程数字模拟与智能控制方法等研究，为稀土冶炼分离提纯新技术、新方法、新工艺研究开发提供理论指导。

（2）稀土绿色低碳提取分离技术及装备开发。重点研发高效低盐低碳无氨氮排放的萃取分离技术，集成开发出适用的自控技术及装备，提高资源利用率及生产效率，降低整体化工原材料消耗及生产成本，彻底解决萃取分离过程氨氮和盐的排放问题。稀土冶炼分离过程物料循环利用技术及装备：重点研发稀土提取、萃取分离过程酸、碱、盐等回收利用技术，研究稀土分离过程产生的废水、废气综合回收利用技术及装备，实现稀土化合物高效清洁制备。

（3）稀土及伴生资源钍、氟等有价元素综合回收利用技术。开展贫矿和尾矿稀土回收工作，推进复杂难处理稀有稀土金属共生矿在选矿和冶炼过程中的综合回收利用。重点研发氟碳铈矿及伴生重晶石、萤石、天青石、钍、氟等综合回收技术，包头混合型稀土矿及伴生萤石、铌、钍、钪等综合回收技术，硫酸化焙烧尾气净化回收硫酸、氟化物技术，伴生钍、氟资源的高值化利用技术。

（4）稀土二次资源绿色高效回收利用技术。积极开展稀土二次资源收再利用。鼓励开发稀土废旧物收集、处理、分离、提纯等方面的专用工艺、技术和设备，支持建立专业化稀土材料综合回收基地，对稀土火法冶金熔盐、炉渣、稀土永磁废料和废旧永磁电机、废镍氢电池、废稀土荧光灯、失效稀土催化剂、废弃稀土抛光粉以及其他含稀土的废弃元器件等二次稀土资源回收再利用。

（5）新型稀土沉淀结晶和物性可控技术及装备。开发新型廉价稀土沉淀剂和沉淀结晶工艺、稀土粉体材料"管道式合成"新技术、超细晶态粉体材料可控制备技术，通过沉淀和洗涤连续自动化装备研究，实现粉体材料形貌、粒径分布、比表面积等物理性能可控。

4.2.2 离子型稀土提取

依据我国离子吸附型稀土矿的分布特性和资源特点，可从以下几个方面深入开展离子吸附型稀土矿绿色提取技术研究：

（1）离子吸附型稀土矿的地球化学。探讨稀土元素在风化体系中的迁移富集规律，进一步证实稀土配分的铈亏效应、富铕效应、分馏效应和钆断效应，丰富稀土元素的地球化学和无机化学理论。

（2）浸取方式：

1) 离子吸附型稀土矿原地浸出技术受地质条件的制约存在不可控性，已经产生了严重的资源浪费和环境污染问题，在实际生产过程中往往会出现浸出周期长、药剂耗量大、母液浓度和稀土浸出率低等问题。针对原地浸矿存在的问题开展系统的基础及工程化应用研究日趋迫切，需要从地球化学的角度来研究资源勘探和开采技术的新方法。如通过测定矿中不同部位的稀土含量和配分，结合矿床矿物特征参数来构建稀土元素空间分布图和成矿踪迹图；从稀土元素含量和配分变化图来分析出矿层在成矿过程中液流的实际方向，选择科学合理的浸矿方式，指导原地浸矿的布液作业，做到寻迹浸矿，从而取得效率最高、原料最省的效果等。此外，还应继续选择寻找有利于环境保护的新工艺，以提高机械化程度和尾渣的综合治理效果；对于某些复杂地形的稀土矿床，研究离子型稀土原地浸矿工艺人造底板构建技术等，实现人工控低，减少渗漏等。

2) 对于一些地质条件复杂的稀土矿床，或盗采的残次矿，堆浸工艺适应面相对较广，但缺乏堆浸过程的理论指导。因此，需要进行离子吸附型稀土矿堆浸工艺的动力学和水动力学研究[147-149]，认识堆浸过程规律，建立堆浸过程的数学模型，以提高浸出速率和稀土的浸出率，为百万吨级的巨堆堆浸工艺开发提供理论基础。此外，对于不同地质条件的山体，研究形成多种工艺的组合，创建和丰富具有自主知识产权的离子吸附型稀土矿的多种方法的浸出理论和技术。

3) 离子吸附型稀土矿原地浸出工艺对保护矿山植被有很大优势，但常常因注液不当导致山体滑坡。因此，需要在浸取剂的扩散、渗流规律及边坡稳定性控制方面进行深入研究；研究注液方式和强度对山体的应力影响程度和机理等，防止水体滑坡等地质灾害的发生；同时还需要研发能抑制黏土矿物膨胀的助浸剂，从多角度防止山体滑坡等地质灾害的发生。

（3）浸取剂和助浸剂开发：

1) 通过对其浸取机理及矿物土壤特性的研究，开发选择性强、适应性广、浸取能力强、绿色无污染的新型无氨混合协同浸取剂，是今后的主要发展趋势，其中尤以镁盐体系的浸取剂最具优势和推广价值。

2) 随着离子吸附型稀土矿开发的深入和延续，矿石日趋贫杂化，出现了越来越多的低品位难浸离子吸附型稀土矿，而现有工艺难以实现对这些资源的有效利用。因此，加强对低品位难浸离子吸附型稀土矿、半风化离子吸附型稀土矿回收工艺的开发与研究，开发适应性广、选择性强（抑杂浸出添加剂）、强化效果明显的助浸剂也是实现离子吸附型稀土矿资源的可持续利用的一个重要方向。此外，进一步提高浸取率和充分利用稀土矿资源和矿石中有用成分的综合利用，如离子相和胶态相稀土的共同提取是今后努力的方向。

3) 加强浸矿后的尾矿和尾矿体中的残留浸取剂、浸取助剂的分解及迁移富集研究，了解残留浸取剂、浸取助剂的在土壤中降解反应和降解速率和过程，强化和控制浸取剂降解。研究新型浸取剂和浸取助剂的循环回收。

（4）浸出液富集技术：

1）通过对不同沉淀剂沉淀机理及沉淀效果的研究，筛选和调配出绿色环保高选择性的沉淀剂，使其在沉淀过程中不引入杂质，并实现沉淀剂的循环利用和无害化，将是今后沉淀法富集稀土浸出液的研究方向。例如，对于碳酸盐（碳酸氢铵、碳酸氢钠、碳酸钠等）沉淀法，应不断提高晶型碳酸稀土沉淀工艺的适应性，提高产品质量；而对于碱性沉淀剂（氧化镁、氧化钙等），要重点研究晶形氢氧化稀土沉淀以及杂质控制机理。

2）溶剂萃取法，尤其是分步离心萃取法，能直接获得高浓度稀土溶液，直接应用于单一高纯稀土的萃取分离提纯过程，同时实现轻中重稀土的萃取分组，消除稀土沉淀、焙烧、酸溶等工序，节省沉淀剂等材料消耗，大幅度提高稀土回收率、降低成本，符合绿色化学提取稀土的特点。下一步将开发更大型离心萃取设备，进一步提高处理能力和产业规模，提高溶解损失萃取剂的溶解损失富集回收效率，制定传统技术规范并大规模推广应用。

（5）尾矿的综合利用与生态修复。应重视尾矿中稀土及重金属离子二次迁移规律的研究，为有效防止离子吸附型稀土矿在开采后对周边环境造成污染提供理论支撑。同时探讨不同浸矿方式、不同浸取剂的条件下尾矿的性质，进一步研究不同类型尾矿的综合利用及修复。重点研究浸出尾液和淋滤水中低浓度稀土的高效提取技术，如吸附法、萃取法等。

（6）离子吸附型稀土矿提取过程放射性问题。目前对南方离子型稀土放射性核素迁移和分布缺乏系统的研究，这些放射性元素在分离过程中进一步分散，导致生产环境中放射性污染面积增加，并且处理这些放射性元素难度进一步加大，因此需要从放射性防护或环境保护，甚至放射性资源回收的角度对离子吸附型稀土矿提取过程的放射性走向分布、污染强度进行深入研究。

4.2.3 稀土火法冶金

（1）稀土金属提纯及靶材制备技术。基于产业基础和当前国内外的技术现状，高纯稀土金属及靶材的未来的发展趋势主要为稀土金属提纯技术和装备突破、开发集成电路用溅射靶材及针对不同应用需求开发不同指标的高纯稀土金属。主要集中在：1）稀土金属的高效、低成本和深度提纯技术（悬浮区域熔炼、氢等离子电弧熔炼等）及针对特定用途的超高纯稀土金属关键敏感杂质去除技术的开发；2）稀土金属提纯基础研究，如稀土金属中杂质的赋存状态、迁移规律、去除机制、分布规律等；3）发展低成本、规模化制备超高纯稀土金属技术和装备，将稀土金属纯度提高到 4N5 以上水平；4）研究"稀土金属纯度"与"材料性能"的紧密关联性，为前沿性领域用稀土功能材料提供理论依据，拓展超高纯稀土金属应用；5）发展大型稀土金属铸锭超洁净熔炼成型与微观组织控制技术、稀土金属靶材形变加工及热处理等关键技术，获得大尺寸高纯稀土金属及合金溅射靶材成套制备技术。

（2）熔盐电解技术。氟化物稀土熔盐电解是当今稀土火法冶炼的主流工艺，国外重启稀土金属冶炼生产，将更加注重环境保护要求，着重改进和优化现有工艺；国内生产规模发展至万安级，甚至个别企业单槽容量达到 25kA，在规模和技术上都已较为成熟，研究发展趋势主要仍为低耗、高效、环境友好的新型冶炼工艺、短流程的生产技术，具体包括：大型节能环保、高度自动化的稀土熔盐电解技术，稀土熔盐相关理化性质研究，熔盐电解废弃物、稀土资源回收利用技术和直接熔盐电解固态氧化物工艺等。

（3）大型金属热还原技术装备。金属热还原主要包括还原—蒸馏、钙热还原和中间合金，发展趋势是开发大型连续化生产钐装备及工艺，开发中大型连续、高效、自动化程度高的钙热还原制备稀土金属装备和工艺，实现中间合金法制备重稀土的连续化、自动化程度高的技术和装备，包括大型连续还原炉、智能蒸馏炉、大型连续电弧炉等设备。金属热还原除制备一些常规纯度的稀土金属外，现在及未来的一大特点是用于制备高纯稀土金属的前驱体。

参 考 文 献

［1］徐光宪. 稀土［M］. 北京：冶金工业出版社，2013.

［2］中国科学技术协会，中国稀土学会. 稀土科学技术学科发展报告（2014-2015）［M］. 北京：中国科学技术出版社，2016.

［3］李卫，朱明刚，冯海波，李安华，黄书林，李岩峰，孙亚超，王景代. 低成本双主相 Ce 永磁合金及其制备方法［P］. 中国发明专利 2012103156845.

［4］王景代. 双主相合金法制备烧结（Nd，RE)-Fe-B 磁体研究［D］. 北京：钢铁研究总院，2012.

［5］Cao X J, Chen L, Guo S, Fan F, Chen R J, Yan A R. Effect of rare earth content on TbF$_3$ diffusion in sintered Nd-Fe-B magnets by electrophoretic deposition［J］. Scripta Materialia, 2017, 131：24-28.

［6］Cao X, Chen L, Guo S, Chen R, Yan G, Yan A. Impact of TbF$_3$ diffusion on coercivity and microstructure in sintered Nd-Fe-B magnets by electrophoretic deposition［J］. Scripta Materialia, 2016, 116：40-43.

［7］Kelhar L, Zavasnik J, McGuiness P, Kobe S. The impact of processing parameters on the properties of Zn-bonded Nd-Fe-B magnets［J］. Journal of Magnetism and Magnetic Materials, 2016, 419：171-175.

［8］Madugundo R, Hadjipanayis G C. Anisotropic Mn-Al-(C) hot-deformed bulk magnets［J］. Journal of Applied Physics, 2016, 119（1）：013904.

［9］Yue M, Liu W Q, Li X T, Li M, Liu M, Zhang D T, Yin X W, Huang X L, Chen J W, Yi X F. Short-process Method for Preparing Sintered NdFeB Magnets with High Magnetic Properties Recycling from NdFeB Sludge［P］. US20160260530.

［10］Coey J M D. Magnetism and magnetic materials［M］. Cambridge：Cambridge University Press, 2010.

［11］Jiles D C. Recent advances and future directions in magnetic materials［J］. Acta Mater. , 2003, 51：5907.

［12］Clark A E. Ferromagnetic materials［M］. Amsterdam：North-Holland, 1980.

［13］Oikawa K, Shoji T, Anzai K. Effect of Zr addition on magnetostriction of Tb-Dy-Fe alloys prepared by micro-pulling-down method［J］. Materials Science Forum, 2014, 783-786：2497-2502.

［14］Jiang L P, Yang J D, Hao H B, Zhang G R, Wu S X, Chen Y, Obi O, Fitchorov T, Harris V G. Giant enhancement in the magnetostrictive effect of FeGa alloys doped with low levels ofterbium［J］. Appl. Phys. Lett. , 2013, 102：222409.

［15］Fitchorov T I, Bennett S, Jiang L P, Zhang G R, Zhao Z Q, Chen Y J, Harris V G. Thermally driven large magnetoresistance and magnetostriction in multifunctional magnetic FeGa-Tb alloys［J］. Acta Mater. , 2014, 73：19-26.

［16］ WuW, Liu J H, Jiang C B, Xu H B. Giant magnetostriction in Tb-doped $Fe_{83}Ga_{17}$ melt-spun ribbons ［J］. Appl. Phys. Lett. , 2013, 103: 262403.

［17］ Hu F X, Shen B G, Sun J R, Cheng Z H, Rao G H, Zhang X X. Influence of negative lattice expansion and metamagnetic transition on magnetic entropy change in the compound $LaFe_{11.4}Si_{1.6}$ ［J］. Appl. Phys. Lett. , 2001, 78: 3675.

［18］ 胡凤霞. 铁基 $La(Fe,M)_{13}$ 化合物和 Ni-Mn-Ga 合金的磁性和磁熵变 ［D］. 北京: 中国科学院研究生院, 2002.

［19］ Fujita A, Fujieda S, Hasegawa Y, Fukamichi K. Itinerant-electron metamagnetic transition and large magnetocaloric effects in La (Fe_xSi_{1-x})$_{13}$ compounds and their hydrides ［J］. 2003 Phys. Rev. B, 67 104416.

［20］ Russek S, et al. The performance of a rotary magnet magnetic refrigerator with layered beds ［C］// Proceedings of the 4th International Conference of IIR on Magnetic Refrigeration at Room Temperature, Baotou, China, August 23-28, 2010.

［21］ Katter M. Sintering behavior and thermally induced decomposition and recombination (TDR) process of $LaFe_{13-x-y}Co_xSi_y$ alloys ［C］ Proceedings of the 4th International Conference of IIR on Magnetic Refrigeration at Room Temperature, Baotou, China, August 23-28, 2010.

［22］ Bahl C R H, Navickait e K, Bez H N, Lei T, Engelbrecht K, Bjork R, Li K, Li Z X, Shen J, Dai W, Jia J C, Wu Y Y, Long Y, Hu F X, Shen B G. Operational test of bonded magnetocaloric plates ［J］. International Journal of Refrigeration, 2017, 76: 245.

［23］ Wang S X, Sun N X, Yamaguchi M, Yabukami S. Sandwich films: Properties of a new soft magnetic material ［J］. Nature, 2000, 407: 150-151.

［24］ Ukai T, Yamaki K, Takahashi H. Anisotropy energy of $Y_2Fe_{14}B$, $Y_2Co_{14}B$, $Y_2Fe_{14-x}Co_xB$, and $La_2Co_{14}B$ ［J］. J. Appl. Phys. , 1991, 69: 4662.

［25］ 张永博, 沿 C 晶面断裂的 Nd_2Co_{17} 和 Y_2Co_{17} 微米片的微波电磁性能研究 ［D］. 兰州: 兰州大学, 2016.

［26］ 沈美庆, 王军, 王建强, 魏光曦. 一种具有多核共壳结构的微米氧化铈颗粒及其制备方法 ［P］. CN107207274A, 2015.

［27］ Nazarpoor Z, Golden S J. Oxygen Storage Material without Rare Earth Metals ［P］. WO, 2015026608, 2015.

［28］ 一种铈锆复合氧化物、其制备方法及催化剂的应用 ［P］. EP 16748603.4, 2017.

［29］ 王琦, 崔梅生, 侯永可, 钟强, 岳梅, 黄小卫. The effect of precipitation pH on thermal stability and structure of $Ce_{0.35}Zr_{0.55}$ ($LaPr$)$_{0.1}O_2$ oxides prepared by co-precipitation method ［J］. Journal of Alloy and Compounds, 2017, 712: 431-436.

［30］ Lupescu J A, Schwank J W, Fisher G B, Chen X, Peczonczyk S L, Drews A R. Pd model catalysts: Effect of aging duration on lean redispersion ［J］. Applied Catalysis B Environmental, 2016, 185: 189-202.

［31］ Ozawa M, Nishio Y. Thermal stability and microstructure of catalytic alumina composite support with lanthanum species [J]. Applied Surface Science, 2016, 380: 288-293.

[32] Hu X, Yang M, Fan D, Qi G, Wang J, Wang J, Yu T, Li W, Shen M. The role of pore diffusion in determining NH$_3$-SCR active sites over Cu/SAPO-34 catalysts [J]. Journal of Catalysis, 2016, 341: 55-61.

[33] 刘小鹏, 王立成, 张永明, 于帅, 刘晶晶. 稀土铈改性 FCC 催化剂及其性能 [J]. 有色金属工程, 2016, 6 (4): 18-21.

[34] 于杨. 轻稀土元素改性 Cu-ZnO-Al$_2$O$_3$ 催化剂对 CO$_2$ 加氢制甲醇反应的催化性能 [J]. 石油化工, 2016, 45 (1): 24-30.

[35] 张立东, 李钒, 周博, 孙玉春. 稀土改性 ZSM-5 分子筛催化乙苯合成的研究 [J]. 天津化工, 2016, 30 (3): 30-31.

[36] Peng Y, Yang S, Shi Z, Meng Z, Zhou R. Deep oxidation of chlorinated VOCs over CeO$_2$-based transition metal mixed oxide catalysts [J]. Applied Catalysis B Environmental, 2015, 162: 227-235.

[37] Wang C, Zhang C, Hua W, Guo Y, Lu G, Gil S, Giroir-Fendler A. Catalytic oxidation of vinyl chloride emissions over Co-Ce composite oxide catalysts [J]. Chemical Engineering Journal, 2017, 315: 392-402.

[38] Huang H, Dai Q, Wang X. Morphology effect of Ru/CeO$_2$ catalysts for the catalytic combustion of chlorobenzene [J]. Applied Catalysis B Environmental, 2014, 158-159 (3): 96-105.

[39] Lin C C, Liu R S. Advances in Phosphors for Light-emitting Diodes [J]. J. Phys. Chem. Lett., 2011, 2 (11): 1268-1277.

[40] Chen L, Liu R H, Zhuang W D, et al. Structure, photoluminescence, and thermal quenching properties studies for Eu^{2+} doped Sr$_2$Al$_x$Si$_{5-x}$N$_{8-x/3}$ red phosphor [J]. Cry. Eng. Comm., 2015, 17: 3687-3694.

[41] Chen L, Liu R H, Zhuang W D, et al. A study on photoluminescence and energy transfer of SrAlSi$_4$N$_7$: Eu^{2+}, Ce^{3+} phosphors for application in white-light LED [J]. J. Alloys Compd., 2015, 627: 218-221.

[42] 内蒙古稀奥科贮氢合金有限公司. 一种镍氢电池用储氢合金及其制备方法 [P]. 中国, CN201510879635.8. 2016-04-06.

[43] 梅兴志, 罗永春, 张国庆, 康龙, 等. 稀土系 A$_2$B$_7$ 型 La$_{1-x}$Sc$_x$Ni$_{2.6}$Co$_{0.3}$Mn$_{0.5}$Al$_{0.1}$ ($x=$ 0~0.5) 储氢合金相结构和电化学性能研究 [J]. 无机材料学报, 2015, 30 (10): 1049-1055.

[44] Charbonnier V, Monnier J, Zhang J, et al. Relationship between H$_2$, sorption properties and aqueous corrosion mechanisms in A$_2$Ni$_7$, hydride forming alloys (A = Y, Gd or Sm) [J]. Journal of Power Sources, 2016, 326: 146-155.

[45] 北京有色金属研究总院. 一种 La-Mg-Ni 型储氢材料 [P]. 中国, CN201410355959.7. 2016-01-27.

[46] 北京有色金属研究总院. 一种无镨钕长寿命镍氢电池负极用储氢材料 [P]. 中国,

CN201510573817. 2. 2015-09-10.

[47] 刘治平. 元素替代对 A_2B_7 型 La-Mg-Ni 基合金相结构和电化学性能的影响 [D]. 秦皇岛：燕山大学，2016.

[48] 徐宏，薛倩楠，张建星，冯宗玉，黄小卫. Sc_2O_3 稳定 ZrO_2 电解质材料及其研究进展 [J]. 稀土学报，2016，34 (6)：739-747.

[49] 吴龙，吴迪，叶信宇，等. 稀土氧化物复合 ZrO 陶瓷的制备及应用研究进展 [J]. 有色金属科学与工程，2012 (4)：36-42.

[50] 徐宏，张赫，薛倩楠，王磊，张建星，冯宗玉，龙志奇，黄小卫，王春梅. 钪锆氧化物复合体、电解质材料及包含其的固体氧化物燃料电池 [P]. 中国专利：201510609504. 8，2015.

[51] Malgorzata Plonska, Wojciech A Pisarski. Excitation andemission of Pr^{3+}：PLZT ceramics [J]. Ceramics International, 2016, 42：17822-17826.

[52] Iijima Y, Kakimoto K, Igarashi M, et al. BMO doped REBCO coated conductors for uniform In-field Ic by hot-wall PLD process using IBAD template [C]. IEEE Transactions on Applied Superconductivity, 2017, 27 (4).

[53] www. superpower-inc. com 2010-11.

[54] Lee Jae-Hun, Lee Hunju, Lee Jung-Woo, et al. RCE-DR, a novel process for coated conductor fabrication with high performance [J]. Supercond. Sci. Technol., 2014, 27 (4)：044018 (6pp).

[55] Durrell J H, Dennis A R, Jaroszynski J, et al. A trapped field of 17. 6T in melt-processed, bulk Gd-Ba-Cu-O reinforced with shrink-fit steel [J]. Superconductor Science Technology, 2014, 27 (8)：082001 (5pp).

[56] Nariki S, Sakai N, Murakami M. Melt-processed Gd-Ba-Cu-O superconductor with trapped field of 3T at 77 K [J]. Supercond. Sci. Technol., 2005, 18 (2)：S126-S130.

[57] Nariki S, Teshima H, Morita M. Performance and applications of quench melt-growth bulk magnets [J]. Supercond. Sci. Technol., 2016, 29 (3)：034002 (9pp).

[58] 焦玉磊，郑明辉. 第十三届全国超导学术研讨会论文集，苏州，2015：69.

[59] Wu Xingda, Xu Kexi, Fang Hua, et al. A new seeding approach to the melt texture growth of a large YBCO single domain with diameter above 53 mm [J]. Supercond. Sci. Technol., 2009, 22 (12)：125003 (6pp).

[60] Tang Tianwei, Wu Dongjie, Xu Kexi. Enhancement of trapped field in single grain Y-Ba-Cu-O bulk superconductors by a modified top-seeded melt-textured growth [J]. Supercond. Sci. Technol., 2016, 29 (8)：085009 (7pp).

[61] 张伯明. 蠕墨铸铁在发动机上的应用 [C] //2014 (北京) 铸造工业新技术论坛，2014.

[62] Kathy L Hayrynen. New Engineering and Standards Developments in Austempered Ductile Iron (ADI) [C] //Proceedings of 67# World Foundry Congress, UK：2006 (071).

[63] 曾艺成，等. 高强度、高低温冲击韧性铁素体球铁生产技术［C］//2014（北京）铸造工业新技术论坛，2014.

[64] 鋳鉄の溶解とレアアース低減溶湯処理技術［C］//（日本鋳造工学会誌）鋳造工学特集，2012.

[65] 盛达. 含稀土的球化剂及其品质的评价［M］. 北京：清华大学出版社，2005.

[66] 邱汉泉. 蠕墨铸铁及其生产技术［M］. 北京：化学工业出版社，2010.

[67] 万仁芳. 汽车蠕墨铸铁的应用与发展［J］. 现代铸铁，2006（1）：12-19.

[68] Sandlöbes S, Zaefferer S, Schestakow I, et al. On the role of non-basal deformation mechanisms for the ductility of Mg and Mg-Y alloys［J］. Acta Materialia, 2011, 59（2）：429-439.

[69] Meng J, Fang D Q, Zhang D P, Tang D X, Lu H Y, Zhao L S, Sun W, Qiu X, Zhang H J. High-strength, high-toughess, weldable and deformable rare earth magnesium alloy［P］. US Patent No. 7708937.

[70] Riddle Y W, Jr T H S. A study of coarsening, recrystallization, and morphology of microstructure in Al-Sc-(Zr)-(Mg) alloys［J］. Metallurgical & Materials Transactions A, 2004, 35（1）：341-350.

[71] 聂祚仁，文胜平，黄晖，等. 铒微合金化铝合金的研究进展［J］. 中国有色金属学报，2011, 21（10）：2361-2370.

[72] 雷文魁，王顺成，郑开宏，等. La，Ce 混合稀土对 6201 电工铝合金组织性能的影响［J］. 材料研究与应用，2015, 9（1）：20-24.

[73] 宋秀，王磊，新家光雄，等. 稀土 Y_2O_3 添加对医用 β 型钛合金腐蚀行为的影响［C］//全国钛及钛合金学术交流会，2013.

[74] Liu G, Zhang G J, Jiang F, et al. Nanostructured high-strength molybdenum alloys with unprecedented tensile ductility［J］. Nature Materials, 2013, 12（4）：344.

[75] 郭磊，宋瑞，淡新国，等. 稀土钼合金制备工艺及强韧化机理研究现状［J］. 中国钼业，2017,（2）：45-51.

[76] 徐栋，白加海，杨东亮，等. 陶瓷电热材料的研究与应用［J］. 山东陶瓷，2007, 30（3）：28-32.

[77] 刘祥荣，张树增，姜锦程. FeAl 基合金的高温抗氧化性能分析［J］. 热加工工艺，2009, 38.

[78] Ponce-Ibarra V H, Benavides R, Cadenas-Pliego G, et al. Thermal degradation of poly (vinyl chloride) synthesized with a titanocene catalyst［J］. Polymer Degradation and Stability, 2006, 91：499-503.

[79] 李晶，吴晓东，翁端. 聚氯乙烯塑料稀土稳定剂的研究开发现状和发展趋势［J］. 稀土，2004, 25（2）：54-58.

[80] 李杰，郑德. 塑料助剂与配方设计技术［M］. 北京：化学工业出版社，2005：92-121.

[81] Gao J, He G, Fang Z B, et al. Interface quality modulation, band alignment modification and optimization of electrical properties of HfGdO/Ge gate stacks by nitrogen incorporation［J］.

Journal of Alloys and Compounds, 2017, 695: 2199-2206.

[82] Wong H, Yang B L, Kakushima K, et al. Properties of CeO$_x$/La$_2$O$_3$ gate dielectric and its effects on the MOS transistor characteristics [J]. Vacuum, 2012, 86 (7): 990-993.

[83] 李学舜. 稀土抛光粉的生产及应用 [J]. 中国稀土学报, 2002, 20 (5): 392-397.

[84] 李振民, 刘一力, 孙菊英, 等. 世界稀土需求趋势分析 [J]. 稀土, 2017, 38 (3): 149-158.

[85] 国内稀土 [J]. 稀土信息, 2017 (11): 13-19.

[86] 于果. 我国稀土资源产业发展探析 [J]. 资源与产业, 2017, 19 (4): 63-68.

[87] 黄小卫, 张永奇, 李红卫. 我国稀土资源的开发利用现状与发展趋势 [J]. 中国科学基金, 2011, 25 (3): 134-137.

[88] 马莹, 李娜, 王其伟, 等. 白云鄂博矿稀土资源的特点及研究开发现状 [J]. 中国稀土学报, 2016, 34 (6): 641-649.

[89] 程建忠, 车丽萍. 中国稀土资源开采现状及发展趋势 [J]. 稀土, 2010, 31 (2): 65-69.

[90] 程建忠, 侯运炳, 车丽萍. 白云鄂博矿床稀土资源的合理开发及综合利用 [J]. 稀土, 2007, 28 (1): 70-73.

[91] 车丽萍, 余永富. 中国稀土矿选矿现状及发展方向 [J]. 稀土, 2006, 27 (1): 95-102.

[92] 余永富, 车丽萍. 包头白云鄂博矿床的矿石特点 [J]. 矿山, 2004, 20 (2): 1-5.

[93] 寇文生. 氟碳铈矿与独居石浮选分离新进展 [J]. 有色金属 (选矿部分), 1994 (1): 11-14.

[94] 蒲广平. 牦牛坪稀土矿床成矿模式及找矿方向探讨 [J]. 四川地质学报, 1993, 13 (1): 46-57.

[95] 王成行, 邱显扬, 胡真. 油酸钠对氟碳铈矿的捕收作用机理研究 [J]. 稀土, 2013, 34 (6): 24-30.

[96] 邱显扬, 何晓娟, 饶金山, 汤玉和, 罗传胜, 张军. 油酸钠浮选氟碳铈矿机制研究 [J]. 稀有金属, 2013, 37 (3): 422-428.

[97] 兰玉成, 徐雪芳, 黄风兰, 赵其华. 用邻苯二甲酸从山东微山矿浮选高纯氟碳酸盐稀土精矿的研究 [J]. 稀土, 1983, 14 (4): 27-32.

[98] 池汝安, 田君. 风化壳淋积型稀土矿化工冶金 [M]. 北京: 科学出版社, 2006: 142-185.

[99] 工业和信息化部. 稀土行业发展规划 (2016—2020 年). 2016.

[100]《中国稀土发展纪实》编委会. 中国稀土发展纪实 (内部资料). 2008.

[101] 池汝安, 田君, 罗仙平, 徐志高, 何正艳. 风化壳淋积型稀土矿的基础研究 [J]. 有色金属科学与工程, 2012, 3 (4): 1-13.

[102] 李永绣. 离子吸附型稀土资源与绿色提取 [M]. 北京: 化学工业出版社, 2014.

[103] Xiao Y, Feng Z, Huang X, Huang Li, Chen Y, Wang L, Long Z. Recovery of rare earths from weathered crust elution deposited rare earth ore without ammonia-nitrogen pollution: I. Leaching with magnesium sulfate [J]. Hydrometallurgy, 2015, 153: 58-65.

[104] 黄焜，刘会洲，安震涛，等．一种大相比液液两相连续萃取装置［P］．中国，ZL 201110404565.2.2012-06-27.

[105] 黄焜，刘杰，吴怀之，等．一种气泡辅助的有机液膜发生器［P］．中国，ZL 201410023670.5.2015-07-01.

[106] 冯宗玉，黄小卫，徐旸，等．含镁的冶炼废水综合回收的方法［P］．中国，CN201510276595.8.2017-01-04.

[107] 黄小卫，冯宗玉，徐旸，等．Hydrometallurgy and separation method of rare earth ores［P］．中国，CN201510276646.7.2017-01-04.

[108] Huang Xiaowei, Long Zhiqi, Wang Liangshi, et al. Technology development for rare earth cleaner hydrometallurgy in China［J］. Rare Metals, 2015, 34（4）：215-222.

[109] Huang Yukun, Zhang Tingan, Liu Jiang, et al. Decomposition of the mixed rare earth concentrate by microwave-assisted method［J］. Journal of Rare Earths, 2016, 34（5）：529-535.

[110] 豆志河，刘江，张廷安，等．氟碳铈精矿钙化转型渣酸浸研究［J］．东北大学学报（自然科学版），2015, 36（5）：680-684.

[111] 陈继，邹丹，李德谦，等．一种从包头稀土矿硫酸浸出液中萃取分离铈、氟、磷的方法［P］．中国，CN201510571527.4.2015-12-09.

[112] 薛向欣，武吉，杨合，等．一种选铁尾矿中浸出稀土的方法［P］．中国，CN104611541A.2015-05-13.

[113] 杨合，武吉，薛向欣，等．硅酸盐稀土渣硫酸铵焙烧浸出研究［J］．中国稀土学报，2015：440-448.

[114] 黄小卫，于瀛，冯宗玉，等．一种从离子型稀土原矿回收稀土的新方法［P］．中国，ZL 201010128302.9.2011-09-21.

[115] 黄小卫，肖燕飞，冯宗玉，等．一种用于浸取离子型吸附矿中稀土的浸取剂和浸取方法［P］．中国，201410484417.X.2016-04-13.

[116] 黄小卫，冯宗玉，王良士，等．一种用于浸取离子型吸附矿中稀土的浸取剂和浸取方法［P］．中国，PCT/CN2015/088300.

[117] 黄小卫，王良士，冯宗玉，等．低浓度稀土溶液萃取回收稀土的方法［P］．中国，201310303722.X.2015-01-21.

[118] 黄小卫，王良士，冯宗玉，等．Method for recovering rare earths through fractional extraction［P］．中国，PCT/CN2014/096023.

[119] 黄小卫，冯宗玉，赵龙胜，等．一种低浓度稀土溶液高效萃取富集回收技术［P］．中国，201610644810.X.

[120] Huang Xiaowei, Dong Jinshi, Wang Liangshi, et al. Selective recovery of rare earth from ion-adsorption rare earth ores by stepwise extraction with HEH（EHP）and HDEHP［J］. Green Chemistry, 2017, 19（5）.

[121] 廖伍平，李艳玲，张志峰，等．含氨基中性膦萃取剂用于萃取分离钍的用途和方法

[P]. 中国，CN201410765062. 1. 2016-7-6.

[122] 廖伍平，卢有彩，张志峰，等. 含氨基中性膦萃取剂用于萃取分离四价铈的用途和方法 [P]. 中国，CN201410765018. 0. 2016-7-6.

[123] Cen Peng, Wu Wenyuan, Bian Xue. A novel process for recovery of rare earth and fluorine from bastnaesite concentrates. Part I: calcification roasting decomposition [J]. Green Processing and Synthesis, 2016, 5 (4): 427-434.

[124] 黄小卫，龙志奇，彭新林，等. 碳酸氢镁或/和碳酸氢钙水溶液在金属萃取分离提纯过程中的应用 [P]. 中国，ZL 201080000551. 8. 2013-01-30.

[125] 黄小卫，龙志奇，彭新林，等. Use of Mg (HCO₃)₂ and/or Ca (HCO₃)₂ aqueous solution in metal extractive separation and purification [P]. 美国，US13/143772. 2014.

[126] 黄小卫，龙志奇，李红卫，等. Method of precipitation of metal ions [P]. 美国，US8808660. 2014.

[127] 黄小卫，冯宗玉，王猛，等. 一种碳酸氢镁溶液的制备及综合利用方法 [P]. 中国，CN201210137935. 5. 2013-11-6.

[128] Wang Liangshi, Yu Ying, Huang Xiaowei, et al. Toward greener comprehensive utilization of bastnaesite: Simultaneous recovery of cerium, fluorine, and thorium from bastnaesite leach liquor using HEH (EHP) [J]. Chemical Engineering Journal, 2013, 215-216: 162-167.

[129] Wang Liangshi, Wang Chunmei, Yu Ying, et al. Recovery of fluorine from bastnasite as synthetic cryolite by product [J]. Journal of Hazardous Materials, 2012, 209-210: 77-83.

[130] 王瑞祥，谢博毅，余攀. 离子型稀土矿浸取剂遴选及柱浸工艺优化研究 [J]. 稀有金属，2015, 39 (11): 1060-1064.

[131] 杨幼明，邓声华，蓝桥发，等. P507-N235 体系稀土萃取分离性能研究 [J]. 有色金属科学与工程，2013, 4 (3): 83-86.

[132] 蓝桥发，黄振华. 络合法除 P507-N235 体系中铁的研究 [J]. 中国稀土学报，2015, 33 (2): 188-195.

[133] 叶信宇，吴龙，杨明，等. P507-N235 双溶剂萃取体系反萃工艺研究 [J]. 中国稀土学报，2013, 31 (6): 695-702.

[134] 杨幼明，蓝桥发，邓声华. P507 与 N235 混合溶剂的稳定性及对 NdCl₃ 的协萃效应 [J]. 中国稀土学报，2013, 31 (4): 385-392.

[135] 刘余九，颜世宏. 我国稀土火法冶金技术的发展 [J]. 稀土信息，2003 (4): 2-8.

[136] 王祥生，王志强，陈德宏，等. 稀土金属制备技术发展及现状 [J]. 稀土，2015 (5): 123-132.

[137] 石富. 稀土电解槽的研究现状及发展趋势 [J]. 中国稀土学报，2007 (S1): 70-76.

[138] 刘柏禄. 稀土金属熔盐电解技术进展 [J]. 世界有色金属，2009 (12): 75-76.

[139] 刘立良，孙金明，赵智平，等. 氟化物体系熔盐电解制钕存在问题及改进建议 [J]. 化工生产与技术，2008, 15 (1): 59-61.

[140] Li G, Li L, Hao J, et al. Investigation of oxygen diffusion behavior in terbium using $^{18}O_2$

isotopic tracking by high resolution SIMS [J]. Materials Letters, 2016, 176: 253-256.

[141] Li G, Guo H, Li L, et al. Purification of terbium by means of argon and hydrogen plasma arc melting [J]. Journal of Alloys and Compounds, 2016, 659: 1-7.

[142] Zhang X, Miao R, Li C, et al. Impurity distribution in metallic dysprosium during distillation purification [J]. Journal of Rare Earths, 2016, 34 (9): 924-930.

[143] 陈国华, 刘玉宝, 赵二雄, 等. 碳化硅结合氮化硅材料绝缘性能的研究 [J]. 稀土, 2016, 37 (3): 149-152.

[144] 郑天仓, 王小青, 于兵, 等. 一种稀土金属及合金生产过程中的尾气处理方法 [P]. 中国, 201310063926.0, 2013.

[145] 牛晓东, 邱鑫, 孙伟, 等. 镁电解槽中制备镁稀土合金的电解工艺及机制研究 [J]. 中国稀土学报, 2013 (4): 482-487.

[146] Gschneidner J K A, Eyring L. Handbook on the Physics and Chemistry of Rare Earths [M]. North-Holland Publishing Company, 1978.

[147] 饶睿, 李明才, 张树标, 等. 离子型稀土原地浸矿采场滑坡特征及防控试验研究 [J]. 稀土, 2016, 37 (6): 26-31.

[148] 罗嗣海, 袁磊, 王观石, 等. 浸矿对离子型稀土矿强度影响的试验研究 [J]. 有色金属科学与工程, 2013, 4 (3): 58-61.

[149] 罗嗣海, 黄群群, 王观石, 等. 离子型稀土浸矿过程中渗透性变化规律的试验研究 [J]. 有色金属科学与工程, 2014, 5 (2): 95-99.

钨钼篇

5 钨钼冶金概述

5.1 钨的性质、应用和资源

5.1.1 钨的性质

钨属于元素周期表第Ⅵ副族，具有熔点高、沸点高、硬度高、耐磨和耐腐蚀性能优良等特点，熔点 3410℃、密度 19.35g/cm³。常温下的致密钨在空气中十分稳定，高于 500~600℃ 迅速氧化生成 WO_3。致密钨在常温下能耐几乎所有酸碱的侵蚀，高温和有氧化剂存在时能与某些酸碱反应[1,2]。

5.1.2 钨的需求

钨以硬质合金、合金钢、热强合金、钨基合金、钨材以及化工材料等形态在地质矿山、机械加工、电子工业、宇航工业、国防工业、化工等领域得以广泛应用[3]，是重要的战略物资，尤其是在硬质合金和钢铁工业方面，两者用量在我国占钨消耗量的 75% 左右。在发达国家，钨加工产品主要为硬质合金，其消耗量占比高达 72% 左右[4,5]。

5.1.3 钨资源情况

5.1.3.1 世界钨资源

钨在地壳中的丰度仅为 0.00013%，根据美国地质调查局 2015 年公布的数据，世界钨资源储量为 330 万吨金属，主要集中在中国、加拿大、俄罗斯和越南等国，其中中国钨资源储量为 190 万吨，占全球总储量的 57.58%。全球主要的钨矿床情况见表 5-1[6,7]。

5.1.3.2 中国钨资源

中国钨矿主要分布在三江钨锡成矿带、西秦岭—祁连山成矿带、天山—北山成矿带、华南成矿带和华北成矿带五大成矿带[1]，集中分布在湖南、江西、河南、福建和云南五省，占据了中国 90% 以上的钨储量。我国钨资源中，白钨矿已探明储量约占全国钨矿总储量的 70%。我国主要钨矿资源储量见表 5-2。

5.1.3.3 钨二次资源

钨二次资源包括所有废旧的含钨物料，如废硬质合金、废钨合金钢、含钨废催化剂、废钨材以及冶炼流程中含钨较高的废渣。按照钨金属量计，原生钨矿经生产加工后，约90%成为最终钨产品，其中约66%在使用中耗损而难以回收利用，约24%的废旧产品钨和约10%在生产过程中产生的废料钨得以回收再利用。

表5-1　全球主要大型、超大型钨矿床一览表

矿床名称	国家/地区	WO₃平均品位/%	资源量/万吨	矿床类型
大湖塘钨矿	江西	0.2	106	角砾岩型
朱溪钨矿	江西	0.64	>100	矽卡岩型
柿竹园钨多金属矿	湖南	0.34	71	石英脉型
麻栗坡钨矿	云南	0.43	53	矽卡岩型
三道庄钼钨矿	河南	0.12	42	矽卡岩型
新田岭钨钼铋矿	湖南	0.37	32	斑岩型
行洛坑钨矿	福建	0.23	30	斑岩型
Jersey Emerald	加拿大	—	504	—
Hemerdon	英国	0.19	401	石英脉型
Sisson	加拿大	0.07	334	—
Northern Dancer	加拿大	0.1	223	—
NuiPhao	越南	—	97	—
Verkhne-Kayrakty	俄罗斯	—	87	石英脉型
Mactung	加拿大	1.08	62	矽卡岩型

数据来源：Edison Research，World Tungsten Report，USGS。

表5-2　中国主要钨矿区资源情况

矿山名	所在地	物种类	资源储量/万吨	WO₃品位/%
大湖塘	江西武宁	黑钨	93	0.2
柿竹园	湖南郴州	白钨	71.6	0.32
三道庄	河南栾川	钼伴生白钨	37	0.145
新田岭	湖南郴州	白钨	30	0.37
杨林坳	湖南衡南	白钨	28.8	0.46
行洛坑	福建宁化	黑白钨共生	28	0.228
塔尔沟	甘肃肃北	黑白钨共生	22.3	0.736
黄沙坪	湖南桂阳	白钨	20.6	0.254
裕新	湖南宜章	白钨	20.44	0.276
小柳沟	甘肃肃北	白钨	15.2	0.55

5.2 钼的性质、应用和资源

5.2.1 钼的性质

钼属于元素周期表第五周期ⅥB族元素，原子序数42，原子量95.94，银灰色，熔点2610℃，沸点5560℃，密度10.22g/cm³[2,8]。钼延伸性能较好，易于压力加工。金属钼在常温空气中比较稳定，500~600℃时会迅速氧化成三氧化钼；600~700℃会迅速氧化成三氧化钼挥发；高于700℃水蒸气将钼强烈氧化成MoO_2。

5.2.2 钼的需求

钼的熔点高，高温强度、高温硬度和刚性很大，抗热耐震性能和在各种介质中的抗腐蚀性能很强，导热、导电性能良好。这些优良的性能使钼、钼合金以及钼的化工产品在各个领域都有广阔的用途。

钼主要用于钢铁行业，其用量占年消费量的70%~80%[9]。此外，钼也广泛应用于金属压力加工、电光源、镀膜行业、机械行业、航空航天、军事工业、石化工业等诸多领域[10,11]。

5.2.3 钼资源情况

5.2.3.1 世界钼资源

钼在地壳中的元素丰度约为$1×10^{-6}$，在岩浆岩中以花岗岩类含钼最高，达$2×10^{-6}$。据USUG 2015年发布的数据[2,11,12]，全球钼资源储量约1100万吨，我国储量430万吨，占世界总量39%，居世界首位；其次是美国，储量为270万吨；智利储量230万吨，秘鲁45万吨，俄罗斯25万吨，加拿大22万吨，亚美尼亚15万吨，其他国家63万吨。中国、美国和智利三国储量合计占世界总量的84.5%。

5.2.3.2 中国钼资源

中国钼矿资源主要集中在河南、陕西、辽宁、吉林等地，河南产量最大，约占全国总量的40%，其次是陕西与内蒙古，产量约占全国总量的18%及13%。我国主要钼生产矿山情况见表5-3[13-15]。

我国钼资源以斑岩型和斑岩-矽卡岩型钼矿床类型居多，占80%以上。矽卡岩型仅占10%左右，多属于低品位矿床，平均品位小于0.1%的占65%，其中小于0.05%的占10%。中等品位（0.1%~0.2%）矿床占30%，品位较富的（0.2%~0.3%）占4%，而品位大于0.3%的富矿仅占1%。

表 5-3　2016 年底我国主要钼生产矿山保有资源储量

编号	矿山名称	累计探明地质资源储量		2016 年底保有资源储量	
		金属量/万吨	品位/%	金属量/万吨	品位/%
1	金堆城钼矿	97.93	0.096	53.4	0.089
2	汝阳东沟钼矿	68.98	0.106	63.26	0.122
3	栾川上房沟钼矿	71.58	0.140		
4	栾川三道庄钼矿	74.15	0.084	46.35	0.073
5	栾川南泥湖钼矿	78.93	0.0626	72.94	0.0613
6	黑龙江鹿鸣钼矿	75.18	0.092	70.24	0.092
7	内蒙古大苏计钼矿	14.14	0.125	10.43	0.133
8	敖仑花钼矿	7.58	0.055	6.17	0.06
9	黄龙铺王河沟钼矿	14.29	0.104	8.7	0.072
10	黑龙江大黑山矿	21.89	0.0815	20.6	0.0703

5.3　钨、钼产业现状

5.3.1　钨生产现状

全球钨产量呈逐渐上升的态势，从 2006 年的 5 万多吨产量上升到 2015 年的 8 万多吨。近 10 年来，全球及中国钨资源供应的产量数据见表 5-4 和表 5-5[5,16]。

表 5-4　世界各国钨精矿产量　　　　　　　　　（金属，t）

国家和地区		2006 年	2007 年	2008 年	2009 年	2010 年	2011 年	2012 年	2013 年	2014 年	2015 年
欧洲	奥地利	1153	1117	1122	887	976	859	706	850	820	861
	葡萄牙	740	847	994	832	805	825	769	692	777	508
	俄罗斯	2600	2700	2700	3100	1800	2500	3400	2400	2400	2500
	西班牙			194	284	303	326	342	322	1022	1127
	英国										600
	小计	4493	4664	5010	5103	3884	4510	5217	4264	5019	5555
非洲	刚果								830	800	
	卢旺达	1966	1781	1308	874	843	1006	1800	2215	2215	1784
	乌干达	95	108	55	9	55	6	25	72	104	120
	小计	2061	1889	1363	883	898	1012	1825	3117	3119	1904
亚洲	中国	44948	41178	43502	49363	51250	61736	61946	64813	65312	66481
	吉尔吉斯斯坦	100	100	100	100	100	100	100	100	100	100

国家和地区		2006 年	2007 年	2008 年	2009 年	2010 年	2011 年	2012 年	2013 年	2014 年	2015 年
亚洲	缅甸	100	100	100	90	167	261	160	144	70	245
	朝鲜								62	68	70
	泰国	427	636	383	200	315	215	179	181	181	181
	乌兹别克斯坦	300	300	300	300	300	300	300	300	300	300
	越南								1660	2067	2562
	小计	45875	42314	44385	50053	52132	62612	62685	67260	68098	69939
美洲	巴西	525	537	408	192	166	244	381	494	510	535
	玻利维亚	1094	1395	1430	1289	1517	1418	1573	1580	1262	1474
	加拿大	2612	2700	2795	2501	364	2368	2505	2762	2708	2114
	秘鲁		461	575	634	716	546	365	35	35	35
	小计	4231	5093	5208	4616	2763	4576	4824	4871	4515	4158
澳大利亚		7	17	6	9	11	22	12	12	12	30
小 计		7	17	6	9	11	22	12	12	12	30
全球合计		56667	53977	55972	60664	59688	72732	74563	79524	80763	81586

注：国外数据来源《世界金属统计》，中国数据来源《中国有色金属工业协会统计资料汇编》。

表 5-5　中国钨冶炼产品的产量　　　　　　　　　　　（t）

年份	仲钨酸铵	三氧化钨	蓝钨	钨粉	碳化钨粉	偏钨酸铵（含钨酸）	钨酸钠	钨条	混合料
2007	49129	8042	32412	14431	15956	3761	—	2008	2940
2008	36592	8646	25633	16369	17410	3146	165	1582	2858
2009	36383	8492	24181	18428	18625	2712	30	1607	3621
2010	59720	17040	31690	23783	26327	2756	—	506	2457
2011	50787	19198	24878	26061	25504	3591	122	831	3644
2012	50712	13193	23479	24588	22498	3910	150	1476	2871
2013	56103	25239	21951	33271	32795	5000	—	2129	6070
2014	73934	24309	27110	32508	29505	6558	1014	2531	9866
2015	68011	25283	30974	36703	30011	4774	689	2920	13781
2016	79742	28331	29417	38887	33953	6520	65	2638	—

注：2013 年以前混合料为商品量，2014 年以后为生产量。

资源来源：中国钨业协会统计数据。

5.3.2　钨冶炼科技进步

近十年来，我国钨工业呈跨越式发展，钨产业的布局日臻合理，产品结构进一步改善，钨冶炼技术全球领先，钨冶炼装备不断创新[17-19]。

（1）钨资源与冶炼生产之间的结构性矛盾已基本解决。十多年前，我国钨冶炼以黑钨为主，占钨资源 2/3 以上的白钨矿和黑白混合矿利用率不到 10%，资源与生产之间存在结构性矛盾。通过技术攻关，开发出了一系列的技术成果，许多钨冶炼企业已均可处理白钨矿和黑白混合钨矿。

（2）短流程、低排放、高效率的钨提取冶金工艺不断涌现。随着环保意识的提高，开展钨提取冶金新工艺的研究成为近年来的科研重点。国内研究者采用磷酸加硫酸分解白钨矿，使钨转化为磷钨杂多酸进入溶液，钙生成硫酸钙进入渣相，提取钨后的溶液补加磷酸和硫酸后可返回浸出，大大减少污水排放量，此工艺已在国内最大也是全球最大的钨冶炼企业——厦门钨业实现了工业化生产。另外，与传统碱煮工艺配套，采用高浓度离子交换可使钨冶炼废水排放量大幅度减少。国内在苏联工作的基础上研发钨碱性萃取工艺，这一工艺采用苏打高压浸出白钨矿，浸出液经碱性萃取后，萃余液返回浸出，使废水排放量减少，近年来在国内进行了工业化生产。

（3）钨二次资源回收技术不断更新，推动我国钨循环经济快速发展。我国钨二次资源回收技术发展迅速，2008 年我国废钨利用量已超过 10000t（金属量），接近发达国家钨回收利用率（34%）的水平。厦门钨业开发的氧化熔炼法回收废钨技术，能处理各种含钨废料，处理温度比较低，熔炼设备寿命长，熔炼气体经处理达标排放，目前已建成年处理废钨量 4000t 的生产线。

（4）钨冶金企业装备水平不断提高。厦门钨业、郴州钻石钨制品公司、江钨集团等企业的装备都达到了国际先进水平，有效改善了钨冶炼生产环境。

5.3.3　钼生产现状

2016 年中国钼精矿年产能 35 万吨，氧化钼、钼铁冶炼能力超过 28 万吨/a，钼酸铵产能 54980t/a，钼酸钠产能 9850t/a，高纯二硫化钼粉产能保持在 1700t/a，高纯三氧化钼产能 18000t/a，钼粉及其制品产能 17770t/a。2016 年钼精矿产量 173763t，比 2015 年的 178937t 减少了 2.9%。2016 年中国钼粉及其制品的生产主要集中在陕西、河南、江苏三省，钼粉及其制品的生产能力占全国的 90% 左右，相关数据见表 5-6、表 5-7。

表 5-6　2006~2017 年中国钼精矿产量统计

年　份	2006	2007	2008	2009	2010	2011
精矿产量/t	90000	150000	180000	164612	185163	211127
年　份	2012	2013	2014	2015	2016	2017
精矿产量/t	207290	179262	197019	178937	173763	192448

表 5-7 2017 年中国主要钼产品产量统计

产品名称	钼铁	钼酸铵	钼酸钠	钼粉	锻轧钼杆/条/板及型材	高纯三氧化钼
产量/t	103868	38365.25	2310	8218.5	1244	8169.1
产品名称	氧化钼	粗钼丝	细钼丝	钼制品	未锻轧钼杆/条/板及型材	
产量/t	121988	440	859.94	3341.8	958.6	

5.3.4 钼冶炼科技进步

近年来钼冶金技术得到长足发展，钼资源利用率不断提高，许多难处理资源得以利用；生艺技术不断创新；生产装备向大型化、自动化和智能化发展。

金钼股份于 2012 年改造内热式回转窑，增强了闪蒸干燥机处理粒度和分级能力，解决了回转窑供热波动较大导致炉况差物料难以脱硫的工艺技术难题，使焙烧温度分布合理，减少了炉内结圈和出炉产品含硫超标问题。

金堆城钼业集团有限公司将原回转窑和反射炉焙烧工艺升级改造为多膛炉，产能由 23630t/a 提高到 42350t/a，提高了装备水平和产品质量的稳定性，实现了烧结 SO_2 烟气与硫酸厂烟气的配气制酸。

栾川钼业集团股份有限公司引进多膛炉焙烧技术生产工业级氧化钼，用于钼铁及氧化钼压块生产；全套引进丹麦托普索低浓度制酸工艺，实现了烧结低浓度 SO_2 烟气制酸的稳定运行。

东北大学开发出无碳焙烧工艺，提高了烟气 SO_2 浓度，在洛钼集团冶炼公司 1 号回转窑成功应用，节能效果显著。

金堆城钼业集团有限公司新建的钼铁生产线，采用氧化钙代替萤石，降低了氟的污染，拓宽了氧化钼对硫含量的要求；钼铁冶炼过程平稳、渣流动性好，辅料消耗少，弃渣钼含量低于 0.6%，钼铁冶炼回收率达到 99%。

辽宁天桥新材料公司改变传统的单效结晶形式，采用连续蒸发结晶器，生产能力大、结晶形态好、热效率高。成都虹波钼业采用全新的离子交换、蒸发结晶技术生产二钼酸铵，产品含钨小于 40ppm、含钾小于 15ppm，物理指标好，达到世界先进水平，并可按要求生产多规格的产品。

5.3.5 国外钼冶炼主流工艺

Climax 旗下 Stowmarket 工厂的钼铁熔炼炉，采用侧部开启技术，无内衬和放渣孔，每炉加料前用高耐火度捣打料制作内衬，冶炼过程不使用硝酸钠和氟化钙，杜绝了氮氧化物及氟化物对烟气系统的腐蚀和对环境的污染，采用氧化钙滤块吸收烟气中的氟，滤块失效后再用于钼铁熔炼，自动化程度高、用工少。

Climax 旗下的鹿特丹工厂设有多膛炉焙烧和钼酸铵生产线，配套硫黄焚烧炉和混合烟气制酸系统。产品有高溶氧化钼、工业氧化钼、氧化钼块、钼酸铵和硫酸。来自美国的钼精矿品位为 49% < Mo < 62%、油分 0.3% ~ 5%、水分 0.1% ~ 12%，高溶氧化钼产品可溶性 99.8%、S 含量 0.01% ~ 0.02%、粒度 −20 目。焙烧回收率 99.3% ~ 99.5%，烟气 SO_2 浓度 2.0% ~ 3.5%，制酸尾气 SO_2 浓度 1 ~ 15ppm。烟气淋洗液含铼大于 150ppm 送美国回收，工厂自动化程度水平及工人劳动生产率高。

6 钨钼冶金

6.1 钨冶炼主要方法

6.1.1 NaOH 分解—离子交换转型—铜盐沉淀除钼工艺

6.1.1.1 NaOH 分解

NaOH 分解工艺是目前国内制备仲钨酸铵（APT）的主流方法，国内 80% 以上的企业都采用这一生产工艺。NaOH 与黑钨精矿、白钨精矿、黑白钨混合矿等发生反应，钨以 Na_2WO_4 形态进入溶液中，而铁、锰、钙等以难溶固体进入渣中与钨分离。NaOH 分解法多采用立式高压反应釜，使用远红外辐射的方式加热，具有升温快、热效率高等特点[20]。目前工业上多采用间歇性周期式作业。NaOH 分解法也存在一些不足，主要体现在：

（1）碱过量系数大，原料中每吨 WO_3 需约 2.5t 液碱，投资和加工成本较高；

（2）压煮时产渣量大，产渣率约为 40%；

（3）浸出过程在高温、高压条件下进行，对设备要求较高。

6.1.1.2 离子交换净化转型

离子交换法工艺是我国自行研发的技术，能同时除去 As、P、Si、Sn 等杂质并将 Na_2WO_4 溶液转型成（NH_4）$_2WO_4$ 溶液[21,22]。基于各种阴离子对强碱性阴离子交换树脂的亲和力不同，在吸附过程中 P、As、Si 等杂质难吸附，从而使 WO_4^{2-} 与砷、磷、硅、Na^+ 分离，再用 $NH_4Cl + NH_4OH$ 溶液直接解吸转型得到（NH_4）$_2WO_4$ 溶液。离子交换法在钨冶炼中得到广泛应用，具有一系列的优越性，主要体现在：

（1）流程短，工艺过程简单；不需钨回收系统，钨损失少，回收率高。

（2）能同时完成除杂和转型，除杂率高，操作简便，易于实现机械自动化。

随着对环境问题的重视，这一工艺的弊端逐渐暴露，主要体现在：

（1）离子交换前必须将浸出液稀释 10 倍左右，使 WO_3 浓度在 18~25g/L，导致溶液体积大大增加，设备产能降低，附属设备体积庞大。

（2）稀释过程导致水体在生产中滞留、输送，造成车间建筑空间庞大；同时消耗大量水资源，废水大幅度增加。

（3）废水中含砷等有害元素及大量未反应的 NaOH，造成一系列环境问题。

6.1.1.3 选择性沉淀法除钼

选择性沉淀法除钼时，先往钨酸盐溶液中加入硫化铵，使溶液中的 MoO_4^{2-} 转化为 MoS_4^{2-}，再加入硫酸铜或氯化铜等铜盐，使钼与铜一起沉淀进入渣中，而钨仍以 WO_4^{2-} 形态留在溶液中，实现钨钼的分离[23]。该工艺流程短、工艺简单、除杂效率高、钨损失少，已成功应用于工业生产并取得良好效果，在钨冶炼企业中应用面达 90% 以上。

6.1.1.4 蒸发结晶制取 APT

蒸发结晶法是钨酸铵溶液以蒸发的方式使仲钨酸铵结晶析出。当结晶温度高于 50℃ 时，则 $n=5$，产品为片状结晶；当温度低于 50℃ 时，则 $n=11$，产品为白色针状结晶。蒸发结晶有间断作业和连续作业两种方式。间断作业一般在夹套加热的反应器中进行，$(NH_4)_2WO_4$ 料液比重为 1.20~1.28（含 250~300g/L WO_3），加热使氨挥发，pH 值降到 7.0~7.7 左右则 APT 开始析出，当溶液比重降低至 1.06~1.08 时停止加热。对离子交换法所得的 $(NH_4)_2WO_4$ 溶液而言，当溶液体积蒸发 60% 左右时，APT 的结晶率可达 90%~95%。连续结晶过程在连续蒸发器中进行，将比重为 1.16~1.28（含 180~300g/L WO_3）的 $(NH_4)_2WO_4$ 溶液加入反应器内，搅拌加热使氨挥发。反应器顶盖上有管道与真空系统相连，将氨及时排至反应器外进行冷却回收。母液比重为 1.06~1.08 时停止加热，冷却 0.5h，将料排至真空抽滤器进行过滤洗涤后得到 APT，分批结晶率为 90%~95%。连续结晶法生产过程连续化、生产能力大、质量稳定、力度均匀、氨易于回收，在大型钨冶炼企业被广泛应用。

6.1.2 碱分解—酸性萃取转型—硫化除钼工艺

6.1.2.1 苏打压煮分解

早在 1941 年，美国联合碳化物公司 Bishop 工厂就实现了苏打压煮法的产业化，随后在美国、苏联以及韩国等许多冶炼厂得到应用。苏打压煮法对原料的适应能力强，既可处理白钨精矿，又可处理低品位（WO_3 含量小于 5% 甚至更低）的白钨矿，在提高苏打用量和添加适量 NaOH 的条件下还可处理黑白钨混合矿[1,24]。苏打压煮法的钨回收率高，渣含 WO_3 可达 0.5% 左右，且杂质 P、As、Si 的浸出率较低。在 180~230℃ 的温度下将钨矿物原料与苏打溶液反应，使钨以钨酸钠形态进入溶液，而钙、铁、锰以碳酸盐形态入渣，实现钨与杂质的初步分离。

苏打压煮法也有不足之处：

（1）碳酸钠的消耗量大，约为理论量的 3.5~4 倍，对于含 WO_3 8%~15% 的原料，Na_2CO_3 的消耗高达理论量的 5~6 倍；

（2）苏打压煮过程在高温和高压下进行，设备易出现碱脆问题；

（3）浸出液 Na_2CO_3 浓度不能过高，设备利用系数小，能耗高。

苏打压煮法采用的设备有立式釜和卧式釜两种，目前工业上多采用立式高压釜，其结构与 NaOH 分解法所用的高压釜大同小异。苏打压煮法在国外应用较多，如美国的环球钨和粉末公司就采用苏打压煮法来进行钨矿分解，但目前国内采用苏打压煮法的企业不多。

6.1.2.2 酸性萃取转型

用萃取法从钨酸钠溶液中制取钨酸铵溶液，先将钨酸钠溶液除去 P、As、Si后，用萃取剂将溶液转型为钨酸铵溶液以进一步制取 APT。

溶液净化过程的主要方法有磷酸镁盐法和磷酸铵镁盐法两种。（1）磷酸镁盐法的除 P、As、Si 同时进行。先将加热至沸腾的溶液在不断搅拌下用稀盐酸（盐酸：水 = 1:3）、稀硫酸或氯气中和游离 NaOH 至 $1\pm0.2g/L$，约50%的硅酸盐水解沉淀，煮沸 20~30min，加入比重 1.16~1.18 的 $MgCl_2$ 溶液（约含 $MgCl_2$ 160~180g/L），控制游离碱为 0.2~0.4g/L，煮沸 30min 后澄清过滤，杂质含量可达到下列要求：$SiO_2 \leqslant 0.02g/L$、$As \leqslant 0.015g/L$、$P \leqslant 0.025g/L$。（2）磷酸铵镁盐法的除 Si 和除 P 分两步完成。首先往煮沸的粗钨酸钠溶液中加入稀盐酸中和至游离碱 4~5g/L，煮沸 30min 后再加 NH_4Cl 溶液中和至 pH = 8~9 后固液分离，实现硅的脱除；脱硅后液加氨水调 pH 值至 10~11，再按计量加入 $MgCl_2$ 溶液，搅拌 0.5~1h 后固液分离。

铵镁盐法的渣量较少，沉淀物的颗粒较粗，钨损失少，容易过滤，但需两次过滤，同时除硅后加氨水调 pH 值，操作烦琐，设备较多。镁盐法避免了铵镁盐法的缺点，工艺过程简单；但加入 $MgCl_2$ 时，由于溶液 pH 较高而使部分 $MgCl_2$ 水解，渣量较大，过滤性能差，WO_3 的损失大。

萃取转型过程中，首先将除磷、砷、硅后的 Na_2WO_4 溶液调整酸度至 pH = 2.5~4（用硫化物沉淀除钼后的溶液其 pH = 2~3），与有机相混合进行萃取，萃余液经处理后排放。负载有机相经水洗后，用 2~4mol/L 的 NH_4OH 溶液反萃得到（NH_4）$_2WO_4$ 溶液，反萃后的有机相经水洗并用硫酸酸化后返回萃取。有机相成分为 5%~10%（体积）叔胺，加 10%~15%（体积）高碳醇做改进剂，其余为煤油，用 0.5mol/L H_2SO_4 酸化，体系中含 WO_3 为 50~100g/L，pH = 2~4，相比 O/A = 1/1 左右，三级萃取的萃取率 99.5%。

6.1.2.3 硫化除钼

MoS_3 沉淀法是最早采用的除钼方法，该方法也是基于钨、钼与 S^{2-} 形成硫代酸根离子的差异[1,17]。由于钼对硫离子的亲和力较钨大，往溶液中加入 S^{2-} 时，钼优先转化为硫代钼酸盐。当溶液酸化至 pH 为 2.5~3 时，硫代钼酸根分解，钼以 MoS_3 沉淀析出。除钼过程在耐酸反应器内进行，加入理论量 125%~150%（按Mo 量计）的 NaHS，用稀盐酸中和到 pH 为 2.5~3，煮沸 1.5~2h 后过滤，钼可除去98%~99%，溶液中钼可降到0.01~0.05g/L。

三硫化钼沉淀法流程较长、钨损失大，只适合处理低钼含量的溶液，不能深度除钼，且过程中释放H_2S气体，需进行无害化处理。

6.1.3 混酸分解—冷却结晶—萃取除钼工艺

6.1.3.1 硫磷混酸分解

硫磷混酸分解法主要用于白钨矿的常压分解，以硫酸为浸出剂，采用磷酸进行协同，使矿石中的钨以磷钨杂多酸的形态进入到溶液中，固液分离后得到磷钨酸溶液和浸出渣[26]，浸出渣的主要成分是石膏（$CaSO_4 \cdot xH_2O$）。

硫磷混酸分解法已实现工业化生产，云南麻栗坡海隅钨业有限公司的产能已达到5000t/a，厦门钨业海沧分公司的生产规模达到100000t/a。工业生产时，先将硫酸和磷酸加入耐酸浸出槽中，在80~95℃下加入精矿粉，液固比为（1~3）：1，浸出3~6h后固液分离，渣中WO_3含量在0.5%以下。

硫磷混酸分解法能高效分解白钨矿，钨矿品位低至20%时浸出率仍在99%以上；浸出剂硫酸的成本仅为NaOH的5%~10%，试剂成本大幅度降低；冷却结晶分离钨后的母液可返回钨矿物分解，减少了废水排放；浸出渣的主要成分是硫酸钙，可用于建材的生产，实现渣的资源化利用。

作为一个全新的钨冶炼体系，在设备的标准化、生产自动化控制等方面，硫磷混酸分解法较传统方法都有很大提高。

6.1.3.2 冷却结晶分离

硫磷混酸分解白钨矿得到磷钨酸溶液，用冷却结晶法来制备磷钨酸晶体，以进一步制取APT。磷钨杂多酸的溶解度随温度和溶液组成发生大幅变化，低温时磷钨酸在溶液中的溶解度大幅降低，形成磷钨酸晶体结晶析出。基于这一性质，可将磷钨酸从溶液中分离。通常将浸出液从90℃冷却降温到50℃，磷钨酸的结晶率可达80%~90%，结晶母液补酸后返回常压混酸分解工序。

6.1.3.3 萃取回收钼

混酸体系中的钼主要以钼酰阳离子形态存在，而钨以杂多酸阴离子形态存在，二者的性质差异显著。基于混酸体系中钨、钼性质的差异，采用溶剂萃取法将溶液中的钼转移到有机相中，经反萃后可用于钼产品的制备，实现了钼的资源回收。通常，工业上采用P204进行钼酰阳离子的萃取，三级萃取后可将95%以上的钼进行回收。采用溶剂萃取钼的操作比较简单，消除了传统除钼工艺产生除钼渣的问题。工业生产APT的三种主流工艺的经济技术指标见表6-1。

表 6-1　APT 生产工艺的经济技术指标对比

项目	NaOH 分解工艺	苏打分解工艺	混酸分解工艺
工艺	压煮温度 160~220℃	压煮温度 190~230℃	常压 80~95℃
试剂	NaOH 价格约 5800 元/t	Na_2CO_3 价格约 2800 元/t	硫酸价格 300~500 元/t
原料适应性	钨精矿 WO_3 不低于 40%	钨精矿品位越低，苏打用量越大，处理低品位矿苏打消耗再增 1~2 倍	钨精矿 WO_3 可低至 20%
钨矿分解率	渣含 WO_3 约 2.0%	渣含 WO_3 ≤0.5%	渣含 WO_3 ≤0.5%
废水	排放 20~100t/t-APT	排放废水 20t/t-APT	排放废水约 5t/t-APT
钠盐	>750kg/t-APT	>750kg/t-APT	无钠盐排放
废渣	$Ca(OH)_2$ 渣深度填埋	$CaCO_3$ 渣深度填埋	$CaSO_4$ 渣用于建材
成本	约 11000 元/t-APT	约 11000 元/t-APT	约 8000 元/t-APT

仲钨酸铵（APT）是非常重要的钨冶炼中间产品，是用于生产氧化钨、钨粉、钨材以及硬质合金的基础原料。目前，全国生产仲钨酸铵的企业有三四十家之多，主要生产厂家及产能见表 6-2。

表 6-2　国内仲钨酸铵（APT）主要生产厂家情况

企　业	仲钨酸铵产能/t·a⁻¹	企　业	仲钨酸铵产能/t·a⁻¹
厦门海沧	20000	赣北钨业	10000
武宁炳坤	4000	格林美	1000
五矿高安	5000	广西平桂	3000
铜鼓化工	2500	崇义耀升	6000
崇义章源	8000	赣县世瑞	5000
赣州华兴	6000	会昌亚泰	3000
南康众鑫	7000	隆鑫泰	5000
南康汇丰	5000	潮州翔鹭	4000
定南鑫盛	3000	于都安盛	4000
信丰华锐	3000	韶关人丹	3000
大于海创	5000	赣州海盛	4000
福建金鑫	3000	辰州矿业	5000
安化顺泰	3000	安化博兴	3000
湖南春昌	5000	衡阳南东	3000
厦门海隅	5000	钼都科技	3000
郴州钻石钨	10000	世泰科	6000
洛阳钼业	5000		

6.1.4 金属钨的制备

6.1.4.1 钨氧化物的制备

钨氧化物存在 WO_3（α-WO_3）、$W_{20}O_8$ 或 $WO_{2.9}$（又称为 β-钨氧化物）、$W_{18}O_{49}$ 或 $WO_{2.72}$（γ-钨氧化物）以及 WO_2 四种形态[1,2,27]。工业上用于制取钨粉的原料有黄色氧化物（简称黄钨）、蓝色氧化钨（简称蓝钨）和紫色氧化钨（简称紫钨）三种，在氧化性气氛下煅烧 APT 得到黄钨，在密闭条件下得到蓝色氧化钨或者紫色氧化钨。

工业生产的煅烧设备有推舟的管式炉或回转炉。在管式炉中煅烧时，物料静止，料层上下的气氛、扩散条件均不相同，易造成物料不均匀；在回转炉中煅烧时，物料处于翻转状态，反应的动力学条件好，产品质量较均匀，因此在工业上应用较多，如郴州钻石钨制品有限责任公司即采用回转炉来生产黄钨和蓝钨。

回转炉主要包括如下部分：

（1）炉管。通常由不锈钢焊成，长 8~11m，管径 0.3~0.6m，内壁焊有筋条用于扬料，炉管斜度为 1°~3°，转速为 1~12r/min，可根据生产需要进行调整。

（2）加热系统。采用 Ni-Cr 电阻丝加热，加热区分为 3~5 带，温度在 600~800℃；工业上 ϕ400mm×9000mm 的回转炉功率约 95kW，蓝钨产能为 3~4t/d。

（3）传动系统。由马达及减速装置带动炉管转动，有振动装置振打炉管以防止物料黏附在内壁。

（4）加料、收尘及尾气处理系统。

制备 WO_3 时，炉温通常分两带控制，一带炉温控制在 550℃ 左右，二带炉温控制在 650℃ 左右，炉管转速为 3r/min，炉内气压控制在小于 100Pa 左右，空气自动进入炉内，氨和水经排风系统排出，产物 WO_3 连续从出料端排出。

制备蓝色氧化钨时，一带炉温控制在 550℃ 左右，二带炉温控制在 650℃ 左右，炉管转速为 3r/min；炉内气压控制在大于 100Pa 左右以防止空气进入炉内，通过 APT 的给料控制和减少排风量来维持炉内正压及还原性气氛。

制备紫色氧化钨时，一带炉温控制在 650℃ 左右，二带炉温控制在 700℃ 左右，炉管转速为 3r/min；炉内气压控制在大于 150Pa 左右，可通过 APT 的给料控制、减少排风量以及补充少量液氨来维持炉内正压及较强的还原性气氛。

炉温是影响紫钨产品质量的主要因素，炉温太低会导致产品结块甚至堵炉，还原不足则使紫钨中产生 $WO_{2.9}$ 杂相。炉温过高会使得产品中 WO_2 含量升高。由于紫钨比普通蓝钨具有更低的氧指数，要求在炉内的停留时间更长，下料量和炉管转速不能太大，单位产量较低。

6.1.4.2 钨氧化物的还原

金属钨粉是生产硬质合金、纯钨、钨合金等的主要原料，约 70% 以上的钨粉用于硬质合金的制备。生产金属钨粉的方法主要有以下几种。

A 钨氧化物氢还原

钨氧化物氢还原是目前工业生产金属钨粉的主要方法，原料主要有黄色氧化钨、蓝色氧化钨和紫色氧化钨等[28-31]。还原过程中，温度影响显著。还原温度越高，钨粉粒度越粗，所需时间越短。钨粉长大主要发生在还原成 WO_2 之前，当在管式炉中还原时，炉料的推舟速度及炉内的温度梯度决定了物料的升温速度。若制备细颗粒钨粉，推舟速度不宜过快，且炉管的横截面温度场要均匀。

氢气湿度对总湿度影响较大，露点较高会促使钨粉颗粒长大。氢气流速大，会使还原后气体中水蒸气的分压小，同时有利于水蒸气的快速脱除，使料层中的实际水蒸气分压降低，有利于得到细颗粒钨粉。流速越快，颗粒越细。

料层厚度和推舟速度影响水的释放量。料层越厚或推舟速度越快，水的释放速度越快，而料层越厚，水蒸气的扩散阻力越大，不利于水蒸气的脱除，导致钨粉颗粒的长大。料层的空隙度大可加速水蒸气的脱除，减缓钨粉颗粒的长大速度，有利于获得细颗粒的钨粉。

工业上常用的还原炉有固定式还原炉和回转管式还原炉两类，其中固定式还原炉又分为二管炉、四管炉、十四管炉、十八管炉和带式无舟皿连续还原炉等，国内多采用二管炉、四管炉和十四管炉，二管炉主要用于生产粗颗粒钨粉，四管炉和十四管炉主要用于生产中、细颗粒钨粉；而国外多采用十四管炉、十八管炉。

德国 Elino 工业炉公司开发的十八管炉，由炉体、推舟机构及辅助装置、装卸料车三大部分组成，外形尺寸约为 20154mm×5029mm×3816mm。炉体用钢板和型钢焊制成型，内衬高硅酸铝耐火保温材料。炉顶为活动式，炉体装有手动提升装置，可将炉顶提升，便于对加热元件及炉管进行维护保养。炉子设 3 个加热区、1 个预热区，每区单独进行自动温度控制，在 950℃ 以上时，炉温均匀性控制在±12℃。加料炉门为机械密封门，卸料门为气动密封门，炉体设有自动机械推舟装置。炉管采用镍-铬钢管，分上下两层水平排列，上层 10 根，下层 8 根，分别支撑在重质耐火砖上。电炉发热体为带状或螺旋状镍-铬（80%Ni-20%Cr）电热丝或电热片。保温材料为轻质耐火砖、石棉水泥板、石棉板、新型保温材料等。装料舟皿采用镍钼合金（72% Ni、28% Mo）、Ni-Cr 合金（Inconel 617 合金）制成。

与固定式还原炉不同，回转管式还原炉中的炉料呈动态粉末流，炉体结构与煅烧 APT 的回转炉大同小异，只是工作温度、温度分布和密封要求有所区别。加料速度、炉管转速、倾斜角和炉管中的提升挡板决定料层的厚度。与固定式炉相比，水蒸气难以停留在料层中，强化了氢气和水蒸气的扩散，使料层中的湿度较低且不同部位的差异较小，有利于制备细小均匀的钨粉。回转式还原炉具有如下优点：（1）生产连续化，效率高；（2）装卸料密封，温度波动小，安全性好；（3）能耗低；（4）易于实现自动化；（5）粉末粒度细且均匀性好。但也存在一些缺点，如传动机构复杂、细颗粒需收尘回收处理、粉末易粘内壁等。

　　B　钨氧化物碳还原

　　将钨氧化物与碳的混合物加热至一定温度时，钨氧化物被还原成钨粉。还原过程中通入少量氢气，可对碳还原过程起到促进作用。由于这一方法所制得的钨粉中碳含量偏高，不宜用作钨制品。因此这一方法在制取钨粉过程中很少采用，但在直接生产碳化钨，尤其是超细碳化钨粉和碳化钨复合粉的过程中得到越来越广泛的应用。

6.2　钼冶炼主要方法

　　国内外约90%的硫化钼精矿经焙烧转化为钼焙砂，再冶炼成为钼金属或其合金，且大部分用于钢铁冶金。

6.2.1　钼焙砂的生产

6.2.1.1　多膛炉焙烧

　　国外钼精矿焙烧采用多膛炉，全球有近百座多膛炉分布在美国、智利、加拿大、俄罗斯等国家，国内只有金钼股份和洛阳钼业引进了多膛炉焙烧技术[32-34]。

　　多膛炉多为8~12层，耙臂及耙齿的连续搅拌使物料与氧气充分接触，传质良好；物料在炉内停留10~12h，氧化脱硫时间充分；每层均有下料口与下层相通；每层设有操作门，便于清炉、更换耙臂耙齿和观察炉内情况，还设有空气进气口及烟气排出口；每层设有2~4个燃烧器，采用煤气、油或天然气加热。多膛炉的特点在于：（1）将焙烧过程分成多段，每一段实行相应的温度、气氛控制，SO₂烟气及时排出，不影响其他反应阶段；（2）各层炉料布料均匀，物料与氧气接触充分；（3）熔融状态可及时降温，温度偏低也可及时升温，各层供热能准确控制，料温稳定，炉况也相当稳定，极少出现烧结、熔融现象。

　　多膛炉产能大，脱硫效果良好，产品质量较高，能满足钢铁工业及钼材加工的要求。缺点在于烟尘量较大，达10%~18%，实收率偏低；温度控制过高时三氧化钼挥发损失严重，使炉料烧结堵塞下料口；铼的挥发率较低，SO₂浓度较低（1.5%左右），难以制酸而形成公害。多膛炉焙烧的主要经济技术指标见表6-3。

表 6-3　多膛炉主要技术经济指标

单台产量/t·a⁻¹	产品含硫/%	回收率/%	天然气消耗/m³·t⁻¹
18000~20000	≤0.1	98.6~99	20~100

6.2.1.2 回转窑焙烧

回转窑焙烧过程分为干燥区、自然燃烧区、外加热反应区和固化冷却区四个区段，炉温控制在680~700℃，回收率约98%。回转窑收尘主要有布袋收尘、电收尘和湿法收尘等，其中布袋收尘应用最为普遍，但金属回收率不如电收尘和湿法收尘，锦州新华龙使用电收尘的金属回收率可达98.5%。

回转窑采用热风炉供热或天然气/煤气燃烧供热。各段温度的控制范围：物料加热段300~600℃、固化段600~700℃、烧成段（脱残硫段）550~650℃。反应初期主要对物料预热干燥，水分和油分挥发在350℃以内的温度段完成。焙烧过程中，固化现象是钼精矿焙烧的特有现象，对产品含硫量影响显著。观察固化期最明显的标志是钼精矿聚集成为小颗粒的时段，若矿粒间呈半熔融状态，此时含硫通常在0.5%~0.9%之间，料层呈暗红色。钼精矿中如铜、铅、钾、钠等低熔点物质较多，会使钼精矿在高温时黏滞，固化段拖长。正常情况下，从钼精矿入窑到炉料出窑止，控制在6~10h的范围内较为合适。回转窑焙烧的主要经济技术指标见表6-4[2]。

表6-4 回转窑生产技术指标

产量/t·a^{-1}	产品含硫/%	回收率/%	天然气消耗/m^3·t^{-1}
4600~7000	≤0.1	98.3~98.5	20~150

6.2.1.3 流态化焙烧

流态化焙烧过程是辉钼矿受由下往上气流的冲击悬浮在流化床内部实现快速氧化，焙烧的主体设备为沸腾炉[35,36]。炉温常控制在550℃左右，温度降低会使钼焙砂含硫量升高，焙烧反应速度缓慢，难以满足生产要求；温度高于600℃时，被烟气带走的MoO_3增加，产出率下降。可改变物料和空气加入量来调节温度。压缩空气由炉底进入，经过空气筛板使炉内横断面的空气分布均匀。焙烧温度、物料停留时间、空气中的氧浓度对产品质量影响较大。

俄罗斯两家工厂和哈萨克斯坦一家企业采用这一工艺，产出的钼焙砂特别适合仲钼酸铵的制取。与其他焙烧方法相比，流态化焙烧具有如下优点：

(1) 热效率高，可实现能源自给，不需外界提供能源；
(2) 炉内温度低，在550℃左右，能控制在±2.5℃以内；
(3) 炉料烧结现象少，焙砂易于排出，气固两相接触充分，反应速度快；
(4) 单位产能大，可达1200~1300kg/(m^2·d)；
(5) 后续提钼的浸出率高，氨浸浸出率较多腔炉高7%~10%；
(6) 焙烧过程中90%以上的铼进入到烟气中，有利于铼的回收；
(7) 焙烧尾气中的SO_2浓度高达2.5%~3.0%，有利于回收制取硫酸。

流态化焙烧的缺点在于：钼焙砂的残硫量高达2%~2.5%，不能直接用于钢铁工业；烟尘量太大，为进入炉内物料的 25% 左右，烟尘含硫 8%~10%。

6.2.2 钼铁生产

钼铁是钼和铁组成的合金，通常含钼 50%~60%，用作炼钢添加剂。炉外法是目前应用最广泛的钼铁冶炼方法，通常以硅铁、铝粒作为还原剂，依靠自热即可进行彻底[37,38]。钼焙砂是生产钼铁的主要原料，除要求品位高以外，对杂质也有严格的要求，主要有 S 0.07%~0.1%，P 0.01%~0.02%，Cu 0.1%~0.5%。用炉外法生产钼铁需要的含铁原料来源于钢屑、75% 硅铁、氧化铁皮、铁矿等。炉外法的主体设备是熔炉，由炉筒、炉台、炉盖和收尘器组成。炉筒外壳为 5~7mm 厚锅炉钢板卷成的圆柱形筒体，内部砌衬约 100~150mm 厚耐火砖，并涂敷耐火泥。炉料搅拌均匀后装入炉筒中，装料完毕后点火进行反应，从点火到反应结束仅需 20~40min。反应结束后，炉内液体产物中钼铁与炉渣分离。钼铁密度远大于炉渣密度，钼铁液滴沉降于炉底砂窝中，炉渣由上部的放渣口流出。放渣完毕后吊出炉筒，合金块在砂窝中静置冷却 4~6h 后破碎成块料，除去炉渣和底部砂壳，按所含钼品位分级、包装、入库成为最终产品。钼铁生产时，钼的回收率达 98.5%~99%。钼铁生产的主要技术经济指标见表 6-5。

表 6-5 钼铁生产主要技术经济指标

项 目	技 术 指 标						
产能/t·a⁻¹	20000						
单耗（以含钼 55% 计）/kg·t⁻¹	氧化钼	硅铁	铁鳞	钢屑	硝石	铝粉	石灰
	1213	339~350	250	260~270	<40	45~60	30~100
电耗/kW·h·t⁻¹	95~120						
钼金属回收率/%	98.5~99						

6.2.3 氧化钼块生产

氧化钼块主要用于钢铁生产，产品粒度要求 ≤5mm，抗压强度 ≥45MN/m²。氧化钼块代替钼铁加入钢液中，钼可以被铁、硅、铝等元素充分还原，钼进入钢水与钢液合金化，氧则与还原元素生成氧化物进入炉渣。

氧化钼压块的工艺如下：（1）将钼焙砂粉碎成 0.4mm 以下的氧化钼粉后，加入 5% 的水作黏结剂，充分搅拌使物料混合均匀；（2）混合料加入模具中压型，缓慢加压防止物料溅出和损坏模具，并使氧化钼块致密以保证强度；（3）料块成形后自然风干，再将氧化钼块置于干燥器中烘干至水分小于 0.5% 后即可。

用氧化钼块代替钼铁用于炼钢有利于降低成本、节约能源，在国外应用比较广泛，但也存在一些不足：（1）氧化钼在低温度下（600℃）会挥发，导致炼钢过程中钼的收率较低；（2）氧化钼被 C、Si、Mn、Fe 等还原会发生剧烈反应，导致喷溅等现象，影响正常稳定生产。因此合理使用氧化钼块的关键在于抑制氧化钼在炼钢生产过程的挥发和降低还原反应强度。金钼股份技术中心 2012 年与太钢股份合作进行了复合氧化钼块的开发与添加试验，较好地解决了钼的挥发以及大量气体排放问题，并提高钼的利用效率，有较好的推广价值。

6.2.4　辉钼矿的湿法分解

辉钼矿湿法分解过程是将硫化钼氧化为可溶性的钼酸盐以进一步制取纯钼化合物，或使杂质进入溶液而钼大部分以钼酸的形态留在固相中，经干燥煅烧制取三氧化钼。

6.2.4.1　酸性高压氧分解

硝酸介质中高压氧分解处理辉钼矿的工艺也被称为塞浦路斯工艺，包括高压氧分解、煅烧和分解母液及洗液中钼铼的回收三个主要过程[2,39]。氧化过程在高压釜内进行，钼精矿、硝酸和水制浆后加入釜内，在搅拌作用下，氧气由通氧管进入并与矿浆混合发生反应，温度一般控制在 150~200℃ 之间。硫化钼被氧化成钼酸，80% 的钼酸留在渣中，其余的钼进入溶液。矿石中几乎所有的铼都被氧化，生成高铼酸或高铼酸盐进入溶液，大部分杂质（如 Cu、Ni、Zn、Fe 等）也进入溶液。由于反应是放热过程，在达到反应所需温度后应关闭外部热源，通过釜内的蛇形冷却管和釜外的冷却夹套来调节反应温度。

高压氧分解的效率高，MoS_2 转化率在 95%~99% 之间，ReS_2 的转化率通常在 98%~99%，而硝酸消耗量为常压硝酸分解的 5%~20%。塞浦路斯工艺处理辉钼矿具有金属回收率高、不排放 SO_2 气体和烟尘等优点；但该工艺产出的硫酸浓度太低，需要消耗大量氧气，高压釜需采用耐高温 H_2SO_4-HNO_3 腐蚀的特种材料。

6.2.4.2　碱性高压氧分解

碱性高压氧分解过程中，发生的反应主要如下：

$$MoS_2 + 6NaOH + 4.5O_2 \longrightarrow Na_2MoO_4 + 2Na_2SO_4 + 3H_2O$$

主要工艺条件为：温度 130~200℃，压力 2.0~2.5MPa，时间 3~7h，NaOH 用量为理论量的 1.0~1.03 倍。与酸性高压氧分解比较，该方法金属回收率高，钼在分解过程中全部进入溶液，钼铼回收率在 95%~99% 之间，且反应介质对设备的腐蚀小；缺点在于该方法的反应时间较长，生产效率和能耗等指标劣于酸性高压氧分解。根据国内某厂的工业实践，将钼精矿、烧碱和水按 200∶115∶1800（kg）的比例制浆后加入高压釜中，蒸汽加热到 85℃ 后开始通氧。当压力达到 1.6MPa 时，体系温度达到 160℃。维持温度和压力 3h 后降温冷却，降压后排料。浸出液中 Mo 浓度为 55.33g/L，SiO_2 为 0.199g/L，浸出率高达 99%。每吨精矿耗氧（标态）590m^3，全流程钼的回收率可达 95.54%。

6.2.4.3 硝酸常压分解法

硝酸常压分解法的主要反应与高压硝酸氧浸相同。分解过程中，一部分钼以水合氧化钼形态（钼酸和多钼酸）留在分解渣中，其余的钼以钼酸胶体、$MoO_2(SO_4)_n^{(2n-2)-}$ 或 $Mo_2O_5(SO_4)_n^{(2n-2)-}$ 的离子态进入溶液中[2,40]。进入溶液的量主要取决于溶液成分、酸度、温度以及浸出液固比等因素，降低温度、维持溶液中一定量的硫酸根、提高液固比、适当的酸度都有利于钼进入溶液。莫利坎得公司采用硝酸分解法处理辉钼矿，采用两段逆流硝酸分解，全流程包括一段分解、二段分解和煅烧三个过程。一段分解在带搅拌的密封不锈钢反应器中进行，反应温度在80℃以上，所用分解剂为二段分解母液，矿物中约20%的钼进入溶液中，约80%的钼酸沉淀留在分解渣中；二段分解是将一段分解渣置于密闭反应器中用硝酸分解，分解母液返回一段浸出槽，滤饼经洗涤后进行煅烧即可得到工业氧化钼。

6.2.5 钼酸铵的制取

钼酸铵主要用于制取三氧化钼、金属钼粉，也用作生产钼催化剂、钼颜料等钼的化工产品的基本原料。钼酸铵的制取多以钼焙砂为原料，采用"钼焙砂浸出—溶液净化—钼酸铵结晶"的工艺路线进行生产。

6.2.5.1 钼焙砂浸出

A 钼焙砂氨浸出

这一技术在我国钼冶炼企业应用广泛。钼焙砂氨浸前通常进行酸预处理除去碱金属、碱土金属及大部分重金属杂质，这一过程在搪瓷反应锅中进行，常温下用30%左右的盐酸或硝酸进行处理，控制终点 pH 值为 0.5~1.5，酸洗液中的少量钼用离子交换法或钼酸钙沉淀法回收[8]。氨浸过程通常在密闭的钢制反应锅或搪瓷反应锅中进行，以 8%~10% 的氨水进行浸出，温度在 50~80℃，氨用量为理论量的 1.15~1.4 倍，使钼以钼酸铵的形态进入溶液，浸出率通常在 80%~95%。焙砂氨浸渣中一般含有 1%~10% 的钼，主要以钼酸钙、钼酸铁、二氧化钼以及 MoS_2 等形态存在，可用苏打烧结法或焙烧法进行回收。

B 钼焙砂苏打浸出

对于含有大量的铁、铜、镍等杂质的钼焙砂，用氨浸法会使铜、镍等金属进入溶液难以净化，采用碱浸工艺处理更为合理。通常采用 8%~10% 的苏打溶液进行 4~5 级浸出，在带搅拌的铁质反应釜或搪瓷反应釜中进行。部分磷、砷、硅等杂质也会进入到溶液中，当浸出液 pH 值降低到 8~10 时，大部分硅以偏硅酸形态沉淀析出，过滤后溶液中钼浓度在 50~70g/L。

6.2.5.2 钼酸铵溶液净化

A 经典沉淀法

经典沉淀法就是硫化沉淀法。粗钼酸铵溶液中的主要杂质为重金属，如 Cu、Fe、Zn、Ni 等，而这些金属硫化物的溶度积都非常小，因此可用硫化法来沉淀去除。工业上，硫化沉淀一般在不锈钢或搪瓷搅拌槽中进行，加入稍高于理论量的硫化铵，控制终点 pH 在 8~9，温度为 85~90℃，搅拌速度为 80~110r/min，保温时间为 10~20min。净化后的溶液中铜、铁含量均低于 0.003g/L，钼的回收率大于 99%。

B 离子交换法

离子交换法是采用铵型阳离子交换树脂进行交换，使溶液中的杂质阳离子取代铵根离子吸附到树脂上，而钼以阴离子形态留在溶液中得以净化，其交换反应如下：$2RNH_4 + Me^{2+} \rightarrow R_2Me + 2NH_4^+$。由于树脂对不同阳离子的吸附能力各不相同，工业生产时采用多柱串级交换。控制溶液密度为 1.16g/mL，pH = 8.5~9，经 5 级串柱交换后，流出液可直接用于多钼酸铵的生产，产品钼酸铵中含 Fe<8×10^{-6}，Si<6×10^{-6}，Mg<30×10^{-6}，Cu<3×10^{-6}。

6.2.5.3 多钼酸铵结晶

工业上制备多钼酸铵的方法主要有蒸发结晶法、酸沉法和联合法。

A 蒸发结晶法

钼酸铵溶液在加热过程中，大部分游离氨被蒸发除去，溶液中的钼以仲钼酸铵或二钼酸铵的形态结晶析出。发生的反应如下：

$$7(NH_4)_2MoO_4 \longrightarrow 3(NH_4)_2O \cdot 7MoO_3 \cdot 4H_2O + 8NH_3 \uparrow$$

$$2(NH_4)_2MoO_4 \longrightarrow 2(NH_4)_2Mo_2O_7 + H_2O + 2NH_3 \uparrow$$

蒸发结晶通常在 1~3m³ 的搪瓷结晶釜中进行，搅拌转速为 60~110r/min，釜体采用夹套蒸汽加热。钼酸铵浓度为 120~140g/L，当溶液密度到 1.38~1.40g/mL 时停止加热，冷却结晶，过滤洗涤干燥后得到钼酸铵晶体。蒸发结晶法的缺点在于结晶母液中钼含量较高，约 40%~50% 的钼仍留在溶液中，需进行二次结晶，且二次结晶所得产品粒度较细，杂质含量偏高。

B 酸沉法

酸沉过程是将钼酸铵溶液的 pH 值调至 1.5~2.0，溶液中绝大部分的钼以多钼酸铵晶体析出，大部分的杂质留在溶液中。结晶出来的多钼酸铵晶体以四钼酸铵为主，同时还含有三钼酸铵、八钼酸铵和十钼酸铵等多种晶体，其主要反应如下：

$$4(NH_4)_2MoO_4 \longrightarrow (NH_4)_2O \cdot 4MoO_3 \cdot 2H_2O + 6NH_4^+ + H_2O$$

理论上，硫酸、盐酸和硝酸都可用作酸沉剂，但工业硫酸因杂质较高和钼酸铵晶体含硫高等缺点而较少使用。提高酸沉温度有利于制备粗颗粒的钼酸铵晶体，但温度过高会降低钼酸铵的析出率，工业上常将温度控制在70℃以下。pH值是酸沉过程的关键条件，工业上钼酸铵溶液的pH值常控制在7~7.5，终点pH值控制在1.5~2.0。提高钼酸铵浓度有利于提高析出率，但不利于粗颗粒钼酸铵晶体的制备，通常酸沉前的钼酸铵溶液密度控制在1.2~1.24g/mL。

C 联合法

联合法就是将蒸发结晶法和酸沉法联合起来，从钼酸铵溶液中析出高质量的钼酸铵产品。该工艺包括浓缩、酸沉、氨溶和蒸发结晶四个过程。

（1）浓缩。通常在不锈钢搅拌槽中进行，搅拌速度为80~110r/min，终点pH值为7.0，游离氨浓度约为15g/L。浓缩后液密度为1.18~1.20g/mL。

（2）酸沉。用HCl或HNO₃调节pH，控制温度为55~60℃，终点pH值为2~3。酸沉后过滤，晶体含水小于8%，滤液中含钼为0.5~1g/L。

（3）氨溶。将酸沉得到的钼酸铵晶体在不锈钢搅拌槽中进行氨溶，得到饱和钼酸铵溶液，溶液密度在1.4g/mL以上。

（4）蒸发结晶。在搪瓷结晶釜中进行，蒸发过程保持游离氨为4~6g/L，母液密度为1.2~1.24g/mL，冷却后进行过滤。

联合法制备的钼酸铵晶体中，Fe、Al、S、Mn含量小于0.0006%，Ca、Mg、Ni、Cu的含量小于0.0003%，Ti、V的含量小于0.0001%，W的含量小于0.15%。

钼酸铵是生产高纯度钼制品的基本原料，如热解离钼酸铵生产高纯三氧化钼，用硫化氢硫化钼酸铵溶液生产高纯二硫化钼，用钼酸铵生产各种含钼的化学试剂等，同时钼酸铵也是生产钼催化剂、钼颜料等钼化工产品的基本原料。目前，全国钼酸铵的生产能力在60000~700000t/a。主要生产企业有金堆城钼业（约130000t/a）、成都虹波钼业（约80000t/a）、辽宁天桥（约80000t/a）、江西德兴铜业（约56000t/a）、江苏峰峰钨钼制品（约50000t/a）。

由于生产企业的生产过程和产品结构不尽相同，生产的工艺流程也各有特色，钼酸铵产品生产的主要经济技术指标如下：

钼的综合回收率　　　　　97.5%
吨产品液氨消耗量　　　　0.35t
吨产品硝酸消耗量　　　　0.79t（四钼酸铵）
吨产品综合能耗量　　　　0.23t 标煤（四钼酸铵）

6.2.6 金属钼粉的制备

金属钼粉的制备主要包括钼氧化物制备和钼氧化物还原两个阶段。传统的钼粉冶炼工艺都是以三氧化钼为原料经还原制取钼粉，三氧化钼的制取可采用多钼酸铵煅烧法生产，也可用钼焙砂升华法制得。

6.2.6.1 煅烧法制取三氧化钼

将仲钼酸铵在450~500℃温度下进行分解，析出其中的氨气和水，得到三氧化钼产品，其反应原理如下：

$$3(NH_4)_2O \cdot 7MoO_3 \cdot 4H_2O \longrightarrow 7MoO_3 + 6NH_3\uparrow + 7H_2O\uparrow$$

目前，工业上常用的煅烧设备有回转管炉和四管炉。四管炉所得的三氧化钼结晶较为完整，杂质铁的含量要比回转管炉低；但四管炉需用舟皿装料，多采用人工装卸料，各管的温度难以控制一致，舟皿底层的排气较差，三氧化钼颗粒的均匀性和操作条件均不如回转管炉。回转炉的机械化程度高，操作简单，排气良好，产品质量比较稳定。因此，生产中大多数企业采用回转管炉进行生产。回转管炉由炉体、给料系统等部分组成，炉管材质为不锈钢，炉体倾斜度为3°~4°。回转管炉煅烧的工艺技术条件为：炉管转速为4r/min，加料量为1~1.5kg/min，炉温控制在550~600℃，适当控制炉内负压。煅烧后的三氧化钼呈淡黄色或黄绿色，松装密度为1.2~1.6g/cm³。

6.2.6.2 升华法制备纯三氧化钼

钼焙砂中三氧化钼的熔点、沸点低，当温度低于熔点（795℃）时三氧化钼开始升华，以三聚合MoO_3形态进入气相，其他杂质仍留在固相中，从而使MoO_3得到提纯[2,41]。生产过程中，升华温度一般控制在1000~1100℃，杂质铜、铁、硅、钙等都留在固相中。当处理含铅较高的物料时，由于钼酸铅在1050℃时开始有微量挥发，因此温度应控制在1000℃左右以避免铅对产品的污染。工业上采用带旋转炉底的升华炉进行生产。旋转电炉与水平面呈25°~30°夹角，炉底铺有石英砂，在石英砂上再铺钼焙砂。在900~1000℃时，炉内物料开始升华，同时往炉内通入空气，三氧化钼蒸气连同空气一起进入收尘风罩，在负压作用下进入布袋收集。60%~70%的三氧化钼蒸气进入布袋，得到纯三氧化钼产品，30%~40%未挥发的三氧化钼残留在炉料内，通过湿法分解进行回收。影响升华过程及产品质量的主要因素有温度、气流速度和钼焙砂的质量。升华温度一般控制在900~1100℃，温度过低会降低生产效率，温度过高导致杂质含量超标，同时对设备的要求也提高。空气流速对升华速度影响很大，显著影响三氧化钼的挥发速度，空气流速在0.2cm/s时，纯三氧化钼的挥发速度仅为12.3kg/(m²·h)，当流速增加到0.3cm/s时，纯三氧化钼的挥发速度可达110kg/(m²·h)。

6.2.6.3 氧化钼氢还原

金属钼粉可用三氧化钼或二氧化钼为原料，经氢或碳等还原制取[42,43]。具体制备原理如下：

(1) MoO_3两段还原法

$$MoO_3 + H_2 =\!=\!= MoO_2 + H_2O$$

$$MoO_2 + 2H_2 \xlongequal{\quad\quad} Mo + 2H_2O$$

（2）MoO_3一段还原法

$$MoO_3 + 3H_2 \xlongequal{\quad\quad} Mo + 3H_2O$$

（3）MoO_2一段还原法

$$MoO_2 + 2H_2 \xlongequal{\quad\quad} Mo + 2H_2O$$

其中二段还原法应用最为普遍，一段还原法多用于制备特殊用途的钼粉。在二段氢还原过程中，三氧化钼在450~550℃阶段还原后转变为二氧化钼，二氧化钼在850~950℃二阶段还原后转变为钼粉。用于钼粉的还原炉种类较多，目前工业上主要采用的十三管电炉、四管马弗炉和十四管电炉等。氧化钼氢还原法生产钼粉的成本较低，易于工业化，产出的钼粉纯度较高，粒径通常在微米级；缺点在于周期较长、反应温度较高。

6.2.6.4 钼酸铵氢还原

部分厂家采用两步法（也称一次还原法）生产钼粉，将钼酸铵焙烧与第一阶段还原合并，温度控制在500~600℃，得到的MoO_3粉末在氢气气氛中逐渐升温到1100℃以上，保温一定时间还原成钼粉。与二段还原法相比，该法可简化生产工艺，所得钼粉的纯度、颗粒形状与二段还原法相当，但该法得到的钼粉颗粒较粗，其制备的烧结坯密度较低。因此，该方法的产品很少用于钼丝生产。

6.3 钨钼冶金的环境保护

6.3.1 钨冶炼中的环保问题

钨冶炼的"三废"主要包括钨矿物分解过程的分解渣和除钼过程的除钼渣、离子交换和萃取过程中的废水，以及蒸发结晶过程和APT煅烧过程中的氨气。

6.3.1.1 钨分解渣

现行的仲钨酸铵（APT）工业化生产中，钨渣的量与精矿品位及组成密切相关，大致的渣量为仲钨酸铵产量的20%~80%。

碱分解渣已被列入危险废弃物。碱分解渣即用氢氧化钠、磷酸钠或碳酸钠分解钨精矿产生的废渣，目前国内80%以上的生产厂家采用碱法分解，如崇义章源、郴州钻石钨、赣北钨业等企业，碱分解渣主要以氢氧化钙/（氧化锰、氧化铁）为主。

酸分解渣即硫磷混酸分解法产生的浸出渣，主要成分为$CaSO_4$，作为生产水泥用填料进行资源化利用。

6.3.1.2 除钼渣

除钼渣主要有两种：一种是铜盐选择性沉淀法产生的除钼渣，主要成分为硫代钼酸铜和硫化铜；另一种是三硫化钼沉淀法产生的除钼渣，成分主要为硫化钼。目前国内 80% 以上的除钼渣是铜盐选择性沉淀法产生的硫代钼酸铜、硫化铜渣，少部分为硫化钼渣。

无论是碱分解渣还是除钼渣，除含有一定量的有价金属外，还含有少量有害元素，对环境存在一定隐患。2016 年国家将 APT 生产过程中碱分解产生的碱煮渣和除钼过程中产生的除钼渣都列为有色金属冶炼废物，危险特性为"T"，即有毒废物。目前我国采用碱法生产 APT 产生的冶炼渣大多未进行无害化处理，使得我国钨冶炼企业受到很大影响，面临减产甚至停产整顿的问题。

6.3.1.3 钨冶炼废水

钨冶炼废水的主要污染物是氨氮，其排放限定指标为浓度低于 15mg/L。这类废水主要由两个工序产出：（1）离子交换柱钨解吸后的洗柱液，氨氮物浓度低于 1000mg/L 以下；（2）结晶母液回收钨后的废液，氨氮浓度在 20000mg/L 左右。中国科学院过程工程研究所开发了"高浓度氨氮废水资源化处理技术"，利用化工蒸馏原理，使废水进入汽提塔后，氨与汽多级蒸馏分离，最终外排废水氨氮浓度低于 15mg/L[44]。从汽提塔顶出来的氨气经冷凝吸收，氨水浓度可达 16% 以上，实现了氨氮的资源化，现已有钨冶炼企业引进该技术进行应用。

钨冶炼废水中还有砷超标的问题。镉、锌、铅、铜等元素的浸出率较低，废水外排时只有砷超标，以砷酸根或亚砷酸根形式存在。废液中砷含量与原料中砷含量呈正比，通常废液总含量在 10mg/L 左右。工业上主要采用化学沉淀固砷法来处理，控制溶液 pH 值范围在 6~11 之间，再加入铁盐沉淀除砷，脱砷达标率高，工艺成熟、流程简单。

6.3.1.4 含氨废气

含氨废气源于蒸发结晶过程和 APT 煅烧过程产生的氨气，每产 1t APT 约产生 110kg 氨。目前，国内大部分钨冶炼厂家采用净化塔以稀酸作中和剂将尾气中的氨简单吸收后转移到水相再处理。厦门钨业采用板式热交换器将尾气中的氨转换为稀氨水返回配制离子交换工序的解吸剂用，实现了氨的资源化循环利用。

6.3.2 钼冶炼中的环保问题

6.3.2.1 烟气 SO_2 污染

钼冶炼的污染物主要来源于焙烧和冶炼工艺中的烟气[45]。焙烧烟气中含大量二氧化硫，最高浓度可达 20g/m³；冶炼烟气中高浓度的氮氧化物达 2g/m³，氟化物达 300mg/m³（氮氧化物最高时可达 5g/m³，氟化物可达 900mg/m³）。按 2011 年钼产量计算，23.68 万吨钼精矿可产生 14.2 万吨二氧化硫；71069t 氧化钼产量可产生 4.3 万吨二氧化硫；49353t 钼铁产量可产生 3454.7t 氮氧化物和 2961.1t 氟化物。日焙烧钼精矿 20000kg（45% 品位）的钼冶炼厂，二氧化硫年排放量可达 36000t，相当于三级市年排放总量的 1/10。

目前国内金钼集团和洛钼集团对烟气中的二氧化硫进行制酸处理。金钼集团利用二氧化硫生产硫酸，其烟气中二氧化硫浓度在 $6000 \sim 25000 \mathrm{mg/m^3}$ 之间，利用焙烧硫铁矿或焚烧硫黄获得的高浓度二氧化硫进行配气，保证制酸所需的烟气浓度，而洛钼集团采用托普索工艺。硫酸生产系统必须采用两转两吸的工艺，投资高、占地面积大、制酸成本高，因此国内小型钼焙烧企业难以生产。

内热式回转窑产生的烟气 SO_2 浓度为 $1\% \sim 2\%$，不能用于常规制酸，多采用亚硫酸钠法治理。锦州新华龙钼业公司用亚硫酸钠对烟气进行脱硫处理，吸收率可达 98.5%，外排烟气 SO_2 浓度小于 $200 \mathrm{mg/m^3}$。该法用液碱或纯碱溶液喷淋吸收 SO_2，液气比 $3 \mathrm{L/m^3}$，达到吸收终点 pH=6 时，将获得的亚硫酸氢钠溶液用液碱中和转化为亚硫酸钠溶液，经沉降后压滤、蒸发结晶、气流干燥生产纯度大于93%的无水亚硫酸钠副产品，产品销售收入基本上可抵消运行成本。

6.3.2.2 烟气除尘

多膛炉焙烧产生的烟气中烟尘温度高、粒度细、黏性大，通常经间接冷却降温后，用旋风除尘和电除尘加以净化回收烟气中的有价金属。回转窑焙烧产生的含尘烟气通过蛇管冷却器降温除尘后，再经布袋收尘器回收钼烟尘。钼铁冶炼产生的烟气经 U 形冷却器降温后，再经布袋收尘器回收含钼烟尘，除尘后的烟气进入麻石除尘器，通过湿法淋洗进一步除尘后排放。

6.4 钨钼冶炼存在的主要问题

6.4.1 钨冶炼面临的主要问题

我国钨业已有百年发展历史，形成了比较完整的工业体系。我国钨资源储量世界第一，但是资源的不合理利用以及钨产业发展过程中暴露出来的一系列问题，已严重影响钨产业的健康、有序发展，威胁我国钨制造业的发展和生产安全。主要表现在：

（1）钨资源利用率低，采选和冶炼产能过剩。平均采矿综合回收率约50%，部分中小企业采选回收率仅 30% 左右；采选三氧化钨（WO_3）的回收率为 80%（即20%废弃）；APT、钨粉、钨铁等产能闲置有的高达60%，在资源综合利用率等方面与国外发达地区相比还存在较大的差距。

（2）钨二次资源循环利用比例较低[46]。瑞典山特维克公司约 40% 的硬质合金生产原料来源于钨回收资源，美国二次钨资源回收量占消耗钨总量的 36% 左右，而我国目前硬质合金回收量占总量的比例在 25% 以下。

（3）钨冶金造成的环保代价沉痛。按单位产量或单位产值计算，钨冶金的废水、废渣、废气等对环境的危害远远超过其他有色金属，且废石、废水、尾砂的排放造成生态破坏，水土流失。

（4）高附加值产品比例仍然很低。国际市场钨深加工产品价格高达十万甚至数十万美元，2011年我国钨材出口价格为6.99万美元/t-钨金属，而进口价高达14.5万美元/t[47,48]。目前我国每年仍需高价进口大量钨产品满足国内高端市场需求。

（5）产品质量控制技术相比国外差距较大。当前国际钨业的发展面向纯化、细化、强化和复合化的高精尖钨深加工产品方向。国外多种钨制品质量优于国内，杂质元素可降低至几个 μg/g（如德国可生产6N的钨，应用于电子工业），粒度大小及组成可控性、稳定性好。此外，国外钨品种类丰富，应用领域不断扩展，可满足不同领域的应用需求。

（6）硬质合金的关键技术虽有部分突破，但整体水平仍有待提高、某些关键设备仍依赖进口[49]。国内钨制品的纯度、粒度和均匀性控制以及新工艺运用过程中的稳定性等问题尚未得到有效解决。国外先进硬质合金生产企业广泛采用智能机器人和计算机集成制造技术（CIMS），而我国无人化、智能化技术基本尚属空白。

6.4.2 钼冶炼面临的主要问题

（1）钼产品技术含量低，产业结构不合理。据中国有色金属工业协会钼业分会资料不完全统计，国内钼生产企业达300多家，除金堆城钼业集团和洛阳钼业集团公司拥有综合性生产能力外，约80%是中小型钼生产企业，产业集中度偏低，大多为生产氧化钼、钼铁等粗产品[50]。2015年，我国出口钼的总量为9669t，其中钼条、杆、型材和异型材仅占18.6%。以资源地为依托，对钼的盲目开采和加工现象严重，导致资源无节制开发，浪费严重。我国钼加工技术落后，产品趋同现象严重，高附加值产品所占比例太小，难以摆脱全球钼铁"加工厂"的角色。

（2）行业内竞争加剧，缺失国际钼定价的话语权。我国除河南栾川、陕西金堆城等大型钼生产企业之外，还存在大量的中小企业。各个企业各自为战，追求自身利益，专注短期效益导致的恶性竞争、不规范生产等弊端使得我国在国际上缺失钼产品定价的话语权。虽然我国钼的产量和消费量均居世界领先水平，但钼产品的定价权却一直掌握在美国和少数欧洲国家手中。作为钼矿"资源大国"，我国却难以将定价权掌握在自己手中。

（3）环境治理急需加强。片面追求"GDP"和"先发展、后治理"的发展模式导致地方政府监管不到位。除少数大型企业重视环保外，众多小型钼生产企业在利益驱动下，工艺装备落后，环保措施不健全，钼冶炼过程中对环境污染严重, 许多钼精矿焙烧厂产出的低浓度二氧化硫未得到有效治理, 排放未达标, 部分小焙烧厂甚至未经治理就乱排放[51]。某些含六价铬废水和含氟废水治理不彻底, 高铅钼精矿焙烧时产生的氧化铅未有效处理, 在钼酸铵生产过程中, 氨的污染长期未得到有效控制。

(4) 钼产品废弃物回收利用率低。虽然国家对废弃钼的回收给予了一定重视, 但目前尚处在发展阶段。相对于美国钼的回收量约占其总产量的30%, 我国回收钼的工作显得非常薄弱。随着钼消费结构的逐渐转变, 钼深加工产品特别是钼金属及其合金对钼的消耗量越来越大。若不能对钼的废弃物进行有效的回收利用, 必将会造成钼资源的极大浪费。

(5) 伴生金属铼的回收率低。辉钼矿是含铼最高的矿物, 已探明的储量有99%的铼与辉钼矿或硫化铜矿物共生。铼已被许多国家列为国防战略资源, 在国防、航空航天、核能以及电子工业等高科技领域有着非常重要的用途。我国铼资源相对较少, 目前仅有极少数大型钼生产企业对铼的回收开展了相关工作, 大部分的铼资源被白白浪费。

参 考 文 献

[1] 李洪桂，羊建高，李昆，等．钨冶金学［M］．长沙：中南大学出版社，2010.

[2] 张启修，赵秦生．钨钼冶金［M］．北京：冶金工业出版社，2007.

[3] 万林生．钨冶金［M］．北京：冶金工业出版社，2011.

[4] 中国钨业协会．中国钨工业（2008）年鉴［M］．2008：284-289.

[5] 中国钨业协会．中国钨工业（2017）年鉴［M］．2047：338-348.

[6] 张洪川，高辉，王建国，等．全球钨资源供需格局分析及对策建议［J］．中国矿业，2015，24（1）：1-5.

[7] 刘良先．中国钨矿资源及开采现状［J］．中国钨业，2012，27（5）：4-8.

[8] 向铁根．钼冶金［M］．长沙：中南大学出版社，2002.

[9] 张琳洲．我国钼资源供需形势与对策选择［J］．中国钼业，2017，3：3-5.

[10] 赵宝华，朱琦，王林．钼及复合材料理论与实践［M］．西安：西北工业大学出版社，2013.

[11] 有色金属工业协会．中国钼业［M］．北京：冶金工业出版社，2013.

[12] 黄卉，陈福亮，姜艳，等．我国钼资源现状及钼的冶炼分析［J］．云南冶金，2014，43（2）：66-70.

[13] 董延涛．我国钼矿开发利用及产业可持续发展研究［J］．现代矿业，2017（7）：5-7.

[14] 中华人民共和国国土资源部：2017中国矿产资源报告［M］．北京：地质出版社，2017.

[15] 徐乐，王建平，余德彪，等．我国钼资源产业现状及可持续开发建议［J］．资源与产业，2015，17（3）：32-38.

[16] 中国钨业协会．中国钨工业发展规划（2016—2020年）［J］．中国钨业，2017，32（1）：9-15.

[17] 肖连生．中国钨提取冶金技术的进步与展望［J］．有色金属科学与工程，2013，4（5）：6-10.

[18] 李义兵，刘开忠，张大增．钨冶炼工业工艺及装备述评［J］．稀有金属与硬质合金，2015，43（3）：1-4.

[19] 万林生，徐国钻，严永海，等．中国钨冶炼工艺发展历程及技术进步［J］．中国钨业，2009，24（5）：64-66.

[20] 赵中伟．钨冶炼的理论与应用［M］．北京：清华大学出版社，2013.

[21] 李洪桂，赵中伟．钨冶金强碱性阴离子交换过程的某些问题的理论分析［J］．中国钨业，2010，25（5）：35-39.

[22] 胡兆瑞．离子交换法冶炼钨工艺的诞生和发展［J］．中国钨业，1997（7、8）：41-43.

[23] 刘旭恒，孙放，赵中伟．钨钼分离的研究进展［J］．稀有金属与硬质合金，2007，35（4）：42-45.

[24] 李洪桂．有色金属提取冶金手册——稀有高熔点金属（上）［M］．北京：冶金工业出版社，1999.

[25] 刘铁梅．钨酸钠溶液 Na_2S 除钼工艺的改进 [J]．稀有金属与硬质合金，2009，37（1）：27-31.

[26] 赵中伟，陈星宇，刘旭恒，等．新形势下钨提取冶金面临的挑战与发展 [J]．矿产保护与利用，2017（1）：98-102.

[27] 赵慕岳，范景莲，刘涛，等．中国钨加工业的现状与发展趋势 [J]．中国钨业，2010，25（2）：26-30.

[28] 陈绍衣．紫色氧化钨制取钨粉 [J]．中南工业大学学报，1994（5）：16-19.

[29] 宋翰林，姜平国，刘文杰，等．氧化钨氢还原动力学的研究进展 [J]．有色金属科学与工程，2017，8（5）：64-69.

[30] 钟毓斌，孙娟，涂洁，等．超细、纳米晶硬质合金的原料制备研究 [J]．中国钨业，2016，31（6）：35-40.

[31] 王岗，李海华，黄忠伟，等．蓝钨与紫钨氢还原法生产超细钨粉的比较 [J]．稀有金属材料与工程，2009，38：548-552.

[32] 琚成新，宫玉川．多膛炉焙烧钼精矿的温度调节与控制 [J]．中国钼业，2010，34（5）：28-31.

[33] 付静波，赵宝华．国内外钼工业发展现状 [J]．稀有金属，2007，31：151-154.

[34] 符剑刚，钟宏．辉钼矿焙烧工艺研究进展及现状 [J]．稀有金属与硬质合金，2005，33（2）：43-46.

[35] 李阳，白桦．精矿焙烧用卧式流态化焙烧炉的研发及设计 [J]．稀有金属与硬质合金，2014，42（1）：20-21.

[36] 李大成，洪涛，唐丽霞．钼精矿流态化焙烧工艺及过程分析 [J]．中国钼业，2008，32（5）：18-21.

[37] 郑红．简述炉外法冶炼钨铁及钼铁 [J]．有色矿冶，2007，23（4）：46-52.

[38] 崔国伟，乌红绪．钼铁冶炼生产工艺优化和改进 [J]．中国钼业，2012，36（4）：16-21.

[39] 张文征．钼酸铵研发进展 [J]．中国钼业，2005，29（2）：29-32.

[40] 陈志刚．离子交换法生产钼酸铵工艺研究 [D]．长沙：中南大学，2008.

[41] 刘军民．钼行业发展现状及对策 [J]．中国有色金属，2011，18：34-35.

[42] Schulmeyer W V, Ortner H M. Mechanisms of the hydrogen reduction of molybdenum oxides [J]. International Journal of Refractory Metals & Hard Materials, 2002, 20: 261-269.

[43] 夏明星，郑欣，王峰，等．钼粉制备技术及研究现状 [J]．中国钨业，2014，29（4）：45-48.

[44] 刘晨明，林晓，陶莉，等．精馏法处理钼酸铵生产中的高浓度氨氮废水 [J]．有色金属（冶炼部分），2015（11）：69-74.

[45] 陈健．钼冶炼行业污染防治及建立相关行业标准的建议 [J]．环境保护与循环经济，2016（1）：72-75.

[46] 许礼刚．废钨回收产业的价值和发展模式探析 [J]．有色金属科学与工程，2013，4

（5）：113-116.

［47］左铁镛，宋晓艳．我国高端钨制品发展有关问题的思考与探讨［J］．硬质合金，2012，29（6）：337-343.

［48］唐萍芝，纵凯，王京，等．中国及全球钨品贸易形势分析［J］．中国矿业，2018，27（3）：6-9.

［49］刘良先．把握钨产业政策机遇，推动硬质合金大国向强国转变［J］．硬质合金，2017，34（1）：52-60.

［50］吴为民．钼行业发展现状及问题浅谈［J］．铜业工程，2017（2）：10-15.

［51］纪罗军，金苏闽．我国有色冶炼及烟气制酸环保技术进展与展望［J］．硫酸工业，2016（4）：1-8.

钛锆铪篇

7 钛 冶 金

7.1 钛冶金概况

7.1.1 应用

钛的原子序数为 22，是元素周期表中第四周期副族元素，即ⅣB族。钛金属具有银白色光泽，熔点 1668℃，密度 4.51g/cm³，是轻金属中的高熔点金属。

纯钛的抗拉强度仅在 250~500MPa 之间，但添加某些合金元素之后，钛合金的抗拉强度很容易达到 800~1000MPa，与高强度钢相当。有的钛合金强度甚至高达 1700MPa。由于钛合金密度远小于钢，其质量比强度远大于高强度钢、铝合金和镁合金，是很好的减重材料[1]。

钛具有很高的化学活性，在空气中易与氧反应生成氧化物。但钛金属表面的氧化物致密、稳定，具有"自愈"能力，也就是说在某个位置的氧化膜被损伤后，它能迅速地在原点生成一层新的氧化膜，防止腐蚀性介质与钛的新鲜表面接触，这使钛金属具有了很好的耐腐蚀性能，其在海水中的腐蚀率几乎为零[2]。

钛合金的高温性能优良，某些钛合金能在 600℃ 下仍保持良好的力学性能，在航空发动机中得到广泛应用；Ti/Al 金属间化合物甚至可以在 800~1000℃ 的环境下使用。

钛合金具有很好的低温性能，有些钛合金强度随温度的降低而升高，但仍保有较好的韧性，超低温的环境下也不会发生冷脆现象[3]。

钛合金具有很好的生物相容性，由于与碳纤维材料的接触电位差很小，基本不产生电偶腐蚀，因而和碳纤维材料也有很好的相容性[4]。钛无磁性，在强磁场中也不被磁化[5]；钛的导热率低，热膨胀系数小。钛具有良好的低阻尼特性，音波阻尼很小，适合用作声呐材料。

除以上特点外，钛及其合金还有形状记忆功能、超导功能和储氢功能。利用这些功能制备的 TiNi 形状记忆合金、NbTi 超导合金、TiFe 储氢合金等材料也已得到广泛的应用。

钛及其合金的这些优异性能，使其在航空、航天、海洋工程、电站、医疗、化工、建筑、冶金、轻工、汽车、运动休闲、日常生活等领域得到广泛应用[6]。

7.1.2 钛资源

7.1.2.1 世界钛资源分布

世界钛资源十分丰富、储量大、分布广，已发现 TiO_2 大于 1% 的钛矿物有 140 多种，但现阶段具有利用价值的只有钛铁矿、金红石、白钛矿、锐钛矿和红钛矿等少数几种矿物[7]。

据美国地质调查局（USGS）2015 年公布的数据，全球锐钛矿、钛铁矿和金红石的资源总量超过 20 亿吨，其中钛铁矿储量约为 7.2 亿吨，占全球钛矿的 92%，金红石储量约为 4700 万吨，二者合计储量约 7.67 亿吨。

全球钛资源主要分布在澳大利亚、南非、加拿大、中国和印度等国。其中，加拿大、中国、印度主要是钛铁矿原生矿，澳大利亚、美国、南非主要是钛砂矿。钛铁矿具体数据：中国 2 亿吨、澳大利亚 1.7 亿吨、印度 8500 万吨、南非 6300 万吨、巴西 4300 万吨。按目前钛矿开采规模 450 万吨（以 TiO_2 计）计算，已发现的资源储量可满足今后 50 年的开采需要；若再加上不断被发现的新的钛资源，可以预计今后 100 年内不会发生钛资源危机。

7.1.2.2 中国钛资源

我国是世界钛资源大国，钛铁矿储量 2 亿吨，占全球储量的 28%，排名全球第一，占世界已查明可采储量的 64% 左右，储量约占世界钛资源储量的 48% 左右。共有钛矿矿区 108 个、矿床 142 个，分布于 21 个省（自治区、直辖市），主要产地为四川、河北、海南、湖北、广东、广西、山西、山东、陕西、河南等省（区），钛铁矿占我国钛资源总储量的 98%，金红石仅占 2%。

我国钛矿床的矿石工业类型比较齐全，既有原生矿也有次生矿，原生钒钛磁铁矿为我国的主要工业类型。在钛铁矿型钛资源中，原生矿占 97%，砂矿占 3%；在金红石型钛资源中，绝大部分为低品位的原生矿，其储量占全国金红石资源的 86%，砂矿为 14%[8]。

我国钛铁矿岩矿主要以钒钛磁铁矿为主，主要分布在四川攀枝花、红格、米易的白马、西昌的太和，河北承德的大庙、黑山、丰宁的招兵沟、崇礼的南天门，山西左权的桐峪，陕西洋县的毕机沟，甘肃的大滩，新疆的尾亚，山东的沂水，河南舞阳的赵案庄，广东兴宁的霞岚，黑龙江呼玛，北京昌平的上庄和怀柔的新地等[9]。

钛铁矿砂矿主要分布在广东、广西、海南和云南等省区，矿点比较分散，我国砂矿钛铁矿的钛品位相对较低，所产精矿 TiO_2 含量一般在 45%~52% 之间，只在广西部分地区可以达到 54%~60%。全国共有钛铁矿砂矿区 66 处，其中大型有 9 处，中型有 15 处。矿点分散、规模小、品位低，海南和云南的储量相对较大[10]。

7.1.2.3 中国钛资源特点

中国主要利用的钛资源有钛铁矿、金红石和钛磁铁矿等。它们既有原生的（岩矿），也有次生的（风化残坡积及沉积砂矿）。其主要特点有：

（1）钛铁矿岩矿资源储量大，分布相对集中，可大规模开采。钛资源以钒钛磁铁矿所产的钛铁矿岩矿为主，主要分布于四川攀枝花西昌地区和河北承德地区。

（2）钛铁矿类型以原生矿为主，品位低，钛铁矿平均含 TiO_2 品位为 5%~10%，金红石矿平均含 TiO_2 品位为 1%~5%。

（3）钛矿均为多金属共生矿、组分复杂、钙镁含量高。钒钛磁铁矿中除铁、钒、钛外，还伴生有钴、镍、铜、铬、镓、锰、铌、钽、钪、硒、碲、硫等有价元素。

（4）铀和钍等放射性元素含量低。

（5）原生钛铁矿的有害杂质含量低。

（6）矿石型钛铁矿和沉积型钛铁矿的二氧化硅含量都比较高[10]。

7.1.3 产量与需求

7.1.3.1 产量

21 世纪以来，中国海绵钛产量经历了一个波动式的高速发展过程：2001~2007 年近乎翻番式的高速增长，产量从 1905t 提高到 45200t；2008 年下半年，次贷危机扩展到实体经济，造成了 2008 年和 2009 年的产量回调；4 万亿元投资的强势拉动，又促成了 2010~2012 年 3 年的高速增长；国家促进产业升级，转变增长方式的政策，促使海绵钛产业主动进入回调期，这就有了 2013~2015 年的产量下降；2016 年，中国海绵钛产量又开始稳步增长，见表 7-1。

表 7-1 21 世纪以来中国海绵钛产量

年份	2000	2001	2002	2003	2004	2005	2006	2007	2008
产量/t	1905	2468	3328	4113	4809	9511	18037	45200	49632
增率/%		29.6	34.8	23.6	16.9	97.8	89.6	150.6	9.8

年份	2009	2010	2011	2012	2013	2014	2015	2016	
产量/t	40785	57770	64952	81451	81171	67825	62035	67077	
增率/%	-17.8	41.6	12.4	25.4	-0.34	-16.4	-8.54	8.13	

"十五"（2001~2005 年）期间，中国共生产海绵钛 24229t；"十一五"（2006~2010 年）期间，中国共生产海绵钛 211424t，增长了 772.6%；"十二五"（2011~2015 年）期间，中国共生产海绵钛 357434t，增长了 69.1%。

以五年为单位，海绵钛的总产量都有巨量的增长。2013~2015 年的回调，实际是在高位的回调，这反映出中国对海绵钛的需求是坚挺的。

7.1.3.2 需求

进入产业转型升级的新常态以来，化工用钛占比明显降低，航空用钛则大幅上升。航空航天、海洋工程、医疗等高技术领域用钛的增量是中国用钛量增长的主要来源，这又必将推动中国钛工业的转型升级和由大向强的转变。

7.1.3.3 中国钛金属产量占世界总产量的份额

2007 年，中国海绵钛产量达 45200t，居世界第一位（表 7-2）；2010 年，中国钛加工材产量达 38323t，居世界第一位（表 7-3）。目前中国海绵钛和钛加工材产量均占世界总产量的 1/3 强[11-26]。

表 7-2　全球海绵钛历年的产量和占比

年份	美国		日本		哈萨克斯坦		俄罗斯		乌克兰		中国		总和/t
	产量/t	比例/%	产量/t	比例/%	产量/t	比例/%	产量/t	比例/%	产量/t	比例/%	产量/t	比例/%	
2001	7500	11.0	25107	36.9	12000	17.6	21000	30.8	—	—	2468	3.6	68075
2002	5600	7.9	22652	32.1	11000	15.6	22000	31.2	6000	8.5	3328	4.7	70580
2003	5600	7.6	18617	25.4	12000	16.4	26000	35.5	7000	9.5	4113	5.6	73330
2004	8500	9.4	26233	29.1	16500	18.3	27000	30.0	7000	7.8	4809	5.3	90042
2005	8000	7.9	30549	30.2	17000	16.8	28000	27.7	8000	7.9	9511	9.4	101060
2006	12300	9.9	36995	29.9	18000	14.5	29500	23.8	9000	7.3	18037	14.6	123832
2007	17100	10.4	38533	23.4	21000	12.7	32000	19.4	11000	6.7	45200	27.4	164833
2008	18800	10.9	40000	23.1	23000	13.3	32000	18.5	9500	5.5	49600	28.7	172900
2009	16000	12.0	25000	18.7	20000	14.9	26000	19.4	6000	4.5	40785	30.5	133785
2010	18000	11.3	32000	20.1	14700	9.2	29000	18.3	7634	4.8	57770	36.3	159104
2011	24000	11.7	52600	25.6	20000	9.7	35000	17.0	9000	4.4	64952	31.6	205552
2012	12600	5.7	57000	25.6	20000	9.0	42600	19.1	9000	4.0	81451	36.6	222651
2013	12000	6.3	25500	13.3	20000	10.4	44000	23.0	9000	4.7	81171	42.3	191671
2014	13000	6.8	35000	18.3	20000	10.5	46000	24.1	9000	4.7	67825	35.6	190825
2015	20000	11.1	42000	23.2	9000	5.0	40000	22.1	7700	4.3	62035	34.3	180735
2016	10000	5.1	54594	27.8	20000	10.2	36914	18.7	8000	4.1	67077	34.1	196585

表 7-3　全球钛加工材历年的产量和占比

年份	美国		日本		欧洲		俄罗斯		中国		总和/t
	产量/t	比例/%	产量/t	比例/%	产量/t	比例/%	产量/t	比例/%	产量/t	比例/%	
2001	23000	36.8	14434	23.1	7000	11.2	13404	21.4	4720	7.5	62558
2002	16200	28.2	14481	25.2	6500	11.3	14800	25.8	5480	9.5	57463
2003	15700	26.8	13838	23.6	6500	11.1	15400	26.3	7080	12.1	58518
2004	19300	26.0	17387	23.4	8000	10.8	20200	27.2	9292	12.5	74180
2005	23800	29.1	18147	22.2	9000	11.0	20730	25.3	10126	12.4	81803
2006	30200	31.8	17317	18.2	10000	10.5	23700	24.9	13879	14.6	95096
2007	33200	29.0	19087	16.7	11000	9.6	27540	24.1	23640	20.7	114467
2008	34800	29.5	19727	16.7	10000	8.5	25620	21.7	27737	23.5	117884
2009	32000	34.1	12000	12.8	7000	7.4	18000	19.2	24965	26.6	93965
2010	34615	30.9	13783	12.3	4000	3.6	21000	18.9	38323	34.3	111721
2011	45500	30.7	19358	13.1	5000	3.4	27200	18.4	50962	34.4	148020
2012	39800	28.0	16183	11.4	5000	3.5	29450	20.7	51557	36.4	141990
2013	36000	28.7	12000	9.6	4000	3.2	29000	23.1	44453	35.4	125453
2014	37400	27.6	14031	10.3	5000	3.7	29353	21.8	49600	36.6	135384
2015	38100	27.9	15495	11.4	5000	3.7	29000	21.3	48646	35.7	136241
2016	38200	27.7	16497	11.9	5000	3.6	28820	20.9	49483	35.9	138000

7.1.4 科技进步

（1）技术装备的巨大进步。近十年来，中国钛冶金的技术装备取得了重大进步，研制成功了适应国内原料的 $\phi 2.4m \sim \phi 2.6m$ 的无筛板沸腾氯化炉、世界最大的单炉 13t 的大型海绵钛还蒸炉；引进建成了 25.5MW 半密闭电渣炉、30MW 直流密闭电渣炉、$\phi 2.4m \sim \phi 3.86m$ 大型有筛板沸腾氯化炉、多极性镁电解槽等[27]。

（2）节能减排技术也取得重大进步。主要海绵钛企业已基本实现氯化炉密闭排渣，杜绝了氯气的无组织排放。海绵钛的电耗已由"十一五"初期的 $34000kW \cdot h/t$ 下降至 $20000kW \cdot h/t$[28-30]。

（3）产品质量上的显著进步。海绵钛零级品率已提高至 70% 左右；布氏硬度不大于 95 的海绵钛已可批量生产（约占产量的 10%）；高纯钛（N4.5～N5）已批量生产。

（4）$TiCl_4$ 制备新工艺进展明显。攀钢已经突破了含钛型高炉渣中钛的提取和应用技术，拟在 2018 年实现 4 万吨（$TiCl_4$）高炉渣提钛示范线建设，并进一步建设数十万吨级的生产装置[31-34]。

7.2 钛冶金主要方法

目前，钛冶金以氯化工艺为主流。就富钛料氯化工艺而言，有针对高 TiO_2 低 CaO+MgO 含量钛矿的有筛板沸腾氯化法，有针对低 TiO_2 高 CaO+MgO 含量钛矿的熔盐氯化法，以及介于它们之间的无筛板沸腾氯化法。中国的钛矿物主要是低 TiO_2、高 CaO+MgO 含量的钛岩矿以及 TiO_2、CaO+MgO 含量均较高的内陆砂矿，并且随着中国经济与世界经济的深度融合，我国也进口了大量的高 TiO_2、低 CaO+MgO 含量的海滨砂矿，因此上述三种氯化法在中国都有成长的空间并得到成功的应用[35-41]。

海绵钛的生产分为钛渣生产、氯化—精制、还原—蒸馏、破碎包装与镁电解 5 个主要工序[42,43]。

7.2.1 钛渣生产

7.2.1.1 钛渣生产的方法及主要技术特点

富钛料（钛渣）生产是一个 TiO_2 富集的过程，分为湿法和干法两种。湿法是人造金红石的过程，而干法就是电炉法富集的过程。

$$TiO_2 \cdot FeO + C = TiO_2 + Fe + CO$$

我国钛渣生产主要采用电炉法。2005 年前我国的钛渣电炉容量都在 7000kVA 以下，而且都是敞口电炉，技术经济指标很差、环境污染严重、劳动条件恶劣。此后，攀枝花钛业公司从乌克兰引进了 25500kVA 半密闭矮烟罩电炉，云南新立公司从南非引进了 30000kVA 直流密闭单相空心电极电炉，西安电炉研究所在此基础上又先后研究成功了 30000kVA、33000kVA 交流密闭电炉[44-48]，至此，我国在钛渣的电炉装备和冶炼技术方面都取得了长足进展。

7.2.1.2 钛渣生产的环境及能耗

据钛锆铪协会不完全统计，我国钛渣生产企业有 80 多家，大小电炉近 200 台，装机容量 1100MW，是世界上钛渣生产企业最多、电炉台数最多的国家，也是钛渣生产技术最落后的国家。这主要表现在：电炉容量小，而且几乎全部是敞口电炉，渣铁在同一出口出炉，渣铁分离效果不好；炉气不能回收利用，能耗高；出炉铁水不能综合利用，经济效益低；作业环境恶劣，污染严重[49-54]。

世界钛渣生产技术经济指标比较见表 7-4。

表 7-4 钛渣生产技术经济指标比较

项　目	加拿大	前苏联	中　国		
			敞开式 半密闭式	云南新立公司 直流空心密闭式	河南佰利联 密闭式
电炉类型	密闭式	半密闭式			
电炉容量/kVA	24000~105000	5000~25500	400~25500	30000	33000
钛矿组矿/% TiO₂	36.5	56~64	45	50	50
Fe₂O₃+FeO	55~56	25~34	40~42	48.16	48.16
还原剂种类	无烟煤	无烟煤	石油焦、焦炭	无烟煤	无烟煤
还原剂耗量/t·t-渣⁻¹	0.13~0.15	0.14~0.18	0.19	0.28	0.216~0.228
电极耗量/kg·t-渣⁻¹	15~20	20~21	>30	9	12~15
炉前电耗/kW·h·t-渣⁻¹	2200~2400	2300~2500	3000~3300	2580	2600
钛渣品位 TiO₂/%	72~80	85.9~90	80~90	>90	>90
劳动生产率/t·(年·人)⁻¹	629	270~310	60~85	400	414
TiO₂回收率/%	92~93	94~95	88~91	96	96
副产生铁利用	加工成铸件 或钢铁粉	未处理	少数企业铸 为铁锭	铸成炼钢生铁	铸成炼钢 生铁
炉气处理利用情况	炉气回收利 用,粉尘返 回配料	炉气净化放空, 余热生产蒸汽, 粉尘返回	仅攀钢钛渣 厂做处理, 但未利用	炉气回收利用, 粉尘返回配料	炉气回收 用,粉尘返 回配料

7.2.2 氯化—精制

7.2.2.1 氯化—精制的方法及主要技术特点

氯化的生产是将钛渣和炭在氯化炉内生成粗四氯化钛,而精制的生产是将粗四氯化钛中的杂质除掉生成精四氯化钛。

$$TiO_2 + C + 2Cl_2 \xlongequal{} TiCl_4 + CO_2$$
$$TiO_2 + 2C + 2Cl_2 \xlongequal{} TiCl_4 + 2CO$$

由于我国的优质钛资源日渐枯竭,自 20 世纪 70 年代以来,我国一直在致力 CaO+MgO 含量较高的钛资源的利用,因而开发了我国独创的"无筛板沸腾氯化",它是为解决"有筛板沸腾氯化"不能解决的 CaO+MgO 含量较高的钛资源的利用而诞生的。但由于后期投入的不足,"无筛板沸腾氯化"未能加以完善,尤其是在环境保护和产能扩大上,因而在海绵钛大量扩产时未能得到利用。

一些企业引进了需要优质钛资源的"有筛板沸腾氯化"技术(精制相应引进了有机物除钒),另一些企业则引进了能够利用 CaO+MgO 含量较高的钛资源的"熔盐氯化"技术(精制相应引进了铝粉除钒)。这两种技术的引进,使得我国海绵钛扩产的"瓶颈"问题得以解决,我国海绵钛企业的建设规模得以提高,精 TiCl₄ 的质量也得到提高,为生产优质海绵钛和氯化法钛白打下了基础。

熔盐氯化和无筛板沸腾氯化适用于 CaO+MgO 含量较高的钛资源，而有筛板沸腾氯化只能使用 CaO+MgO 含量较低的钛资源。

7.2.2.2 氯化—精制生产的环境与能耗

氯化精制的生产随着使用原料的不同，需要采取不同的工艺技术，因而对环境的影响不一样，能耗也会有高有低。

如果使用 CaO+MgO 含量较高的钛资源，应当使用熔盐氯化或无筛板沸腾氯化。而这两种氯化方法，熔盐氯化需要排放废熔盐、无筛板沸腾氯化要排放炉渣和收尘渣。在排放时，由于不能做到很好的密封排放，多多少少都会对周边环境造成影响。

使用 CaO+MgO 含量较低的钛资源，只能使用有筛板沸腾氯化。这项技术全流程密封生产，环境友好、能耗低，从表 7-5 中就可以看出。但我国 CaO+MgO 含量较低的钛资源已近枯竭，而进口这种钛资源价格比较昂贵，因而用这种钛资源生产的四氯化钛价格较高。

表 7-5　氯化—精制的主要技术经济指标

比较内容	熔盐氯化	流态化氯化	
		无筛板	有筛板
技术来源	自有技术/引进	小型自有技术	小型自有技术/大型技术引进
炉型结构	结构较复杂，启动需要供热装置，预制熔盐系统，炉壁要冷却，通氯管结构简单	结构简单，无供热装置，炉壁要冷却，通氯管结构简单	结构复杂，启动要烘炉提温先用天然气继用石油焦，通氯管结构复杂
反应热	自热进行	自热进行	自热进行
生产能力产粗 $TiCl_4/t \cdot d^{-1}$	65~130	国内 20~45 国外与氧化对接 >500	国内 φ2400 氯化炉 80~100 国外最大>900
单位面积生产能力 $/t \cdot (m^2 \cdot d)^{-1}$	15~20	20~25	>25
适用原料	一般高钛渣，要求含金红石<8%	同熔盐氯化，可以掺适量金红石	富钛料 TiO_2>85%、CaO<0.15% CaO+MgO≤1.5%；用钛精矿 TiO_2≥60%、CaO≤0.05%
粒度要求	−30~+200 目比例≥70%	−30~+200 目比例≥80%	−30~+200 目比例≥85%
钛渣耗量 $/t \cdot t$-粗 $TiCl_4^{-1}$	0.5	0.51	0.49
氯气耗量 $/t \cdot t$-粗 $TiCl_4^{-1}$	0.9	1.0~1.1	0.8~0.9
石油焦耗量 $/t \cdot t$-粗 $TiCl_4^{-1}$	0.090	0.130	0.125
能耗/kW · h · t-精 $TiCl_4^{-1}$	600	500	150

7.2.2.3 氯化—精制各种生产方法的应用厂家

我国是世界上唯一一个三种氯化方法（即熔盐氯化、无筛板沸腾氯化、有筛板沸腾氯化）都在使用的国家。

熔盐氯化使用的厂家有攀钢钛业、锦州铁合金、云南新立公司。

无筛板沸腾氯化使用的厂家有中航唐山天赫钛业、营口驰耐尔公司；还包括以前的遵义钛业和抚顺钛业等。

有筛板沸腾氯化使用的厂家有湖北仙桃电子材料有限公司、洛阳双瑞万基钛业、遵宝钛业有限公司以及一些钛白企业，如云南新立公司、锦州铁合金、河南佰利联公司[57-66]。

7.2.3 还原—蒸馏

7.2.3.1 还原—蒸馏方法及主要技术特点

还原—蒸馏的任务是用镁还原四氯化钛，再将还原产物钛和氯化镁以及剩余的镁分离的过程。

$$TiCl_4 + 2Mg = Ti + 2MgCl_2$$

还原—蒸馏的炉型分为两种："I"形炉和倒"U"形炉，两种炉型都实现了大型化。小型"I"形炉是我国自有技术，大型化"I"形炉引自乌克兰。我国遵义钛业每周期单炉产量已达 13t，在单炉产量上居世界领先水平。

与先进的海绵钛生产国相比，我国的海绵钛在质量上尚有差距，自动控制程度还不高，特别是还不能批量生产布氏硬度不大于 90 的高品质海绵钛[62-82]。

7.2.3.2 还原—蒸馏主要技术指标

还原—蒸馏工序由于炉型大小不一、采用的方法不一样、制作反应器的材质不一样（不锈钢或普通钢）、还原—蒸馏反应的时间长短不一、真空系统配备的设备不一，因而不便用一个统一的指标来衡量，只能看还原—蒸馏工序的炉前综合电耗，来判定其能耗的高低。

不同炉型的规格和电耗见表 7-6。

表 7-6 不同炉型的规格和电耗

炉 型	炉产量/t	电耗/kW·h·t-Ti^{-1}	炉产量/t	电耗/kW·h·t-Ti^{-1}
中国"I"形炉	3.5~5	6000~6500	7.5	6500
中国倒"U"形炉	5~8	5500~6000	10t 以上	5000~5500
日本大阪倒"U"形炉			10t	3500

7.2.3.3 还原—蒸馏生产的环境与能耗

还原反应过程中因反应器中的压力升高，导致加料困难而需要放气降压。外排气体中含有 $TiCl_4$ 和 $MgCl_2$ 气体，会与空气中的水分反应生成 HCl，腐蚀建筑物和设备。反应器的大盖在使用后会凝结有钛的低价物和 $MgCl_2$，需要用盐酸进行清洗，不当处置也会对环境造成影响。

还原—蒸馏是海绵钛生产仅次于镁电解的主要耗能工序，我国的海绵钛生产企业，在还原—蒸馏工序的能耗高于国外企业。

7.2.4 破碎包装

7.2.4.1 破碎包装的方法及主要技术特点

破碎包装是将海绵钛坨破碎成用户需要的颗粒状。在我国，需要把海绵钛坨破碎成 0.83~12.7mm 和 0.83~25.4mm。

首先是把海绵钛坨从反应器中取出来，国内所有的海绵钛企业除攀钢钛业采用机械顶出外，均采用人工使用风镐将海绵钛坨从反应器中取出，劳动生产率低，易对产品造成污染。

我国的海绵钛破碎设备是传统的颚式破碎机和冲击式破碎机。这两种破碎机械将海绵钛反复的挤压和冲击，局部会产生高温将破碎部位的海绵钛局部氧化，使海绵钛的质量下降。从俄罗斯引进的"撕裂式"破碎设备则避免了海绵钛的局部氧化。

7.2.4.2 破碎包装的主要技术经济指标

海绵钛的质量、孔隙度等在还原—蒸馏期间就已经定型，破碎包装工序主要是将海绵钛坨破碎成客户需要的粒度，并尽量减少细小颗粒的形成（<0.83mm）。人工挑拣过程中也需要把被反复破碎形成的"亮块"挑出，来保证产品质量[83-95]。

洛阳双瑞万基产品质量见表 7-7。

表 7-7　洛阳双瑞万基产品质量　　　　　　　　　　　　（%）

项目	超 0A	0 级	1 级	2 级	3 级	4 级	5 级	合计
2015 年	4.6	66.2	17.0	3.4	0.02	0.009	0.009	92.24
2016 年	5.9	65.3	16.1	3.6	0.02	0.001	0	92.92

攀钢钛业产品质量见表 7-8。

表 7-8　攀钢钛业产品质量　　　　　　　　　　　　（%）

项目	0A 级	0 级	1 级	2 级	3 级	4 级	5 级	等外钛	专用钛	合计
2016 年	20.88	28.48	23.32	1.31	0.19	0.63	15.69	9.51	0.0	100
2017 年	37.20	17.60	26.30	2.80	0.00	0.30	8.80	6.90	0.2	100

7.2.4.3 破碎包装的环境与能耗

破碎包装工序是海绵钛生产最为洁净的环境，需要对破碎设备进行降噪处理。

海绵钛在破碎过程中产生的"尘埃"需要关注，达到 $40mg/m^3$ 时有爆炸危险。海绵钛"尘埃"密度较大，会在建筑物和设备上沉积，必须进行清理。前苏联规定半年用水清理一次。我国大部分企业采取"尘埃搬家"的方式每年清理一次，首先用压缩空气将建筑物和设备上的"尘埃"吹落，然后进行清理。

该工序的能耗全国的海绵钛生产企业都差不多，能耗在 $150kW \cdot h/t\text{-}Ti$ 左右。

7.2.5 镁电解

7.2.5.1 镁电解方法及主要技术特点

镁电解的任务是将还原时副产的氯化镁电解成镁和氯气，镁作为还原剂返回使用，氯气返回氯化工序生产四氯化钛使用，从而实现氯镁的全流程闭路循环。

$$MgCl_2 \Longrightarrow Mg + Cl_2$$

十多年前，我国的镁电解使用的是无隔板槽；而新建的海绵钛厂引进了双极性镁电解槽。双极性镁电解槽具有吨镁直流电耗低、回收的氯气浓度高、自动化程度高、环境友好等优点，但造价高（是同等容量的无隔板槽5倍还多），经济效益指标并不理想。镁电解的各项技术经济指标见表7-9[96-108]。

表 7-9 两种镁电解槽型各种指标比较

槽 型	单 位	无隔板槽	双极性槽（按110kA 时计）
电流强度	kA	110	90~165（可调节）
槽前直流电耗	kW · h/t-Mg	13800	10500
槽前交流电耗	kW · h/t-Mg	—	1500
槽电压	V	4.88	14.4~12.2
日产能	t/d	0.9697	2.35~4.3
回收氯气浓度	%	85~90	95
集镁室卫生排气量	Nm³/h	500~1000	—
消耗氯化镁	t/t-Mg	4.071	3.95
电解质温度	℃	680~700	655~670
回收氯气量	t	2.86	2.9
阳极消耗量	kg/t-Mg	30	3.74+1.6
升华物量	kg/t-Mg	65	3.833
槽渣量	kg/t-Mg	140	5~8
槽寿命	月	28	22
对原料适应性	—	广	窄
总造价	万元	70	350
总造价吨镁摊价	元	849	1820

7.2.5.2 镁电解的环境与能耗

镁电解是海绵钛生产的最大耗能工序。

在镁电解的生产过程中，需要打开电解槽进行加料和出镁，会有部分电解质（$MgCl_2$、KCl、$NaCl$、$CaCl_2$的混合物）散发在空气中形成 HCl 和凝结物，腐蚀建筑物和设备，必须对建筑物和设备进行定期清理，并保持电解车间环境的干燥，防止漏电。

镁电解产生的氯气，要进行过滤、脱水、加压、输送，返回氯化工序循环使用，需要对环境的氯气浓度进行监测，防止泄漏。氯气的浓度不应超过 $1mg/m^3$，氯化氢的浓度不应超过 $5mg/m^3$。

7.2.6 存在的问题

金属钛和镁的产量较低，但其应用不可小觑。由于种种原因，目前的高等院校和科研机关已无这两种金属冶炼的教学和研究机构，设计队伍日渐萎缩，冶炼人才岌岌可危，这尤其需要我们关注。

7.3 钛冶金发展趋势

（1）还原蒸馏工艺的自动化及节能改造。还原蒸馏是钛冶金的核心，对于保证海绵钛的产品质量及稳定性和节能降耗至关重要。加强对还原蒸馏过程的自动化控制是钛冶金的重要课题[109-114]。

（2）海绵钛产品全面升级。中国海绵钛质量目前已接近日本和俄罗斯的水平，即：零级品率 70%~80%，布氏硬度不大于 90 的海绵钛不小于 30%，并可根据用户要求提供小粒度海绵钛、低气体杂质含量海绵钛及其他特殊要求海绵钛，5N 级高纯海绵钛也已经批量产出，但 5N 级以上高纯海绵钛的生产仍需我们努力[115-131]。

（3）节能减排和清洁化生产。吨钛电耗不大于 $20000kW \cdot h$，实现全流程清洁生产。

8 锆 铪 冶 金

8.1 锆铪冶金概况

8.1.1 金属锆铪的性质

锆原子序数 40，原子量 91.22。致密的金属锆为黑灰色，有金属光泽；锆粉为深灰色接近黑色。结晶锆的熔点 $1855\pm15℃$、含铪的锆熔点为 $1830\pm40℃$，密度 $6.490\pm0.001g/cm^3$。锆的沸点因为其活性很大而升高，很难直接测定，约为 $3580℃$。锆具有两个同质异形体：α-锆和 β-锆，在低于 $862℃$ 以稳定的密排六方结构 α-锆存在，高于 $862℃$ 则以体心立方结构 β-锆存在。锆的热中子吸收截面只有 $0.18\pm0.02b(1b=10^{-28}m^2/原子)$，比铁、镍、铜、钛等金属小得多，与铝镁相近，被用作核反应堆的包壳材料[132]。

铪位于元素周期表中第Ⅳ副族，原子序数 72，相对原子量 178.49，化合价以四价为主，同时也有二价和三价。金属铪密度 $13.19g/cm^3$，熔点 $2222\pm30℃$，沸点 $5400℃$。铪与锆相似，具有优良的耐腐蚀性。铪还具有良好的抗氧化性能，良好的导热、导电性能和较低的电子逸出功。铪的热中子吸收截面大，被用作核反应堆的控制棒[133,134]。

8.1.2 需求和应用

8.1.2.1 金属锆的应用

金属锆制品分为两大类，一种为核级锆[135]，主要用作核动力航空母舰、核潜艇和民用发电反应堆的结构材料，铀燃料元件的包壳等，是重要的战略金属；另一种为工业级锆[136]（或化工锆、火器锆），主要用于制作化工耐酸碱的设备、军工、电子行业。

A 工业级金属锆的应用

锆有比不锈钢、镍基合金及钛更优异的耐腐蚀性能、力学性能和加工性能，很适宜制造容器和换热器等化工设备，特别在还原性氯化物溶液中具有的优良耐蚀性[137]，使其得到广泛应用。

金属锆主要用于耐腐蚀性能要求高的设备及构件，如反应釜、耐酸泵、耐热泵、热交换管、浸液器、耐酸叶轮、阀门、搅拌器、喷嘴和容器衬里等[138,139]。

化肥、农药、药品、食品加工等相关设备和重要的零部件都采用锆。在聚合物生产中,锆用于代替石墨作热交换器;在尿素合成设备中,锆被用做高压进料泵体;在电镀工业中,已大量使用了锆丝编成的篮筐作为电解构件的盛料器,可延长篮筐寿命,降低成本。近年来,冰醋酸制造业已成为工业级锆的大用户[140],一套年产 20 万吨的大型冰醋酸生产设备用锆材约 100t。工业级锆目前已成为石化工业不可替代的重要设备材料,需求量不断增加。

B 核级金属锆的应用

金属锆具有优异的核性能[141],是一种理想的中温核材料。在原子能工业中,锆主要用于原子能发电厂、核潜艇、核动力航空母舰、核动力巡洋舰的核反应堆中。锆在反应堆中主要用于核燃料的包套材料、结构材料和慢化剂等。轻水堆和重水堆燃料原件的包壳管,多采用在高温纯水中耐腐蚀性能优良的锆锡合金(Zr-2 或 Zr-4 合金),也采用 Zr-2.5 铌合金。反应堆的高压容器、高压水箱、高压外壳、管路系统、阀门、泵、热交换器、冷却剂冷凝装置等属于反应堆的结构部件,铍、钛、钒、钽、铌和锆均可以用作结构材料,但锆属于最佳结构材料[142]。纯锆的性能不如合金。Zr-2 合金适于作沸水堆的结构材料,Zr-4 合金适于作压水堆结构材料。在热中子反应堆中,为了使裂变产生的快中子减速为热中子,从而提高裂变反应的几率,在反应堆中要采用慢化剂,而氢化锆正是优良的慢化剂。目前氢化锆不仅已经在许多核辅助动力中获得应用,而且已在许多反应堆[143]尤其是研究性堆中获得应用。

8.1.2.2 金属锆的需求

金属锆的生产过程[144,145]:锆矿石经过精选提取锆矿砂(精矿),然后冶炼成海绵锆,在冶炼海绵锆的同时进行锆铪分离,冶炼出海绵铪,再将海绵锆熔铸成锆铸锭(和钛铸锭相同),锆铸锭再经过加工制成锆坯(锆管坯、锆板坯、锆棒坯等),最后经过挤压等压力加工制成锆材。

核级锆材的需求是决定核级海绵锆市场主要因素。从锆材的形态来看,可以分为锆管材和锆板材(管材主要用于包壳材料和压力管,棒材主要用于端塞元件,板带材主要用于格架等),其中核电用锆材对锆管、棒材占 75% ~ 80%,核锆板带材的需求占到 20% ~ 25%[146]。

国际生产厂商情况:目前,世界上较大的几家锆管厂[147]为美国西屋公司(每年 400t)、法国锆管厂(每年 450t)、加拿大锆管厂(每年 150t)、德国锆管厂(每年 250t)都在满负荷生产。亚洲是锆材需求增长最快的地区,目前日本每年可生产 50t 管材。总体来看,由于锆材的生产需要根据核电站的需要而生产,所以目前国际主要的锆合金材的生产商均为核电站供应商的子公司。

目前关于全球核级海绵锆的需求方面[148-150],没有比较一致的数据。可以查到的公开资料数据之间也有一定的差距。

（1）据美国 Ux-Consulting 公司数据，全球核级海绵锆年需求在 5000t 左右；

（2）据美国西屋的数据，其海绵锆年产量在 2000~2200t，约占全球的 40%，可以推算出全球年需求在 5000~5500t；

（3）据 Matamec 勘探公司的数据，目前全球每年约消耗 7000t 海绵锆，其中 85% 左右用于核能方面，即大约 6000t。

根据 IAEA[151] 的乐观和保守预测，2020 年全球核电装机容量将由 2010 年的 373GW 增加到 455~543GW，增长幅度为 22%~45.6%。按照保守估计，粗略估算海绵锆的年需求大约在 6100~7320t；按照乐观估计，粗略估算海绵锆的需求大约在 7300~8700t。

8.1.2.3 金属铪的应用

核级金属铪具有高的热中子吸收截面，主要在核反应堆中用作控制棒。

工业级金属铪的主要应用是铪丝在工业中的应用，主要有[152-154]：（1）合金添加料，提高合金的性能；（2）焊料，用于铪丝与铪丝等相关的合金之间的焊接；（3）等离子切割中的等离子发射体。其中，用作等离子切割电极是铪丝在工业中最主要的用途[155-157]。

8.1.2.4 金属铪的需求

核级金属铪主要用作核反应堆的控制棒，没有公开的相关需求资料。

工业用金属铪主要被用作等离子体切割，随着切割量的大幅度增长，铪丝需求量会有很大的上升空间，所需铪丝在 1.2~1.6t 之间；高温合金添加剂约 2t；高纯金属铪约 300kg。

8.1.3 资源情况

锆铪在地壳中的含量十分丰富[158]，但是冶炼工艺复杂，提取成本很高，因此被业界称为"稀有金属"。锆以多种矿物形式赋存在多种类型的矿床中而与其他矿产共伴生；铪在自然界中常常与锆伴生，没有独立的矿床。

8.1.3.1 锆矿资源及产量

全球探明的锆资源分布相对集中，主要资源国有澳大利亚、南非、印度、美国及中国等国家，其锆资源总储量占全球总储量的 80% 以上[159-161]。

当前，具有经济价值的矿床类型主要为海滨重砂矿床，开采锆英砂，其成分主要为硅酸锆[162,163]。理论上 $(Zr, Hf)O_2$ 为 65% 左右，SiO_2 为 35% 左右，硅酸锆中锆铪比例为 50:1。自 2000 年以来，全球锆资源储量[164] 呈现了两次较大幅度的增长：2008 年较 2007 年增长 34.2%，达到 5100 万吨（二氧化锆，下同）；2014 年达到 7800 万吨。澳大利亚和南非是全球锆英砂主要资源国，2014 年澳大利亚锆英砂储量为 5100 万吨，约为全球的 65.4%，较 2000 年增长了 460.4%；南非锆英砂储量约为 1400 万吨，约为全球 17.9%[164]；印度、莫桑比克锆英砂储量分别为 340 万吨、110 万吨。

据美国地质调查局（USGS）数据[164]，2005 年底，我国锆资源储量约为 50 万吨，仅为全球的 0.64%。2005~2015 年间，我国锆矿勘探没有明显突破，其资源储量基本保持不变。

全球主要锆资源生产国为澳大利亚、南非、中国和印尼等[163,164]，2014 年锆矿产量分别占全球总产量的 58.44%、11.04%、9.09% 和 7.79%（表 8-1）。全球锆矿主要生产企业包括澳大利亚 Iluka Resources 有限公司及 Tiwest 合资公司，南非 Richards Bay Minerals 公司、Namakwa Sands Limited 公司及 Exxaro Resources 有限公司等，其产量占全球锆矿总产量的 70% 以上。

表 8-1　2005~2014 年全球及主要国家锆矿产量　　　　　（万吨）

年份	2005	2006	2007	2008	2009	2010	2011	2012	2013	2014
澳大利亚	44.5	49.1	60.5	55.0	47.6	51.8	76.2	60.5	85.0	90.0
南非	30.5	39.8	40.0	40.0	39.2	40.0	38.3	38.0	17.0	17.0
中国	12.0	17.0	18.0	14.0	13.0	14.0	15.0	14.0	15.0	14.0
印尼			11.1	4.2	6.3	5.0	13.0	12.0	11.0	12.0
莫桑比克			2.6	2.6	1.0	3.7	4.4	4.7	4.7	5.6
印度	2.0	2.1	2.9	3.0	3.1	3.8	3.9	4.0	4.1	4.0
乌克兰	3.5	3.5	3.5	3.5	3.5	3.0	2.6	3.8		
巴西	3.5	2.6	3.1	2.7	1.8	1.8	1.8	1.8		
其他国家	2.0	3.8	0.8	2.5	0.3	1.4	6.6	7.0	14.0	11.0
全球总量	100.0	118.0	143.0	128.0	116.0	125.0	162.0	146.0	151.0	154.0

2005~2014 年，全球锆矿产量增长平缓，年均增长率为 5.80%，2011 年锆矿产量 162 万吨。此 10 年间，我国的锆矿资源产量呈波动式变化，平均产量为 14.6 万吨，2007 年产量最高为 18 万吨，占同年全球总产量（143 万吨）的 12.59%。

8.1.3.2　锆矿资源供需形势

锆矿作为我国战略性矿产资源之一，面临着产量少、消费量高的严峻问题[165]，我国每年需要从澳大利亚、南非、印尼、越南等国家大量进口，其中澳大利亚为我国锆英砂的主要供应国，占比约为 50%。

通过分析近年来锆英砂国内生产量和国外进口量数据（表 8-2），可以看出我国锆英砂对国外资源依赖程度很高，且呈逐渐上升趋势。其中，2005 年对外依存率为 77.32%，2008 年增高至 84.23%；虽然 2009 年开始有所降低，但之后几年我国锆英砂对外依存率均不断增长[166,167]。

表 8-2　2005～2013 年我国锆英砂生产量及进口量情况　（万吨）

年份	2005	2006	2007	2008	2009	2010	2011	2012	2013
生产量	10.0	9.0	7.0	3.0	5.5	4.4	5.0	4.0	4.0
进口量	34.1	37.46	38.99	49.01	46.96	73.13	88.78	77.91	77.76
供给量	44.1	46.46	45.99	52.01	52.46	77.53	93.78	81.91	81.76

与对外依存率相对应，我国锆英砂进口量也保持持续上升态势，2005 年为 34.10 万吨，2006～2008 年均逐渐增加，2009 年略有下降，为 46.96 万吨；2009 年之后受市场影响，锆英砂需求量急速增加，2010 年锆英砂进口量达 73.13 万吨，2011 年进口量突破 80 万吨。成为全球重要的锆英砂进口大国。

与之相反，我国国内锆英砂生产量却呈下降趋势，从 2005 年的 10 万吨大幅度下降到 2008 年的 3 万吨，近几年国内锆英砂产量基本维持在 4 万～5 万吨的水平[167,168]。从目前形式来看，我国的锆英砂矿保证程度明显不足，未来国内锆资源消费仍将大量依靠进口。

8.1.3.3　锆化学制品

中国目前生产的锆化学制品主要有氧氯化锆、碳酸锆、硫酸锆、硝酸锆、醋酸锆、二氧化锆、稳定氧化锆和氨基碳酸锆盐等，从事锆化学制品生产的企业多达几十家，锆化学制品多达 10 余种，但多数企业仍以氧氯化锆为主。氧氯化锆是重要的锆盐基础化工制品，用途广泛，除可用作媒色染料的原料和媒染剂、定色剂、除臭剂、阻燃剂等产品的添加剂，也可用作油田地层泥土的稳定剂，工业废水的凝结处理剂等。用氧氯化锆可制得工业级和高纯氧化锆、纳米超细氧化锆，添加稳定剂后可制取稳定、半稳定氧化锆，也可制取碳酸锆、硫酸锆、硝酸锆、氢氧化锆等其他锆化学制品，广泛用于陶瓷、化工、电子、军工等行业。

短时间内，中国氧氯化锆生产能力在世界范围内的绝对优势不会改变，中国进口大量的锆英砂，但生产的大部分氧氯化锆主要是出口[169]。

8.1.4　金属产量

8.1.4.1　金属锆的产量

根据钛锆铪协会锆行业"十三五"发展思路中的统计数据[172]，2008～2013 年金属锆的产量见表 8-3。

表 8-3　金属锆的产量　（t）

年份	2008	2009	2010	2011	2012	2013
产量	635	810	1470	1160	550	1090

核级海绵锆产量：国核维科锆业有限公司 2014 年产量为 900t，2015 年、

2016 年的产量分别为 450t、500t。东方锆业和中核晶环有少量产品。

工业级海绵锆产量：华钛金属工业有限公司产量较大，2014 年以来年产超过 500t，2017 年扩产后 2018 年年产能达到 2500t；广东东方锆业公司 2014~2016 年的产量分别为 300t、400t、500t；中信锦州金属股份有限公司 2014 年、2015 年、2016 年每年生产海绵锆约 200t，金属锆粉大约 3t。

综合以上数据，我国 2008~2016 年金属锆的产量见表 8-4。

表 8-4　我国 2008~2016 年金属锆的产量　　　　　　　　　（t）

年份	2008	2009	2010	2011	2012	2013	2014	2015	2016
产量	635	810	1470	1160	550	1090	1400	1050	1200

8.1.4.2　金属铪的产量

中核晶环锆业有限公司近两年每年有大约 10t 的产量，国核维科锆业有限公司生产转移到西北锆管厂南通分公司生产，目前没有得到准确的产量数据，估计产量为 10t 以内。国外产量不详，按照海绵锆 4000t 估算，核级铪产量不高于 80t[151]。

8.1.5　科技进步

8.1.5.1　历史发展进程

我国锆、铪冶金技术研究从 20 世纪 50 年代中期开始，通过联合攻关，1960 年解决了锆、铪分离技术，制取了原子能级海绵锆。1963 年，上海合利冶炼厂开始了海绵锆的工业化生产。20 世纪 60 年代末期，遵义钛厂和锦州铁合金厂建成了海绵锆和海绵铪生产车间，形成年产 200t 海绵锆、4t 海绵铪的生产能力，使我国初步具备了海绵锆工业化生产的基础，并成为当时少数几个具备工业化生产海绵锆、铪的国家之一。20 世纪 70 年代后期，因需求骤减，核级锆生产线全部关停，仅锦州铁合金厂保留工业锆生产线，主要生产少量火器锆。

1997 年辽宁锦州铁合金股份有限公司恢复年产 100t 原子能级海绵锆和 2t 原子能级海绵铪的生产建设，2001 年该生产线开始运行。锦州铁合金股份有限公司恢复建设时，除锆铪萃取分离工艺采用我国 20 世纪 80 年代较为先进的"N235、P204－硫酸体系萃取分离工艺"，其他工序仍采用 20 世纪 70 年代的技术，与国外锆铪工业相比尚有相当的差距。

朝阳百盛锆业完成了"原子能级海绵锆制备新工艺应用研究"项目，并且建成了年产 150t 原子能级海绵锆的生产线，产品技术性能指标达到原子能级海绵锆的要求。2010 年 6 月 18 日，中国有色金属工业协会组织专家认为新工艺生产成本低，产品质量好，技术经济指标处于国内领先地位。

目前我国生产海绵锆的厂家主要包括国核维科、东方锆业（收购朝阳百盛锆业有限公司)、中信锦州铁合金股份有限公司(原锦州铁合金厂)、中核晶环锆业有限公司等。

8.1.5.2　现状

"十二五"时期以来,我国下大力气重建核级海绵锆和核级锆材的生产线,开始取得成果,2012年9月与美国合资的国核维科锆铪有限公司生产出了第一坨1.1t重的核级海绵锆,标志中国再一次具备了核级锆的生产能力。2013年,国核维科锆业有限公司和广东东方锆业有限公司共生产核级海绵锆200t[175]。

2012年,国核锆业在引进技术基础上建设的核级锆材生产线全线贯通。国核锆业核级锆材生产线通过了A路线(进口管坯至成品锆材)和B路线(进口海绵锆至成品锆材)的技术鉴定和C路线(国产海绵锆至成品锆材)的预鉴定,2015年正式通过C路线鉴定,为核级锆材的国产化奠定坚实的基础。

化学锆行业在技术改造、新产品开发和节能减排等方面也取得长足的进步。"十二五"时期以来开发的主要新产品有:合成硅酸锆、高纯氯氧化锆、高纯碳酸锆、高纯二氧化锆、宝石级氧化锆、锆牙用稳定二氧化锆、彩色氧化锆、石油钻井用的氧化锆陶瓷缸套、电熔氧化锆铁红色料等。

"十二五"时期以来,采用的新技术主要有:氧氯化锆生产过程的自动控制、锆英砂的连续碱熔新工艺、三合一的氧氯化锆产品过滤/洗涤/脱水新工艺、滚动成型制备复合氧化锆微珠新工艺、微波加热技术等。

"十二五"时期以来在节能减排方面的突破有:中性废水的完全回收利用技术、硅渣的综合利用技术、双排窑节能改造技术,以及从母液中回收稀土金属钪的新工艺等。

企业规模在逐步扩大。近年来,随着不断进行技术改造和技术升级,在氧氯化锆行业逐步形成了6家较大型的氯氧化锆年产能过30000t的企业,它们是淄博广通、河南佰利联、内蒙古弘丰、江西晶安、浙江锆谷和广东东方锆业,特别是广东东方锆业已成为一个集矿物开采、选矿、化学锆制备、氧化锆生产和应用、金属锆的生产研发于一体的全流程企业。

"十二五"期间,我国锆行业的分析方法及行业标准也不断完善,这期间新定或修订的标准有《锆精矿》《工业八水和二氯氧化锆》《二氧化锆》《工业碳酸锆》《工业硫酸锆》《人造宝石用二氧化锆》《高纯级氧氯化锆》《海绵锆》等。

8.1.5.3　存在的问题

(1)整体工艺技术落后,装备水平较低。我国大多数企业采用碱熔烧结法生产氧氯化锆,其主要工艺流程大体一致,但管理、装备、技术力量不同,表现出的问题也有所不同。突出问题是碱熔烧结过程不连续、生产效率低、能源消耗大、生产自动化水平低、劳动强度大。

(2)锆冶金"三废"问题亟待解决。氧氯化锆生产过程中会产生大量的废酸、废碱、废渣。虽然部分企业进行了"三废"处置技术研究，但有些企业还不具备"三废"处置能力，还没有实现"三废"处置的工业化生产，尤其是废酸处理技术还不成熟。随着我国环保治理要求的不断提高，"三废"处置问题将是我国氧氯化锆生产企业首要解决的问题。

（3）缺乏行之有效的行业准入制度。在20世纪80~90年代，氧氯化锆作为我国新兴产业利润较高，吸引了很多资金涌入该行业，而国家又没有建立相应的行业准入制度，环保法律法规执行不利，导致氧氯化锆企业迅速由几家发展到三四十家，产能也成倍增长，产能严重过剩，企业间恶性竞争。中国牺牲环境和资源换来的产品，却以微利出口到国外，行业秩序混乱，缺乏协调机制和准入制度。

（4）高技术产品还不能满足社会发展的需要。为适应核电发展的需要，美、法、俄等国都已开发出新一代核级锆合金，并已在第三代核反应堆中应用，目前国内引进的反应堆用锆合金包括美国的 ZIRLO 合金、法国的 M5 合金、俄罗斯的E635 合金等，我国三大核电集团都已经研发了自己的新的合金牌号（N36、CZ系列、SZA 系列），均已开展入堆考验，预计 2020~2023 年可实现商业化应用。

8.2 锆铪冶金主要方法

8.2.1 锆铪冶炼产品的分类与定义

锆冶炼产品分为工业级海绵锆、核级海绵锆、电解锆、碘化锆、热还原法锆粉、氢化法锆粉等。

铪冶炼产品分为海绵铪、电解铪、热还原铪粉、碘热法晶体铪、电解精炼铪等。

由于锆铪性质相似并在矿物中共生，至今尚未发现单独存在的铪矿物，因此，铪冶炼所用的原料，主要来自锆铪分离后所得的含锆小于 2% 的铪化合物。因锆铪分离工艺的不同，获得的铪原料物化性状也不同；根据冶炼采用原料的不同特性，铪冶炼的工艺也不同，但由于铪与锆的性质相似，因此，铪的冶炼工艺与锆的冶炼工艺和设备大同小异，只是规模较小。用于锆冶炼的生产工艺，基本上都可以用于铪冶炼，如镁还原 $HfCl_4$、钙（钠）还原 HfO_2、K_2HfF_6 电解等。

8.2.2 锆铪冶金原则工艺流程

锆铪冶金原则工艺流程如图 8-1 所示。

8.2.3 氧氯化锆的制备

氧氯化锆是制备金属锆和金属铪的重要的中间原料，目前主要采用"一酸一

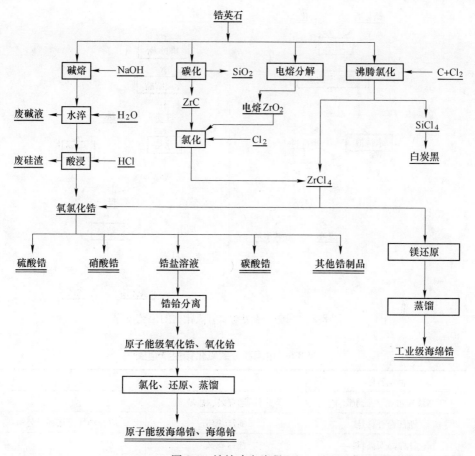

图 8-1 锆铪冶金流程

碱法"生产，原料种类和杂质来源少，为产品质量提升奠定了基础，原则工艺流程如图 8-2 所示。该法是在两酸两碱法基础上，由上海大学和北京有色金属研究总院与一些氧氯化锆生产企业改进形成，具有流程短、回收率高、产品稳定、杂质含量低等优点。

采用一酸一碱法，每生产 1t 氧氯化锆会产生 0.5~0.7t 硅渣和 5~6t 废碱液（氢氧化钠含量在 8%~11%）。中国氧氯化锆产能和产量都居世界第一，生产中的"三废"处理与综合利用是制约企业和行业发展的主要问题。

除南非、印度还有少量生产外，全球氧氯化锆的生产几乎全部集中在我国。我国有生产氧氯化锆生产企业近 40 家，万吨规模以上的企业近 10 家（表 8-5），氧氯化锆产能 30 万吨左右，年产量近 20 万吨，占世界总产量的 95% 以上。生产的优质氧氯化锆主要出口美国、日本、欧洲等国家和地区，总计约 6 万吨/a，已成为世界最大的氧氯化锆生产国和出口国。

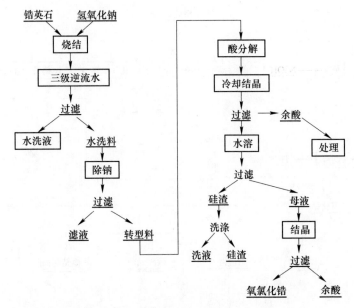

图 8-2   一酸一碱法制取氧氯化锆的工艺流程

表 8-5   中国部分氧氯化锆生产企业

企业名称	厂　　址	备　　注
江苏新兴锆业（亚洲锆业）	江苏宜兴、盐城	
浙江锆谷科技	浙江德清	原升华拜克锆谷分公司
江西晶安高科	江西安义	
广东东方锆业	广东乐昌	
河南佰利联	河南焦作	
浙江新康化工	浙江德清	
内蒙古弘丰锆业	内蒙古鄂尔多斯	
山东鑫绿源化工	山东淄博	
河南广通化工	河南焦作	
山东天向化工	山东淄博	

除以氧氯化锆为基本产品外，多数企业都将氧氯化锆再加工成碳酸锆、硫酸锆和各种氧化锆产品。有的厂家也用稳定性氧化锆生产陶瓷构件，如刀具、轴承、手表零配件、磨介、传感器和发热元件。

8.2.4　锆铪分离

铪的热中子俘获截面几乎是锆的 500 倍，因此，用作核工业的锆要求含铪小于 0.01%。由于锆铪化学性质相似，只能利用其微小的性质差异进行分离。

锆铪分离的方法有：（1）分步结晶法；（2）离子交换法；（3）溶剂萃取分离法；（4）氯化物选择性还原法；（5）熔盐精馏法。目前工业上应用的方法主要是溶剂萃取法，主要是 MIBK 体系萃取和 TBP 体系萃取。

8.2.4.1　MIBK-NH₄CNS 体系

MIBK 法是目前产业化生产的主要方法。最初使用的萃取剂是二乙醚，但二乙醚在水中的溶解度大、易挥发、易燃，硫氰酸盐在该体系中的分解速率很高，因此不适用于大规模生产。进一步研究发现，甲基异丁基酮萃取锆铪不仅分离效果好，而且硫氰酸盐的分解速率大大降低。国外早期建立的工厂采用的方法就是在硫氰酸铵系统中用甲基异丁酮（MIBK）萃取分离锆铪。MIBK 萃取锆铪的反应与酸度有关，在低酸度时为 $HfO^{2+} + 2SCN + H_2O + 2MIBK = Hf(OH)_2(SCN)_2 \cdot 2MIBK$，在高酸度时为 $Hf^{4+} + 4SCN + 2MBK = Hf(SCN)_4 \cdot 2MIBK$。

铪的硫氰酸盐络合能力比锆的大，所以铪优先被萃入有机相，锆留在水相。增加溶液中的 SCN^- 含量，不仅能提高锆、铪的分配系数，也可以提高锆、铪的分离系数。一般在水相中加 NH₄SCN，而有机相则用 HSCN 来饱和。锆铪的分配系数和分离因素见表 8-6。

表 8-6　MIBK 萃取锆铪的分配、分离因素

项　目	D_{Zr}	D_{Hf}	β
萃取	0.3	1.5	4~5
洗涤	0.15	0.7	4~5

国核宝钛锆业股份公司与西屋电气有限公司合资成立的国核维科锆铪有限公司，采用 MIBK 萃取分离工艺分离锆铪。

MIBK-HSCN 萃取锆铪分离技术以氧氯化锆为原料，溶解后与 MIBK、NH₄SCN、HCl、H₂SO₄ 等混合，生成 $ZrO(SCN)_2 \cdot n$MIBK 以及 $HfO(SCN)_2 \cdot n$MIBK 化合物，由于两者在 MIBK 有机相和水相中的分配系数不同，铪主要富集在 MIBK 有机相，而锆富集在水相中，从而使锆铪分离。过滤除水后，分别利用专用焙烧炉进行高温焙烧，获得氧化锆与氧化铪固体粉末。

A　MIBK-HSCN 萃取分离工艺流程

MIBK-HSCN 体系萃取分离锆铪主要通过一系列萃取塔实现，主要组成部分包括锆分离单元、铪萃取单元、铪洗涤单元、硫氰酸铵再生单元、硫氰酸回收单元、试剂储存单元，工艺流程如图 8-3 所示。

（1）锆分离单元：ZrOCl₂溶液、盐酸、水、硫酸与铪萃取单元流出的富铪有机相在此单元充分混合分配，有机相中的铪含量不断富集，Zr/Hf 由铪萃取单元流出时的 90% 左右可以降低到 0.2%，进入铪洗涤单元，而含锆水相则进入铪萃

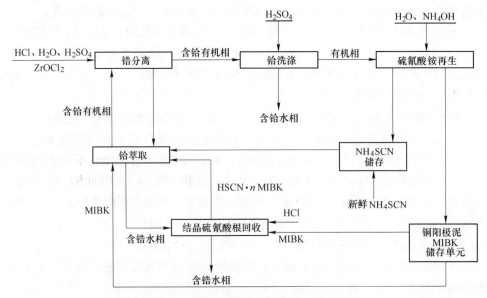

图 8-3 MIBK-HSCN 萃取分离工艺流程

取单元。

（2）铪萃取单元：锆分离单元流出的含锆水相与 MIBK、NH$_4$SCN 在萃取塔中充分接触，生成 ZrO(SCN)$_2$ · nMIBK 以及 HfO(SCN)$_2$ · nMIBK 化合物，两者在 MIBK 有机相和水相中的分配系数不同，铪主要富集在 MIBK 有机相，而锆富集在水相中。在该单元通过 MIBK 萃取，水溶液中的 Hf/Zr 浓度从 2% 可以降至 0.005%，进入硫氰酸回收单元。

（3）硫氰酸回收单元：由铪萃取单元流出的含锆水相中含有较多的 SCN-离子，为回收这些 SCN$^-$ 离子，加入 HCl 溶液，同时与储存单元流入的 MIBK 反应（[SCN$^-$] + [H$^+$] + n {MIBK} → {HSCN · n MIBK}）得到有机相，重新流入铪萃取单元重复利用，而流出的水相即为含 Zr 产品，析出、过滤、焙烧后即可获得核级氧化锆。

（4）铪洗涤单元：在该单元富铪有机相与硫酸反应（{HfO(SCN)$_2$ · n(MIBK)} + [H$_2$SO$_4$aq] → [HfOSO$_4$] + {HSCN · nMIBK}），使铪进入水相，与含锆水相类似，经过析出、过滤、焙烧等工序即可获得氧化铪。

（5）硫氰酸铵再生单元：铪洗涤单元流出的有机相（主要为 HSCN · nMIBK）与 NH$_4$OH 混合反应（[NH$_4$OH] + HSCN · nMIBK → [NH$_4$SCN] + {nMIBK}），得到的 NH$_4$SCN 水相和 MIBK 有机相分别进入各自的储存单元，循环用于锆铪的萃取分离。

（6）NH$_4$SCN 及其他试剂储存单元：由 NH$_4$SCN 再生单元流出的 NH$_4$SCN 水

溶液进入储罐并输送至铪萃取单元，用于锆铪萃取分离，同时 NH_4SCN 原液也会根据情况不断补充到整个循环体系中，维持 NH_4SCN 的浓度。MIBK 有机溶剂等试剂均循环利用。

B 沉淀煅烧工艺流程

萃取后的含锆水相通过蒸汽加热，使其中少量 MIBK 集中并分离回收。去除 MIBK 后的溶液通过加入 NH_4OH 调节 pH 值，发生如下反应：

$$5ZrOCl_2 + 2(NH_4)_2SO_4 + 6NH_4OH + 4H_2O \longrightarrow$$
$$(ZrO(OH)_2)_5 \cdot (H_2SO_4)_2 + 10NH_4Cl$$

$(ZrO(OH)_2)_5 \cdot (H_2SO_4)_2$ 析出物浓缩后经过过滤、除水后进入煅烧工序。在煅烧过程中，$(ZrO)_2(SO_4)_5 \cdot xH_2O$ 及少量 $ZrO(OH)_2 \cdot nH_2O$ 在高温下分解生成 ZrO_2。

含铪水相的处理过程与锆类似，同样需要经过析出、过滤、焙烧等工序获得氧化铪产品。为保证产品质量，避免锆、铪相互污染，需采用专用煅烧炉和储存装置，不可交叉使用。

C 产品质量

氧化锆产品为白色固体粉末，性质稳定，便于储存和运输。为保证后续核级海绵锆产品的质量，一般对氧化锆中的 Al、Fe、Hf、Si 等杂质含量有明确要求。美国材料和实验协会（ASTM）标准中核级 ZrO_2 的杂质含量要求见表 8-7。

表 8-7 核级氧化锆杂质含量

元 素	总含量限制/$\mu g \cdot g^{-1}$	元 素	总含量限制/$\mu g \cdot g^{-1}$
Hf	200	B	100
Gd	50	Gd+Sm+Eu+Dy	200
Co	100	Si	2000
Fe	1000	Ca	3000
Mg	1200	Al	1500
Ti	100	Th	400
F	30	F+Cl+Br+I	100
H	2		

8.2.4.2 TBP-HNO_3+HCl 混合酸体系

在硝酸溶液中用磷酸三丁酯（TBP）萃取分离锆铪也是工业上采用的工艺。磷酸三丁酯为中性萃取剂，其化学结构式为：$[CH_3(CH_2)_3-O]_3P=O$。萃取时，它通过氧原子与金属原子配位，形成中性萃合物。萃取反应式为：

$$ZrO^{2+}(HfO^{2+}) + 2H^+ + 4NO_3^- + 2TBP \Longrightarrow Zr(NO_3)_4 \cdot 2TBP + H_2O$$

锆在有机相和水相中浓度的比例关系，即分配系数为：

$$K = \frac{[Zr(NO_3)_4 \cdot 2TBP]}{[ZrO^{2+}]}$$

$$D_{Zr} = K[H^+]^2[NO_3^-]^4[TBP]^2$$

增加酸度、硝酸根离子浓度和 TBP 浓度可提高锆在萃取剂中的分配比。锆和铪分配系数之比为：

$$\beta = D_{Zr}/D_{Hf}$$

萃取体系为中性。由于锆的离子半径略小于铪，锆与 NO_3^- 的结合能力比铪大，故锆优于铪被萃入有机相，铪留在水相。

我国研究了 TBP-HNO$_3$+HCl 混合酸系统的萃取工艺，原则工艺流程如图 8-4 所示。

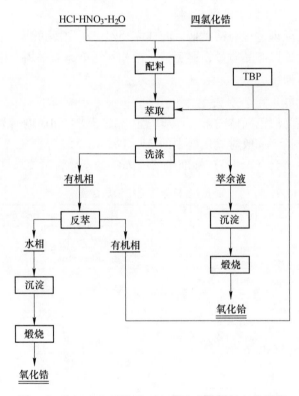

图 8-4　HNO$_3$·HCl 体系 TBP 萃取分离锆铪工艺流程

该工艺直接以 ZrCl$_4$ 为原料，加硝酸配制成锆的 HNO$_3$+HCl 溶液，省去了原配料的复杂过程，而且分配、分离系数均比纯 HNO$_3$ 系统更高。除了有机相中可以得到合格的原子能级锆以外，在萃余液中同时得到原子能级合格的 HfO$_2$。TBP 在 HNO$_3$+HCl 混合酸系统中萃取锆（铪）的反应如下：

$$Zr^{4+} + 2NO_3^- + 2Cl^- + 2TBP \Longrightarrow Zr(NO_3)_2(Cl)_2 \cdot 2TBP$$

从洗涤段出来的水相进入萃取段与料液合并一起从萃取段出来，萃余液中主要成分是含 $HfO_2/ZrO_2 + HfO_2 > 98\%$ 的铪。物料中的杂质大部分都残留在萃余液中。按上述萃取工艺进行串级逆流萃取，可得到无铪 ZrO_2 的产品，质量见表 8-8。

表 8-8 无铪 ZrO_2 中杂质元素含量

元 素	含量/%	元 素	含量/%
Hf	<0.01	Ni	<0.001
Fe	>0.3	Al	<0.003
Co	<0.001	Mo	<0.001
Mn	<0.001	V	<0.001
Mg	<0.003	Ti	0.002
Pb	<0.001	Cu	<0.001
Cr	0.016	Si	痕量
Sn	<0.001		

国核维科锆铪有限公司采用 MIBK 体系进行锆铪分离，广东东方锆业科技股份有限公司采用 TBP 工艺进行锆铪分离。

8.2.5 海绵锆的制备

8.2.5.1 镁还原四氯化锆

镁还原四氯化锆生产海绵锆流程如图 8-5 所示。该流程主要包括原料组装、还原等程序。

海绵锆厂一般都不用电解法回收镁和氯，仅将过量镁回收后再酌情使用，氯化镁运出厂外电解回收或作其他用途。还原的主要原材料是四氯化锆、镁和氩气。

8.2.5.2 真空蒸馏

镁还原 $ZrCl_4$ 所得的反应产物含有 29% ~ 31% Zr、63% ~ 66% $MgCl_2$、4% ~ 6% Mg；在溢流法排放 $MgCl_2$ 时，反应产物含有 47% ~ 49% Zr、42% ~ 46% $MgCl_2$、7% ~ 9% Mg；在顶部排放 $MgCl_2$ 时，反应产物含有 58% ~ 61% Zr、29% ~ 33% $MgCl_2$、9% ~ 11% Mg。以上三类反应产物中熔体表面均含有少量黑

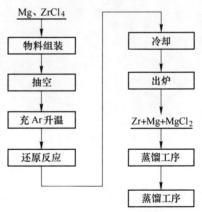

图 8-5 镁还原 $ZrCl_4$ 生产海绵锆基本流程

粉。利用锆与 $MgCl_2$、镁蒸气压的差异，采用真空蒸馏技术，实现锆与 $MgCl_2$、镁的分离。蒸馏脱除 Mg 和 $MgCl_2$ 的核级海绵锆坨保存在充 Ar 的箱子中，以防止

杂质污染。

8.2.5.3 产品处理及海绵锆分级

蒸馏后核级海绵锆坨的处理主要由破碎、分拣、粉碎、挑料、取样、包装充氩、入库等几个过程组成。

破碎时将蒸馏后的海绵锆坨放于垫座上，然后使用合适吨位的压机将海绵锆块破碎，破碎后对海绵锆进行分拣，将其中有燃烧痕迹及明显缺陷的海绵锆块挑出；符合标准的小块海绵铪重新装入充氩箱中，再直接用于熔炼；较大的海绵铪块装入转移箱中进行进一步粉碎。初次粉碎尺寸为150mm→40mm，第二次为40mm→20mm，粉碎过程在氩气保护系统中进行（O%<1%），防止细小的锆粉起火燃烧。成品海绵锆通过传送装置装桶并充氩保护。装桶过程中，每间隔一定时间分流取出少量试样，以保证最终所取试样可代表整批产品，取样重量一般不小于整批产品重量的3%。取样后熔炼进行检测分析。

8.2.5.4 海绵锆的产品质量

标准 YS/T 397—2007 中要求的工业级海绵锆的产品质量见表8-9。

表8-9 工业级海绵锆产品质量标准

产品级别			工业级	
产品牌号			HZr-1	HZr-2
	Zr+Hf 含量（不小于）		99.4	99.2
化学成分/%	杂质含量（不大于）	Hf	2.5~3.0	≤4.5
		Ni	0.010	
		Cr	0.020	
		Al	0.010	
		Mg	0.060	
		Mn	0.010	
		Pb	0.005	
		Ti	0.005	
		V	0.005	
		Cl	0.130	
		Si	0.010	
		O	0.10	0.140
		C	0.050	0.050
		N	0.010	0.025
		H	0.0125	0.005
		Fe+Cr	—	0.20

8.2.5.5 主要技术经济指标

还原过程（按每吨商品锆折算）：

反应物中锆回收率　　　98.5%

电能消耗　　　　　　　13948kW·h

氩气消耗量　　　　　　23m³

蒸馏过程（按每吨商品锆折算）：

分离收得率　　　　　　91.4%

商品锆产出率　　　　　78.2%

电能消耗　　　　　　　13274kW·h

氩气消耗量　　　　　　21m³

还原和分离过程每吨商品锆电能消耗总计约 2.7 万千瓦·时。

8.2.6 海绵铪的制备

8.2.6.1 镁还原四氯化铪

$HfCl_4$ 镁还原的工艺流程如图 8-6 所示。

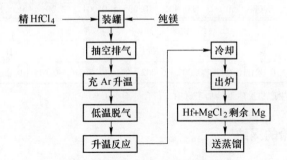

图 8-6　$HfCl_4$ 镁还原工艺流程

$HfCl_4$ 镁还原设备与 $ZrCl_4$ 还原设备相似，还原过程的物料平衡过程见表 8-10。

表 8-10　$HfCl_4$ 还原过程的物料平衡

项　目		物料/kg	占比/%
进料	四氯化铪（冷凝物）	23.1	
	镁（过量40%）	57.6	
出料	吸收的四氯化铪	225.1	97.4
	气相	1.81	0.8
	损失	4.0	1.8
合　计			100.0

8.2.6.2 真空蒸馏

镁还原产物中各种成分的沸点差异较大，相应的挥发性也有很大的差别，利用组分的熔点和蒸气压差别，在高温下真空蒸馏分离。

技术参数：蒸馏温度 850~920℃，恒温时间 18~30h（0.1t 产品），真空度不大于 0.13kPa，铪回收率大于 98%，$MgCl_2$ 回收率大于 95%。

蒸馏过程结束后将带有海绵铪的坩埚从蒸馏罐中卸下，取出海绵铪并将其分级、破碎，破碎好的海绵铪用聚乙烯袋包装，桶内抽真空后再充满氩气并用橡胶垫圈密封盖密封或电解精炼或做成品。

我国海绵铪的标准见表 8-11。

表 8-11　海绵铪牌号及化学成分

材料名称	牌号	化学成分（不大于）/%								
		Zr	Al	B	Cd	Co	Cu	Cr	Cl	Fe
海绵铪	HHf-01[①]	3.0	0.015	0.0005	0.0001	0.001	0.005	0.015	0.030	0.050

材料名称	牌号	化学成分（不大于）/%							
		Mg	Mn	Mo	Ni	Pb	Sn	Si	Ti	V
海绵铪	HHf-01[①]	0.080	0.003	0.001	0.005	0.001	0.001	0.002	0.003	0.001

材料名称	牌号	化学成分（不大于）/%							标准号
		W	U	P	Na	O	C	N	H	
海绵铪	HHf-01[①]	0.001	0.0005	0.002	0.002	0.120	0.010	0.015	0.005	YB770—70

① 原子能级，供生产核反应堆铪加工材用，铪含量不小于 96.0%。

8.2.7　金属锆铪的提纯

工业上常采用电解精炼法和碘化法将其提纯，进一步提高金属锆和铪的纯度，用于特殊的应用。

8.2.7.1　熔盐电解精炼金属锆（铪）

电解精炼法制取纯金属锆（铪）的原理是将要提纯的海绵锆（铪）制成可熔性阳极[205]，通过电解使电性正于锆（铪）的元素留在阳极中（如铁、镍、钼、钒等），电性负于锆的元素进入并留在电解质中（如铝、硅、镁等），而在阴极析出精制的金属锆。

图 8-7 所示是熔盐电解设备示意图，顶盖用水冷却，并用橡胶垫圈密封，电极尺寸为 1.27cm，电解槽内放置镍制熔盐坩埚，原料置于电解槽内壁与多孔型的钼柱体之间，阴极位于电解槽中部，电解槽顶盖上装有可卸式的阴极产品卸料室，电解温度为 700~900℃。采用的电解质一般为氯化物体系，也有用氯化物-氟化物体系，见表 8-12。

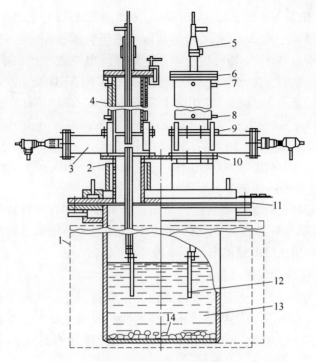

图 8-7　熔盐电解精炼的设备

1—装有镍坩埚的钢质电解槽；2—炉子上盖；3—闸板阀；4—水冷阴极产品接收室；5—电极；
6—密封圈；7—冷却水出口；8—冷却水入口；9—上法兰；10—下法兰；11—大法兰；12—阴极；
13—电解液；14—阳极料筐，阳极粗产品

表 8-12　一些熔盐系的组成和熔点

体　系	组成/%	熔点/℃
NaCl-LiCl	27.0~73.0	553
NaCl-KCl	27.0~73.0	660
NaCl-CaCl$_2$	27.0~73.0	694
NaCl-SrCl$_2$	27.0~73.0	565
NaCl-BaCl$_2$	27.0~73.0	648
KCl-LiCl	27.0~73.0	348
KCl-CaCl$_2$	27.0~73.0	615
KCl-SrCl$_2$	27.0~73.0	575
KCl-BaCl$_2$	27.0~73.0	655
NaCl-KCl-LiCl	27.0~73.0	357
NaCl-KCl-CaCl$_2$	27.0~73.0	504
NaCl-KCl-BaCl$_2$	27.0~73.0	542
NaCl-CaCl$_2$-BaCl$_2$	27.0~73.0	454

可以采用 $ZrCl_4$-NaCl、$ZrCl_4$-NaCl-KCl、$ZrCl_4$-KCl-LiCl 和 K_2ZrF_6-NaCl 等熔盐体系进行电解精炼。在 NaCl-K_2ZrF_6 熔盐体系下研究熔盐配比、阴极电流密度、电解温度等因素对 NaCl-K_2ZrF_6 熔盐体系电解精炼电流效率的影响，结果表明，阴极电流密度、电解温度均与电流效率成反比。采用 XRD 及元素含量分析等方法研究了电解精炼产品质量。较佳的工艺条件为 K_2ZrF_6：NaCl 为 3：7（质量比），温度 800℃，阴极电流密度 $1A/cm^2$，在此条件下，电流效率可达 84% 以上。阴极锆为合格的工业级锆产品，产品中 Fe、Ni、Cr、Mn 等杂质分别由 2700×10^{-6}、540×10^{-6}、350×10^{-6}、400×10^{-6} 降低到 30×10^{-6}、10×10^{-6}、18×10^{-6}、100×10^{-6} 以下，产品纯度达到 99% 以上。

目前采用熔盐电解精炼制备提纯金属锆铪的企业有有研科技集团有限公司（原北京有色金属研究总院）、中信锦州金属股份有限公司以及锦州周边的一些小企业，主要利用次级海绵锆来生产弹药引燃所需的锆粉。

8.2.7.2 碘化提纯金属锆（铪）

以金属锆为例，碘化法是处理海绵锆、锆废料，提高其纯度和可加工性的一种生产方法。碘化法是把粗锆转化为挥发性的四碘化锆，使四碘化锆在炽热的锆丝上高温离解，锆在锆丝上沉积，可得到纯净而有延性的金属锆，即碘化锆。

为使碘化过程顺利进行，必须满足以下要求：

（1）必须能生成一种较易挥发的化合物；

（2）该化合物须容易在较低温度下生成；

（3）该化合物要能在较高温度下，最好在金属熔点以下离解；

（4）金属的离解速度和沉积速度必须大于其从炽热灯丝上蒸发的速度。

因此，该法只适用于在沉积温度下具有低蒸气压力的高熔点金属。而锆完全能满足这些要求。

原理性的设备如图 8-8 所示。一根 U 形锆丝（钨丝和钼丝也能用）悬挂于封固的容器上方的两根钨电极下。锆置于钼质圆筒形多孔隔罩的外围和器壁间。抽气过程中，要冷却池中的碘，同时加热设备的其余部分，以加快除气。抽真空后，整个系统在 A 处进行密封，使碘蒸馏入容器，再把容器在 B 处密封。

将两根电极连接到自耦变压器上，这个变压器是当灯丝直径增大时，调节灯丝加热电流用的。整个容器放在既可加热又能冷却的恒温器中。

在操作过程中，一部分四碘化锆蒸气（包括原先引入容器的及由碘与海绵锆反应生成的）在热丝上分解，锆沉积并放碘蒸气；碘蒸气又与海绵锆反应，生成四碘化锆，过程反复进行。

最初，输入灯丝的电力低，必须加热容器以维持操作温度，当碘化锆不断生长，从热丝发散的热超过维持容器温度所需，应冷却容器，以保持恒温。

在生产上通常使用金属碘化器。金属碘化器是较大型的碘化设备，但金属容器的结构用料和设计必须满足两个要求：一是金属必须对四碘化锆和碘蒸气耐蚀。腐蚀会缩短容器的寿命，且腐蚀产物如果是挥发性的，就会沉积在热丝上，沾污产品。二是容器必须抽成高真空，抽真空后，又必须能经受住长时间的高温，而只允许微量的气体渗漏。还是因为这些气体会被炽热锆丝吸收，使得锆丝变脆。尤其应当注意，勿遭受氮气污染，因为即使极少量的氮也会严重损害锆在高温水中的耐蚀性。一般采用 Hastelloy B 合金作为制造容器的材料，其化学成分为：26%～30% Mo，4%～6%Fe，62%Ni 及约 0.12%C。

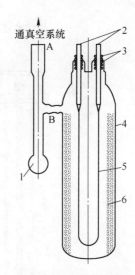

通真空系统

图 8-8　研究用玻璃碘化器示意图
1—盛碘或四碘化锆的容器；
2—钨电极；3—玻璃-金属封；
4—粗锆；5—发针型灯丝；6—钼隔罩

在设计实用的金属碘化器时，所遇到的问题主要是温度，各个部分必须在这种温度下进行工作。容器内部温度如低于 230℃ 左右时，将降低碘化物的蒸气压力，从而使沉积速度急剧降低。韦斯廷霍斯公司研究了实验型碘化器的设计。产品的质量如因分解或腐蚀而降低时，则不用有机材料或可被侵蚀金属。整个容器可置入恒温的流体内，如图 8-9 所示。

容器由 Hastelloy B 合金制成，盛海绵锆的钼隔罩与容器同心。两根电极经由 Hastelloy B 合金管进入容器头部。合金管的下端用螺丝旋接。暴露于碘及碘化物蒸气内的部分是钼质的，与之加固并向上延伸高出头部的部分由高导热的无氧铜制成。

在电极的铜质部分中心钻一小孔，在其顶部装有通冷却水用的接头。在电极钼质部分的钼突缘上下两面安放两片无松孔氧化铝、氧化锆或高温电工瓷的陶瓷套，使电极与顶板底部绝缘。电极与陶瓷套由旋入顶板的 Hastelloy B 合金环固定，并用 O 形橡皮垫圈将电极上部封入顶部的 Hastelloy 套管内。O 形垫和云母压盖使电极居中并绝缘。由上层 O 形垫与下层垫圈之间的 Hastelloy 合金电极套管中的空间，通过与抽真空阀相连的小型辅助管而被抽成真空。

适合于金属碘化器的真空阀，是经过特别设计的，具有一根冷却的非升式杆，附有 O 形垫圈，阀芯经过磨光，加工成针状与阀体相互配合。

目前能进行碘化锆铪生产的企业为：有研科技集团有限公司（原北京有色金属研究总院）、南京佑天金属科技有限公司、中核晶环锆业有限公司。

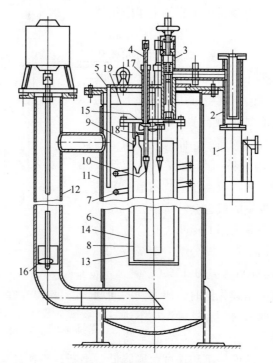

图 8-9　金属碘化器示意图

1—高真空泵；2—冷阱；3—非升式杆阀；4—铜电极；5—热电偶；6—浸液箱；7—冷却旋管；

8—钼隔罩；9—ZrI$_4$瓶；10—钼电极头；11—加热带；12—循环器；13—Hastelloy 合金容器；

14—海绵锆；15—瓷套管；16—有覆盖物的搅拌器；17—环封圈；18—悬挂 ZrI$_4$瓶的锆丝；19—液面

8.3　锆铪冶金发展趋势

　　作为结构陶瓷和功能陶瓷的锆化学制品将是新材料发展的方向，如汽车尾气净化催化剂、定氧探头、氧化锆基固体电解质等。而氧氯化锆作为重要的核级海绵锆制备原料，将随着核电用锆材需求的增大而增加。短时间内，中国氧氯化锆生产能力在世界范围内的绝对优势不会改变，但中国锆化学制品行业高附加值系列产品仍依赖进口，须引起重视和关切。

　　随着核级锆材国产化进程加快，核级海绵锆的国内市场也随着打开。在运行的广东核电站和秦山核电站所需的锆合金基本上为锆-4，我国拥有这种锆合金的生产技术，为我国原子能级锆（铪）的产品提供了市场。

　　从 2015 年后，我国将全面实现核电装备国产化（包括核级锆材），核电站的建设速度还将明显加快，核电建设还有很大的发展空间，对核级锆材的需求将快速提升。

参 考 文 献

[1] 莫畏. 钛 [M]. 北京：冶金工业出版社，2008.

[2] 王向东，郝斌，逯福生，等. 钛的基本性质、应用及我国钛工业概况 [J]. 钛工业进展，2004，21（1）：6-10.

[3] Andy. 钛合金的特性及其应用 [J]. 2010.

[4] 张喜燕，赵永庆，白晨光. 钛合金及应用 [J]. 2005.

[5] Andy. 钛合金网在颅骨修补中的临床应用 [J]. 2010.

[6] 钛锆铪分会. 中国钛工业的历史沿革 [C] //中国有色金属工业协会钛锆铪分会2010年会，2010.

[7] 邓国珠. 世界钛资源及其开发利用现状 [J]. 钛工业进展，2002（5）：9-12.

[8] 攀钢钛业公司. 中国钛资源分布及利用 [C] //中国有色金属工业协会钛锆铪分会2007年年会，2008.

[9] 胡克俊. 钛资源开发及产品利用状况 [J]. 中国金属通报，2007（16）：6-10.

[10] 吴贤，张健. 中国的钛资源分布及特点 [J]. 钛工业进展，2006，23（6）：8-12.

[11] 姚文静. 环保政策对我国钛矿供应与需求影响增大 [J]. 中国钛业，2017（4）：23.

[12] 王向东，逯福生，贾翃，等. 2003年中国钛工业发展报告 [J]. 中国钛业，2014，21（1）：30-36.

[13] 王向东，逯福生，贾翃，等. 2004年中国钛工业发展分析报告 [J]. 钛工业进展，2005，22（2）：4-7.

[14] 王向东，逯福生，贾翃，等. 2005年钛工业发展报告 [C] //中国有色金属协会钛锆铪分会2006年年会，2006.

[15] 王向东，逯福生，贾翃，等. 2006年中国钛工业发展报告 [J]. 钛工业进展，2007，24（2）：1-8.

[16] 王向东，逯福生，贾翃，等. 2007年中国钛工业发展报告 [C] //中国有色金属工业协会钛锆铪分会2008年钛年会，2008.

[17] 王向东，逯福生，贾翃，等. 2008年中国钛工业发展报告 [J]. 钛工业进展，2009，26（2）：1-7.

[18] 王向东，逯福生，贾翃，等. 2009年中国钛工业发展报告 [J]. 钛工业进展，2010，27（3）：1-6.

[19] 王向东，逯福生，贾翃，等. 2010年的中国钛工业 [J]. 钛工业进展，2010，27（5）：1-5.

[20] 王向东，逯福生，贾翃，等. 2011年中国钛工业发展报告 [J]. 中国钛业，2012，29（1）：1-6.

[21] 王向东，逯福生，贾翃，等. 2012年中国钛工业发展报告 [J]. 钛工业进展，2011，28（4）：1-6.

[22] 王向东，逯福生，贾翃，等. 2013年中国钛工业发展报告 [C] //中国有色金属工业协会钛锆铪分会2014年会，2014.

[23] 王向东，逯福生，贾翃，等. 2014年中国钛工业发展报告 [J]. 中国钛业，2015，25

（1）：4-12.

[24] 贾翃，逯福生，郝斌．2015 年中国钛工业发展报告 [J]．钛工业进展，2016，33（2）：
1-6.

[25] 贾翃，逯福生，郝斌．2016 年中国钛工业发展报告 [J]．钛工业进展，2017，34（2）：
1-7.

[26] 王向东，郝斌．中国钛工业快速发展的十年 [C] //中国有色金属工业协会钛锆铪分会
2012 年钛年会，2012.

[27] 王向东．中国钛工业的历史沿革 [J]．中国材料进展，2010，29（5）：39-41.

[28] 梁强．沸腾氯化炉生产四氯化钛密闭排渣工艺研究 [J]．贵州科学，2016，34（2）：
78-81.

[29] 邓国珠．我国海绵钛生产技术现状和改进措施 [J]．钢铁钒钛，2009，30（2）：1-5.

[30] 姜宝伟，陈平，牟杨波，等．镁法海绵钛生产工艺中大型无隔板镁电解槽的节能实践
[J]．钛工业进展，2007，22（3）：36-38.

[31] 贾峰．含钛高炉渣资源化综合利用研究 [D]．南京：南京师范大学，2013.

[32] 李俊翰，邱克辉，龚银春．攀钢含钛高炉渣中钛组分的提取及综合利用进展 [J]．四川
化工，2010，13（2）：21-25.

[33] 管昊，贾峰，贡湘君，等．含钛高炉渣的湿法提钛研究进展 [J]．南京师范大学学报
（工程技术版），2013（4）：40-46.

[34] 景建发，郭宇峰，郑富强，等．含钛高炉渣综合利用的研究进展 [J]．金属矿山，2018
（4）：185-191.

[35] 洪艳，沈化森，曲涛，等．钛冶金工艺研究进展 [J]．稀有金属，2007，31（5）：
694-700.

[36] 冶金工业部有色金属研究院广东分院．钛冶金分析实用方法 [M]．广州：广东人民出版
社，1974.

[37] 张国华，甄玉兰，周国治．一种含钛冶金渣处理方法 [P]．CN 104313338 A，2015.

[38] 李亚军，张新彦．海绵钛的工艺技术现状及其发展趋势 [J]．材料开发与应用，2013，
28（1）：102-107.

[39] 韩明堂．氯化工艺的发展趋势 [J]．钛工业进展，1995（5）：12-13.

[40] 王晓平．海绵钛生产工业现状及发展趋势 [J]．钛工业进展，2011，28（2）：8-13.

[41] 李兴华，文书明．国内外钛白及海绵钛主要原料产业现状及我国发展重点 [J]．钛工业
进展，2011，28（3）：9-13.

[42] 阎守义．我国海绵钛生产工艺改进途径分析 [J]．钛工业进展，2012，29（1）：1-4.

[43] 张健，吴贤．国内外海绵钛生产工艺现状 [J]．钛工业进展，2006，23（2）：7-14.

[44] 宫伟，雷霆，邹平．钛渣的生产概况和发展趋势 [J]．云南冶金，2009，38（6）：
21-25.

[45] 陈爱祥，姜方新，夏建辉，等．TiO_2 品位较低的钛渣生产 $TiCl_4$ 的方法 [P]．
CN104591270A，2015.

[46] 李定元．钛渣合理品位选择 [J]．钛工业进展，1993（6）：4-5.

[47] 邹建新．世界钛渣生产技术现状与趋势 [J]．轻金属，2003（12）：32-34.

［48］吕改改，雷霆，周林，等．电炉冶炼钛渣的特点及安全生产［J］．钛工业进展，2011，28（6）：39-42.

［49］祝立祥．从国内外钛渣生产状况看我国钛渣冶炼的发展方向［J］．轻金属，1996（3）：44-46.

［50］逮冉，贾翙．我国高钛渣生产技术现状及发展分析［J］．中国金属通报，2014（10）：43-45.

［51］胡克俊，锡淦，姚娟，等．国内钛渣科研及生产现状［J］．中国材料进展，2007，26（3）：7-15.

［52］Chang X，He F，Chen G，et al. Research status of titanium slag and ilmenite resources for preparing rich titanium materials［J］. Iron Steel Vanadium Titanium，2015.

［53］Yang Y H，Lei T，Feng L Y. A New Technology for preparing rich-titanium material by hydro-metallurgy［J］. Advanced Materials Research，2014，997：688-691.

［54］Sun Y，Liu S L，Zhang S L，et al. Study on preparation of high-grade titanium-rich material from modified titanium material by microwave selective leaching［J］. Advanced Materials Research，2012，581-582：1119-1122.

［55］韩丰霞，雷霆，黄世弘，等．大功率密闭直流电弧炉冶炼钛渣烟气净化工艺研究［J］．轻金属，2011（1）：48-53.

［56］邓国珠，徐济民．密闭电炉冶炼钛渣有关问题的初步探讨［J］．稀有金属，1984（1）：15-20.

［57］李志文，姜宝伟，朱卫平，等．美国沸腾氯化与精制技术的生产实践［J］．有色金属（冶炼部分），2014（1）：33-36.

［58］秦兴华．全攀枝花钛精矿冶炼钛渣熔盐氯化技术应用分析［J］．钢铁钒钛，2015，36（5）：16-19.

［59］李定元．四氯化钛精制工艺及实践［J］．轻金属，1993（10）：49-53.

［60］张家富．四氯化钛精制加工工艺［P］. CN103359780A，2013.

［61］熊绍锋．氯化制备 $TiCl_4$ 及其精制的应用研究［D］．合肥：中国科学院研究生院 中国科学院大学，2010.

［62］刘邦煜，王宁，黄迎超，等．富钛料氯化渣的物质组成研究［C］//中国矿物岩石地球化学学会学术年会，2009.

［63］常跃仁．四氯化钛生产工艺研究［J］．有色矿冶，2009，25（4）：37-39.

［64］阎守义．谈海绵钛生产的无筛板沸腾氯化与前苏联的熔盐氯化［J］．轻金属，2011（s1）：307-310.

［65］Li Z，Jiang B，Zou Y，et al. American titanium tetrachloride fluidizing chlorination and refining technology［J］. Light Metals，2014，36（1）：48-50.

［66］Ahmadi E，Rezan S A，Baharun N，et al. Chlorination kinetics of titanium nitride for production of titanium tetrachloride from nitrided ilmenite［J］. Metallurgical & Materials Transactions B，2017，48（4）：1-13.

［67］吴复忠，向宇妹，李军旗．联合法生产海绵钛还原-蒸馏过程的能量分析［J］．轻金属，2011（3）：52-55.

[68] 刘娟, 雷霆, 周林, 等. 还原—蒸馏工艺对海绵钛质量的影响 [J]. 湿法冶金, 2013, 32 (3): 175-178.

[69] 汪珂. 镁法炼钛还原—蒸馏能耗分析 [J]. 稀有金属, 1985 (4): 49-55.

[70] 曾庆禄. 下抽真空式还原—蒸馏炉 [J]. 有色金属 (冶炼部分), 1990 (2): 44.

[71] 王小龙. 海绵钛结构致密与控制还原、蒸馏过程的关系 [J]. 轻金属, 2003 (8): 43-45.

[72] 祝永红, 欧阳全胜. 海绵钛还原蒸馏反应器的选择 [J]. 钛工业进展, 2004, 21 (6): 40-43.

[73] 李家荫, 吴卫岩. 镁热还原蒸馏联合法生产海绵钛——大型设备装备水平的改进 [J]. 钛工业进展, 2010, 27 (4): 25-29.

[74] 刘远清, 兰志才. 镁法生产海绵钛 I 型还原—蒸馏联合炉的短节设备 [P]. CN201172679, 2008.

[75] 肖印杰. 镁还原蒸馏联合法生产海绵钛的节电途径 [J]. 有色矿冶, 1998 (1): 22-24.

[76] 杨仁牧. 海绵钛厂还原蒸馏车间的优化设计 [J]. 中国有色冶金, 2008 (5): 17-18.

[77] 张素超, 王玉芳, 马海青. 还原蒸馏过程中影响海绵钛质量的因素分析 [J]. 金川科技, 2014 (4): 9-10.

[78] 姚孟虎. 海绵钛还原蒸馏炉电加热装置 [P]. CN201072289, 2008.

[79] 黄森麟, 李玉华, 曹雪芬. 还原蒸馏联合法制钛 [C] //中国有色金属学会第七届全国钛及钛合金学术交流会, 1990.

[80] 汪珂, 马慧娟. 镁热还原—蒸馏联合法制取海绵钛 2 吨/炉能耗分析 [J]. 有色矿冶, 1988 (3): 45-48.

[81] 庞会霞, 吴复忠, 蔡增新, 等. 海绵钛还原过程余热回收初步探析 [J]. 冶金能源, 2016, 35 (2): 46-49.

[82] 安鸿浩. 海绵钛生产还原过程余热回收试验研究 [D]. 贵阳: 贵州大学, 2015.

[83] 矫逢洋, 郭辰光, 张建卓, 等. 海绵钛机械破碎工艺研究进展 [J]. 现代制造工程, 2015 (10): 148-154.

[84] 赵以容. 海绵钛破碎包装方式的探讨与实践 [J]. 轻金属, 2003 (6): 43-44.

[85] 王再军, 岑春铁. 海绵钛破碎过程中降低剪切式破碎机故障率措施浅析 [J]. 环球市场, 2016 (23): 57.

[86] 本刊通信员. 金达钛业小粒度海绵钛质量不断提升 [J]. 钛工业进展, 2014 (5): 5.

[87] 罗时雨. 一种免破碎的海绵钛生产工艺 [P]. CN104911375A, 2015.

[88] 陈能强, 杨明, 姜大志, 等. 论提高海绵钛产品的等级率 [J]. 云南冶金, 2013, 42 (1): 55-57.

[89] 蔡增新, 张淑红. 试论海绵钛处理方法对质量的影响 [J]. 轻金属, 2006 (8): 62-65.

[90] 曹开阔, 张建安, 李正祥, 等. 提高海绵钛正品率的加工方式探讨与实践 [J]. 四川冶金, 2014, 36 (5): 92-94.

[91] 赵以容. 海绵钛破碎设备的选择与应用 [J]. 钛工业进展, 2001 (4): 44-46.

[92] 方树铭, 雷霆, 朱从杰, 等. 海绵钛生产工艺和技术方案的选择及分析 [J]. 轻金属, 2007 (4): 43-49.

[93] 蔡增新，张淑红．试论海绵钛处理方法对质量的影响［J］．轻金属，2006（8）：62-65.

[94] 李义榜．刀切破碎海绵钛新工艺［J］．稀有金属，1984（3）：90.

[95] 陈士信．海绵钛包装的改进［J］．上海有色金属，1982（2）：71.

[96] 田秋占，顾学范．熔盐电解法生产金属钛新工艺［J］．新技术新工艺，1985（4）：7-9.

[97] 王龙蛟，罗洪杰，王耀武，等．熔盐电解法制镁工艺研究进展［J］．中国有色冶金，2014，43（5）：48-52.

[98] 高敏，郭琦．降低钛生产成本的新工艺——电解法［J］．稀有金属，2002，26（6）：483-486.

[99] 吴全兴．高纯钛的生产技术［J］．钛工业进展，2000（4）：15.

[100] 曹大力，王吉坤，邱竹贤，等．金属钛制备工艺研究进展［J］．钛工业进展，2008，25（4）：9-13.

[101] 伍贺东，康殿春，常跃仁．镁电解阳极氯气吸收—解吸过程的研究［C］//中国有色金属工业协会钛锆铪分会2009年年会，2009.

[102] 姜宝伟，朱卫平，郭晓光．镁电解多极槽技术与生产实践［J］．轻金属，2015（11）：50-54.

[103] 姜宝伟，蔡增新．我国镁电解槽技术的生产实践与分析［J］．Metallurgical Engineering，2014，01（3）：65-69.

[104] 王立群．用电解法制取钛［J］．稀有金属，1980（2）：81.

[105] Jiao Shuqiang, Hu Y, Liu Y. Device for preparing pure titanium by molten salt electrolysis with double electrolytic baths and process therefore［P］. WO/2014/205963, 2014.

[106] 葛鹏．钛的生产技术［J］．中国材料进展，2002（5）：1-4.

[107] 刘松利．熔盐电解 TiO_2 制备钛及其还原机理的研究［D］．重庆：重庆大学，2006.

[108] 姜宝伟．Plant Practice and Analysis of Magnesium Reduction Cell Technologies in China［J］．Metallurgical Engineering，2014，1（3）：65-69.

[109] 盖少飞，王方．中国工程院第192场钛冶金工程科技论坛在苏州召开［J］．中国材料进展，2014，33（11）：696-697.

[110] 陈岩．探讨钛材料研究推动钛产业发展——"钛合金材料技术发展与应用"工程科技论坛在西安召开［J］．中国材料进展，2009，28（11）：63-64.

[111] 王向东，朱鸿民，逯福生，等．钛冶金工程学科发展报告［J］．钛工业进展，2011，28（5）：1-5.

[112] 李霖，任卫峰．中国钛材市场近年发展趋势分析［J］．新材料产业，2018（2）：39-41.

[113] 王佳林，杨易邦，陆应文，等．大型无筛板沸腾氯化炉工艺控制研究［J］．云南冶金，2017，46（4）：77-80.

[114] 陈辉．沸腾氯化法生产四氯化钛的设备及工艺改进［J］．湖南有色金属，2016，32（2）：36-39.

[115] 翁启钢．海绵钛产业的发展战略［J］．中国有色金属，2006（8）：50-53.

[116] 张敏．攀西某铁矿选矿试验研究［J］．矿冶工程，2017，37（1）：57-59.

[117] 刘娟，雷霆，周林，等．还原—蒸馏工艺对海绵钛质量的影响［J］．湿法冶金，2013，32（3）：175-178.

[118] 杨明,杨钢,唐仁杰,等.海绵钛生产技术进展[J].云南冶金,2010,39(1):45-49.

[119] 张素超,王玉芳,马海青.还原蒸馏过程中影响海绵钛质量的因素分析[J].金川科技,2014(4):9-10.

[120] 陈保华.浅析钛及钛合金产业现状及青海省发展对策[J].青海师范大学学报(自科版),2012,28(3):74-77.

[121] 袁章福,王晓强.节约型社会与中国钛工业发展[C]//中国工程院化工、冶金与材料工程学部学术会议,2005.

[122] 王铁明,邓国珠.中国钛工业发展现状及原料问题[J].中国材料进展,2008,27(6):1-5.

[123] Han Z, Chang F. Material problem and solutions about further development of titanium industry in China [J]. Titanium Industry Progress, 2012, 29 (1): 5-8.

[124] Zou J, Wang G, Wang R, et al. The current situation and the market prospect of titanium raw materials in China [J]. Sichuan Nonferrous Metals, 2004 (1): 13-17.

[125] 何玉梅,王宁.基于自组织理论的钛工业企业创新网络建设[J].江苏商论,2016(15):100-102.

[126] 姚文静.环保政策对我国钛矿供应与需求影响增大[J].中国钛业,2017(4):23.

[127] 郭春桥,李玥霖,任卫峰.2015年钛市场回顾及展望[J].中国有色金属,2016(4):52-53.

[128] 宋鸿玉.2016年日本钛工业发展概述及未来展望[J].中国钛业,2017(3):3-7.

[129] 吴优.全球钛白市场供需现状分析及预测[J].钛工业进展,2017,34(5):6-11.

[130] 宋鸿玉.日本媒体解读中国海绵钛高涨[J].中国钛业,2017(3):13.

[131] 佚名.环保新政策有望加速钛白粉产业升级[J].化工环保,2016(1):95.

[132] 黄琳,苑晓丽,崔守鑫,等.航天新材料金属锆的压缩行为[J].原子与分子物理学报,2012,29(6):1069-1076.

[133] 邹武装.锆·铪手册[M].北京:化学工业出版社,2012.

[134] 熊炳昆.金属铪的应用[J].中国材料进展,2005,24(9):46-47.

[135] 胡源,顾楠.核级锆材:重复建设需深思[J].中国有色金属,2015(15):42-43.

[136] 李献军,王镐,文志刚,等.工业级锆在化学工业的应用现状及前景分析[J].世界有色金属,2012(7):57-59.

[137] 李献军.工业级锆的耐蚀性及其在醋酸工业中的应用[J].中国钛业,2011(4):5-8.

[138] 李献军,王镐,文志刚,等.工业级锆在几种常见化工介质中的耐蚀性能及应用[C]//全国腐蚀大会,2013.

[139] 韩继秋.锆金属及其在化工耐蚀设备领域中的应用[J].煤矿现代化,2004(3):47-48.

[140] 吕亮,吾国强,段雪,等.锆基催化剂合成乙酸十二醇酯的非等温反应动力学研究[J].化工技术与开发,2000,29(2):1-3.

[141] 熊炳昆.锆的核性能及其在核电工业中的应用[J].中国材料进展,2005,24(3):43-44.

［142］易献勋. 铝锆碳质滑板材料组成、结构与性能研究［D］. 武汉：武汉科技大学，2011.

［143］陈炳德，王连杰，应诗浩，等. 铀氢化锆元件小型动力堆应用可行性分析［J］. 核动力工程，2009，30（3）：56-61.

［144］钟兴伦. 螺旋溜槽在锆钛砂矿选矿中的应用［J］. 有色金属（选矿部分），1981（6）：23-25.

［145］柴广坤. 钛-锆砂矿工业运用矿砂浮选［J］. 国外金属矿选矿，1966（3）：10-13.

［146］袁改焕，卫新民. 锆合金研究进展及我国核电站用锆材国产化的思考［J］. 钛工业进展，2011，28（6）：18-22.

［147］伍浩松. 西屋投资 1300 万美元对锆管厂进行升级改造［J］. 国外核新闻，2008（1）：5.

［148］魏占海，王力军，熊炳昆. 核电发展为我国锆铪产业带来发展机遇［J］. 中国材料进展，2007，26（1）：10-13.

［149］贾翀，熊炳昆，车小奎. 对我国发展核级海绵锆产业的探讨［J］. 中国金属通报，2010（48）：36-37.

［150］熊炳昆，车小奎. 关于核电建设和核级海绵锆项目的讨论［C］//中国有色金属工业协会钛锆铪分会 2010 年锆铪年会，2012.

［151］张炎，伍浩松. IAEA 提高对全球 2030 年核电发展的预测值［J］. 国外核新闻，2009（9）：1.

［152］殷祥标，俎建华，韦悦周. TODGA/SiO$_2$-P 吸附剂对锆和铪的吸附分离研究［C］//全国核化学与放射化学学术讨论会，2012.

［153］马金峰. 铪丝的制备工艺与应用以及发展前景［C］//全国锆铪行业大会暨锆铪发展论坛，2006.

［154］骆晓萌. TU2 无氧铜与稀有金属铪的真空钎焊工艺研究［D］. 镇江：江苏科技大学，2010.

［155］朱宁. 新型大功率空气等离子切割机研究［D］. 镇江：江苏科技大学，2010.

［156］苏东生. 应用空气等离子切割机切割 1~2mm 厚低碳钢板［J］. 建筑机械，1990（11）：42-43.

［157］刘延明. 基于 DSP 的逆变式空气等离子切割机控制系统的研究［D］. 西安：西安理工大学，2011.

［158］中国有色金属工业协会钛锆铪分会. 钛行业"十二五"规划研究［J］. 钛工业进展，2011，28（4）：10-18.

［159］刘皓阳，马哲. 中国锆资源安全分析［J］. 中国矿业，2017，26（9）：6-10.

［160］文言. 中国锆铪资源状况［J］. 中国材料进展，2008，27（10）：46-47.

［161］薛翻琴，谭化川，张艳飞. 全球锆英砂资源供需格局分析［J］. 中国矿业，2016，25（8）：47-52.

［162］熊炳昆. 硅酸锆行业发展与锆砂消费［J］. 陶瓷，2010（6）：11.

［163］蒋东民. 中国锆英砂中长期需求分析［J］. 钛工业进展，2011，28（4）：7-9.

［164］尹丽文. 全球锆英砂生产能力远大于需求［J］. 国土资源情报，2017（9）：40-45.

［165］彭建安. 我国工业化时期战略矿产资源的约束问题探析［D］. 长沙：湖南大学，2008.

[166] 虞平. 近两年我国锆英砂及其精矿进口情况分析 [J]. 中国材料进展, 2007, 26 (8): 20-24.

[167] 邬红娣. 进口锆英砂与国产锆英砂的 U、Th 含量分析 [J]. 中国金属通报, 2017 (12): 42-43.

[168] 虞平. 国内锆英砂市场价格影响因素分析 [J]. 中国材料进展, 2007, 26 (1): 79-82.

[169] 熊炳昆, 郝斌. 我国锆英砂和锆化学制品的生产应用及国内外贸易和需求分析 [C] //2004 年中国锆铪行业发展研讨会, 2009.

[170] 罗新文, 罗方承, 吴江. 氧氯化锆生产过程的污染治理 [J]. 中国材料进展, 2009, 28 (3): 58-60.

[171] 刘然. NaOH 碱熔法生产氧氯化锆工艺中硅、锆形态及其分离规律的研究 [D]. 济南: 山东大学, 2014.

[172] 郭宁, 俞中华. 钽铌锆铪行业"十三五"前瞻 [J]. 中国有色金属, 2016 (11): 48-49.

[173] 王善作. 日本研究成功锆铪分离的新方法 [J]. 稀有金属, 1981 (4): 95-96.

[174] 任学佑. 海绵锆与海绵铪的生产工艺 [J]. 中国金属通报, 2001 (1): 20-18.

[175] 国家核电网. 国产核级海绵锆首次发货 [J]. 钛工业进展, 2013 (4): 43.

[176] 刘敬崇. 碱法分解锆英砂新工艺探索及机理研究 [D]. 济南: 山东大学, 2015.

[177] 刘书惠. 锆铪冶金 [J]. 中国材料进展, 2003 (7): 26.

[178] 韩丹. 论低铁粗四氯化锆取消充氢还原在生产中的应用 [C] //全国铁合金学术研讨会, 2014.

[179] 张恒, 沈化森, 车小奎, 等. 氢化—脱氢法制备锆粉工艺研究 [J]. 稀有金属, 2011, 35 (3): 417-421.

[180] 蒋东民, 张建东. 氧氯化锆的生产、应用和贸易 [C] //中国有色金属工业协会钛锆铪分会镉铪行业大会暨锆铪发展论坛, 2008.

[181] 邬红娣, 陈忠锡. 锆英砂对氧氯化锆放射性影响的分析 [C] //2004 年中国锆铪行业发展研讨会, 2009.

[182] 邬红娣, 罗方承, 陈忠锡. 锆英砂对氧氯化锆放射性影响的分析 [C] //中国锆铪行业发展研讨会, 2004.

[183] 张力. 锆铪分离的湿法工艺比较及分析 [J]. 中国材料进展, 2007, 26 (1): 115-118.

[184] 贾翅, 熊炳昆, 车小奎. 对我国发展核级海绵锆产业的探讨 [J]. 中国金属通报, 2010 (48): 36-37.

[185] 解西京. 锆和铪的分离 [D]. 广州: 华南理工大学, 2010.

[186] 史慧明, 何锡文. 初论混合配位络合物的形成 [J]. 分析化学, 1979 (1): 69-76.

[187] 徐欣. 用 P_ (507) 从盐酸溶液中萃取锆和铪 [D]. 南昌: 南昌大学, 2007.

[188] 徐志高, 吴延科, 张建东, 等. 锆铪分离技术的研究进展 [J]. 稀有金属, 2010, 34 (3): 444-454.

[189] 张钦发, 龚竹青, 郑雅杰. 用 MIBK 萃取剂从含金铂钯的贵液中萃取金的研究 [J]. 矿冶工程, 2001, 21 (4): 58-60.

[190] 陈晓帆. 丙酮一步法制 MIBK 催化剂的研究 [D]. 南京: 南京工业大学, 2008.

[191] 吴尔旭. 丙酮一步法生产 MIBK 装置的副产物精馏分离研究 [J]. 石油化工应用，2010，39（9）：918-920.

[192] 徐志高，吕标起，张力，等. 甲基异丁基酮（MIBK）萃取分离锆铪的工艺研究及三废处理 [C] //中国有色金属工业协会钛锆铪分会镉铪行业大会暨锆铪发展论坛，2008.

[193] 吕标起，徐志高，张力，等. MIBK-HSCN 体系萃取分离锆铪影响因素的研究 [J]. 稀有金属，2008，32（6）：754-757.

[194] 冯润棠，秦岩，邓永超，等. 含锆原料及其在耐火材料中的应用 [C] //中国锆铪行业发展研讨会，2004：36-40.

[195] 杨利民，王秋泉. 石油亚砜在盐酸-硫氰酸铵混合体系中对锆和铪的萃取研究 [J]. 稀有金属，1996（2）：124-128.

[196] 李大炳，赵凤岐，支梅峰，等. 用磷酸三丁酯从硝酸体系中萃取分离锆铪试验研究 [J]. 湿法冶金，2016，35（6）：507-512.

[197] 林振汉. 用 TBP 萃取分离锆和铪的工艺研究 [J]. 稀有金属快报，2004，23（11）：21-25.

[198] 彭耐. 高温氮化制备氮化物-氧化物-碳复合材料基础研究 [D]. 武汉：武汉科技大学，2015.

[199] 陈绍华，邢丕峰，刘俊. 真空高温加氢法锆-钯复合膜的制备 [C] //中国工程物理研究院科技年报，2002.

[200] 李中奎，刘建章. 中国核用锆铪材料的现状和未来发展 [J]. 中国材料进展，2004，23（5）：10-14.

[201] 张江华. HfCl$_4$/硼氢化物体系的还原性研究 [D]. 大连：大连理工大学，2010.

[202] Luo X, Luo F C. The properties, application, manufacturing techniques and developing prospect of zirconium and hafnium materials [J]. Jiangxi Metallurgy, 2009, 29 (4): 39-41.

[203] Luo F C. Present situation of Chinese zirconium material and development strategy of Jiangxi zirconium industry [J]. Jiangxi Metallurgy, 2003 (6): 33-36.

[204] 李晴宇，杜继红，奚正平. 金属锆的熔盐电脱氧制备 [J]. 稀有金属材料与工程，2007，36（a03）：390-393.

[205] 能源. 核级海绵锆生产填补国内空白 [J]. 军民两用技术与产品，2012（8）：33.

钽铌铍篇

9 钽铌冶金

9.1 钽铌冶金概况

9.1.1 钽铌的需求和应用

钽与铌既是特殊功能性多用途材料，又是优良的结构材料。由于熔点高、耐腐蚀、冷加工及导热性好以及其他独特性能，钽铌金属、合金和化合物广泛使用在计算机、半导体、通信设备、无源组件、消费类电子产品、工业电子设备、电子设计自动化等七大门类的电子产业、钢铁冶金、化工、硬质合金产业、原子能及航天航空工业、现代战略武器、超导技术、科学研究、医疗器械乃至工艺美术和装饰业等诸多领域[1-4]。

钽铌性能相似，在许多领域可以相互替代。但二者性能也有差异，钽主要用于电容器制造、冶金、化工、航天航空工业和硬质合金等工业，其中电容器钽消费量约占世界钽消费总量的 60%；铌主要消费领域为钢铁制造（微合金化钢、不锈钢）、高温合金、陶瓷、核能、航天航空等工业和超导技术[5,6]，发展潜力巨大。

9.1.2 资源情况

世界钽资源分布广泛，主要分布在澳大利亚、巴西、加拿大以及刚果（金）、卢旺达、埃塞俄比亚、莫桑比克、尼日利亚、中国等国。尽管近年来新矿床不断发现，但基本上未被开发利用。中国钽矿主要分布在 13 个省份，依次为：江西占 25.8%，内蒙古占 24.2%，广东占 22.6%，三省合计占 72.6%；其次湖南占 8.6%，广西占 5.9%，四川占 5.3%，福建占 5.1%，湖北占 1.2%，5 省合计占 26.1%；新疆、河南、辽宁、黑龙江、山东等省区合计占 1.3%[5]。

中国铌矿主要分布在 15 个省区，依次为内蒙古占 72.1%、湖北占 24%、两省区合计占 96.1%；其次为广东、江西、陕西、四川、湖南、广西、福建以及新疆、云南、河南、甘肃、山东、浙江等[7]。

9.1.2.1 钽铌矿物

在自然界中，钽铌不以游离状态存在，总是和其他元素以化合物的形态出现。大部分矿物是复杂的氧化物和氢化物，也有小部分是硅酸盐或硼酸盐的矿物，由于钽铌元素与钛、锆、锂、稀土、钨、铀、钍、锡、钙、铁、锰等元素的晶体化学性质近似,容易发生等价和异价类质同相作用,因此钽铌矿物成分十分复杂,各种独立矿物以及和其他元素伴生的矿物多达 130 多种[8,9]。钽铌矿物种类繁多,成分复杂,造成了工业分离和提取的困难,因而限制了许多矿物的利用。具有经济开采价值的矿物主要有烧绿石、细晶石、铌铁矿、钽铁矿、锡锰钽矿、黑稀金矿、复稀金矿、褐钇铌矿、铌铁金红石等 9 种。

9.1.2.2 钽铌矿床

钽铌矿石大致分为钽铁矿-铌铁矿(分成原生矿和砂矿)、烧绿石矿(分为伟晶岩型和碳酸岩型)和其他含钽铌的矿石(如褐钇铌矿)三大类。钽铌矿床按地质条件及主要成矿作用可分为岩浆矿床、伟晶岩矿床、气成热液矿床、外生矿床和接触自变矿床五类。

中国钽矿床主要有碱性长石花岗岩型矿床(江西宜春钽铌矿),花岗伟晶岩型矿床(福建南平钽铌矿),钠长石、铁锂云母花岗岩型钽铌矿(江西石城姜坑里钽铌矿),钠长石、白云母花岗岩型钽铌矿床(广西恭城栗木钽铌矿,江西大吉山钽钨矿),气成热液型矿床(湖南香花岭钽铌矿)。

9.1.2.3 钽铌储量

近年来中国主要钽铌矿山储量的调查统计数据见表 9-1[10]。

表 9-1 中国主要钽铌矿山储量

矿 山	(Ta, Nb)$_2$O$_5$ /%	储量/kt		矿 山	(Ta, Nb)$_2$O$_5$ /%	储量/kt	
		Ta$_2$O$_5$	Nb$_2$O$_5$			Ta$_2$O$_5$	Nb$_2$O$_5$
江西宜春钽铌矿	0.0187	17.65	14.32	福建南平钽铌矿	0.028	1.82	1.56
新疆可可托海矿	0.02	0.17	0.10	湖南香花岭 430 矿体	0.0257	5.53	5.30
栗木水溪庙钽铌矿	0.0298	2.2	2.26	湖南湘东金竹陇矿体	0.0235	3.10	2.70
江西石城钽铌矿	0.028	0.35	0.24	内蒙古包头矿	0.1~0.2	—	50.1
广东横山钽铌矿	0.05	0.7	0.28	内蒙古扎鲁特 801 矿	0.2485	21.5	370.0
江西横峰铌钽矿	0.072		5.55	合 计		55.52	454.01
江西大吉山 101 矿	0.0235	2.5	1.60				

注:1. 广东泰美、永汉、博罗三个矿山矿物的成分复杂、嵌布粒度细且主要是低品位铌资源,采选成本高,先后于 20 世纪 80 年代关闭;新疆阿尔泰矿、广西栗木老虎头钽铌矿资源枯竭,于 20 世纪 90 年代先后关闭。鉴于以上情况,以上 5 个矿山从中国钽铌储量表中删除。

2. 内蒙古扎鲁特旗 801 矿是 1975 年吉林省区调大队发现的钽铌矿,1977~1978 年第八地质大队详查确定,Nb$_2$O$_5$ 37 万吨、Ta$_2$O$_5$ 2.15 万吨、ZrO$_2$ 320 万吨。

3. 中国铌资源品位普遍低于巴西、加拿大、尼日利亚等国,按照经济价值,近期没有开发的可能,因此中国至今没有较大型的铌矿山。

9.1.3 金属产量

2016 年钽铌工业生产状况见表 9-2。

表 9-2 2016 年钽铌工业生产状况

产品数量单位为 t;钽制品/铌制品类产品分列各小项。

序号	单位名称	钽铌矿(以Ta_2O_5计)	氟钽酸钾	氧化铌(工业级)	氧化铌(高级纯级)	氧化钽(工业级)	氧化钽(高纯级)	铌铁	铌粉	铌条	铌制品	钽条	钽制品	碳化钽(铌)	电容器级钽粉	冶金级钽粉	钽丝	销售收入/万元	工业总产值/万元
1	从化钽铌冶炼厂		175.00	185.00	78.00	32.00	7.00	78.00		18.00		3.50			1.80	47.00		15200.00	16700.00
2	广东致远新材料有限公司		100.00	500.00	80.00	80.00	10.00											18000.00	26000.00
3	广西有色栗木矿业有限公司	3.60	23.00	18.80		15.00												3100.00	5328.00
4	江门富祥电子材料有限公司		45.00										8.00			31.00	3.00	8.00	20000.00	21000.00
5	江苏省新资源材料科技有限公司	9.50	15.50	85.00	25.00	—	—	35.00	—	20.00	—	10.00	—					3850.00	
6	江西景泰钽业有限公司			33.00	17.00	15.00	3.00													3031.00
7	九江市金鑫有色金属有限公司		50.00	10.00	50.00	30.00	10.00			20.00		1.00		15.00		20.00		9000.00	12000.00
8	九江有色金属冶炼有限公司		50.00	125.00	160.00	15.00	100.00											28000.00	30000.00
9	宁夏东方钽业股份有限公司			5.00			2.00		40.00	80.00	52.00	3.00		1.50	65.00	3.00	35.00	75000.00	88000.00
10	泰克科技(苏州)有限公司											10.00						1615.40	1700.00
11	宜春市金洋新材料股份有限公司		20.00	100.00	10.00	4.00												3000.00	7000.00
12	宜春钽铌矿	75.00																30000.00	31000.00
13	株洲鼎诚有色金属实业公司													6.00				1000.00	1500.00
14	株洲高力新材料有限公司								0.3	8.00	5.00	10.00		0.50		36.00		8000.00	10000.00
15	株洲硬质合金集团有限公司钽铌制品事业部								5.00	70.00	30.00	30.00	5.00	20.00	50.00	60.00	5.00	20000.00	24000.00
16	江西省定海钽铌有限公司					20.00												3000.00	8000.00
17	九江中澳钽铌材料有限公司		60.00			26.00		10.00	1.00									5000.00	5500.00
18	诺尔稀贵金属材料公司													10.00				5000.00	
19	炎陵市今成钽铌有限公司		153.00	125.00		1.70				85.00		35.00						9345.00	
20	江西拓泓新材料有限公司																	2664.00	2785.00
21	株洲华驰新材料有限公司																	160.00	580.00
22	无锡格玛电子有限公司																	1000.00	1200.00
	合计	88.10	686.50	1486.80	425.00	238.70	132.00	123.00	49.30	301.09	87.00	100.50	15.00	46.00	147.80	169.00	48.00	261934.40	295324.00

9.1.4 科技进步

9.1.4.1 钽铌湿法冶金

钽铌冶金开始于 20 世纪初，早期采用的是碱熔法分解钽铌矿石[11]，然后用酸将钽酸盐和铌酸盐转化为氢氧化钽和氢氧化铌，再使用氢氟酸溶解后，加入氯化钾利用结晶法分离钽铌，得到不同级别的氟钽酸钾和氧化铌。20 世纪中期，美国扇钢公司测试了 200 多种萃取试剂，最终确定 MIBK 为萃取剂萃取分离钽铌，形成了今天的经典湿法工艺。

20 世纪 60 年代，由北京有色金属研究总院迁出的实验室到宁夏石嘴山建立了从事钽铌铍生产的 905 厂。早期借鉴苏联的氯化法生产钽铌[12]，后期引进日本技术建成了以 MIBK 为萃取剂的湿法体系[13,14]。此后国内其他厂家引进消化国内外技术，形成了以仲辛醇为萃取剂的湿法萃取体系[15]。经过 40 多年的发展我国已经形成了稳定经典的湿法工艺。

目前，国内的湿法体系与世界其他先进国家（美国、德国、日本等）水平相当，处于完全成熟阶段。我国已有的 30 余家钽铌生产企业，多以处理进口钽铌矿石生产湿法冶金产品为主，K_2TaF_7、Ta_2O_5、Nb_2O_5 产量均居世界前列，呈现典型的两头在外的重要特征。

目前困扰钽铌湿法冶金的主要问题是含氨废水、含放射性尾渣的处理，环境影响大。特别是低品位矿石和含钽冶金废渣处理消耗大量试剂，环境负荷巨大。源头减排、绿色冶金是钽铌湿法冶金技术发展的方向。

9.1.4.2 铌冶炼

我国从 20 世纪 60 年代中期开始工业规模生产铌铁，使用的原料主要是铌精矿、普通氧化铌及含铌钢渣。吉林铁合金厂最早采用炉外铝热法用氧化铌生产中、高级铌铁，之后广东丛化钽铌冶炼厂、江西九江有色金属冶炼厂、宁夏有色金属冶炼厂（现为中色（宁夏）东方集团公司）、株洲硬质合金厂相继建成了生产中、高级铌铁的炉外铝热法生产线；包头钢铁公司采用含铌中贫铁矿和含铌平炉渣为原料，采用碳还原法冶炼生产低级铌铁。

金属铌根据不同的使用要求，可采用不同的中间化合物还原方法进行生产，包括氧化物、氟化物和氯化物，还原方法一般可分为金属热还原、非金属热还原和熔盐电解还原法。虽对铌电解进行了大量研究工作，但迄今工业生产中很少采用熔盐电解法制取铌[16]。真空碳还原法是目前国内外生成金属铌的主要方法之一，中国各钽铌冶炼厂主要采用 Nb_2O_5 真空碳还原工艺生产金属铌，其技术进步主要体现在设备控制方式和烧结工艺的改进方面。较传统工艺有重大技术提升的是 1998 年宁夏东方钽业股份有限公司采用 Nb_2O_5 铝热还原—水平结晶器电子束炉熔炼铌工艺，其生产效率和产品质量均大幅提高[17]。另外宁夏东方钽业研的电容器级铌粉，分别采用两种不同的工艺技术，成功地开发出比电容量达到 80000~100000μF·V/g 的电容器级铌粉，属于国际领先的国家重点新产品，已供应许多国际顶级电容器制造商。

碳热还原法生产金属铌是传统的工业制取铌粉、铌条的重要方法，包括：（1）生产电容器级铌粉的直接还原法；（2）生产金属铌条的间接还原法；（3）生产金属铌条的直接还原法等。生产工艺成熟，但耗能大、周期长。近年经过技术改造，工艺技术水平有了很大的提高，其原则工艺流程如图 9-1 所示。

铝热还原法生产金属铌是世界工业生产金属铌的普遍方法，具有工艺流程短、易规模化生产、产量大、工艺稳定、产品质量高等优点。原则工艺流程如图 9-2 所示。

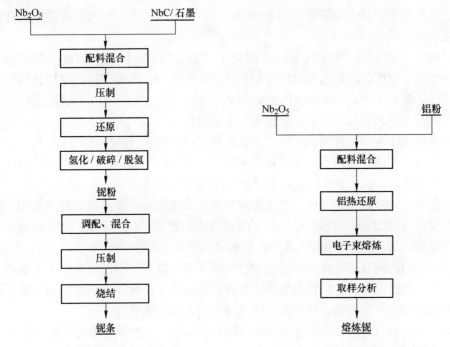

图 9-1　碳还原原则工艺流程　　　　图 9-2　铝热还原原则工艺流程

与碳还原五氧化二铌的吸热反应不同，铝热还原具有明显的放热特点。因此，铝热还原反应一经点火反应，自身反应放出的热量可以满足反应自发进行。整个反应过程时间短、产量大。利用还原反应所放出的热量，使高熔点的铌熔融沉淀到反应器底部，这种粗铌含有较高的 Fe、Ni、Al 等金属杂质和 O、N 气体含量，因此必须通过电子束熔炼再提纯，以得到较高纯度的熔炼铌产品，满足高温合金、磁性材料、非晶合金添加剂和电子束熔炼铸锭技术要求，特别是用于生产超导用高纯铌（RRR>300）的最佳原料。

9.1.4.3 钽粉末生产

钽作为高温难熔金属，其冶炼通常采用以下工艺：先将化合物还原成金属粉末，然后再提纯、烧结，制作成包括电容器级钽粉和冶金级钽粉在内的满足不同使用要求的钽粉末。

钽粉末的工业规模生产已经有80多年的历史，但大规模高速发展只有五六十年。碳还原五氧化钽、熔盐电解法、氧化钽碳热还原、五氯化钽氢还原以及铝热还原等方法都是工业上成熟的钽生产方法，但最传统的钽粉生产方法还是氟钽酸钾钠还原，世界钽粉消耗量的98%以上都是由该方法生产的，可以满足钽应用的绝大多数领域[18-21]。

世界钽粉末生产厂家主要有美国的Cabot集团、德国H. C. Starck集团和中国的宁夏东方钽业股份有限公司股份有限公司[22]。其主要生产工艺还是以钠还原工艺为主。

我国于20世纪60年代从国外引进了"静态气(Na)-液(K$_2$TaF$_7$)"还原工艺，建立了905厂，此后经过四次创新性的工艺变革，实现了还原过程钽粉一次粒子粒径在0.1~1.2μm宽范围内的自由调控；可生产高、中、低压，高、中、低比容的全系列钽粉，产品综合性能也不断提高。

我国不仅在高比容的钽粉生产方面取得了巨大技术进步，在高压粉和中压粉的生产技术方面，最为重要的颗粒技术也得到了大的突破，这些技术的发展使得中国中压钽粉、高压钽粉成功占据了国际市场的一席之地。

在冶金级钽粉生产方面，粉末提纯技术、微细化控制技术等的开发应用，相继开发出D_{50}<25μm、纯度大于4N5的高纯微细钽粉；D_{50}<10μm的超细钽粉和超细铌粉，用于3D打印的类球形钽粉末也已开始小批量供应。

在钽粉的研究和分析方面，我国已进入了微观世界。不仅对钽粉生产机理的认识有了明显提高，也对钽粉使用中暴露的问题产生的原因有了更深的了解。这些基础研究的长期积累，使钽粉质量改进不断向深层次发展。

面对经典方法生产高比容钽粉遇到的技术难题，业界经过近年来的探索研究，提出了一些新的技术和方法，包括感应等离子纳米钽粉制备技术、均相还原制备纳米钽粉技术、电化学制备纳米钽粉技术、火焰合成法制备纳米钽粉技术等，为高比容钽粉向更高比电容量方向发展注入了活力。

9.1.4.4 钽铌精炼

金属钽铌及其合金铸锭精炼有多种方法，见表9-3。稀有金属的铸锭精炼目前主要采用电子束熔炼、电弧熔炼和等离子体熔炼等；真空非自耗电弧熔炼、惰性气氛保护电渣熔炼、真空等离子束或等离子弧熔炼等主要用来生产某些稀有金属及合金铸锭，且生产规模有限或处于待完善阶段；凝壳炉熔炼被广泛用于稀有金属及合金铸件生产[16]。

表 9-3 稀有金属的主要熔炼方法比较

项目		真空自耗电弧熔炼	真空非自耗电弧熔炼	电子束熔炼	真空等离子束熔炼	真空等离子弧熔炼
使用原材料状态		需要制备自耗电极	海绵、颗粒、屑等散状料	散状料、棒料均可	棒料、散料均可	形状不限
铸锭规格		大型锭易于实现	较小	大	可制取大规格异形低锭	较大
比电能消耗		最小	较大	大	较大	较小
熔炼室压力/Pa		0.067~6.7	充氩 (2.67~4.0)×10³	0.13~0.0013	充氩 13.33~0.13	充氩 1.33
精炼效果	脱除气体	有限	稍好	最优	良好	有限
	去除挥发杂质	有限	稍好	最优	良好	有限
	去除金属杂质	良好	良好	最优	良好	良好
电极材料污染		无	有	无	用钽管做阴极，极少	极少
坩埚材料污染		无	无	无	无	无
铸锭晶粒度		粗大	粗大	极粗	粗大	粗大
挥发损失		少量	较大	最大	较大	较大
铸锭表面质量		一般	一般	较好	一般	一般
铸锭断面形状		一般为圆形	一般为圆形	一般只限圆形	圆形、异形	一般为圆形
合金成分控制		调整电极成分，易于控制	良好	较困难	良好	良好
熔炼速度控制		可调范围小	范围较大	范围宽广	范围大	一般不调节
熔炼周期		最短	较长	最长	较长	短
残料返回使用		很有限	良好	良好	可使100%返回料	良好
炉子效率		高	较低	最低	较低	较高
设备投资		低	较低	最高	较高	最低
适用领域		Ta、Nb、Ti、Zr及其合金	各种金属的试验	W、Mo、Ta、Nb、Hf等高熔点金属	Ta、Nb、Ti、Zr回收及熔炼	在钛及其合金中有应用

我国生产铌及铌合金铸锭的工艺流程如图 9-3 所示，钽及钽合金的精炼提纯原则工艺流程如图 9-4 所示。

精炼设备主要有真空烧结炉、真空电弧炉、真空电子束炉和等离子炉等。宁夏东方钽业股份有限公司先后从国外引进了 600kW 水平电子束熔炼炉，600kW、1200kW 电子束熔炼炉，1t、3t、8t 真空自耗电弧熔炼炉，西北有色金属研究院引进了 500kW 电子束熔炼炉。上述设备的引进，使我国钽铌及合金精炼能力有了很大提高，钽铌精炼能力已超过 600t/a。

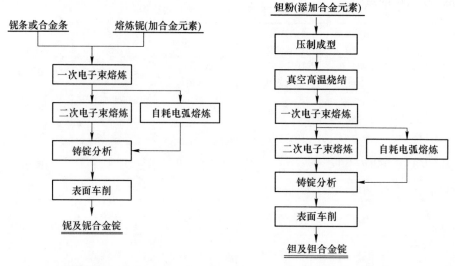

图 9-3　铌及铌合金铸锭熔炼原则工艺流程　　图 9-4　钽及钽合金铸锭熔炼原则工艺流程

在对新设备新技术消化吸收的同时，我国也开发出了具有国际先进水平的产品，如靶材用大直径纯度大于 99.999% 的高纯钽锭、纯度大于 99.995% 高纯铌锭，航天用 Nb521 铌合金材料、Nb-Ti 超导合金以及 RRR300 高纯铌材等。

9.2　钽铌冶金主要方法

9.2.1　钽铌金属的提取冶金

钽铌的提取方法经过一百多年的发展，已经形成了湿法为主的提取体系。与氯化法提取和金属热还原法提取相比，湿法工艺可以很容易制备出高纯度的钽或者铌的化合物。目前碱熔法处理钽铌矿石已经淘汰[32]，氯化法主要是俄罗斯用于处理复杂的含钽铌铈等矿石，金属热还原法主要用于高铌含量的烧绿石。原则流程如图 9-5 所示。

工艺说明：

矿石经过破碎后加入氢氟酸硫酸的混酸中，反应后采用矿浆萃取提取钽铌，酸洗除杂，再利用稀硫酸反铌提钽，利用纯水反钽，实现钽铌分离。得到的氟铌酸加入氨气中和，过滤、洗涤、烘干、焙烧产出氧化铌；得到的氟钽酸溶液加入钾盐和氢氟酸，合成、冷却、结晶、烘干产出氟钽酸钾。

主要技术经济指标：

钽铌矿中的氧化钽含量一般在 10% 以上，每处理 1t 矿石约消耗 1200~2000L 含量 55% 的工业氢氟酸和 300~600L 工业硫酸；每生产 1kg 氟钽酸钾，约消耗

0.58kg 矿石中的氧化钽、1.5kg 工业硫酸、0.55kg 分析纯级硫酸、2.9kg 工业氢氟酸（55%以上）、0.41kg 分析级氢氟酸、0.37kg 甲基异丁基甲酮、0.5kg 分析纯级氯化钾、1.24kg 工业液氨、500kg 自来水（工人清洁使用）、30kg 纯水、0.1t 蒸汽（工人清洁使用）、约12kW·h 电。氧化钽总收率约98%。

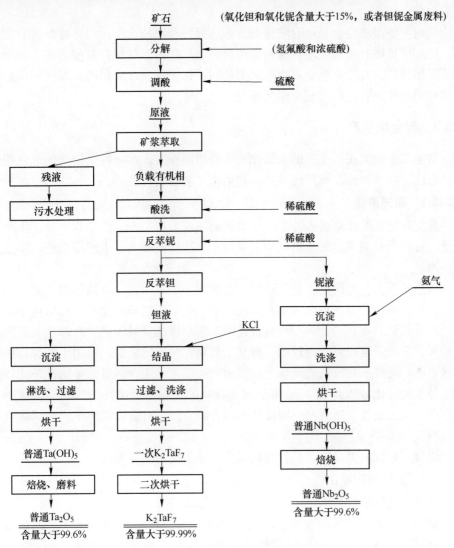

图 9-5　湿法提取冶金基本工艺流程

生产 1kg 氟钽酸钾约产生 35L 含酸含氨废水、废渣约 3kg，废气排放符合国家排放标准，每生产 1kg 氧化铌约产生 100L 含酸含氨废水、废渣约 3kg。

生产 1kg 五氧化二铌，约消耗 1.068kg 矿石中氧化铌、1.68kg 工业硫酸、

0.65kg 分析纯级硫酸、3.3kg 工业氢氟酸（55%以上）、0.4kg 甲基异丁基甲酮、
1.24kg 工业液氨、1.44kg 工业氨气、200kg 自来水（工人清洁使用）、纯水
50kg、蒸汽 0.03t、耗电约 5kWh。氧化铌总收率约 95%。

　　国际上的主要厂家是美国的 Cabot[33]，德国的 H.C.Starck[34,35]，俄罗斯的索
里卡姆斯克镁业。

　　国内主要湿法冶金企业有宁夏东方钽业股份有限公司、江门富祥金属有限公
司、广东广晟稀有金属光电新材料有限公司、广东致远新材料有限公司、衡阳金
新莱孚新材料、九江有色金属冶炼有限公司、株洲硬质合金集团有限公司钽铌制
品事业部和江西省定海钽铌有限公司等。

9.2.2　铌金属生产

　　目前工业化大规模生产的金属铌主要采用两种方式：一种是传统的氧化铌碳
热还原法，另一种是金属热还原法，其生产工艺各有特点。

9.2.2.1　碳还原法

　　真空碳热还原法是国内外生产金属铌的主要方法之一，产品收率高、生产成
本低，可获得较高纯度的金属铌粉，但设备一次性投资大、生产周期长、不能连
续还原。

　　碳热还原工艺有两种：直接还原工艺和间接还原工艺。直接还原工艺是用碳
直接还原五氧化二铌获得金属铌；间接还原工艺是先制备碳化铌，然后再用碳化
铌还原五氧化二铌获得金属铌。直接还原工艺制得的金属铌粉呈海绵状，其表面
积较大，杂质元素与氮含量较低，有利于提高铌粉的比电容，适用于电容器级铌
粉的生产；间接还原工艺的设备生产能力大，工艺稳定，制得的金属铌条比较致
密，外形尺寸比较规整[37]，适用于纯度较高的铌粉、金属铌条、铌锭及加工材
的生产。当然也可采用直接与间接法相结合的方式进行金属铌的生产，其优点是
可以减少 NbC 的使用量。

　　用碳还原铌的氧化物，是目前我国生产金属铌的主要方法。

9.2.2.2　金属热还原法

　　金属热还原法包括钠热还原法和铝热还原法两种。

　　钠热还原法一般采用金属铌氟氯化物为原料，以金属钠为还原剂进行热还
原。钠还原 K_2NbF_7 时，由于反应热效应不足以使还原过程自发进行，因此需将
盛炉料的坩埚放到预先加热到 600℃ 的电炉中加热，并在 900～1000℃ 保温 1～
1.5h，然后再从坩埚中取出反应物，用水把反应生成物中的盐洗掉，之后先用稀
硝酸，最后再用浓度为 25% 的氢氟酸清洗铌粉。

　　铝热还原法是用铝还原五氧化二铌，是目前国外生产铌的主要方法。氧化铌
与 Al 的反应是放热反应，铝热还原反应是在金属和反应渣都熔化的温度下进行，

以保证渣/金相的良好分离。在 298~2700℃ 温度范围内铝热还原的总反应式为：$3Nb_2O_5 + 10Al = 6Nb + 5Al_2O_3$。为了提高 Nb 回收率，必须使 Al 过量，一部分与 Nb 形成合金，另一部分与氧化铌反应形成 Al_2O_3。但此反应中的 Al_2O_3 熔点高（2050℃），必须添加适宜的石灰造渣[5]。铝热还原所产金属铌的杂质元素含量高，需要采用电子束炉熔炼来获得具有更低杂质元素含量的塑性金属。电子束熔炼一般经过蒸馏、除气、脱氧三个精炼步骤，使大多数的金属和非金属杂质如 N 和 H 都被降低至相当低的水平[38-41]。

金属铌生产的主要方法对比见表 9-4。

表 9-4　金属铌生产的主要方法对比

工艺类别	碳还原工艺	铝热还原工艺
工艺原理	$2Nb_2O_5 + 7C = 2NbC + 5CO$ $Nb_2O_5 + 5NbC = 7Nb + 5CO$	$3Nb_2O_5 + 10Al = 6Nb + 5Al_2O_3$
生产周期	22d/t	9d/t
优点	还原剂廉价，金属回收率高（98% 以上），还原副主要是 CO，以气态形式由反应空间排走	充分利用反应放热特点，在常压下完成还原反应，还原速度快，加工成本低（50~100 元/kg），工艺流程短、易规模化生产、产量大、工艺稳定
不足	固相反应，扩散过程速度慢而生产率低，过程能耗高，生产加工成本高（100~200 元/kg），工艺复杂，控制点多，产品质量不稳定	属爆炸式反应，反应过程存在一定的危险性。金属回收率较碳还原法低，会产生大量铝酸钙渣等副产物，需要进一步对其处理

9.2.2.3 传统熔盐电解法

传统熔盐电解法一般是用电解氟化物（K_2NbF_7）制取铌，采用的电解质系通常为 K_2NbF_7-NaCl 或 K_2NbF_7-KCl-NaCl，电解温度由电解质的组成所决定，熔盐质体系的选择是电解的关键因素。电解法制备的铌粉纯度高、回收率高、粒度细，可直接作为生产电容器的原料；但电流效率低、产量较小，是制约其扩大化的瓶颈。

9.2.2.4 熔盐电脱氧法制备金属铌（FFC）

FFC 法将不导电的金属氧化物作为电化学反应的阴极，此方法具有流程短、环境友好等特点，曾被公认为最具有发展前途的方法。国内外学者们利用该方法制备出了海绵态金属铌。

由于 FFC 法阴极和石墨阳极同时置于熔盐中，如何控制电位使金属铌留下，阴极上不沉淀钙和其他杂质是个难题；石墨阳极容易发生烧损，碳颗粒浮在熔盐表面，以及杂质带来的副反应，导致电流效率低，电解速度慢。

9.2.3 钽金属生产

9.2.3.1 主要工艺及特点

K_2TaF_7钠还原制备电容器级高比容钽粉[42-44]是经典的钽粉生产方法，产量占总钽粉（不包括 TaC）的 95% 以上。国内钽粉生产厂家通过对生产过程、降氧过程和氢化过程的自动化设计与改造，实现了反应过程的精确控制，提高了工序能力和产品合格率。

碳还原 Ta_2O_5 制取高压高比容钽粉，由钟云海教授发明，具有过程简单、投资少、金属回收率高、生产成本低、不产生氟化物等优点，产品可以满足现代钽电容器高压比容、高可靠化的发展要求，是制备高压钽粉的一个发展方向。

与氧化物相比，钽的氯化物熔点较低，挥发性高。氯化物还原，无论是钽、铌精矿的富集，钽、铌氯化物的分离，还是钽、铌金属制备都有重要意义。用液态金属镁还原气态氯化物能得到纯度更高的钽粉和铌粉[16]。

9.2.3.2 主要技术经济指标与各种方法的应用厂家、产量

国内钽粉生产的主要方法是钠还原氟钽酸钾法，只有 601 厂采用碳还原制取高压钽粉。不同生产方法对比情况见表 9-5。

表 9-5 钽金属生产的主要方法对比

工艺类别	钠还原制取金属钽粉	镁还原制取金属钽粉	碳还原制取金属钽粉	氯化物还原法制取金属钽
工艺原理	$K_2TaF_7 + 5Na =$ $Ta + 2KF + 5NaF$	$Ta_2O_5 + 5Mg =$ $2Ta + 5MgO$	$Ta_2O_5 + 5C =$ $2Ta + 5CO$	$2TaCl_5 + 5Mg =$ $2Ta + 5MgCl_2$，$TaCl_5 + 5/2H_2 =$ $Ta + 5HCl$
优点	可大批量生产，质量高，主要用作电容器	没有氟化物，环保问题小；不需要用钠和稀释盐；能做高比容电容器级钽、铌粉末；具有用于其他金属和合金的潜力，是今后制备高比容钽粉的发展方向	所产钽粉纯度较高，可满足生产高压钽粉的要求，钽实收率和回收率高，成本相对较低。环保问题小，是制备高压钽粉的另一发展方向	还原温度较低，产物易分离，副产物易挥发，有利于产物的进一步提纯。可用于粉末冶金，也可用于电子束熔炼法加工成致密金属
不足	间断生产，产品一致性性能差，生产率低，有大量氯盐和氟盐产生，产物平均粒度偏大	对还原设备要求高，设备复杂	在约 1500℃ 的温度下反应，钽粉粗化不可避免，存在 C 污染	副产物质之一 HCl 腐蚀性强，氯化钽吸水性极强，需特殊处理，另外经济上也不合算

在钽粉行业，高比容电容器级钽粉主要被 GAM、H. C. STARCK、宁夏东方钽业、江门富祥四家公司所垄断。目前 GAM、H. C. STARCK、宁夏东方钽业这三家公司都能达到比容 $2\times10^5\,\mu F \cdot V/g$ 的产品水平、比容 $3\times10^5\,\mu F \cdot V/g$ 样品水平和比容 $5\times10^5\,\mu F \cdot V/g$ 的研究水平。宁夏东方钽业是世界上唯一能够生产钠还原钽粉、中压钽粉、高压钽粉的厂家。

国内目前有能力生产钽粉的厂家还有江门富祥、肇庆多罗山、从化冶炼厂和株洲 601 厂。靶材用钽粉行业，国际领先技术主要为 H. C. STARCK。

高比容钽粉的市场需求萎缩，中高压、冶金级钽粉的市场依然有发展空间，初步统计各家用户钽粉使用需求见表 9-6。

表 9-6　不同用户钽粉使用需求

	厂　家	钽粉总用量/t
国外	AVX（含 NICHICON）	180
	Kemet（含 NEC）	150
	VISHAY	60
	松下	100
	其他国外客户	50
国内	振华科技	12
	株洲宏达	5
	友益电子	4
	其他国内客户	5

9.3　国内外钽铌冶金方法比较

在湿法层面，国内的企业与国外企业在直收率、单耗方面差别不大，但国外的自动化水平更高，采用的设备也较先进，在尾气处理方面领先于我国。在氯化法方面，俄罗斯的索里卡姆斯克镁业保持领先，2016 年产量约为 600t。不同生产厂家的工艺对比见表 9-7。

表 9-7　国内外钽铌生产厂家生产工艺对比

企　业	工艺	对比	优缺点
美国 Cabot	湿法提取	MIBK 体系	行业相当水平
德国 H. C. Starck	湿法提取	MIBK 体系	行业相当水平
俄罗斯的索里卡姆斯克镁业	氯化法提取	氯化法	氯化法领军
宁夏东方钽业股份有限公司	湿法提取	MIBK 体系	行业领先，国内湿法领军

企 业	工 艺	对 比	优缺点
国内其他湿法企业	湿法提取	仲辛醇体系	国内相当水平
巴西 CBMM 公司	直接还原	铝热还原酸浸出	行业领先水平
乌乌兹别克斯坦尔巴冶金厂	湿法提取	MIBK	行业相当
巴西 AMG Brasil	直接还原	铝热还原酸浸出	行业领先水平
日本 Mitsui Mining & Smelting	湿法提取	MIBK 体系	行业相当水平

9.4 钽铌冶金与新材料发展趋势

世界钽铌工业总体呈现持续增长的态势，产能增加、技术提升、产品更新、应用扩展。中国钽铌工业迅速崛起，已跻身于世界钽铌材料生产大国的行列，必然对世界钽铌行业的发展产生现实的和持续性的深刻影响。

9.4.1 我国钽铌工业发展中的几个突出特征

（1）两头在外明显特征。近年来全行业各类钽铌产品年消耗原料约折 Ta_2O_5 600t/a、Nb_2O_5 2000t/a 左右（均不含来料加工），而我国两个矿山 Ta_2O_5 产量仅 100t/a 左右，年进口含钽 30% 高钽矿 850t 和含钽 5% 低钽矿 5000t；约 60% 的 Nb_2O_5 产品和 80% 的钽金属产品出口国际市场。原料与产品两头在外的产业结构特点导致原料来源极不稳定，也造成了极大的环境负担。

（2）选冶工艺技术缺乏基础研究、工程化技术创新进步迟缓。选矿、冶金工艺技术仍未摆脱几十年一贯制的束缚，变革性进步尚未突显。专门从事钽铌技术研究开发的院所、高校寥寥无几，研发力量薄弱，移植先进技术意识不强，选冶工程化技术研发创新进步迟缓。

（3）产品结构矛盾突出，产业经济效益不高。产品结构基本以低端初级产品为主，仅部分高端产品可以参与国际市场竞争，全行业销售收入 25 亿元/年左右（总产值约 30 亿元/年）。

（4）行业企业生产规模小、缺乏联合协同效应，集中度不高。全国 30 余家钽铌生产企业，其中 80% 是规模较小的民营企业且基本以初级产品为主，企业间联合协同作用力不强，行业布局、发展规划、企业结构、产品结构、科技创新、产品应用开发、市场营销等集中度不高。

（5）适应市场能力薄弱、新材料新应用研发能力不强。先进技术、拳头高品质产品缺乏，行业抗市场风险能力弱。基于钽铌基础特性及高科技、新兴产业快速发展，对高性能钽铌新材料的需求显示良好趋势，行业新材料技术与产品研究开发明显滞后。

9.4.2 钽铌湿法冶金技术、产品发展方向

（1）基于钽铌资源特点，把钽铌冶金工艺技术变革性创新进步摆在突出地位，钽铌冶金流程长、工艺复杂、消耗有害试剂量大。要着力研发复杂矿源头处理绿色新技术，为冶金过程缩短流程、变革技术奠定基础。

（2）钽铌湿法冶金是流程中的关键环节，湿法技术与产品是钽铌火法冶金与新材料高质化的前提和基础。面对原料多元化、生态环境绿色化趋势，钽铌经典的湿法工艺需要变革性创新进步。研发无毒无害新型溶剂与提取工艺，短流程、高收率、减排放、有价金属回收利用变革性新工艺新技术是重要方向。

伴随工业化进程，我国多种金属资源已呈枯竭趋势，近年来我国矿冶科技领域（高校、院所）针对复杂低品位矿物资源高效利用取得了诸多技术成果。钽铌选冶完全可以博采众长、移植消化吸收最先进的技术成果，加快湿法冶金技术创新进步。如：针对目前国内外钽铌湿法冶金的技术现状，中国科学院过程工程研究所依据清洁冶金原理，提出以无毒无害碱金属亚熔盐液相法处理低品位、难处理钽铌矿的新工艺[83,84]。该工艺是在成功开发的适于处理两性矿产资源的亚熔盐清洁生产技术平台上对钽铌冶金的具体应用，有望解决现有工艺上的难点，实现钽、铌的清洁生产。

（3）钽铌湿法冶金高端产品具有进一步发展的空间，综合应用湿法冶金先进技术实现钽铌氧化物、化合物高纯化，功能应用特性高质化也是重要研究方向。高端氧化钽及氧化铌在光学玻璃，铌酸锂、钽酸锂晶体方向，更高纯度的钽铌化合物在电子、显示技术、化工催化等领域，均显示良好前景。

（4）研发钽铌湿法冶金废水、废渣处理新方法并实现工程化应用也是重要方向。

9.4.3 铌冶金技术、产品发展方向

现行的铌制备工艺碳还原法存在的问题是生产成本高、周期长，仅适于特定方向产品应用；铝热法虽生产效率高但产品纯度和回收率较低，不同程度上影响了金属铌的应用和发展。研究新型工艺技术方法以求降低成本、提高质量和回收率是铌冶金发展方向并已经成为人们的共识。

熔盐电脱氧法（FFC）一度成为国内外学者们研究的热点，与 FFC 法相比，SOM 法最大的不同就是在阳极与电解质之间利用固体透氧膜，有效隔离了阴阳极，降低了电极极化，避免了 FFC 法和传统熔盐电解法所有的弊端[85]。工艺流程短、操作简单、节约能耗、降低生产成本、对环境友好，是一种真正的铌绿色冶金新工艺。应立即开展 SOM 法基础与工程化技术研究。

9.4.4 钽冶金技术、产品发展方向

氟钽酸钾钠还原工艺是钽粉生产最为经典的工艺方法，在近年来得到很大的发展，绝大多数钽粉生产厂家都在用该方法进行电容器级钽粉的生产。围绕钽粉高纯化和向更高比容方向发展氟钽酸钾钠还原工艺存在着较大局限性。

用镁蒸气还原高纯度 Ta、Nb 氧化物可得到纯度高、理化性能和电性能良好的高比容钽、铌粉末，与钠还原法相比有以下优点：没有氟化物，环保问题较小；不需要用钠和稀释盐；适于制作高比容电容器；还具有可用于其他金属和合金制备的潜力。该法是今后制取高比容钽粉的发展方向。

碳还原—电子束熔炼法制取高压钽粉的工艺，具有其独特的优越性，是制备高压钽粉的另一发展方向。

钽、铌氯化物金属热还原与氧化物金属热还原相比有突出优点，在高纯方向仍有发展潜力。

细化、纯化、高比容化是钽铌冶金技术发展的重要方向。围绕实现化学法、物理法交叉融合，致力于研究开发诸如：感应等离子纳米钽粉制备技术、均相还原制备纳米钽粉技术、电化学制备纳米钽粉技术、火焰合成法制备纳米钽粉技术等高比容化、多种精炼纯化和晶粒细化新技术新方法，实现钽（铌）冶金技术的全面创新进步。

9.4.5 钽铌新材料技术、产品发展方向

钽铌金属及合金具有良好的功能特性，其机械性能也适于某些领域作结构材料。金属冶金与其新材料在技术、产品方位并无明显界线，发挥钽铌冶金技术专长、大力度研究开发钽铌及其合金（包括复合材料）在冶金、化工、建材、电子、信息、互联网、汽车、航空航天、生物医疗、新能源、国防军工等传统和新兴产业领域应用的新材料技术与产品、拓展新应用、形成规模化生产实力更是钽铌产业致力发展的重要方向。

9.4.6 钽铌市场的发展趋势

钽电容器的性能优势使其成为各种高端电子产品设计的首选，但是其高昂的价格又限制了其用量的增大。随着 MLCC、可贴片式铝电解电容器及低价氧化铌电容器发展使部分钽电容器被取代，进一步抑制了传统电容器用钽粉市场的成长。而高能钽电容器、液体钽电容器、有机钽电容器、军品用电容器的需求量增加以及微电子业、移动通信基站、半导体产业和存储媒体产业快速发展，又带动高压高比容钽粉、中高压中高比容钽粉的使用量增加；靶材用钽粉、3D 打印技术带动高纯低氧超细钽粉使用量逐渐增加。

　　高比容化、高压化、高可靠性，仍然是钽粉今后几年发展的趋势。目前，电容器的高可靠性要求对 30K 以上高比容钽粉提出新的技术要求，尤其对钽粉大壳号下的耐压性能和高比容性能提出更高要求，研发高压高比容钽粉对于钠还原高比钽粉的技术提出新的挑战。汽车、航天、医疗和军工用电容器对中压钽粉的击穿电压要求更高，适应更加苛刻的条件是发展趋势。开发粒度均匀、片状化程度高、抗击穿电压高的中压产品，要求中压钽粉的技术有长足发展。电容器用高压钽粉的工作电压未来发展趋势为 75~150V，赋能电压接近 400V，CV 值期望达到 10000μF·V/g，对高压电容器用钽粉的技术发展提出更高的要求。靶材用钽粉等领域的快速发展对冶金级钽粉的纯度、粒径、粒度分布提出更高的要求，提高技术水平占领该领域市场份额也是靶材用钽粉更高的发展目标。

10 铍 冶 金

10.1 铍冶金概况

10.1.1 需求和应用

金属铍是一种战略金属,具有密度低、熔点高、刚度高、所有金属中最低的热中子吸收截面、热性能优异、对红外线反射率99%、X射线穿透性好等许多优异性能[86,87],在很多应用领域使其成为唯一或首选的材料。高铍含量的合金、复合材料、氧化物的性能也十分独特,是许多应用领域的首选材料;在一些含铍量很低的合金中,由于铍的添加,合金性能也得到显著改善,如铍铜和铍镍合金等,上述应用领域也往往带有明显的军事战略属性[88-91]。

因此,从国家安全保障经济发展的角度考虑,铍不可或缺,开发与完善铍冶金产品是一个国家发展国防尖端技术和战略性新兴产业重要一环,也是国家战略资源利用和储备的重要研究对象。

10.1.1.1 金属铍的战略储备与需求

对于世界各强国、大国来说,铍是一种"战略性、关键性的材料,对战争具有转折性意义的基础战略物资",在关系到国家安全和战争胜负的核武器或军工产品的生产上铍具有垄断性。

目前世界上只有美国、前苏联和中国具有工业规模地从铍矿石开采、提取冶金到铍金属及合金加工的完整铍工业体系。巴西和印度等铍资源丰富国家是主要的铍精矿供应国[92-95]。

在美国和前苏联金属铍的管理直属于国防部,对金属铍产业的发展均推行特殊政策,作为国家产业予以维护、支持和巨额投入。美国政府十分重视金属铍的供给问题[96]。冷战时期,美国政府长期在国防物资储备库对铍进行战略储备,1980年美国国防物资储备库拥有17167t铍铜母合金和363t金属铍,1994年储备了2940t的铍。目前美国仍保留45t热压铍的最低储备目标[97]。

我国金属铍的管理一开始是分类到有色行政管理部门管理,为国防高技术装备配套服务。1998年包括金属铍研究在内的全国242家科研院所转制改革,按企业经营模式运行。在铍的国防储备方面,我国缺乏系统性的规划。

10.1.1.2　金属铍的战略应用

铍一直是核能进步的先驱材料，具有"核时代金属"的美称，直接关系着一个国家的战略核能源发展进程，这种地位在目前和可预见的未来都不会改变。铍相对于其他核材料，如 Zr、石墨、重水等的优点在于：（1）金属铍具有所有金属中最小的热中子吸收截面，能有效地使中子返回堆芯。因此，在需要考虑体积和质量的反应堆中，金属铍是首选的反射层材料。铍密度低，也使它成为空间反应堆的首选材料。（2）铍作为核反应堆的减速剂，不会像重水那样在 100℃下蒸发。（3）铍优良的热性能和机械性能，使从反应堆中稳态移出热的设计变得容易。（4）铍原子序数低，对堆芯造成的污染小。

铍作为减速材料、反射材料和燃料包壳材料、增殖材料的核应用始于第二次世界大战期间，并在 20 世纪 50 年代末期得到了较大的发展。此外，铍被大量应用于核弹头的反射层和引爆器，在舰载、潜水艇、宇宙飞船、飞机能源系统用轻质、小型反应堆和空间反应堆也广泛使用。

国际热核聚变实验反应堆项目是目前全球规模最大影响最深远的国际科研合作项目之一，其目标是验证和平利用聚变能的科学性和技术可行性，实现聚变能源的商业化应用，解决未来能源和环境问题。它的最关键核心部件是由铍板、铜板、不锈钢板构成的屏蔽模块，也称第一壁板。铍是第一壁板中直接面对等离子体的材料。ITER 项目一旦完成，将彻底解决人类对清洁能源的需求。

铍制惯性器件主要有以下优点：（1）金属铍优异的尺寸稳定性减小了零件的变形，大幅度提高惯性仪表的精度；（2）铍质量轻，在同样旋转的速度下，受的惯性力小，材料变形小，加上铍刚度高，可以将零件做的更小更薄；（3）铍的比热容高和热导率好，可减少因零件发热带来的热梯度和不均匀膨胀造成的内应力，材料变形小，精度提高；（4）铍无磁，可免受其他磁性材料的干扰；（5）铍的辐照稳定性好，可以减少在核爆炸时被辐照破坏的可能；（6）大多数惯性系统由不同的结构材料组成并在高温下运行，材料之间热性能和热匹配是惯性器件运行稳定的关键，铍与其他结构主材钢、钛合金的热膨胀系数相当，热匹配性好，达到热平衡的时间短，产生的应力小；（7）质轻，可提高运行系统的整体性能。

应用铍材作为结构主材的三浮（液浮、磁悬浮、动压气浮）陀螺仪和陀螺加速度计的机械式惯性仪表仍旧代表当今及未来惯性技术发展的最高水平，并在陆、海基洲际核战略导弹武器系统及核潜艇等的制导和导航应用上不可替代。

在美国，金属铍还被广泛应用于核潜艇的导航系统中。铍的应用彻底改变了核潜艇惯性导航的精度。如北极星导弹核潜艇用的 MKimode 液浮陀螺改用铍材后，不但精度提高了 10 倍，而且重量减轻了 75%，废品率也降到了 3%。自 20 世纪 50 年代末美国实现陀螺仪用材从铝向铍的转变之后，核潜艇导航用的惯性导航器件一直采用铍材制作，无论陀螺仪的种类如何变化，用铍是不变的原则。

经抛光的铍表面对紫外线的反射率是 55%，对红外线（10.6μm）反射率 99%，特别适合于做光学镜体材料，尤其在红外光学系统[108]。除对材料的光学性能要求外，轻质光学系统还要求镜体及其支撑材料具有密度低、刚度高、热稳定性和尺寸稳定性好等特性。特别是在太空环境中，对于动态（振荡或旋转）系统中的工作镜体，铍是最佳材料。另外，铍也适宜做镜体的支撑材料，因为铍刚度高、质轻，可以将部件做得更小更轻，而铍尺寸稳定性高也保证了镜体的尺寸稳定性和使用寿命，铍做镜体的支撑材料比做镜体更具竞争力。近几年，铍在精密光学系统应用明显增加，多数应用于航空航天领域，但也有相当数量应用于陆地。

在军事领域，铍镜最初的应用是夜视系统和红外照相机，现在各种导弹的红外光学系统、雷达的红外传感器、卫星（预警、通信、侦察等）红外传感器和光学系统、无人驾驶的飞行器的光学系统、核爆探测器、国家导弹防御计划中的地基拦截导弹系统中红外传感器和光学系统一般均采用铍镜和铍支撑结构件。

铍价格比较高，在地面应用铍结构件不占优势，但在航空航天领域，铍制作的部件小而轻，这主要是因为它密度低、刚度高，可大幅降低发射成本。

10.1.1.3　铍合金的战略应用

铍铜合金是一种综合性能优良的有色合金弹性材料，具有高强度、高硬度、高导电性、高导热性、耐疲劳、耐腐蚀、弹性滞后小、无磁性、冲击时不产生火花等优良性能，在所有铜合金中综合性能最好[116-118]。

铍铝合金综合性能次于铍。铍铝合金相对于铝合金、钛合金、镁合金和一些传统的复合材料更轻、刚度和热稳定性更好，因此在航空航天领域具有很强的竞争力，极有可能成为下一代航空航天新的结构材料[119-122]。

氧化铍陶瓷具有高的耐火度、高的热导率、良好的核性能以及优良的电性能，因而可以应用于高级耐火材料、原子能反应堆和高热导率材料，作为高热导率材料应用主要集中在各种大功率电子器件和集成电路等。目前，在电子器件上工业发达国家普遍应用氧化铍含量为 99.5% 的陶瓷产品，中国较多应用氧化铍含量为 99.0% 的陶瓷产品[123-129]。

氧化铍陶瓷除了具有高的耐火度、良好的热稳定性以及独特的高热导率外，还具有良好的核性能，常用做反应堆的减速剂、反射层和核燃料的弥散剂。

铍镍合金（包括铍镍钛合金）是一种耐高温的超高弹性导电合金，是已知合金中弹性最好的一种。铍镍合金具有优异的导电性、优异的成型性、良好的高温力学性能和抗疲劳、耐腐蚀、耐磨与抗应力弛豫。与铍青铜相比，铍镍合金的工作温度可提高 250~300℃，是制作高级弹性元件最好的材料，可用于性能要求比铍铜更为严格的场合。

10.1.2 资源情况

10.1.2.1 世界铍矿石情况

铍在地壳中的含量大约为 $4\times10^{-6}\sim6\times10^{-6}$，在自然界中，单一的铍矿床少，共伴生矿床多。据统计，铍的矿藏与锂、钽、铌伴（共）生的占48%，与稀土矿伴生的占27%，与钨共（伴）生的占20%，尚有少量与钼、锡、铅、锌等有色金属和云母、石英岩等非金属矿产相伴生。主要含铍矿石见表10-1。

表 10-1　主要含铍矿物表

矿石名称	化学组成	密度/g·cm⁻³	BeO/%
绿柱石（绿宝石）	$Be_3Al_2(Si_6O_{18})$	2.6~2.8	9.26~14.4
硅铍石（似晶石）	$4BeO·2SiO_2·H_2O$（Be_2SiO_4）	2.0	43.6~45.67
金绿宝石（尖晶石）	$BeAl_2O_4$	3.5~3.8	19.5~21.15
羟硅铍石	$Be_4(Si_2O_7)(OH)_2$	3.0	39.6~42.6
板铍石	Be_2BaSiO_2	4.0	15
磷钠铍石	$Na_2O·2BeO·P_2O_5$	2.8	20
铍石	BeO	3.0	100
蓝柱石	$2BeO$ 氧化铝 $2SiO_2·H_2O$	3.1	17
双晶石	$Na_2O·2BeO·6SiO_2.H_2O$	2.6	10
硼铍石	$4BeO·B_2O_5·H_2O$	2.3	53
日光榴石	$Mn_8(BeSiO_4)_6S_2$	3.2~3.4	8~14.5
白铍石	$Na·Ca·Be$ 的含氟硅酸盐	3.0	13
密黄长石	$Na·Ca·Be$ 的含氟硅酸盐	3.0	13
香花石	$Ca_3Li_2Be_3Si_4O_{12}(FOH)_2$		15.78~16.3
顾家石			9.49

在所有的含铍矿产中，目前仅有两种铍矿石具有商业开采价值[130]：一种是羟硅铍石，理论上氧化铍含量39.6%~42.6%，实际上开采的高品位矿石氧化铍含量也仅有0.69%，是美国开采的主要铍矿石；另一种是绿柱石，是其他国家开采的主要铍矿石，BeO的理论含量为14%，实际开采的高品位绿柱石为10%~12%。铍以伴生矿产出居多，矿床类型繁多，主要有三类：

（1）含绿柱石花岗伟晶岩矿床。主要分布在巴西、印度、俄罗斯和美国。

（2）凝灰岩中羟硅铍石层状矿床。美国犹他州斯波山（Spor Mountain）矿床是该类矿床的典型代表，氧化铍探明储量7.5万吨，BeO品位0.5%，矿山年产铍矿石12万吨，美国铍资源几乎全部来自该矿。

（3）正长岩杂岩体中含硅铍石稀有金属矿床。仅在加拿大索尔湖矿床发现。

据美国《矿产手册 1992—1993》公布的数据，世界金属铍的保有储量为 48.1 万吨，按已探明的铍矿产资源量排序为：巴西（29.1%）、俄罗斯（18.7%）、印度（13.3%）、中国（10.4%）、阿根廷（5.2%）和美国（4.4%）。世界铍矿石的储量情况见表 10-2。

表 10-2　世界铍矿资源储量情况　　　　　　（铍金属量，万吨）

国　家	储量	所占比例/%	国　家	储量	所占比例/%
巴西	14.0	29.1	澳大利亚	1.1	2.3
俄罗斯	9.0	18.7	卢旺达	1.1	2.3
印度	6.4	13.3	哈萨克斯坦	1.0	2.1
中国	5.0	10.4	刚果（布）	0.7	1.5
阿根廷	2.5	5.2	莫桑比克	0.5	1.0
美国	2.1	4.4	津巴布韦	0.1	0.2
加拿大	1.5	3.1	葡萄牙	0.1	0.2
乌干达	1.5	3.1	总计	48.1	100
南非	1.5	3.1			

10.1.2.2　我国铍资源概况

我国铍资源集中分布在新疆、四川、云南及内蒙古四省区，主要与锂、钽铌矿伴生（约48%），其次与稀土矿伴生（约27%）或与钨伴生（约20%），此外尚有少量与钼、锡、铅锌及非金属矿产相伴生[131]。铍的单一矿产地虽然不少，但规模很小，所占储量不及总储量的1%。表 10-3 和表 10-4 为截至 2016 年底我国分地区已完成的绿柱石和氧化铍铍矿资源量。

表 10-3　我国绿柱石矿物资源量　　　　　　　　　（t）

地　区	矿区数	基础储量	储　量	资源量	查明资源储量
全国	12	7403.36	945.38	19670.91	27074.27
福建	1	—	—	4.00	4.00
江西	1	962.36	945.38	—	962.36
湖南	1	—	—	902.00	902.00
广东	1	—	—	451.91	451.91
四川	1	—	—	217.00	217.00
云南	2	5596.00	—	17574.00	23170.00
陕西	1	—	—	42.00	42.00
甘肃	1	—	—	59.00	59.00
新疆	3	845.00	—	421.00	1266.00

表 10-4　氧化铍铍矿资源量　(t)

地 区	矿区数	基础储量	储 量	资源量	查明资源储量
全国	81	39032.53	14140.68	558290.83	597323.36
河北	1	—	—	11.00	11.00
内蒙古	4	543.09	—	66207.39	66750.48
黑龙江	3	—	—	29.00	29.00
福建	1	—	—	588.00	588.00
江西	9	53.01	45.06	36354.63	36407.64
山东	1	—	—	240.00	240.00
河南	2	—	—	430.69	430.69
湖南	6	89.03	73.00	279117.50	279206.53
广东	9	372.60	20.70	2557.87	2930.47
广西	1	—	—	71.00	71.00
四川	15	10555.00	—	51154.66	61709.66
云南	6	637.00	248.00	10421.00	11058.00
甘肃	2	—	—	9580.00	9580.00
新疆	21	26782.80	13753.92	101528.09	128310.89

　　我国铍矿主要类型为花岗伟晶岩型、热液脉型和花岗岩（包括碱性花岗岩）型。花岗伟晶岩型是最主要铍矿类型，约占国内总储量的一半，主要产于新疆、四川、云南等地。如在新疆阿勒泰伟晶岩区，已知有 10 万余条伟晶岩脉，聚集在 39 个以上的密集区内。矿区内伟晶岩脉成群出现，矿体形态复杂，含铍矿物为绿柱石，大中型矿床矿石中 BeO 品位为 0.02%~0.15%，平均 0.055%。由于矿物结晶粗大、易采选，且矿床分布广泛，是我国最主要的铍矿工业开采类型。

　　热液石英脉型铍矿床主要分布在中南及华东地区，由黑云母花岗岩和二云母花岗岩充填裂隙形成矿脉。金属矿物以黑钨矿、锡石、白钨矿、辉钼矿为主，铍伴生其中，铍矿物多为绿柱石，也可见羟硅铍石和日光榴石。

　　含铍花岗岩分为酸性岩和碱性岩两种。酸性花岗岩中常形成两种矿物组合：一种以铍为主，伴生有铌钽锂或钨锡钼镓等有用矿产，如新疆青河县阿斯喀尔特铍矿；另一种以钽铌为主，伴生铍等稀有金属，如江西宜春 414 矿，含铍矿物为绿柱石，矿化均匀，但矿石品位低。碱性花岗岩中也有两种矿物组合，或以稀土为主，伴生铍、铌、锆等。花岗岩型铍矿多属难选矿石，目前能够开发利用的不多。

　　此外，还有含铍条纹岩型（湖南香花岭）、云英岩型（广东万峰山）、火山热液型（福建福里石）、浅粒岩型（湖北广水）等。除云英岩铍矿早有开采利用外，其他类型至今尚未得到开发利用。

位于新疆西北部的白杨河铍矿矿区面积 $13km^2$，为亚洲最大的羟硅铍石型铍矿床，矿床平均品位 0.1391%，平均厚度为 4.58m，已探明铍矿资源储量 5.2 万吨，氧化铍矿体连续性好，工业矿带延伸稳定[132]。目前，矿区现已建成年处理矿石量 80000t 的矿山，主要从事开发白杨河地区的铍矿资源。

在上述铍矿类型中，花岗伟晶岩型铍矿在我国最具找矿潜力，在新疆阿勒泰和西昆仑两个稀有金属成矿带，已划分出成矿远景区数万平方千米，伟晶岩脉近 10 万条。此外，在川西、滇西、东秦岭等地区也有一定的找铍远景。表 10-5 为我国国土资源部公布的 2015 年底和 2016 年底我国查明铍资源储量变化情况。

表 10-5　我国铍矿产已查明资源储量统计表　　　　　　　　　　（t）

年份	矿区数	基础储量	储量	资源量	查明资源储量	与上年查明资源储量对比		
						增减量	勘查增减	增减率/%
2015	82	39998	14267	537432	577430	6133	18244	1.07
2016	93	39995	14264	560848	600843	23413	23436	4.1

注：绿柱石按 13% 折算。

我国铍矿资源特点如下：

（1）铍矿资源相对集中，有利于开发利用。我国铍工业储量集中在新疆可可托海矿，占全国工业储量的 80%。

（2）矿石品位低，探明储量中富矿少。国外开采的伟晶岩铍矿，BeO 品位都在 0.1% 以上，而我国都在 0.1% 以下，这对国内铍精矿的选矿成本有直接影响。

（3）铍的工业储量占保有储量比例很小，有待储量升级。

（4）铍矿区主要分布于边远高海拔地区，开矿难度较大。

10.1.3　铍矿产量

根据美国地质调查局 2015 年公布的数据显示，全球铍矿产量 270t，美国 240t，占 89%；中国是第二大生产国，但产量只有约 20t。2014 年全球铍矿产量与 2013 年相比略有上涨，具体见表 10-6。

表 10-6　全球铍矿产量　　　　　　　　　　（t）

国　　家	2013 年	2014 年
美国	235	240
中国	20	20
莫桑比克	6	6
其他国家	1	1
全球总量	260	270

10.1.4 我国铍矿来源

1999 年之前，我国铍冶炼所用绿柱石 60% 来自新疆可可托海矿务局，另外的 40% 来自国内各零星矿点。其中供货数量较多、供应时间较长的有湖南平江、临湘及湖北通城等，绿柱石主要来自开采长石矿的副产品；江西南部许多钨矿也副产绿柱石，如画眉坳钨矿、荡平钨矿、漂塘钨矿等；广东省潮安一带曾经有过较大的绿柱石开采；河南、陕西等地也有开采绿柱石的矿点，但供应不稳定。

1999 年 12 月，可可托海三号矿脉因矿体锂资源枯竭、经济效益持续低迷以及管理体制改革等原因，宣布暂时闭坑[133]。

到 2000 年底，可可托海已经没有绿柱石可供，靠国内零星矿点的收购已无法满足生产需求。自 2001 年开始，水口山六厂一边积极开展国内低品位、高杂质绿柱石和非绿柱石矿冶炼工艺的研发[134]；一边积极开拓巴西、南非和俄罗斯等国的铍矿石原料市场，每年进口相当于 1000t 氧化铍的矿石原料。

新疆恒盛铍业公司从 2010 年开始从印度、哈萨克斯坦、俄罗斯等国进口铍矿石，但近年由于印度加强了铍原料的管控，从印度进口铍矿石难度加大。

10.1.5 铍产品类别与生产

铍在工业中绝大部分以合金形态使用，小部分用于金属铍材和氧化铍陶瓷。铍合金、金属铍材和氧化铍（陶瓷）三种形态分别占铍消费总量的 75%、10% 和 15% 左右。铍产业链上目前分布的主要市场产品如图 10-1 所示。

受铍资源分布和铍冶炼技术以及环保问题的影响[135,136]，全球目前生产金属铍珠的企业仅有四家：美国布拉什·威尔曼公司、哈萨克斯坦乌尔巴冶金厂，以及我国的五矿铍业股份有限公司（原湖南水口山第六冶炼厂）和新疆蕴恒盛铍业有限责任公司。进行铍材料生产的仅有 3 家：美国的 Materion（原 Brush Wellman 公司）公司、哈萨克斯坦乌尔巴冶金厂和我国的西北稀有金属材料研究院。

美国布拉什·威尔曼公司（Brush Wellman）是世界上最大、最完整的铍生产供应商。提供铍的所有军用及商业产品，包括金属、合金和化合物。在美国犹他州托帕兹斯波山开采硅铍石矿，年开采量 10 万~12 万吨，年产 BeO 700~1000t。

哈萨克斯坦乌尔巴冶金厂（ULBA Metallurgical Plant）是前苏联仅有的一家铍冶炼加工厂，产量与美国相当。主要产品包括铍材、铍粉、铍铜、铍铝中间合金及氧化铍陶瓷制品等。1992 年苏联解体后该厂中断了铍的生产，2000 年在与美国布拉什签订长期供货合同后恢复了生产。使用的铍矿石原料来自前苏联时期数量可观的储备。

目前我国工业氧化铍年产量约 150t。五矿铍业股份有限公司和新疆富蕴铍业

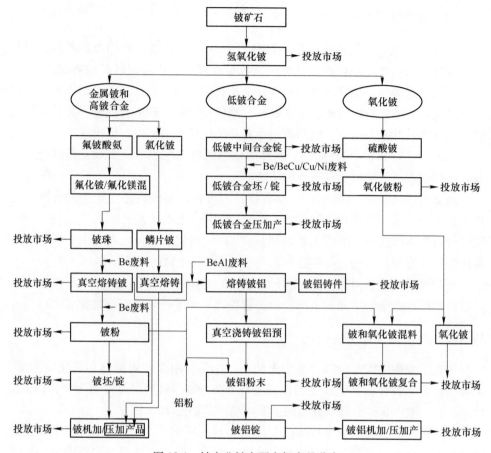

图 10-1　铍产业链主要市场产品分布

有限公司均具备金属铍珠的制备能力，因为生产成本和环保等原因，2017 年新疆富蕴铍业有限公司停止了铍珠生产。

西北稀有金属材料研究院宁夏有限公司是中国唯一的金属铍材料生产和研发企业，具备独立、完整的金属铍科研生产体系和铍材生产线，具备粉末冶金工艺和设备生产各种用途、各种级别铍材的能力。

10.1.6　历史发展、现状及主要问题

10.1.6.1　历史发展进程

为满足新中国"两弹一星"研制配套需要，我国从 1954 年就开始了铍冶金工艺的研究。1957 年完成了金属铍和氧化铍的小型实验，同年开始在湖南水口山矿务局进行铍的冶金实验厂。1958 年 6 月，年产 20t 的氧化铍车间在湖南水口山有色金属集团公司第六冶炼厂（即现在的五矿铍业股份有限公司）投产，1959

年底年产 2t 的金属铍车间投产。此后进行了多次改造，1969 年达到了 6t/a 金属铍的生产能力。1981 年该生产线停产，2004 年 10 月恢复生产。五矿铍业股份有限公司的现有产品除金属铍外，还包括工业氧化铍、高纯氧化铍、铍铜母合金、铍铜加工材、氧化铍陶瓷、铍铝合金及锆镁合金等产品。

作为中国铍产业的龙头企业，五矿铍业股份有限公司不仅对传统硫酸法工艺不断进行技术改进，使铍浸出率达到 76% 左右；而且在十分困难的情况下，研究利用低品位、高杂质的绿柱石及其他非绿柱石铍资源的冶炼工艺，开发了相应的工艺流程，为各种铍矿资源的利用奠定了基础。

用氯酸钠代替双氧水，利用氯酸钠在弱酸性溶液中氧化速度慢的特点，使铁形成类似针铁矿的过滤性能好的铁渣；改低温沉淀为高温沉淀，沉淀出的氢氧化铍 BeO 含量达到 25% 以上，过滤、洗涤性能好，烘干煅烧量减少；发明了工业氧化铍生产过程中除磷的工艺方法，利用一种锆的磷酸盐溶度积小而且在酸性溶液中不溶的特性，在相应工序加入锆盐除磷，即使矿石磷含量波动很大，工业氧化铍中的磷仍保持稳定。

我国铍的粉末冶金开始于 20 世纪 60 年代，几十年来，金属铍粉的制备技术不断发展完善，从球磨法、圆盘磨法到现在的气流冲击法，采用旋转等离子技术，实现了铍小球的国产化。粉末成型工艺有热压、冷热等静压等，实现了传统铍材的升级换代，满足了我国武器、军用卫星、核反应堆对铍材性能提出的更高要求，研制出了国际热核聚变实验反应堆用高纯核用热压铍材和北京正负电子对撞机重大改造工程同步加速器束流管用高纯高强铍材。

10.1.6.2 科技进步

（1）母液、渣水的净化回收。生产 1t 金属铍产生的母液量大约 16m^3（Be15g/L）、渣水 28m^3（Be12g/L）。二者杂质含量不高，经调配后正好适合氟铍化铵的氟铍比。只要稍加净化，便可达到 Be-01 级铍珠要求。

（2）还原渣和烟尘的浸出回收。生产 1t 金属铍珠产生约 10t（Be 1.5% ~ 2%）还原渣和 1.8t（Be 8%）烟灰。还原渣的主要成分是氟化镁，其中含有粒度小于 1mm 的金属铍粒；烟灰中铍的主要形态是氧化铍，还有氟化铍和氧化镁等。

在较高氢氟酸浓度下，还原渣浸出后的渣含铍约 0.1%；烟灰浸出后的渣含铍低于 0.5%。所得浸出液含铍 20 ~ 30g/L、铁 1 ~ 3g/L。原则工艺流程如图 10-2 所示。

浸出后的滤液中加入碳酸钙调 pH 值至 4 左右脱除铝、铁，再加入氟化铵后进行后续的蒸发结晶和分解还原。产出的金属铍中含铁 0.3% ~ 0.5%，用于生产铍铝中间合金。

（3）氟化铵的回收利用。生产 1t 铍珠，产出 8.2t 氟化铵。在还原渣和烟灰

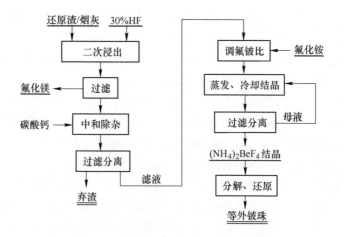

图 10-2 还原渣、烟灰的回收流程

回收中消耗约 30%外，余下 70%（8.2×70%＝5.74t）需另找用途。

（4）铍材粉末冶金工艺技术进步。采用冲击制粉工艺实现了铍粉粒度和粒形的较精确的控制，生产的金属铍材性能较原有的圆盘磨粉材料有了较大改善。通过革新铍粉净化配方和增加水洗工艺，粉末纯度提高了 1%，粉末粒度分布锐度和流动性也有了改善[138-140]。

我国铍固结热等静压工艺的技术水平世界先进，近年来掌握了不同粒度和纯度的铍粉末与热等静压工艺参数的关系，创新了静压工艺路线，得以有效控制材料晶粒度、微合金相含量、大小和分布，产品性能得到大幅提升，实现了我国传统铍材的升级换代，近净形程度也得到了提高；并掌握了铍粉三维近等比例收缩技术，降低了铍材的各向异性，以及大尺寸粉坯均一性控制技术和除气技术，使静压铍坯的尺寸大幅度提高。

（5）ITER 用高纯热压铍材的研制。西北稀有金属材料研究院于 2003 年开始了 ITER 第一壁板用铍材料研究。通过制粉、热压成型模具和成型工艺的技术创新，填补了国内高纯热压铍材的研发技术空白。使用该技术研制的 ITER 用 CN-G01 级铍材的性能达到美国同类产品 S-65C 材料水平[141]，在个别性能上优于 S-65C 材料。2010 年 1 月，CN-G01 级铍材通过了 ITER 组织的认证。我国 ITER 用 CN-01 真空热压铍材的研制成功，也打破了美国铍材在国际上的垄断。

（6）铍小球的研制。宝鸡市海宝特种金属材料有限公司拥有离子旋转电极离心雾化法（REP）制备铍小球的关键设备，完成了粒径 1.0mm 铍小球产品的研制，铍小球纯度达到 99.0%以上，使中国成为除日本外掌握 REP 法制备铍小球工艺的国家。

10.2　铍冶金工艺与装备

10.2.1　铍冶金方法及主要技术特点

金属铍冶金制备过程流程长，首先是将铍矿石按照特定的工艺方法制备成氢氧化铍，随后以氢氧化铍为原料制备具有一定纯度的氟铍化铵晶体，将氟铍化铵加热分解成玻璃状的氟化铍；用镁将氟化铍还原成金属铍珠，将金属铍珠经过真空感应熔炼去除金属镁、镁盐等杂质，即可制备出金属铍铸锭。铍冶金方法主要是指氢氧化铍的不同制备方法。铍冶炼的原则流程如图10-3所示。

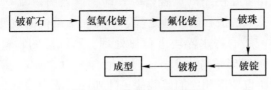

图10-3　铍冶金工艺流程

10.2.1.1　氢氧化铍的制备

从矿石中提取氢氧化铍的生产方法大体可分为氟化法、硫酸法、硫酸—萃取法和硫酸—水解法。

A　氟化法[149]

将70%通过200目的绿柱石矿粉与硅氟酸钠（Na_2SiF_6）、碳酸钠混合，并制团。然后在隧道窑内于750℃下烧结2h，铍变成可溶于水的铍氟酸钠：

$$3BeO \cdot Al_2O_3 \cdot 6SiO_2 + 2Na_2SiF_6 + Na_2CO_3 = 3Na_2BeF_4 + 8SiO_2 + Al_2O_3 + CO_2$$

烧结块磨细，用冷水多级逆流浸出，滤除残渣后，得到含BeO 4~5g/L的铍氟酸钠溶液。然而再加入氢氧化钠溶液，铍氟酸钠水解为氢氧化铍沉淀。

$$Na_2BeF_4 + 2NaOH = Be(OH)_2 \downarrow + 4NaF$$

水解废液中氟化钠浓度较低，不便于蒸发回收，卡威奇（Kawecki）将硫酸铁加入溶液中，生成铁氟酸钠（Na_3FeF_6）沉淀和硫酸钠，氟化钠得以回收。

$$12NaF + Fe_2(SO_4)_3 = 2Na_3FeF_6 \downarrow + 3Na_2SO_4$$

回收的铁氟酸钠返回配料。实际上配料过程中约60%的氟来自回收的铁氟酸钠，其余则需补加硅氟酸钠。

氟化法涉及的是碱性溶液，不存在腐蚀，设备问题容易解决，无特别的除杂质工序，过程简单；缺点是烧结条件控制要求严格，产品中硅含量高，特别是浸出液温度高时，硅显著增高；另外，烧结时氟溢出，加重了防护和环保难度。

美国的卡威奇·铍利可公司（Kawecki Berylco Inc.）和日本NGK公司曾经

用氟化法生产过工业氧化铍。国内曾有过氟化法的小试或半工业试验,目前有四川峨眉山市中山新材料科技有限公司使用该方法生产氧化铍,年产氧化铍400t。国外只有印度采用氟化法生产氧化铍。

氟化法处理的矿物是高品位(BeO>10%)绿柱石矿,低品位矿中一般都含有较多的含钙矿物(石灰石、萤石等)。烧结时,矿物中的钙会生成不溶的铍氟酸钙($CaBeF_4$)而影响铍的浸出。氟化法同样也不适应高氟矿,因为高氟铍矿中的氟主要以氟化钙形式存在。

B 硫酸法[150]

硫酸法分为不加熔剂与加熔剂(碳酸钠或碳酸钙)两种方法。前者即美国布拉什·威尔曼公司曾经使用的流程,后者即德国德古萨(Degussa)流程。布拉什·威尔曼公司硫酸法流程的原理是基于矿物晶形结构的改变,先将绿柱石变成熔体,迅速水淬,然后将水淬块进行热处理。磨细后的物料经浓硫酸酸化以后,铍(硫酸铍)的浸出率高达91%,浸出液含BeO 36g/L,矿石中的铝变成硫酸铝,其他金属杂质也变成相应的硫酸盐,硅则进入渣中被除去。加氨水中和浸出液并降温至20℃以下,硫酸铵和硫酸铝生成溶解度小的铝铵矾晶体,75%的铝被除去。

$$(NH_4)_2SO_4 + Al_2(SO_4)_3 + 24H_2O = (NH_4)_2SO_4 \cdot Al_2(SO_4)_3 \cdot 24H_2O(矾)$$

除铝后的溶液加入络合剂EDTA和氢氧化钠溶液,使铍变成铍酸钠(Na_2BeO_2),煮沸时铍酸钠水解出氢氧化铍沉淀。铝酸钠不水解,铁和其他杂质被络合,均保留在溶液中。

德古萨硫酸法流程的原理是基于绿柱石和碱(碱土)金属碳酸盐在熔化状态下完全变成了一种能被硫酸浸出的复合硅酸盐。

$$3BeO \cdot Al_2O_3 \cdot 6SiO_2 + 6CaCO_3 = 3BeO \cdot Al_2O_3 \cdot 6CaSiO_3 + 6CO_2$$
$$3BeO \cdot Al_2O_3 \cdot 6CaSiO_3 + 12H_2SO_4 = 3BeSO_4 + Al_2(SO_4)_3 +$$
$$6CaSO_4 + 6SiO_2 + 12H_2O$$

硫酸酸化、浸出后的溶液含BeO 12~15g/L,蒸发到一定的浓度后,加入硫酸铵、冷却,溶液中的铝以铝铵矾结晶被除去。

与布拉什·威尔曼公司硫酸法不同的是,除铝后液用分步沉淀的方法,在pH=5,氧化中和除铁;再提高pH=7~8,铍生成$Be(OH)_2$沉淀。虽然其产品质量比布拉什·威尔曼公司硫酸法差一些,但可以满足铍铜合金生产的原料要求。

德古萨法铍的浸出率比布拉什·威尔曼公司硫酸法高,但硫酸的用量是布拉什·威尔曼公司硫酸法的1.6倍。

无论是布拉什·威尔曼公司硫酸法或德古萨法,都以处理高品位绿柱石为基础。布拉什·威尔曼公司进口绿柱石要求氧化铍含量大于11%;德古萨法在处理低品位铍矿时,虽然铍的转化率高,但渣量增大,浸出液含铍低。水口山六厂的经验证明：如果铍矿石品位低于9%，回收率将明显下降。对于高氟矿，则由于氟的存在，在铝铵矾结晶阶段除铝效率下降，较多的铝保留在溶液中，结果最终产品中铝超标。

C 硫酸—萃取法[151-152]

1969年以前铍工业都以绿柱石为原料。绿柱石是一种铍铝硅酸盐，含BeO 10%~12%。它的存在无规则，不易探测，无大型矿床。通常在伟晶岩中出现，作为开采长石、锂辉石、钽铌矿，锡石、钨矿的副产，用手选回收。依赖这种铍资源，可能影响到国防工业的需求，因此美国在20世纪60年代曾对国内各种矿床进行过评价。1969年，美国布拉什·威尔曼公司决定在犹他州开采羟硅铍石矿。这是一种可用酸浸出的水合羟硅铍石矿，含BeO 1%，储量大，可以露天开采。从此，布拉什·威尔曼公司摆脱了对绿柱石资源的依赖。

自犹他州铍资源显露商业开采价值时起，布拉什·威尔曼公司就开始了羟硅铍石提取工艺的研究，1969年9月，用硫酸—萃取法从羟硅铍石矿中提取氢氧化铍的工厂投产。含BeO 1%的矿石用稀硫酸浸出，得到含BeO 1~2g/L、Al_2O_3 7.5~13g/L的浸出液。浸出液用"D2EHPA-煤油"萃取，铍进入有机相（Fe、部分Al也随同进入）：

$$Be^{2+}(水) + 2(HA)_2(有) = BeH_2A_4(有) + 2H^+(水)$$

有机相用$(NH_4)_2CO_3$反萃，Be以$(NH_4)_2Be(CO_3)_2$进入水相（Fe、Al亦随同进入）。将反萃液加热到70℃，Fe和Al变成氢氧化物或碱式碳酸盐沉淀被分离，进一步加热到95℃，铍以碳酸铍或碱式碳酸铍（$2BeCO_3 \cdot Be(OH)_2$）沉淀。在压力容器内打浆，加热到165℃水解产出碱式碳酸铍沉淀和含铍滤液，含铍滤液再加NaOH沉淀得到$Be(OH)_2$。原则工艺流程如图10-4所示。

硫酸—萃取法使铍工业由依赖高品位绿柱石转向可大量开采的低品位矿石，意义重大。

D 硫酸—水解法

哈萨克斯坦乌尔巴冶金厂的铍生产流程原属于硫酸法，同样也因为原料的改变而发生了很大的变化。乌尔巴冶金厂的铍矿石原料来自俄罗斯赤塔地区的五一镇，矿物成分为硅铍石（$4BeO \cdot 2SiO_2 \cdot 4H_2O$）和似晶石（$Be_2SiO_4$），不能直接酸溶。原矿含BeO 1.2%，经选矿后达8%~9%。精矿的成分为：BeO 8%、Al_2O_3 8.7%、Fe_2O_3 11.7%、F 6.7%、Mn 1.1%。乌尔巴冶金厂处理这种矿石的工艺流程如下：

将矿石加5%的碳酸钠在1350℃下熔化，水淬，细磨，矿石中的铍转变成酸可溶铍；然后用硫酸酸化、水浸；铍、铁、铝都转变成相应的硫酸盐进入浸出液，大部分氟以HF或其他可溶氟化物同时进入浸出液；将浸出液加氨水中和，使铍、铁、铝分别生成$Be(OH)_2$、$Fe(OH)_2$、$Fe(OH)_3$、$Al(OH)_3$混合沉淀物；

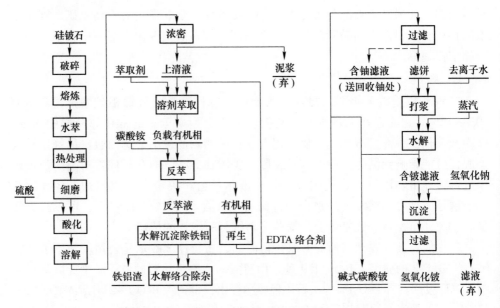

图 10-4 硫酸—萃取生产氢氧化铍原则工艺流程

向混合沉淀物中加入氢氧化钠溶液，Be(OH)$_2$、Al(OH)$_3$ 则生成铍酸钠和偏铝酸钠溶液：

$$Be(OH)_2 + 2NaOH \rel Na_2BeO_2 + 2H_2O$$
$$Al(OH)_3 + NaOH \rel NaAlO_2 + 2H_2O$$

将上述溶液煮沸，铍酸钠水解成 Be(OH)$_2$，铝保留在溶液中，从而实现了铍和铝的分离。据俄罗斯专家称，此方法的回收率达到 95%。

水口山六厂根据俄罗斯专家提供的资料进行了探索，在试验室内走完了上述流程，回收率 85% 左右。主要问题是：碱消耗量大，每吨氧化铍增加成本 6 万元；废水量大，每吨氧化铍约 1000t 废水，其处理费用也会给成本带来压力。

矿石中提取氢氧化铍的生产方法对比见表 10-7。

表 10-7 矿石中提取氢氧化铍的生产方法对比

方法	氟化法	硫酸法		硫酸—萃取法	硫酸—水解法
		布拉什·威尔曼流程	德古萨流程		
特点	浸出液纯度高，无需专门净化	不加熔剂；除铝后溶液加络合剂	加熔剂，除铝后不用络合剂	有机相及反萃沉淀均返回利用	基于硫酸法
适应性	BeO 大于 10%；不适应高氟矿	BeO 大于 11%；不适应高氟矿	BeO 大于 9%；不适应高氟矿	BeO 1% 和锂、氟含量高的矿石	BeO>8%，可处理高氟矿
工艺流程	工艺简单、流程短	流程长	流程长	流程长；易实现连续化、自动化	流程短

方法	氟化法	硫酸法		硫酸—萃取法	硫酸—水解法
		布拉什·威尔曼流程	德古萨流程		
经济性	成本较低，产品质量较差	浸出率 91%	浸出率>91%，成本较低	效率较高，成本低	回收率 95%，成本高
环保性	防护和环境保护难度大	酸液用量少	渣量大	废弃物数量少易于处理	废液量大
应用厂家	印度、四川峨眉山市	布拉什·威尔曼，1969 年前	水口山六厂、新疆富蕴铍业	布拉什·威尔曼，1969 年后	哈萨克斯坦乌尔巴厂

工业 Be(OH)$_2$是生产工业氧化铍、高纯氧化铍、金属铍的原料。我国目前 Be(OH)$_2$冶炼工艺是由德古萨法改进而来，其工艺技术已基本成熟，但因铍矿资源的变化和硫酸工艺本身存在缺陷，导致生产存在诸多问题：工艺能耗高，金属回收率低（特别是随着矿石品位降低，回收率很难达到 60%），Be(OH)$_2$产品质量不稳定，设备腐蚀严重，"三废"治理困难，劳动防护条件差，生产成本高等。

10.2.1.2 金属铍的制备

早期少量纯铍的生产是用氯化铍或氟化铍的电解法，得到鳞片状铍。但具有一定规模的工业生产都是用氟化铍镁热还原法制取[153-161]。

A 铍珠的制备

在铍的冶金制备过程中，将氢氧化铍制备得到氟化铍的过程，及镁还原制备铍珠的过程中，我国和美国布拉什·威尔曼的生产流程（图 10-5）无本质区别，但具体做法上的差异很大。

首先将氢氧化铍和冶炼、加工过程产生的含铍废料用氟氢化铵溶解生产出氟铍化铵溶液。向溶液加入石灰，并加热至 80℃使溶液中的铝沉淀脱除；过滤后向滤液中加硫化钠去除重金属离子，然后将溶液蒸发，冷却结晶和离心分离，产出氟铍化铵晶体进入烘干工序，母液返回蒸发；氟铍化铵加热分解得到氟化铍和氟化铵，氟化铍送下一工序，氟化铵用水吸收达到一定浓度后加配氢氟酸形成氟氢化铵溶液，返回溶解工序使用。

将氟化铍与金属镁一起装入一个直径为 610mm 的石墨坩埚，加热源为高频炉，功率 100kW。每次加入约 120kg 氟化铍、43.5kg 镁，反应周期为 3.5h，炉料先缓慢加热，至 650℃时镁熔化开始与氟化铍反应。在 803℃时氟化铍熔化反应加快，至 900~1000℃时使反应进行完毕。继续升温至 1300℃，使熔化的铍分离出来并且浮到炉渣表面。把熔融的铍倒入石墨收料缸中凝固，然后在球磨中破碎和水浸，使铍珠和氟化镁分离，氟化铍也溶于水中。细粒的铍被氢氟酸溶解。还原工序的直接回收率为 62%，总回收率为 96%~97%。铍珠的成分是铍 97%，镁 1.5%，其他金属杂质 0.2%~0.5%，碳 0.07%，氧化铍 0.1%。

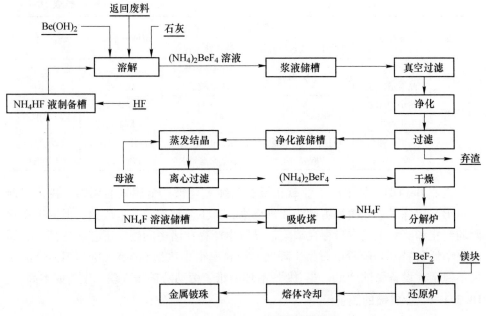

图 10-5 Brush Wellman 金属铍珠流程

我国水口山六厂氟化铍镁热还原法工艺流程如图 10-6 所示。工业氢氧化铍经硫酸溶解，EDTA 络合，除去杂质元素后，得到精制 Be(OH)$_2$；加 HF 溶解，得含 Be 70g/L 的 H$_2$BeF$_4$ 溶液，通入氨气，得到 (NH$_4$)$_2$BeF$_4$ 晶体；将 (NH$_4$)$_2$BeF$_4$ 在中频炉内分解成 BeF$_2$ 和 NH$_4$F，氟化铵进入收尘系统；氟化铍和镁在中频炉内还原，900℃下还原反应顺利进行，最后将温度提高到 1300℃，使金属铍和氟化镁都熔化，铍聚集成块，浮在氟化镁熔体之上，一并倒入铸模冷却成饼状；将渣饼破碎、煮磨、筛分得金属铍珠和氟化镁。

B 氯化铍的熔盐电解

氯化铍熔盐电解法大致分两个步骤：先将氧化铍转化为无水氯化铍，再将氯化铍进行熔盐电解。将氧化铍转化为无水氯化铍时，为了使反应连续，需加木炭与生成的氧化合成 CO：

$$BeO + Cl_2 + C \longrightarrow BeCl_2 + CO \uparrow$$

用焦油作为制团料的黏结剂，也提供了一部分碳。氧化铍、木炭、焦油和水的比例是 50∶60∶53∶53。混合后压块，1000℃煅烧焦化。氯化炉一般呈方形，两侧装有导电的电极板，靠料块的电阻发热，使炉料加热至 700～1000℃进行氯化反应。氯气从底部通入，生成的氯化物从上部一侧导至冷凝器中冷凝得到氯化铍。粗的氯化铍中仍含有一些杂质，如氧化铍和炭粉，通过蒸馏法净化。

氯化铍的电解是在镍制的电解槽中进行。大致等量的氯化铍和氯化钠混合后

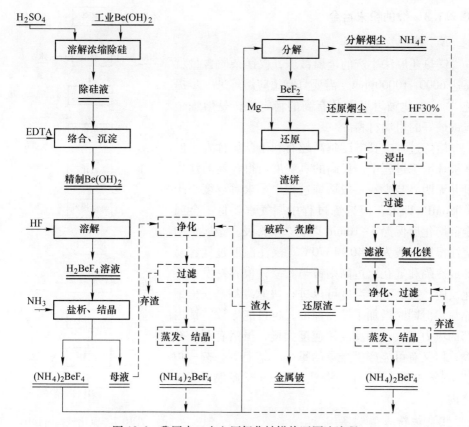

图 10-6 我国水口山六厂氟化铍镁热还原法流程

在坩埚中熔融，350℃下电解。镍坩埚本身作为阴极，石墨为阳极。电解结束后，将带孔的阴极筐从电解槽中取出，电解质从孔中流回到电解槽，将得到的金属铍洗涤、干燥，成为纯净的鳞片铍。原则工艺流程如图 10-7 所示。

从原则上来讲，使用电解法生产的鳞片铍比镁热还原法生产的铍珠更直接，流程短、工艺简单、成本低，其纯度也更高（表 10-8）。但直到 20 世纪 70 年代，这种方法才在工业生产中得到实际应用，目前仅有 Meterion 公司具有该方法规模生产金属铍的能力。

表 10-8 电解法和镁还原法铍产品化学对比 （wt%）

工艺方法	O	Mg	Fe	Al	Ni	Cr	Si
电解法	0.04	0.0003	0.03	—	—	—	0.004
镁还原法	0.1	0.6	0.08	0.02	0.0007	0.001	0.02

注：—表示含量低于检测极限。

10.2.1.3 铍的粉末冶金

A 铍铸锭的制备

镁热还原法生产的金属铍珠，仅镁杂质含量就高达 6000~10000ppm，需要真空感应熔炼进一步提纯[162]。氧化铍坩埚因具有高的稳定性，是熔炼金属铍最好的坩埚材料。

熔炼过程中真空度越高越有利于杂质挥发，但在铍珠冶炼过程中，过高的真空度所得铸锭的镁含量并无明显减少，一般熔炼过程中要求真空度小于 0.086MPa 即可，但熔炼过程中漏气率要低。金属全部熔化后保温 5~10min 以利杂质挥发。金属铍的浇注温度一般为 1340~1370℃。浇注温度过低容易形成冷隔和气孔，过高则铍与石墨铸模容易发生碳化反应。提高浇注温度可以进行快速冷却，获得细晶粒，但同时增加了缩孔深度，也可能导致铸锭内部的应力裂纹；相反浇注速度太慢，虽然有利于补缩，但又有可能产生严重的重叠、结疤等。按一炉装 10kg 铍珠标准计，浇注过程一般控制在 30s 之内。

B 铍粉末的制备

铍属于脆性金属，适于采用机械粉碎法制粉，

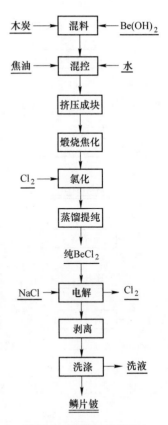

图 10-7　氯化铍的熔盐电解法工艺流程

常用的制粉方法有球磨、圆盘磨、气流冲击和雾化制粉四种。根据对粉末要求的不同，几种制粉方法可以单独使用，也可联合使用。圆盘磨制粉和气流冲击制粉是目前国内外铍粉末生产普遍使用的方法。由于铍有毒，制粉系统必须密闭、通风，防止粉尘外逸。铍的雾化制粉可以制备球形粉末，用来制备大尺寸低氧含量的铍材，美国布拉什·威尔曼公司和哈萨克斯坦的乌尔巴冶金厂均有该方法应用。

a 气流冲击法

气流冲击制粉是 20 世纪 70 年代发展起来的制粉新技术，西北稀有金属材料研究院于 20 世纪 90 年代也自主研究成功了这项技术，并将此先进技术成功应用于铍的制粉生产。现在，气流冲击制粉已成为铍材制备的主要制粉方法。该技术的应用是铍制粉的重大技术突破，也是铍材生产的重大技术进步。采用气流冲击制粉工艺辅之以粉末的酸洗等措施，使粉末质量大为提高，给各类高性能铍材的研制提供了优质粉末保证[163]。

气流冲击制粉具有以下一系列优点：（1）粉末粒形多为等轴形，三维尺寸

差异较小，有利于改善最终产品的各向异性，这对于各向同性要求高的铍材是非常重要的；（2）气流冲击辅之以风力分级易于制取不同粒度分布级别的粉末，尤其是较细级别的粉末；（3）易于去掉粗颗粒，使粉末粒度分布更集中，平均粒径可小于 10μm，利于制取高性能铍材；（4）气流冲击制粉的温度低，粒度表面不易氧化，铍粉末洁净度高，氧含量低于 0.5%，有利于提高铍材的断后伸长率指标；（5）气流冲击制粉工艺稳定，粉末产出率高，并能实现制粉的连续生产。

b 雾化法

惰性气体雾化制粉是将固态铍（包括铍废料）真空熔融后，通过一个小孔流出熔融的铍熔液，然后使用高速氦气/氩气气流吹向铍熔液（铍具有高热容，使用氦气才最有可能获得细晶粒铍颗粒和非稳态快速冷凝结构），将铍熔液雾化破碎成很小的小液滴，冷却后获得球形铍粉颗粒。当雾化气体压力增加时，液体金属直径会减小，制取的粉末颗粒尺寸分布会趋向减小。这种方式生产出的铍粉粒度范围大约为 44~110μm，且粉末中的 BeO 含量很低，粉末的微观结构是多晶的。

雾化制粉取消了传统由熔炼—铸锭—扒皮—切削到研磨成粉末中间极其繁杂的工序，并且必须解决铍活性强，控制液态金属流在喷嘴处凝结，以及铍金属粉末和铍蒸汽毒性防护等问题。目前仅 Materion 公司掌握该方法的工艺生产技术。与气流冲击粉末相比，雾化粉具有三个显著优点：（1）气流冲击制粉获得的是多角形铍粉，雾化制粉制得的是球形颗粒粉末，显著减小或消除因粉末各向异性导致的铍坯各向异性；（2）雾化球形铍粉流动性好和填充密度高，容易实现快速近净形工艺技术（RASF），易于制取复杂形状的铍异型件，尤其适合做大尺寸光学级元器件；（3）雾化粉末纯度高，表面干净，含有较低的 BeO，可以改善光泽度，尤其适合做大尺寸光学级元器件。

C 铍粉末的固结成型

铍的固结成型主要有冷等静压—烧结（CIP-S）、真空热压（VHP）、冷等静压—热等静压（CIP-HIP）、直接热等静压（HIP）、粉末锻压、电火花烧结等方法。这些方法都可以达到铍的近理论密度，但产品性能有所差异。真空热压和热等静压法最为常用。

a 冷等静压—烧结

冷等静压—烧结是最早应用的铍粉成型固结工艺。其原理是将粉末冷等静压预成型后进行真空高温烧结，同样温度下，真空烧结密度高于在氩气气氛中烧结的密度[164,165]。影响烧结制品性能的主要影响因素有烧结气氛、烧结温度及铍粉中 Fe、Al、Si 等杂质的含量。铍粉的烧结温度一般为 1200~1245℃，烧结温度过低，会导致烧结不致密，但是最高不能超过 1250℃，否则容易导致晶粒长大、局部熔化等现象。

冷压烧结铍材相对密度可达 97%~99%，抗拉强度 σ_b 在 150~230MPa 之间，接近标准级热压铍材，延伸率 1% 左右。

冷压烧结用于制取形状复杂、各向同性好的铍产品。采用冷压烧结的方法也可生产高孔隙率的多孔铍材。冷压烧结铍材主要用于对机械性能要求不高的场合，如微型反应堆用铍组件侧铍环。烧结成型后的铍坯还可以用来轧制铍板材、薄板和箔材以及挤压成管材等。

b 真空热压

真空热压是将铍粉末或经冷等静压制成的粉坯装入模具内，然后在真空热压炉内加压烧结的方法。热压工艺周期短、成本低，较冷压烧结有晶粒细、性能优良等优点，因而成为铍粉末固结最常用的固结方法之一。

常用的模具是石墨，因为石墨具有小的热膨胀系数，故在冷却过程中铍材只进行单向收缩。真空热压中石墨模具最大直径达到 560mm，更大直径的模具则需要用镍合金制作，IN-100 合金可以制作 1830mm 的模具。

热压成型工艺、压力等参数根据粉末化学成分及粒度来选择。粉末越纯、粒度越细，则需要的温度更高、压力越大。典型的压制温度在 1000~1200℃ 范围内，压力范围在 0.5~14MPa（主要考虑石墨模具因素）。

真空热压铍材多用于对各向同性要求不高的场合，如微型反应堆上下铍块、气象卫星用铍镜、加工制作其他核能工业元器件。真空热压铍锭还用来轧制铍板。

c 热等静压

将铍粉充填至软钢包套内，经抽空、脱气处理和封焊之后进行热等静压，也可以先经冷等静压，然后再将冷压坯整形放入钢包套中脱气封焊，进行热等静压。铍热等静压工艺参数可选范围较宽，一般在 760~1100℃ 范围都可 HIP 成型得到理论密度达 99% 的材料[165]。

HIP 温度一般根据粉末及产品性能选择，较低的等静压温度能得到较高的强度，但是延伸率有一些损失；相反，较高的温度具有较低的强度，但延展性较好。热等静压成型的最大优点是被压制材料在高温作用下有较好的流动性，且各个方向均匀受压，能在较低温度和压力下得到晶粒度细、氧化物分布均匀和各向同性良好的产品。

采用等静压成型工艺可以制备管、壳、棒等形状复杂、中空、薄壁、大长径比的铍制品，以及接近产品最终形状尺寸的异形件，即所谓的近净形（NNS）产品。近净形（NNS）产品最大程度地减少了切削加工量，节约了昂贵的铍原料。

d 粉末锻造

粉末锻造是将铍粉或冷压粉坯装入包套，经脱气封焊，然后加热到 900~

1100℃进行锻造。锻造制品性能处于压制—烧结品和固体锻件之间。粉末锻造法制作零件比由热压锭直接加工零件用料省、热循环时间短，但制作形状复杂的产品很困难。

10.2.2 主要技术经济指标

我国铍冶金制备过程中主要经济指标见表10-9。

表 10-9 我国铍冶金制备过程中主要经济指标

矿石至氢氧化铍	萃取	萃取率：氧化铍≥98.5%，铁 20%~30%，铝 10%~40%
	洗涤	氧化铍回收率≥96.5%，铝铁去除率 95%~99.5%
	反萃	反萃率≥99%
	水解	氧化铍回收率≥98.5%
	从浸出液到氢氧化铍总收率≥90%	
	部分原材料单耗	氢氧化钠：9.74kg/kg-氧化铍
		草酸：1kg/kg-氧化铍
		硫酸：10.85kg/kg-氧化铍
		有机相：3.61~10.84kg/kg-氧化铍
氢氧化铍到铍珠	氢氧化铍到铍珠直收率≥70%，总收率≥83%	
	部分原材料单耗（原材料计算到$(NH_4)_2BeF_4$为止）	HF：6.8kg/kg-铍珠
		NH_3：2.48kg/kg-铍珠
		H_2O_2：2kg/kg-铍珠
		$(NH_4)_2S$：0.5kg/kg-铍珠
铍珠到铍锭	铍珠到铍锭直收率≥80%，总收率≥84%	
	部分原材料消耗	氧化铍：1.3kg/kg-铍锭
	初步计算，每生产 1kg 铍珠，材料生产成本在 6000 元左右；每生产 1kg 铍锭，材料生产成本在 8500 元左右	
铍锭到铍粉	铍粉制备过程较长，包括扒皮、制屑、冲击、酸洗、烘干等工序，其直收率一般仅有 65%左右，总收率 92%左右。在此过程中主要为防护和动力消耗	

10.2.3 环境及能耗

铍和铍化合物都是有毒的，铍的冶炼、加工过程都存在对人体的危害。而金属铍的冶炼过程相对更加严重一些。铍对人体的危害主要有以下几方面：

（1）铍引起的皮肤病。车间从事铍冶炼作业的人员，其身体暴露部分产生似粟粒大小的小血疹，密集成群，发红灼热奇痒。非暴露部分，如腹部、大腿内侧，可能因衣服污染也会发生类似情况。如果皮肤稍有创伤，则引起溃疡，久治不愈。

（2）急性铍病。短时内吸入高浓的含铍烟气，可能产生气促、胸痛、咳嗽、腹胀、发烧等，但脱离接触后可以治愈。

（3）慢性铍病。从事铍冶炼的人，可能引起慢性铍病，其征状为气促、咳嗽、胸闷、消瘦、乏力。大多数情况下都是不可治愈的。国外认为，吸入含铍粉尘，在某些个体中可引起严重的慢性铍肺病。这是一种高度过敏性疾病，在过敏状态下，可能导致肺炎，甚至肺纤维化，从而有碍肺和血液之间的氧交换。

控制慢性铍病发生的有效方法是加强通风防尘，使作业场所空气中的铍尘浓度不超过 $0.5\mu g/m^3$ （国标），加强含铍废水和各种含铍废弃物的处理。因此，铍生产线防护成本高，占投资成本的 1/3 以上。

10.2.3.1 氧化铍生产过程中环境及能耗

根据计算，在满负荷生产情况下，我国工业氧化铍能耗为 108.1t（标准煤）/t-氧化铍。其中，煤占 66.9%，电占 30%，取水耗能占 3.1%。

氧化铍生产过程中产生的废渣、废水、废气都会对环境产生危害。据报道，我国每生产 1t 氧化铍大约产生硅渣 14t、钒渣 15t、铁渣 0.9t，此外有约 $160m^3$ 的沉淀废液和洗水。部分废渣可以通过回收加以利用。

10.2.3.2 铍珠生产过程中环境及能耗

水口山六厂在复产后的金属铍珠生产过程实现了全程闭路循环生产，产生的废渣循环利用，大大提高了产品收率，减少了环境污染。产生的废渣有母液、渣水回收处理及其他含铍溶液处理过程产生的少量铁渣，合金级铍珠生产过程产生的铁渣等，每年共约 10t。这些废渣都运至污水站经中和后送入渣坝，永久性储存。生产中产生的工艺渣主要是还原渣（成分 MgF_2），每年约 40t，经处理后可以作为商品出售。

10.2.3.3 铍珠到铍铸锭生产过程中环境及能耗

在铍珠经感应熔炼过程中，需要消耗的能耗随产量不同而不同，主要为感应熔炼过程中水电消耗和通风防护系统的能源消耗，平均能耗为 90t（标准煤）/t-铍锭。其中，电占 70%，取水能耗 20%，其他 10%。

在熔炼过程中，会产生大量挥发物、含铍废弃物和废气废水等。因铍珠中镁含量达到 1% 左右，熔炼过程中会产生较多的挥发物、喷溅物。超细挥发物粉尘随排风系统进入过滤装置，喷溅物可以回收利用。含铍废弃物，如铍渣、废坩埚、废真空泵油等含铍废弃物统一标识处理后，送至专门的废渣库深埋。

10.2.3.4 铍锭到铍粉生产过程中环境及能耗

在铍粉制备过程中会产生大量铍粉尘和含铍废弃物，在此过程中要加强劳动防护，产生的含铍废弃物统一标识处理后，送至专门的废渣库深埋。

10.2.3.5 铍粉到铍产品生产过程中环境及能耗

铍粉末到铍产品中主要消耗包括工装模具、防护和动力等。

在铍粉末冶金和产品加工过程中产生大量铍粉尘和含铍废弃物，在此过程中要加强劳动防护，产生的含铍废弃物统一标识处理后，送至专门的废渣库深埋。

10.3 国内相关产品技术的现状及差距

美国铍研究水平与应用研究领域居世界第一位，产量方面美国和哈萨克斯坦相当。我国对铍产业的研究薄弱，铍工业材料制备水平、产品开发能力与应用水平与美国相比较为落后，基础研究和应用研究的深度、广度和水平差距更大。

综合分析我国金属铍产业链的发展历程，应用开发相对较晚，应用量少，对链条前端湿法、火法及粉末冶金工艺技术进步的引领带动作用不强；铍"铸锭源"产品铸造技术落后；缺乏大尺寸铍材制备能力；铍材雾化制粉、增材制造、近净形成型技术和锻造、挤压等致密化技术均处于空白。加之铍毒危害等因素，致使铍冶金工艺技术与专用装备研究开发缺乏深度，以改进为主，创新性不强。特别是铍毒防护技术研究重视度不够、缺乏投入，缺乏系统性、专业化研究防治和高质量高效防护设施配置。

铍冶金与新材料工艺技术与产品全面创新进步迫在眉睫。铍金属提取冶金变革，粉末冶金加工技术升级，强化铍材料应用基础研究与新产品开发高质量创新进步，开拓应用，保障国家高端应用战略需求，是全行业面临的重要任务。

10.4 铍冶金、加工技术与产品发展方向

10.4.1 复杂低品位铍资源高效开发利用

我国数十年工业化快速发展消耗大量资源，金属资源富矿殆尽，复杂低品位矿物资源已成为应用的主体。多年来我国高校、研究院所与矿冶企业围绕多种类型复杂低品位金属资源高效利用开展了广泛系统的研究工作，突破关键技术取得了诸多低品位资源有效利用的矿物加工选冶技术成果和经验。这些新技术成果与经验完全可以引入转化应用于低品位铍矿资源的有效开发利用，并重点实施低品位硅铍石、羟硅铍石（BeO <1%）选冶新技术开发。

10.4.2 集成创新铍选冶先进工艺技术与高效装备

我国自力更生建立了铍金属选—冶—加—材—应用较完整的技术体系与产业体系，积累了较为丰富的经验。但由于铍属特殊小金属品种，在我国应用滞后，导致选、冶、加工艺技术发展迟缓，与美国、前苏联相比尚存明显差距。

我国以湖南水口山六厂、西北稀有金属材料研究院为代表的铍选冶方向广大科技人员自主研究开发了"氟化法、硫酸法、硫酸萃取法、硫酸水解法"等多

种制备氧化铍和"氟化铍镁还原、氯化电解法"等制取金属铍的工艺技术方法。但基础研究相对薄弱、工程技术研究成果集成度不高，已研发的工艺技术对原料的适应性不强，研发、技术、生产、质量、防护、环境综合管理能力较弱，表现出产业水平"流程长、消耗大、收率低、品质差、污染重"。

铍选冶进步应着力的技术方向：

（1）铍选冶工艺技术创新进步需要对现有主体工艺技术和先期研究的多种技术方法实施系统集成与优化提升；

（2）强化基础研究，变革创新性的研发铍冶金新型焙烧、溶浸、提取、金属制备先进工艺技术与方法；

（3）开发以"绿色短流程、低耗低成本、高收率、高品质、有效防护、源头治污、综合循环回收利用"为标志的先进新技术、新方法、新装备；

（4）实施绿色（无氟）、短流程硫酸浸出有机萃取及 $BeCl_2$ 电解新工艺；

（5）实施纯度高于 99.5% 的高纯金属铍珠制备技术。

10.4.3 全面深化铍材加工（粉末冶金）技术、产品、装备体系研究开发

粉末冶金是制取金属粉末或用粉末（金属或金属+非金属）作原料，经成型、烧结制取金属材料、复合材料以及各种类型制品的加工技术。粉末冶金技术是新材料科学中最具活力的冶金技术分支之一，在交通、航空航天、武器、生物、核工业、电子信息、新能源等领域广泛应用。

现代粉末冶金新技术在传统粉末冶金方法基础上融入"热压、热等静压、复压复烧技术和锻、拉、挤加工"等后致密化技术，是实现材料密度、强度高性能，制品形状复杂、低成本制造先进的材料制备技术和新型材料加工新技术方法。

现代粉末冶金新技术在材料加工方向具有实现"细晶化、高组织稳定性、各向均质性"等改进提升材料性能的突出特征，与传统铸锭冶金方法相比还具有近净型、效率高、低成本的比较优势。铍金属材料及加工制品需要承受各种高负荷、几何尺寸复杂、精密度高，加工批量小且有毒性、要求材料利用率高（价格昂贵）加工成本低，因此，粉末冶金技术是铍金属材料冶金、加工制品生产最主要的工艺技术方法，具有高度的实用性和技术改进升级、创新进步的发展潜力。

铍材加工（粉末冶金）进步应着力的技术方向：

（1）武器级、原子能级、惯导级、仪表级、高能物理级产品及对应性工艺技术的科学分级制度研究；

（2）铍粉末冶金技术致密化基础研究及与铍材机械等综合性能关系机理研究；

（3）新型铍电弧熔炼制备高纯度、细晶粒铍熔炼铸锭技术研究；

（4）金属铍雾化制粉技术及粉末粒度、粉型、结构、成分控制技术研究；

（5）金属铍快速近净成型及大尺寸铍材制备及铍材焊接技术研究；

（6）铍及氧化铍的金属基复合材料制备技术研究；

（7）金属铍中氧化铍及微夹杂的行为、成因与控制、去除技术研究；

（8）金属铍粉末冶金与加工过程先进、高效、适应性关键装备的研究开发；

（9）金属铍材料的增材制造工艺技术研究及应用。

10.4.4　研发铍及铍合金技术与新产品、拓展新应用

铍合金熔炼与加工技术进步方向：

（1）电渣重熔 Be-Cu 合金与 Be-Cu 先进水平连铸新技术研究开发；

（2）高精度大卷重 Be-Cu 合金带材制备技术研究开发；

（3）Be-Al 合金精密铸造与粉冶新方法技术研究。

铍及铍合金新产品与应用基础研究方向：

（1）开发满足国防军工、反应堆等战略需求的高端应用高性能铍及铍合金新产品；

（2）推进已纳入国际 ITER 项目采购规范的铍材（第一壁板、FW Be 基座）批量生产技术研究开发；

（3）核爆相机用铍新产品研究与应用开发；

（4）三代核电用锑铍芯块替代进口新产品研究与应用开发；

（5）高端应用铍铜铸锭、板带、管、棒、线材等新产品应用开发；

（6）拓展高性能铍铝合金军民两用应用基础研究新产品开发；

（7）开展铍铝合金雾化制粉工艺技术研究；

（8）开发铍铝合金增材制造工艺技术研究及应用；

（9）铍作为改善合金熔体流动性的合金化元素应用研究开发。

10.4.5　强化铍毒防护技术研究，加强铍作业防护体系建设

（1）铍粉尘、烟尘会对人体产生严重伤害，开展作业过程粉尘安全回收和防燃技术研究和高效、精细、标准化铍作业安全防护技术研究开发；

（2）加强通排风标准化技术措施，作业区、室内外环境铍粉尘达标管理，先进检测技术，人体防护技术，应急处理技术，规章制度管理等铍毒防护体系建设；

（3）开展铍毒对人体侵害的医学和工业卫生及铍职业病防治研究；

（4）开展铍毒性与人体基因组织相关性研究。

参 考 文 献

[1] 谢成. 轧制方式对铌板/箔的微观组织和织构的影响 [D]. 长沙：中南大学，2013.

[2] 余天桃. 父女元素——钽和铌 [J]. 化学世界，2003，44（3）：168.

[3] 刘世友. 高科技的多面手——钽 [J]. 金属世界，1998（2）：5.

[4] 程征，伍喜庆，杨平伟. 我国钽铌矿物资源概况及选矿技术现状与发展 [C]//全国尾矿库安全运行与尾矿综合利用技术高峰论坛，2014.

[5]《中国钽业》编辑委员会，中国有色金属工业协会. 中国钽业 [M]. 北京：冶金工业出版社，2015.

[6]《中国铌业》编辑委员会，中国有色金属工业协会. 中国铌业 [M]. 北京：冶金工业出版社，2015.

[7] 徐娟. 低浓度氢氟酸体系中 MIBK 萃取分离铌钽工艺的基础研究 [D]. 北京：北京化工大学，2010.

[8] 潘兆橹，赵爱醒，潘铁红. 结晶学及矿物学（下）[M]. 北京：地质出版社，1998.

[9] 周德胜，王向东，何季麟. 有色金属进展（铌钽部分）[M]. 长沙：中南工业大学出版社，1995.

[10] 何季麟，张宗国. 中国钽铌工业的现状与发展 [J]. 中国金属通报，2006（48）：2-8.

[11]《有色金属提取冶金手册》编辑委员会. 有色金属提取冶金手册：稀有高熔点金属下册 [M]. 北京：冶金工业出版社，1999：16-68.

[12] Елютин А В，Коршунов В Т. 铌和钽 [M]. 马福康，邱向东，贾厚生，等译. 长沙：中南工业大学出版社，1997.

[13] He Jilin, Zhang Zongguo, Xu Zhongtin. Hydrometallurgical extraction of tantalum and niobium in China [R]. Bulletin N93. Berlin：Tantalum Niobium International Study Centre（T.I.C），1998：1-6.

[14] Miller G L. Tantalum and Niobium [M]. London：Butterworths Scientific Publications，1959：17-66.

[15] 韩建设，周勇. 钽锭萃取分离工艺与设备进展 [J]. 稀有金属与硬质合金，2004，32（2）：15-20.

[16] 郭青蔚，王肇信. 现代铌钽冶金 [M]. 北京：冶金工业出版社，2009：429，455.

[17] 中国有色金属工业协会，中南大学，中国铝业公司. 有色金属进展（1996—2005）第五卷 稀有金属和贵金属 [M]. 长沙：中南大学出版社，2007：11，112，212-214.

[18] 刘红东，等. 高比容钽粉新进展 [J]. 稀有金属，2003，27（1）：35.

[19] 胡小峰，等. 钽粉制备工艺研究进展 [J]. 材料导报，2005，19（10）：97.

[20] 何季麟. 世界钽粉生产工艺发展 [J]. 中国工程科学，2001，3（12）：86-89.

[21] 何季麟. 高比容钽粉关键技术及应用开发研究 [J]. 材料导报，2000，14（5）：8-9.

[22] 万庆峰. 微量掺杂元素对钽丝组织和性能的影响 [D]. 长沙：中南大学，2008.

[23] 吴全兴. 电容器用铌粉和钽粉制备技术进展 [J]. 稀有金属快报，2006，25（6）：1-5.

[24] 何季麟，李海军，张学清. 等离子诱导合成纳米钽粉研究 [C]//中国有色金属协会粉末冶金分会论文集，2005：1-5.

[25] 朱鸿民，何季麟，乔芝郁. 微细钽和/或铌粉末的处理方法和由该方法制得的粉末［P］. CN1449879，2003-10-22.

[26] 何季麟，等. 电容器级钽粉关键技术与开发研究［J］. 中国材料进展，2014（z1）：546.

[27] 矢野又三郎. 烧结型电解コンデンサの製法［P］. 昭52-4146 5，1977-10-01.

[28] 潘伦桃，李彬，郑爱国，等. 钽在集成电路中的应用［J］. 稀有金属，2003，27（1）：28-34.

[29] 韩刚，上野友典. 日立金属株式会社. 粉末原料的制造方法及其靶材的制造方法［P］. 2001-342506（日），2001-12-14.

[30] 叶雷，重庆润泽医药有限公司. 一种医用钽粉及其制备方法［P］. CN 102909365，2013-02-06.

[31] 王晓君，陈战乾，陈峰，等. 电子束冷床炉熔炼技术［C］//中国有色金属工业协会钛锆铪分会2007年年会，2007.

[32] 周宏明，郑诗礼，张懿. 钽铌湿法冶金技术概况及发展趋势探讨［J］. 现代化工，2005，25（4）：16-19.

[33] Cabot Corporation. Process for producing niobium and tantalum compounds［P］. US 6338832B1，2002-01-15.

[34] Hermann C. Starck GmbH & Co. K G. Process for the recovery and separation of tantalum and niobium［P］. US 5209910，1993-05-11.

[35] Hermann C. Starck Berlin. Process for the recovery of hydrofluoric acid and depositable residues during treatment of niobium-and/or tantalumcontaining raw materials［P］. US 4309389，1982-01-05.

[36] 王伟，李辉，郑培生. 低品位钽铌原料的湿法冶金新工艺研究［C］//中国材料研讨会暨2008′中国粉末冶金新技术及难熔金属粉末冶金会议，2008：31-36.

[37] 刘俊荣，胡根火，李奇超，等. 碳还原法制取金属铌的还原设备发展与进步［J］. 稀有金属与硬质合金，2017（1）：4-7.

[38] 钟海云，王如珍，冯水富. 铝热法还原五氧化二铌［J］. 中南矿冶学院学报，1987（4）：72-76.

[39] 王才明，肖维超，周丽. 铝热还原法生产铌铁合金中影响铌收率的因素分析［J］. 稀有金属与硬质合金，2005，33（1）：55-56.

[40] 董秀春. 高纯铌的生产工艺［C］//中国有色金属学会稀有金属冶金学会1996年年会，1996.

[41] 何文萍，刘成钢，刘玉宝，等. 高钛富铌渣冶炼铌铁合金的研究［J］. 有色金属（冶炼部分），2014（11）：57-59.

[42] 王肇信，等. 钽铌冶金学［M］. 北京：稀有金属冶金学会钽铌冶金专业委员会，1998：5.

[43] 吴铭，等. 钽、铌冶金工艺学［M］. 北京：中国有色金属工业总公司职工教育教材编审办公室，1986：163.

[44] 吴铭，等. 钽、铌冶金工艺学［M］. 北京：冶金工业出版社，1999：163.

[45] Okabe T H, Waseda Y. Producing titanium through an electronically mediated reaction［J］.

J. Mctals，1997，49（6）：28.

［46］杨国启，等．电容器级高比容钽粉工艺研究进展［J］．湖南有色金属，2014，30
（1）：49.

［47］国际钽铌研究中心，刘贵材，娄燕雄．钽铌译文集：国际钽铌研究的发展和趋势［M］.
长沙：中南大学出版社，2009.

［48］李海军，等．还原氧化钽和氧化铌制备电容器用粉末的方法评述［J］．稀有金属快报，
2007，26（10）：7-8.

［49］钟海云．碳还原—高温烧结法制取高质量钽粉［J］．中南矿冶学院学报，1981
（4）：130.

［50］钟海云，苏鹏拇，王如珍．碳还原—高温烧结法制取高质量电容器用钽粉的研究［J］.
中南大学学报：自然科学版，1985（1）：14-21.

［51］钟海云，王如珍．碳还原法制取高压、高比容（63V 2800μFV/g）钽粉的研究［J］．上
海有色金属，1988（3）：9-15.

［52］刘银元．高压电解电容器用钽粉的制备［D］．长沙：中南大学，2011.

［53］钟海云，中南工业大学．碳还原法制取高压高比容钽粉［P］．CN1018736B，1992-10-21.

［54］Kumar P. Method of making powders and products of tantalum and niobium［P］. US 5242481
A，1993.

［55］Baba M，Ono Y，Suzuki R O. Tantalum and niobium powder preparation from their oxides by
calciothermic reduction in the molten $CaCl_2$［J］. Journal of Physics & Chemistry of Solids，
2005，66（2）：466-470.

［56］Li H，Li H，Pan L. Evaluation of processes for preparation tantalum/niobium powder for capac-
itor by reducing Ta_2O_5/Nb_2O_5［J］. Rare Metals Letters，2007（10）：7-13.

［57］Okabe T H，Park I，Jacob K T，et al. Production of niobium powder by electronically mediated
reaction（EMR）using calcium as a reductant［J］. Journal of Alloys & Compounds，1999，
288（1）：200-210.

［58］Luidold S，Antrekowitsch H，Ressel R. Production of niobium powder by magnesiothermic re-
duction of niobium oxides in a cyclone reactor［J］. International Journal of Refractory Metals &
Hard Materials，2007，25（5）：423-432.

［59］Park I，Okabe T H，Waseda Y，et al. Semi-continuous production of niobium powder by mag-
nesiothermic reduction of Nb_2O_5［J］. Materials Transactions，2001，42（5）：850-855.

［60］Rogachev A，Bezryadin A. Superconducting properties of polycrystalline Nb nanowirestemplated
by carbon nanotubes［J］. Applied Physics Leters，2003，83（3）：12-14.

［61］殷为宏．中国铌加工工业和铌制品［J］．稀有金属材料与工程，1998，27（1）：1-8.

［62］王娜，黄凯，曹战民，等．钠热还原法制备金属铌粉［C］//全国冶金物理化学学术会议
专辑，2010.

［63］王娜，朱鸿民．熔盐钠热还原 $NbCl_5$ 制备金属铌粉［J］．有色金属（冶炼部分），2012
（7）：44-47.

［64］王娜，胡启晨，张垚，等．钠热还原法制备铌铝金属间化合物粉末［J］．粉末冶金材料
科学与工程，2013（2）：281-289.

［65］ Loffelholz J, Behrens F. Niobium powder and a process for the production of niobium and/or tantalum powders ［P］. US6136062, 2000.

［66］ 日本化学会. 稀有金属制取 ［M］. 董万堂译, 宋克复校. 北京：中国工业出版社, 1978：78-82.

［67］ Okabe T H, Iwata S, Imagunbai M, et al. Production of niobium powder by preform reduction process using various fluxes and alloy reductant ［J］. Transactions of the Iron & Steel Institute of Japan, 2007, 44 （2）：285-293.

［68］ Brar L K, Singla G, Kaur N, et al. Thermal stability and structural properties of Ta nanopowder synthesized via simultaneous reduction of Ta_2O_5 by hydrogen and carbon ［J］. Journal of Thermal Analysis & Calorimetry, 2014, 119 （1）：1-8.

［69］ 张波, 刘承军, 姜茂发. 白云鄂博尾矿中有价金属氧化物的选择性还原与富集 ［C］//中国稀土学会 2017 学术年会摘要集, 2017.

［70］ 李运良, 吴炳乾. 碳热还原法制取钽铌合金的某些基础研究 ［J］. 江西理工大学学报, 1989 （3）：103-108.

［71］ Arurault L, Bouteillon J, De Lepinay J, et al. Electrochemical properties of $NbCl_5$ or K_2NbF_7 dissolved in NaCl-KCl equimolar mixture ［J］. Materials Science Forum, 1991, 73-75：305-312.

［72］ Nakagawa I, Hirabayashi Y. Electrochemical study of a soluble niobium anode in molten salts ［J］. Journal of the Less Common Metals, 1982, 83 （2）：155-168.

［73］ Arurault L, Bouteillon J, Poignet J C. Electrochemical study of the reduction of solutions obtained several hours after dissolving K_2NbF_7 in molten NaCl-KCl at 750℃ ［J］. Town Planning Review, 1995, 78 （10）.

［74］ Roger Barnett, Kamal Tripuraneni Kilby, Derek J. Fray. Reduction of tantalum pentoxide using graphite and tin-oxide-based anodes via, the FFC-Cambridge process ［J］. Metallurgical & Materials Transactions B, 2009, 40 （2）：150-157.

［75］ 谢大海, 王兴庆, 陈发允. 熔盐电脱氧制备金属铌的研究 ［J］. 上海金属, 2011, 33 （2）：23-27.

［76］ 李海滨. 熔盐电脱氧制备铌影响因素的研究 ［D］. 沈阳：东北大学, 2006.

［77］ 邓丽琴, 许茜, 马涛, 等. 电脱氧法制铌用 Nb_2O_5 阴极活性的改进 ［J］. 金属学报, 2005, 41 （5）：551-555.

［78］ 邓丽琴, 许茜, 李兵, 等. 电脱氧法由 Nb_2O_5 直接制备金属铌 ［J］. 中国有色金属学报, 2005, 15 （4）：541-545.

［79］ Yan X Y, Fray D J. Direct elect rochemical reduction of niobium pentoxide to niobium metal in a eutectic of $CaCl_2$-NaCl melt ［A］. Schneider W. Light Metals ［J］. USA, Wolfgang Schneider, 2002：5-10.

［80］ Yan X Y, Fray D J. Production of niobium powder by direct electrochemical reduction of solid Nb_2O_5 in a eutectic $CaCl_2$-NaCl melt ［J］. Metall Trans B, 2002, 33：685-693.

［81］ 陈朝轶, 李军旗, 蒲锐, 等. 金属铌制备工艺的发展趋势 ［C］//冶金反应工程学学术会议, 2010.

［82］鲁雄刚，周国治，丁伟中，等．带电粒子流控制技术在冶金过程中的应用及前景［J］．钢铁研究学报，2003，15（5）：69-73．

［83］Zhang Yi, Li Zuohu, Qi Tao. Green chemistry of chromate cleaner production［J］. Chinese Journal of Chemistry, 1999, 17（3）：258-266.

［84］周宏明，郑诗礼，张懿．KOH 亚熔盐浸出低品位难分解钽铌矿的实验［J］．过程工程学报，2003，3（5）：459-463．

［85］王晓辉，郑诗礼，徐红彬，等．KOH 熔盐法处理低品位难分解钽铌矿的实验研究［C］//全国冶金物理化学学术会议专辑，2008．

［86］聂大钧．铍粉末冶金与加工技术［M］．北京：中国有色金属工业总公司职工教育教材编辑办公室，1986．

［87］吴源道．铍——性质、生产和应用［M］．北京：冶金工业出版社，1986．

［88］张鸿金．加强铍材研究贡献航天事业［C］//中国有色金属工业企业管理现代化成果、优秀论文专集，2003：30-31．

［89］稀有金属编辑委员会．稀有金属手册（下册）［M］．北京：冶金工业出版社，1995．

［90］王云贵，李振军．铍//有色金属进展·第 5 卷《稀有金属与贵金属》［M］．北京：冶金工业出版社，2005．

［91］高陇桥．氧化铍陶瓷［M］．北京：冶金工业出版社，2006．

［92］聂大钧．铍、锆、铪及其合金材料［M］//中国工程材料大典·第 5 卷·有色金属工程材料．北京：化学工业出版社，2005．

［93］聂大钧，孙本双，李振军．有色金属进展稀有金属与贵金属——铍［M］．长沙：中南工业大学出版社，1995．

［94］王云贵，李静，李振军．铍工业现状与可持续发展［C］//第五届全国稀有金属学术交流会论文集，长沙：中南大学出版社，2006．

［95］聂大钧，孙本双，李振军．世界铍工业发展状况［J］．稀有金属，1997，21（增刊二）：297-301．

［96］钟景明，许德美，王战宏，等．金属铍的应用进展［C］//稀有金属冶金学术委员会全体委员工作会议暨全国稀有金属学术交流会，2013．

［97］王仁财，邢佳韵，彭浩．美国铍资源战略启示［J］．中国矿业，2014（10）：21-24．

［98］马世光，戴富强．当前我国铍工业的形势和任务［J］．稀有金属，1997，21（增刊二）：289-291．

［99］钟景明，许德美，李春光，等．金属铍的应用进展［J］．中国材料进展，2014（z1）：568-575．

［100］黄伯云，李成功，石力开，等．中国材料工程大典——有色金属材料工程［M］．北京：化学工业出版社，2006．

［101］孙书祺．惯性仪器结构的理想材料——铍［J］．中国航天，1992（1）：44-47．

［102］马晋辰.加快 Be 材应用步伐［J］．航天工艺，1997（4）：46-47．

［103］Nuclear Weapon Archive. Advanced Inertial Reference Sphere［EB /OL］. 1997-10-22. http: //nuclearweaponarchive. org /Usa /Weapons/Airs. Html.

［104］王宜晓，刘晓恩．美国"民兵"3 和"三叉戟"2 导弹改进计划综述［J］．中国航天，

2011（6）：35-37.

[105] Roskill Information Services Ltd. The Economics of Beryllium [M]. London：Roskill Information Services Ltd, 2001：111-117.

[106] 王燕，朱松. 美国国家导弹防御系统发展研究 [J]. 航空兵器，2003（4）：31-34.

[107] Kennedy D. No Matter Where You Look, Beryllium Improves the Way We Live [EB /OL]. [2010-6-9]. http：//www. Beryllium. com/sites/default /files/pdfs/PDF% 20for% 20Uses% 20&% 20Apps. Pdf.

[108] Goldberg A. Atomic, Crystal, Elastic, Thermal, Nuclear, and Other Properties of Beryllium, UCRL-TR-224850 [R]. Livermore, CA：Lawrence Livermore National Laboratory，2006.

[109] Skillern G G, R Hollman R, KulKarni K M. Near-net-shape beryllium structural helicopter parts [J]. Metal Power Report, 1992, 47（10）：36-39.

[110] Clement P. How the beryllium industry is building new markets by applying isostatic processing technologies [C]// Proceedings of the 4th International Conference on Isostatic Pressing. Shrewsbury, UK：Metal Powder Report Publishing Services Ltd, 1990：18. 1-18. 11.

[111] Lee B. The telescope that ate astronomy [J]. Nature, 2010, 467：1028-1030.

[112] Hardesty R E, Decker T A. Design and producibility of precision beryllium structures for spacecraft applications [C]//Ealey M A. Proc SPIE Vol. 2543, Silicon Carbide Materials for Optics and Precision Structures. Bellingham, Washington：Society of PhotoOptical Instrumentation Engineers, 1995：104-126.

[113] 钟景明，许德美，李峰，等. 铍及铍合金技术进展 [C]//中国工程科技论坛第 151 场——粉末冶金科学与技术发展前沿论坛，2012.

[114] Houska C. Beryllium in aluminum and magnesium alloys [J]. Metals and Materials Magazine, 1988, 4（2）：100-103.

[115] Bermingham M J, McDonald S D, St John D H, et al. Beryllium as a grain refiner in titanium alloys [J]. Journal of Alloys and Compounds, 2009, 481（1-2）：L20-L23.

[116] 董超群，易均平. 铍铜合金市场与应用前景展望 [J]. 稀有金属，2005，29（3）：350-356.

[117] 陈乐平，周全. 铍铜合金的研究进展及应用 [J]. 热加工工艺，2009，38（22）：14-18.

[118] 朱兴水. 高等级铍铜合金的应用与发展趋势 [J]. 科技创新导报，2014，11（4）：81-82.

[119] 刘孝宁，马世光. 铍铝合金的研究与应用 [J]. 稀有金属，2003，27（1）：62-65.

[120] 马玲，赵双群. 铍铝合金的研究进展 [J]. 材料导报，2005，19（f11）：431-433.

[121] 孙钟景，李军义，王东新，等. 铍铝合金的制备工艺与应用进展 [C]//全国粉末冶金学术会议暨海峡两岸粉末冶金技术研讨会，2015.

[122] 许德美，李峰，王战宏，等. 粉末热等静压和铸造 Be-Al 合金的室温拉伸断裂机理 [J]. 中国有色金属学报，2009，19（12）：2128-2135.

[123] 孙本双. 铍的应用进展 [J]. 稀有金属，1995（2）：127-131.

[124] 别里雅夫 P A. 氧化铍 [M]. 高陇桥，译. 北京：国防工业出版社，1985.

[125] 李文芳，黄小忠，杨兵初，等. 氧化铍陶瓷的应用综述 [J]. 轻金属，2010（2）：20-23.

[126] 赵世柯，尹文学，赵建东，等. 氧化铍陶瓷材料的性能及应用 [C]//陶瓷—金属封接技术进步和应用研讨会论文集，2004：24-27.

[127] 聂大钧，孙本双，宋兴海，刘丽华. 铍工艺进展 [M]. 北京：冶金工业出版社，1995.

[128] 宁夏有色金属研究所. 铍的应用 [M]. 北京：冶金工业出版社，1973.

[129] 许德美，秦高梧，李峰，等. BeO 杂质形态对金属铍力学性能的影响 [J]. 中国有色金属学报，2010，21（4）：669-776.

[130] 王凤岐. 国外铍资源开发动态 [J]. 矿产保护与利用，1986（1）：58.

[131] 张玲，林德松. 我国稀有金属资源现状分析 [J]. 地质与勘探，2004，40（1）：26-30.

[132] 张霄. 新疆铍矿资源找矿类型浅议 [J]. 新疆有色金属，2016，39（4）：19-22.

[133] 何建璋. 可可拓海三号脉铍矿石的综合利用 [J]. 新疆有色金属，2003（4）：22-24.

[134] 李爱民，蒋进光，王晖，等. 含铍矿物浮选研究现状与展望 [J]. 稀有金属与硬质合金，2008，36（3）：58-61.

[135] 李卫. 高氟铍矿石的冶炼工艺研究 [D]. 长沙：中南大学，2006.

[136] 蒋剑刚，蒋进光. 从含铍矿石中提取铍的研究现状 [J]. 稀有金属与硬质合金，2009（1）：40-44.

[137] 全俊，李诚星. 我国铍冶金工艺发展概况 [J]. 稀有金属与硬质合金，2002，30（3）：48-49.

[138] 张友寿，秦有钧，吴东周，等. 铍的粉末冶金技术及焊接研究进展 [J]. 焊接学报，2001，22（5）：93-96.

[139] 孙本双. 铍粉末冶金技术进展 [J]. 粉末冶金技术，1994，12（2）：126-130.

[140] 王战宏，钟景明，王莉，等. ITER 第一壁板用真空热压铍材研究 [C]//中国工程院化工、冶金与材料工学部学术会议，2009.

[141] 张建利，罗天勇. 采用等离子辅助旋转电极制备铍金属小球的方法 [P]. CN 101352757 A，2009.

[142] 冯勇进，冯开明，张建利. 中子倍增材料铍小球的 REP 制备工艺研究 [C]//中国核科学技术进展报告，2011.

[143] 雷仙. 铍小球压缩力学性质的数值模拟研究 [J]. 信息通信，2016（7）：15-17.

[144] Pinto N P. Comminution and consolidation [M]//Floyd D R, Lowe J N. Beryllium Science and Technology Vol. 2. New York：A Division of Plenum Publishing Corporation，1979：13-28.

[145] London G J. Alloys and composites [M]//Floyd D R, Lowe J N. Beryllium Science and Technology Vol. 2. New York：A Division of Plenum Publishing Corporation，1979：297-317.

[146] Hausner H H. Beryllium, Its Metallurgy and Properties [M]. California：University of California Press，1965.

[147] Geological Survey. Minerals Yearbook-Beryllium, 1995-2008 [M]. Washington：U. S. Geological Survey，1996-2009.

［148］李卫，叶红齐，刘振国. 含氟铍矿石冶炼过程中氟的分离工艺研究［J］. 有色金属（冶炼部分），2004（2）：23-25.

［149］俞集良. 从德古萨到犹他——论硫酸法制取氢氧化铍的进展及低品位铍矿物处理［J］. 中国有色冶金，1981（7）：29-33.

［150］夏国定，段春才. 硫酸—萃取法制取氧化铍工艺研究［J］. 新疆有色金属，1990（3）：10-15.

［151］翁鸿蒙. 硫酸—萃取法制取氧化铍工艺研究取得重要成果［J］. 新疆有色金属，2012（2）：58.

［152］Sharma B P, Paul C M, Sundaram C V. Beryllium powder metallurgy［C］//International Conference on Powder Metallurgy and Related High Temperature Materials, Bombay, India, 1983: 14-17.

［153］Nardone V C, Gaeosshen T J. Evaluation of the tensile and fatigue behavior of a powder metallurgy beryllium/aluminum alloy［J］. Journal of Materials Science, 1997, 32: 2549.

［154］Willians B. Beryllium production at Brush Wellman, Elmore［J］. Metal Powder Report, 1986（9）: 671-675.

［155］Kumar K, Mecarthy J, Petri F, et al. Materials Research for Abdvanced Inertial Instrumentation Task 1: Dimensional Stability of Gyroscope Structure Materials［R］. AD-A098165, 1980.

［156］Skillern C G, Hollman R R, Kulkarni. Near-net-shape beryllium structural helicopter parts［J］. Metal Powder Report, 1992（10）: 36-39.

［157］Kupriyanov I B, Gorokhov V A, Nikolaev G N, et al. Research and development of radiation beryllium grades for nuclear fusion applications［J］. Journal of Nuclear Materials, 1996, 18（4）: 886-890.

［158］Lemon D D, Brown W F. Fracture toughness of hot-pressed beryllium［J］. Journal of Testing and Evaluation, 1985, 13（2）: 152-161.

［159］Hashiguchi D H, Clement T P, Marder J M. Properties of beryllium consolidated by several near-net shape processes［J］. Journal of Materials Shaping Technology, 1989, 7（1）23-31.

［160］Goldber A. Beryllium Manufacturing Processes, UCRL-TR-222539［R］. Livermore: Lawrence Livermore National Laboratory, 2006.

［161］李百治，张新建. 铍铜真空熔炼半连续铸锭工艺研究［C］//现代有色金属连铸技术交流会，1996.

［162］陈启董，郭文利，戚利强. 高速气流冲击法制备陶瓷-金属复合粉体［J］. 中国粉体技术，2015，21（1）：77-81.

［163］孙本双，宋兴海. 等静压技术正在促进铍的应用和发展［J］. 稀有金属与硬质合金，1995（1）：34-39.

［164］窦健敏. 铍粉的等静压技术［J］. 稀有金属，1993（4）：20.

［165］宋兴海，孙本双. 铍的冷热等静压［J］. 稀有金属与硬质合金，1994（1）：22-25.

锂铷铯篇

11 锂 冶 金

11.1 锂冶金概况

11.1.1 需求和应用

锂是自然界中最轻的金属元素，相关产品在高能电池、航空航天、核聚变发电等领域具有重要用途，被誉为"推动世界前进的重要元素"。近年来随着战略地位的凸显，锂资源受到世界各国的重视。加快锂资源开发，提高锂产业水平，是现阶段我国锂工业发展的主要任务[1,2]。

锂产业链如图 11-1 所示。

产业链上游		产品链中游	产业链下游
原材料	基础锂产品	深加工锂产品	
		金属锂制品	深加工锂化合物

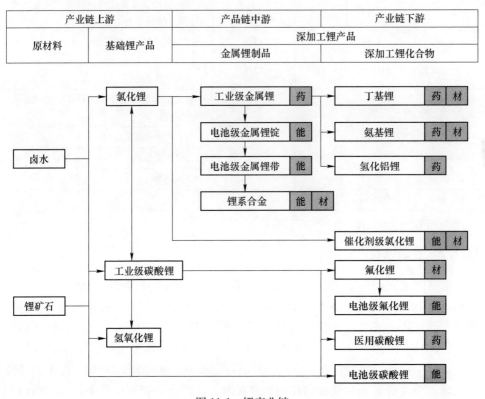

图 11-1　锂产业链

受 3C 与新能源汽车的持续拉动，近几年中国锂消费呈现 15% 的年均增速。根据锂业分会统计，2016 年我国消费总量达到 9.24 万吨，同比增长 17%（表 11-1）。

表 11-1　2012~2016 年中国锂消费（折合碳酸锂当量，万吨）

年份	2012	2013	2014	2015	2016
消费	5.50	6.30	6.58	7.87	9.24

从消费结构上看（表 11-2），2016 年锂在电池领域消费比例已经达到 61%，占据市场绝对份额；润滑脂方面的份额已经下降到 6%。玻璃陶瓷行业主要是进口澳洲矿石及工业级产品在该领域的应用，随着进口量总量增加，应用进一步增加。

表 11-2　2016 年中国锂消费结构

应用领域	用量/t	占比/%	2015 年占比/%	说　明
电池	55944	61	50.9	含电池级碳酸锂应用；部分氢氧化锂用于三元材料和六氟磷酸锂；工业级碳酸锂加工生产六氟磷酸锂、高纯碳酸锂等；工业级碳酸锂制备氯化锂，再加工成金属锂带，应用在一次性电池领域
润滑脂	5280	6	15.3	氢氧化锂多用于润滑脂领域
玻璃陶瓷	10000	11	12.8	进口部分锂辉石原料以及部分工业级碳酸锂的应用
医药	8304	9	8.2	氢氧化锂部分用于医药产业；金属锂多用于医药行业
染料、吸附剂	1760	2	5.1	氢氧化锂产品的应用
催化剂	3460	4	4.2	金属锂部分用于石油行业的催化剂
其他	7690	8	3.5	电解铝等行业
合计	92438	100	100	

数据来源：锂业分会。

11.1.2　资源情况

据美国地质调查局 2017 年的报告，全球已查明锂资源量约 4700 万吨（金属量），锂储量约 1400 万吨[3]，主要集中在南美的智利、阿根廷和玻利维亚，为盐湖卤水型；其次是澳大利亚和加拿大，为硬岩型锂辉石；中国卤水型和硬岩型两者都有，且资源储量巨大，锂资源量 700 万吨，锂储量 320 万吨，居世界第四。

从资源储量的角度来看，中国锂矿石储量丰富，占全球的 10%，锂矿石产能占全球 12%。锂矿石主要分布在四川和江西。江西宜春钽铌矿是中国最大的钽铌锂原料生产基地，四川已探明的锂矿石资源占全国锂矿石资源的 60% 以上。

我国锂矿的主要工业类型如下：

（1）花岗伟晶岩型（锂辉石矿）。新疆可可托海锂铍铌钽矿床，四川甘孜的呷基卡锂铍矿，四川阿坝的观音桥、金川、马尔康等矿。边界品位 0.4% ~ 0.6%，最低工业品位 0.8% ~ 1.1%；伴生矿高于 0.2%。四川省呷基卡伟晶岩型锂辉石矿床是世界上最好的锂辉石矿床之一，氧化锂含量 1.28%，探明锂资源储量 103 万吨。

（2）碱性花岗岩型（锂云母矿）。江西宜春四一四钽（铌）-锂矿床等。边界品位 0.5% ~ 0.7%，最低工业品位 0.9% ~ 1.2%；伴生矿 > 0.3%。

（3）盐湖（卤水）型。我国盐湖卤水中锂的含量从北（柴达木盆地）向南（西藏）逐渐增大。锂的平均含量：柴达木盆地盐湖 67.8mg/L、可可西里盐湖 73.7mg/L、西藏盐湖 264mg/L。整体上讲，西藏、可可西里和柴达木盆地盐湖共有 5 个高锂分布区，包括扎布耶、结则茶卡、龙木措、察尔汗、一里坪、东西台吉乃尔、涩聂湖和别勒滩等盐湖。

中国锂矿资源量、储量及其主要分布见表 11-3。

表 11-3 中国锂矿资源量、储量及其主要分布

地区	矿区数	基础储量	储量	资源量	查明资源储量
单位：Li$_2$O，万吨					
全国	51	79.32	36.62	233.24	312.56
山西	1	—	—	0.05	0.05
内蒙古	1	—	—	4.14	4.14
福建	1	—	—	0.45	0.45
江西	6	39.27	35.12	5.76	45.03
河南	9	—	—	5.72	5.72
湖北	1	1.18	—	0.46	1.64
湖南	3	0.01	0.01	35.53	35.54
四川	16	36.14	1.42	153.11	189.25
贵州	3	—	—	16.26	16.25
新疆	10	2.72	0.07	11.76	14.48
单位：LiCl，万吨					
全国	14	1076.59	371.64	774.60	1851.19
湖北	1	—	—	309.08	309.08
四川	1	—	—	2.33	2.33
西藏	2	0.07	—	0.36	0.43
青海	9	1076.52	371.64	461.73	1538.25
新疆	1	—	—	1.10	1.10

续表 11-3

地区	矿区数	基础储量	储量	资源量	查明资源储量
单位：锂辉石矿，万吨					
全国	7	5.56	2.69	3.81	9.37
江西	2	3.02	2.69	3.19	6.21
四川	1	—	—	0.08	0.08
新疆	4	2.54	—	0.54	3.08
单位：锂云母矿，万吨					
全国	1	38.19	0.98	0.44	38.63
江西	1	38.19	0.98	0.44	38.63

资料来源：全国矿产资源储量通报。

中国的盐湖卤水资源主要集中在青海和西藏，其中西藏扎布耶盐湖是世界上三个锂资源超百万吨的超大型盐湖之一。中国是一个多盐湖的国家，全国多数省区均有古代或现代盐湖分布。现代第四纪盐湖主要分布在我国西北的青海、西藏、新疆和内蒙古四省区，大小盐湖 1000 多个。现代盐湖中储藏着大量国民经济所必需的天然无机盐资源和生物资源，其中最重要的化学元素是钾、硼和锂。中国盐湖锂资源占锂工业储量的 85%，研究盐湖锂资源及其开发技术，意义极为重大[4-6]。

我国锂资源特点主要有以下几点：

（1）资源分布较集中。我国锂辉石主要分布于新疆的可可托海、阿尔泰及四川康定等地；锂云母主要产于江西宜春地区；卤水锂除四川和湖北有少量分布外，主要集中于青海和西藏盐湖中。

（2）卤水锂资源占绝对优势。在世界范围内，卤水锂占锂资源总量的 1/3；而我国卤水锂所占的比例达 79%，是我国锂资源的重要来源。

（3）卤水伴生元素较多。尽管卤水中存在丰富的锂资源，但硼、钾、镁、钠等伴生元素众多，尤其是镁元素的大量存在增加了卤水锂提取的难度。

由于卤水中锂资源储量且成本低于矿石锂的开采，卤水提锂已成为锂资源开采的趋势。卤水中镁锂比值的高低决定了利用卤水资源生产锂盐的可行性以及锂盐产品的生产成本和经济效益。尽管目前国外卤水提锂已占锂来源的 80% 以上，但在我国，由于卤水镁锂比高，加之高原日照不充分，锂产品质量不稳定。现阶段卤水提锂产品只能达到工业级而不能用于锂电池生产[7]，提取技术仍为行业瓶颈，因此矿石提锂依然是锂资源的重要获取途径。

11.1.3 金属产量

我国锂行业发展是以 1958 年新疆锂盐厂的建设为标志，到 2011 年才初具产业规模。目前基本已建立了以矿石提锂、卤水提锂、云母提锂为基础，覆盖碳酸锂、氯化锂、氢氧化锂、金属锂等系列产品的现代基础锂工业，形成了锂行业的完整产业链。2014 年我国锂盐产量首次突破 6 万吨，2016 年，由于锂电等下游用量的增加，国内四川、江西、江苏、青海、山东等地的基础锂盐生产企业共生产碳酸锂 5.34 万吨、单水氢氧化锂 2.5 万吨、氯化锂产量约 1.3 万吨，折合碳酸锂当量约 8.62 万吨。矿石提锂企业利用工艺流程短、技术成熟稳定等优势，依靠国外优质矿源，占据国内锂盐主导地位。

表 11-4　2011~2016 年中国锂供应量　（折合碳酸锂当量，t）

年份	2011	2012	2013	2014	2015	2016
供应量	40900	49080	57360	61862	61381	86200
同比增长	—	20%	17%	8%	-0.8%	21%

数据来源：锂业分会。

截至 2016 年，我国锂盐产能折合碳酸锂当量约 17 万吨，其中卤水提锂产能约 4.5 万吨，其他均为矿石提锂生产线。主要锂盐企业产能见表 11-5。

表 11-5　2016 年中国主要锂企业锂盐产能　　（t）

企 业 名 称	产能
四川天齐锂业股份有限公司	35000
江西赣锋锂业股份有限公司	35000
江苏容汇通用锂业有限公司	8000
西藏矿业发展股份有限公司	5000
青海盐湖佛照蓝科锂业股份有限公司	10000
青海锂业有限公司	10000
山东瑞福锂业有限公司	8000
四川国润新材料有限公司	15000
宜春银锂新能源有限责任公司	2000
四川国理材料有限公司	8000
四川兴晟锂业有限责任公司	6000
阿坝闽锋锂业有限公司	2000
青海恒信融锂业有限公司	20000
江西合纵锂业有限公司	5000
江锂科技有限公司	5000

11.1.4　科技进步

1957 年，在苏联的技术支持下，我国建立了新疆锂盐厂（115 厂），开始了我国锂辉石提锂的工业化生产；1974 在江西宜春建立了江西锂厂（805 厂）。提锂原料从锂云母发展到铁锂云母、磷锂铝石、透锂长石、锂辉石和盐湖卤水。

选矿方面，受智利低成本锂盐冲击，在 20 世纪 90 年代末到 21 世纪初，以碳酸锂为主要产品的锂盐陷入困境，国内矿山的采选生产与技术研发近乎停滞。

2012~2015 年期间，新疆有色金属研究所对四川甲基卡地区的雅江县措拉锂辉石、融达锂辉石以及雅江德扯弄巴矿区的锂辉石试验样品进行了较为详细的试验研究，解决了低温环境下锂辉石与脉石矿物的有效分离，获得了高品位锂辉石精矿和优良的选矿指标[8]。

2004 年开始，可可托海稀有金属选矿厂开始了尾砂粗砂再选的工业生产[9]，对 0.5% 的入选尾砂样，得到锂精矿品位 5.0%、作业回收率 50% 的指标。

我国自 20 世纪 80 年代初期开始进行锂离子电池的研发工作。2000 年以后，深圳比亚迪、深圳比克、天津力神等锂离子电池企业迅速崛起。2004 年，我国锂离子电池年产量达到 8 亿只，约占全球市场份额的 40%；2013 年，我国锂离子电池年产量近 48 亿只，已成为全球电池生产制造大国。新疆有色金属研究所也在此时期在国内率先开发出电池专用级氢氧化锂、无水高氯酸锂、四氯铝锂、磷酸二氢锂等电解质材料并供应市场。

主要问题：

（1）锂资源虽然丰富，但由于国内盐湖资源地处高海拔，环境恶劣，工业基础较差；除西藏盐湖外，其他盐湖镁锂比高，分离难度大，且由于盐湖成分差异，提锂技术通用性差[10]。锂辉石矿资源多位于新疆，四川阿坝、甘孜等自然环境恶劣的高海拔地区，基础设施配套较差，开采难度大。

（2）国内正极材料生产企业众多，行业集中度低，不能产生规模效应，多数企业技术研发以跟随为主，品质稳定性相对较弱，研发投入相对较少。锂离子正极材料的一致性、安全性、循环性，正极材料生产工艺装备水平，与日韩等国相比存在一定差距。

（3）我国动力电池的技术研发、产业规模快速增长，但和国际先进水平还有一定差距。动力电池是新能源汽车产业发展的关键，中国和日本、韩国相比，续航里程和比能量都低 30% ~ 40%，可靠性上也存在差距，电池制造成本偏高[11]。

11.2　锂冶金主要方法

11.2.1　冶金方法及主要技术特点

11.2.1.1　矿石提锂

矿石提理指以锂辉石、锂云母、透锂长石等含锂固体锂矿石为原料，生产碳酸锂和其他锂产品的工艺技术。因锂在矿石中的赋存形式不同，所采用的提锂方法也有所区别，主要有硫酸盐法、硫酸法、石灰石烧结法等，其中应用最广泛的为硫酸法。用硫酸处理焙烧后的锂辉石，得到硫酸锂溶液，基本过程包括焙烧、酸化、浸出、溶液除杂。基本化学反应如下：

$$Li_2O \cdot Al_2O_3 \cdot 4SiO_2 + H_2SO_4 = Li_2SO_4 + H_2O \cdot Al_2O_3 \cdot 4SiO_2$$

经过 50 多年发展，"硫酸法"提锂工艺技术已趋于成熟，由于该工艺所处理的原料为锂辉石精矿，原料化学组成较稳定简单，除主要杂质硅和铝外，其他杂质含量均很低，因而工艺过程易于控制，产品质量稳定可靠，对于生产高品质电池级碳酸锂具有绝对优势。相对于石灰石法而言，硫酸法具有更好的工艺可操作性、更低的能耗、更低的制造成本、更高的收率和更高的产品纯度。

主要工艺过程：将含氧化锂 4.0%~7.5% 的锂辉石精矿在 1075~1250℃下焙烧，焙砂冷却后磨细至 0.15mm，与浓硫酸混合，并于 250℃再焙烧成硫酸锂，然后水浸，加石灰石控制溶液 pH 值在 5 以上，得到含 10% 左右的 Li_2SO_4 溶液；用石灰调 pH 值至 11，加碳酸钠深度脱除钙、镁、铁、铝等杂质，清液蒸发成含 20% 左右 Li_2SO_4 净化液，再加入碳酸钠沉淀碳酸锂。锂回收率一般在 90% 左右，原则工艺流程如图 11-2 所示。

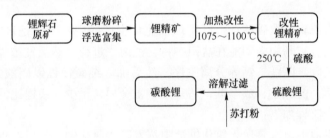

图 11-2　硫酸法生产碳酸锂的工艺流程

硫酸法可处理 Li_2O 含量 1.0%~1.5% 的矿石，以及锂云母和磷铝石[12-14]，但相当数量的硫酸和纯碱变成了价值较低的 Na_2SO_4，因此应尽可能降低硫酸的消耗。

11.2.1.2　卤水提锂

卤水提锂是利用提取钾盐后形成的卤水为原料，经过深度除镁、碳化除杂等工序后生产碳酸锂产品，能耗和生产成本低。盐湖卤水提锂于 1997 年实现工业化生产。国外主要锂生产企业基本都已改用卤水为生产原料，而我国由于资源的特殊情况，以卤水为原料的生产近几年才达到产业阶段。盐湖卤水的存在形式差别很大，按照盐湖类型大体可以分为硫酸盐型盐湖、氯化物性盐湖、碳酸盐型盐湖以及硝酸盐型盐湖。与之相对应，提锂工艺也差别较大[15]。

主要卤水提锂技术比较见表 11-6。

表 11-6 主要卤水提锂技术比较

卤水提锂技术	原 理	技术特点	应用情况
沉淀法	含锂卤水蒸发浓缩,酸化脱硼,分离剩余硼、钙、镁离子;碳酸钠沉淀碳酸锂,干燥生产锂盐产品	工艺简单,技术成熟,能耗低;适合低镁锂比卤水	SQM 白银扎布耶
煅烧浸取法	卤水蒸发浓缩后焙烧得到氧化镁;加水浸取锂,石灰乳除钙、镁;纯碱沉淀烘干得到碳酸锂	可综合利用镁锂资源;设备腐蚀较严重,能耗高	中信国安
溶剂萃取法	适宜的萃取剂直接萃取,进一步除杂、焙烧得到氯化锂产品	适合高镁锂比卤水,设备腐蚀较严重	博华锂业 锦泰锂业
离子交换(吸附)法	用吸附剂从浓缩后的卤水中提锂,用酸洗提,洗提液蒸发浓缩并直接电解	工艺简单,回收率高,适合高镁锂比卤水;吸附剂溶损严重	蓝科锂业
电渗析法	含锂浓缩卤水通过一级或多级电渗析器浓缩,再深度除杂、精制浓缩,转化干燥制取碳酸锂产品	适合高镁锂比盐湖卤水中镁和其他杂质分离,经济实用	青海锂业

A 沉淀法

以卤水为原料制取碳酸锂,已实现工业化生产的主要工艺是自然蒸发浓缩-碳酸钠沉淀法。它利用太阳能在盐田中将含锂卤水进行自然蒸发浓缩到一定浓度后,再通过脱硼、除镁、钙等分离工序,然后加入纯碱使锂以碳酸锂沉淀析出。工艺过程简单、能耗小、成本低,适宜于碱土金属含量少、镁锂比低的卤水。

典型生产流程如下:

首先,将地下卤水泵送入氯化钠池中蒸发除去氯化钠,然后在钾石盐池中蒸发沉淀出氯化钾和剩余的部分氯化钠,并继续蒸发,得到锂含量 6% 的浓缩富锂卤水。然后用盐酸酸化法去除浓缩富锂卤水中 70% 左右的硼。得到的粗硼酸用蒸馏水洗涤后,可得到含量 99.2% 的 H_3BO_3。剩余的硼用有机萃取法使富锂卤水中的硼含量降低到 0.005%,满足制取工业碳酸锂的卤水中硼杂质的含量标准,有机萃取剂用 0.25 mol/L 的氢氧化钠再生利用。

经过两步除硼后的卤水,锂含量为 5.8%,钠含量为 0.07%。用沉淀碳酸锂后的母液按一定比例稀释后,加入 25% 的碳酸钠碱液,控制料液 pH 值为 9.5 进行一次除镁;一次除镁后液加入饱和氢氧化钙溶液,控制混合液 pH 值为 10.2 进行二次除镁,热滤得到精制卤水。最后用 25% 的碳酸钠碱液沉淀碳酸锂,增稠、真空热过滤,滤饼洗涤后烘干,即可得到含量大于 99% 的碳酸锂产品。

B 电渗析法

物理法提取锂是目前比较环保的新工艺,也是盐湖提锂的新方向。中科院青海盐湖研究所将盐田蒸发得到的含锂浓缩卤水，通过一级或多级电渗析器，利用阴、阳一价选择性离子交换膜循环浓缩工艺，获得富锂低镁卤水；再通过深度除杂、精制浓缩、转化干燥制取碳酸锂产品。该工艺解决了高镁锂比盐湖卤水中镁和其他杂质分离的难题，含锂卤水中（Mg^{2+}/Li^+）重量比由（1~300）:1 降为（0.3~10）:1，Li^+ 富集至 2~20g/L，Li^+ 回收率高于 80%，是青海高镁锂比卤水提取碳酸锂的一个经济实用的工艺技术，并已在青海锂业有限公司实现了工业应用。

11.2.2 主要技术经济指标

由于矿石提锂与盐湖提锂技术应用区别较大，且国内盐湖资源禀赋各有不同，导致各家企业每项技术经济指标也有所差距，国内锂生产企业生产的碳酸锂产品的主要经济指标见表 11-7[17]。

表 11-7 碳酸锂企业主要技术经济指标

企业名称	提锂原料	含量/%	产品产率/%	回收率/%	单位产品电耗/kW·h·t⁻¹
白银扎布耶	西藏盐湖	60~80	15	—	500
中信国安	青海盐湖	99	—	50	300
青海锂业	青海盐湖	99.7	85	98	600
容汇锂业	澳洲矿石	≥99.9	60	82	330

11.2.3 环境及能耗

按照 10000t 矿石提碳酸锂生产线的生产能耗计算，主要能耗包括新鲜自来水、煤、蒸汽以及电耗等主要指标（表 11-8）。

表 11-8 碳酸锂能耗计算

序号	名称	规格	年消耗/t·a⁻¹	单耗/t·t⁻¹
1	水	自来水	82182.032	20.5
2	煤	0.27S	2700	0.675
3	电力	380/220V	1320 万 kW·h	0.33kW·h/t
4	蒸汽	0.5MPa、150℃	61330	15.33

资料来源：安泰科。

11.3 国内外冶金方法的比较

从锂的发现以及锂的研究开发来看，锂工业起步于"矿石提锂"，后来随着锂资源的研究开发进展，"卤水提锂"以其独有的成本优势占据了 60% 以上的全球份额[18]。全球卤水提锂产业主要集中在智利和阿根廷，主要由 SQM、FMC、Albemarle 和 Orocobre 四家公司生产，其控制的盐湖自然禀赋好、镁锂比低。我国是唯一主要以矿石提锂技术生产锂盐的国家（原料大部分进口自澳大利亚），国内盐湖提锂企业由于各盐湖禀赋所限，直到近几年技术才有所突破，但产量规模还远小于国外巨头。

由表 11-9 可以看出：国内矿石提锂技术成熟、简单，易于掌握，产品品质稳定可靠，但各项消耗较大，有较大的环保压力，成本高，在高纯碳酸锂生产中有一定优势；国内卤水提锂工艺技术通用性不强，对卤水中各组分的含量要求较苛刻（尤其是镁锂比），产品品质不太稳定，成本低，在低端锂产品生产中两者差别不大。在一段时间内，在高端锂盐产品方面，矿石提锂技术很难被替代，长远看卤水提锂潜力略大。

表 11-9　国内外提锂方法比较

提锂方式	主要工艺	优　点	缺　点	技术水平	生产成本
国内矿石提锂	硫酸法	工艺简单，可处理低品位锂精矿，锂回收率高	酸、碱、煤、电消耗大，成本高，有一定环保问题	一般	高
国内卤水提锂	萃取法	适宜高镁锂比卤水提锂，直接得到高品质氯化锂	流程长，处理量大，原料贵，设备腐蚀严重，有一定污染	先进	较高
	离子交换吸附法	工艺简单，选择性好，环境友好，锂回收率较高	吸附剂成本高，流动性差，溶损大，产品品质难控制	先进	中
	电渗析法	工艺简单，产品品质较好	水耗能耗高，膜材料昂贵，锂收率不理想	先进	中偏高
国外卤水提锂	沉淀法	工艺简单，成本低，适宜低镁锂比卤水提锂	镁锂比越大则纯碱消耗量越大，锂回收率会降低	通用技术	低

由于资源条件及技术等因素的制约，目前中国盐湖卤水提锂生产企业尚未形成大规模产业化的能力，部分盐湖提锂项目需要进行综合回收才能降低碳酸锂成本，与国外还有较大差距，许多关键技术还有待进一步完善，如卤水中 Cl⁻ 对设备的腐蚀防护、盐湖卤水的综合利用、锂产品质量的稳定控制等。

11.4　锂冶金发展趋势

11.4.1　价格高位运行

21 世纪初期，锂盐价格一直处于低迷状态，获益于新能源汽车、储能需求的迅速放量，加上 3C 的持续增长，全球锂需求进入上行周期。到 2015 年，全球新能源汽车产量超预期并快速传导至上游锂资源，需求冲击导致碳酸锂需求短缺1.13 万吨，供需平衡的扭转导致锂价全面飙升[17-19]。

11.4.2　资源开发如火如荼

目前国内从事云母生产的公司主要有：江西宜春银锂，产能 3000t；江西合纵，产能 1 万吨；江西云锂在江西赣州修水县规划产能为 2 万吨，一期 1 万吨产能已投产；江西海汇龙洲锂业有限公司年产 3 万吨电池级碳酸锂项目已开工建设；江西南氏集团，计划建成年产能 3 万吨碳酸锂和 1 万吨氢氧化锂项目；道氏技术计划建成 1 万吨云母的及碳酸锂生产线。

盐湖方面，国内整体产量有所提升。其中，青海恒信融锂业有限公司正在建设 1.8 万吨卤水提锂项目；蓝科锂业碳酸锂日产量已达到 40t；青海东台资源复产后已生产了数千吨碳酸锂[20-28]。

11.4.3　提锂技术突破，产品质量成熟

国内锂辉石提锂技术成熟，企业也逐步将研发重点从基础锂盐转移到下游金属锂、丁基锂、锂系合金等新型锂电材料，产业链条逐步向深向远发展。

我国盐湖普遍存在高镁锂比且加工难度大特征，限制了盐湖提锂企业产能扩张能力。随着近几年各大盐湖企业的技术突破，盐湖提锂的工艺的不断完善，且逐渐达到量产化，产品品质也从工业级上升到电池级。未来国内盐湖提锂将进一步优化工艺路线，提高自动化程度和产品质量，并发挥其成本低和清洁生产等特点，推动锂产业发展。

12 铷铯冶金

12.1 中国铷铯冶金概况

12.1.1 资源情况

我国已探明铷、铯资源丰富，主要分布在江西宜春、新疆可可托海、四川康定、湖南香花岭、广东河源和青海等地。我国铷资源主要赋存在锂云母和盐湖卤水中，锂云母中铷含量占全国铷资源一半以上，以江西宜春铷储量最为丰富，江西锂云母含 Cs_2O 达到 0.3%、Rb_2O 达到 1.72%。青海、西藏盐湖卤水中也含有极为丰富的铷，卤水平均含 Rb_2O 0.03g/L，是我国有待开发的未来铷资源。

铯资源主要来源于铯榴石、锂云母、铯硅华。新疆北部铯榴石含 Cs_2O 18% ~24%；西藏也发现了含铯非常丰富的新型铯矿床铯硅华，四川威远气田水中也有相当的铯储量。但相比于津巴布韦、加拿大，国内铷、铯资源杂质成分多，经济开采困难，目前尚没有形成量产的铷、铯矿山。国内铷、铯企业几乎全部以进口原料为主。表 12-1、表 12-2 分别为 2014 年我国铷矿、铯矿产资源储量[34-36]。

表 12-1 2014 年我国铷矿产资源储量　　　　　　　　　　（Rb_2O，t）

地区	矿区数	基础储量	储量	资源量	查明资源储量
全国	20	422796	281197	1464393	1887189
山西	1			125	125
内蒙古	2			58079	58079
江西	4	422661	281087	341168	763829
河南	1			415	415
湖北	1			22716	22716
湖南	3	135	110	171227	171362
广东	1			121418	121418
四川	1			47661	47661
西藏	1			16729	16729
青海	2			37692	37692
新疆	3			647163	647163

资料来源：国土资源部。

表 12-2 2014 年我国铯矿产资源储量　　　　　　(Cs₂O, t)

地区	矿区数	基础储量	储量	资源量	查明资源储量
全国	12	29264	25051	364458	393722
内蒙古	1			2882	2882
江西	1	29250	25039	638	29888
河南	1			58	58
湖北	1			12232	12232
湖南	3	14	12	8216	8230
四川	1			4470	4470
西藏	1			8538	8538
新疆	3			327424	327424

资料来源：国土资源部。

12.1.2 铷、铯应用

铷、铯及其化合物所具有的独特特性，如辐射能频率的高稳定性、易离子化、优良的光电特性和强烈化学活性。因此，其生产、储存和运输过程要求严格，需采用液体石蜡、惰性气体或真空条件等方式隔绝空气。铷及其化合物的性质与铯类似，在许多应用场合二者可以互相替代。

铷、铯在国防工业、航天航空工业、生物工程、医学及能源工业等高新技术领域已显现出广阔的应用前景，特别是在能源领域应用潜力巨大[37-44]。

12.1.2.1 能源

A 磁流体发电

磁流体发电是把热能直接转换成电能的一种新型发电方式[45]。用含铷铯及其化合物作磁流体发电机的发电材料（导电体），可获得较高热效率。一般核电站的总热效率为29%~32%，结合磁流体发电可使核电站总热效率提高到55%~66%。

B 热离子发电

利用二极真空管的原理，把热能直接变为电能。由于离子化铷、铯能中和电极之间的空间电荷，因此实际上提高了发射极的电子发射速度，减少了集电极的能量损失，即增加了换流器的能量输出。如用铷和铯制作的热电换能器，与原子反应堆联用时，可在原子反应堆的内部实现热离子热核发电。

12.1.2.2 特种玻璃

含铷特种玻璃是当前铷应用的主要市场之一。碳酸铷常用作生产这些特种玻璃的添加剂，可降低玻璃导电率，增加玻璃稳定性和使用寿命等。含铷特种玻璃已广泛使用在光纤通信和夜视装置等方面。

通常铷化合物和合金是制造光电池、光电发射管、原子钟、电视摄像管和光电倍增管的重要材料，也是红外技术的必需材料。使用了铷碲表面的光电发射管常被安装在不同电子探测和激活装置内，在宽辐射光谱范围内仍具有高灵敏度。铷铯锑涂层常用在光电倍增管阴极上，用于辐射探测设备、医学影像设备和夜视设备等。利用这些光电管、光电池可以实现一系列自动控制[46]。

12.1.2.3 催化剂行业

铷、铯均是优良的催化剂，在钢铁、有色金属冶炼、硫酸等行业做催化剂去除气体和其他杂质[47]。铯的化学活性大、电离电位低，能改变主催化剂的表面性质；含铯的催化剂具有更好的催化活性、选择性和稳定性，可延长催化剂使用寿命，防止催化剂中毒。

12.1.2.4 医药行业

医学氯化铷和其他几种铷盐用于 DNA 和 RNA 超速离心分离过程中的密度梯度介质；放射性铷可用于血流放射性示踪；碘化铷可取代碘化钾用于治疗甲状腺肿大；一些铷盐可作为镇静剂、使用含砷药物后的抗休克制剂和癫痫病治疗等[48]。

12.1.2.5 电子行业

碘化铷银 $RbAg_4I_5$ 是良好的电子导体，是已知离子型晶体中室温电导率最高的。环境温度下的电导率与稀硫酸相当，可用作固体电池的电解质，如薄膜电池。

12.1.2.6 其他行业

铷、铯及其化合物除上述应用领域外，还具有下列一些典型应用：

铷与钾、钠、铯形成的合金可作为真空电子管中痕量气体的吸气剂和除去高真空系统中残余气体的除气剂。铷作为化学示踪剂，可示踪不同种类的生产物品。[87]Rb 衰变成[86]Sr 已广泛应用于鉴别岩石和矿物年代；氯化铷和碳酸铷是制备金属铷以及其他铷盐和同位素分离等的主要原料；铷及其铷盐还用于一些有机化学的催化反应和陶瓷工业；金属铷是制取铷单晶和高纯铷盐的原料。

[137]Cs 也广泛用于工业仪表、采矿和地球物理仪器、污水与食品消毒和手术设备等方面。硝酸铯可作为着色剂和氧化剂用于烟火行业，还可用作石油裂解闪烁计数器、X 射线荧光粉等。

12.1.3 铷、铯金属的生产与消费

迄今，铷在整个全球市场中的应用规模都非常微小。就我国而言，应用市场更为闭塞，基本上都是按订单生产商品，几乎不存在库存，产量即消费量。

我国生产金属铷、铯的厂家主要是新疆有色金属研究所。每年生产几十克到近百克；金属铯在 2006~2016 年期间产量从 100g 增至目前约 500g。

表 12-3 我国金属铷、铯产（消费）量 （金属量，g）

年份	2006	2007	2008	2009	2010	2011	2012	2013	2014	2015	2016
铷	0	0	0	0	100	100	100	100	100	100	100
铯	100	100	100	100	200	200	200	200	350	470	470

数据来源：安泰科。

12.1.4 科技进步

12.1.4.1 我国铷铯产业发展进程

铷（Rb）、铯（Cs）先后于 1860 年和 1861 年被发现。由于铷铯资源稀少、价格昂贵，长期不被人们所熟识，限制了对其性质的研究，致使其在之后的半个多世纪里未获得工业应用。第二次世界大战期间，铯被用于光敏材料，但仍因经济性和稀缺性在应用方面受到限制。1957 年美国成功研制出用混合碳酸碱液提取铷、铯的工艺，才使铷铯产量得以突破。此后，铷铯及其化合物在电子工业、光学仪器、玻璃陶瓷、石油化工、医药等领域获得较多应用。

我国于 1956 年才开始对铷、铯性能、工艺、应用进行研究。随着第一台图像增强 X 光机在上海诞生，揭开了铷铯在我国应用的序幕。之后，随着碘化铯单晶探测器的问世，铷铯在催化剂、复活剂、空心阴极灯和原子钟方面的初步应用，促使了我国铷铯工业的缓慢发展，铷铯化学品的用量由几十千克增加到了几百千克[49-52]。

12.1.4.2 我国铷铯产业现状

我国铷铯产业经过半个多世纪的发展，相继开发了新疆、江西、四川等省区的铷铯资源，能够生产 20 多种铷、铯产品，包括铷铯氧化物、氢氧化物、硫酸铷（铯）、甲酸铯、碳酸铯（铷）、溴化铯（铷）等系列铷铯盐，但国内铷铯有价无市的状况非常突出。国内铷铯的生产技术在全球已达到先进水平，但由于应用技术无实质性进展，国内应用市场极其微小，与美德日差距甚大。

2012 年以来，铯作为催化剂的明显优势愈发促成了我国铯冶炼行业的爆发，使得我国铯应用领域从军工、航空航天等微量高纯产品为主逐渐向工业级产品为主转变，国内产量也从吨级走向千吨级。但就我国乃至全球铷产业来讲，多年来应用市场仍然非常微小，几乎处于没有拓展的状态。铷的发展，重点是开展应用领域研究，尤其在光电领域，是一项具有长远意义和前景的事业[53]。

12.1.4.3 我国铷铯产业存在的问题

（1）资源开发利用难度大。与国外资源相比，我国的铷铯资源具有低品位、开发利用难度大的特点。

（2）生产技术与应用技术的发展步伐严重失调。我国铷铯的研究工作主要集中在生产提取和分离工艺上，忽视了铷铯的应用研究。目前我国铷铯盐的产能均可达到百吨以上，但历年铷的最大生产量仅突破吨级，铯的国内用量也仅限于吨级，与国际市场应用量差距甚大。应用技术的低下致使整个行业陷入有价无市的窘境，直接阻碍了我国铷铯工业的发展[54]。

12.2　铷铯生产主要方法

铷铯是典型的分散元素，全球总储量的90%以上赋存于盐湖中，含量极低，由于盐湖溶液成分复杂，铷铯的分离提取成本很高；以矿石形式存在的铷铯主要是以类质同象的形式置换钾而存在于长石（$(Na,K)AlSi_3O_8$）、白云母（$KAl_2(Si_3AlO_{10})(OH,F)_2$）、黑云母（$K(Mg,Fe^{2+})_3(Al,Fe^{3+})[(Al,Si)_3O_{10}](OH,F)_2$）和绢云母（$K_{0.5\sim1}(Al,Fe,Mg)_2(SiAl)_4O_{10}(OH)_2\cdot nH_2O$）中，铷铯的提取分离和纯化也很困难。

12.2.1　铷、铯提取

为实现铷、铯的提取，通常采用云母浮选技术实现铷、铯的初步富集；为破坏云母精矿中铷、铯的类质同象矿物结构，氯化焙烧是目前最为常用的处理方法：利用碱金属氯化物在高温下与矿物中的硅/铝/铁等酸性/两性氧化物以及水的作用下发生分解反应产出氯化氢气体，高活性的氯化氢再与云母中的钾、铝、铷、铯等碱性/两性氧化物反应，分别转化为酸溶性的KCl、$AlCl_3$和RbCl/CsCl；为保证铷、铯的转化解离和溶出效果，同时避免硅的溶出，一般使用$CaCl_2$做氯化剂，添加量通常为矿物量的60%，焙烧温度也通常控制在800~850℃之间；为了脱除浸出液中的钙离子以利于铷、铯的浸出及回收，后续酸浸通常加入较为廉价的硫酸，加入量通常为焙砂量的150%，由于焙砂显热和反应放热，酸浸温度通常会保持在近沸腾状态（105℃），使进入浸出液中的氯根再以盐酸形态挥发脱除；在硫酸盐介质的中和除杂工序，被浸出的钾、铝将和铁一起以钾铁铝矾盐的形态和硫酸钙一起沉淀。资源利用率低（铝、钾不能回收），试剂消耗大（氧化钙、硫酸、碳酸钠），环境污染重（总渣量约为铷精矿量的5~6倍、高盐废水、盐酸废气）。原则工艺流程如图12-1所示。

12.2.2　铷、铯分离提纯主要方法

目前分离提取铷、铯的主要方法有沉淀法、离子交换法和萃取法等，并且人们仍在研究其他有效的方法来有效分离铷、铯。

12.2.2.1　沉淀法

沉淀法是利用溶液中的金属离子与某些试剂反应生成难溶化合物或结晶沉淀的特性，将其从溶液中分离出来的方法，主要用于早期的铷、铯工业生产中。沉

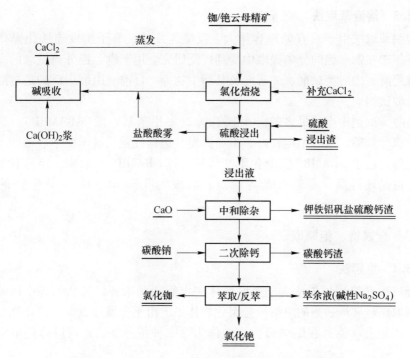

图 12-1 含铷/铯云母精矿氯化焙烧原则工艺流程

淀剂的种类主要包括杂多酸、络合酸盐、卤化物、矾盐等化合物。研究较多的沉淀剂有硅钼（钨）酸、碘铋酸钾、氯铂酸、四氯化锡、三氯化锑、氯化碘和硫酸铝等。尽管沉淀法提取铷、铯具有回收率高的优点，但受目前有些沉淀剂的价格较高、沉淀过程较复杂、生成的沉淀物稳定性差等因素的制约，在工业应用中的比重越来越小。

12.2.2.2 离子交换法

离子交换法是铷、铯分离提取的一个重要方法，主要用于低浓度铷、铯的富集和分离。该法工艺简单、选择性好、回收率高，并且易于实现工业化。用于铷、铯分离提取的离子交换剂大体可分为有机离子交换剂和无机离子交换剂两类。

有机离子交换剂主要包括一些螯合树脂，虽然该类树脂交换容量大，但耐热性和抗辐射性能较差，并且易受高价金属离子的干扰，在工业应用中价值不大。无机离子交换剂以其选择性较高、离子交换过程易于控制、可以连续操作、耐热性较好和抗辐射等优点成为人们研究的重点。目前，国内外研究较多的无机离子交换剂可分为天然及人造沸石、杂多酸盐、多价金属磷酸盐、亚铁氰化物和铁氰化合物等类型。

12.2.2.3 溶液萃取法

溶剂萃取法由于具有处理容量大、反应速度快、易于实现连续化操作等优点,近年来在铷、铯的分离提取中受到广泛研究。用于铷、铯分离提取的主要萃取剂有冠醚、酚醇类试剂、二苦胺及其衍生物等。目前应用最广泛的是冠醚类试剂和酚醇试剂。

酚醇类试剂中应用最多的是 4-叔丁基 2(α-甲苄基) 酚(t-BAMBP),是一种弱酸性取代苯酚,具有稳定性好、不易挥发、选择性强、易于反萃、毒性小等优点。另外,由于 t-BAMBP 工业化生产较易,且 t-BAMBP 萃取铷、铯具有萃取效率高、可循环性高、毒性较低等特点,故成为我国 Rb、Cs 工业生产的重要方法[55-58]。

12.2.3 金属铷、铯制取

12.2.3.1 电解法

金属铷(铯)可先从汞阴极的熔体中电解得到汞齐,再从汞齐中回收。电解法制取碱金属最适当的电解质是卤化物体系。由于金属沸点低、卤化物盐类熔点高,氯化铷(铯)在熔融卤化物中作为第二种组分加入,可以降低电解质的熔点。

用铝作阴极在 670~700℃时电解熔融氯化铯会生成铝铯合金。在阴极电流密度 2A/cm³、温度 670℃时,电流效率为 59%。铝铯合金通过蒸馏可获得金属铯。

12.2.3.2 真空热还原法

铷(铯)的氧化物、氢氧化物、碳酸盐、卤化物、硫酸盐、铬酸盐和硝酸盐,均可用强还原性金属锂、钠、镁、钙、锆、铝或硅等在较高温度下还原,减压下用蒸馏法将铷(铯)从反应器中移出。最常用的办法是无水氯化铷(无水氯化铯)与过量的钙粒或钙粉混合,在真空中加热到 700~800℃,铷(铯)被还原。真空下,金属铷(铯)蒸气至冷凝部位冷凝,并流入收集器中。铷(铯)回收率大于 90%。还原所得金属 300℃下在真空中蒸馏,可获得高纯金属[58,59]。

用锂还原氯化铯可获得回收率大于 90%的高纯铯。铯的铬酸盐用锆还原也可以获得高质量金属。但还原速度快,要求有良好的装置并严格控制反应条件。铯的铬酸盐用硅还原法也已广泛用于生产光电管面板材料[60,61]。

12.2.4 铯盐制取

12.2.4.1 盐酸法

铯榴石是提取铯的主要原料,通常含 Cs_2O 25%~30%,铝硅酸盐约 4%。盐酸法对分解铯榴石较为有效,铯提取率可达 99%。浸出液用三氯化锑选择沉淀铯。

铯榴石和盐酸在 100℃ 下浸出 4h 得到氯化铯溶液，加入理论量 175% 的三氯化锑生成 3CsCl·2SbCl₃ 复盐沉淀。为使碱金属进一步分离，可用热盐酸将复盐溶解、冷却再结晶的办法[62-68]。

沉淀产出的复盐成分：Na < 0.01%、K < 0.01%、Rb 0.03%、Cs 41.5%、Sb 21.6%。

将复盐转入沸水中，水解生成 SbOCl 沉淀，氯化铯转入溶液；过滤后滤液加氨水除铁、铝等杂质；溶液再用盐酸酸化，加入三氯化锑再形成复盐沉淀以除去铵盐；二次水解后向氯化铯溶液通入硫化氢脱除重金属后得到纯氯化铯溶液，蒸干、煅烧可制得产品氯化铯[69]。

12.2.4.2 硫酸法

硫酸法是大量生产铯盐最经济的方法。铯榴石中含大量氧化铝，用硫酸浸出可直接得到铯矾，再用重结晶法提纯。铯矾是碱金属中最难溶的，再结晶可除去其中的碱金属杂质。

将细磨的矿石与硫酸混合，在反应器中加热到 120℃ 浸出 2h，滤液冷却后生成铯矾沉淀，93% 的铯进入矾中。母液冷却到 0℃，得到含铷、铯混合物的结晶产物，再用选择沉淀法分离铷和铯。铯矾重结晶两次（冷却至 40℃），可得含 25%Cs 和小于 0.01%Rb 的铯矾。

12.2.4.3 从锂云母中提取铯

锂云母是提取锂、铷、铯的重要工业原料。锂云母提锂后得到的混合碳酸碱的组成为：K₂CO₃ 70%、Rb₂CO₃ 23%、Cs₂CO₃ 2%、Li₂CO₃ 1%、Na₂CO₃ 3%，其他占 1%。从混合碱中提取铯的方法有氯锡酸盐法、铁氰化物法和萃取法等[55]。

A 氯锡酸盐法

向混合碱溶液通入二氧化碳，使 70% 的钾生成碳酸氢钾沉淀，母液用盐酸转化为氯化物溶液。加入能使铯生成 Cs₂SnCl₆ 沉淀并稍微过量的氯化锡，因其溶解度略低于相应的铷盐溶解度，而使 Cs₂SnCl₆ 优先沉淀。将 Cs₂SnCl₆ 加热分解，挥发除去氯化锡，即得氯化铯。

B 铁氰化物法

混合碱溶液直接加入 Na₄Fe(CN)₆ 及 ZnCl₂，控制试剂用量，使铯首先生成 Cs₂ZnFe(CN)₆ 沉淀。将干燥的 Cs₂ZnFe(CN)₆ 在空气中加热，生成碳酸铯溶及不溶的铁、锌混合物，以水浸出碳酸铯后与不溶物分离。

C 萃取法

用 t-BAMBP-磺化煤油从混合碱中萃取分离铷和铯，对综合利用锂云母较为合理，可用不同的反萃取剂制取相应的铷、铯化合物。此法流程短、金属回收率高、成本低，便于工业生产。从原料液到产品其实收率在 94% 以上，氯化铯纯度均高于 99.6%。二次萃取氯化铯纯度达 99.99%[71]。

12.2.4.4 盐卤提取法

制盐卤水或气田水含有铷、铯,可采用无机离子交换剂杂多酸盐磷钼酸铵选择性交换吸附铷和铯。但因铷、铯离子体积较大,铵离子只有 60%~80% 被交换。此法能耗低、分离效率高、工艺简单,但实收率较低。

12.2.5 环境及主要技术经济指标

铷铯为轻稀有金属,生产铷、铯的原料主要来源于含铷铯的原生矿,生产提取过程都存在"三废"及"三废"治理问题。盐酸法的"三废"主要是由酸浸渣、锑铯复盐沉淀母液、酸浸过程和复盐重结晶过程挥发的氯化氢三种废弃物组成;硫酸法的"三废"主要集中在铯矾沉淀母液。由于国内以前生产铷铯产品的工艺较繁杂,不少生产铯盐过程中所产生的含铷废酸即使经环保处理后被外排,也对环境造成较大破坏,成本高也限制了铷铯的生产及其下游应用,其中的铷也随之流失,造成资源的浪费[72]。

近年来,国内生产企业积极改进、完善工艺过程,研究新的工艺方法,取得了明显的成效,显著降低了环境的治理压力。

江西东鹏新材料有限责任公司从提铯废酸中回收铷盐,在降低污染的同时,也提高了企业的经济效益。

新疆有色金属研究所用置换法制取硝酸铯,仅产生硫酸钙废渣,其 pH 值为中性,不会对环境构成污染。工艺流程中的最终母液返回铯榴石浸出工段,流程封闭,无废液排出,工艺过程无废气排放[73]。

湖北百杰瑞新材料股份有限公司在铯榴石制备碳酸铯时,用离子交换树脂将硫酸铯转化液交换成氢氧化铯溶液,避免了使用钡盐带来的沉淀渣以及使用有机萃取剂带来的有机污染物,提高了铯的收率,避免环境污染,同时得到的产品纯度较高。

上海离岛电子新材料有限公司采用连续萃取生产铯盐及铷盐,具有低耗能、低成本、工艺简化、生产效率高等特点。在原料的投料过程中,对浸出液进行过滤和重结晶,直接产出高纯度芒硝出售。

国内铷铯生产企业生产的一些铷铯产品的主要经济指标见表 12-4。

表 12-4　国内铷铯生产企业主要技术经济指标

企业名称	产品名称	工艺方法	含量 /%	直收率 /%	总收率 /%	单位产品电耗 /kW·h	环境
江西东鹏	硝酸铷	萃取法	≥99.9	—	>90	500/t	环保
	硫酸铯	沉淀法	99.9		98	300/t	环保

续表 12-4

企业名称	产品名称	工艺方法	含量/%	直收率/%	总收率/%	单位产品电耗/kW·h	环境
新疆所	金属铯	真空热还原法	>99.999	60	—	880/g	污染小
	硝酸铯	沉淀+置换法	99.9	88.5	96.5	700/t	较环保
湖北百杰瑞	硝酸铯	沉淀法	≥99.9	89	95.5	850/t	污染小
	碳酸铯	离子交换法	≥99.9	94.2	92~95	900/t	污染小
上海离岛	硫酸铷铯	沉淀+萃取法	≥99.99	—	98.5	800/t	环保

数据来源：主要铷铯生产企业。

12.2.6　国内主要铷铯企业概况

12.2.6.1　江西东鹏新材料有限责任公司

江西东鹏新材料有限责任公司（以下简称"东鹏"）是我国最大的铷铯盐生产基地，目前年产铷铯盐达到 1500t。

2012 年之前利用锂云母提锂后的混合碱母液为原料，采用 t-BAMBP 萃取法分离提取铷和铯，以不同无机酸和或有机酸反萃，制取多种铷、铯化合物。工艺技术国外领先。2013 年进一步开发了从提铯废酸中回收铷盐技术，铷、铯生产成本大幅降低，并成功打入国际市场[74-77]。公司还以铯榴石生产碳酸铯，包括酸浸—恒温过滤—沉铯矾—分离—粗铯矾—两次重结晶—精铯矾工序，净化分离主要包括除硫酸铝—分离—硫酸铯溶液—除硫酸根—过滤—氢氧化铯溶液—一次氢化—一次过滤—氢化液—浓缩冷却—二次过滤—浓缩溶液—二次氢化—三次过滤—浓缩净液—浓缩冷却结晶—离心分离—碳酸氢铯湿料—烘干—碳酸铯等步骤。铯总收率达 90% 以上，碳酸铯产品纯度达 99.9%[78]。

12.2.6.2　新疆有色金属研究所

新疆有色金属研究所成立于 1958 年 10 月，在铷、铯方面的重点成果是纯金属铷、铯制备技术，是目前国内唯一能提供高纯铷、铯金属产品的生产单位。具备铷年产能 20t 以上。

12.2.6.3　湖北百杰瑞新材料股份有限公司

湖北百杰瑞新材料股份有限公司是我国较早涉入铷铯行业的重要企业之一，已实现系列锂盐、铯盐新材料产品的规模化生产，产品既能供应国际、国内多个庞大的终极消费市场，又能满足市场对于高品质，小批量、多品种前沿锂、铯材料产品的小批量需求，目前年产铯盐 50t 金属量左右。

12.2.7　国内外冶金方法的比较

加拿大于 20 世纪 60 年代就报道了 7kg/批规模铯榴石硫酸法实验，提出了该工艺中铯矾分解时产生的三氧化硫的解决办法和硫酸铯离子交换转型的方向性技术；日本采用硫酸法工艺生产铯盐；美国则是世界上采用盐酸法提铯规模最大的国家。

我国曾有四种达到工业规模从铯矿物中提取铯盐的工艺和装置。1959～1963年新疆采用铯榴石盐酸法生产氯化铯；1981年四川自贡用磷钼酸铵吸附法从气田水中提取铷、铯；1984年北京有色金属研究院采用 t-BAMBP 萃取法用锂云母—石灰法提锂母液（混合碱）中提取铷、铯；1997年新疆有色金属研究所采用铯榴石硫酸法生产铯盐。

近30年来，对铷铯应用新领域，特别是在高新技术领域中的应用性开发成果，加快了世界铷铯工业发展，从最古老的分步结晶法，发展到沉淀法、离子交换法、溶剂萃取法等。我国对铷、铯的研究本身比国外起步晚，但经过多年工艺和技术的不断创新，国内铷铯产品质量、种类和数量等方面都有了明显提高。其中金属、某些无机盐类产工艺及产品质量已能够达到国际先进水平。

国外除了运用酸法收取铷铯化合物外，近些年还研发出原矿石（铯榴石或其他含铯矿物）直接高温加热法收取氧化物气体，再将氧化物进一步反应制取铯盐的方法。该法是将含铷、铯的矿物与至少一种反应物（包括但不限于石灰、熟石灰、石灰溶液、碳酸钙或以上任意组合）一起加热至1150℃以上，置换出铯氧化物、铷氧化物或者二者的碳酸盐、氢氧化物及其水合物。有如下多种反应式：

$$Cs_2O \cdot Al_2O_3 \cdot 4SiO_2 + 8CaO \longrightarrow Ca_2Al_2SiO_7 + 3Ca_2SiO_4 + Cs_2O \uparrow$$
$$Cs_2O \cdot Al_2O_3 \cdot 4SiO_2 + 6.5CaO \longrightarrow Ca_2Al_2SiO_7 + 1.5Ca_3Si_2O_4 + Cs_2O \uparrow$$
$$Cs_2O \cdot Al_2O_3 \cdot 4SiO_2 + 5CaO \longrightarrow Ca_2Al_2SiO_7 + 3CaSiO_3 + Cs_2O \uparrow$$

收取的 Cs_2O 气体可用于各种用途。通过采用该工艺，能够将铯转变成硫酸铯等前体盐，再生产其他铯盐。

国内对铷、铯的有机盐类，无论是制备方法、工艺技术还是各种性质、参数、指标等的掌握，目前仍很有限，和美国、日本相比差距很大。

12.3 铷铯冶金发展趋势

铷、铯是重要的稀有贵金属，随着世界能源的不断被消耗和科学技术的不断发展，对铷、铯及其化合物的需求量也必将会不断增长，因此研发从其富含资源中高效分离提取铷、铯的技术具有重要意义[80]。

从冶金工艺发展趋势来看，近几年，随着我国铷铯资源的不断发掘和提取技术的进步，铷铯越来越受到人们的关注。特别是西藏、青海等发现了以锂为主的盐湖卤水后，"盐湖提锂"一系列相关研究成为热点。由于碱金属铷、铯与锂等伴生，"盐湖提铷""盐湖提铯"的试验也随之展开，推动了行业发展，但就国内盐湖卤水的情况分析，提锂母液中所含铷、铯有限，铷、铯的产出对实际生产的贡献价值有限，卤水提铷、铯真正走向产品化还比较遥远[81,82]。

　　未来，铷、铯的主流冶金趋势仍是以固体矿物（铯榴石、锂云母或次生矿石）提取为主。从当前铷、铯产品市场价格衡量，如何促进下游终端产品应用，赋予产品更大的价格空间才是根本，也是推动铷、铯应用领域发展的重中之重。

参 考 文 献

[1] 赵家生，范顺科. 中国锂、铷、铯 [M]. 北京：冶金工业出版社，2013：1-48.

[2] 雪晶，胡山鹰. 我国锂工业现状及前景分析 [J]. 化工进展，2011，30 (4)：782-787.

[3] 牟其勇. 国内外锰、钴、锂的资源状况 [J]. 北京大学学报：自然科学版，2006 (S1)：55.

[4] 乜贞，卜令忠，郑绵平. 中国盐湖锂资源的产业化现状 [J]. 地球学报，2010，31 (1)：95-101.

[5] 巫辉，张柯达，吴杰，等. 我国盐湖锂资源开发的技术进展 [J]. 无机盐技术，2006 (3)：7-10.

[6] 巫辉，张柯达，吴杰，等. 我国盐湖锂资源的开发及技术研究 [J]. 化学与生物工程，2006，23 (8)：4-6.

[7] 付烨，钟辉. 沉淀法分离高镁锂比盐湖卤水的研究现状 [J]. 矿产综合利用，2010 (2)：30-33.

[8] 杨磊. 四川甲基卡地区锂辉石选矿工艺试验研究 [J]. 有色金属（选矿部分），2014 (1)：30-34.

[9] 任文斌. 锂辉石尾砂的可回收再利用 [J]. 新疆有色金属，2007，30 (3)：25-26.

[10] 后立胜，李效广，金若时，等. 中国盐湖卤水锂资源禀赋分析与策略建议 [J]. 资源与产业，2016，18 (5)：55-61.

[11] 辛国斌. 动力电池是新能源汽车产业发展的关键 [J]. 时代汽车，2016 (7)：14-15.

[12] 田千秋，陈白珍，陈亚，等. 锂辉石硫酸焙烧及浸出工艺研究 [J]. 稀有金属，2011，35 (1)：118-123.

[13] 李忠，李环. 对焙烧酸化浸出过程中锂辉石收率的研究 [J]. 江西化工，2016 (6)：84-85.

[14] 田千秋. 锂辉石矿提取碳酸锂工艺研究 [D]. 长沙：中南大学，2012.

[15] 邹松，方霖，沈善强，等. 国内外典型硫酸盐型盐湖卤水资源现状及提钾工艺综述 [J]. 矿产保护与利用，2017 (5)：113-118.

[16] 黄良标. 西藏盐湖锂精矿制备电池级碳酸锂工艺研究 [D]. 西安：西安建筑科技大学，2015.

[17] 袁剑鹏，申军. 新能源背景下的锂资源分类、开发及工业应用 [J]. 化工矿物与加工，2016 (6)：82-84.

[18] 张荣国，杨顺林，郭丽萍，等. 盐湖卤水提锂的研究进展 [J]. 无机盐工业，2005，37 (3)：1-4.

[19] 史敏. 深度剖析动力锂电池产业链 推动锂电池产业健康发展 [J]. 企业技术开发，2012 (z2)：25-28.

[20] 刘舒飞，陈德稳，李会谦. 中国锂资源产业现状及对策建议 [J]. 资源与产业，2016，18 (2)：12-15.

[21] 赵武壮. 我国锂资源的开发与应用 [J]. 世界有色金属，2008 (4)：38-40.

[22] 张江峰. 2014 年我国锂产业发展概况 [J]. 新材料产业，2015 (3)：28-31.

[23] 李法强. 世界锂资源提取技术述评与碳酸锂产业现状及发展趋势 [J]. 世界有色金属, 2015 (5): 17-23.

[24] 郑绵平, 刘喜方. 中国的锂资源 [J]. 新材料产业, 2007 (8): 13-16.

[25] 王学评, 柴新夏, 崔文娟. 全球锂资源开发利用的现状与思考 [J]. 中国矿业, 2014 (6): 10-13.

[26] 周平, 唐金荣, 张涛. 全球锂资源供需前景与对策建议 [J]. 地质通报, 2014 (10): 1532-1538.

[27] 周思凡, 郑佳, 赵蕴华, 等. 产业链视角下我国锂产业发展现状与建议 [J]. 资源与产业, 2017 (6).

[28] 宋彭生, 项仁杰. 盐湖锂资源开发利用及对中国锂产业发展的建议 [J]. 矿床地质, 2014, 33 (5): 977-992.

[29] 张江峰. 朝阳下的锂产业 [J]. 中国有色金属, 2015 (20): 40-43.

[30] 周迪, 尹华阳, 鲁方凯, 等. 锂产业供需现状及未来发展分析 [J]. 资源与产业, 2016, 18 (4): 82-86.

[31] 王秋舒. 全球锂矿资源勘查开发及供需形势分析 [J]. 中国矿业, 2016, 25 (3): 11-15.

[32] 张骁君. 废锂离子电池资源化回收利用研究 [D]. 上海: 同济大学, 2009.

[33] 韩业斌, 曾庆禄. 废旧锂电池回收处理研究 [J]. 中国资源综合利用, 2013 (7): 31-33.

[34] 刘力. 中国铷铯资源、技术现状 [J]. 新疆有色金属, 2013 (1): 158-165.

[35] 董普, 肖荣阁. 铯盐应用及铯 (碱金属) 矿产资源评价 [J]. 中国矿业, 2005, 14 (2): 31-34.

[36] 王晨雪. 铷铯资源开发利用浅析 [J]. 新疆有色金属, 2017 (6): 55-56.

[37] 储慰农. 铷铯及其应用 [J]. 新疆有色金属, 1985 (1): 56-74.

[38] 张霜华. 浅谈拓宽我国铷铯的应用领域 [J]. 新疆有色金属, 1998 (2): 43-47.

[39] Taylor S R, Mclennan S M. The continental crust: its composition and evolution, an examination of the geochemical record preserved in sedimentary rocks [J]. Journal of Geology, 1985, 94 (4): 632-633.

[40] 佚名. 内蒙古探明一超大型铷矿 [J]. 矿业研究与开发, 2011 (1): 35.

[41] Jandová J, Dvořák P, Formánek J, et al. Recovery of rubidium and potassium alums from lithium-bearing minerals [J]. Hydrometallurgy, 2012, 119-120 (5): 73-76.

[42] Rempe G, Walther H, Klein N. Observation of quantum collapse and revival in a one-atom maser [J]. Physical Review Letters, 1987, 58 (4): 353-356.

[43] 中国有色金属工业协会专家委员会组织编写. 中国锂、铷、铯 [M]. 北京: 冶金工业出版社, 2013.

[44] 曹冬梅, 张雨山, 高春娟, 等. 提铷技术研究进展 [J]. 盐科学与化工, 2011, 40 (5): 44-47.

[45] 居滋象, 彭燕. 磁流体发电 [J]. 电气时代, 2002 (11): 12-13.

[46] 牛慧贤. 铷及其化合物的制备技术研究与应用展望 [J]. 稀有金属, 2006, 30 (4):

523-527.

［47］马育新, 吕晓华. 铯钒硫酸催化剂的研制 ［J］. 新疆有色金属, 2003, 26 (4): 29-31.

［48］王蓁. 稀碱金属锂、铷、铯新材料的应用进展 ［J］. 新疆有色金属, 2014, 37 (1): 69-72.

［49］刘昊, 刘亮明. 铷和铯的应用前景及其制约因素 ［J］. 南方国土资源, 2015 (11): 31-33.

［50］王蓁. 稀碱金属锂铷铯新材料的应用进展 ［C］//稀有金属冶金学术委员会全体委员工作会议暨全国稀有金属学术交流会, 2013.

［51］王晨雪. 铷铯资源开发利用浅析 ［J］. 新疆有色金属, 2017, 40 (6): 55-56.

［52］陈曦. 探究稀碱金属锂铷铯新材料应用前景 ［J］. 中国战略新兴产业, 2018 (8): 146.

［53］郭宁, 赵武壮, 任卫峰, 等. 铷铯行业开辟新纪元 ［J］. 中国有色金属, 2013 (15): 44-45.

［54］樊馥, 侯献华, 郑绵平, 等. 我国化工、盐类矿产资源开发利用现状及存在的问题 ［J］. 盐科学与化工, 2018 (4): 1-7.

［55］蒋育澄, 岳涛, 高世扬, 等. 重稀碱金属铷和铯的分离分析方法进展 ［J］. 稀有金属, 2002, 26 (4): 299-303.

［56］宝阿敏, 钱志强, 郑红, 等. 铷、铯的分离提取方法及其研究进展 ［J］. 应用化工, 2017, 46 (7): 1377-1382.

［57］王威, 曹耀华, 高照国, 等. 铷、铯分离提取技术研究进展 ［J］. 矿产保护与利用, 2013 (4): 54-58.

［58］秦玉楠. 从制盐母液中直接提取铯和铷的新方法 ［J］. 无机盐工业, 2002, 34 (4): 34-35.

［59］刘明明. 从卤水中萃取法提取铷铯的应用基础研究 ［D］. 天津: 天津科技大学, 2015.

［60］于晶. 稀有金属铷的提取技术及其应用分析 ［J］. 工程技术: 全文版, 2016 (8): 262.

［61］高飞, 谭泽武. 关于稀有金属铷资源及其应用前景的分析 ［J］. 科学与财富, 2016 (6).

［62］王颖, 张雨山, 黄西平. 重稀碱金属铯分离提取技术的研究进展 ［J］. 化学工业与工程, 2010, 27 (5): 457-464.

［63］Jain A K, Agrawal S, Singh R P. Sorption behaviour of rubidium, thallium and silver on chromium ferricyanide gel binary separations of Rb^+, and Tl^+ ［J］. Journal of Radioanalytical Chemistry, 1980, 60 (1): 111-119.

［64］Jain A K, Agrawal S, Singh R P. Selective cation-exchange separation of cesium (I) on chromium ferricyanide gel ［J］. Analytical Chemistry, 1980, 52 (8): 1364-1366.

［65］王金明, 易发成. 几种矿物材料对 Cs^+ 吸附性能的研究 ［J］. 核化学与放射化学, 2006, 28 (2): 117-121.

［66］Dyer A, James N U, Terrill N J. Uptake of cesium and strontium radioisotopes onto pillared clays ［J］. Journal of Radioanalytical & Nuclear Chemistry, 1999, 240 (2): 589-592.

［67］李兵, 廖家莉, 张东, 等. 蛭石对 Cs 的吸附性能研究 ［J］. 四川大学学报 (自然科学版), 2008, 45 (1): 115-120.

［68］ Vereshchagina T A. An inorganic microsphere composite for the selective removal of cesium from acidic nuclear waste solutions. 1：Equilibrium capacity and kinetic properties of the sorbent ［J］. Solvent Extraction & Ion Exchange，2009，27（2）：199-218.

［69］ 吴建江．金属铯的几种制取方法［J］．新疆有色金属，2012，35（5）：48-49.

［70］ 黄万抚，李新冬．铯的用途与提取分离技术研究现状［C］//全国矿产资源高效开发和固体废物处理处置技术交流会，2003：18-20.

［71］ 张焕春．铯榴石硫酸法与盐酸法提铯比较［J］．新疆有色金属，2000（2）：43-49.

［72］ 张霜华，贾玉斌．铯榴石硫酸浸出提取铯盐工艺研究［J］．中国稀土学报，2003，21（s1）：29-31.

［73］ 邓飞跃，尹桃秀，甘文文，等．锂云母提锂母液中钾铷铯的综合利用［J］．矿冶工程，1999（1）：50-52.

［74］ 郭宁，赵武壮，任卫峰，等．铷铯行业开辟新纪元［J］．中国有色金属，2013（15）：44-45.

［75］ 刘力．铯榴石提铯置换法制硝酸铯转型工艺［J］．新疆有色金属，2007，30（4）：36-38.

［76］ 卢智，安莲英，宋晋．t-BAMBP 萃取法分离提取高钾卤水中铷［J］．广东微量元素科学，2010，17（1）：52-56.

［77］ 李瑞琴，刘成林．t-BAMBP 萃取法提取卤水中铷、铯及影响因素分析［J］．盐业与化工，2014，43（1）：17-19.

［78］ 陈正炎，赵炜，王秀香．t-BAMBP 联合萃取铷铯［J］．稀有金属，1992（2）：81-85.

［79］ 杨锦瑜，古映莹，钟世安，等．以 t-BAMBP 萃取分离铷钾的研究［J］．有色金属工程，2008，60（2）：55-58.

［80］ 翟建明．以铯榴石生产碳酸铯的新工艺［P］. CN 101774613 B，2011.

［81］ 佚名．新疆有色金属研究所［J］．新疆有色金属，2014（s2）．

［82］ 中国有色金属工业协会专家委员会组织编写．中国锂、铷、铯［M］．北京：冶金工业出版社，2013.

［83］ 闫明，钟辉，张艳．卤水中分离提取铷、铯的研究进展［J］．盐湖研究，2006，14（3）：67-72.

［84］ 陈尚清，石健，史振，等．溶剂萃取法从卤水中提取铷、铯研究进展［J］．盐科学与化工，2017，46（6）：45-49.

［85］ 刘力．铷铯发展与思考［J］．新疆有色金属，2013，36（6）：46-50.

［86］ 董普，肖荣阁．铯盐应用及铯（碱金属）矿产资源评价［J］．中国矿业，2005，14（2）：30-34.

［87］ 刘昊，刘亮明．铷和铯的应用前景及其制约因素［J］．南方国土资源，2015（11）：31-33.

稀散金属篇

13 镓 冶 金

13.1 中国镓冶金概况

13.1.1 应用和需求

镓是半导体工业的基础材料, 90% 用于生产半导体器件, GaAs 晶片与 GaN 发光器件是镓应用的两大支柱。GaAs 器件具有大功率、超高频、工作电压高及耐高温等硅器件不具备的优异特性, 广泛用于手机、高性能计算机和军工通信、雷达、卫星等领域。GaN 半导体照明节能显著, 是中国的新兴产业, 2015 年产值达 4245 亿元。目前 GaN 照明器件耗镓 $30\sim40t/a$, 估计未来每年有 20% 的增长[1]。镓的半导体材料还有 GaP、GaSb 等, 用于制备光电器件。

日本、美国、韩国等是镓的最大消费国, 主要用于生产镓半导体器件, 美国近五年每年进口镓 $22\sim35t$, 应用比例为: GaAs 49%, GaN 及 LED 发光器件 42%[1]。

太阳能电池是镓需求的主要增长点。砷化镓太阳能电池光电转换效率高达 45%, 是目前光电转换效率最高的电池, 应用在如军工、卫星、空间站等高要求的场合。铜-铟-镓-硒太阳能薄膜电池, 具有转换效率高、衰减小、成本低的优点, 是国内外重点发展的民用非硅系太阳能电池, 现开始商业化生产。

镓可用于制备超导材料 Nb_3Ga、$NbAl_{0.5}Ga_{0.5}$、V_3Ga、Zr_3Ga, 荧光材料 $MgGa_2O_4$、$MnGa_2O_4$, 以及磁性材料 $Ga_5Gd_3O_{12}$(GGG)、$Ga_5Y_3O_{12}$ 等功能材料。在钕铁硼永磁材料中添加 $0.25\%\sim0.5\%$ 的镓, 可以显著改善磁学性能, 中国是最大的钕铁硼永磁材料生产国, 钕铁硼年用镓量在 15t 以上。

镓的蒸气压低, 沸点和熔点相差 2000℃ 以上, 这一特性使其可用于制造测温范围较宽的高温温度计 ($600\sim1300$℃)。液态镓及和铋、铅、锡、镉、锌、铟或铊等组成熔点从 $3\sim60$℃ 的一系列低熔点合金可用作核反应堆的热交换介质、高温真空装置液态密封材料、高温测压介质、温度调节器等特殊场合。

镓和铜、锡、银、金等制成的焊料, 可用于金属与陶瓷等材料间冷钎焊材料, 用于电子器件焊接等特殊场合; 镓铂、镓银和镓钯合金是良好的牙科材料; 镓加入镁和镁锡合金中能提高抗腐蚀性能; 铝合金中加入少量镓可以增强合金的硬度; 焊锡中加入微量的镓能提高漫流性。

镓用来制备有机合成的催化剂，如 $SiO_2(33\%)$-$Al_2O_3(5\%)$-Ga_2O_3 用作碳氢油类裂化催化剂，能降低碳氢油类裂化产生的焦油和气体产出量。硫酸镓作为催化剂，可用于环己酮乙二醇缩酮、食用香料异丁酸异丁酯的合成。

13.1.2 资源状况与金属产量和消费

镓没有独立矿床，主要伴生在铝土矿、铅锌矿、铁矿和煤矿中。镓的资源并不稀少，镓在地壳中的丰度约为 0.0015%，超过了许多稀有元素，已探明的储量甚至比银的储量还要多，但在地壳中的分布极分散。

世界上分布在铝土矿品位在 0.005% 以上的镓量超过 100 万吨，在铅锌矿也伴生有同等数量的镓[1]。中国镓资源丰富，除铝土矿、铅锌矿外，在内蒙古准格尔煤田发现储量巨大的含镓煤矿，镓平均品位 0.002%~0.004%，储量 85.7 万吨，远景储量 320 万吨，这一发现令世界镓储量基础发生颠覆性改变[2,3]。中国重要的镓资源还有攀枝花钒钛磁铁矿，平均含镓 0.044%，储量 43.5 万吨[4]；江西德兴铜矿含镓 0.03%、广西大厂锡矿含镓 0.035%、广东凡口铅锌矿含镓 0.035%[5]，这些都是可供利用的镓资源。尽管如此，能够经济提取镓的冶金原料不多，目前世界 90% 以上的原生镓是在铝土矿生产氧化铝过程中提取，其次是锌精矿的镓。从含镓煤灰（含镓 0.008%~0.02%）中提镓，技术虽然可行，但经济上的可行性则完全取决于未来镓的价格。

中国是世界的镓生产大国，主要生产企业是中国各大铝业公司，原生镓产量已经占世界的 60% 以上，生产能力更占世界的 80%。国外主要镓生产企业有法国 GEO Speciality Chemicals 集团、德国 Ingal 公司和澳大利亚 Pinjarra 公司、日本同和矿业、美国 Eagle-Picher 公司、俄罗斯铝业公司、匈牙利铝业公司等企业。镓的另一资源是再生镓，产量约占粗镓总产量的 20%~40%，原料主要是砷化镓生产产出的废料。主要粗镓（包括再生镓）生产国的产能见表 13-1[1]。

表 13-1　2014 年世界主要产粗镓（品位 99.99%）国家的产能

国家	中国	德国	匈牙利	日本	哈萨克斯坦
产能/t·a⁻¹	551	40	8	10	25
国家	韩国	俄罗斯	乌克兰	总计	
产能/t·a⁻¹	16	10	15	675	

世界镓产能的增长是从 2010 年起中国的产能剧增所引起。这一时期，从氧化铝种分母液中萃淋树脂吸附提取镓技术取得重大突破，在中国各大铝厂纷纷上马，令镓产能剧增，到近两年增长有所放缓。

2015 年和 2016 年世界实际镓产量（原生镓和再生镓）分别为 470t 和 375t，

但真实反映最终消费的是高纯镓（镓纯度 99.9999% 以上）的产量，2016 年世界高纯镓产量 180t。2016 年世界和中国粗镓产能分别达到 730t 和 600t，大大超过世界的总需求[6]。

从 2009 年开始，镓市场价格逐年下降。长期来看，镓产能过剩，消费新增长点不多，镓维持低价格是未来常态。历年镓价格见表 13-2[1]。

表 13-2 2008~2016 年间金属镓市场平均价格 （美元/kg）

年份	2008	2009	2010	2011	2012	2013	2014	2015	2016
7N 镓	580	450	670	700	530	502	363	317	400
4N 镓	525	500	480	740	320	280	240	195	130

目前中国从锌冶炼厂年回收镓约 10t。南京金美镓业有限公司是国内最大的高纯镓生产厂，主要产品有 6N、7N、8N 的高纯镓。

世界镓的资源和生产能力在未来较长时期内是充裕、过剩的，过低的价格导致欧美停止了大部分粗镓的生产，因此中国现已成为粗镓生产的主导者。镓产业的出路在于开发新用途，镓供应充足和低价格也正是开拓镓新用途的好时机。

13.1.3 科技进步

（1）树脂吸附法从氧化铝生产中提镓。世界上 90% 以上的镓从氧化铝生产流程中提取。早期采用中和沉淀法，利用铝和镓水解的碱度不同使两者分离，过程产出大量废渣且成本高，多数铝厂因此放弃了镓的回收，造成镓资源的严重流失。

20 世纪 80 年代日本住友公司用偕胺肟树脂从拜尔法氧化铝的种分母液中吸附镓获得成功，工艺简单、高效、成本低。从 2000~2010 年的 10 年间，中国各大铝厂如山东、河南、山西等铝业公司纷纷建设镓的树脂吸附回收提取生产线，我国镓产能从 2005 年的 30t 迅速增长到当前的 600t。

（2）萃取法从湿法炼锌中提取镓。中金岭南公司的丹霞冶炼厂采用二段氧压酸浸—氧肟酸+P204 萃取工艺，从锌精矿氧压直接浸出工艺所产的置换渣中回收镓，于 2016 年建成年处理 5000t 置换渣的生产线，年产镓能力 15~20t，是我国在铅锌中回收镓达到十吨级的企业。

（3）高纯镓制备。当前中国高纯镓的工业生产取得较大进步，可大批量稳定生产高纯镓并获得国际市场认可，已达到较高的水平。南京金美镓业公司是我国最大的高纯镓生产厂，采用电解—结晶组合工艺生产 6N~8N 级的高纯镓，产能达 150t/a，是我国在镓高端产业链的一个标志。但我国高纯镓的规模化生产和质量稳定与国际最高水平仍存在较大差距。

13.2 镓冶金主要方法

13.2.1 铝酸钠溶液中提取镓

13.2.1.1 偕胺肟树脂吸附法

偕胺肟树脂吸附法是回收镓的主流技术。拜耳法氧化铝种分母液含镓 $100 \sim 300 mg/L$，在铝酸钠溶液中偕胺肟螯合树脂只吸附镓而不吸附铝，吸附在树脂上的镓可用碱液或酸液洗脱获得富镓溶液，再经过造液电解可获取金属镓。偕胺肟树脂其结构式可表示为 $R—C(=NOH)NH_2$（其中 R 代表树脂基体），在碱性溶液中吸附镓，主要机制是 $Ga(OH)_4^-$ 的 OH^- 离子与 $R—C(=NO^-)NH_2$ 发生离子交换反应，形成 $[(R—C(=NO^-)NH_2)_xGa(OH)_{4-x}]^-$ 形态的萃合物。

偕胺肟树脂工业应用的牌号众多，其性能与树脂制备方法、萃取剂组分、助萃添加剂的类型等关系极大，吸附容量、循环寿命及洗脱方法也不尽相同。日本住友公司使用的牌号为 Doulit Es-346 的萃淋树脂（用偕胺肟浸渍的树脂）从含镓 $0.1 \sim 0.16 g/L$ 的铝酸钠溶液吸附镓，吸附率达 96% 而铝吸附不到 1%，饱和树脂用 $0.5 \sim 2 mol/L$ 的 HCl 洗脱，获得富镓溶液[7]。除了偕胺肟树脂外，还有用氧肟基（=N—OH）或喹啉类的 Kelex100 等萃取剂的浸渍树脂来吸附镓[7,8]。萃淋树脂为多孔网状结构，基体为丙烯腈和苯/苯二乙烯共聚物、乙烯基和苯二乙烯共聚物等。国产的几种树脂吸附镓的结果见表 13-3[9]。

表 13-3 几种牌号的树脂吸附镓的结果

树脂种类	吸附后液成分/g·L⁻¹		镓吸附率/%
	Al_2O_3	Ga	
1	70.50	0.027	80.71
2	69.50	0.032	77.14
3	71.00	0.033	76.42
4	71.00	0.035	75.00
5	70.00	0.035	75.00

注：吸附原液成分：总 Na 154.42g/L，Al_2O_3 >70.30g/L，Na_2O 130.00g/L，Ga 0.14g/L。

从种分母液中吸附镓的工艺流程如图 13-1 所示[10,11]。工艺过程包括树脂吸附、饱和树脂洗涤、解吸、贫树脂再生几个环节。

镓的树脂吸附和解吸的树脂交换塔，分固定床与移动床两种。移动床的树脂交换塔传质效率高，树脂用量少，饱和树脂解吸镓的淋洗液，采用移动床要比固定床的体积减小 $50\% \sim 60\%$，因此获得解吸液的镓浓度也更高[11]。对于密实移动

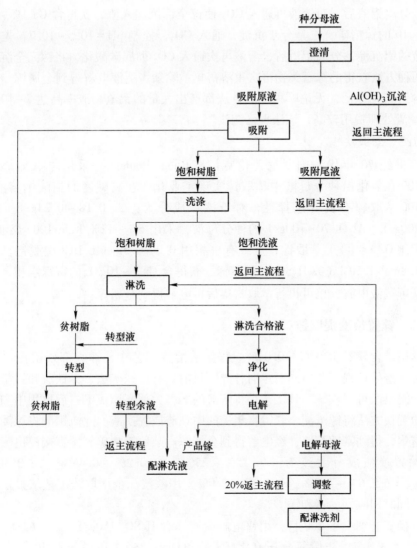

图 13-1 树脂吸附法从拜耳法氧化铝种分母液提取镓的工艺流程

床树脂塔，镓吸附和解吸分别在两个塔进行，树脂在吸附塔中吸附镓饱和后，转移到解吸塔中进行解吸镓，解吸后的贫树脂再转移回吸附塔吸附镓。整个过程可实现连续或半连续间断排出树脂的自动化操作。

13.2.1.2 中和沉淀法

早期提镓技术是中和沉淀法，用 CO_2 酸化母液，利用铝酸钠和镓酸钠水解沉淀的碱度不同，将两者分离。其做法有两种：一是彻底碳酸化，对含 Ga 0.2g/L（拜耳法）或含 Ga 0.03~0.08g/L（烧结法）的分解母液通入 CO_2 至饱和，铝镓共沉淀析出入渣；然后用石灰乳浸出铝镓渣，铝生成铝酸钙保留在渣中，镓进入溶液；分离铝渣后，对溶液再通入 CO_2 使镓全部沉淀入渣，获得含 Ga 1%~3%、Al/Ga<10 的镓精矿。二是分步沉淀，通入 CO_2，控制 pH=10.5~10.7，先将分解母液的铝沉淀，分离铝渣后，溶液再次通入 CO_2 彻底碳酸化，将镓完全沉淀入渣。两种方法获得的镓富集物再次重溶富集、除杂、造液电解得到金属镓。由于溶液含铝高含镓低，无论哪种沉淀方法都产出大量的铝渣，渣率高达 7~10t/kg-Ga[7]，渣处理费用较高，该法现已淘汰。

13.2.1.3 萃取法

20 世纪 70 年代法国罗尼普伦克厂（Rhone-Poulenc）采用喹啉类萃取剂 Kelex100 在氧化铝种分母液中萃取镓实现工业化。在高碱度的铝酸钠溶液中，Kelex100 萃取镓有良好选择性，对于该厂成分为：Ga 0.18~0.24g/L、Na_2O 150~200g/L、Al_2O_3 70~100g/L 的种分母液，采用 6%~12% Kelex100+煤油+癸醇，相比 O/A=1:1 萃取镓；负载有机相用 0.2~0.5mol/L HCl 洗脱铝，再用 1.6~1.8mol/L HCl（或 H_2SO_4）反萃镓，获得含 Ga 1~10g/L 的富镓水相，富镓水相既可造液电解，也可再行萃取富集后再电解得到金属镓[7,8]。

13.2.2 锌置换渣提取镓

锌精矿含镓约 0.01%~0.03%。锌湿法冶炼工艺中，镓大部残留在浸出渣中，后续渣处理视工艺不同而走向各异，目前只有针铁矿法、赤铁法和锌精矿氧压直接浸出法可回收镓。其工艺是将溶液的 Fe^{3+} 大部还原成 Fe^{2+} 后再用中和沉淀或锌粉置换方法将镓沉淀，获得富集镓的中和渣或置换渣。此渣用酸将镓浸出再萃取富集，得到富镓溶液，经电解得到金属镓。某厂锌精矿氧压直接浸出工艺所产出的置换渣成分大致为：Zn 15%~25%、Ga 0.2%~0.45%、Ge 0.36%~0.57%、Cu 5.6%~7.6%、Fe 1.7%~7.9%，用酸浸—全萃取法工艺从置换渣回收镓，同时回收铟、锗和铜[16]。

置换渣磨细小于 200 目，用锌电解废液（含 H_2SO_4 150g/L、Zn 56g/L），在 150℃、液固比 4、初始氧分压 0.4MPa 的条件下，经二段逆流浸出，Zn、Cu、Ga、In 浸出率达到 98% 以上，渣产率为 14%，浸出渣尚含少量的锗需另行回收。

置换渣的浸出液成分大致为：Ge 0.41g/L、Ga 0.51g/L、In 0.031g/L、Fe 5.76g/L、Zn 60~70g/L，萃铟后，将余液酸度调整到 pH=2.0~2.2，用 3%~5% C3~5 氧肟酸+10%P204+磺化煤油为萃取剂，相比 A/O=3:1，共萃取锗镓，锗镓及铁单级萃取率均达 90% 以上。锗镓负载有机相用含 25~30g/L 的次氯酸钠溶液反萃锗，相比 A/O=1，锗反萃率近 100%，而镓留在有机相，获得含锗 1.4g/L、镓 0.003g/L、铁 0.002g/L 的锗水相，反萃锗后的含镓有机相用 3mol/L H_2SO_4，相比 A/O=1:2 反萃，镓反萃率 97.5%，获得含镓 1.84g/L 的富镓水相，富镓水相用 NaOH 沉淀，得到镓富集物再经碱溶造液电解得到金属镓。反萃镓后有机相用草酸溶液洗涤脱铁后补加氧肟酸返回萃取，镓回收率（从置换渣到富镓渣）为 91.5%[16]。

萃铟余液中萃取分离锗镓的另一方法是利用 P204+氧肟酸（YW100）在高酸萃取锗不萃取镓的特性，把酸度调至 pH=0.5，用 20% P204+氧肟酸先萃取锗，萃锗后液，调整酸度到 pH=1.7~1.8，用反萃锗后的有机相并补加 1.25%的氧肟酸（构成约 20% P204+1.25% YW100）萃取镓，镓萃取率近 100%，镓负载有机相用 8~9mol/L H_2SO_4+2mol/L HCl 反萃镓，对于含 Ga 0.09~0.13g/L、Ge 0.04~0.09g/L、H_2SO_4 55~65g/L 的萃锗后液，可得到含镓 1.2~1.9g/L 镓水相[7]。

13.2.3 还原炼铁富集镓

金属铁对镓具有良好的捕集作用。我国用此方法于锌浸出渣、挥发窑渣、ISP 的烟化炉渣、提钒残渣中富集回收镓，形成不同的工艺方法。

13.2.3.1 熔融还原炼铁—电解铁工艺

ISP 烟化炉渣、钒钛磁铁矿的提钒残渣经高温还原熔炼，渣中的氧化铁还原为液态金属铁，其中的镓被铁捕集形成 Fe-Ga 合金，此合金经电解，镓富集在阳极泥中可进一步回收。

对含镓 0.02%~0.03%、含铁 25%~30%的烟化炉渣，配入渣重 10%的焦粉或粉煤和一定量的 CaO 造渣剂，在 1460~1500℃电炉中熔炼，炉渣的氧化铁还原成金属铁，镓锗被铁水捕集，产出含铁 80%~94%、含镓约 0.06%~0.1%的铁镓合金，铁收率 85%~90%、镓锗收率各 85%~95%[19]。

此铁合金作阳极在氯化铵溶液中电解，技术条件为：电解液 $FeCl_2$ 35~40g/L，NH_4Cl 150g/L，pH=4.5~5.0，电流密度 125~175A/m^2，温度 50~60℃，同极距 100mm。电解获得含镓约 0.5%的阳极泥，品位比在炉渣提高约 20 倍[20]，回收率 99%，电解直流电耗 600~850kW·h/t-Fe；铁电解产出的铁粉经高温氢还原，可用作生产焊条或其他。

对于 ISP 工艺，烟化炉渣是熔融状态产出，可直接进入熔池还原炼铁，利用高温炉渣的热能以降低能耗。熔炼—电解铁工艺电耗高且需要增加一套庞大的电解系统，这是工业应用的障碍。

13.2.3.2 固态还原焙烧炼铁—磁选分离工艺

浸出渣冷压制团焙烧固态还原炼铁的工艺，是锌浸出渣回转窑高温挥发焙烧工艺的实质性改进。对于含 Fe 21.18%、Zn 18.60%、Pb 4.62%、Cu 0.47%、Ga 0.053%、Ge 0.031%、In 0.011%、Ag 0.051%的锌浸出渣，配入还原煤粉和黏结剂压制成团矿，于 200℃干燥固结后，在回转窑 1200℃焙烧，铅锌铟大部分挥发进入烟尘，铁被还原成金属并将大部分镓锗富集其中。焙砂产率 40%~50%，含镓 0.11%、锗 0.066%。磨细后经磁选，产出的铁粉含 Fe 约 90%、Ga 0.22%、

Ge 0.16%，产率约 50%，铁、镓、锗回收率分别为 85%、85%～92% 和 85%～99%[22]。

这一技术已工业应用，相比熔池熔融还原炼铁技术，制团固态炼铁工作温度低、操作简单易于实现，但从还原铁粉分离回收镓锗仍是一个难点，目前主要采用酸溶法回收。

13.2.3.3　造铁冰铜熔炼—磁选铁工艺

湿法炼锌浸出渣采用回转窑高温挥发工艺（威尔兹法）处理，镓大部分残留在窑渣，窑渣成分为：Zn 6.33%、Pb 0.88%、Cu 0.34%、Fe 25%、S 5.55%、SiO_2 22%、Al_2O_3 8.72%、CaO 5%、Ga 0.04%、Ge 0.02%、Ag 0.03%～0.05%，残碳约 15%。

为降低熔炼温度，将窑渣一并加入硫化铁精矿进行还原硫化熔炼，生成熔点较低的金属化的铁冰铜，从而将熔炼温度降低到 1250～1300℃，再从铁冰铜磁选出含镓锗的铁合金粉[23]。

进入挥发窑渣的原料控制在含碳 7%～8%、硫 7%～7.74%，加入 7% 料重的石灰，在 1300℃ 下熔炼，得到产率为 25%～30% 的金属化冰铜和产率为 50% 的炉渣。窑渣中的铁 69%～87% 进入冰铜，其余进入炉渣；镓锗分别有 86%～90% 和 90% 进入冰铜，而锌 94%～95% 挥发到烟尘。

金属化冰铜破碎磨细后磁选，得到产率为 40% 的磁性物和产率为 60% 的非磁物。91% 的镓和 96.5% 的锗富集在磁性物中，富集品位比窑渣提高约 4 倍，达到 0.19% 和 0.083%，镓和锗选冶回收率分别达 87% 和 95%；银 85% 则富集在非磁性物（主要是金属硫化物），品位达 0.18%，若银富集品位不高，可做硫化剂返回硫化熔炼继续富集银及铜铅等。

该工艺优点是能在较低温度下熔炼，适应目前大多数有色冶金炉的工作温度，易于工业应用，可套用成熟的熔池熔炼或鼓风炉熔炼技术和设备进行生产。

13.2.4　镓的萃取

工业应用的镓萃取剂大体有：膦酸及含膦类，如 P204、P507；肟类，如 LIX63；氧肟酸类，如 YW100、H106、G315、G8315 等；喹啉类，如 Kelex 100（7-烷基-8-羟基喹啉）；胺类，如 N235、N503 等。胺类萃取剂在 H_2SO_4 溶液中萃取镓时，需加入 Cl^- 或酒石酸、硫氰酸铵等络合剂，形成镓络阴离子才能被萃取。

13.2.4.1　P204 及 P204+氧肟酸协萃体系

P204（二（2-乙基己基）磷酸，D2EHPA）是萃镓工业生产中最常用的酸性磷类萃取剂，其化学稳定性好、价格低廉、萃镓效率高。P204 在低酸下可萃取镓，而在高酸下萃镓率急剧下降，可用于镓的反萃。

P204 和 YW100 （C5~7） 氧肟酸两者组成的协萃体系，在硫酸介质中对 Ga^{3+} 的萃取有较强的正协萃效应。实践表明，这一协萃体系对镓和锗的萃取效果较好，因而广泛用于锌湿法冶金中回收镓和锗。

醚基异氧肟酸萃取剂 G8315 较氧肟酸水溶性小，可降低萃取剂消耗[18]。

13. 2. 4. 2　P507

P507 （2-乙基己基膦酸单酯，EHEHPA） 是一酸性含膦萃取剂，水溶性远较氧肟酸的要小，应用上有价值。

在硫酸介质中，P507 对 Ga^{3+}、Fe^{2+}、Zn^{2+} 萃取能力相近，三者将共萃进入有机相。用不同浓度的 HCl 和 H_2SO_4 反萃可将三者分离。

对含 Ga^{3+} 0.28g/L、Fe^{2+} 2.50g/L、Zn 19.50g/L 的硫酸溶液，用40% P507+ 60%磺化煤油萃取镓，在相比 O/A=1、料液酸度 5~10g/L、室温条件下，模拟四级逆流萃取，镓、锌、铁萃取率分别为98.50%、38.4%和19.56%。镓萃取率随 H_2SO_4 浓度增加急剧下降，而酸度低于 5g/L 料液会出现絮状沉淀。

含 Ga^{3+} 0.185g/L、Fe^{2+} 0.332g/L、Zn^{2+} 5.382g/L 的负载有机相先用 6mol/L HCl、相比 O/A=1，室温条件下，洗涤三次反萃铁和锌，此时镓保留在有机相，然后再用 100g/L H_2SO_4、相比 O/A=1，反萃镓，得到含镓 0.176g/L、锌铁几乎为零的镓水相，镓单级反萃率达95%[24]。

13. 2. 4. 3　HBL121

HBL121 （对特辛基苯基磷酸酯），是我国研制的新型萃取剂（湖南宏邦新材料公司产），适用于高酸环境下萃镓。对于含 H_2SO_4 108.67g/L、Ge 0.0038g/L、Ga 0.204g/L、Zn 19.64g/L、Fe 2.09g/L、Cu 4.24g/L 的锌置换渣高酸浸出液，萃取剂为40%（质量分数）HBL121+20%（体积分数）癸醇+磺化煤油，在相比 O/A=1、室温萃取。当料液液酸浓度为 100g/L 左右时，经四级逆流萃取，镓萃取率98.14%，而铁则达99.82%，而 Cu、Zn、Ge 不被萃取。负载有机相（含 Ga 0.2g/L、Fe 2.08g/L）用200g/L H_2SO_4，O/A=4:1，五级反萃镓，得到镓水相含 Ga 0.8g/L、Fe 1.66mg/L，镓和铁反萃率分别为99.18%、0.02%；反萃镓后有机相含铁 2.08g/L，用 7mol/L HCl 三级反萃铁，相比 O/A=1.5:1，得到铁水相含铁 3.10g/L，铁反萃率99.23%[25]。

13. 2. 4. 4　TBP

TBP （磷酸三丁酯）只能从盐酸介质中萃取镓。TBP 萃取镓的最佳萃取条件为水相 HCl 浓度为 6mol/L，有机相 TBP 体积分数为30%。萃取到有机相中的镓，可用 1mol/L NaCl 水溶液反萃，一次反萃率接近完全，也可稀 HCl、0.5mol/L NaOH 反萃镓[7]。

用 TBP-260 号溶剂油从锗氯化蒸馏残液中萃取镓和微量的锗，镓萃取率可达 98.81%以上，反萃率为99.11%；锗的萃取率可达86.18%以上，反萃取率为

97.72%。此外，Zn^{2+} 对于镓的萃取几乎没有影响；Pb^{2+}、Fe^{2+} 有略微影响；溶液中 Fe^{3+} 浓度的增加会导致镓萃取率下降[27,28]。

在 H_2SO_4 溶液，因 Ga^{3+} 难与 SO_4^{2-} 形成络阴离子，故不被 TBP 萃取，但在 H_2SO_4 溶液加入 NaCl，使 Ga^{3+} 形成络阴离子 $GaCl_4^-$ 可显著提高镓的萃取率，与 HCl 体系相仿。

13.2.4.5　Kelex 100

Kelex 100（7-烷基-8-羟基喹啉）喹啉类萃取剂，是从碱性溶液中回收镓的有效萃取剂。有机相 8-羟基喹啉衍生物最适合的浓度为 6%~12%（体积分数），稀释剂可以是脂肪烃、芳香烃等，或者是混合的有机溶剂。在 Kelex 100/正癸醇/煤油 = 10/8/82（体积比），稀释剂为 200 号溶剂油，癸醇为改性剂的条件下，对拜耳法种分母液采用四级萃取，镓萃取率约 90%。反萃剂为 HCl，用 5mol/L HCl 将被共萃取进入有机相的铝反萃，再用 1.5mol/L 的 HCl 洗脱镓（Ⅲ）[7,8,29]。

13.2.4.6　偕胺肟

将偕胺肟萃取剂浸渍在高分子多孔基体上制成偕胺肟树脂，可用于拜耳法氧化铝溶液中镓的萃取和分离。偕胺肟树脂在酸性条件下不稳定，只能在碱性和中性条件下使用。

13.3　国内外镓冶金方法比较

我国镓冶金技术总体处于国际先进水平。树脂吸附法在氧化铝生产中提取镓大规模工业应用，经过消化吸收和自主创新，实现了树脂国产化，并且开发出不同特性的树脂；研究出洗脱性能更佳的淋洗剂使提镓的效率提高而成本降低。我国在萃取剂和萃取体系的研究及萃取的自动控制装备与国外先进技术相比仍有明显不足，吸附树脂的吸附容量、使用寿命等也不如国外产品。

高纯镓的制备现与国际最高水平的差距虽在缩小，但镓的分离行为等基础研究远不充分。高纯镓大规模生产保障品质稳定性的技术手段和装备都较落后。

13.4　镓冶金的发展趋势

（1）引入现代的萃取及树脂分离技术解决锌湿法冶炼流程和镓煤灰中低品位镓的低成本提取回收，特别是在锌湿法冶炼流程中，研究采用吸附树脂法分离提取浸出液中的镓及锗和铟，这样可避免镓最终进入窑渣变得不可回收。

（2）研究高精度、高稳定度的高纯镓的制备技术和装备，特别是杂质在金属镓的分离行为，如分配系数，存在许多空白点需要研究。

（3）解决镓煤或镓煤灰的回收镓的问题，最佳的方案是在镓煤燃烧过程中将镓富集到烟尘，镓煤燃烧过程中高价氧化镓难挥发会残留在煤渣，而低镓氧化镓则具有挥发性，研究镓煤在燃烧时镓的行为或许能为镓回收提供新思路。生物冶金技术和廉价的生物质吸附剂，是镓煤回收镓的值得研究的方法。

14 锗 冶 金

14.1 锗冶金概况

14.1.1 应用和需求

锗是电子信息产业重要的基础金属,在国防军工武器装备用途独特。锗主要应用于红外光学材料、半导体器件、光纤和催化剂四大领域。美欧日等发达国家都把锗列为战略储备物资,以保障战时红外军用装备之需。2010 年以来,美国的锗储备量常年保持在 90~100t 的水平[30],美国每年消费 30~38t(锗量),主要用于红外材料、光纤和半导体[31]。我国于 2010 年将锗列为控制出口物资。未来薄膜太阳能电池和 LED 照明是锗应用的新增长点。

14.1.1.1 红外光学材料

红外材料用锗约占总量的 30%。锗对红外辐射有宽波段的光学透射率,红外透过率约为 50%,镀增透膜后透过率可大于 90%,是不可替代的优良红外光学材料,制备如红外导弹、热成像仪、夜视仪、红外雷达等红外探测的敏感器件,在各种军用和民用红外探测设备中广泛应用[32,33]。

14.1.1.2 半导体器件

锗 20% 用于半导体器件,如 CMOS 器件、太阳能电池、GaN 发光器件、高频大功率锗晶体管、核辐射探测器、锗硅合金高温温差电池等。锗隧道二极管工作频率理论上可达到 100000MHz,工作温度可达 300℃ 且耐辐射,用作航天航空的各种仪器的高速开关器件。锗的载流子迁移率是硅的 3 倍,锗单晶片大量用作半导体器件的衬底材料,锗单晶衬底上外延的砷化镓太阳电池光电转换效率达 40% 以上且耐高温、抗辐射、可靠性强,是空间站和卫星的动力源[36,37]。

14.1.1.3 光纤

光纤用锗占总量的 30%,当前网络传输使用的都是含锗光纤,GeO_2 作为 SiO_2 光纤纤芯掺杂剂,可提高折射率,减少光纤的色散和传输损耗。

14.1.1.4 催化剂

催化剂用锗约占总量的 15%[31]。二氧化锗是聚酯纤维(PET)生产的催化剂。PET 具有无毒、透明与气密性好的特性，广泛用作饮料瓶及食用液体的容器。金属锗兼有金属与半导体型的催化活性，石油化工中的铂-锗催化剂，用于碳氢化合物的转化、氢化、去氢，汽油馏分的调整。

14.1.1.5 锗合金材料

金-锗共晶合金（含 12%锗）在半导体器件、首饰等用作金的钎焊焊料。加入锗能使铍材有好的延展性。锗在铀-铝合金中能抑制 UAl_4 的形成，简化核燃料生产工艺。锗合金 $GeIn_{0.01}$、$GeAu_{88}$ 和 $Ge_2Ag_{68}Sn_{17}Cu_{13}$ 可做牙科合金。二氧化锗与锗酸镁 $MgGeO_3$ 是良好的发光材料。

14.1.2 资源状况与产量及消费

锗在地壳的丰度为 $1.4×10^{-4}$，但分布极其分散，没有独立矿床。已查明的锗资源主要伴生在硫化锌矿及铅铜矿中，另一小部分则存在于煤中。据估计，锌精矿带入的锗量被回收的部分仅占 3%[31]，由此推测仅在锌矿的锗资源量应在 10万吨以上。我国含锗的锌矿资源主要分布于云南、贵州及广东；锗煤资源主要分布在云南、内蒙古、新疆，俄罗斯、蒙古等国也有锗煤资源。

我国锗资源保有储量在各矿种中的分布见表 14-1[38]。

表 14-1 我国锗金属保有储量在各矿种中的分布

矿物	煤矿	铜矿	铅锌矿	铁矿	其他
分布/%	17.0	11.34	69.30	2.30	0.06

世界 80%的锗产自锌冶炼副产物，我国的锗约 50%来自锌精矿，另约 50%来自锗煤。铅锌矿伴生的锗，锗品位平均在 0.0015%~0.039%之间，其中云南会泽铅锌矿和广东凡口铅锌矿，伴生锗储量大、品位高，是我国优势的锗资源。煤矿床中伴生的锗，平均品位 0.0017%，但锗在煤层分布极不均匀，当前只有锗品位在 0.02%以上的煤层可开采提锗。我国的锗煤资源分布在云南滇西地区、内蒙古锡林郭勒和呼伦贝尔的煤田，这三处煤田的锗资源量约 8000~10000t[39]。如果把品位 0.005%以上的锗统计在内，估计储量超过 2 万吨。此外，一些煤矸石也含锗。锗的二次资源主要是光纤和锗单晶片生产中产出的各种废料，光纤生产有60%的锗进入废料，世界上再生锗产量约占总量的 30%[31]。

世界产锗的国家有比利时、美国、德国、法国、日本、意大利、刚果（金）、奥地利、俄罗斯、乌克兰和中国，国内外主要锗生产厂见表 14-2[38]。中国是世界最大产锗国，产量占世界的 70%以上，云南驰宏锌锗、中金岭南、云南锗业、内蒙古煤锗、南京中锗科技、广东先导稀材等是代表性的锗企业。近十年间世界锗产量和价格见表 14-3[30,31]。

表 14-2 世界生产金属锗和二氧化锗主要厂家

国家	公司名称	生产品种	生产能力/t·a⁻¹	精矿来源
美国	凯威克铍业公司	Ge，GeO₂	10	泽西矿业锌公司
	埃格尔·皮切尔工业公司	Ge，GeO₂	30	本公司、潘纳罗西亚冶金公司、帕拉索拉矿冶公司
比利时	霍波肯-奥弗佩尔特冶金公司	Ge，GeO₂	50	盖卡矿业公司
德国	奥托维·米林公司	GeO₂	10	布莱贝尔格矿山联合企业
	普雷马隆格金属公司	Ge，GeO₂	25	潘纳罗亚、帕拉索拉两矿冶公司、布莱贝尔格矿山联合企业
日本	住友金属矿业公司	Ge，GeO₂	35	进口
	日本电子金属公司	GeO₂		进口（1995年后从中国进口的锗量）
	东京芝浦电气公司	Ge，GeO₂		进口量大于22.5%
中国	驰宏锌锗	Ge，GeO₂	30	铅锌矿
	中金岭南	GeO₂	15	铅锌矿
	云南锗业	Ge，GeO₂	25	锗煤
	蒙东锗业	Ge，GeO₂	15	锗煤
	通力锗业	Ge，GeO₂	10	锗煤
	先导稀材	Ge，GeO₂、GeCl₄	20	二次锗资源
	中锗科技	Ge，GeO₂、GeCl₄	15	二次锗资源

表 14-3 2008~2016年全球和中国的锗产量和平均价格

年份	2008	2009	2010	2011	2012	2013	2014	2015	2016
全球/t	135	135	118	115	125	155	165	160	155
中国/t	100	100	80	80	90	110	120	115	110
区熔锗价格/美元·kg⁻¹	1490	940	1200	1650	1640	1900	1900	1250	950
99.99%GeO₂价格/美元·kg⁻¹	960	580	720	1400	1360	1230	1300	1000	625

十年间锗产量增长不到20%，锗资源仍面临长期供应不足的局面，加快低品位资源的开发利用，对增加锗供应具有重要意义。

14.1.3 科技进步

（1）全萃取法从湿法炼锌流程中提取锗。在湿法炼锌工艺中，锗主要富集在浸出渣挥发铅锌的烟尘或热浓酸浸出后浸液的锌粉置换渣或中和渣。对这些锗富集物用硫酸浸出将锗转入溶液，早期经典的提锗方法是用单宁将溶液的锗沉淀后煅烧得到锗精矿。2015年中金岭南公司丹霞冶炼厂建成从氧压浸出液置换渣提取锗、镓、铟的全萃取法生产线，处理渣能力5000t/a，用氧肟酸+P204萃取锗，年产锗15~20t，锗萃取回收率98%，选择性好、成本低，萃余液脱去残余有机物后可返回锌主流程提锌。萃取提锗技术的成功应用，提高了我国锌冶炼提锗的技术水平和经济效益。

（2）真空蒸馏法从火法炼锌流程中提取锗。火法炼锌的ISP工艺，锗70%进入粗锌，其后在粗锌蒸馏中残留在硬锌中得到富集。中金岭南公司韶关冶炼厂采用昆明理工大学研究的真空蒸馏技术处理硬锌回收锗和铟，年产锗8~10t。工艺脱除锌后获得的富锗渣，锗富集品位提高了10倍，从硬锌到锗渣，锗直收率97.9%，蒸馏电耗1374kW·h/t-硬锌，折合能耗比隔焰炉—电炉脱锌工艺降低了34%，工作环境也大为改善，已成为从硬锌中回收锗的首选方法。

（3）一步挥发法从锗煤中提取锗。提取煤中锗的主要方法是将煤燃烧，从烟尘或炉渣中得到锗富集物，最后经氯化蒸馏提取锗。

之前的锗煤燃烧提锗工艺是采用过剩空气的完全燃烧制度，使煤充分燃烧，锗形成难挥发的GeO₂留在煤渣，炉渣锗品位低，需二次挥发富集才能氯化蒸馏提锗，锗回收率只有40%~60%。广州有色金属研究院发明的还原挥发一步法从锗煤中提锗技术，在云南临沧冶炼厂成功投入工业应用。该法采用不完全燃烧的作业制度，锗煤在弱还原气氛下燃烧，使98%~99%的锗转化成GeO挥发到炉气和烟尘中，得到的含锗烟尘品位比原煤提高近百倍，后端炉气引入二次空气将剩余的CO燃尽。还原挥发一步法的锗煤燃烧装备从最初的单台处理能力5000t/a的链条炉创造发展成5万吨/年的旋涡炉，成为我国锗煤提锗的主流技术。这一锗煤提锗技术为我国煤锗产量跃升到占全国锗产量的50%起了重要作用。

（4）光纤级四氯化锗的生产。我国光纤棒坯料生产所需的GeCl₄长期依赖进口。光纤级GeCl₄，纯度为8N级，对含氢化合物GeCl₃·OH、CH、HCl也有严格要求，脱除这些含H化合物是制备光纤级GeCl₄的最大难题。2010年通过国家立项和企业自主组织攻关，现已在广东先导稀材公司建成了20t/a生产线，产品已销往国内外，使我国在国际锗产业链的高端占有了一席之地。

14.2 锗冶金主要方法

14.2.1 锗的基本分离技术

沉淀、萃取、氯化蒸馏是提锗基本的单元分离技术。初次的锗富集物由于品位低，通常用硫酸将锗浸出，然后经单宁沉淀或萃取将锗品位富集提高，富集物经氯化蒸馏和精馏得到纯 GeCl₄ 产品，再经水解、煅烧，得到纯 GeO₂ 产品，GeO₂ 用氢还原制得金属锗。

14.2.1.1 单宁沉淀法

单宁是锗的特效沉淀剂，沉淀锗完全、选择性强。控制酸度为 $0.4 \sim 0.5 mol/L$，加入单宁使锗沉淀，此时 Zn^{2+}、Cd^{2+}、Cu^{2+} 均不沉淀，特别适用于湿法炼锌水溶液中锗的沉淀分离。一些植物的提取物栲胶主要成分是单宁，也可用于沉锗。

含锗 $0.02\% \sim 0.08\%$ 的锌冶炼次氧化锌烟尘的硫酸浸出液，含锗 $40 \sim 100 mg/L$，调整酸度到 $pH = 1.5 \sim 2.0$，在 $50 \sim 70℃$ 下，按锗量的 $20 \sim 26$ 倍加入单宁，搅拌 $25 \sim 30 min$，锗沉淀率 $99\% \sim 99.6\%$，沉锗后溶液含锗小于 $0.5 \sim 1.2 mg/L$。得到的单宁锗渣干燥脱水后送入电热式回转窑或隧道窑于 $550 \sim 620℃$ 煅烧，得到含锗 $18\% \sim 22\%$、含锌 $30\% \sim 36\%$ 的锗精矿[53,54]。用橡椀栲胶沉锗有类似的结果，对成分为 Zn $100 \sim 120 g/L$、Ge $0.024 \sim 0.07 g/L$、H^+ $0.5 \sim 1.5 g/L$ 的硫酸锌溶液，在 $60 \sim 70℃$，按锗量的 $35 \sim 40$ 倍加入橡椀栲胶，沉锗后液含锗降至 $1 mg/L$[55]。

单宁沉锗的最大优势在于单宁锗沉淀物经高温煅烧可将大部分有机质分解，得到高品位的锗精矿，整个过程简单高效；但单宁价格较贵，单宁在沉锗后液的残留物会使锌电解的电流效率降低 $1\% \sim 3\%$[55]。

沉淀分离锗的方法还有镁盐或铁盐沉淀法，均是使锗与镁或铁的氢氧化物共沉淀入渣得到富集。

14.2.1.2 萃取法

萃取是现代分离锗的方法。硫酸体系应用的锗萃取剂主要是肟类 LIX63、喹啉类 Kelex100 和氧肟酸类（如 YW100、G7815、HGS98 等）萃取剂。LIX63 和 Kelex100 需在高酸下萃锗，均可用 150g/L 左右的 NaOH 反萃；氧肟酸类单独萃锗效果不好，需加入 P204 协萃剂，萃取酸度可低到 20g/L 左右，较接近湿法炼锌工艺的酸度条件，但反萃锗较困难，常用的反萃剂是 HF 及 NH₄F 及次氯酸钠，使用 NaOH 反萃则需要在氧肟酸中加入某些协萃剂。

对于含 Ge $0.3455 g/L$、H_2SO_4 $150 g/L$ 的料液，用 15% LIX63+85%磺化煤油（体积分数）作萃取剂，$25℃$、相比 $O/A = 1 : 2$、萃取时间 20min，经 5 级逆流萃取，锗萃取率 98.87%，萃取剂萃锗饱和容量 $0.75 g/L$；负载有机相用 150g/L NaOH 溶液反萃，$25℃$、反萃时间 25min、相比 $O/A = 9 : 1$，经 3 级逆流反萃，反萃率达 98.5%[60]。锗反萃液调整酸度到 $pH = 8.8 \sim 9.1$，水解产出 $GeO_2 \cdot H_2O$ 和锗酸钠，过滤烘干得到锗精矿。贫有机相用 132g/L H_2SO_4、相比 $O/A = 10$、1 级洗涤，使 Na^+ 型的 LIX 63 转型为 H^+ 型萃取剂返回使用[30]。

HBL101（5，8-二乙基-7-羟基-十二烷-6-酮肟）是我国研发的新型萃取剂，萃取与反萃条件类似于 LIX63。

Kelex 100 为德国 Sherex 化学公司所产的喹啉类萃取剂，有效成分是 7-十二烯基-8-羟基喹啉。对含 Ge 0.23g/L、As 1.6g/L、H_2SO_4 185g/L 的料液,用 10% Kelex100+20%癸醇+70%煤油作萃取剂,在相比 O/A = 1:2、25℃下萃取 5min,锗萃取率达 98%以上;负载有机相用 H_2O 在相比 O/A = 2:1 条件下洗涤后用 4mol/L NaOH 在相比 O/A = 5:1 条件下反萃锗,获得水相含 Ge 3.4g/L、As 0g/L,调整 pH 值到 8.8~9.1,使锗水解生成 $GeO_2 \cdot H_2O$ 沉淀[30]。

工业应用萃取锗的氧肟酸萃取剂最有代表性的是 H106(十三烷基叔碳异氧肟酸)和 YW100(C5~7 的异氧肟酸)。氧肟酸是螯合型萃取剂,通常不单独用来萃取锗,而要另加入协萃剂,除增强协同萃取效应外,还使反萃变得较为容易。协萃剂主要有 P204、环烷酸(HA)、脂肪酸(EA)等[48],通常以 P204 应用最广。反萃剂主要有 HF、NH_4F 和次氯酸钠等。

对于含锗 0.41g/L、铁 3.84g/L 的溶液,将酸度调整到 pH = 2.0~2.2,用 3%~5%氧肟酸(YW100)+10% P204+磺化煤油萃取锗,相比 O/A=1,锗单级萃取率 90%以上,萃锗余液含锗 0.004g/L,负载有机相用 30g/L 次氯酸钠溶液反萃锗,反萃率近 100%[49]。

14.2.1.3 氯化蒸馏法

$GeCl_4$ 的沸点为 83.1℃,比大多数的金属氯化物低,将锗转化成氯化物蒸馏可有效将锗分离富集,处理的原料包括单宁锗沉淀渣煅烧得到的锗精矿、含锗煤挥发的锗烟尘、锗萃取溶液水解得到的粗 GeO_2、含锗的锌冶炼渣等。

锗的氯化蒸馏在盐酸体系中进行,HCl 浓度需大于 7mol/L,HCl 浓度低至 5mol/L 时则发生 $GeCl_4$ 的水解。为避免砷同时蒸出,蒸馏前须将 As^{3+} 完全氧化。一种氯化蒸馏操作是:锗精矿配入 H_2SO_4 与 MnO_2 使料熟化后,再加入浓度大于 9mol/L 的 HCl,密闭状态下通入 Cl_2 气在 85~90℃下蒸馏,蒸出的 $GeCl_4$ 通过冷凝导管引出到另一反应釜收集,对于含 As 5.9g/L、Ge 1.46g/L 的原料液,蒸馏产物 $GeCl_4$ 含砷可降至微量[50]。

对氯化蒸馏工艺的改进是加入碱土金属进行氯化蒸馏,蒸馏 HCl 浓度降至 2.5mol/L,适合处理高砷锗渣,减少了 H_3As 产生的风险。对含 Ge 4%~8%、As 18%~24%、Fe 23%~25%、Pb 26%~30%、Zn 10%的高砷锗锌渣,磨细至小于 0.25mm,加入 4.5mol/L $CaCl_2$ 和 2~2.5mol/L 的 HCl 溶液及少量 $FeCl_3$,60~80℃下先通入氯气将 As^{3+} 氧化,然后提高温度到 80~105℃进行氯化蒸馏,锗蒸出率 97%,砷蒸出率小于 5%。蒸馏残液含砷 20g/L、$CaCl_2$ 300~315g/L;在 90℃下加入石灰中和至 pH=4.5,砷生成难溶的 $Ca_3(AsO_4)_2$ 入渣脱除,$CaCl_2$ 溶液返回锗蒸馏使用[44]。

粗 $GeCl_4$ 送精馏可制得高纯级 $GeCl_4$ 或光纤级 $GeCl_4$ 产品。将 $GeCl_4$ 水解可生成水合氧化锗,再煅烧脱去结晶水制得 GeO_2 产品。GeO_2 用 H_2 可还原可制得金属锗。$GeCl_4$ 水解过程是:控制温度为 0~20℃,按 $H_2O/GeCl_4$(体积比)为

6~6.5 的量缓慢加入去离子水，搅拌下使 $GeCl_4$ 水解反应 1~1.5h，水解终点控制酸度在 5mol/L，得到 $GeO_2 \cdot nH_2O$。

14.2.2 湿法炼锌中锗的提取

湿法炼锌工艺中锗 90%以上留在中性浸出渣中。若浸出渣用回转窑或奥斯麦特炉高温还原挥发，约 50%~70%锗挥发进入次氧化锌烟尘。次氧化锌烟尘中的锗可回收，但残留在窑渣中的锗则难以回收。若采用热酸浸出处理浸出渣，经热浓硫酸浸出，浸出渣的锗进入溶液。在不同除铁工艺下，锗的走向各有不同。对于黄钾铁矾法工艺，锗走向分散：约 35%随铁共沉淀进铁矾渣，约 25%~30%进入预中和渣，其后在铁矾渣和中和渣的高温挥发过程，60%~70%的锗进入次氧化锌尘。对于针铁矿法和赤铁矿法，除铁前将溶液的 Fe^{3+} 还原成 Fe^{2+}，再用锌粉置换或中和沉淀的方法预先分离出锗、镓、铟，避免了与铁的共沉淀，锗回收率及置换渣或中和渣锗品位均较高。锌精矿直接氧压浸出工艺，精矿所含的锗、镓、铟 93%以上被浸出，溶液的铁为 Fe^{2+} 形态，也可在水解除铁前先行采用锌粉置换沉淀分离锗。

湿法炼锌最终可归结为从次氧化锌烟尘或锌粉置换渣回收锗，其基本方法是：烟尘或置换渣用锌电解废液浸出，锗进入溶液用单宁沉淀或萃取分离锗，得到锗精矿用氯化蒸馏分离提取锗。从锌精矿到氯化蒸馏的粗氧化锗，锗总收率约 40%~80%。

14.2.3 火法炼锌中锗的提取

目前仅存的密闭鼓风炉熔炼铅锌工艺（ISP），产能约占锌总产能的 15%。ISP 工艺中，精矿中的锗 60%~70%进入粗锌，20%进入炉渣烟化产出的次氧化锌灰，剩余 10%~20%进入烟化炉水淬渣。粗锌精馏过程，锗 75%进入硬锌（高铁锌合金），约 22%进入锌浮渣。硬锌、锌浮渣及次氧化锌灰制取硫酸锌后的浸出渣是 ISP 工艺提取锗的原料，进入水淬渣的锗与镓提取困难，一直未能回收[53]。

采用真空蒸馏将硬锌中锌蒸馏脱除，锗保留在残渣。此渣在 350~450℃下氧化焙烧后用硫酸浸出，锗可以进一步在渣中富集，再按常规氯化蒸馏提锗[54]。

14.2.4 锗煤中锗的提取

锗煤工业提锗方法是燃烧法。早期采用过量空气的氧化燃烧制度，使锗生成不挥发的 GeO_2 和硅锗酸盐保留在煤渣中，煤的灰分约在 20%，锗在煤渣中可以富集约 5 倍[55]。

我国发明的锗煤弱还原燃烧一步法挥发锗技术，适用于含锗 0.02%以上的褐煤处理。在 900~1200℃ 下，控制炉气成分为 CO_2 10%~15%、CO 约 5%，O_2 2%~5% 的弱还原气氛，使锗以 GeO 挥发进入烟尘；通过控制烟尘产率和高温沉降含锗少的粗颗粒尘的措施，获得富集品位高的含锗烟尘。得到的富锗烟灰、布袋烟尘可直接进入氯化蒸馏提取锗。

锗煤一步法还原挥发回收锗的燃烧设备有两种：一是链条炉，二是旋涡炉。链条炉属固定床燃烧，原煤不需破碎磨粉，过程简单，燃烧过程烟尘率低，得到的锗尘品位高；旋涡炉属悬浮强化燃烧设备，锗煤经干燥并磨成细粉，喷入炉内燃烧，锗挥发进入烟尘，煤灰大部成熔融渣落入炉底聚集排出。旋涡炉处理量大、效率高，但烟尘产率大，烟尘含锗品位低。

低品位锗煤产出的锗烟灰因品位低直接氯化蒸馏提锗不经济，通常需要二次还原挥发富集。由于锗烟灰中的锗均经过了高温过程并部分形成了硅锗氧化物固溶体，其还原挥发特性远比锗煤的锗要差，要使锗挥发必须将这些锗硅氧化物固溶体解离。

目前锗品位在 0.02% 以下的低品位锗煤仍不能经济利用，因获得的烟尘锗品位小于 1%，难以达到氯化蒸馏最低的品位要求。对低品位锗烟灰的二次还原挥发富集的研究势在必行，这不仅对我国低品位锗煤开发利用有重要意义，而且对现在的锗煤提锗工艺也有应用价值。

生物冶金是锗煤提锗新方法，尚处研究初步阶段，但为原煤堆浸或原地浸出提取煤层中的锗展现出应用前景，这对减少或避免煤层的开采，特别是减少低质煤的开采以保护生态环境、发展锗煤绿色提锗的技术有重要意义。

14.2.5　废光纤中锗的提取

光纤废料是锗主要的二次资源。光纤废料含锗 2%~6%，酸溶锗占全锗的 30%~70% 不等。早期用 HF 浸出废光纤后用单宁沉淀—氯化蒸馏制得 $GeCl_4$，工艺全过程锗回收率 93%~95%。另一方法是碱焙解法，光纤废料磨细至 0.074mm，加入废料量 3~4 倍的纯碱，820℃ 下焙烧 2.5h，废料的 SiO_2 和 GeO_2 大部转为硅酸钠和锗酸钠，用 HCl（或 H_2SO_4）在 pH=0.5~1 下浸出并分离硅酸后，加入 HCl 进行氯化蒸馏提锗，锗回收率 80%~90%。此法酸碱耗量大，成本较高[44]。因脱硅会造成约 5%~10% 的锗共沉淀，有工厂采用萃淋树脂法吸萃锗，这可能是较为合适的工艺方法。

14.2.6　光纤级四氯化锗制备

光纤级 $GeCl_4$，纯度除要求为 8N 级外，对含氢化合物 $GeCl_3 \cdot OH$、C—H、HCl 也严格要求总量不大于 12×10^{-6}，脱除这些含 H 化合物的主要方法是通过强氧化，将含氢有机化合物完全转为高沸点的高氯酸化合物和 HCl，然后通过蒸馏分离。

一种制备工艺是：首先在 GeCl$_4$ 料液中加入料液重量 10% 的无水氯化钙或 5% 的无水 P$_2$O$_5$ 或 1% 的镁化合物，送精馏装置中将料液加热至 80℃，通入 HCl 气和 Cl$_2$ 气，并用碘钨灯辐照，馏出液在紫外光辐照下，Cl$_2$ 产生氯化的自由基，将氢化合物氯化成 HCl。其次，将辐照氯化后的料液在 80~100℃ 下将 GeCl$_4$ 馏出，然后将 GeCl$_4$ 和 HCl、Cl$_2$ 的混合蒸气导入温度为 300~600℃ 的石英管内加热 5s 到数十秒。处理后的蒸气接入蒸馏塔进行冷凝再精馏，得到馏出的 GeCl$_4$ 液体再冷冻到 −20℃ 以下并在真空下将所含的 HCl 和 Cl$_2$ 抽除干净。经以上处理，GeCl$_4$ 所含的带羟基和 C-H 链的有机物及 HCl 能被大部脱除[60]。

14.3　国内外锗冶金方法比较

我国锗的提取技术大多是传统的经典技术，无太多突破性的创新。锗煤的一步挥发法提锗技术为我国发明，所形成整套工艺装备较为完善。我国主流应用的氧肟酸萃锗技术与国外使用的 LIX63 萃取技术相比存在萃取剂不稳定、易老化的不足，新型萃取剂和萃取树脂的研究大多处于起步阶段。锗高纯产品制备技术的基础研究较为缺乏。

14.4　锗冶金发展趋势

（1）发展硫酸体系的高效萃取技术和新型萃取剂，改变当前以氧肟酸体系为主的局面。

（2）发展树脂法吸萃低浓度锗的技术，提高锗回收程度和锗富集度。

（3）研究开发利用低品位锗煤资源的技术和研究锗烟灰的再次进行挥发富集技术，将锗品位提高到 5% 以上再氯化蒸馏，以减少氯化蒸馏的试剂消耗和废液废渣外排对环境的污染。

（4）研究原煤堆浸或原地浸出提取煤中锗的生物冶金方法，发展锗煤绿色提锗技术。

15 铟 冶 金

15.1 铟冶金概况

15.1.1 应用和需求

铟广泛应用于电子工业、航空航天、合金制造、太阳能电池、国防军事、核工业和现代信息产业等领域[61-63]。金属铟一般不单独使用，主要以铟合金、铟盐、半导体化合物和其他铟化合物形态应用。

15.1.1.1 铟锡氧化物（ITO）薄膜材料

ITO 含 In_2O_3 90%~95%，占铟总消费量的 80% 以上。ITO 导电玻璃大量用于平面显示器的生产，如液晶显示器（LCD）、电视发光显示器（ELD）、电视彩色演示器（ECD）、PC 显示器、笔记本电脑和手机显示屏。ITO 薄膜用作异质结型（SIS）太阳能电池的顶部氧化物层，可提高太阳能电池的能量转换效率。ITO 薄膜还可用作硅基太阳能电池的反射涂层以及太阳能电池的透明电极。ITO 薄膜对光波的选择性使其大量用于热镜，可在寒冷的环境下将热量保持在一封闭的空间里而起到热屏蔽的作用。在无线电工业和电子工业中，氧化铟覆盖层因具有良好的导电性能，可将其当作透明的接触性涂覆层和透明的抗静电性涂覆层，应用于各种光电子装置，如液晶、等离子电视屏的制造。

15.1.1.2 制造半导体化合物材料

铟用于锗及其晶体管的掺杂剂和接触剂；InGaAs 用于光通信光波段激光器，GaInP 作发光元件，InSb 和 InAs 用于红外探测、光磁器件、磁致电阻器及太阳能转换器等；InP 用于微波通信、光纤通信中的激光光源和太阳能电池材料。

15.1.1.3 铜铟硒（$CuInSe_2$）多晶薄膜太阳能电池

铜铟硒（CIS）是 20 世纪 80 年代发展起来的多晶薄膜太阳能电池材料，具有性能稳定、抗辐射能力强等特性，在薄膜太阳能电池材料领域有一定发展前景。

15.1.1.4 含铟钎料及铟基焊料

铟的低熔点合金和焊料系列，因其熔点低、抗疲劳性和延展性优良、导电性高、焊点强度高、可靠性好，尤其对陶瓷、玻璃等非金属具有良好的润湿性，已成为微电子组装的主要特种焊料之一，用于电子、低温物理和真空系统中的玻璃-玻璃、玻璃-金属设备的焊接。

15.1.1.5 铟合金

铟和铅、锡、银、镉以及铋的某些合金具有广泛的工业意义，具有良好的热传导率、耐腐蚀性、坚固性。In-Sn 合金（50%Sn 和 50%In）常在真空技术中作为焊料，可保证连接的真空致密性。

15.1.2 资源状况与金属产量

15.1.2.1 铟资源状况

铟资源稀少而分散，多伴生在有色金属硫化矿物中，自然界几乎不存在单独具有工业开采价值的矿体。现已发现约有 50 多种矿物中含有铟，如硫化锌矿、铁闪锌矿、方铅矿、氧化铅矿、锡矿、硫化铜矿、硫化锑矿等。但含铟大多在 $n \times 10^{-6}\%$（$n = 1, 2, \cdots, 9$）数量级，其中含铟最高的是铅锌矿，其他矿物如锡石、黑钨矿及普通的角闪石也常含较多的铟。目前具有工业回收价值的矿物主要为闪锌矿，含铟一般为 0.001%~0.1%，其所含铟量占总储量的一半以上[64]。

铟在地壳中的丰度与银相近，但因提取技术难度大、成本高，产量不到银的1%。据 2011 年美国地质矿产调查报告，全球铟的保有量只有 1.6 万吨，主要分布在亚洲、北美、欧洲和大洋洲等地。我国的铟保有量约 1 万吨，占62%。我国已探明的铟资源主要集中于云南（40%）、广西（31.4%）、内蒙古（8.2%）、青海（7.8%）、广东（7%），其余分布在湖南、青海、内蒙古、辽宁等 15 个省区。表 15-1 为世界铟储量及分布。

表 15-1 世界铟储量及分布

国　家	探明储量		储量基础	
	数量/t	百分比/%	数量/t	百分比/%
中　国	8000	72.70	10000	62.50
秘　鲁	360	3.30	580	3.60
美　国	280	2.50	450	2.80
加拿大	150	1.40	560	3.50
俄罗斯	80	0.70	250	1.60
其他国家	2130	19.40	4160	26
合　计	11000	100	16000	100

15.1.2.2 铟金属产量

铟的来源主要有两个渠道：原生铟和再生铟。原生铟的生产是指以锌、铅、锡冶炼副产物为原料提取金属铟，目前全球原生铟产量的 90% 来自铅锌冶炼厂的副产物。再生铟是指以含铟废料，如 ITO 废靶材、废旧 LCD 显示屏等为原料提取的金属铟。

中国是世界第一大铟生产国，中国原生铟产量占全球的 40%~50%。随着锌精矿供应量的增长和提铟技术的进步，我国原生铟产量总体增长，但近年增速在逐步放缓，产量下降更多受价格和成本影响。2006~2016 年全球和中国原生铟产量见表 15-2。

表 15-2　2006~2016 年全球和中国精铟产量　　　　　　　　（t）

年份	2006	2007	2008	2009	2010	2011	2012	2013	2014	2015	2016
全球	480	563	568	546	574	662	670	799	820	759	655
中国	300	320	330	280	300	380	390	415	420	350	290

15.1.3　生产铟的主要原料

一般来说，可供提取铟的原料主要用以下几种：

（1）有色金属锌、铅、锡、铜、锑等冶炼过程中产生的副产品，如浸出渣、烟尘、浮渣、阳极泥、电解液等；

（2）高炉冶炼生铁的瓦斯灰；

（3）含铟再生废料，如 ITO 废靶和碎屑。

15.1.3.1　有色金属冶炼过程含铟物料

A　锌冶炼过程中的含铟物料

世界上的湿法炼锌厂多数采用连续浸出流程，第一阶段采用中性浸出，第二阶段为酸性浸出或热酸浸出。酸性浸出渣采用还原挥发处理回收锌和铟、锗等，热酸浸出产出的 Pb-Ag 渣送铅厂回收铅、银，铁渣回收铟。热酸浸出按照除铁方式的不同可分为黄钾铁矾法、针铁矿法和赤铁矿法，产出的浸出渣处理方法也有所不同，铟主要富集于各类浸出渣中，含铟 0.1%~0.6%。

ISP 密闭鼓风炉炼锌工艺中，提取铟的富集物有：熔炼产品粗铅—熔析铜浮渣熔炼的烟尘；鼓风炉渣烟化挥发的氧化锌尘；粗锌精馏产品硬锌与底铅。韶关冶炼厂鼓风炉熔炼各产品中铟的富集与分布状况：粗锌约 60%、粗铅约 30%、炉渣 2%~3%、泵池渣 5%、损失 1%~2%。竖罐炼锌过程中铟的富集：焦结尘 0.413%，硬锌 0.127%，粗铅 0.46%。

B　铅、锑冶炼过程中的含铟物料

铅冶炼过程中的提铟原料有：烟尘含铟 0.18%~0.24%、铅精炼浮渣含铟约 0.4%。

C　锡冶炼过程中的含铟物料

锡冶炼过程中，含铟物料主要有熔融含锡精料时产生的粉尘料，精炼锡过程中产生的粉尘料和氯化物浮渣。在锡还原熔炼时，约50%的铟进入烟尘，35%的铟进入粗锡。粗锡的火法精炼时，铟分布于各种精炼浮渣或进入焊锡：炭渣4.7%、硫渣19.8%、铝渣18.2%、铅浮渣或焊锡44%、精锡0.7%。铟主要分配在与铅有关的二次尘（含铟0.1%~0.2%）、铅浮渣、焊锡及焊锡电解液中。

D 铜冶炼过程中的含铟物料

铜冶炼和吹炼过程中得到的粉尘料里，铟含量通常较低，回收较难，总回收率不高。在白银法炼铜锍过程中，烟尘中含铟可达0.01%~0.12%。铜锍吹炼烟尘与吹炼渣是铟的富集物，可以成为提铟的原料。

15.1.3.2 高炉炼铁冶炼过程中的含铟物料

高炉炼铁过程中，铟主要富集在高炉烟灰中，含铟0.06%~0.02%。烟灰通常采用高温还原挥发，再用湿法提取锌、铅、铟、铋等金属，挥发残渣经磁选、重选等手段回收铁。

15.1.3.3 铟的二次资源

铟的二次资源主要是在铟制品的生产过程和使用过程中产生的下脚料、废品、元器件等[65]，主要包括以下几类：

（1）ITO废料。靶材生产过程产生的边角料和镀膜残余废靶材，其氧化铟含量达85%~95%，还有废显示屏回收过程中产生的ITO废料。

（2）半导体废料及废旧器件。

15.1.4 铟及其靶材的主要生产企业

中国主要铟生产企业包括马关云铜锌业有限公司、云南蒙自矿冶有限公司、广西华锡集团、株洲冶炼集团股份有限公司、广西德邦科技有限公司等，上述企业铟产能均超过40t/a。再生铟生产主要是柳州英格尔金属有限公司[66]。

国内主要ITO靶材生产企业主要有长沙壹纳光电材料有限公司、中船重工七二五研究所、西北稀有金属材料研究院、深圳市欧莱中材科技有限公司、广东先导公司、河北东同光电科技有限公司、广西晶联光电材料有限公司、芜湖映日科技有限公司和株洲火炬安泰新材料有限公司等。

全球ITO靶材主要生产商包括：韩国的三星康宁、美国的优美可（Umicore）、日本三井和德国贺力士，生产低端TN导电玻璃的ITO靶材及生产中档STN的ITO靶材；日本的东曹、日立、住友，生产高端TFT-LCD VMC的ITO靶材[67]。

15.2 铟冶金主要方法

铟的提取过程一般可分为四个阶段：（1）铟在重金属的冶炼过程中的富集；

（2）富含铟物料的处理；（3）粗铟制备；（4）粗铟精炼。其提取原则流程如图 15-1 所示。

15.2.1 铟的富集与提取

铟的富集与提取主要包含浸出、萃取、置换、电解精炼等工艺过程。

15.2.1.1 浸出

浸出一般采用硫酸体系，根据浸出液的酸度分为中性浸出和酸性浸出。中性浸出过程中，铟富集在浸出渣中，锌进入浸出液中，中浸液固比（8~10）:1、温度 80~90℃、时间 6h 左右、始酸 120~150g/L H_2SO_4、终酸 pH = 5.0~5.4，中浸渣中铟富集约 2~4 倍，锌除去 60%~90%，铁除去 50%~80%。酸性浸出过程中，铟进入浸出液中，酸浸液固比（8~10）:1、温度 80~90℃、时间 12h 左右、始酸 150~200g/L H_2SO_4、终酸 pH < 1.5，铟浸出率可达到 90% 以上。

15.2.1.2 萃取

萃取法特别适用于含铟较低的溶液，可以明显提高铟的回收率及富集程度，在铟的提取生产中应用广泛。常用的萃取剂有 P204、P507、P538、$D_2EHMTPA$、Cyanex923、CA-100[68]。其中 P204 应用最为广泛，采用 30%P204 与 70% 煤油，在相比 O/A = 1/3~1/5，溶液含铟为 10~20g/L，溶液酸度为 1~1.5mol/L 硫酸介质中进行三级逆流萃取，铟的萃取率达 99%。萃取铟有机相采用 HCl 反萃，可获得纯度较高的富铟溶液。

15.2.1.3 置换

反萃获得的富铟溶液可直接采用锌板或铝板进行置换铟，铟以金属铟的形式析出形成海绵铟。海绵铟经过压制、碱熔可制得粗铟。

15.2.1.4 电解

粗铟中的主要杂质元素是 Cd、Pb、Sn、Tl、Fe、Zn、Cu、Al 等，在电解过程中比铟电位正的杂质 Ag、Cu、As、Pb、Sn 基本不溶解而进入阳极泥，标准电位比铟负的杂质如 Al、Fe、Zn 虽然与铟一同进入电解液，但这类杂质电负性大，且浓度很低，一般不会在阴极上析出。电解液通常为硫酸体系，也可为氯盐体系，阳极为铟板，用滤布包裹，阴极为钛板，NaCl 和明胶作为添加剂。电解电流密度 80A/m^2，槽电压 0.3~0.35V，同极中心距 70mm；电解周期 5~7d；电解

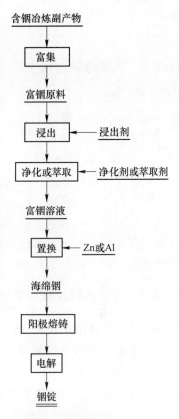

含铟冶炼副产物

↓

富集

↓ 富铟原料

浸出 ← 浸出剂

↓

净化或萃取 ← 净化剂或萃取剂

↓ 富铟溶液

置换 ← Zn或Al

↓ 海绵铟

阳极熔铸

↓

电解

↓

铟锭

图 15-1 铟提取的原则流程

液温度 20~30℃；pH = 2~2.5，In^{3+}浓度 80~100g/L，NaCl 80~100g/L，明胶 0.5~1g/L。

15.2.2 火法炼锌过程中铟的富集与提取

（1）含铟粗铅：产于锌精馏铅塔熔析炉内的含铟粗铅通过氧化造渣—中浸—酸浸—置换—碱熔工艺提取铟。

（2）硬锌：产于铅塔和 B 塔，主要成分：Zn 75%~80%、Pb 10%~15%、Ge 0.1%~0.2%、In<0.4%、Ag<0.05%、Fe 约 0.5%。

从硬锌中提取铟的方法有：1）隔焰炉—电炉工艺和真空炉工艺，先产出底铅，再经过酸浸—置换—电解提取铟；2）昆明理工大学以真空冶金技术为核心，集成湿法冶金、电冶金等技术，发明了高效提取金属铟的清洁冶金新技术及与新技术配套的新装备，并实现了从含铟 0.1%的粗锌中提炼 99.993%以上的金属铟的产业化生产，铟的回收率大于 90%，直收率大于 80%。

15.2.3 湿法炼锌过程中铟的富集与提取

15.2.3.1 中浸渣挥发氧化锌尘中提取铟

常规湿法炼锌产生的浸出渣，采用回转窑挥发—多段酸浸—萃取法回收铟，全流程铟总回收率为 65%~75%。

15.2.3.2 高酸浸出的铁矾渣提取铟

广西华锡集团来宾冶炼厂的铁矾渣通过回转窑挥发—中浸—低浸—高浸—萃取—置换—电解工艺提铟。铟萃取回收率 96.5%，熔铸回收率 99.5%，电解回收率 99.5%，总回收率 75.33%。

15.2.3.3 高酸浸出针铁矿渣提取铟

广西大厂采用高酸浸出—针铁矿法工艺提铟，Zn 直收率 72.4%，In 直收率 92.7%；水口山四厂用热酸浸出—亚硫酸锌还原—针铁矿法处理低铟硫化锌矿提铟，从原料到铟渣的直收率 80%，沉铟率 87.3%，铟渣率 8.29%，铟富集倍数 8.03，铟渣品位 21.99%，含 Fe 9.04%。

15.2.3.4 硫化锌精矿加压浸出过程中提取铟

含铟硫化锌精矿加压浸出液中含 In 0.036g/L，采用中和—还原—中和或置换沉铟—沉铟渣浸出—萃取流程回收铟，铟萃取率约 90%，铁萃取率约 10%。

15.2.4 再生铟的生产

由于铟的用途越来越广，消耗量越来越大，产出的铟废料就越来越多，因而从废旧含铟废料中回收金属铟已成为铟越来越重要的来源。含铟废料中回收铟主要来源于 ITO 废料及废旧电子器件，ITO 废料是最主要的再生铟生产原料。ITO

废靶材中铟回收工艺可归结为以下几个阶段：（1）酸溶技术，即将铟从固废中转移至酸溶液中；（2）采用富集技术，对铟进行富集；（3）通过置换（Al/Zn），形成海绵铟；（4）采用电解或碱煮，提纯回收铟浓度。这也是当前 ITO 靶材料中铟回收的主流工艺，除此之外还有热还原法、氯化挥发法等。

15.2.4.1 酸溶置换法

将 ITO 废靶材经过酸浸—过滤—还原—置换—除杂—碱熔得到 99.5% 的金属铟，最后经过电解提纯得到 4N 的金属铟，铟锡的总回收率达到 93% 以上。

15.2.4.2 酸浸—硫化沉淀法

将 ITO 废料浸出后，往浸出液中加入适当硫化剂（H_2S 或 Na_2S），可使铟、锡得到比较完全的分离，而且反应可以在较高的溶液酸度和较低的温度下进行。

15.2.4.3 萃取法

先将 ITO 中的铟浸出，再通过萃取和反萃取将铟锡分离，含铟溶液中和置换，得到海绵铟。ITO 蚀刻废液直接经两次萃取，铟、锡的萃取率分别为 96.2% 和 99.1%，之后经水反萃，铟、锡的反萃率分别为 87.1% 和 8.2%，成功将铟反萃并实现铟、锡分离。而后反萃液再经萃取和盐酸反萃取富集，铝板置换还原出纯度为 90% 的海绵铟。

15.2.4.4 热还原法

（1）真空碳热还原[69]：先将 ITO 靶材粉碎，以炭粉为还原剂，加入氢氧化钠造渣，在真空条件下，1000~1100℃ 还原得到铟锡合金。

（2）直接还原[70]：将 ITO 废靶材研磨后置于还原炉中，通入 CO/H_2 还原气氛还原，在氮气保护下冷却至室温，得到铟锡合金；铟锡合金经真空蒸馏或电解，可获得粗铟和粗锡。

15.2.4.5 氯化挥发法

将 ITO 粉碎后与 NH_4Cl 混合，在低真空或空气中加热至 250~450℃，铟形成易挥发的 $InCl_3$ 与锡分离，铟的回收率可达 99% 以上。铟产品纯度高，$InCl_3$ 直接用于金属铟的提取[71]。

15.2.5 铟提纯技术

15.2.5.1 真空蒸馏法

在 900~1000℃、1.33~0.133Pa 下真空蒸馏，粗铟中蒸气压较大的杂质镉、锌、铊、铋可挥发脱除至高纯铟要求，铅也可大部分除去，而铟蒸气压较低，挥发损失不足 5%[72,73]。粗铟真空蒸馏精炼可取代化学法除镉、铊，减少试剂消耗和中间渣，同时因脱除了大部分的锌铅铋等亦可减少电解时电解液的净化量。

15.2.5.2　电解精炼法

现在我国大多数厂家都采用多次电解精炼法生产 5N 的高纯铟[74,75]。电解精炼与铟提取的电解过程相同，在电解过程中 Cd、Tl、Sn、Pb 等元素化学电位与 In 的电位相近，因此最难除去，必须通过控制电解液的组分来进行精炼提纯。电解之前进行化学清洗，如采用甘油碘化钾法除去 Cd、Tl 或甘油 NH₄Cl 和 ZnCl₂ 的方法除铊。

15.2.5.3　定向凝固法

定向凝固又称顺序凝固，是利用主金属铟和杂质的熔点（凝固点）不同，把铟全部熔化后放入狭长的舟皿中，再控制一定的温度，让它从一端向另一端逐渐冷凝，使杂质富集在端部从而提纯金属铟的一种方法。金属铟与杂质的熔点相差越大，分离效果越好。

15.2.5.4　区域熔炼法

区域熔炼法实质是在定向凝固法的基础上改进而成，利用杂质在固相和液相平衡浓度的差异，在反复熔化和凝固过程中杂质偏析到固相或液相中而得以除去，将金属铟提纯。这种方法还可将金属制备成晶体完整、成分和外形均匀、直径大体相等的单晶[76,77]。区域熔炼法可使不能和铟起作用的杂质，如 B、Au、Ag、Ni 等除去。但 S、Se、Te 等对铟具有更高的亲和力，不能用区域熔炼法分离[78]。

15.2.5.5　熔盐电解精炼法

熔盐电解精炼法是以熔融盐类为电解质（氯化物、氟化物和氯氟化物体系）进行金属提纯的电化学冶金方法[79]。熔盐比水溶液具有更好的导电性，熔盐电解所用的电流密度可以比水溶液电解大 100 倍。

在氯化物熔盐薄层中对铟进行电化学精炼，其与在水溶液中电解精炼法相比，熔盐电解精炼法中铟是以一价离子在阳极上溶解并在阴极上沉积的。文献[80] 用 40%ZnCl+35%InCl+25%LiCl 熔体进行薄层电解精炼后，再在 ZnCl₂-InCl-LiCl 熔盐中于 220~250℃ 和 0.25A/cm² 的电流密度下再次电解精炼，铟产品中所有的杂质含量均能达到高纯铟的要求。

用以上方法中的任何一种都不能获得大多数杂质含量少于 0.001~0.1μg/g 的金属铟，高纯铟的制备必须综合多种提纯方法。常采用包括低卤化合物法—电解精炼—真空蒸馏法的联合工艺，该方法具有很大的发展前景。采用这种工艺方法获得了高质量高纯铟产品，如"真空蒸馏—电解精炼—拉单晶"或"真空蒸馏—区域精炼"工艺制备高纯铟。

16 硒 碲 冶 金

16.1 硒、碲冶金概况

16.1.1 硒碲应用和需求

16.1.1.1 硒应用和需求

硒主要应用于冶金化工、电子工业以及医疗保健等领域。冶金工业中，硒用作金属的添加剂，能改进金属的机械加工性能；二氧化硒作为电解锰的添加剂，能显著提高电流效率，改善电解锰质量；硒作为电镀添加剂能明显提高镀件的防腐能力。玻璃陶瓷工业中，硒能用作玻璃着色剂；陶瓷工业主要利用硒来调配陶瓷器和珐琅用的带色釉、油墨等。化学工业中，硒用作颜料的配料，有耐热、防晒及耐腐蚀等性能；硒及其化合物在有机化学及医药工业中是重要的氧化剂和催化剂。电子工业中，电子产品使用的硒整流器具有寿命长、可靠性好、制作工艺简单、质优价廉等优点；硒鼓是激光打印机的核心部件；用硒制作的光电池主要用于信号发生器、控制装置以及光电摄像管等，在红外材料 ZnSe、铜铟镓硒薄膜太阳能电池等新兴产业也渐露头角。在医疗与保健领域，硒具有消除重金属对人体危害以及预防致癌物对人体伤害的作用；硒也是生命的基本微量元素之一，摄入量不足诱发克山病，摄入量过多导致中毒[81,82]。

从全球范围看，硒在冶金工业中的应用占比最大，占总量的 40%，主要用于锰电解添加剂；硒在玻璃行业中的应用占 25%；在化工工业、电子工业、农业中的应用占 10%左右，剩下的 5%集中在医疗保健、太阳能电池等领域。我国是电解锰、玻璃和陶瓷的生产大国，对硒的需求量占世界硒需求总量的一半，但是我国的产硒量仅为世界总量的 1/4，需要大量进口。

16.1.1.2 碲应用和需求

碲主要应用于半导体、化工、冶金以及医药等领域，2017 年碲的消费量约为 500t。在半导体材料方面，碲应用于太阳能电池、半导体制冷及温差发电的碲铋热电材料、碲镉汞红外材料和薄膜场效应器件等；生产碲化镉太阳能电池用碲量约 100t/GW，现年用碲量约 300t，是碲的最主要的用途。在冶金工业领域，钢中加入碲，可以增强钢的机械加工性能，提高不锈钢、低碳钢加工成品率；铅、锡、铜中添加碲可以提高产品的耐腐蚀性、抗疲劳性能，改善合金的拉伸强度和降低加工硬度。在化学工业中，碲作为催化剂和硫化剂用于合成橡胶，可以提高橡胶生产的效率，增强橡胶的耐热、耐腐蚀性与机械强度；在石油、煤化工领域用碲做催化剂，可以防止聚甲基硅氧化烷的氧化。在玻璃陶瓷工业领域，含 TeO_2 的特种玻璃具有折射率大、形变低、密度大以及红外透明等特点，应用于红外光学等方面，也可用作玻璃和陶瓷的着色剂，生产不同颜色的玻璃和陶瓷。在医药方面，碲的有机化合物具有抗癌作用，用作抗癌、治疗白血病药物。

从全球范围看，碲在薄膜太阳能、半导体、红外探测等新兴领域消费占 80% 左右。随着碲在新兴领域的应用越来越广泛，特别是碲化镉材料的大量使用，我国的碲资源面临供应不足的问题。

16.1.2 硒碲资源概况

16.1.2.1 硒资源概况

A 硒矿物及硒矿床

目前已经发现的硒矿物有近百种，主要是硒化物、硒硫酸盐和含氧硒酸盐，其中硒化物约有 50 种。硒矿物的特征表现在：（1）硒的丰度很低，仅为 0.05×10^{-6}（重量），呈分散状态存在；（2）硒矿物在自然界分布的量极少，主要以类质同象形式分布于硫化物或硫盐矿物中；（3）硒极少形成具有工业价值的独立硒矿床，通常从其他矿床的利用过程中综合回收[83-85]。

硒矿床的工业类型主要分两大类：独立硒矿床和伴生硒矿床。目前已知的独立硒矿床多为小型的热液型矿床，仅玻利维亚的帕卡哈卡矿床较大。我国在湖北恩施的渔塘坝发现的独立硒矿床，也属于典型的沉积型硒矿床，矿石储量 5×10^5 万吨，硒金属储量 1800t。

B 我国及世界硒储量

全球硒储量 13 万~63 万吨，远景储量为 100 万吨。世界各地硒的分布极不均匀，其中美洲最多，占 52.7%；其次是亚洲、非洲，各占 15.4%；欧洲和大洋洲分别占 12.2% 和 4.4%。2017 年我国及主要储硒国家的硒储量如下：中国 2.6 万吨、俄罗斯 2 万吨、秘鲁 1.3 万吨、美国 1 万吨、加拿大 0.6 万吨、波兰 0.3 万吨。

我国硒蕴藏量占世界硒储量的 1/4 以上，集中分布在我国西北部和长江中下游地区。已探明硒矿产地数十处，岩浆型铜镍硫化物矿床占硒总储量的一半以上，其中城门山铜矿硒储量较丰富，其储量占总储量的 7.6%。

16.1.2.2 碲资源概况

A 碲矿物及碲矿床

已经发现的碲矿物有近 170 种，主要是碲化物、碲硫（硒）化物和氧化物，其中碲化物约有 70 种。与硒矿物相似，碲矿物特征表现在：（1）碲丰度很低，

仅为 $6×10^{-6}$（重量）[86]，呈分散状态存在；（2）碲极少形成具有工业开采价值的独立矿床，通常从其他矿床的利用过程中综合回收。

碲多以伴生矿的形式存在，海洋多金属铁锰矿是一种潜在的重要碲矿产资源，其碲的丰度是地壳丰度的 55000 倍。此外还有一些独立矿床，如四川大水沟碲铋矿床、山东归来庄碲金银矿床和河南东坪碲金矿等。

B 我国及世界碲储量

碲伴生于铜、铅、镍、金或银的硫化矿物中[87]。全球已探明储量 11 万~15 万吨，具有经济开采价值的约为 5 万吨，在铜矿中储量约为 3 万吨，其次是铅矿（储量约为铜矿的 1/4）。碲主要分布在美洲的美国、加拿大、智利、秘鲁，非洲的赞比亚、刚果，亚洲的中国、菲律宾、日本，以及欧洲的俄罗斯等国家和地区[88]。表 16-1 为世界碲资源储量情况。

表 16-1 世界碲资源的储量　　　　　　　　（万吨）

北美洲	南美洲	非洲	欧洲	亚洲	大洋洲	其他国家	世界储量
3.76	2.67	1.18	0.26	1.99	0.5	1.54	11~15

我国碲资源较为丰富，已发现伴生碲矿产地约 30 处，保有储量近 1.4 万吨。矿区分布于全国 16 个省（区），主要集中于广东（占全国总量的 43%）、江西（42%）和甘肃（10%）三省。碲矿主要伴生于铜、铅、锌等金属矿产中，据主矿产储量推算，我国还有未计入储量的碲矿资源约 1 万吨[89,90]。含碲矿山主要是江西九江城门山铜矿、甘肃白家嘴子铜镍矿、吉林通化县赤柏松硫化铜镍矿和四川石棉县大水沟碲铋硫铁矿。大水沟碲矿是国内首次发现的碲独立原生矿床，碲的金属储量约 273.7t。

16.1.3 硒碲产量

16.1.3.1 硒的产量

硒的产品主要有工业硒（99.5%~99.99%）、高纯硒（含量>99.999%）和硒化合物（如 SeO_2、SeS、SeS_2、$ZnSe$、$CuSe$、$CdSe$、Na_2SeO_3 等）。我国主要产硒企业有江西铜业集团（300t/a）、云南铜业集团（300t/a）、云南锡业集团（100t/a）、金川集团股份有限公司（50t/a）。这几家企业的产硒量占全国总量的 80.6%。

16.1.3.2 碲的产量

近年来我国及世界碲的产量总体呈上升趋势，2017 年世界碲产量 420t，我国碲产量 280t，占世界产量的 66.7%。江西铜业集团是我国最主要的碲生产企业，年产量 55t，其他冶炼企业如云南铜业集团、金川集团、紫金矿业集团等年产碲量也在 10t 左右。

16.2 硒碲冶金主要方法

提取硒、碲的原料主要来自有色金属冶炼过程中的副产物，包括铜、铅、镍电解精炼产出的阳极泥，有色冶炼与化工厂的酸泥，含硒废料，富硒石煤以及铋碲矿等。硒、碲冶金的主要方法包括铜阳极泥综合回收[91-97]，碲铋矿的处理以及其他原料提取硒、碲。

16.2.1 从铜阳极泥提取硒碲

提取硒、碲的原料90%以上来源于铜电解精炼产生的阳极泥，主要提取流程为铜阳极泥经过提硒工序、提碲工序和提纯工序后分别得到纯硒和纯碲。提硒工序中，包含硫酸化焙烧法、苏打法、氧化焙烧法等，使硒氧化挥发进入烟尘再经水吸收—SO_2还原得到粗硒；焙砂中的碲经过氧化、浸出、电解等工序得到粗碲。由于铜阳极泥原料成分和赋存状态存在差异，不同的处理工艺都有各自的优缺点，因而不同的铜冶炼企业会视具体情况和需求，选择相应工艺来综合回收铜阳极泥中的硒和碲。铜阳极泥中综合回收硒、碲的原则工艺流程如图16-1所示。

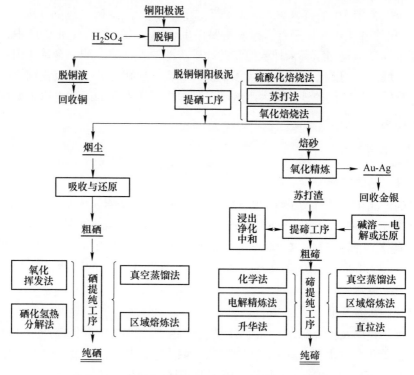

图 16-1 从铜阳极泥中回收硒、碲的原则工艺流程

16.2.1.1 硫酸化焙烧法

全球约半数的阳极泥采用硫酸化焙烧法处理。阳极泥配以料重 80%~110% 的硫酸，在 350~500℃ 温度下焙烧，95% 以上的硒以 SeO_2 形式挥发进入水吸收塔生成 H_2SeO_3，进而被烟气中的 SO_2 还原成单质硒而沉淀，经过滤、洗涤和干燥得到 95%~98% 的粗硒。碲以氧化物形式留存于焙砂中，经浸出脱铜后，浸出渣再经过苏打熔炼，碲富集于碱渣中再经水浸、电解或还原等工序得到金属碲。

硫酸化焙烧法的优点：（1）焙烧工序硒回收率高于 93%；（2）碲回收率高于 70%；（3）间接焙烧烟气量少，污染少；（4）贵金属及铜、镍、铅、铋等的综合利用好。碲分散，提取工艺流程冗长是其主要不足。

16.2.1.2 苏打法

苏打法又分为苏打熔炼法与苏打烧结法。

A 苏打熔炼法

脱铜阳极泥配以料重 40%~50% 的苏打，混合均匀并投入电炉在 450~650℃ 下熔炼，硒与碲转变为易溶于水的硒（碲）酸盐或亚硒（碲）酸盐。苏打熔炼渣用热水浸出，硒和碲转入溶液。从水浸出液中直接加入亚硫酸钠还原沉淀碲，或用硫酸中和沉淀出氧化碲，经碱溶电解回收碲。中和后液与湿式电收尘的洗涤液合并后，通入二氧化硫以析出硒。

B 苏打烧结法

苏打烧结法适于处理贫碲高硒的阳极泥物料。

将阳极泥（约含 Se 20%、Te 1%）配入料重 9% 的苏打，加水制粒、烘干后投入烧结炉内，450~650℃ 下通入空气烧结，硒（碲）转化为硒（碲）酸钠或亚硒（碲）酸钠。烧结料用热水通空气搅拌浸出，得到亚硒（碲）酸盐溶液。浸出液浓缩烘干、配炭后在 600~625℃ 的电炉内还原熔炼产出硒化钠，水溶解硒化钠，过滤得到的残渣返回利用。向滤液鼓入空气氧化，90% 硒自溶液中析出，水洗得到粗硒，硒总回收率 93%~95%。沉硒后液通入二氧化碳调整酸度，并再次鼓入空气氧化沉出余硒后，再冷却结晶得到苏打返回烧结再利用。烧结料经热水浸出后得到的含碲约 2% 及铜、金、银的浸出渣，再配以苏打、硼砂及二氧化硅等进行苏打熔炼产出苏打渣，苏打渣再经水浸、中和、碱溶和电解回收碲。

16.2.1.3 氧化焙烧法

氧化焙烧法分为低温氧化焙烧法和高温氧化焙烧法。低温氧化焙烧是在 350~500℃ 之间用空气氧化铜阳极泥中的硒单质或硒化物，使硒氧化成硒酸盐或亚硒酸盐，然后用硫酸溶解。低温氧化焙烧在电炉中进行，加入氧化钙固化硒，以提高硒回收率；焙烧温度需严格控制，否则会使硒氧化不足或挥发从而降低硒回收率。高温氧化焙烧则在 700℃ 以上采用空气氧化铜阳极泥中的硒，使其转化为二氧化硒挥发进入烟尘，再在吸收塔内和二氧化硫还原下产出 99% 的粗硒。高温氧化焙烧通常在回转窑内进行，焙烧温度 700~800℃，焙烧时间 19~20h，硒挥发率 80%~90%。高温氧化焙烧法存在的主要问题是焙烧过程易烧结，导致硒挥发率降低，并影响后续铜和碲的浸出。

16.2.1.4 加压氧浸法

将铜阳极泥加入高压釜中，在温度 160~180℃、氧压 250~350kPa 的条件下进行浸出，碲以 Te^{4+} 或 Te^{6+} 的形态转入溶液，碲与铜的浸出率接近 100%。浸出渣经过制粒焙烧，阳极泥中的硒被氧化为二氧化硒挥发，经水吸收后又被还原为单质硒。含碲浸出液用二氧化硫还原处理后，在 80℃ 以上温度下加入铜屑（固定床）或铜粒（转鼓设备内）产出碲化铜，用氢氧化钠将碲化铜溶解，滤液经过电解得到碲。

加压氧浸法浸出率高，置换过程碲与铜共同转入置换物，省去脱铜工序；碲提取过程不存在硒的挥发损失，硒、碲分离较彻底，污染小。

16.2.1.5 选冶联合法

铜阳极泥粒度较细、含铅等金属量高，采用相应的选矿捕收剂，通过浮选得硒、碲精矿；然后从精矿中回收硒、碲，这种方法已被多国采用。前苏联莫斯科铜厂先将阳极泥脱铜，再调料浆浓度达 200g/L，加入丁基铵黑药 250g/L 进行浮选，获得含硒 9.23%~14.35% 的硒精矿，硒回收率大于 94%。

日本大阪铜厂先用硫酸溶液脱铜，再加水调矿浆浓度至 100g/L、pH=2，加 208 号黑药 50g/L 进行浮选。99.7% 以上的硒、金、银进入精矿，精矿含硒 31.2%、碲 4.6%、金 1.61% 及银 35.15%，93% 以上的铅进入尾矿，硒回收率大于 94%。

选冶联合法的优点在于：脱铅良好，可减少后续冶炼的一半处理料量；硒、碲以及贵金属的选矿回收率均高，脱铜与湿磨阳极泥合二为一，简化了工艺。

16.2.2 铋碲矿的处理

铋碲矿是目前世界上发现的唯一以铋、碲为主的多金属矿床，原矿碲品位最高达 1.51%，平均 0.08%，矿石经浮选获得含碲 15.41%、铋 18.98% 的混合精矿。可以采用氧化浸出—还原技术[98] 和生物冶金技术，实现铋和碲的分离和提取。

16.2.2.1 氧化浸出-还原法

铋碲精矿经氧化浸出获得含碲 25.60g/L，铋 35.20g/L 的浸出液，经过还原后产出含碲 97.30% 的粗碲和铋分离。金在浸出渣中富集，可作为提取贵金属的原料。

16.2.2.2 生物冶金法

在 2003 年，拉杰瓦德等人曾在 10mg/L 的碲溶液中，pH 值为 5.5~8.5，温度 25~45℃的条件下，通过用微生物连续搅拌、吸附还原沉淀的方法提取碲，开创了碲生物提取的先河。

16.2.3 从其他原料中提取硒碲

16.2.3.1 从工业酸泥中提取硒碲

在有色金属冶炼二氧化硫烟气生产硫酸、化工厂生产硫酸及纸浆生产过程中，从烟气中收集到的尘泥或经淋洗得到的泥渣统称为酸泥，是回收硒的重要原料（约占 10%）。铜铅冶炼烟气制酸过程产出大量的酸泥，硒含量介于 0.5%~25% 之间；化工厂利用硫铁矿或硫黄生产硫酸产生的酸泥中硒含量介于 3%~52% 之间；亚硫酸盐纸浆生产中所产出的酸泥，硒含量介于 6%~21% 之间。

采用氯化法提取酸泥中的硒、碲。将酸泥和碱土金属氯化物（如氯化钙）加入盐酸溶液中，通入氯气，酸泥中的硒、碲和砷等形成氯化物进入溶液。过滤后在滤液中加入氧化钙，调整酸度，使砷以砷酸钙沉淀脱除。继续加入氧化钙，调整 pH≤3.8，溶液中的碲形成氧化碲析出。沉碲后液通入二氧化硫，将硒还原为单质硒。原则工艺流程如图 16-2 所示。

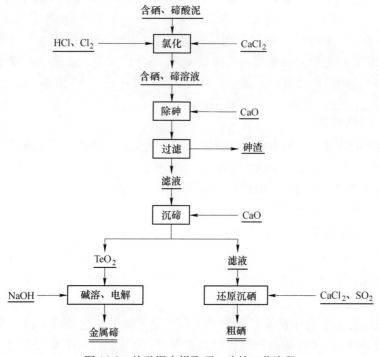

图 16-2 从酸泥中提取硒、碲的工艺流程

该工艺实质在于使硒、碲转化为氯化物后，用水溶解得到亚碲（硒）酸溶液，然后从溶液中分别提取硒、碲及金、银。氯化法对含碲物料适应性强，但氯气的毒性和腐蚀性需重点关注。

16.2.3.2　从含硒废料中提取硒

随着科技进步，硒在电子、化工、冶金等行业的应用日益广泛，同时也产生了各种含硒废料（包括含硒废水）。静电复印用硒鼓、光伏电池薄膜（如铜铟镓硒薄膜）和小型低压硒整理器等在损坏或报废后，成为回收硒的原料。在锰电解过程中要加入 $0.9 \sim 2.5 kg/t\text{-}SeO_2$，其中17%进入锰渣、22.3%进入阳极泥；在纯硒制备、铝电解着色、硒鼓感光元件生产和旧鼓脱膜复镀过程中都产生了大量的含硒废水，硒主要以 SeO_3^{2-} 存在，也是回收硒的资源。

废复印机硒鼓中硒的回收可采用氧化焙烧法。硒-碲合金物料（Se 97%+Te 3%）在500℃下通氧气氧化3h，硒转化为二氧化硒挥发并在 $220 \sim 240$℃冷凝，用去离子水收集即获得亚硒酸溶液。亚硒酸溶液经净化、还原，可生产纯度99.999%的金属硒，硒直收率98%以上。

16.2.3.3　从富硒石煤中提取硒

湖北恩施盛产富硒石煤，享有"世界硒都"之美誉，据地质勘探结果，恩施市硒矿储量 $5 \times 10^9 t$，含硒品位 $230 \sim 6300 g/t$，探明硒矿主要矿床长10km、宽4km、厚30m，呈板块状结构，硒平均含量为 $3637.5 g/t$。田欢等[99]采用高钙基吸附剂（置于烟道中）吸附煤燃烧后的烟气硒，用亚硫酸钠还原，将含硒吸附剂中的硒化合物还原为硒单质，硒回收率72.94%。目前，恩施硒矿资源的开发停留在生产富硒农产品方面，其作为矿产资源开发还处于研究阶段。

16.2.4　硒碲提纯

硒提纯的主要方法为粗硒氧化挥发法、硒化氢热分解法、真空蒸馏法和区域熔炼法；碲的提纯包括化学法、电解法、升华法、真空蒸馏法、区域熔炼法和直拉法。这些方法的使用必须根据原料杂质特性和产品需求而定，选择相应的一种或多种工艺联合制得纯硒、碲产品。

16.2.4.1　硒的提纯

A　真空蒸馏法

2005年昆明理工大学真空冶金及材料研究所[100,101]开发了"真空提取硒技术"及"三室半连续提硒真空炉"，建成了年产150t纯硒生产线。2017年真空冶金国家工程实验室开发了"密闭熔炼—真空蒸馏"工艺处理硒渣，建成年产硒（纯度>98%）300t的生产线，硒直收率96.78%、回收率97.85%，Au回收率99.72%，银回收率99.56%；生产硒锭的综合电耗为 $1378.73 kW \cdot h/t$。"密闭熔炼-真空蒸馏"工艺大幅降低了生产成本，提高了硒冶炼过程的生产效率，改善了操作工人的工作环境。采用的生产设备如图 16-3 所示。

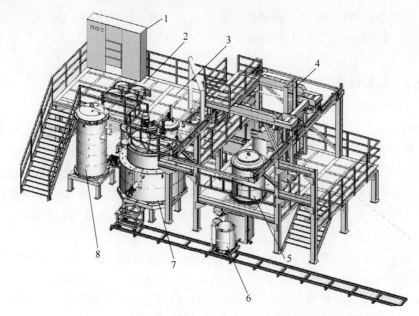

图 16-3 "密闭熔炼—真空蒸馏"工艺配套设备示意图

1—控制柜；2—硒渣投料装置；3—工作平台；4—粗硒熔体入炉装置；
5—真空蒸馏炉；6—粗硒熔体输运小车；7—硒渣密闭熔炼炉；8—水蒸气冷却塔

B 粗硒氧化挥发法

粗硒在 520~560℃ 下通入氧气焙烧生成 SeO_2 升华挥发，与高沸点金属杂质分离，蒸气压与 SeO_2 相近的杂质如三氧化二砷、氧化汞、氧化碲部分进入 SeO_2 中。挥发的 SeO_2 进入冷凝器收集，冷凝的 SeO_2 用纯水溶解得到亚硒酸溶液，净化除汞（加 30g/L 的伊氏盐，其量为汞量的 20 倍去配合汞；静置 16h 以上，除汞率大于 97%），通二氧化硫还原得 99.99%~99.999% 的硒。

C 硒化氢热分解法

将硒加热到 550~650℃，通入氢气，反应生成硒化氢。将硒化氢气体净化后，通入温度为 1000℃ 的石英管内，硒化氢将离解成硒与氢气，加以冷凝沉积获得高纯硒产物。另一种方法是先从硒化铝制取硒化氢，然后再热分解制取高纯硒。将铝粉与硒粉充分混合，加热到 600~650℃ 生成硒化铝：$2Al + 3Se = Al_2Se_3$；将硒化铝加热，通入水蒸气，生成硒化氢：$Al_2Se_3 + 6H_2O = 3H_2Se + 2Al(OH)_3$；$H_2Se$ 用干法脱水，获得无水的硒化氢气体；再按上述方法进行热分解，得到高纯硒产物，热分解产出的尾气用碱液吸收后排放。

硒化氢提纯后进行热分解是制备高纯硒方法之一，制备的高纯硒纯度达

99.99999%，但由于硒化氢是剧毒气体，此法只用于少量制取超高纯硒或硒物。

D　区域熔炼法

区域熔炼法可将99.99%的硒精炼提纯到99.999%或99.9999%。由于硒的软化点很低，区熔应采用水平放置的方式进行，区熔温度200~220℃，移动速度40mm/h，行程5~10次。难除杂质为碲、铜、铅、硼、银和硅等。

16.2.4.2　碲的提纯

A　化学法

粗碲溶解后，利用碲与杂质元素在化学性质上的差异，经选择性沉淀、配合萃取、离子交换、还原等将碲与杂质分离，得到符合质量要求的高纯碲。

电解精炼法是将提纯过的二氧化碲溶入氢氧化钠溶液配制成电解液，游离碱度控制在100g/L，以不锈钢板作阴极，普通铁板为阳极，在一定的电流密度和温度下，TeO_3^{2-}在阴极还原。电解生产的工业碲品位为99.00%~99.99%。

B　物理法

物理法是根据杂质与碲在熔点、沸点及熔化冷凝中的分配行为等物理性质的差异进行碲的提纯，主要有升华、真空蒸馏、区域熔炼、直拉等方法。

升华法是使碲升华进入气相，气体冷凝后得到纯碲。升华法往往是作为一种预净化方法，不能完全分离铜、钙镁，不能分离硒。

真空蒸馏法是在接近碲的沸点温度下，利用碲与杂质元素的蒸气压存在明显差异，实现碲与高沸点杂质的分离；采用不同温度下的分段冷凝，实现碲与易挥发杂质的分离，从而获得高纯碲。

区域熔炼一般以纯度4N及以上纯度的碲为原料，区域熔炼最佳熔化区长度控制在3~6cm，区熔速度以3mm/h为宜。

碲的拉晶是在惰性气体或氧气气氛的中压拉晶炉中进行，将碲的纯度从6N提高到7N。

化学法和物理法制备高纯碲各具特点，应该根据原料成分、设备条件和对产品纯度的要求选择合适的工艺流程。一般情况下，采用单一方法制备高纯碲效果并不理想，采用多种工艺相结合可弥补单一方法的不足。

16.3　国内外硒碲冶金方法比较

16.3.1　国外某些企业的生产工艺

加拿大铜电解精炼公司采用硫酸化焙烧法提取硒碲。铜阳极泥在150℃下干燥，加入浓硫酸，转入450℃的回转窑进行硫酸化焙烧，硒以SeO_2形式挥发，经吸收和还原后得到粗硒；焙砂经浸出脱铜后，浸出渣用氢氧化钠浸出，碲转入碱浸液，用硫酸中和至 pH=3.8，碲以氧化碲沉淀析出，再经酸溶后用二氧化硫还原得到粗碲。硒总回收率93%，碲回收率20%。

日本别子炼铜厂采用苏打法处理铜、铅阳极泥提硒碲，阳极泥中配入碳酸钠和氧化铅，再投入电炉内进行苏打熔炼。产出贵铅（金银合金）经灰吹处理后，转入氯化炉内，在通入氯气的条件下，使贵铅中的铅形成氯化铅而与金银分离，脱铅后的金银合金转入氧化炉，加入苏打和其他熔剂后进行氧化熔炼造渣，在此过程中碲转入苏打渣，然后从此苏打渣通过浸出和还原工艺提取碲。

美国 Anaconda Cu Min. Co. 先将铜阳极泥在350℃和通入过剩空气的条件下氧化焙烧，然后用15%的硫酸溶液浸出脱铜，脱铜后的浸出渣投入反射炉中熔融，捞出浮渣后向熔池中加入苏打及硝石进行苏打熔炼，使硒碲以亚硒（碲）酸盐转入苏打渣中，热水浸出中和得到氧化碲沉淀，最后用碳还原得到粗碲。

瑞典 Boliden Aktiebolag 公司将含 Se 21%、Te 1%等的阳极泥配入料重9%的苏打，加水调成稠浆，挤压制粒，烘干投入电炉内，保持在低于烧结温度下，控制在450~650℃通入空气进行苏打烧结，硒与碲转化为（亚）硒酸钠、（亚）碲酸钠盐。烧结料用 80~90℃ 的热水浸出，将浸出液浓缩干燥，干渣配上炭在600~625℃的电炉内还原熔炼得到硒化钠，经溶解氧化得到粗硒；浸出渣配以渣重7%的苏打、4%的硼砂及二氧化硅等进行苏打熔炼，产出金银合金及苏打渣。苏打渣经过水浸、中和沉淀出 TeO_2，此二氧化碲经碱溶、电解得到碲。

16.3.2 国内某些企业的生产工艺

江西铜业集团、云南锡业集团、金川集团股份有限公司均采用硫酸化焙烧工艺处理铜阳极泥，进行阳极泥的硫酸化焙烧及蒸硒作业。江西铜业集团有限公司根据铜阳极泥处理过程中产生的综合渣中含碲量较高的特点，采用高锰酸钾氧化酸浸工艺，使碲浸出率达到90%以上。

紫金矿业铜阳极泥酸浸预处理过程中，利用铜粉置换碲，产出碲化亚铜渣，再采用硫酸化焙烧—水浸—碱浸—氧化—酸溶—还原工艺处理碲化亚铜渣。水浸脱铜率约为90%，碲总回收率为91%~93%。

金川集团股份有限公司采用加压碱浸—中和沉碲—盐酸浸出—二次中和的方法处理碲化铜渣生产二氧化碲粉末，碲回收率达90%以上。

云南铜业采用选冶联合法处理铜阳极泥，年产硒300t左右、年产碲6t左右。铜阳极泥经加压脱铜后，进行水溶氯化脱硒，脱硒效率约60%；采用液态二氧化硫还原脱硒液生产含硒大于92%的粗硒。部分碲在加压脱铜工序中进入溶液中，加入铜粉置换得到铜碲渣；湿法脱硒工艺中，部分碲随硒进入溶液中，一次还原沉硒后再二次还原，得到含 Te 约 20%的硒碲混合物（Se 40%~50%、Cu 约20%），再经氧化和两次还原得到粗硒粉和粗碲粉；分银炉得到的碲渣，经球磨、浸出、过滤，最后电解得到 3N 碲。

　　郴州金贵银业股份有限公司利用碱性氧压浸出技术处理高砷高硒碲阳极泥，砷、硒、碲被选择性浸出，调节 pH 值使硒碲优先沉淀，再加入硫酸铁生产臭葱石脱砷，在实现砷的无害化处理基础上，硒、碲直收率分别达到 94% 与 95%。

16.4　硒碲冶金发展趋势

　　（1）硒、碲的生产主要是以铜冶炼阳极泥为原料，硒、碲的直收率约 50% 左右，需要采取措施进一步提高硒和碲的直收率；加大从冶炼烟尘、制备硫酸的过程产出的酸泥中回收硒和碲的新方法及新装备研发；开发铜阳极泥处理过程中产出的铜碲渣综合利用新技术。

　　（2）加大从石煤、碲铋矿等原生矿物中富集、提取硒和碲技术的研发力度，采取"火法、湿法、生物冶金"等先进冶金方法联合，解决硒碲原生资源综合利用的难题。

　　（3）新开发的"密闭熔炼—真空蒸馏精炼"工艺对粗硒精炼和碲的纯化效果明显，该工艺流程简捷、生产成本低、金属直收率高，应该加大力度进行推广。

　　（4）开发硒和碲高端产品以及生产技术和装备，提高硒碲产品的附加值。

17 铼 冶 金

17.1 铼冶金概述

铼是一种稀有稀散金属元素,原子序号75,位于第六周期第ⅦB族,密度21.04g/cm³,熔点3180℃,沸点5900℃[102]。常温下,铼在空气中很稳定,当加热至300℃时,铼开始氧化,超过600℃时,反应迅速。粉末状铼较活泼,在空气中易燃烧生成易挥发的Re_2O_7。铼不与H、C、N作用,在1000℃下与硫反应生成ReS_2,硫蒸气在升高的温度下与粉末状的铼作用生成Re_2S_7[102,103]。

17.1.1 需求和应用

铼是显银白色带金属光泽的金属,低温下铼粉呈黑色,加热到1000℃就变为灰色。铼主要用作航空航天、石油工业的催化剂、高温仪表材料、电子工业、焊接涂层等领域[104,105],铼制成的Ni-Re单晶耐热合金,高温强度高、抗热冲击热腐蚀,用作生产航空发动机涡轮叶片及高温部件,是目前不可替代的航空发动机高温材料,年耗量达40~50t,占铼总消费量60%以上。我国铼资源和产量均很小,大部分需进口。2015年铼的消费领域及比例见表17-1。

表17-1 2015年世界铼消费结构

消费领域	合金	石油化工	电子工业	其他
占比/%	70	10	10	10

17.1.2 资源情况

铼是地球上储量很少的稀有金属之一,其克拉克值仅为7×10^{-8}(wt),在自然界中高度分散,主要呈Re^{4+}、少数以Re^{7+}形态存在[106,107]。

在热液作用中,铼大量赋存于中温浅成的细脉浸染型钼矿床或铜钼矿床中,主要寄生矿物是平均含铼0.0354%的辉钼矿,是铼的主要工业矿床[106]。

Re与Cu^{2+}的半径和其他化学性质极为近似,常以类质同象进入辉铜矿晶格[108],出现在铜、铅、锌多金属矿床中,但含铼量明显较钼矿床或铜钼矿床低。

17.1.2.1 全球铼资源

根据美国地质调查局(USGS)的数据,世界铼探明储量2500t,主要分布于智利、美国、俄罗斯，三国合计占世界铼总储量的 80%。世界铼储量见表 17-2。

表 17-2　2015 年世界铼探明储量

国家	合计	智利	美国	俄罗斯	哈萨克斯坦	亚美尼亚	秘鲁	加拿大	其他
储量/t	2500	1300	390	310	190	95	45	32	91

资料来源：USGS。

17.1.2.2　国内铼资源

截至 2003 年，我国已探明铼储量 230~300t，其中江西德兴、湖南宝山、陕西洛南和金堆城、河南栾川及吉林大黑山等地浮选的钼精矿含铼在 20~700g/t，回收利用价值巨大。

17.1.3　金属产量

近年来全球年铼产量维持在 60t 左右，主要产品有铼酸铵、铼粉、高纯铼等。主要生产商有智利的 Molymet、美国的 Climax 和 RTZ-Kennecott、哈萨克斯坦的 KazakHmys、波兰的 KGHM-Ecoren，五家产量占到全球产能的 93%。全球铼产量见表 17-3[107]。

表 17-3　全球铼产量统计　　　　　　　（kg）

国　家	2008 年	2009 年	2010 年	2011 年	2012 年	2013 年
亚美尼亚	400	400	400	600	600	350
加拿大	—	—	1000	—	—	—
智　利	27600	25000	25000	27000	27000	27000
哈萨克斯坦	5500	3000	2000	3000	3000	—
韩　国				500	500	3000
秘　鲁	—	—	5000			
波　兰	3391	2422	4700	6000	6200	6000
俄罗斯	1500	1500	1500	500	500	1500
乌兹别克斯坦	2000	2000	—	3000	3000	5400
美　国	7910	5580	6100	8610	9400	8100
其　他	1500	2000	1500	1500	1500	1500
合　计	44800	50300	47200	50700	52000	53000

根据对中国铼酸铵生产销售情况、来料加工的深入调研分析认为：2015 年中国工业铼酸铵（99%）产量约为 3.2t（其余年份未能查到可靠数据），生产企业主要有湖南凯特、中铼、浏阳凯利达等。

中国铼粉生产企业主要有株洲凯特铼业实业有限公司、长沙中铼工业有限公司和浏阳凯利达新材料有限公司 3 家。

17.1.4 铼的科技进步

全球铼的生产厂家大多从含铼量较高的辉钼矿焙烧烟尘和淋洗液中提取铼。

我国对铼的开发起步较晚，20 世纪 70 年代，由于航空、航天及国防工业的需要，株洲硬质合金厂采用氧压氧化法从含铼钼精矿中提取铼，成为我国从辉钼矿氧压浸出液提铼并批量生产铼的第一个厂家。由于所处理的含铼钼精矿杂质含量高，给氧压工艺和铼的提纯造成了很大影响，提纯过程复杂冗长。

17.2 铼冶金主要方法

17.2.1 从辉钼矿中回收铼

17.2.1.1 石灰烧结—浸出—沉淀法

含铼辉钼矿经过氧化焙烧，铼挥发进入旋风尘，富集至 0.3%~1.6%。富铼灰尘配以料重 70%~160% 的石灰，在 570~670℃下烧结 2~4h。将烧结料投入带空气搅拌的浸出罐中，控制液固比为 3:1，在 60~80℃下浸出 2h，料中 90% 以上的铼转入溶液。在 80℃下加入 $Ca(OH)_2$ 中和滤液，使溶液中的钼生成 $CaMoO_4$ 沉淀。中和后液浓缩到含铼 20~30g/L 后加入 KCl 获得粗 $KReO_4$，粗 $KReO_4$ 在 100℃下再溶解，冷却重结晶获得纯 $KReO_4$，再通氢气还原即可得到 99.9% 的铼粉，铼总收率为 80%~92%[109]。

该法简单易行，但过多的石灰添加导致料中铼与钼的贫化，铼回收率较低。

17.2.1.2 高压浸煮—溶剂萃取法

高压浸煮提铼主要有高压氧浸法和高压酸分解法。高压氧浸法能有效回收辉钼矿中的铼、钼及硫，适于处理含铜和含铁物料[110,111]。含铼钼精矿在 200~220℃下通入氧气浸出 4~6h、控制浸出终点 pH=8~9，约 95%~99% 的铼、钼和硫等转入溶液，铜、铁等仍留在渣中。固液分离后，向浸出液加入 $Fe_2(SO_4)_3$，再加入 Na_2CO_3 中和使钼转入中和渣，调整中和后液至 pH=3 后用活性炭吸附，再在 80~90℃下用 1% 的 Na_2CO_3 溶液解吸，从解吸液中进一步回收铼。

高压酸分解法是先用水及返回液将辉钼矿浆化后，泵入高压釜，加入硝酸，在 125℃下通入氧气（保持氧分压 1013.3kPa）压煮 2~3h，绝大部分铼与部分钼转入压煮液。用 5% 的叔胺 N235+95% 石脑油（Cyclosol 53）萃取铼与钼，用 5mol/L NaOH 反萃得到含铼 0.86g/L 和钼 195g/L 的反萃液；再用 5% 的季胺 N263 和 95% 石脑油萃取铼，用 1mol/L $HClO_4$ 反萃铼，向铼水相加入氨水，经浓缩结晶得到 99.9% 的 NH_4ReO_4。

17.2.1.3 氧化焙烧—化学沉淀法

辉钼矿制粒后在 540~600℃ 下氧化沸腾焙烧，95% 以上的铼氧化生成 Re_2O_7 而挥发。含 Re_2O_7 的烟气经淋洗塔和湿式电收尘器收尘，烟气中的 Re_2O_7 溶于水生成高铼酸。洗液循环使用，当 Re 富集到一定浓度后，抽出部分溶液浓缩，在空气搅拌下加入 KCl 即可得到高铼酸钾沉淀，用热水重溶后冷却重结晶析出 $KReO_4$，如此重复 1~2 次即可得到纯 $KReO_4$。用氢气还原 $KReO_4$ 得到铼粉，铼粉经清洗后再在 1000℃ 下通氢还原得到 99.8% 的铼粉，铼回收率 85%~99%。

17.2.1.4 氧化焙烧—溶剂萃取法

用异戊醇做萃取剂的萃取提铼技术已成为当今铼生产的主导工艺[112]。含铼辉钼矿在多膛炉中于 400~500℃ 下氧化焙烧脱硫，料中约 5% 的铼挥发，收尘后返回；提高温度到 500~600℃ 挥发铼，约 85% 的铼进入高温段烟气，经硫酸吸收获得成分为 Re 0.3~0.8g/L、Mo 0.5~17g/L 及 H_2SO_4 100~300g/L 的吸收液，用 20%~100% 异戊醇（以 $C_5H_{11}OH$ 表示）萃取，再用 10% 的 NH_4OH 溶液反萃得到铼钼比大于 10 的 NH_4ReO_4 反萃液，再加入 KCl 得到 99.5% 的 $KReO_4$，经离子交换后得到 99.6% 的 NH_4ReO_4，氢气还原得到 99.9% 的铼粉，铼回收率约 75%。

德国与美国多采用 TBP 或 TOA 等叔胺萃取提铼，也取得了很好的生产效果。

17.2.1.5 氧化焙烧—离子交换法[113,114]

含铼辉钼矿在多膛炉中于 540~660℃ 之间氧化焙烧，90% 以上的铼以 Re_2O_7 形态挥发入烟气，经循环淋洗后获得含铼 0.2~0.5g/L 的吸收液，向浓密得到的上清液中通入氯气并同时加入 Na_2CO_3，使 Fe、Cu、Cd 等以碳酸盐沉出析出，得到含铼约 0.5g/L 的净化液，加 NaOH 调整 pH 值为 8~10 后，送阴离子树脂交换塔吸附铼，树脂饱和后用 NaOH 洗涤除杂，再用含 3% 的 NH_4SCN 溶液解吸，解吸液经浓缩、冷却、结晶得到纯 NH_4ReO_4。

氧化焙烧—离子交换法提铼适应性强、工艺简短、操作简便、回收铼率较高，适合从低含铼的溶液中回收铼。

17.2.2 电溶氧化法从铜烟气回收铼

适合于处理含钼 1%~35% 及铜 6%~15% 的含铼钼中矿[115]。物料浆化到 3%~15% 的浓度后泵入电溶氧化槽，保持矿浆温度 45~50℃，加入食盐至浓度为 110g/L，用 Na_2CO_3 控制 pH 值进行电溶氧化，钼中矿中约 99% 的铼与钼转入溶液；电溶氧化后的矿浆经浓密分离获得含铼 0.025~0.040g/L、含钼 10~18g/L 的上清液，通入 SO_2 还原 6~8h，调整料液 pH=1 左右送萃取工段；采用 7%TOA+7% 癸醇组成的有机相，在相比 O/A=1/5 下经 3~4 级萃取，铼与钼的萃取率分别达到 99.7% 与 94.4%，负载有机相用 1mol/L HCl 溶液，用 1.7mol/L NH_4OH

在相比 O/A = 2/1 下经 2~3 级反萃后，获得含铼 0.20~0.41g/L、钼 90~110g/L 的水相。用活性炭吸附提铼，待活性炭含铼达 1% 后再用 75% 的甲醇溶液解吸，经蒸馏回收甲醇后得到 NH_4ReO_4 溶液，再经离子交换得到纯 NH_4ReO_4，铼回收率大于 95%。

17.2.3　环境及能耗

目前铼冶金在环境方面普遍欠佳。铜冶炼废酸中的铼含量低、废液量大，且含有较高的 Cu、As、Fe 等杂质，化学沉淀法无法有效分离；采用离子交换柱的劳动力消耗大，设备投资高；溶剂萃取法所用胺类萃取剂易挥发、毒性大，反萃困难，萃取废液对环境污染大；采用石灰烧结法及高压浸煮法处理辉钼矿能耗较高，且存在废气污染[121-124]。

17.2.4　各种方法的应用厂家、产量

据目前有限的资料显示，江铜集团 2015 年铼酸铵产品产量为 2876kg。全球铼生产企业采用的方法见表 17-4。

表 17-4　各企业所用铼冶金方法

企业名称	方　法
江铜集团	铜冶炼烟气洗涤—沉淀—加压酸浸—还原沉砷
大冶有色	铜冶炼烟气洗涤—过滤除杂—离子交换法
美国 Kenecott Research Centre	氧化焙烧—离子交换法
波兰 Glogwi 铜厂、日本住友	铜冶炼烟气洗涤—沉淀—离子交换
德国曼斯菲尔德铜厂	氧化焙烧—硫化沉淀—氢还原
前苏联某硬质合金厂、德国曼斯菲尔德铜厂	氧化焙烧—化学沉淀法
前苏联德热兹卡兹甘冶金联合公司	铜冶炼烟气洗涤—逆流浸出—萃取
前苏联某厂、我国某铜钼厂	石灰烧结—浸出—沉淀提铼法
前苏联哈萨克科学院选矿冶金研究所	高压浸煮—溶剂萃取法

17.2.5　国内外冶金方法的比较

国外工业规模生产铼都是从钼、铜精矿中回收。钼原料的处理普遍采用钼精矿焙烧，再采用湿法冶金方法处理。

日本住友公司从铜冶炼污酸中回收铼。在污酸硫化沉淀产出的硫化砷滤饼中加入 $CuSO_4$ 溶液制浆，使铼和砷转入溶液，铜以硫化物沉淀。采用阴离子交换树脂吸附，用硫代氰酸盐水溶液对铼进行洗提，为了解吸以硫代氰酸盐形式被树脂所吸附的硫代氰酸离子，用 0.1~5N 的苛性碱溶液洗涤树脂。阴离子交换树脂的

再生通过转换为 OH⁻ 型树脂的方法来实现，又可防止下一阶段吸附时产生硫代氰酸铜。

德国曼斯费尔德铜厂采用硫酸化—沉铼法回收铜阳极泥中的铼，用挥发—硫化沉铼法处理含铼铜页岩，把含铼铜页岩投入铜鼓风炉熔炼，产出含 Re 0.043% ~0.05% 的烟尘和含铼 0.005% 的鼓风炉炉结，再分别从中回收铼。

美国 Kenecott Research Centre 采用氧化焙烧—离子交换法提铼，铼解吸率高达 90%~99%，解析液含 Re 20g/L，铼的回收率大于 96%。

大冶有色金属公司铜冶炼 SO_2 烟气洗涤过程中每天产生污酸废液约 600m³，平均含铼 5.4mg/L，全年铼金属量约为 1.1t。将废酸过滤后，全部进入离子交换系统富集铼，得到富铼液后，再利用成熟的萃取分离及结晶精制工艺进行铼酸铵生产，得到高纯精制铼酸铵产品，铼的总回收率可以达到 90% 以上。其提取铼酸铵生产技术路线是：污酸→过滤净化→离子交换富集铼→富铼液萃取分离→反萃→结晶精制→铼酸铵产品。

江铜集团铼提取工艺流程是将废酸过滤后，再进行硫化反应，使铼与铜、砷等均生成硫化物沉淀，再经过滤分离得到铜砷滤饼，铼以硫化铼的形式赋存在铜砷滤饼中。砷滤饼与白烟灰合并处理，在回收三氧化二砷的过程中提取铼（产品为铼酸铵）。在白烟灰处理流程中，铜砷滤饼及白烟灰首先被溶解进行有价物质的浸出，再分步分别制取三氧化二砷回收砷、制取硫酸铜回收铜、制取氧化铅回收铅，含硒、碲、铋等有价物质的渣返回贵金属车间阳极泥处理系统回收硒、碲、铋，体积相对较小、含铼量相对较高的浸出液经离子交换富集铼，得到的富铼液进行萃取分离。

国内外均采用除砷、重金属、碱性物质中和的方法对冶炼废酸进行处理，铼大部分进入砷滤饼、中和渣之中，少部分随达标废水排放。江西铜业对废酸原液进一步硫化，94% 以上的铼以硫化物的形式进入砷滤饼，砷滤饼中铼的浸出率只有 83%。大冶有色拟采用的生产工艺为污酸废液直接用 N235-仲辛醇-煤油萃取工艺进行回收铼，但大量的有机酸性废水如何处理未见报道。由于铼的价值昂贵，目前各冶炼企业均高度重视，从冶炼废酸中提铼。

17.3 铼冶金发展趋势

由于铼主要伴生于其他矿石中，多从烟尘或烟气处理后的酸水中作为副产品提取。溶剂萃取法是分离富集铼的一种比较成熟的方法，也是目前工业生产中分离提取的主要方法，离子交换过程中易发生树脂中毒，回收铼试剂成本大幅增加，同时脱除杂质过程中产出的废渣含大量的铜、砷，必须再次处理。化学沉淀法相对比较简单，但选择性往往不能令人满意，分离效果欠佳。

目前的铼冶炼工艺流程长，回收成本较高，因此，生产厂家趋向于从提取粗铼酸铵到高纯铼酸铵再到生产铼材料，如铼粉、含铼高温合金等，以提高产品附加值，增加盈利能力。

氢还原法制取铼粉工艺简单，但铼粉性能不理想；电解法工艺简单，易于规模化生产，粉末纯度较高，呈树枝状或针状形貌，压制及烧结性较好，适宜于粉末冶金加工，但生产成本高；等离子体法生产出来的金属铼粉的纯度与原料的相关度很高，产品的制造成本相对偏高，单位产能的能耗也高。结合产品需求、构件性能要求、设备依存度以及制备可操作性和制造成本来看，化学气相沉积法无疑是其中比较理想的，也是目前最具发展前途的一种制造技术。

参 考 文 献

[1] US Geological Survey, Gallium, Mineral Commodity Summaries, 2005-2016. http://minerals. osgs. gov.

[2] 张云峰，郭昭华，池君洲，等．金属镓的资源分布情况及应用状况［J］．中国煤炭，2014：40.

[3] 代世峰，任德贻，李生盛．内蒙古准格尔超大型镓矿床的发现［J］．科学通报，2006，51（2）：177-185.

[4] 吴恩辉，杨绍利．从攀枝花钒钛磁铁矿中回收镓的研究进展［J］．中国有色冶金 A 卷生产实践篇（综合利用与环保），2010，39（1）：45-47.

[5] 邓卫，刘侦德，伍敬峰．凡口铅锌矿稀散金属选矿的研究与综合评述［J］．有色金属，2000，52（4）：45-49.

[6] Brian WJaskula. Gallium, Mineral Yearbook［M］. US Geological Survey, 2014, http://minerals. osgs. gov/.

[7] 周令治，陈少纯．稀散金属提取冶金［M］．北京：冶金工业出版社，2008.

[8] Abdollahy M, Naderi H. Liquid-liquid extraction of gallium from Jajarm Bayer process liquor using Kelex100［J］. Research Note, 2007, 26（4）：109-113.

[9] 尹守义．"树脂吸附法"回收镓的目的及其试验研究结果［J］．轻金属，1996（6）：20-23.

[10] 谢访友，王纪，郭朋成，等．用离子交换法从拜耳法生产 Al_2O_3 的种分母液中回收镓［J］．轻金属，2009（10）：10-13.

[11] 谢访友，郭朋成，王纪，等．用离子交换法从拜耳工艺溶液中提取镓的工业实践［J］．湿法冶金，2001，20（2）：66-71.

[12] 冯峰，李鑫金，于湘浩．密实移动床离子交换法提取镓的工业应用［J］．稀有金属，2007，31（专辑）：114-117.

[13] 冯峰，李一帆．拜耳法种分母液组成对树脂吸附镓的影响［J］．湿法冶金，2006，25（1）：30-32.

[14] 滕瑜，杨德荣，万多稳，等．某公司氧化铝生产过程中金属镓回收工艺浅析［J］．昆明冶金高等专科学校学报，2015，31（1）：71-74.

[15] 路坊海，周登风，张华军．树脂吸附—酸脱附法在氧化铝生产流程中回收金属镓的应用［J］．轻金属，2013（7）：8-12.

[16] 王继民，曹洪扬，陈少纯．氧压酸浸炼锌流程中置换渣提取锗镓铟［J］．稀有金属，2014，38（3）：471-479.

[17] 刘付朋，刘志宏，李玉虎，等．锌粉置换镓锗渣高压酸浸的浸出机理［J］．中国有色金属学报，2014，24（4）：1091-1098.

[18] 林江顺，王海北，高颖剑，等．一种新镓锗萃取剂的研制与应用［J］．有色金属，2009，61（2）：84-87.

[19] 李裕后. 从烟化炉渣中回收镓的研究概况. 有色矿冶, 2004, 20 (5): 26-28.

[20] 林奋生, 周令浩. 电解液法从铁中提取镓和锗 [J]. 有色金属 (冶金部分), 1992 (1): 18-21.

[21] 陈世芳. 攀钢 V_2O_5 弃渣中金属镓的提取研究 [J]. 钢铁钒钛, 1994, 15 (1): 49-52.

[22] 阳海燕, 胡岳华. 稀散金属镓锗在选冶回收过程中的富集行为分析 [J]. 湖南有色金属, 2003, 19 (6): 16-18.

[23] 李昌福. 凡口窑渣冶炼工艺试验研究 [J]. 矿冶, 2002, 11 (3): 56-59.

[24] 张魁芳, 刘志强. 用 P507 从硫酸体系中萃取分离镓与铁锌离子 [J]. 过程工程学报, 2014, 14 (3): 427-432.

[25] 张魁芳, 曹佐英, 肖连生, 等. 采用 HBL121 从锌置换渣高浓度硫酸浸出液中萃取回收镓 [J]. 工程科学学报, 2015, 37 (1): 2400-2409.

[26] 陈炜, 李效军. 羟肟萃取剂 Lix63 的合成研究及其类似物的设计与合成 [D]. 天津: 河北工业大学, 2007.

[27] 普世坤, 兰尧中, 刀才付. 盐酸蒸馏——磷酸三丁酯萃取法从锗煤烟尘中综合回收锗和镓 [J]. 稀有金属材料与工程, 2014, 43 (3): 752-756.

[28] 刘建, 闫英桃, 赖昆荣. 用 TBP 从高酸度盐酸溶液中萃取分离镓 [J]. 湿法冶金, 2002, 21 (4): 188-194.

[29] Turanov A N, Evseeva N K, Karepov B G. Gallium (Ⅲ) extraction from alkaline solutions with 5-Amylthio-8-quinolinol [J]. Russian Journal of Applied Chemistry, 2001, 74 (8): 1305-1309.

[30] US Geological Survey, Germanium, Mineral Yearbook, 2015, http://minerals.osgs.gov/.

[31] US Geological Survey. Germanium, Mineral Commodity Summaries [M]. 2016: 70-71, http://minerals.osgs.gov/.

[32] Lee W-J, Sharp J, Umana-Membreno G A, et al. Investigation of crystallized germanium thin films and germanium/silicon heterojunction devices for optoelectronic applications [J]. Materials Science in Semiconductor Processing, 2015, 30: 413-419.

[33] Samarelli A, Frigerio J, Sakat E, et al. Fabrication of mid-infrared plasmonic antennas based on heavily doped germanium thin films [J]. Thin Solid Films, 2016, 602: 52-55.

[34] 聂辉文, 成步文. 硅基锗材料的外延生长及其应用 [J]. 中国集成电路, 2010, 19 (1): 71-78.

[35] Sukhdeo D S, Gupta S, Saraswat K C, et al. Impact of minority carrier lifetime on the performance of strained germanium light sources [J]. Optics Communications, 2016, 364: 233-237.

[36] Krajangsang T, Inthisang S, Dousse A, et al. Band gap profiles of intrinsic amorphous silicon germanium films and their application to amorphous silicon germanium heterojunction solar cells [J]. Optical Materials, 2016, 51: 245-249.

[37] Veldhuizen L W, Van Der Werf C H M, Kuang Y, et al. Optimization of hydrogenated amor-

phous silicon germanium thin films and solar cells deposited by hot wire chemical vapor deposition [J]. Thin Solid Films, 2015, 595: 226-230.

[38] 张国成, 黄文梅. 有色金属进展第五卷稀有金属和贵金属, 第 8 册稀散金属 [M]. 长沙: 中南大学出版社, 2007: 524-533.

[39] 金明亚. 低品位锗煤烟尘还原挥发富集锗工艺及机理研究 [D]. 长沙: 中南大学, 2015.

[40] 李吉莲. 提高湿法炼锌过程中锗的综合回收技术 [J]. 云南冶金, 2011, 40 (1): 40-45.

[41] 和渝森. 锌金属冶炼烟尘中锗的富集与回收 [J]. 化学工程与装备, 2013 (4): 105-107.

[42] 林学富. 用橡碗烤胶从硫酸锌液中沉淀锗 [J]. 有色金属 (冶炼部分), 1979 (3): 63.

[43] 曹佐英, 张魁芳, 张晓峰, 肖连生, 曾理, 张贵清. LIX63 的合成新工艺及其萃锗性能 [J]. 稀有金属, 2015, 39 (7): 630-636.

[44] 周令治, 陈少纯. 稀散金属提取冶金 [M]. 北京: 冶金工业出版社, 2008.

[45] 许凯, 梁杰. 几种锗萃取剂的合成原理及性能的比较 [J]. 湿法冶金, 2011, 30 (2): 87-90.

[46] 林江顺, 王海北, 高颖剑, 等, 一种新镓锗萃取剂的研制与应用 [J]. 有色金属, 2009, 6 (2): 84-87.

[47] 王海北, 林江顺, 王春, 等. 新型镓锗萃取剂 G315 的应用研究 [J]. 广东有色金属学报, 2005, 15 (1): 8-11.

[48] 陈世明, 李学全, 黄华堂, 等. 从硫酸锌溶液中萃取提锗 [J]. 云南冶金, 2002, 31 (3): 101-105.

[49] 王继民, 曹洪杨, 陈少纯, 等. 氧压酸浸炼锌流程中置换渣中提取锗镓铟 [J]. 稀有金属, 2014, 38 (3): 471-478.

[50] 汪洋, 王向阳, 黄和明. 从铅锌生产尾料中综合回收锗镓铟 [J]. 材料研究与应用, 2014, 8 (3): 196-202.

[51] 谢访友, 王纪, 马民理, 等. 用萃取法从锌浸出液中回收锗 [J]. 铀矿冶, 2000, 19 (2): 91-95.

[52] 杨海燕, 胡岳华. 稀散金属镓锗在选冶回收过程中的富集行为分析 [J]. 湖南有色金属, 2003, 19 (6): 16-18.

[53] 李琛. 韶冶密闭鼓风炉熔炼过程中锗铟的富集与综合回收 [D]. 长沙: 中南大学, 2004.

[54] 郑顺德, 陈世明, 林兴铭, 等. 从锌渣浸渣中综合回收铟锗铅铟的试验研究 [J]. 有色冶炼, 2001 (4): 34-35.

[55] 李存国, 周红星, 王玲. 火法提取煤中锗燃烧条件的实验研究 [J]. 煤炭转化, 2008, 31 (1): 48-50.

[56] 金明亚, 陈少纯, 曹洪杨. 还原挥发法从低品位含锗煤灰中提取锗 [J]. 有色金属 (冶

炼部分），2015（3）：50-53.

[57] 冯永林，雷霆，张家敏，等. 含锗褐煤综合利用新工艺研究 [J]. 有色金属（冶炼部分），2008（5）：35-37.

[58] 朱云，胡汉，郭淑仙. 微生物浸出煤中锗的工艺 [J]. 稀有金属，2003，27（2）：310-313.

[59] 罗道成. 低品位含锗褐煤中锗的微生物浸出研究 [J]. 煤化工，2007（4）：44-47.

[60] 卢宇飞，雷霆，王少龙. 制备光纤用 $GeCl_4$ 工艺技术研究 [J]. 云南冶金，2010，39（5）：48-53.

[61] 费多洛夫. 铟化学手册 [M]. 北京：北京大学出版社，2005.

[62] 朱协彬，段学臣. 铟的应用现状及发展前景 [J]. 稀有金属与硬质合金，2008，36（1）：51-55.

[63] 王树楷. 铟冶金 [M]. 北京：冶金工业出版社，2006.

[64] 刘大春，杨斌，戴永年，马文会. 云南省铟资源及其产业发展 [J]. 广东有色金属学报，2005，15（1）：1-3.

[65] 马军，王小华，贾永忠，徐跃伟. 铟的富集与回收工艺、技术 [J]. 盐湖研究，2008，1（3）：44-51.

[66] 昆明鼎邦科技股份有限公司，昆明理工大学. 一种铟锡氧化物真空热还原分离铟和锡的方法 [P]. 中国，ZL201510225619.7.

[67] 张丁川. 热还原—真空蒸馏法回收 ITO 废料中金属铟的研究 [D]. 昆明：昆明理工大学，2017.

[68] Ma En, Lu Rixin, Xu Zhenming. An efficient rough vacuum-chlorinated separation method for the recovery of indium from waste liquid crystal display panels [J]. Green Chemistry, 2012, 14：3395-3401.

[69] 魏昶，罗天骄. 真空法从粗铟中脱除镉锌铋铊铅的研究 [J]. 稀有金属，2003，27（6）：852-856.

[70] Li Dongsheng, Dai Yongnian, Yang Bin, Liu Dachun, Deng Yong. Purification of indium by vacuum distillation and its analysis [J]. Journal of central South University of Technology, 2013, 20：337-341.

[71] 昆明理工大学. 一种利用真空蒸馏多级冷凝提纯粗铟的方法 [P]. 中国，ZL 201610490432.4.

[72] 李冬生，杨斌，戴永年，邓勇，徐宝强. 真空蒸馏法从粗铟中脱除镉锌铊铅的研究 [J]. 真空科学与技术学报，2012（2）：176-179.

[73] DengYong, Yang Bin, Li DongSheng, Xu Baoqiang, Xiong Heng. Purification of indium by vacuum distillation [C] //The Minerals, Metals & Materials Society 2013：Materials Processing Fundamentals, 2013：193-197.

[74] 韩翼. 甘油碘化钾—电解联合法粗铟提纯研究 [D]. 长沙：中南大学，2004.

[75] Hidenori Okamoto, Kazuaki Takebayashi. Method for recovering indium by electrowinning app-

artus therefore［P］. US Patent, 5, 543, 031, 1996.

［76］吴洪，阎红，王丹. 区域熔炼法制备高纯度金属［J］. 化学工程师，2001，3（6）：16-17.

［77］周智华，莫红兵，曾冬铭. 高纯铟的制备方法［J］. 矿冶工程，2003，23（3）：40-43.

［78］唐谟堂，何静，杨声海，唐朝波. 铟生产技术进展及对我国铟业可持续发展的建议［C］//2006 中国铟业论坛论文集，长沙，2006.

［79］赵秦生，译. 俄罗斯制取高纯铟和金属铟粉的新进展［J］. 稀有金属与硬质合金，2004，32（2）：24-28.

［80］Laura Rocchetti, Alessia Amato, Francesca Beolchini. Recovery of indium from liquid crystal displays［J］. Journal of Cleaner Production, 2016, 116：299-305.

［81］周令治，陈少纯. 稀散金属提取冶金［M］. 北京：冶金工业出版社，2008.

［82］翟秀静，周亚光. 稀散金属［M］. 合肥：中国科学技术大学出版社，2009.

［83］李静贤，刘家军. 硒矿资源研究现状［J］. 世界科技研究与发展，2001，23（5）：16-21.

［84］李栋，徐润泽，许志鹏，等. 硒资源及其提取技术研究进展［J］. 有色金属科学与工程，2015（1）：18-23.

［85］Gustafsson A M, Foreman M R, Ekberg C. Recycling of high purity selenium from CIGS solar cell waste materials［J］. Waste Management, 2014, 34（10）：1775.

［86］Wang S. Tellurium, its resourcefulness and recovery［J］. JOM, 2011, 63（8）：90.

［87］廖先杰，杨绍利. 加快攀西地区碲铋战略资源科学开发利用［J］. 材料保护，2013：172-175.

［88］中国地质矿产信息研究院. 中国矿产［M］. 北京：中国建材工业出版社，1993.

［89］银剑钊，陈毓州，周剑雄，等. 全球碲矿资源若干问题综述——兼述中国四川石棉县大水沟独立碲矿床的发现［J］. 河北地质学院学报，1995（4）：348-354.

［90］程琍琍，李林. 碲的分离提纯技术研究进展［J］. 稀有金属，2008（1）：115-121.

［91］郑雅杰. 铜阳极泥中回收碲及其新材料制备技术进展［J］. 稀有金属，2011（4）：593-599.

［92］Dilip Kumar Mandal, Badal Bhattacharya, Raj Dulal Das. Recovery of tellurium from chloride media using tri-iso-octylamine［J］. Separation and Purification Technology, 2004, 40（2）：177-180.

［93］Brierley J A, Brierley C L. Present and future commercial applications of bio-hydrometallurgy［J］. Hydrometallurgy, 2001, 59（2-3）：233-238.

［94］Rajwade J M, Paknikar K M. Bioreduction of tellurite to elemental tellurium by Pseudomonas mendocina MCM B-180 and its practical application［J］. Hydrometallurgy, 2003, 71（1-2）：243-248.

［95］CharlesW Coper, 邱伟之. 铜精炼阳极泥的处理［J］. 湿法冶金，1991（3）：46-80.

［96］Hoffmann J E. Recovering selenium and tellurium from copper refinery slimes［J］. JOM,

1989, 41 (7): 33-38.

[97] 吴萍, 马宠, 李华伦. 从铋碲精矿分离回收铋碲的新工艺 [J]. 矿产综合利用, 2002 (6): 22-24.

[98] 廖梦霞, 汪模辉, 邓天龙. 我国首例独立碲矿床资源的开发战略 [J]. 四川有色金属, 2004 (3): 55-57.

[99] 田欢, 帅琴, 徐生瑞, 等. 从富硒石煤回收制备粗硒的新工艺 [J]. 地球科学, 2014 (7): 880-888.

[100] 万雯. 粗硒的真空蒸馏提纯工艺研究 [D]. 昆明: 昆明理工大学, 2006.

[101] 万雯, 杨斌, 刘大春, 等. 用真空蒸馏法提纯粗硒的研究 [J]. 昆明理工大学学报 (自然科学版), 2006, 31 (3): 26-28.

[102] 裘立奋. 现代难熔金属和稀散金属分析 [M]. 北京: 化学工业出版社, 2006.

[103] 周令治, 陈少纯. 稀散金属提取冶金 [M]. 北京: 冶金工业出版社, 2008.

[104] Leonhardt T, Trybus C, Hickman R. Consolidation methods for spherical rhenium and rhenium alloys [J]. Powder Metallurgy, 2003, 46 (2): 148-153.

[105] 李靖华, 胡昌义, 高逸群. 化学气相沉积法制备铼管的研究 [J]. 宇航材料工艺, 2001 (4): 54-56.

[106] 李红梅, 贺小塘, 赵雨, 等. 铼的资源、应用和提取 [J]. 贵金属, 2014, 35 (2): 77-81.

[107] 刘红召, 王威, 曹耀华, 等. 世界铼资源及市场现状 [J]. 矿产保护与利用, 2014 (5): 55-58.

[108] 《有色金属提取冶金手册》编委会. 有色金属提取冶金手册 (稀有高熔点金属) [M]. 北京: 冶金工业出版社, 1997.

[109] 王志诚, 杜小晖. 金堆城钼精矿焙烧烟气中回收铼的生产实践探讨 [J]. 中国钼业, 2016, 40 (2): 7-9.

[110] 张斌, 汪毅, 张井钒, 等. 栾川钼精矿中铼回收工艺技术方案 [J]. 中国钼业, 2009, 33 (5): 20-21.

[111] 陈少纯, 顾珩, 高远, 等. 稀散金属产业的观察与思考 [J]. 材料研究与应用, 2009, 3 (4): 216-222.

[112] 董坚, 白崇岩, 史品庚. 钼焙烧烟气铼回收工艺中的几个关键问题 [J]. 中国钼业, 2013, 37 (2): 16-26.

[113] 董海刚, 刘杨, 范兴祥, 等. 铼的回收技术研究进展 [J]. 有色金属 (冶炼部分), 2013 (6): 30-33.

[114] 杨尚磊, 陈艳, 薛小怀, 等. 铼 (Re) 的性质及应用研究现状 [J]. 上海金属, 2005, 27 (1): 45-49.

[115] 何忠, 钱勇, 彭子英. 铼在闪速炼铜过程中的分布及回收 [J]. 中国稀土学报, 2000, 18 (专辑): 400-402.

[116] 张永中. 铜冶炼废酸提取铼及分析方法的研究 [D]. 合肥: 合肥工业大学, 2011.

[117] 彭真，罗明标，花榕，等．从矿石中回收铼的研究进展［J］．湿法冶金，2012，31（2）：76-80.

[118] 高志正．从净化洗涤污酸中提取金属铼的试验研究［J］．中国有色冶金，2006，12（6）：68-70.

[119] 刘峙嵘，刘欣萍，刘建强，等．SMF-425 树脂吸附和解吸铼的研究［J］．湿法冶金，2002，21（2）：70-75.

[120] 徐铜文．从冶炼厂废液中回收铼的研究［J］．稀有金属，1995，19（1）：10-13.

[121] 秦玉楠．离子交换法提取铼酸铵新工艺［J］．中国钼业，1998，22（5）：39-41.

[122] 徐彪，王鹏程，谢建宏．从钼精矿中综合回收铼的新工艺研究［J］．矿冶工程，2012，32（1）：92-94.

[123] 杨坤彬，华宏全，李文勇，等．从铜冶炼废酸中沉淀铼的试验研究［J］．湿法冶金，2014，33（1）：50-52.

[124] 高天星，鲍负，李顺齐，等．从冶炼废液中回收铼方法研究［J］．铜陵学院学报，2008（4）：63-65.

[125] 林泓富．钼精矿中铼回收工艺研究［J］．有色冶金设计与研究，2016，37（4）：10-13.

[126] 杨登峰，崔涛，把发栋，等．冶炼烟气制酸废水零排放并回收铼酸铵［J］．硫酸工业，2015（1）：64-66.

金银铂族篇

18 金 冶 金

18.1 金冶金概况

金（Au），是一种带有黄色光泽的金属，又称为黄金。黄金具有良好的物理属性、稳定的化学性质、高度的延展性及数量稀少等特点，是储备和投资的特殊通货，以及首饰、电子、现代通信、航天航空等行业的重要材料。

近年来，国际及国内对黄金的需求呈上升趋势，特别是在投资及黄金饰品领域。全球金矿查明资源储量约 10 万吨，主要分布于南非、中国、澳大利亚、俄罗斯等。2016 年全球共生产黄金 3222.3t，其中我国生产黄金 453.5t，全球第一。2007~2016 年全球黄金需求量见表 18-1。

表 18-1 2007~2016 年全球黄金需求量

年份	2007	2008	2009	2010	2011
需求量/t	3547	3569	3385.8	3812.2	4067.1
年份	2012	2013	2014	2015	2016
需求量/t	4406	4087	3923.7	4215.8	4308.8

资料来源：《中国黄金年鉴》。

18.1.1 需求和应用

近十年来中国对黄金的需求增长较快，见表 18-2[1,2]。

表 18-2 2007~2016 年中国黄金市场需求量

年份	2007	2008	2009	2010	2011
需求量/t	363.2	543.2	599.5	841.8	1043.9
年份	2012	2013	2014	2015	2016
需求量/t	1141.37	2198.84	2107.03	2154.74	1702.75

资料来源：《中国黄金年鉴》。

黄金因具有良好的物理、化学性质，常被应用于以下领域：

（1）黄金饰品。黄金饰品是黄金年需求量的最大来源。以数量计，印度和中国是目前的最大市场，合计占全球总需求的 50% 以上。

（2）投资需求。黄金是一种独立的资源，不受限于任何国家或贸易市场，具有避险的投资属性。全球投资需求占黄金总需求的20%~30%。

（3）中央银行储备需求。受2008年金融危机的影响，2010~2016年间，全球各央行共增持黄金3297t。截至2016年底，全球黄金储备共33241t。前十大官方黄金储备情况见表18-3。

表18-3　前十大官方黄金储备情况

国家或组织名称	美国	德国	国际货币基金组织	意大利	法国
储备量/t	8134	3378	2814	2452	2436
国家或组织名称	中国	俄罗斯	瑞士	日本	荷兰
储备量/t	1843	1615	1040	765	612

注：截至2016年底。

资料来源：国际货币基金组织（IMF）。

（4）工业领域。黄金具有较好的导电性、化学稳定性和延展性，红外线反射能力强以及催化性能优良等特性。被广泛应用于工业和现代高新技术产业中，如电子、通信、宇航、化工、医疗等领域。

中国已连续4年成为世界第一黄金消费国，在不同领域的消费需求见表18-4。

表18-4　2012~2016年中国不同领域黄金消费量

年份	黄金投资/t	黄金饰品/t	工业领域/t	合计/t
2012	280.59	502.75	48.86	832.2
2013	411.16	716.50	48.74	1176.4
2014	177.93	707.06	66.10	886.2
2015	223.78	721.58	68.44	985.9
2016	288.83	611.17	75.38	975.4

18.1.2　资源情况

金在地球各主要圈层的丰度值分别为：地核900ppb、地幔约1ppb、地壳3ppb。地球金的总丰度为284ppb[3]，具有分布范围广、存在形式多、形成方式复杂等特征[4,5]。南非约占世界查明黄金资源储量的31%；中国占世界查明黄金资源储量的12%左右；澳大利亚约占世界查明黄金资源储量的10%[6]。

自然界中，大部分金以单质形式存在于金矿石中，根据金的存在形式，金矿石可分为脉金（岩金、伴生金）矿石和砂金矿石。

我国已发现的黄金矿床达11000处以上，查明黄金资源储量约12166.98t，探明的黄金储量主要集中在我国中东部地区，占全国总储量的75%以上[4]。

从矿床分布、矿床规模、矿石品位、物质成分、开采条件等来看，我国金矿资源具有以下一些特点：

（1）分布广泛但又相对集中。岩金矿主要集中于胶东、小秦岭、吉南—辽东、西秦岭、滇黔桂相邻地区和华北地块北缘等地区，砂金矿则多集中于东北北部、新疆北部及陕甘川相邻地区。金矿床的分布显示出明显的东西差异[5]。金矿资源主要集中在石英脉型、微细浸染型和蚀变碎裂岩型等类型上。

（2）矿床规模以中小型为主。我国已发现的金矿床多为中小型，超大型、大型矿床少。已发现的超大型金矿床只有山东焦家、玲珑、新城以及台湾金瓜石。已勘查的7000余处金矿床中，具有一定规模的只有1000余处。

（3）矿石品位中等且逐渐走低。已发现的金矿床中，矿石品位中等，多数岩金矿床矿石品位为$5×10^{-6}~12×10^{-6}$，砂金矿床一般为$0.2~0.4g/m^3$。一般而言，大型矿床的矿石品位较低，中小型矿床中相对较高，但品位的变化性也较大。

黄金资源中品位高、易回收的资源正迅速减少和枯竭，难开采、品位低、嵌布粒度细、成分复杂、有害杂质多的难处理资源所占比例逐渐增大。目前，中国难处理金矿储量约占黄金矿产资源总储量的30%~40%。

（4）伴生金资源量大。中国金矿资源由岩金、砂金、伴生金三部分组成。岩金储量所占比例约为60%，伴生金所占比例约为31%。但从我国黄金产量来看，成品金主要产于岩金矿，伴生金产量仅占12%左右，可见伴生金的利用有较大潜力，同时也说明岩金矿是黄金产业的支柱。

18.1.3 金属产量

2016年全球黄金总产量为3222.3t，其中黄金产量排名前十的国家产量合计占全球总产量约65%，分别为：中国453.5t、澳大利亚290.5t[6]、俄罗斯253.5t[7]、美国236t、印度尼西亚168.2t、加拿大165.0t、秘鲁164.5t、南非150.0t、墨西哥120.5t、加纳95.0t。

2016年，全球前十大产金矿山的产金量约占全球产金量的10%，见表18-5。

2016年，中国累计生产黄金453.486t，连续10年成为全球最大黄金生产国，近十年中国产金量见表18-6。

我国黄金产量由黄金矿产金和有色副产品金组成，近十年黄金矿产金及有色副产金的量见表18-7。

2016年，中国黄金、紫金矿业、山东黄金、山东招金四大黄金企业集团的黄金产量占全国的49.85%[2]，前十大产金企业和产金矿山及其产金量见表18-8和表18-9。

表 18-5　2016 年全球十大矿山及其产金量

排名	矿山名称	产金量/t
1	穆龙套金矿（Muruntau）	68.12
2	普韦布洛别霍金矿（PuebloViejo）	38.81
3	金斯垂克（Goldstrike）	34.21
4	格拉斯堡金矿（Grasberg）	33.00
5	科尔特斯金矿（Cortez）	32.97
6	利希尔金矿（Lihir）	30.82
7	卡琳金矿（Carlin）	29.36
8	奥林匹亚金矿（Olimpiada）	27.87
9	博丁顿金铜矿（Boddington）	27.32
10	卡尔古利矿（KalgoorlieSuperPit）	23.58

资料来源：《中国黄金年鉴》。

表 18-6　中国 2007~2016 年黄金产量

年份	2007	2008	2009	2010	2011
产量/t	270.491	282.007	313.98	340.876	360.957
年份	2012	2013	2014	2015	2016
产量/t	403.047	428.163	451.799	450.05	453.486

资料来源：《中国黄金年鉴》。

表 18-7　中国 2007~2016 年矿产金与有色副产金产量

年　份	矿产金/t	有色副产品金/t
2007	227.060	43.430
2008	233.418	48.589
2009	261.051	52.929
2010	280.032	60.844
2011	301.996	58.961
2012	341.786	61.261
2013	350.959	77.204
2014	368.364	83.435
2015	379.423	70.630
2016	394.883	58.603

资料来源：《中国黄金年鉴》。

表 18-8　2016 年中国前十大产金企业及其矿产金产量

排　序	企业名称	矿产金产量/t
1	中国黄金集团公司	42.074
2	山东黄金集团有限公司	37.083
3	紫金矿业集团股份有限公司（国内）	24.228
4	山东招金集团有限公司	21.178
5	云南黄金矿业集团股份有限公司	9.077
6	湖南黄金集团有限责任公司	5.961
7	山东中矿集团有限公司	4.456
8	西部黄金股份有限公司	4.260
9	银泰资源有限责任公司	3.597
10	灵宝黄金股份有限公司	2.956

资料来源：《中国黄金年鉴》。

表 18-9　2016 年中国前十大产金矿山及产金量

排　序	企业名称	成品金产量/kg
1	山东黄金矿业（莱州）有限公司三山岛金矿	8355.600
2	山东黄金矿业（莱州）有限公司焦家金矿	7536.500
3	紫金矿业集团股份有限公司紫金山金铜矿	7277.600
4	内蒙古太平矿业有限责任公司	6020.590
5	鹤庆北衙矿业有限公司	5914.960
6	山东黄金矿业股份有限公司新城金矿	4334.490
7	山东黄金矿业（玲珑）有限公司	4186.000
8	招金矿业股份有限公司夏甸金矿	3863.004
9	甘肃省合作早子沟金矿有限责任公司	3126.793
10	贵州锦丰矿业有限公司锦丰（烂泥沟）金矿	3007.900

资料来源：《中国黄金年鉴》。

18.1.4　科技进步

黄金在世界经济生活中发挥着极其重要的作用，其储备量是衡量一个国家经济实力的重要标志之一。随着易处理矿石日益减少，品位低、细粒浸染、杂质含量高的金矿石已成为我国黄金生产的主要原料。因此，黄金选冶技术的研究与进步越来越受到业界的重视。

近十年来，工业上应用广泛或具有明显创新意义的黄金选冶工艺主要有重选法、氰化提金工艺、浮选工艺、环保浸金工艺、难处理金矿预处理工艺、富氧底吹造锍捕金工艺、金精炼等。

18.1.4.1　重选提金工艺进展

近年来新开发的高效重选设备主要包括：在线压力跳汰机、尼克尔瑟跳汰机、自动摇床、法尔肯选矿机和尼尔森选矿机等[8,9]。

18.1.4.2　氰化提金工艺进展

目前，氰化工艺仍是现代主要的提金方法，约 80% 的黄金产量源自氰化法。

氰化法能够处理金粒细小的砂金、岩金原矿或重选尾矿、易处理矿石的浮选金精矿、难处理金矿氧化渣等。其技术进步主要是在含氰尾矿的处理方面。

18.1.4.3　浮选工艺进展

浮选设备的研制一直沿着高效、节能、大型化发展。目前，代表国际领先水平的代表性浮选机产品有：芬兰的 OK-Tankcell 型浮选机、美国的 Wemco 浮选机和 Dorr-Olive 浮选机、瑞典 Metso 公司的 RSC™ 浮选机、北京矿冶研究总院的 XCF/KYFⅡ型浮选机和 JJFⅡ型浮选机等。浮选药剂的研究主要围绕着高效、低耗、无毒等方面展开：组合用药，发挥多种药剂的协同效应；在原有药剂中引入新的官能团，以强化药剂功能，改善和增强药剂使用效果[10]。

18.1.4.4　环保浸金工艺进展

近年来，我国黄金行业开发了具有自主知识产权的环保浸金药剂及其浸金工艺，该药剂能够在原氰化工艺流程中直接替代氰化物实现金的回收，在解决氰化工艺存在的安全及环保风险方面具有重大意义。其药剂主要是几种化学试剂通过适宜的物理化学方法处理后得到一种低氰类混合药剂，产品应用具有一定的灵活性，目前已在国内多家矿山企业中得到应用。

18.1.4.5　处理金矿预处理工艺进展

难处理金矿石是指含砷、锑、碳等微细粒浸染型金矿石，金以显微和次显微的粒度赋存于硫化物和脉石中，常规氰化困难。我国近年来在难处理金矿石氧化预处理技术上取得了较大的研究及应用进展，特别是生物氧化、焙烧氧化、压力氧化工艺的应用，为我国难处理金矿的利用提供了技术保障[12,13]。

18.1.4.6　富氧熔炼造锍捕金工艺进展

"富氧熔炼造锍捕金"技术是近十年来我国独立开发的新技术[14]，利用火法炼铜过程中铜锍对稀贵金属具有良好的捕集作用的特性，在熔炼过程使金银等在铜锍中富集回收。该工艺已在多个铜冶炼厂实现了工业应用。

18.2　黄金冶金主要方法

近年来随着世界各国经济的快速发展，黄金冶炼行业的生产规模大幅提高，生产技术不断进步。易处理与富金矿资源日渐贫乏，复杂难处理金矿成为黄金冶炼的主要资源。近年来，在难处理金矿、尾矿与废矿的低成本预处理或浸出、复杂矿的资源高效综合利用，以及黄金冶炼行业的废水与废渣的资源化综合利用或无害化处置等领域，均取得了显著的技术进步，从各种电子废弃物等二次资源中回收黄金等贵金属的综合利用技术也日趋成熟，同时，更多的无毒或低毒非氰黄金冶炼新技术实现了工业化应用。

18.2.1　冶炼方法

黄金冶金原料主要为含金矿石和含金二次资源。其中，以含金矿石为主。

18.2.1.1　从矿石中冶炼提取黄金

从矿石提取金的方法，主要根据矿床类型、矿物结构、形态和共生组合等特征进行选择。主要流程包括：（1）自然金（砂金）通常采用重选工艺；（2）自然金（脉金）通常采用重选、重选—氰化、浮选—氰化、全泥氰化等工艺；（3）铜金矿通常采用浮选、铜金混合精矿火法冶炼—尾矿氰化、混合浮选—尾矿氰化等工艺；（4）碲金矿通常采用混合浮选—精矿氧化后氰化—尾矿氰化、金浮选—精矿氧化焙烧后再氰化等工艺；（5）含金黄铁矿通常采用浮选—精矿送冶炼厂、浮选—精矿氧化预处理后再氰化；（6）含砷金矿通常采用浮选—精矿氧化预处理后氰化工艺；（7）含金碳质矿石通常采用浮选—氧化预处理后再氰化等。

A　重选法

重选法通常用于处理砂金或含大粒金的脉金矿石，实现金的选择分离。原矿经磨矿后采用重选法回收大粒金，重选金精矿（重砂）直接火法精炼，而重选尾矿采用氰化或浮选工艺处理。目前重选法采用的设备主要包括溜槽、尼尔森重选机等。该方法具有工艺简单、便于操作、成本低等优点[15]。

B　全泥氰化工艺

20世纪70年代，国内针对含泥较高不易浮选的氧化矿开发了全泥氰化工艺，该工艺也常用于矿物组成较简单的低硫矿石的处理，具有浸出效果好、浸出时间短、占地面积小的优点，但投资相对较大，生产成本相对较高[16]。全泥氰化工艺可分为全泥氰化—锌粉置换、全泥氰化—炭浆工艺、全泥氰化—树脂吸附工艺。

C　堆浸工艺

低品位氧化矿石因品位低，常采用堆浸法分离回收矿石中的金；堆浸获得的贵液经活性炭吸附回收，吸附后的贫液返回喷淋，而吸附后的载金炭经解吸电解工艺生产出电解金泥。

堆浸法是在底部铺设防渗漏层的坡度为2%~10%的平缓斜坡上对矿石进行层层筑堆，从堆层顶部布置管线喷淋碱性氰化液，氰化液在从上向下的自然渗滤过程中同时溶解浸出矿石中的金，底部的含金液经贵液集流沟进入贵液池，贵液经活性炭吸附获得载金炭。

载金炭一般采用解吸电解工艺处理回收金，主要包括加温常压解吸电解、高温高压解吸电解等工艺，解吸过程分为无氰解吸、有氰解吸和乙醇解吸。目前，解吸电解有较成熟的自动化控制程序及较先进的解吸电解设备。

D　浮选—精矿氰化工艺

对于含金硫化原生矿，含泥量少、浮选易富集、回收率较高的矿石，一般采用浮选—精矿氰化工艺。该工艺自 20 世纪 60 年代引进以来在我国广泛应用，主要用于含金石英脉型硫化矿石、含金蚀变岩型矿石等矿石中金的回收。工艺特点是：矿石经浮选富集后，精矿含金品位提高，进入氰化作业的矿量减少，氰化物耗量降低，减少对环境的污染，并可节约投资及生产成本[18]。

E 环保试剂提金工艺

环保试剂提金工艺是我国独立开发，具有自主知识产权的提金工艺技术。环保浸金药剂及其浸金工艺的开发，使黄金行业进入了低氰的时代。截至目前，环保试剂提金工艺已经在辽宁排山楼金矿、山东莱州郭家店金矿、苏尼特金矿、湖南郴州金利冶炼厂等应用，效果理想。

F 难处理金矿氧化预处理工艺

难处理金矿是指即使经过细磨也不能用常规的氰化法有效地浸出大部分金的矿石。这类金矿中金通常被硫化物、砷化物、脉石包裹或在浸金过程中砷、锑、炭等有害物干扰。目前，难处理金矿浸出时首先需预处理，然后采用氰化法提金。预处理方法有焙烧氧化法、生物氧化法、压力氧化法、化学氧化法等。

a 焙烧氧化法

焙烧氧化法是通过焙烧金矿，破坏包裹金的组织从而使金裸露，提高金的浸出回收率的方法。黄金行业中，焙烧氧化可分为金精矿焙烧和原矿焙烧。

"十五"期间，我国进行了难处理含金矿石的原矿沸腾焙烧—氰化提金技术研究，开发了具有自主知识产权的原矿沸腾焙烧预处理工艺技术，并于 2003 年在贵州紫木凼金矿区建成了 1000t/d 规模的原矿沸腾焙烧提金示范厂。根据焙烧氛围，焙烧工艺主要包括氧化焙烧、硫酸化焙烧、氯化焙烧等，具有工艺成熟、适应性强、生产成本低、综合回收效果好等优点；但焙烧过程会产生污染环境的气体、工艺流程长，设备投资大[20]。

b 生物氧化法

生物氧化法又称细菌氧化法，是将氧化亚铁硫杆菌、氧化硫硫杆菌等嗜硫、铁的浸矿菌株，经过适应性培养、驯化后，在适宜的温度和介质环境下，在生物氧化槽中利用细菌对难处理金矿中包裹金的硫化矿物进行氧化，使之转化为可溶性硫酸盐的形式进入溶液，使包裹于硫化矿物中的金裸露，从而提高金的浸出率的一种方法。生物氧化产出的氧化渣一般采用炭浆法处理。

生物氧化技术的开发始于我国"九五"攻关，通过培养浸矿菌种、开发生物氧化工艺及工程化应用技术，获得了具有自主知识产权的生物氧化工艺，目前我国开发的生物氧化技术，在菌种的耐砷性能、生物氧化矿浆浓度、反应器等核心技术领域达到国际领先水平。以该技术成果为依托，在辽宁凤城建设了黄金行业的第一座高技术产业化示范工程——辽宁天利 100t/d 生物氧化提金厂，后经优化改造，处理能力达到 200t/d。国内采用该技术的提金厂还有 2000 年 10 月山东烟台投产的 50t/d 生物氧化提金厂（后扩建为 80t/d）、2003 年 8 月辽宁本溪投产的 50t/d 生物氧化厂、2006 年 6 月江西德兴投产的 80t/d 生物氧化—炭浆提金工艺生产厂、2006 年山东招远投产的 100t/d 生物氧化提金厂。

生物氧化法具有不产生烟尘和气体，也不产出硫酸、砒霜等难以向外运输的产品等特点[21,22]，但硫化物氧化热不能利用，含砷硫酸钙渣产出量大。

c 压力氧化法

压力氧化法又称加压氧化法，是在加压釜中，控制一定的温度和压力，在酸性或碱性条件下对难处理金矿（包括原矿、金精矿）进行预处理，使矿石中的硫化物氧化，并将氧化解离的重金属和硫酸盐除去，使包裹金裸露，进而提高后续金的浸出率的一种方法。

我国针对压力氧化进行了多年的攻关研究，自主研发了"含砷碳质难处理金矿加压氧化关键技术"，并于 2014 年应用于贵州紫金水银洞金矿，至 2016 年生产达到 450t/d 的设计指标。我国开发的压力氧化应用装置、性能、自动化控制程度等方面达到国际先进水平，具有金回收率高（90%～98%）、环境污染小、适应面广等优点，处理大多数含砷硫难处理金矿石或金精矿均能取得满意效果。但该方法设备要求高、投资大、生产成本高[23]。

d 化学氧化法

化学氧化法主要用于含碳质金矿和某些非黄铁矿类型的硫化物金矿的预处理。主要的氧化剂有臭氧、过氧化物、高锰酸盐、氯气、高氯酸盐、次氯酸盐、铁离子和氧等[24]。该方法具有适用性广、处理效率高等优点，但成本较高。

G 富氧熔炼造锍捕金技术

"富氧熔炼造锍捕金"是利用火法炼铜过程中铜锍对稀贵金属具有良好的捕集作用的特性，在熔炼过程使贵金属金银等在铜锍中富集。该工艺由精矿熔炼、铜锍吹炼、粗铜精炼和电解精炼 4 个工序组成。目前除山东东营方圆有色金属有限公司和山东恒邦冶炼股份有限公司外，豫光金铅、中原黄金冶炼厂、灵宝金城冶金有限责任公司等多家企业也在应用。该技术从根本上解决了黄金冶炼领域的氰化物污染、渣量大、金矿资源综合利用及金属回收率低等问题。

18.2.1.2 伴生金矿中金提取工艺

黄金通常还伴生于铜、铅等有色金属矿物中，但其含量不高，该类矿石中金常在铜、铅等有色金属冶炼过程中回收，在铜、铅冶炼过程中，金会伴随有色金属的熔炼、精炼等流程而最终富集于电解精炼副产品阳极泥中（铜阳极泥、铅阳极泥、镍阳极泥等），再从阳极泥进一步回收金。

A 铜阳极泥中金的提取[26]

典型的火法工艺流程为：硫酸化焙烧蒸硒—酸浸回收贱金属—还原熔炼—氧化精炼—银电解精炼—金电解精炼—熔铸—金锭[27]，如图 18-1 所示。火法工艺对原料的适应性强，处理能力大，但工艺流程冗长，Au、Ag 直收率不高，返渣多，生产周期长，资金积压量大，影响企业资金周转。

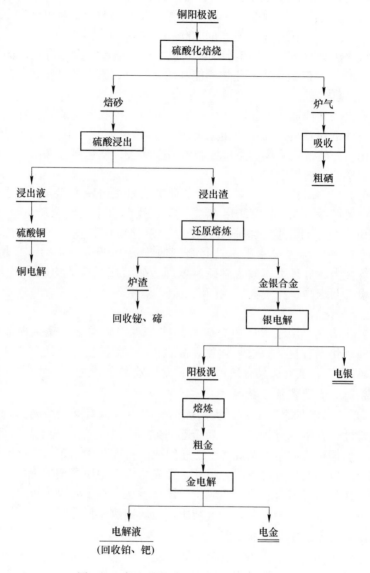

图 18-1 铜阳极泥火法处理工艺原则流程

    选冶联合处理工艺采用湿法分离铜、硒、碲等元素后，用浮选法初步分离贵、贱金属，贵金属富集比达 3 以上，获得含银 40%~50% 的精矿，再入炉熔炼，铸金银合金阳极板后进行电解回收银，电解银阳极泥中回收金[28]，选冶联合处理工艺原则流程如图 18-2 所示。选冶联合流程具有原料适应性强、建设投资少、运行费用低、金银产品质量好等特点，但仍然存在 Au、Ag 直收率不高，返渣多，生产周期长，贵金属大量积压等缺点。

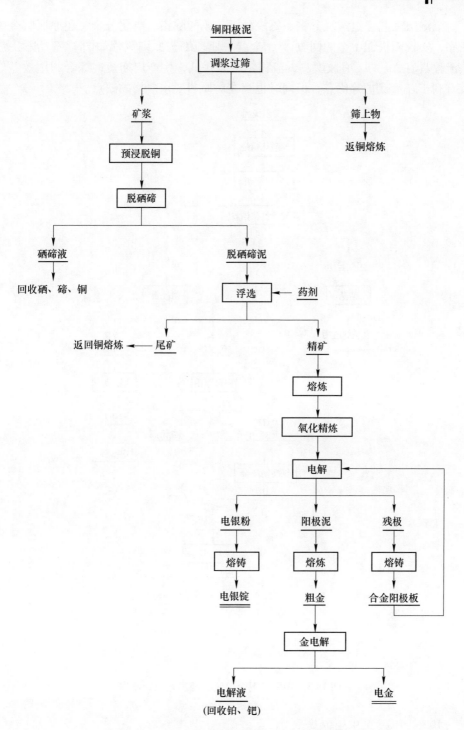

图 18-2 铜阳极泥选冶联合处理工艺原则流程

全湿法工艺通过酸浸分铜、氨浸分银、硝酸除铅、氯化分金、还原回收金等工序，实现阳极泥中金的回收[27]，全湿法处理工艺原则流程如图 18-3 所示。湿法流程具有 Au、Ag 直收率高，流程短，能耗低，生产周期短，综合利用效益好及有利于环境保护等优点，但同时也存在对原料要求严格的缺点。

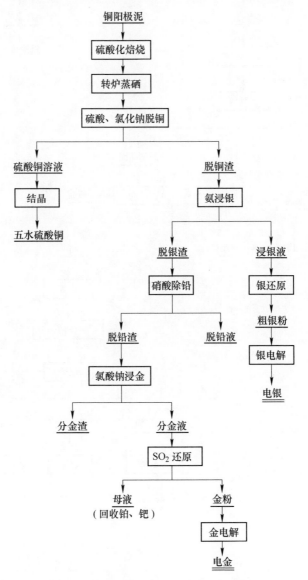

图 18-3　铜阳极泥全湿法处理工艺原则流程

B　铅阳极泥中金的提取

提取铅阳极泥中的黄金技术主要有火法处理工艺、湿法处理工艺及火法—湿法联合处理工艺[29-32]。

　　铅阳极泥火法处理的典型流程是阳极泥经过还原熔炼获得贵铅，贵铅经过氧化精炼得到富含贵金属的熔体，熔体熔铸成金银合金板后电解提取金银，详细工艺流程如图18-4所示。火法工艺具有原料适应性强、处理能力大、过程简单等优点，但也存在流程长、金银直收率低、返渣多、设备投资大、生产周期长、积压资金多等缺点。

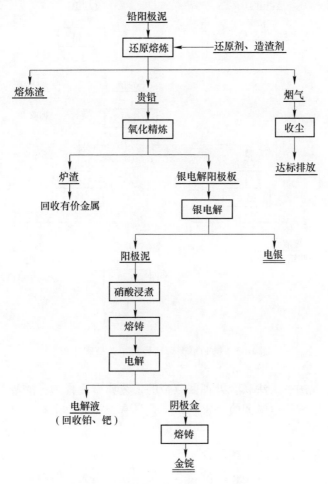

图18-4　铅阳极泥火法处理工艺原则流程

　　铅阳极泥全湿法回收金的典型工艺流程为：阳极泥酸浸除杂—氯化分金—金还原—还原金粉，如图18-5所示。湿法工艺具有处理周期短、生产规模灵活、贵金属及伴生有价金属回收率高、易实现工业化等优点，但也存在大规模生产时设备体积庞大、废水处理量大等缺点。为提高浸出效率，强化反应过程，提高金属回收率，高温、加压等强化手段也经常采用。

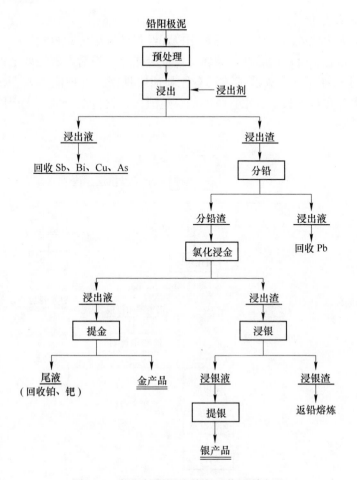

图 18-5　铅阳极泥湿法处理工艺原则流程

铅阳极泥湿法—火法联合处理回收金的工艺典型流程为：酸浸除杂—酸浸渣碱转化脱铅—熔炼—电解回收金银。该工艺具有金属回收率高、操作条件好、易于自动化等优点。

18.2.1.3　含金二次资源中提取金

目前，含金二次资源中提取的黄金产量占比并不大，但随着社会发展，电子产品的更新换代越来越快，必将产生大量的含金二次资源，这将是未来极具潜力的黄金冶炼原料。

A　机械处理法

机械处理技术是根据材料的密度、导电性、磁性和韧性等的差异来进行分选处理，包括手工或机械拆卸、破碎和分选等。通过拆解、分类、粉碎，然后对粉末中的金属、非金属进行物理分离以及进一步分选富集各种金属，形成各种产品并为后续冶炼提供基础原料，具有回收率高、环境友好等优点。

B 火法冶炼

废弃电子产品经过机械破碎后，分离的富金属粉末采用火法冶炼技术进一步富集提纯的方法，具有简单、方便和回收率高等优点。火法冶炼流程一般为：电子废弃物富集金属粉—熔炼—铸锭—电解—金泥—精炼—金粉—铸锭—金锭。目前，火法冶炼技术主要有焚烧熔炼工艺、高温氧化熔炼工艺、电弧炉烧结工艺等。由于印刷电路板有机树脂中添加了溴化阻燃剂等无机填料，焚烧时形成强腐蚀性卤化氢、剧毒二噁英、呋喃类化合物，燃烧不完全会造成严重的大气污染[33]。

C 化学法

化学法指利用王水、硝酸等强氧化性介质将电子废弃物中的大部分金属溶解，然后从液相中回收黄金等金属的方法。化学法流程一般为：原料预处理—浸出分离—置换—精炼—金锭。具有工艺简单、技术可靠、生产成本低、经济效益明显等优点，目前应用较多。化学法也可以作为机械物理法处理废弃电路板的后续工艺来分离、提纯金属[34]。

18.2.2 金精炼

金精炼方法主要有化学精炼法、控电氯化精炼法、溶剂萃取法、电解精炼法、氯氨净化法等。精炼原料包括电解金泥、置换金泥、重砂、二次资源回收富金粉等[35-37]。

18.2.2.1 化学精炼法

金的化学精炼法是基于金不溶于酸，而银以及其他金属能溶解其中的基本原理，主要包括王水法、氯盐法、氯氨净化法等。

王水法。含金物料首先经酸预处理分离部分贱金属后，再利用王水的强氧化性，使原料中的金属基本全部溶于溶液中，再用适当的还原剂对金进行选择性还原，从而达到精炼的目的。工艺典型流程为：原料—酸预处理—王水溶金—还原—金粉洗涤—熔铸—金锭。王水工艺对原料适应性较强，工艺过程可灵活调整，但溶金过程会产生大量氮氧化物。

氯酸盐法。含金物料首先经酸预处理分离部分贱金属后，再利用氯酸盐的强氧化性，使原料中的金属基本全部溶于溶液中，再用亚硫酸钠或草酸等还原剂对金进行选择性还原，从而达到精炼的目的。工艺典型流程为：原料—酸预处理—氯酸盐溶金—还原—金粉洗涤—熔铸—金锭。氯酸盐工艺具有对原料适应性较强、不产生氮氧化物、工艺过程可灵活调整等优点，但成本高。

氯氨净化法。该技术为我国开发的黄金提纯方法，采用氯酸钠及高锰酸钾等氧化剂代替常规的王水或液氯，同时，采用特殊的净化工艺和药剂有针对性地控制物料中的铁、铜、银等杂质，保证提纯后的产品质量。工艺流程主要包括硝酸除杂—溶金—除杂—还原—熔铸—金锭。该方法工艺流程简单、生产成本低、周期短、环境污染少，目前在国内多家矿石企业应用。

18.2.2.2 控电氯化精炼法

控电氯化精炼工艺是利用金属的氧化还原电位不同，在较低电位氯化除杂后，在较高电位加入氧化剂溶金，还原后得到海绵金。控电氯化工艺典型流程为：原料—控电除杂—贵金属氯化—两段还原—金粉洗涤—熔铸—金锭。控电氯化精炼工艺相对简单，生产工艺指标稳定，批量灵活，生产周期短。

18.2.2.3 溶剂萃取法

溶剂萃取精炼工艺采用氯化法或王水法溶解原料，并使用萃取剂（如醇、酮、磷酸三丁酯和胺）将溶液中的 $AuCl_4^-$ 从溶液中选择性提取出来，达到金与其他杂质分离的目的。萃取精炼工艺中萃取剂不同，其萃取金的原理也不尽相同[23]。萃取工艺典型流程为：原料—溶解—萃取—还原反萃—金粉洗涤—熔铸—金锭。萃取法具有效率高、工序少、产品纯度高、返料少、操作简单、适应性强、生产周期短、金属回收率高等优点。

18.2.2.4 电解精炼法

电解精炼法是以粗金为阳极，纯金薄片（或特殊导电片，如钛板）为阴极，以金的氯化络合物水溶液和游离盐酸为电解液的电解过程。由于杂质金属和金的氧化还原电位及浓度的差异导致金在阴极上优先析出，而杂质金属离子不在阴极上析出，从而在阴极上可得到精炼的高纯金属。电解工艺典型流程为：原料—熔铸阳极—电解—阴极清洗—熔铸—金锭。电解法具有生产费用低、产品纯度高、操作安全清洁、无有害气体并可附带回收铂族金属等优点。

18.2.3 主要技术经济指标

主要技术经济指标见表 18-10~表 18-21。

表 18-10 焙烧氧化预处理—氰化工艺主要技术指标和经济指标

技术方法	精矿焙烧氧化	原矿焙烧氧化
矿石粒度（-200目）/%	约75	80~85
原料品位/$g \cdot t^{-1}$	20~40	约3
焙烧温度/℃	620~650	680~700
氰尾品位/$g \cdot t^{-1}$	<2	约0.5
回收率/%	约90	75~85
吨矿成本/元·$t\text{-矿}^{-1}$	400~600	约400

表 18-11　生物氧化预处理—氰化工艺主要技术指标和经济指标

技术方法	生物氧化
矿石粒度（-320 目）/%	90~94
原料品位/g·t^{-1}	>50
氧化温度/℃	约 40
氧化时间/d	7
氰尾品位/g·t^{-1}	1~3
氰化浸出率/%	96.72
总回收率/%	92~95
吨矿成本/元·t-矿$^{-1}$	400~600

表 18-12　压力氧化预处理—氰化工艺主要技术指标和经济指标

技术方法	压力氧化
矿石粒度（-200 目）/%	约 60
原料品位/g·t^{-1}	20
温度/℃	215~225
压力氧化压力/MPa	3.3~3.8
氰尾品位/g·t^{-1}	<0.8
氧气利用率/%	80~85
硫氧化率/%	>98
金回收率/%	⩾94
吨矿成本/元·t-矿$^{-1}$	600~800

表 18-13　重选法提取黄金的主要技术经济指标

技术方法	重选
入矿品位/g·t^{-1}	1~10
矿石粒度（-200 目）/%	75~90
产品重砂品位/g·t^{-1}	>30000
尾矿品位/g·t^{-1}	0.8~8.0
重选回收率/%	20~30
生产周期/d	0.5

表 18-14　堆浸法提取黄金的主要技术经济指标

技术方法	堆浸—炭吸附工艺	堆浸—锌粉置换工艺
入矿品位/$g \cdot t^{-1}$	0.5	0.6
矿石粒度/mm	<10	<40
尾矿品位/$g \cdot t^{-1}$	0.22	0.24
回收率/%	56	60
生产周期/d	30	50
吨矿成本/元·t-矿$^{-1}$	20~30	20~40

表 18-15　全泥氰化法提取黄金的主要技术经济指标

技术方法	全泥氰化—炭浆工艺	全泥氰化—锌粉置换	全泥氰化—树脂矿浆
入矿品位/$g \cdot t^{-1}$	1.15~1.32	1.70~1.90	4.0~5.0
矿石粒度（-200目）/%	80	80	90
置换金泥品位/$g \cdot t^{-1}$	—	7000~10000	—
载金炭（或树脂）品位/$g \cdot t^{-1}$	800~1200	—	15000~18000
尾矿品位/$g \cdot t^{-1}$	0.11~0.15	0.13~0.15	约0.15
浸出率/%	94~95	91~92	96~97
吸附率/%	99.5~99.7	—	99.8~99.99
置换率/%	—	96~98	—
总回收率/%	94~95	90	95~96
生产周期/d	1	1	1
吨矿成本/元·t-矿$^{-1}$	60~100	60~100	90~110

表 18-16　浮选—精矿氰化工艺主要技术经济指标

技术方法	浮选—精矿氰化工艺
原矿品位/$g \cdot t^{-1}$	4.0
矿石粒度（-200目）/%	50~80
浮选尾矿品位/$g \cdot t^{-1}$	0.25
浮选回收率/%	94.1
精矿品位/$g \cdot t^{-1}$	64.72
氰化尾矿品位/$g \cdot t^{-1}$	1.7~1.9
浸出率/%	97.06~97.37
生产周期/d	2
吨矿成本/元·t-矿$^{-1}$	110~150

表 18-17　环保试剂浸金工艺主要技术经济指标

技术方法	环保试剂浸金工艺
入矿品位/g·t^{-1}	1.3
矿石粒度（-200目）/%	80
尾矿品位/g·t^{-1}	0.13~0.16
浸出率/%	87.8~90.0
总回收率/%	87.5~89.9
生产周期/d	1
吨矿成本/元·t-矿$^{-1}$	90~120

表 18-18　铜阳极泥中提取黄金的主要技术经济指标

工艺类型	选冶联合工艺	全湿法工艺
原料品位/%	0.2	0.4
产品品位/%	99.99	>99.95
回收率/%	98.36	98~99
生产周期/d	10	5.66
吨矿成本/元·t-矿$^{-1}$	5000	6500

表 18-19　铅阳极泥中提取黄金的主要技术经济指标

物料类型	火法工艺	湿法工艺	火法-湿法工艺
原料品位/%	0.02~0.05	0.02~0.05	0.02~0.05
产品品位/%	>99.99	>99.98	>99.99
回收率/%	99.0~99.5	96~98	98~99
生产周期/d	3~4	约1	2~3

表 18-20　从二次资源中提取黄金的主要技术经济指标

技术方法	火法冶炼法	化学法
原料品位/%	0.3~0.4	0.3~0.4
产品品位/%	>99	>99.95
回收率/%	>99.5	>99.5
生产周期/d	2	1

表18-21 黄金精炼的主要技术经济指标

技术方法	控电氯化法	溶剂萃取法	电解法	王水法	氯氨法
原料性质	金泥或合质金	金泥或合质金	合质金	金泥或合质金	金泥或合质金
原料品位/%	13~30	无特殊要求	>75	无特殊要求	无特殊要求
产品品位/%	>99.99	>99.99	>99.99	>99.99	>99.99
金回收率/%	99.90~99.95	>99.95	99.92~99.95	>99.95	>99.99
生产周期/h	24~36	24	72	24	24
克金成本/元·g^{-1}	0.10	0.075	0.075	0.050	0.06

18.2.4 环境及能耗

18.2.4.1 环境

为防止氰化尾渣及尾液对环境污染,各黄金生产国开发了多项尾矿矿浆处理工艺,并制定了氰化物排放标准。国内应用较多的处理工艺有因科法、Wast法、臭氧氧化法、双氧水法、联合工艺等,保证了黄金生产企业生产的正常运营。

对于难处理金矿,预处理阶段因不同工艺还可能产生硫化物废物、含砷废渣废水、含酸废水等。但随着环保技术的发展,危险废物已经能够有效处理。

伴生金矿生产过程中,存在的环境问题主要有废气、含酸及重金属废水等。随着科技水平的提高,目前企业中已经采用了先进技术回收烟气中有价金属、二氧化硫等,不仅提高了资源综合回收,还为企业带来附加经济效益。

二次资源回收产生的主要污染物为废气、废水等,但采用先进工艺技术的企业,通过规模化生产,不仅能够达到二次资源的综合回收利用的目的,还能保证生产过程达到国家环保标准。

黄金精炼相对规模较小,生产过程中的主要污染物为高盐、高酸废水以及酸性废气等。经过处理后,水能够实现循环利用,其他有价值元素综合回收。

18.2.4.2 能耗

不同黄金冶炼工艺,综合能效见表18-22。

表18-22 黄金选冶单位产品能耗

工艺分类	单位产品综合能耗/kgce·t^{-1}
堆浸	≤0.85
原矿全泥氰化	≤6.80
浮选	≤6.50
金精矿氰化	≤9.00
生物氧化	≤105.00
原矿焙烧	≤27.50
金精矿焙烧	≤50.00
萃取工艺	≤6.50
电解工艺	≤7.20

18.2.5 应用厂家、产能

各种方法的应用厂家、产能见表18-23。

表 18-23 各种方法的应用厂家、产能

技术方法		主要应用厂家	产能
难处理金矿预处理	焙烧氧化	贵州金兴黄金矿业有限责任公司	1000t/d
		山东恒邦冶炼股份有限公司	5000t/d
	生物氧化	辽宁天利金业有限责任公司	200t/d
		江西三和金业有限公司	200t/d
	压力氧化	贵州紫金矿业股份有限公司	450t/d
矿石	重选	托里县金福黄金矿业有限责任公司	2000t/d
		辽宁二道沟黄金矿业有限责任公司	1.00t/a
	堆浸	紫金矿业集团股份有限公司紫金山	7.37t/a
		内蒙古太平矿业有限责任公司	6.02t/a
	全泥氰化—炭浆法	河北峪耳崖黄金矿业有限责任公司	1.20t/a
		苏尼特金曦黄金矿业有限责任公司	1.91t/a
	全泥氰化—树脂浆法	赤峰柴胡栏子黄金矿业有限公司	800t/d
		新疆阿希金矿	750t/d
	全泥氰化—锌粉置换	吉林海沟黄金矿业有限责任公司	650t/d
	浮选—精矿氰化	山东黄金集团有限公司三山岛金矿	7000t/d
		山东黄金矿业股份有限公司焦家金矿	3200t/d
阳极泥	铜阳极泥	江西铜业股份有限公司	25t/a
		铜陵有色金属集团控股有限公司	14t/a
	铅阳极泥	河南豫光金铅集团有限责任公司	3t/a
二次资源	火法冶炼法	中节能（汕头）再生资源技术有限公司	20000t/a
	化学法	格林美股份有限公司	120万吨/a
黄金精炼	控电氯化精炼法	潼关中金冶炼有限责任公司	4.4t/a
		河南中原黄金冶炼厂	16.3t/a
	溶剂萃取法	河北金厂峪矿业有限责任公司	0.6t/a
		湖南辰州矿业冶炼厂	10t/a
	电解法	山东招金金银精炼有限公司	140t/a
		灵宝黄金股份有限公司	17t/a

18.3 国内外冶金方法比较

经过几十年的快速发展，我国黄金工业目前在技术上与国际先进水平的发展相当，部分技术领先国际，部分技术和国外还存在一定差距。

在粗颗粒金回收方面，国内基本采用磨矿—尼尔森重选—摇床分级—重砂熔炼工艺，摇床分级得到的产品有精矿（重砂）、中矿、中尾和尾矿，部分企业将精矿（重砂）、中矿、中尾和尾矿直接外售；部分企业将中矿、中尾和尾矿返回磨矿作业，精矿（重砂）中的金采用氰化法回收；大多数企业将精矿（重砂）在炼金室中冶炼。而国外除上述工艺外，还有企业采用磨矿—尼尔森重选—重砂强化氰化—贵液直接电解工艺。磨矿—尼尔森重选—摇床分级—重砂熔炼工艺存在以下几个方面的问题：（1）摇床重选得到的中矿、中尾和尾矿因金品位低无法直接冶炼；（2）精矿（重砂）冶炼次数较多，能耗较高；（3）精矿（重砂）冶炼操作环境较差；（4）摇床重选只能回收尼尔森精矿中约 70% 的金，摇床重选得到的中矿、中尾和尾矿若返回磨矿作业，且后续无氰化提金作业，则金的整体回收率较低。对于粗颗粒金，国外倾向于采用全湿法冶金工艺进行回收，磨矿—尼尔森重选—重砂强化氰化—贵液直接电解工艺的优势主要体现在以下几个方面：（1）能够直接处理尼尔森重选精矿，无需摇床重选作业，没有中矿、中尾和尾矿外售，避免了出售产品获益受损的问题；（2）提高了尼尔森精矿中金的回收率，实现了就地产金，可为企业带来更高的经济效益；（3）工艺流程简单，工作环境较好；（4）清洁、节能、便于管理及自动化程度高。总体看来，粗颗粒金湿法冶金工艺技术优势明显，具有极大的研发及推广应用价值。

在氰化助浸方面，南非有较广泛应用。美国 Eriez 公司采用 SlamJet 喷枪向浸出槽中注入微细气泡，有效地增加了矿浆中的溶解氧浓度，极大地提高了浸出速度。SlamJet 喷枪广泛应用于南美、北美、南非和西欧等几十家黄金矿山。Barrick 黄金公司位于秘鲁的 Alto Chicama 金矿，原浸出工艺单系列使用 9 台浸出槽，应用 SlamJet 喷枪后，由于浸出效率提高，浸出槽数量减少至 6 台，空气消耗量减少 50%，产生了巨大的经济效益。我国东坪金矿、马鞍桥金矿在改扩建工程中采用富氧浸出工艺，既节省了设备投资，又降低了工程费用，同时还提高了金的浸出率。黑龙江省老柞山金矿采用 H_2O_2 助浸取得较好效果，不仅节省氰化钠，而且明显地提高了金浸出率。添加 H_2O_2 后，氰化钠单耗降低 0.5kg/t，金浸出率提高 1.7%。招金矿业股份有限公司金翅岭金矿采用液氧直接气化为氧气对金精矿进行半工业和工业试验，半工业试验表明，富氧浸出工艺浸出率明显高于空气浸出工艺；工业试验表明，在现场应用富氧浸出工艺，金浸出率提高 0.18%，年增加经济效益 490.10 万元。

在从氰化贵液中回收金方面，离子交换树脂工艺在东欧国家应用十分普遍。树脂比活性炭有更高的载金容量和吸附速度；机械强度高、耐磨损和抗挤压；不易被有机物、黏土所污染；解吸可在不高于60℃的常压下进行；不需要热再生。这意味着在同等规模的树脂浆厂和炭浆厂中，树脂投料量和吸附槽均会减少，解吸设备小，有利于降低投资和生产费用。我国新疆阿希金矿是国内第一座引进树脂提金技术的大型黄金矿山。采用的树脂提金工艺从浸前浓密、除屑、浸出、吸附和提取树脂等设备全部使用国内炭浆厂的标准设备，树脂是采用南开大学化工厂生产的 D301G 大孔径弱碱性苯乙烯阴离子交换树脂。树脂的解吸是采用两段酸洗、硫脲解吸电解工艺。生产实践证明，树脂提金工艺有其技术上的优越性。新型树脂的开发与应用成为树脂矿浆工艺向前发展的核心。目前，世界各国如俄罗斯、南非、澳大利亚已开发出几种新型对金选择性吸附的树脂。随着树脂提金技术的改进与完善，该工艺也会和炭浆法一样在世界各地普遍推广。总体看来，我国在树脂吸附方面的工业应用尚不够广泛。

在难处理金矿方面，主流的生物氧化、压力氧化以及焙烧氧化工艺我国与国际基本在同一水平上，三大工艺都有自主知识产权的技术，且都建成了具有代表性的生产系统。近年来，瑞士 Glencore 公司研发了 Ablion 工艺，并成功应用于多米尼加 Rosario 金矿和亚美尼亚 Zod 金矿。Albion 工艺是一项机械力解离和化学解离相结合技术，金精矿经 IsaMill 超细磨矿后在近中性的体系中进行常压充氧气氧化，其在接近矿浆沸腾的温度下运行；该工艺无需单独的中和作业和逆流洗涤作业，可直接给入 CIL 进行金的回收，具有明显的技术优势，我国还需在该方面进行研究。

在精炼技术方面，国内外黄金生产企业都高度重视，研究出了多种高效、先进的工艺和设备，极大地促进了黄金精炼技术的发展。我国在金精炼领域的工艺技术水平基本与国际持平。山东蓬莱黄金冶炼厂和高校合作，研究了控电位氯化工艺，该工艺利用不同金属在同一介质或同一金属在不同介质中氧化还原电位的差异，通过控制金泥在氯化过程中氧化还原电位来实现金、银与贱金属杂质的分离。长春黄金研究院研究开发了氯氨净化工艺，该工艺能有效取代火法冶炼工艺，既改善了冶炼环境，还能提高冶炼回收率，产品质量稳定。瑞典 Boliden 公司开发的贵金属精炼工艺在国际上推广较快，工艺具有流程短、自动化程度高、规模灵活、回收率高等优点，国内多家矿山企业都有引进。日本开发了一种碘精炼工艺，不产生废气和废液，精炼速度比电解法快 3~5 倍，可获得高于纯度99.99%的金产品。

18.4 黄金冶金的发展趋势

选矿技术领域，应进一步推进浮选工艺及联合工艺的创新。通过对矿床、矿石和矿物特性的研究，与大数据、云计算等深度融合，实现传统选矿技术的突破。

低氰浸金试剂的研发及推广近年来有了很大进步，拥有整套的"普通货物的相关检测文件"，产品定性为"不受公安部门管制"，便于矿山企业的运输及储存。目前，低氰浸金试剂主要应用于低品位易浸氧化矿石的处理，对于某些难处理矿石或氰化物耗量较大的矿石，浸金效果尚需提高，生产成本相对较高，但在环保严控的态势下具有较大的推广价值。

非氰提金工艺近年来已有了很大进展，硫代硫酸盐被认为是一种最有希望取代氰化物浸金的非氰试剂：（1）低毒，对环境友好；（2）对一些贱金属不敏感，特别是对一些含炭、砷的金矿有较好的效果；（3）浸金速度快，浸出率高；（4）在碱性条件下使用，对设备的腐蚀较小。但硫代硫酸盐的降解及金的回收一直是工业应用的难点[38,39]。溴化提金也有可能成为一种替代氰化提金的浸出工艺：（1）价格便宜，药剂可循环使用；（2）浸出率高，浸出速度快；（3）在低浓度时无毒、无腐蚀性；（4）从溶液中提金简便[40]。

难处理金矿预处理技术领域，目前工业化应用的几种方法仍存在不足之处。焙烧法产生 SO_2 与 As_2O_3 气体；压力氧化法投资大；生物氧化法对工艺条件控制要求苛刻，菌种变异和失效控制还需深入研究；化学氧化法试剂单耗高；微波氧化法虽然除碳效率高，但相关工业规模设备应用尚有距离。难处理金矿预处理技术仍将是研究的热点和产业进一步发展的突破口。

"富氧底吹造锍捕金"可有效处理各种复杂难处理金精矿、高铜金精矿、复杂多金属矿及金含量高的块矿、二次资源等，是目前传统湿法氰化提金工艺可望而不可即的，应受到行业及企业的重视。

金萃取精炼工艺适于处理量大且成分复杂的含金物料；电解精炼工艺操作及控制较简单，适用于对流程积压不敏感且技术力量相对薄弱的生产企业；控电氯化工艺指标稳定，适于从有色副产品中提取金、银；王水法对原料没有特殊要求，适于高金品位原料的分批委托加工。随着我国环保要求日益严格，黄金精炼工艺仍需不断加强对生产过程中废气、废液的治理，缩短精炼周期，减少流程积压。氯氨精炼工艺具有投资少、生产周期短、易于操作、金产品指标稳定等优点，还克服了其他溶金工艺环境污染严重的缺点，今后应在矿山企业进一步推广应用。

我国黄金矿山共伴生元素回收利用水平差别较大。影响共伴生元素回收的原因：一是矿山本身的经济技术条件有限，无法开展回收利用；二是回收的经济效益不佳，企业没有积极性。加强对伴生资源进行系统性的工艺矿物学研究，进行联合工艺流程和各种新工艺开发，是今后的重点。

黄金矿山尾矿综合回收领域，一是采用传统选矿方法对黄金尾矿中的金、银、铜、铅锌等有价金属进行二次回收[42]；二是采用植物富集方法回收黄金尾矿中的贵金属[43-45]。植物富集技术被认为是一种经济可行和对环境友好的技术。

二次资源中存在较高品位的有价金属，是今后可利用的重要的再生资源。火法冶金技术在过去多年一直应用于二次资源中有价金属的回收，但所需的昂贵设备限制了其在中小型企业中的使用。生物冶金技术由于其低成本和环境友好一直是二次资源综合回收中最有前途的技术之一。对于有价金属综合提取的新方法，如电化学、超临界流体、机械化学和离子液体等，受到了高度重视，并取得了一些成功的实验室应用实例。

总之，目前我国的黄金生产企业，在资源的综合利用上认识尚未达到应有的高度，特别是对其重要性和迫切性认识不足，尚未能正确处理好资源、环境、效益协调发展的关系。随着全社会越来越重视环境保护和资源综合利用，越来越多、越来越有效的资源综合回收工艺将得到更快的发展和应用[46-49]。

19 银 冶 金

19.1 银冶金概况

19.1.1 需求和应用

银是较早被人类发现并利用的金属之一。银的主要应用已经由传统的货币和首饰装饰品逐渐扩展到工业应用领域,如医学、航空航天、通信、影视、太阳能、电池、超导体等行业[50]。2016年全球银价同比增长9.3%,达到17.14美元/盎司,导致全球白银总需求下降10.74%,降至31968t,整个市场的需求呈现疲软现象,其中工业需求略有下滑,零售投资、首饰及银器急剧下滑。2006~2013年中国白银需求量呈上升趋势,2014~2016年需求量整体下滑,其主要原因:一是电气、电子和钎焊合金、焊料以及其他领域处在经济疲软期,拉低了银的消费;二是摄影业长期处于下降状态。

近年来,随着纳米技术的快速发展,银的杀菌抗毒性能得到了新的应用。白银未来在新能源的应用或将成为新的增长点,比如太阳能电池、新能源汽车及新型玻璃等。

19.1.2 资源情况

银在地壳中的丰度为$0.1×10^{-6}$,在自然界中,除少量银呈自然银、银金矿及金银矿外,银主要以硫化矿物的形态存在[51]。全球银矿资源丰富、储量巨大、分布广泛,主要集中在北美洲、南美洲、欧洲、亚洲和澳洲,遍及全球的50多个国家。整体来看,全球银矿资源主要分布在几个大型银矿成矿带:太平洋褶皱带、地中海褶皱带、大西洋褶皱带、蒙古—鄂霍次克褶皱带及古老的地质区,此外,在大洋裂谷带现代的硫化物沉积中也富含银[52]。根据美国地质调查局(2017)数据,2016年全球银矿储量约为57万吨。银矿储量相对集中的国家有秘鲁、澳大利亚、波兰、俄罗斯、中国、墨西哥、智利、美国和玻利维亚,这9个国家的银储量之和约占全球总储量的89%。另外,加拿大、哈萨克斯坦、乌兹别克斯坦和塔吉克斯坦等国也有丰富的白银资源。

我国银矿资源探明储量相对集中,2016年我国探明的可经济开采的白银储量达到39000t,主要集中在7个构造成矿区带内:内蒙古—大兴安岭成矿区、扬子地台成矿区、华南成矿区、华北地台北缘成矿带、东南沿海成矿带、秦岭—大别山成矿带和西南三江成矿带[52]。我国银矿资源的主要特点：（1）银矿储量主要集中在内蒙古、江西、云南、安徽和四川，占全国总储量的60%以上；（2）大型和独立银矿床较少，中小型和共伴生银矿床多；（3）矿床品位普遍偏低，共伴生矿产品位更低；（4）矿床类型多样，资源潜力大。

19.1.3 银产量

白银生产主要来自矿产银和再生银两个领域，其中矿产银包括独立银矿和伴生银矿（铅、锌、铜、金等副产）。据世界白银协会资料，2016年全球白银供应为31321t，其中矿产银产量在独立银矿的推动下相对变化不大，稳定在27000t。再生银产量受亚洲工业生产的疲软等因素的影响，2016年产量为4345t，是自1996年以来的最低点。

根据中国有色金属工业协会统计，2006年中国白银总产量是8252t，2016年产量达到了21635t。我国白银产量连续多年以超过10%的速度递增，产量占世界白银（矿产银）总产量的比重不断提高。2006~2016年中国及全球白银总产量如图19-1所示。

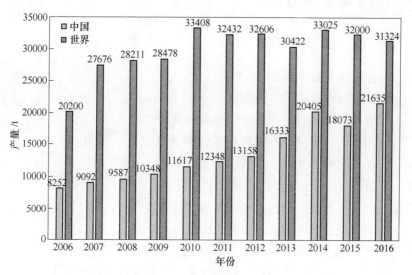

图 19-1　2006~2016年中国及全球白银总产量
（数据来源：世界白银协会、中国有色金属工业协会）

19.1.4 科技进步

中国的白银发展有着悠久的历史，从最早被拿来制作工艺品到后来成为流通的货币。大约在春秋初期中国就开始采集银用来制作货币，而在战国至汉代已有工艺较高的银器[51]。在中国古代炼银技术发展历程中，从铅中或用铅提取银的"灰吹法"在秦汉时期已日臻成熟，这项炼银技术一直都是中国古代炼银的主要方法，在很长一段时间内处于世界领先水平。

中华人民共和国成立以后，白银产业得到了迅速恢复和发展。"一五"期间国家重点建设了白银有色金属公司（现为白银有色集团股份有限公司）和大冶有色金属公司（现为大冶有色金属集团控股有限公司）[53]。河南豫光金铅股份有限公司1969年成功地从铅阳极泥中提炼出白银，并成功地投产了湿法炼银工艺，填补了国内有色冶金行业一项技术空白。自1973年起，大冶有色金属公司先后与有关科研单位合作，对伴生金银的回收研发了混汞—浮选和重选—浮选工艺，取得了较好的效果。

随着含银矿石的大量开采，银矿资源的日益枯竭，从"城市矿山"中回收银已经成为新的发展方向。河南济源、湖南永兴以金银等稀贵金属回收为主，成为中国主要的银回收生产基地。昆明理工大学开发了贵铋、贵铅真空蒸馏新技术，实现了银的清洁高效回收。

19.2 银冶金主要方法

19.2.1 方法及主要技术特点

19.2.1.1 独立银矿石中提银

独立银矿的特点是矿物组成较简单，脉石矿物主要以石英为主，并含有少量的长石、云母等，主要有价元素银（银品位大于250g/t，有的高达800g/t）、铜、铅和锌等有用矿物含量少，不能达到综合回收的指标[54]。从独立银矿中提取白银的冶金方法主要有氰化法、硫脲法。

A　氰化法

与氰化法提金类似，但银的氰化条件一般比氰化提金的条件强烈，氰化物浓度较高，银的氰化浸出率较高。随着原矿品位逐渐降低，能够直接用氰化法提银的银矿石逐渐耗尽，直接氰化已经不能完全满足提银的要求[55]。氨浸—氰化或氨浸—酸脱铅—氰化、氯化焙烧—氰化浸出、浮选—氰化浸出等工艺对原矿品位要求降低，扩大了氰化法在原矿提银中的应用范围。此外，原矿制粒堆浸也是一种低成本、高效率地从低品位银矿中提银的方法。

B　硫脲法提取银

硫脲法提取银是一项日臻完善的低毒提取金银新工艺[55]。银精矿经过络合浸出，经分步转换得到银绵，银绵经火法处理得粗银锭，再经电解可得精银，二次还原后液可直接返回浸出流程，可使硫脲得到循环利用。

硫脲酸性溶液浸出银，具有浸出速度高、毒性小、药剂易再生回收和铜、砷、锑、碳、铅、锌、硫、铁的硫化矿物的有害影响小等特点，适于从难氰化的含金矿物原料中提取银。

19.2.1.2 伴生银矿中提银

伴生银矿床中银含量低，一般是在对矿石中的主金属元素进行开采利用的同时，根据伴生银在原矿中的赋存状态和嵌布特征使用多种冶炼方法进行综合回收，主要原料为铜电解阳极泥、铅电解阳极泥或几种混合金属电解阳极泥。含银原料来源复杂，工艺流程繁多。目前从铅、铜阳极泥中提取的银产量最大，湿法炼锌浸出渣含有金属银，从中提取白银比较困难。

A 铜阳极泥

目前，国内铜阳极泥处理工艺主要有三大类：（1）湿法—火法—电解相结合的流程：加压浸出铜/碲—火法熔炼—吹炼（卡尔多炉）—银电解—银阳极泥氯化提金工艺。规模小的企业较多采用硫酸化焙烧（或氧化焙烧）蒸硒—稀硫酸分铜—贵铅炉/分银炉熔炼—银电解工艺。（2）全湿法工艺流程。硫酸化焙烧（或氧化焙烧）蒸硒—酸浸脱铜—氨浸分银—氯化分金。（3）选冶流程。湿法分离铜、硒—浮选分离贵/贱金属—分银炉熔炼—银电解—银阳极泥氯化提取金、铂、钯。浮选尾矿返回铜系统[56]。对于年产 20 万吨以上的铜厂大多采用湿法—火法相结合的流程，中小规模的铜厂大多采用全湿法流程。

B 铅阳极泥

铅阳极泥的处理基本上有三种方式：（1）火法—电解处理工艺；（2）全湿法工艺；（3）湿法—火法联合流程[1]。由于目前各厂原料的不确定性及规模的大型化，年产 8 万吨以上的铅厂和铜铅联合企业大多采用火法；湿法—火法联合流程的优点是金属直收率高、劳动环境好、有价金属能有效地加以回收；缺点是一次投资较大、所需试剂品种多、介质腐蚀性强、原料成分要求相对稳定，所以通常适用于中小规模的企业。全湿法流程通常适用于处理含金较高的铅阳极泥。

a 火法—电解法工艺

处理铅阳极泥的常规方法为火法—电解法，熔炼前先脱除硒、碲（铜高时包括脱铜），再经火法熔炼产出金银合金板送电解银。火法熔炼铅阳极泥除可单独进行外，还常和铜阳极泥进行混合熔炼。

该工艺流程长、能耗高，金银直收率低；Sb、Bi、Pb、As 综合回收差，污染环境。近年来，为了提高金、银直收率，加强综合回收，减少污染，对传统的火法工艺做了不少改进。例如用喷枪以 70°～90°角向熔体表面喷入压缩空气进行精炼，或采用在贵铅吹炼炉上加装吹氧系统来强化冶炼过程；或采用电炉代替反射炉等，可获得金、银回收率较高的金银合金。

b 湿法处理工艺

铅阳极泥的湿法处理工艺一般经过以下几个步骤：预处理—浸出 Sb/Bi/Cu/As—分铅—氯化浸金—浸银，对阳极泥进行强化预处理可以提高浸出富集率，开发了空气静态焙烧氧化、空气动态焙烧氧化、强氧化剂焙烧氧化等预处理方法。

铅阳极泥湿法处理的目的主要是为了减少砷、铅对环境的危害，提高金、银的回收率，省去金、银电解作业直接得成品，缩短生产周期；但也存在大规模生产时设备体积庞大，废水处理量大等缺点。

c 火法—湿法联合工艺

铅阳极泥湿法—火法联合处理工艺同时具备了湿法工艺和火法工艺的优点，适合处理金银含量较低的铅阳极泥。此类流程的特点是，首先采用湿法工艺去除阳极泥中贱金属，使金银等贵金属富集在浸出渣中，浸出渣采用火法处理，得到满足电解要求的金银合金板，进一步回收银，同时可实现其他有价金属的综合回收。该工艺虽然具有金属回收率高的优势，但也存在化学试剂消耗量大，一次性投资费用高等问题。

19.2.1.3 二次资源提银

银或含银制品生产和使用过程中产生大量含银废弃物，因此从废旧原料中再生回收银的工作也受到世界各国的普遍重视。目前产生的各种含银废弃物主要分为含银废液和含银固体废料两种，后者又可细分为含有机物质银废料、镀银废件、含银的废合金等。针对这些不同的原料，可以采用不同的方法从废弃物中回收银。

A 含银废液中银的回收

从含银废液中回收银的工艺主要为湿法工艺，使废液中的简单银离子或配位银离子变成硫化银、氯化银等沉淀而达到与废液中其他物质分开的目的，或采用电解或还原的方式使废液中的简单银离子或配位银离子得到电子而直接变成单质状态的银。可以分为沉淀法、还原法和电解法三种方法[55]。

B 含银固体废料中回收银

各种湿法工艺回收固体废弃物中银的共同点是在初步富集后先进行溶银造液，使各种形态存在的银全部转入液相。为了后续工序的方便和降低回收成本，溶液通常要进行金属分离富集和净化处理，以保证在金属提取过程中离子状态的银能够全部还原。

（1）含有机物质银废料的回收。含银废胶片、含银电子浆料等银废料常用的回收方法有焚烧法、化学处理法、微生物法等。目前国内外都以焚烧法结合化学法为主，单独的化学法和微生物法用得较少。

（2）镀银废件中银的回收。镀银废件中银以单质金属或银合金形式存在于镀件表面，通常在回收银的同时，要求不破坏基底材料。常用的从镀银废件中回收银的方法有化学退镀法和电解退镀法两类。

C 含银的废合金中银的回收

对于银金合金废料，银的含量远高于金含量，回收银时可以采用直接电解的方法从阴极回收银，也可采用湿法工艺回收银。对于焊料和触点废合金，银含量高的可直接铸成阳极进行电解，还可以采用交换树脂电极隔膜技术。对于一些低银合金，可用稀硝酸浸出，盐酸（或氯化钠）沉银，用水合肼等还原剂还原或用直接熔炼的方法回收其中的银。

19.2.2 银的精炼

银的精炼过程主要可分为电解精炼、化学提纯、萃取精炼三个方向，目前电解精炼法应用广泛，化学提纯法也有一定应用范围。

19.2.2.1 银的电解精炼

用于银电解的原料有处理铜、铅阳极泥所得到的金银合金（含银90%以上）、氰化金泥经火法熔炼得到的合质金、银粉铸成的金银合金（含银70%~75%）及其他含银废料经处理后得到的粗银。

银的电解精炼采用硝酸银和硝酸的水溶液作电解液。以纯银片、不锈钢板或钛片作阴极，以金银合金（粗银）为阳极，在电解槽中通入直流电进行电解。电解法具有生产费用低、产品纯度高、操作安全清洁、无有害气体等优点。原则工艺流程如图19-2所示。我国某厂的技术经济指标见表19-1。

表19-1 从金银合金（粗银）中电解精炼银的主要技术经济指标

技术名称	电解精炼
电流效率/%	90~96
槽电压/V	1~2.8
残极率/%	6~15
电解回收率/%	99.7~99.95
银粉品位/%	99.86~99.96
银锭浇铸回收率/%	>99
银锭浇铸合格率/%	>97
银锭品位/%	99.94~99.98
银锭质量/kg·块$^{-1}$	15~16
银精炼回收率/%	97.89~99.5
银冶炼回收率/%	87~99

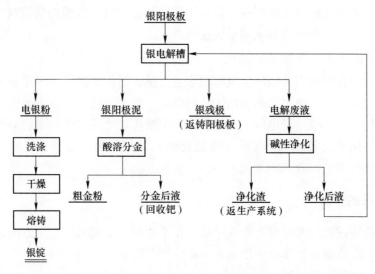

图 19-2 银电解精炼工艺流程

19.2.2.2 化学提纯

A 氨浸—水合肼还原提纯

金银提取过程中，常遇到纯度不同的氯化银中间产品。如水溶液氯化法处理铜阳极泥或氰化锌置换金泥分金后的氯化浸渣、王水分金后的浸渣、食盐沉淀法或盐酸酸化沉淀法处理各种硝酸银溶液的沉淀物、次氯酸钠处理废氰化银电镀液的沉淀物等，其中银均呈氯化银沉淀物的形态存在。氨水浸出—水合肼还原工艺既可用于银的提取，也可用于银的化学提纯。

B 金属粉还原提纯

金属粉可以是锌粉、铁粉等，还原时首先向氯化银水悬浮料中添加酸，然后在搅拌状态下加入金属粉末，直至白色氯化银消失。该方法操作简单、便于实施。

19.2.3 环境影响

氰化法是目前最普遍采用的从原矿中提银的方法，氰化提银过程产生的主要污染有大气污染物、废水、固体废物。大气污染物主要是由氰化槽中逸出的微量氰化氢，一般浓度低，基本能够达到国家要求的相关标准。废水中主要污染物为氰化物、硫氰化物和重金属。目前，国家是以 COD 形式进行限制。给氰化浸出槽供氧的风机、搅拌的转动设备以及各种水泵产生的噪声是噪声的主要来源。氰化生产产生的大量氰化尾矿是固体废物的主要来源，其中含有少量氰化物、硫氰化物和重金属。

硫脲法提银过程中主要污染源及污染物有废水、固体废物和噪声。废水主要含有硫脲、微量银和重金属。固体废物主要是含有少量硫脲溶液的尾矿。

采用硫酸化焙烧与蒸硒、酸浸脱铜及贵铅炉还原熔炼联合工艺处理阳极泥，产生的污染物有酸浸液和烟尘。酸浸脱铜消耗的主要为硫酸，产生的污染物是废酸液；贵铅炉还原熔炼主要是燃料消耗，污染物主要为烟尘、SO_2。二次资源回收提银中，废水、废气及固体废物是主要污染物来源。

银电解精炼的电解废液是其主要污染物。

银冶炼过程中产生的含氰废水必须经过无害处理后，符合《污水综合排放标准》（GB 8978—2015）。氰化渣、冶炼渣等固体废物必须按照国家固体废物和危险废物管理的要求进行规范化处置，并按照有关规定，开展突发环境事件环境风险评估和环境安全隐患排查，大气污染物必须经处理达标后才能排放，噪声标准也须按照《工业企业厂界环境噪声排放标准》（GB 12348—2008）中相关要求执行。

19.2.4　主要生产企业

据世界白银协会统计，2016 年全球前 20 家白银生产公司（未统计中国企业）的矿产银产量为 13989t，占全球总产量的 51.81%，前五家公司为菲斯尼诺矿业公司（墨西哥）、嘉能可斯特拉塔公司（瑞士）、波兰铜业股份公司（波兰）、多种金属公司（俄罗斯）、加拿大黄金公司（加拿大），它们的产量占全球总产量的 20.84%。

2016 年，我国前 10 家白银生产公司的白银总产量为 5226t，占全国总产量的 24.16%，分别为郴州市金贵有色金属有限公司、豫光金铅股份有限公司、湖南省鑫达银业有限公司、云南铜业股份有限公司、江西铜业集团公司、江西龙天勇有色金属有限公司、白银有色集团股份有限公司、安阳市豫北金铅有限责任公司、大冶有色金属公司、株洲冶炼集团股份有限公司。

19.3　国内外冶金方法比较

目前国内外对独立银矿和伴生银矿的冶炼技术虽大体相同，但仍存在略微差距。日本大阪精炼厂采用选冶联合处理铜阳极泥，与国内冶炼企业的不同点主要是浮选前铜阳极泥的预处理，日本浮选前采用塔式磨矿机对物料进行预处理，在磨矿过程中同时浸出脱铜，过程简单，比较先进。国外处理铅阳极泥大多采用传统的火法流程，少数厂家采用湿法工艺，美国马克里斯公司和意大利 Samin Socata Azionria 矿业公司采用二段逆流浸出，可以去除多种杂质金属，使银的回收率得到提高；缺点是生产流程过长。

在二次资源回收方面，我国冶炼企业与西方国家相比仍存在巨大差距。走在世界前列的是比利时的优美科（Umicore）贵金属精炼工厂，来自全球各大洲的废旧手机、电子线路板甚至汽车源源不断运到优美科的工厂，经过粉碎、精炼、分解成不同种类的贵重金属。近年来，我国金属回收企业发展很快，但技术和环保问题无法解决，而且废旧电子垃圾的渠道来源多、小、散，回收处理企业很难确保如此大规模且源源不断的"货源"供应。

19.4　银冶金发展趋势

（1）由于我国单一银矿资源少，且品位较低，采用氰化法提取银将产生大量的含氰废水、废渣。将银精矿配入铜精矿或铅精矿中，并入铜、铅冶炼生产流程，使银富集于阳极泥后再进行提取，从源头解决氰化法带来的环保问题是银冶金发展的重要方向。

（2）从铜、铅阳极泥中提取银是白银生产的主要工艺，针对现有处理工艺流程长、污染大等缺点，开发推广贵铋、贵铅真空分离等绿色短流程提银技术，实现阳极泥提银的清洁生产。

（3）电子废弃物中含有大量的银资源，同时电子废弃物中也还有铜、铝、锡、铅、金、铂、钯等数十种金属以及塑料、玻璃等，现有处理工艺处理效率低且流程长，环保压力巨大，因此从电子废弃物中高效提取白银技术是处理含银二次资源回收银的关键。

20 铂 族 金 属

20.1 铂族金属冶金发展概况

铂族金属（Platinum Group Metals，缩写 PGM）在地壳中同属基性或超基性岩石矿物，是赋存状态和物理化学性质十分相近、位于元素周期表第五、第六周期、ⅧB 族的铂（Platinum）、钯（Palladium）、铑（Rhodium）、铱（Iridium）、锇（Osmium）、钌（Ruthenium）六个金属元素。

地壳中铂族金属的丰度极低，仅为 0.00X ng/g 量级，以 ppm 表示丰度则为 Ru 1.18 ppm、Rh 0.252 ppm、Pd 0.890 ppm、Os 880 ppb、Ir 840 ppb、Pt 670 ppb，且在超基性岩石中多与铜镍硫化矿或其他矿物共生，而在基性岩石中多与硫、砷、锑、铋和碲等元素形成复杂化合物。因此，从矿石中分离提取铂族金属十分困难。

20.1.1 铂族金属基本化学性质

铂族金属因资源稀少而物以稀为贵，又因具有高熔点、高沸点、低蒸气压、高温抗氧化性、抗腐蚀性极强、优异的催化活性及生物活性等特殊物理化学性质，与更早发现的金、银一起统称为贵金属（Precious Metals 或 Noble Metals）。

铂是六个铂族金属元素中最早被发现的。可考证的说法是 1735 年，西班牙人尤罗阿（Ulloa）在对秘鲁平托河金矿科考中发现了天然铂，取名为 Platina，意思是"平托地方的银"，并将其带回欧洲，直到 1748 年经英国人华生（Watson）研究后，才正式命名为铂（Platinum）。随后，其他五个铂族金属元素（钯、铑、钌、铱、锇）在 19 世纪陆续被发现，人们在逐步了解到它们的共同且特殊的性质后，以铂"领衔"将这一组特殊的"金属家族"称为"铂族金属"。

根据密度大小，铂族金属又被分为密度约为 $22g/cm^3$ 的重铂族铂（Pt）、铱（Ir）、锇（Os）和密度约为 $12g/cm^3$ 的轻铂族钯（Pd）、铑（Rh）、钌（Ru）。

铂族金属的原子结构、中心离子电子层能级和氧化价态变化、配位体性质、配位键及配离子的几何构型决定了它们在冶金分离提取过程中有不同的化合物状态、反应机理和表观行为，因此奠定了铂族金属冶金富集和分离提取的理论基础。铂族金属冶金技术发展至今 200 多年来，人们在金属元素的原子和分子级微观结构的研究，使铂族金属冶金技术，尤其对湿法冶金分离提纯工艺技术发展具有特殊的指导意义。

20.1.2 全球铂族金属的需求和应用领域

铂族金属价格昂贵，尤以铂为代表，除具有金融投资的货币属性和藏宝于民的首饰艺术品保值增值属性外，在现代工业和高技术领域也占据重要地位，被称为"工业维他命"。因此，铂族金属同时兼具金融货币、国民财富和特殊工业材料这三大属性，成为国民经济中作用独特的一类金属。

第二次世界大战后，铂族金属在武器装备和高技术领域中表现出不可或缺的重要作用。美国率先将铂族金属作为战略储备金属。20世纪50年代，美国储备的铂族金属超过当时的世界年产量。80年代初美国铂的储备量就达50多吨；2013年，俄罗斯储备铂60~90t，储备钯190~220t。其他依靠进口铂族金属来保证国防和现代工业需要的发达国家，也都保有相当数量的铂族金属战略储备。

1950年后，铂族金属的全球需求量每隔5年增加1/3。1970年后，则每隔5年翻倍增加。到20世纪90年代，G7国家每年消耗的铂占全世界总消耗量的90%以上。21世纪初，发达国家及快速发展的中国对铂族金属的需求使其供求量增加了10倍，远远高于其他有色金属的增长速度。目前，还没有哪一类金属或由其制备的材料能像铂族金属及其材料一样，在金融投资、国民财富和高科技三大方面都具有优越的特殊功能，这也使得近年来全球对铂族金属的需求增量稳步上升。

20世纪中期至今的全球化进程中，铂族金属应用出现三个较突出的时期或变化阶段。冷战时期，高技术主要为军事对抗服务，铂族金属主要用于武器装备的高精度、高可靠、高稳定、使用条件苛刻的关键性部件上；冷战后，高新技术随之转向为经济增长服务，铂族金属材料更多地用于电子信息、汽车、民用航天航空、航海、邮电通信、计算机、石油化工、化肥、生物医药和环境治理等领域；进入21世纪，各国高新技术战略集中在解决新能源、粮食增产、生态平衡、环境保护和人类健康等新问题上。在涉及这些问题的高新技术领域中铂族金属都发挥着重要作用，尤其在燃料电池、环境治理等最新高技术领域表现出极为特殊的作用。被发达国家定义为"最为重要的高技术金属（first and foremost a hight-technology metal）"。

20.1.3 全球铂族金属的供求情况

近20多年来，铂族金属矿山产量一直保持在450t左右。铂族金属的供给、需求市场和应用领域随人类社会发展进程中的经济增长、军事对抗、区域格局和生存环境治理等多因素的演变而发生变化，而其中又以中国改革开放和加入WTO后的快速发展带来的变化最为突出。

1996 年，我国消耗铂 7.074t，其中从西方进口 6.43t。1999 年我国铂族金属消耗量攀升至 20t，三年增加了 3 倍。

2000~2013 年，全球铂的消费量呈缓慢增长趋势，2013 年全球铂消费量约为 262t，中国、日本、欧洲及北美消费了其中的 73%。2005~2014 年全球铂族金属供应与需求如图 20-1 所示。

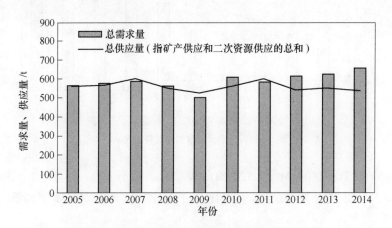

图 20-1　2005~2014 年全球铂族金属供应与需求
（数据来源：Johnson Matthey，GFMS，昆明贵金属研究所整理）

2002 年，我国进入新一轮投资拉动经济的高潮，基建、石化、地产、汽车和电子信息等产业大规模高速发展，对铂族金属的需求大幅增加。2009 年起中国一跃成为全球最大的铂消费国，2013 年消费量达 73t，占全球总消费量的 28%[58]。与铂类似，我国对钯的消费也稳步上升。

中国铂族金属的总需求量从 2005 年的 31.7t 增长到 2014 年的 91.4t，增长近 3 倍，年均增长率达 12.5%（图 20-2）。

2006 年前我国铂族金属进口量基本满足需求，2007 年后净进口量与总需求量之间差额急剧扩大，净进口量远高出行业统计的需求量。2014 年，中国铂族金属净进口量 110.3t，高出总需求量 18.9t，但中国铂族金属的实物投资需求并不大，说明中国市场对铂族金属的真实需求超出了行业现有的统计数据。

2016 年全球贵金属总需求量为 35889.2t，较 2015 年下降 11.1%，但从近五年看却略有增长。2016 年全球饰品和投资需求量为 10032t 和 7488.2t，较 2012 年增长 7.3% 和 17.3%。工业需求量从 2012 年的 19570.8t 下滑到 2016 年的 18369t，主要是银的工业需求减少所致。但相比 2012 年，铂族金属需求量则增长了 11.7%。

2012 年中国贵金属（含金银）需求量为 8688.6t，2013 年达到 9775.6t 的峰值，到 2016 年减少为 7442.0t。2016 年，中国工业、饰品和投资用贵金属需求量

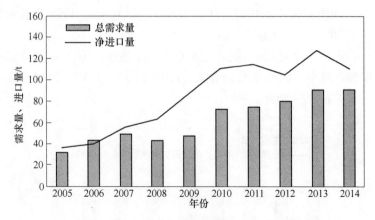

图 20-2　2005~2014 年中国铂族金属总需求与进口量

（数据来源：中国海关总署，数据仅包括工业原料和制品）

分别为 5111.7t、1609.5t 和 720.8t，较 2012 年分别减少 3.3%、38.1% 和 10.2%，占全球贵金属总需求量的比例也从 2012 年的 24.6% 下降到 2016 年的 20.7%。

20.1.4　世界主要工业领域的铂族金属应用情况

铂族金属的最大工业应用领域是汽车尾气净化催化剂制造产业，其中，铂主要用于制造柴油车催化剂，钯用于制造汽油车催化剂。由于柴油车产量在减少，而汽油车产量在增加，使钯成为该领域目前消费量最大的铂族金属。2013 年全球钯消费量达 300t，其中北美、欧洲、中国及日本的钯消费量占全球的 81%，中国 2013 年的钯消费量超过 61t，占全球总消费量的 20.3%。

全球铑、钌、铱消费量相对较小，2013 年分别为 32t、26t 和 6t，并整体呈平稳上升的趋势[58]。

20.1.5　世界铂族金属资源分布和储量情况

20.1.5.1　主要资源类型

200 多年来，人类开采的铂族金属矿资源分为两大类，即砂铂矿和共生矿。砂铂矿曾在 50 多个国家的 100 多个地区广泛分布，是 20 世纪 20 年代前 100 多年的主要生产资源。之后，世界铂族金属主要产自南非的布什维尔德杂岩体和俄罗斯诺里尔斯克超基性岩矿床，及美国、加拿大和非洲其他地区的岩体，主要来自 5 个矿区：南非的布什维尔德、俄罗斯的诺里尔斯克、美国的斯提耳沃特、加拿大的萨德伯里和津巴布韦的大岩墙。中国甘肃金川也是一大重要资源地，但储量和品位远不及南非和俄罗斯的矿床[61]。

铂族金属矿床主要有 3 种类型：（1）与基性-超基性岩有关的硫化铜-镍-铂族金属矿床，是目前世界铂族金属储量和产量的最主要来源，据统计世界上约97%的铂族金属矿物与这种矿有关，著名矿床有南非布什维尔德、俄罗斯诺里尔斯克、加拿大萨德伯里、中国金川等；（2）与基性-超基性岩有关的铬铁矿-铂族金属矿床，如南非布什维尔德杂岩体中与 UG-2 铬铁岩层有关矿床、俄罗斯的纯橄榄岩中与巢状铬铁矿矿体有关的矿床；（3）铂的砂矿床，主要分布于俄罗斯、加拿大、美国和哥伦比亚[61,62]。

铂族元素矿物均为等轴晶系，单晶体极少见，偶尔呈立方体或八面体的细小晶粒产出。在矿物分类中，铂族元素矿物属自然铂亚族，包括铱、铑、钯和铂的自然元素矿物。铂族金属元素在自然界中大部分以游离态存在，矿石是以含铂的铂矿及少量的锇、铱矿等为主。

20.1.5.2 资源分布及储量

2009 年，全球探明铂族金属储量 71000t，储量基础约 80000t，远景储量 10万吨（表 20-1），是目前比较被公认的数据。但世界铂族金属矿产资源储量分布极为不均，已发现和已开发的大型铂族金属矿床集中在少数国家和地区，南非储量居世界首位，其次是俄罗斯，两国的铂族金属储量合计占全球总量的 97.12%，形成了资源的自然垄断和供给的高度依赖局面，完全掌控着世界铂族金属供应链的话语权和定价权[63]，美国和加拿大位居三、四位。按目前矿产量计算，铂族金属还能供应 135 年。

表 20-1 2009 年世界铂族金属资源总储量和储量基础

国家或地区	储 量		储量基础	
	数量/t	占比/%	数量/t	占比/%
南非	63000	88.73	70000	87.50
俄罗斯	6200	8.73	6600	8.25
美国	900	1.27	2000	2.50
加拿大	310	0.44	390	0.49
其他	800	1.13	850	1.06
合计	71000	100.00	80000	100.00

资料来源：Mineral Commodity Summaries，January 2009。

20.1.5.3 我国资源分布和储量

我国是铂族金属非常贫乏的国家，资源储量仅为世界总储量的 0.028%，已查明资源储量以伴生矿为主[65]，铂钯勘探矿区目前只有河北丰宁红石砬铂矿和云南朱布铂钯矿。

由于没有查明新的矿产地，我国铂族金属储量呈下降趋势。2008 年全国查明铂族金属矿产地 36 处，查明资源储量合计 324.13t，其中资源量 309.511t、基础储量 14.619t（含储量 3.514t）（表 20-2）。储量最大的是甘肃省，有 144.03t，占全国总储量的 44.4%；其次为云南 106.45t，占全国总储量的 32.8%（两省合计占 77.2%）。中国铂族金属资源品位很低，仅为国外铂族金属矿床一般品位的 1/10~1/5。金川共伴生铂族金属平均品位仅为 0.4g/t，而作为中国最大的铂族金属矿床的云南金宝山铂钯矿床其平均矿石品位也仅为 0.5g/t[66]。

表 20-2 2004~2008 年我国铂族金属查明资源储量统计 （t，金属量）

年 份	查明资源储量		
	总计	基础储量	
		合计	储量
2004	344.270	15.290	4.118
2005	342.017	14.879	3.727
2006	338.470	14.807	3.654
2007	338.30	14.697	3.550
2008	324.13	14.619	3.514

资料来源：全国矿产储量数据库。

20.1.5.4 我国铂族金属供给的对外依存情况

我国作为全球最大的铂族金属消费国，铂族金属资源却极为匮乏，而含铂族金属二次资源回收利用产业刚起步，自给能力低，供需关系失衡严重。2010 年以来，对外依存度均保持在 80% 左右，进口量不断加大，由 2008 年的 62t 增加到 2013 年的 133t，5 年增长超过 1 倍。目前，我国铂族金属主要进口自南非（铂进口的 49%）、日本（17% 为首饰品）及俄罗斯（10% 为钯）。未来，我国铂族金属的进口量还将进一步上涨，但由于南非和俄罗斯对原矿供应量的控制，加上可能面临来自印度和东盟的资源竞争，进口量将很难超过 150t/a。

20.1.5.5 全球铂族金属供给模式改变趋势

随着现代工业发展，已探明共生铂族金属铜镍硫化矿被大量开采，矿山生产量可能会被控制在一定范围；但同时，含铂族金属功能材料及工业制品的用量大幅增加，在其功能失效后，其中所含铂族金属完整保留成为可再生回收利用的重要的二次资源。20 世纪 80 年代，美国的在用汽车尾气净化催化剂就被称作"公路上流动的铂族金属矿山"。如今，发达国家都加强了含铂族金属功能材料及工业制品的再生回收产业建设。正是基于铂族金属资源的稀缺性、功能特性和价值重要性，铂族金属二次资源的再生回收利用是世界上较早建立循环经济模式的一类金属。

20.1.6 全球铂族金属矿山的产量

20.1.6.1 世界主要资源国的矿山产量

1969 年全球铂族金属产量首次超过 100t，此后每十年增产 100t。20 世纪 80 年代末，全球产量超过 200t，90 年代则超过 300t，21 世纪初达到 400t 以上，现在基本维持在 450t 左右。

全球在开采的铂族金属矿山主要分布在南非，其次是俄罗斯、津巴布韦、赞比亚以及北美等地。津巴布韦和赞比亚成了开采铂族金属矿产品的后起国家。2008 年，世界主要铂族金属生产矿山有 37 座（不包括中国），其中：铂矿山 23 座、钯矿山 3 座、镍矿山 10 座、金矿山 1 座。铂总产量约 179t，钯总产量 194t。以矿业公司论，铂产量大小的公司依次为：Anglo Merican（76.82t）、Implats（35.93t）、Norilsk（23.05t）、Lon-min（21.23t），这 4 家公司的产量合计157.03t，约占世界矿山总产量的 88%。钯产量大的公司依次为：Norilsk（95.85t）、Anglo American（45.96t）、Implats（16.51t）、Lon-min（9.95t），4 家公司产量合计 168.27t，约占世界矿山总产量的 87%[61]。

以国家论，南非和俄罗斯是全球最主要的铂族金属矿产品供应国。2008 年，全世界铂产量约为 200t，钯为 205t。最大供应国南非矿山的铂产量就达 144.37t，占到世界铂总产量的 72.2%；钯产量是 77.56t，占世界总产量的 37.8%。第二大供应国俄罗斯矿山的铂产量为 19.5t，占世界铂总产量的 9.8%；钯产量 84t，约占世界总量的 41%。这两个国家合计生产的铂和钯分别占世界总产量的 82% 和78.8%。2013 年，南非供应了全球 73% 的铂、37% 的钯及 78% 的铑；俄罗斯供应了全球 13% 的铂、37% 的钯和 18% 的铑。一些后发展的非洲国家的铂族金属资源逐步成为新的生产供应国，如津巴布韦、赞比亚、刚果等。

过去十多年，铂族金属矿产资源的供应量保持在相当稳定的水平，2003 年全球铂、钯产量分别为 195t 和 206t，而 2013 年，铂、钯产量仅是 193t 和210t。这与南非和俄罗斯有意无意控制产量密切相关。由于南非铂族金属矿山罢工事件频发，以及设备陈旧和开采成本上升等原因导致矿山铂钯产量大幅下降。俄罗斯则出于地缘政治等复杂因素有意控制铂族金属的出售，尤其是持续削减其库存钯的出售量，从 2006 年的 46t 降至 2013 年的 3t，明显在控制着产量和供应量。

《CPM 铂族金属年鉴 2016》（中文版）称：总体来说，世界近几年铂族金属产量（主要以铂、钯计）基本维持在 450~470t/年的水平[67]。

2011~2016 年全球金属铂产量和供需平衡表见表 20-3。

表 20-3　2011~2016 年全球金属铂产量和供需平衡表　　　　（t）

年份	2011	2012	2013	2014	2015	2016
矿山供给	201.7	176.6	180.9	158.9	188.9	183.4
回收量	64.1	63.5	62.8	64.4	53.6	59.6
总供给量	265.8	240.1	243.7	223.3	242.5	243
总需求量	251.8	245.8	268.3	254.1	263.1	269.8
供需平衡	14	-5.7	-24.6	-30.8	-20.6	-26.8

20.1.6.2　我国共生铂族金属矿山产量及其他来源的产量

我国铂族金属的产量很低，尤其是矿产资源的产量，见表 20-4。据英国地调局估计，中国目前的铂族金属年产量在 2t 左右，安泰科的数据则显示 2012 年中国铂族金属产量为 5t。两家机构的统计差距较大，可能与统计口径和方法不同有关。现阶段，我国自产铂族金属 95% 以上是从铜、镍硫化矿冶炼副产物，如金川镍矿冶炼的二次合金和全国各铜冶炼的阳极泥中回收。从石油化工和汽车失效催化剂、失效电子器件等多种二次资源再生回收获得量还远不能满足日益增长的需求，每年需要大量进口补充[68]。

表 20-4　2003~2007 年我国矿山铂钯金属产量　　　　（kg）

金属名称	2003 年	2004 年	2005 年	2006 年	2007 年
铂	997	1303	1615	1468	1688
钯	500	675	883	1208	1452
铑	—	413	—	—	—
钌	—	—	—	—	—
铱	—	—	—	—	—
合计	1497	2391	2498	2676	3140

20.1.6.3　资源供给的变化推动铂族金属获取新模式的建立

2010~2015 年全球汽车工业铂族金属用量统计见表 20-5。

铂族金属资源包括了原生铂族金属矿产资源（一次资源）和含铂族金属的失效工业品作为回收对象的再生资源（二次资源）。也就是说，二次资源概念的产生与铂族金属物料来源具有很强的相关性[69]。2010 年从二次资源中回收的铂族金属中，铂产量约占全球铂供应量的 30%，钯产量约占全球钯供应量的 29%，这在一定程度上补充了矿产资源产出铂族金属减少的缺口。

以 2020 年为例，届时铂、钯的需求量将分别达到 286t 和 348t，保守估计回收量可能分别达到 98t 和 138t，将分别占需求量的 34.3% 和 39.7%，即要达到供需平衡，矿山铂、钯产量仅需 188t 和 210t（低于 2013 年矿产铂、钯的产量）即能保持全球的供需平衡[58]。

表 20-5 2010~2015 年全球汽车工业铂族金属用量统计 （t）

年份	2010	2011	2012	2013	2014	2015
Pt	95.6	99.1	98.2	96.8	101.7	107.9
Pd	173.6	191.4	207.5	218.5	231.1	233.1
Rh	19.3	22.6	24.1	24.4	25.7	25.5
合计	288.5	313.1	329.8	339.7	358.5	366.5

2008 年，全球从失效汽车尾气催化剂中大约回收铂 31.3t、钯 32.6t、铑 6.4t。2011 年，回收铂 38.1t、钯 51.5t、铑 8.7t，3 年之间铂、钯、铑的回收量就分别增加了 37.1%、50.5% 和 35.9%。2015 年，全球汽车工业用铂 107.9t、钯 233.1t、铑 25.5t，合计 344.5t。2015 年，全球从失效汽车尾气净化催化剂中再生回收的铂、钯和铑量分别达到 35.9t、61.6t 和 8.7t，合计 106.2t。由此可知，失效汽车尾气净化催化剂再生回收将成为弥补铂族金属矿山供应的最大产业。

20.1.7 铂族金属冶金产业技术进步

20.1.7.1 铂族金属冶金技术发展历程简述

铂族金属冶炼技术发展历史不到 250 年。100 多年前以砂铂矿冶炼为主；20 世纪初，以共生铂族金属的硫化铜镍矿资源综合回收冶炼为主；20 世纪 90 年代后，二次资源再生回收得到重视，成为获取铂族金属的新来源。铂族金属冶炼富集工艺和装备随物料的变化而不断有新的发展。

A 砂铂矿冶金技术

世界铂族金属冶金工业始于 1778 年，1823 年前主要依靠哥伦比亚的砂铂矿。20 世纪 20 年代前，砂铂矿广泛分布于 50 多个国家的上百个地区，是当时铂族金属生产的主要资源[71]。像砂金矿一样，砂铂矿经简单重选就能富集得粗铂矿和锇铱矿为主要组分的精矿，可直接用化学法分离、精炼获得铂、铱、锇纯金属[72]。

铂族金属资源丰富的国家南非和俄罗斯，19 世纪至 20 世纪初也曾主要从砂铂矿或含铂族金属的砂金矿中提取铂族金属，提取技术以重选法富集获得精矿，其铂或锇、铱含量高达 70%~90%，直接湿法精炼即得到金属产品。

随砂铂矿资源的逐渐枯竭，全球铂族金属的供给转而主要依靠另外两类资源。第一类是原生矿产资源，尤以共生铂族金属硫化铜镍矿为主，称为一次资源；第二类是各行各业使用后失去原赋予功能的含铂族金属工业制成品，这些失效物料所含铂族金属品位远比矿产资源高得多，成为不能抛弃、必须加以回收利用的可再生资源二次资源。当今，铂族金属冶炼工业技术就是围绕这两类资源形成不同的富集回收工艺和精炼技术体系，但精炼阶段，不论其原料和来源有何差别，分离提纯的主体工艺技术基本可以通用或结合搭配使用。

　　B　共生铂族金属硫化铜镍矿冶炼技术

　　20世纪初以后，铂族金属冶金产业的规模和技术进步与其他有色金属的发展轨迹一致。第二次世界大战后，世界进入表面相对和平，但又处于冷战的公开对峙危机时代，以美、苏为首的两大对立阵营为加强自身军事实力、震慑对方，展开了激烈的军备竞赛。军备竞赛的基础是为军工配套的强大基础工业和工业技术体系的水平，其中包括钢铁、有色金属冶炼技术和产量，以及新材料制造产业的高新技术。随着军事工业对铜、镍等重要有色金属需求量的增加，对共生铂族金属的铜镍硫化矿的开采利用规模不断扩大，富集铂族金属的精矿，即铂族金属原料随之增加。由于武器装备越来越向高、精、尖的技术方向发展，对具有特殊功能和作用的铂族金属需要自然就增大，两相作用促进了全球以铜镍硫化矿资源共生铂族金属冶金工艺和装备技术的大发展。冷战时期，中国卷入与美、苏为首的两大阵营同时对抗的处境，但因基础工业薄弱和产业技术落后，成为三足鼎立格局中的弱势一方，不得不加强国防体系建设。针对军工需求，我国冶金工作者在此阶段开始特别关注世界铂族金属矿产资源状况、国际各大矿业公司的铂族金属开采和冶炼工艺技术发展情况。

20.1.7.2　国外共生铂族金属硫化矿火法冶炼富集技术发展

　　铂族金属资源开发由砂铂矿转变成共生硫化铜镍矿后，现代有色金属冶金工业技术和规模的发展使得硫化铜镍矿物中的铂族金属含量远高于（约100倍以上）其他类型的含铂族金属矿物。因此，20世纪初以来，铂族金属资源主要由共生铂族金属硫化铜镍矿构成，且以硫化镍矿为主，小部分为炼铜副产物。因此铂族金属冶金工艺技术分为富集和精炼两大部分。富集工艺是以硫化铜镍浮选精矿为对象，采用火法冶炼工艺进行富集；精炼以湿法冶金工艺为主进行分离提纯，形成两块可以连接在一起，也可分开独立运行的富集和精炼工业体系。

　　20世纪末以前，全球铜镍硫化矿提取铂族金属的工艺技术无一例外都采用火法熔炼富集后，再用湿法冶金技术分离提纯的全流程工艺。基本方法为：原矿经浮选得硫化铜镍精矿—熔炼得低锍—吹炼产出高锍，铂族金属（及金银）和铜镍均富集于高锍中，然后可用多种不同处理工艺进一步富集铂族金属，得到铂族金属品位更高的富集物料，再进入铂族金属分离提纯阶段[73]。分离提纯工艺一般先将贵金属与贱金属分离，再进行铂族金属的彼此粗分，最后精炼提纯，或再精制为高纯的金属或化合物产品。

　　国外从铜镍硫化矿中提取铂族金属技术的进展主要以南非和俄罗斯为代表，工艺技术又集中在几大跨国矿业公司，其主要富集工艺如下：

　　（1）浮重选富集。用浮选药剂调节矿物表面润湿性或可浮性、提高分选效果。铂族矿物密度大，对矿石中较大颗粒辅以重选，如俄罗斯诺里斯克（铂、钯回收率提高 6%~8%）、加拿大鹰桥公司克拉哈贝勒选厂都选用尼尔森选矿机。南非麦伦斯基矿脉深层矿石开采后也采用浮选。吕斯腾堡公司浮选精矿产率约 3.5%，金属回收率 82%~85%。UG-2 矿石开采量增加后，采用浮—重选流程，精矿产率 1.2%，金属回收率 83%。英帕拉公司和西铂公司的单一浮选，选矿回收率 82%~85%，再用线性扫描摄像机传感器拣除脉石，铂的回收率提高 3.3%。美国斯蒂尔沃特钯铂矿的铂、钯浮选回收率分别为 96%、92%。俄罗斯诺里尔斯克改革药剂制度后铂族回收率提高 3.0%；增加闪速浮选使铂族金属的回收率提高 10%~12%；2002 年以来，对浸染矿石和铜矿石选用抑制剂 МЭЦ-2，镍和铂族元素的回收率提高 2.5%~8.0%[73]。

（2）造锍熔炼和富集吹炼。选矿得到的精矿一直采用火法熔炼富集，由于矿石成分变化，需提高熔炼温度而采用功率密度更高的电弧炉，如津巴布韦的 Zim-plats 采用三电极交流圆筒形电弧炉，最高功率密度达 250kW/m²。南非停用 PS 卧式转炉，改用连续闪速吹炼法的肯尼柯特-奥托昆普闪速吹炼法。由于低铬、高硫精矿供应量不断减少，现普遍采用的造锍熔炼法可能被代之以合金熔炼法。美国斯蒂尔沃特公司和俄罗斯诺里尔斯克镍公司大体上和南非相似，前者用成排三电极长方形电弧炉，后者在 20 世纪 80 年代投产的第二冶炼厂用奥托昆普闪速炉及三电极炉渣净化炉，第三冶炼厂采用万留可夫炉及反射炉熔炼工艺[73]。

前苏联还采用羰基法从镍精矿或铜镍合金制取羰基镍，铂族金属留于羰化残渣中，经硫酸处理或加压浸出其他金属后得到铂族金属精矿，再湿法分离提取。

（3）多尔银法富集熔炼。铜、铅硫化矿中共生的铂族金属则采用多尔银法富集回收。在铜火法冶金和电解精炼过程中，铂族金属和金银一起进入电解阳极泥，用阳极泥冶炼出多尔银（含少量金的粗银），铂族金属富集于多尔银中；火法炼铅过程中铂族金属进入粗铅，灰吹法除铅得多尔银，铂族金属富集其中；若粗铅加锌脱银，铂族金属则富集于银锌壳中，脱锌后也得多尔银。多乐银电解精炼时为避免钯损失于电解银中，银阳极的含金量常控制在小于 4.5%，同时控制金钯比等于或大于 10。若部分钯和少量铂进入硝酸银电解液，用活性炭吸附或用"黄药"选择性沉淀加以回收。通常在电解银时，铂族金属富集于银阳极泥中。如铂族金属含量较高，可先用王水溶解阳极泥，然后分别回收；若含量较低，常用硫酸溶解除银，残渣铸成粗金电极，然后电解提金；铂、钯富集于电解母液中，用草酸沉淀金，甲酸钠沉淀铂和钯，并回收；富集于金阳极泥中的其他铂族金属可再分离。

南非对铂族金属含量高的高冰镍直接采用氧压硫酸浸出，或氯化浸出分离贱金属后获得铂族金属精矿，精矿直接溶解、分离提纯，或先将锇、钌氧化挥发分离后，再分离提纯其他铂族金属。

我国贵金属矿冶专家刘时杰编著的《铂族金属矿冶学》（冶金工业出版社，2001 年第 1 版）对世界各大铂族金属公司，包括中国金川公司的火法冶炼富集和传统精炼工艺有详尽叙述[74]。

20.1.7.3 国外铂族金属分离提纯精炼技术

因各硫化镍铜矿山共生铂族金属品位、矿物赋存状态和性质等不同，各生产公司采用的火法富集工艺也有所差异，得到的铂族金属富集物成分和性状不完全相同。但铂族金属为过渡族金属，有多个氧化价态，其稳定的化合价分别为：铂Ⅱ和铂Ⅳ，钯Ⅱ和钯Ⅳ，铑Ⅲ，铱Ⅲ和铱Ⅳ，钌Ⅲ，锇Ⅲ和锇Ⅳ，在常规酸碱介质中都会以趋于最稳定的化合价生成稳定的络合物。因此，分离提纯铂族金属的精炼方法都是利用铂族金属氧化价态稳定性的差异、可生成稳定络合物的技术条件等特性而与其他金属分离并精制提纯。陈景院士从铂族金属的原子结构微观层面深刻揭示了铂族金属的化学性质，它们的反应热力学和动力学特性，对铂族金属湿法冶金分离提纯新工艺技术研究和生产实践给出了基础理论的根本性指导，贡献巨大[75]。

为满足不同纯度要求的铂族金属产品要求，精炼过程就是完全彻底分离所有贱金属杂质，之后是铂族金属彼此之间分离的过程。上百年的铂族金属分离提纯工艺技术研究不断进步和完善，形成许多有效的方法。国外各铂族金属精炼公司都有属于自己的独特分离提纯工艺，也形成了一些共性的经典工艺，如氧化蒸馏、络合沉淀、氧化水解、溶剂萃取和离子交换等。

依据超分子原理，美国发展出了分子识别技术，已应用于铂族金属分离提纯，这是最近 10 年来铂族金属精炼工艺技术最显著的进步之一。

20.1.7.4 我国铂族金属矿物提取技术的进展

1965 年以前，我国仅从有色金属冶炼副产物中回收获得数量极有限的铂、钯。沈阳冶炼厂 1958 年第一次从重有色金属冶炼副产物阳极泥中回收获得几百克铂、钯金属。此后，第一个"五年计划"实施后由苏联援建的一批有色金属冶炼厂相继投产，提供了从重有色金属冶炼副产物综合中回收贵金属（含铂族金属）的原料条件，我国铂族金属产量也逐年增长[76]。

1958 年，在甘肃金川发现大型共生铂族金属硫化铜镍矿后，建立了我国最大的镍冶炼基地。20 世纪 60 年代中，金川对共生铂族金属铜镍硫化矿浮选精矿采用电炉进行火法冶炼，精矿中铂族金属 90% 以上富集于铜镍锍，转炉吹炼铜镍锍成高冰镍，经缓冷、破磨、浮/磁分选，得到含铂族金属的铜镍合金，合金铸成阳极板进行电解，铂族金属进入阳极泥，阳极泥经酸处理分离贱金属得铂族金属精矿，再用经典的氯化铵沉淀方法反复分离精制提纯铂、钯。但该工艺能回收的铑、铱、锇和钌很少，损失很大[77]。

1973 年，昆明贵金属研究所针对金川铜镍硫化矿经前工序二次熔炼、磨浮后产出的富含铂族金属铜镍合金（简称二次合金）研究提出新的富集提取工艺。1977 年经扩大试验证明工艺可行，北京有色冶金设计研究总院设计建成由贵金属富集和精炼两个工段构成的金川贵金属车间。富集工艺包括：盐酸选择浸出镍—控制电位氯化浸出铜—浓硫酸浸煮分离残余贱金属—四氯乙烯脱硫，除去了 99% 的铜镍铁等贱金属，硫的脱除率达 90%。富集物成分大致为（%）：铂 11.00、钯 3.44、金 2.84、铑 0.42、铱 0.49、锇 0.39、钌 0.68、铜 +镍 16.8、硫 30。精炼工艺包括：贵金属富集物—硫酸介质中氯酸钠氧化蒸馏锇、钌—蒸馏残液用硫化钠选择性分离金、钯—溴酸钠水解分离铂—三烷基氧化磷萃取分离铑、铱，最后分别对粗分得到的各个铂族金属进行精制提纯等 8 个工序。

1980 年，该工艺投料进行工业试生产，在中国贵金属冶金史上第一次全面回收获得 8 个贵金属元素。当时的铂精炼工艺为溴酸钠水解、氯化铵沉淀和王水溶解法反复精炼；钯精炼工艺为氯钯酸胺沉淀和氨络合法；铱精炼用亚硝酸基配合法、硫化法和萃取法精炼；铑精炼的有效工艺是溶剂萃取精炼法；锇、钌精炼为氧化蒸馏-碱液吸收提纯。6 个铂族金属冶炼实收率从矿山进入冶炼系统的浮选精矿算起，到获得金属铂钯金产品的冶炼回收率由原来的 49% 提高到 68%，与 20 世纪 60 年代从镍电解阳极泥中回收铂钯工艺相比，回收率（49%）提高 19 个百分点，铂钯年产量增加近 50%。铑铱锇钌的冶炼回收率由 1%~3% 提高到 44%，铑、铱、锇、钌首次得到回收，几年生产的铑、铱、锇和钌为过去 15 年总量的 3.4 倍。

1982 年，陈景及其科研小组独创性研究出活性铜粉二次置换分离铂族金属的新技术，即用工业锌粉置换工业硫酸铜溶液获得活性铜粉，然后在同一反应釜中控制工艺条件先置换分离金、铂、钯，然后改变条件第二次置换铑铱的新技术，彻底解决了 20 世纪 60~70 年代的锌镁粉置换工艺不能很好回收铑铱的缺陷，以及 80 年的硫化钠选择性沉淀分离铂钯金不彻底和过滤困难的工艺难题[78]，并在金川公司贵金属车间实现工业生产应用，形成我国独特的铂族金属分离提纯工业技术体系，该工艺技术至今仍在使用。

1988 年，金川公司为提高镍选矿回收率及更有效回收铂族金属，进行了局部工艺改造，二矿区对含铂族金属品位 6.03g/t 的富铂矿石用重—浮选工艺处理，铂、钯回收率比单一浮选分别提高 9% 和 5.3%；之后对新浮选药剂和旋流静态微泡浮选柱技术开展应用研究。

1992 年和 2004 年，金川公司先后引进澳大利亚奥托昆普的闪速熔炼和富氧顶吹熔池熔炼两项先进冶炼技术，取代原来的矩形电弧炉熔炼技术，实现对世界现代先进冶炼工艺技术的集成和再创新，使铜、镍以及铂族金属生产指标达到了世界先进水平。目前，金川公司的铂族金属年产能可达到 4t 左右。

20.1.8 铂族金属主要富集和分离提纯技术存在的问题

21 世纪初至今，铂族金属冶炼技术进步主要在火法熔炼富集和湿法分离提纯两大关键工艺环节。火法熔炼技术进步集中体现在硫化铜镍矿冶炼炉（物理装备）的换代升级上，即炉型设计和强化熔炼技术的采用；湿法分离提纯则表现在以高选择性有机溶剂萃取和离子交换分离技术取代传统的，甚至是列入教科书作为经典方法的无机物沉淀分离技术。

20.1.8.1 硫化铜镍矿火法冶炼富集

进入 20 世纪，共生铂族金属的铜镍硫化矿火法冶炼富集技术和装备从早期相对低效率、高能耗、重污染的回转窑、矩形电炉、鼓风炉等落后熔炼技术，逐步变革为基于现代物理装置所构建的高能效、高收率、低污染的闪速炉熔炼（悬浮熔炼）、富氧熔池熔炼（顶吹、底吹和侧吹）、合成炉熔炼等先进炉型及强化冶炼工艺所取代，加上生产过程的自动化监控和炉前操作水平的提高，铜镍锍的冶炼工艺不断完善和优化，冶炼生产指标逐步逼近冶金物理化学的理论计算值。同时，铜镍硫化矿中共生的铂族金属在火法熔炼中的走向更加清楚，富集回收更加有效，获得的富集物（精矿）含铂族金属品位有所提高[79]。

因此，目前世界各主要铂族金属冶炼公司的火法富集技术基本保持着前述的状况，未来较长时期内很难看到颠覆式新技术或重大工艺变革的出现。

20.1.8.2 溶剂萃取分离提纯技术

20 世纪 70 年代以前，铂族金属分离提纯方法主要是根据铂族金属化合物或络合物沉淀或溶解性差异，采用传统的选择性沉淀—溶解方法精炼，工艺至少包括 8 种分离程序，熔炼、溶解、过滤、沉淀等过程反复交替进行。

1983 年以后，利用铂族金属氯络合物离子性质差别，采用液-液溶剂萃取、固-液溶剂萃取或萃淋树脂交换等方法分离提纯，逐步成为铂族金属分离提纯的普遍方法。之后，有机溶剂萃取和离子交换树脂分离提纯铂族金属新技术取代了传统无机物反复沉淀—溶解分离提纯的工艺技术，在工业应用上取得成功，国外几家有代表性的铂族金属冶炼公司都使用了溶剂萃取技术。全萃取工艺成为当时各铂族金属冶炼公司争相效仿的主流技术。

国际上三大铂族金属精炼厂的全萃取流程各有其特点，主要反映在所用萃取剂和金属分离顺序的不同：（1）萃取剂不同。Inco 采用 Be-tex 萃取 Au、DOS 萃取 Pd、TBP 萃取 Pt；MRR 采用 MIBK 萃取 Au、Lix64 萃取 Pd、三正辛胺萃取 Pt；Lon-rho 则采用 SO_2 还原沉淀金，氨基酸共萃 Pt、Pd，然后再分别反萃 Pt、Pd。（2）贵金属分离顺序不同。Inco 先蒸馏 Os、Ru；而 MRR 和 Lonrho 先萃取分离 Pd 或 Pt、Pd。但都是先选择性除去 $AuCl_4^-$；在萃取分离过程中都充分利用了铂族金属的氧化价态变化特性，为防止 Ir 共萃，在萃 Pt 前先将 Ir^{4+} 还原为 Ir^{3+}；

最后再分离 Rh、Ir。

我国金川公司在 20 世纪 90 年代中后期就对蒸馏锇钌后液进行铂、钯、金、铑和铱的全萃取工艺流程的工业试验，提出二丁基卡必醇（DBC）萃金、二异戊基硫醚（S201）萃钯、三烷基氨（N235）萃铂、三烷基氧化膦（TRPO）萃铱、P204 萃贱金属的全萃取流程，试验收到一定成效，并在 1997~2000 年建成了全萃取生产车间。但由于对溶剂萃取理论的认知不够深入透彻，对生产过程操作的控制不够细致，出现一些难以理解的问题，之后未再进行连续生产运行，最终没有形成全萃取工艺在我国矿产资源回收提取铂族金属的工业生产实践。

虽然世界上多家公司都采用全萃取工艺分离提纯铂族金属，在经过三十年的实践后，溶剂萃取工艺也存在一些难以克服的缺陷：（1）有机溶剂选择取决于两个主要因素，有机溶剂的合成（即官能基团结构）和价键稳定性，由石化工业技术水平决定，这两点将直接影响有机溶剂对铂族金属选择性的好坏和反复使用的稳定性。另外，有机溶剂和有机稀释剂的闪点高低关乎溶剂萃取生产的安全，闪点低易引发安全风险。（2）有机萃取剂在强酸介质和强氧化条件下长时间使用后其官能基团结构和键合方式可能被改变，从而在萃取过程中出现第三相，导致分相困难和第三相处理的困难，工艺流程操作不流畅，需增加特殊处理步骤。（3）失去选择性功能的萃取剂回收较麻烦，或采用真空蒸馏回收，或干脆直接焚烧，污染大气。真空蒸馏残渣也需焚烧后再回收其中可能残留的铂族金属。（4）对不同金属需使用不同的萃取剂（由萃取剂的选择性萃取能力决定），因而萃取剂种类较多，萃前预处理工序又各不相同，各金属萃取工序之间可能需要调整料液性质，以适应不同萃取剂的萃取体系要求，增加了操作的复杂性。（5）溶剂萃取的有机萃取剂有时需要用稀释剂加以稀释才能使用，但有些特定的稀释剂，尤其是芳香烃的溶剂，如苯、二甲苯等属于致癌物，且易燃，生产安全和职业健康防护要求等级高。另外，黏附了有机溶剂的设备、管道和操作台不易清洗干净。这些问题使全萃取工艺流程显得不如传统无机物沉淀法分离流程"简洁、干净和安全"。

我国在铂族金属分离提纯工业生产实践中未能坚持长久使用全萃取工艺的主要原因可能有三个方面：（1）对有机结构化学基础理论和溶剂萃取化学理论的理解掌握不够深入和透彻，在实际生产中出现异常时，知其然不知其所以然，不能从原理上和反应机制上入手给予有效解决；（2）铂族金属络阴离子多样和多变的立体结构特殊性，在与不同有机萃取剂官能基团结合时的机制表现出多样和复杂性交织，若在生产中工艺条件控制不精确，小的变化就可使萃取机理发生改变而影响萃取分离的效果；（3）在线监测分析手段和处理水平跟不上变化，不能及时了解掌握工艺条件的变化情况，不知问题根源何在。这些因素导致了全萃取工艺技术未能在我国得到长久持续的应用。

20.1.8.3 离子交换树脂分离提纯技术

离子交换树脂吸附分离提纯铂族金属的原理是利用附载在树脂骨架上具有特定选择性的有机官能基团吸附某一种铂族金属络合离子，从而达到与其他金属离子分离的目的。但与溶剂萃取是液-液反应不同，离子交换树脂是液-固反应。

因离子交换树脂吸附铂族金属络阴离子的能力只限于表面的官能基团，吸附能力较小，故一般只用于分离提纯最后的精制阶段，即处理量较小或吸附金属离子量很少的阶段。若要提高处理能力就需要几组较大的树脂交换柱才能满足。这又带来交换前需将树脂柱进行活化，交换吸附后挤压淋洗以及树脂再生都需要较多稀酸、稀碱溶液，使得过程溶液体积膨胀较厉害，给后续处理造成一定负担。

萃淋树脂介乎于溶剂萃取和离子交换树脂两种原理之间，也属固-液反应，很类似于离子交换，但由于树脂上附着的有机萃取剂反复使用后容易脱落而失去萃取作用，实际工业生产中应用的并不多。

20.1.9 分子识别技术

分子识别技术（MRT）的原理来自超分子化学，是利用特殊设计的吸附目标离子的大环化合物或配体，从溶液中选择吸附目标离子而其他离子不被吸附，实现目标离子的分离，由于选择性极高，目标离子可得到有效分离和富集[80]。同时可通过条件的改变，使被吸附的目标离子解吸。因在超分子化学领域的突出贡献，Pedersen、Cram 和 Lehn 三位化学家获得了 1987 年诺贝尔化学奖。

分子识别技术（MRT）由美国 IBC 高技术公司和美国 Brigham Young 大学共同发明，而把 MRT 用于铂族金属的相互分离是 Brigham Young 大学的 Izatt、Bradshaw、Christensen 三位大环化学家的贡献，其技术发展经历了 20 多年。

分子识别技术类似于离子交换，是一种液-固萃取技术，由特别设计的有机大环化合物或配体键合在硅胶、聚合物等固体载体上，形成一种特殊的 SuperLig 树脂。分子识别技术的树脂种类很多，用于贵金属分离的主要几种见表 20-6。

表 20-6　应用于铂族金属分离提纯的分子识别材料

材料	目标离子	吸附条件	解吸液
SuperLig® 2	$PdCl_4^{2-}$	无 Au（Ⅲ）， 盐酸浓度为 1~6mol/L， 电位 690~710mV	（1）1mol/L 氨水/1mol/L 氯化铵； （2）1mol/L 亚硫酸铵
SuperLig® 95	$PtCl_6^{2-}$	$[Fe(Ⅲ)] > [PtCl_6^{2-}]$， 无 Au(Ⅲ)、Se、Pd(Ⅱ)	硫脲
SuperLig® 133	$PtCl_6^{2-}$	$[Fe(Ⅲ)] < [PtCl_6^{2-}]$， 盐酸浓度为 6mol/L	水

材　料	目标离子	吸附条件	解吸液
SuperLig® 190	$RhCl_5^{2-}$ $RhCl_6^{3-}$	盐酸浓度为 6mol/L	（1）5mol/L 氯化钠；（2）5mol/L 氯化钾
SuperLig® 187	$RuCl_6^{3-}$ $RuCl_5(H_2O)_2^{2-}$	盐酸浓度为 6mol/L，电位 300~400mV	5mol/L 氯化铵
SuperLig® 182	$IrCl_6^{2-}$		热 $H_2O+H_2O_2$

  贵金属冶炼公司可根据所掌握的原料性质、工艺和设备配置、生产操作以及贵金属管理流程等，选择特定的目标铂族金属络阴离子作为分子识别技术分离的对象，再选用键合不同有机配体的 SuperLig 材料进行针对性的分离提纯。由于 SuperLig 材料提供了从含大量贱金属的溶液中优先分离少量，甚至微量铂族金属的方法，以及 MRT 对目标铂族金属离子的优异选择性，美国、南非、英国和日本等贵金属公司已将 MRT 技术用于铂族金属分离提纯。我国金川公司、贵研铂业公司近几年也相继引进了美国的 MRT 装备和技术用于铂族金属矿产资源、二次资源分离提纯的工业生产实践。国内一些民营贵金属二次资源回收公司也在尝试应用分子识别技术。从技术进步、操作方便、生产管理和运行成本等分析，分子识别技术将可能逐步取代溶剂萃取、离子交换等工艺技术。

20.2　铂族金属冶金主要工艺及装备

20.2.1　金川铜镍硫化矿精矿富集铂族金属的工艺

  金川共生铂族金属硫化铜镍矿中共生铂族金属品位仅 0.3~0.4g/t，占矿石中有价金属的价值小于 5%。但该矿床规模及经济价值很大，综合利用组分多，关键是该矿石易于通过浮选富集有价金属，便于大规模工业化开发利用，在世界金属镍和铂族金属供需平衡中具有重要地位。

20.2.1.1　火法熔炼富集工艺

  金川公司早期使用回转窑焙烧工艺，喷入重油加热，窑头温度约 900℃，窑尾烟气温度约 250℃。精矿在窑内停留时间约 40~50min，出窑焙砂温度 600~700℃，脱硫率约 35%，产出的焙砂粒径约 2mm，焙烧烟气电收尘。回转窑焙烧的燃料消耗和烟气量大，烟气中 SO_2 浓度低，难有效回收，而且严重污染环境，后来改为回转窑干燥—流态化半氧化焙烧（沸腾焙烧）工艺。

  金川沸腾焙烧炉为圆形，炉床面积 5m²，炉膛高度 6.1m。鼓入空气压力 10~12kPa，空气量 12000m³/h，空气直线速度 2.3m/s；焙砂由炉床旁的放料管放出，烟气从炉顶排出。床能率 100~140t/(m²·d)，空气消耗量 0.47m³/kg，焙烧温度 600~750℃，通过调节物料加入量控制焙烧温度，物料的床层高度 1.15m，焙烧脱硫率 55.5%，焙砂产率 70%，烟尘率 30%。

上述熔炼方法得到的镍铜高锍产率为低锍的 25%，有价金属富集约 10 倍（表 20-7），虽然精矿中 6 种铂族金属品位都很低，但仍能捕集回收在铜镍高锍中。

1992 年，金川公司引进奥托昆普公司的闪速熔炼炉，并结合转炉吹炼形成高镍锍冶炼新工艺。建立的闪速熔炼炉反应塔直径 6m、高度 6.4m、容积 181m³，反应塔处理能力 0.28t/(m³·h)，炉子生产能力 50t/h。闪速熔炼具有熔炼强度和效率高，生产能力大，能耗低，锍中（表 20-8）铜镍品位高（45%~50%）、含铁低（17%~25%）等优点。但烟尘率高，熔炼直收率比电炉熔炼低。

表 20-7 金川早期火法冶炼富集各种物料中铂族金属及金银成分 (g/t)

名称	Pt	Pd	Au	Ag	Rh	Ir	Os	Ru
铜镍精矿 1	1.4100	0.8400	0.6150	12.000	0.0656	0.1100	0.1593	0.1600
铜镍精矿 2	1.4065	1.1425	1.2865	16.000	0.1900	0.4079	0.2165	0.2510
高镍锍	9.4950	9.4400	7.3350	103.00	0.9720	2.1820	1.3700	1.7675
电炉渣	0.0423	0.0685	0.0738	3.2400	0.0222	0.0110	0.0168	0.0430
贫化炉渣	0.0405	0.0105	0.0230	1.7500	0.0100	0.0125	0.0104	0.0108
直收率/%	96.01	94.86	93.55	84.18	87.32	95.27	91.71	87.02
总收率/%	96.33	95.22	93.80	84.34	87.56	95.54	92.13	87.33

表 20-8 金川闪速炉高镍锍磨浮过程中各种物料中贵金属成分 (g/t)

名称	Pt	Pd	Au	Ag	Rh	Ir	Os	Ru
高镍锍	8.650	4.800	4.380	101.600	0.350	0.400	0.444	0.650
镍精矿	5.640	4.460	4.580	48.790	0.200	0.220	0.240	0.490
铜精矿	0.250	0.370	0.570	202.970	0.050	0.020	0.060	0.120
一次合金	98.700	36.040	25.460	140.290	4.110	5.020	5.380	5.920

2008 年，金川公司又建成投产一套富氧顶吹熔池熔炼系统，用于处理品质较差的贫矿。2009 年该熔炼系统作业率和月产高镍锍含镍量均超过设计水平，使火法冶炼的高镍锍含镍量达到 12 万吨/a 以上，也使我国镍冶炼技术达到新的水平。经流程考查，铂、钯、金等贵金属 90% 捕集在铜镍高锍中，品位达 17g/t（表 20-9）。

表 20-9　金川富氧顶吹熔炼富集过程各物料中的贵金属成分　　（g/t）

名称	Pt	Pd	Au	Ag	Rh	Ir	Os	Ru
高品位精矿	2.280	1.80	0.930	27.910	0.065	0.066	0.120	0.150
低品位精矿	1.250	0.680	0.650	19.380	0.059	0.059	0.072	0.140
外购精矿	0.510	0.480	0.430	23.300	0.114	0.050	0.048	0.050
高镍锍	7.720	4.480	4.100	106.900	0.330	0.340	0.400	0.560
沉降炉渣	0.050	0.050	0.050	7.000	0.012	0.003	0.002	0.012
贫化炉渣	0.050	0.050	0.050	7.860	0.054	0.003	0.001	0.000

20.2.1.2　高锍磨浮—磁选分离

1948 年加拿大国际镍公司（Inco）发明并应用高锍磨浮—磁选分离工艺后，俄罗斯和中国也相继使用了该技术。金川公司 1965 年建成我国第一座高镍锍选矿厂，年处理一次高镍锍 2.5 万吨。后经多次改造，至 2013 年底，使高锍磨浮系统形成年处理一次高镍锍 35 万吨、二次高镍锍 3 万吨的生产规模。

高锍磨浮采用传统的选矿工艺连续生产，以闪速炉和顶吹炉熔炼产出的一次高镍锍、熔铸生产的二次高镍锍和外购的一次高镍锍为原料，经四段开路破碎，两段一闭路磨矿、磁选，一粗、二扫、六精的选别作业，产出镍精矿和铜精矿，脱水后分别送熔铸和铜熔炼车间生产镍、铜阳极板，分别送镍电解和铜电解精炼。一次合金送合金硫化炉工序生产二次高镍锍，二次合金送精炼分厂的贵车间提取铂族金属。金川二次铜镍合金成分见表 20-10。

表 20-10　金川二次铜镍合金成分（铂族金属、金 g/t，其他%）

名称	Ni	Cu	Fe	S	Pt	Pd	Au	Rh	Ir	Os	Ru
合金1	70.0	15.0	6.0	8.0	478	259	199	13	17	15	12
合金2	68.9	17.5	5.7	4.9	1365	538	303	77	72	43	97

20.2.1.3　二次合金进一步富集铂族金属工艺

金川公司所称的"二次铜镍合金"是一次高镍锍经缓冷—磨细—磁选产出的一次镍铜合金，再经二次硫化—磨细—磁选处理后得到的镍铜合金即称为"二次铜镍合金"，其中铂族金属品位比原高镍锍提高约 50 倍。合金呈细小片状，铂族金属与铜镍呈固溶体，合金中还夹杂少量铜、镍硫化物及硅酸盐。

金川二次铜镍合金成分见表 20-11。

表 20-11　金川二次铜镍合金成分 （铂族金属、金 g/t，其他%）

名称	Ni	Cu	Fe	S	Pt	Pd	Au	Rh	Ir	Os	Ru
合金1	70.0	15.0	6.0	8.0	478	259	199	13	17	15	12
合金2	68.9	17.5	5.7	4.9	1365	538	303	77	72	43	97

1990 年之前采用氯化浸出铜镍铁等贱金属进一步富集铂族金属的工艺，此后改用连续控电氯化浸出工艺，浸出渣再经亚硫酸钠脱硫进一步富集铂族金属。从二次合金到氯化渣铂、钯、金的回收率大于98%，铑、铱、锇、钌的回收率大于81%，镍、铜、铁的浸出率为99%左右。二次合金到氯化渣的渣率为5.4%。

由于锇、钌极易氯化挥发，在火法或湿法富集提纯过程中易损失，尽早将锇、钌与其他贵金属分离并单独回收是铂族金属综合回收的一个重要原则。由氯化浸出和浓硫酸浸煮脱贱金属后获得的精矿（铂 11.00%、钯 3.44%、金 2.84%、铑 0.42%、铱 0.49%、锇 0.39%、钌 0.68%、铜+镍 16.8%、硫 30%）在硫酸介质中用氯酸钠氧化优先蒸馏分离锇钌，再用 HCl/Cl_2 溶解其他铂族金属，溶解率分别为：铂、钯 99.5%，铑 99%，铱大于 96.5%，金 99%。此溶解过程将溶液转化为盐酸体系，使铂、钯、金、铑、铱全部转化为氯络离子，便于后续的分离提纯。

金川公司二次铜镍合金氯化浸出富集铂族金属工艺流程如图 20-3 所示。

20.2.2　活性铜粉两次置换分离方法及应用

1979 年以前，金川公司一直采用锌镁粉置换法回收贵金属，铑铱损失较大。

1981 年，陈景院士研究用工业锌粉置换工业硫酸铜溶液制备活性铜粉，并以活性铜粉对贵金属溶液进行两次置换分离，第一次置换铂钯金，使铂钯金与铑铱分离；第二次置换铑，进行铑铱分离。首创了活性铜粉两次置换法分离铂、钯、金和铑铱的独特新工艺并一直沿用至今。

活性铜粉两次置换分离铂族金属工艺流程为：将蒸馏锇、钌后并转化为盐酸体系的溶液用现场制备的活性铜粉（用锌粉置换硫酸铜制得）进行第一次置换，用二氧化锡比色法在线即时判断金、钯、铂的置换终点。由于活性铜粉置换金钯铂非常彻底，一次置换终点时溶液中金钯铂的含量可降低至 0.00X g/L。过滤获得金钯铂沉淀（金黑、钯黑和铂黑混合物）用水溶液氯化溶解，在铂、钯、金处于高价氧化态时加入氯化铵沉淀先分离铂。粗氯铂酸铵经反复三次的王水溶解、氯化铵沉淀，精制得纯氯铂酸铵后直接煅烧产出 99.99%海绵铂。沉铂后液通入二氧化硫沉金，用盐酸加过氧化氢溶解粗金，草酸还原得海绵金，熔炼浇铸成 99.9%纯金锭；沉金母液加硫化钠沉淀钯，同样用盐酸加过氧化氢溶解，然后采用经典的二氯二氨络亚钯法精制提纯钯，纯二氯二氨络亚钯经煅烧氢还原，最

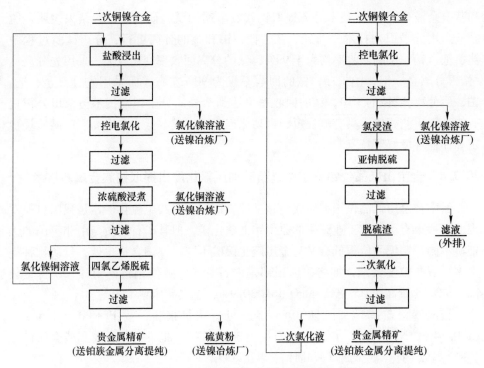

图 20-3　金川公司二次铜镍合金氯化浸出富集铂族金属工艺流程

终得到 99.99% 的纯海绵钯。

对一次活性铜粉置换分离金钯铂后的母液再进行二次活性铜粉置换分离铑，使 94% 以上的铑被置换沉淀，铱留在溶液中。铑黑用王水溶解，赶硝得到玫瑰红色的氯铑酸溶液，用 TBP 或 TRPO 等膦类萃取剂除去微量铂钯金，甲酸还原反萃液，获纯铑黑，氢气煅烧还原产出纯铑。经过两次活性铜粉置换的氯铱酸溶液中存在大量铜离子，用硫化法（通入二氧化硫、补加少量硫黄粉煮沸）使铜以硫化铜沉淀分离除去。脱铜液再以硫化钠将铱沉淀转为硫化物，经盐酸加过氧化氢溶解，硫化铵精制得到铱沉淀物，煅烧还原为铱产品。

根据工业生产实践，活性铜粉置换法分离铂族金属的全过程只加入无机试剂，并以金属铑黑及无机络合物为中间产物，具有分离效果好、操作简单、过程清晰、终点易判断和控制、产品纯度高等优点。

1985 年后，华南理工大学采用二丁基卡必醇萃取工艺先将金萃取分离，再接活性铜粉置换工艺分离铂钯，形成了金川公司贵金属精炼工段的成型工艺流程。

20.2.3　分子识别技术在金川铂族金属分离提纯中的应用

2012 年，金川公司贵金属冶炼厂与美国 IBC 公司合作开展对贵金属脱胶液和萃金余液采用 MRT 技术分离提取铂族贵金属的试验研究。试验结果表明，脱胶液采用分子识别技术进行铑、铱、钯、铂和金的分离可行，分离试验过程中铑、钯、铂、金的回收率均大于 99%；铱的分离回收率变化较大，采用先分离铑/铱再分离金、钯、铂工序，铱的回收率仅为 90% 左右；而采用先分离金、钯、铂，后分离铑/铱的工序，铱的回收率可达到 95%。分子识别技术与金川公司现有的分离工艺相比，具有流程短、自动化程度高、成本低、收率高、产品质量稳定和作业环境好等特点。

20.2.4　金宝山低品位铂钯矿浮选精矿加压氰化浸出提取铂族金属新技术

云南金宝山低品位铂钯矿属于超基性岩铂钯铜镍共生硫化矿，是我国目前发现的第一个有可能被工业开采的原生铂钯硫化矿，但其矿石性质与南非等国的铂钯矿不同，铂钯品位很低，又与金川硫化镍矿不同，镍铜含量也低，且矿物种类繁多，嵌布粒度极细，加之矿床顶部是一石膏矿，致使铂钯矿中硅、镁含量较高，SiO_2 含量高达 35.9%，MgO 也有 30.9%，总之矿床禀赋很差。

云南省地矿局地质三队 1984 年提交的储量报告，按 Pt + Pd = 1.53g/t，Cu 0.14%，Ni 0.17%，圈定的矿石量为 3108 万吨，批准的贵金属和贱金属储量（贵金属以 t 计，贱金属以万吨计）见表 20-12。

表 20-12　云南金宝山铂钯矿资源主要金属含量

元素	Pt+Pd	Rh	Ir	Os	Ru	Au	Ag	Cu	Ni	Co
	g/t							%		
含量	45.25	1.1	1.5	0.45	0.46	1.19	55.66	4.86	5.48	0.45

1997~1998 年，广州有色金属研究院通过对金宝山铂钯矿进行工艺矿物学和扩大连选试验，从 22.5t 原矿中获得精矿 954.61kg，精矿产率 4.5%，精矿中主要金属品位见表 20-13。

表 20-13　金宝山低品位铂钯矿浮选精矿主金属品位

产品名称	产率/%	精矿品位/%					
		Cu	Ni	Cu+Ni	Pt（g/t）	Pd（g/t）	Pt+Pd（g/t）
连选精矿	4.12	3.45	3.86	7.31	34.04	52.39	86.43
磁浮精矿	0.67	0.314	0.321	0.635	18.41	13.77	32.18
最终精矿	4.79	3.01	3.36	6.37	31.85	46.99	78.84
回收率/%		88.08	61.52		85.88	79.06	82.48

精矿成分中铜镍含量合计 6%~7%，铂钯相加 80g/t。考虑到金宝山矿体规

模小，以矿山寿命和经济的角度考虑，日产原矿应在 20t，浮选精矿只有 1t，采用火法熔炼工艺将造成炉型设计、热平衡、作业率及操作稳定性、要十几道工序才能将铂钯富集到 1% 且过程中金属分散大等一系列问题。经过技术经济分析比较得出火法工艺在技术上不合理，经济上难以支撑的结论。

针对金宝山铂钯矿的特殊性，陈景院士借鉴金矿氰化浸出思路，2001 年开展了直接加压氰化浸出铂钯硫化浮选精矿的创新研究。浮选精矿经加压氧化酸浸预处理，使硫化物充分转化为氧化物，并浸出铜镍钴等贱金属，使铜镍与铂钯分离，贵金属在酸浸渣中富集。酸浸渣直接加压氰化提取铂钯，再从浸出液中置换回收。加压氰化浸出过程在高温、高压条件下进行，使常压下难以有效浸出的铂族金属反应过程动力学得到强化，铂族金属与 CN^- 形成配离子进入溶液。整个过程的体系简单、选择好，铂钯浸出率高，且容易回收。该工艺对精矿中 MgO、CaO、S、Fe 等含量无特殊要求，原料适应性强，还大大降低了工艺能耗。

以金宝山铂钯硫化矿浮选精矿（铂+钯 = 50~80g/t，铜+镍 = 6%~7%）为对象，在压力 2.0MPa、温度 180℃、强化搅拌条件下的 50L 规模加压氰化浸出扩大试验表明，铂、钯品位从精矿的 80g/t 提高到置换富集物的 56.0%~59.3%，仅两步浸出过程就将铂、钯富集了 6000 多倍，铂、钯直收率不小于 90%，总收率不小于 92%，铂、钯产品纯度 99.95%~99.99%。铜镍钴等浸出率也很高，铜、镍总收率不小于 90%。由此形成了低含量铂钯硫化精矿选择性高效浸出提取铂族金属的全湿法处理新工艺，为我国特有的低品位铂钯硫化矿资源开发利用提供了一条新途径。

云南金宝山低品位铂钯硫化矿原矿及浮选精矿成分见表 20-14 和表 20-15；50L 规模加压氰化浸出扩大试验结果见表 20-16。

表 20-14 金宝山铂钯矿原矿多元素化学分析结果

元素	Pt	Pd	Au	Ag	Rh	Ir	Os	Ru	ΣPt
含量/g·t⁻¹	0.77	1.16	痕	0.86	0.065	0.093	0.032	0.025	2.145
元素	Cu	Fe	Ni	Co	S	SiO_2	CaO	MgO	Al_2O_3
含量/%	0.103	9.88	0.193	0.016	0.61	35.85	4.13	29.41	2.75

表 20-15 金宝山铂钯矿浮选精矿多元素化学分析结果

元素	Pt	Pd	Au	Ag	Rh	Ir	Os	Ru	
含量/g·t⁻¹	36.8	52.0	5.8	35	1.58	0.88	0.82	0.63	
元素	Cu	Fe	Ni	Co	S	SiO_2	CaO	MgO	Al_2O_3
含量/%	5.28	25.21	3.86	0.30	14.15	25.97	2.89	18.56	2.05

表 20-16 50L 加压氰化浸出铂钯硫化矿浮选精矿扩大试验结果

物料	数量	品位或浓度（g/t 或 g/L）		金属量/mg		回收率/%	
		Pt	Pd	Pt	Pd	Pt	Pd
精矿	5kg	36.73	51.42	183.65	257.10		
二次氰化渣	1.01kg	7.3	1.76	7.37	1.78	95.99	99.31
酸浸富液	4L	0.0044	0.0080	18	32	90.39	99.96
氰化富液	5L	0.0296	0.0450	148	225		

2012~2013 年，在云南省黄金矿业集团股份有限公司下属的大理北衙金矿选矿厂利用原有选矿设备经过改扩，建成了国内第一座低品位复杂铂钯原生矿的选矿厂，并进行了 50t/d 规模的原矿选矿工业试验，在原矿铂、钯、铜、镍品位分别为 1.068g/t、1.517g/t、0.121% 和 0.186% 的条件下，全流程获得铂+钯品位 50.06g/t，铂钯总回收率 78.76%；铜品位 2.51%，回收率 84.63%；镍品位 2.96%，回收率 84.83% 的铂钯精矿，选矿工艺流程稳定，指标重现性好。

因掌握金宝山铂钯矿开发权的公司多次重组变更股权，控股股东四次易主，致使全湿法冶炼工艺技术工业性试验及冶炼厂建设计划被长期搁置，该新技术一直未能进入工业生产实践。

20.2.5 失效载体催化剂富集回收铂族金属方法[88-97]

2014 年全球汽车催化剂消耗的铂、钯、铑总量达到 300t 以上，超过全球总需求量的 60%，也超过所有行业对铂族金属的需求。作为"移动的铂族金属矿山"，汽车催化剂成为铂族金属中最重要的二次资源。但我国失效催化剂 90% 主要流往美国、德国、日本、韩国和比利时等建有专门回收系统的大公司。

目前，我国满足欧 II 以上排放要求的在用汽车消耗的铂钯铑累计约 240t。2015 年我国汽车尾气净化催化剂制造使用的铂族金属超过了 55t，见表 20-17。

表 20-17 2010~2015 年中国汽车行业铂族金属用量统计 （t）

年份	2010	2011	2012	2013	2014	2015
Pt	3.1	3.3	2.9	4.0	4.3	4.6
Pd	31.3	35.9	41.2	46.6	50.7	50.5
合计	34.4	39.2	44.1	50.6	55	55.1

汽车尾气净化催化剂中铂、钯、铑的含量合计为 1000~2000g/t。催化剂在使用 8 万~16 万千米后铂族金属催化质点因中毒、结构变化或被包裹等因素使催化剂活性大幅降低而失效，形成一种可再生回收利用的铂族金属新资源。

汽车尾气净化催化剂规格种类很多，但都是载体型，最早是 γ-Al$_2$O$_3$ 载体的颗粒状催化剂，现在最常用的是堇青石（$2MgO \cdot 2Al_2O_3 \cdot 5SiO_2$）载体的蜂窝状催化剂，载体表面为 γ-Al_2O_3 涂层，起催化作用的铂族金属质点均匀分布在 γ-Al_2O_3 涂层中。失效催化剂回收铂族金属的方法首先是要将铂族金属与载体分离，然后再对三种铂族金属进行彼此分离后分别提纯，主要有湿法冶金和火法熔炼工艺。

20.2.5.1 湿法回收工艺

A 氧化酸浸工艺

早期湿法处理载体催化回收铂族金属较为普遍的方法是在盐酸介质中强氧化浸出溶解铂族金属，工艺大致为：将失效催化剂磨碎后，在酸性介质中常压或加压强氧化浸出铂族金属，使之与载体分离，然后再提纯铂族金属，溶渣（载体）可用于铺路或造水泥。也有用碱性介质溶解载体，保留铂族金属的方法，但碱溶方法耗碱量大，且碱溶液处理困难，采用者很少。

总体来说，湿法工艺存在问题较多，如：催化剂使用中因局部高温使部分 γ-Al_2O_3 涂层转变为不溶的 α-Al_2O_3，被其包裹的铂族金属很难溶解，影响回收率；同样因高温使钯、铑氧化形成 PdO、Rh_2O_3 等王水难以溶解的氧化物，降低了钯、铑回收率。一般酸浸工艺的铂、钯浸出率约90%，铑的浸出率低于70%；不溶渣中铂族金属含量仍高达 $100 \sim 200g/t$，需要进一步处理，但再处理的成本极高；另外，浸出过程中产生大量废水（1t物料产生 $20 \sim 30t$ 废水）和废气（强氧化剂释放的 Cl_2 或 NO_x 等有害气体），限制了湿法工艺的规模化应用。

B 加压氰化浸出技术

加压氰化浸出技术是20世纪90年代提出的工艺。加压氰化法通过提高反应温度，增加氧在溶液中的浓度，强化过程动力学，使铂族金属发生氰化反应。与酸法和熔炼法相比，加压氰化浸出具有明显的优点，如对铂族金属的选择性浸出率高，获得的贵金属氰化液成分简单且浓度较高，有利于后续提取回收，工艺流程短，环境污染小等，表现出很好的应用前景。

美国国家矿务局最早开展这方面的工作。他们将破碎磨细后的失效汽车尾气净化催化剂在高压釜中用5%的NaCN溶液，液固比5：1于160℃浸出1h，铂族金属浸出率分别达到 Pt 和 Pd 85%~88%、Rh 70%~75%。对于小球型失效催化剂可回收90%以上的铂族金属。

陈景院士研究团队针对失效催化剂载体表面积碳、尘埃等影响氰化反应，以及在高温使用过程中活性铂族金属质点颗粒被烧结或热扩散进入氧化铝涂层内而被包裹，提出先加压热碱浸预处理、再加压氰化浸出的新工艺。试验结果表明，在最佳工艺条件下，铂族金属的氰化浸出率分别提高到 Pt 98%、Pd 99%、Rh 93%，具有比加压氧化酸浸更优的技术指标，率先在我国实现从失效汽车尾气净化催化剂高效湿法回收铂族金属技术的突破。

20.2.5.2 火法熔炼加金属捕集工艺富集铂族金属

欧美、日本等国家比较倾向于用火法工艺富集失效汽车尾气净化催化剂中的铂族金属，包括等离子体熔炼、金属捕集、氯化气相挥发等。火法富集多采用铁或铜作为捕集剂，如英国 Johnson Matthey 和德国 Hereaus 采用电弧炉熔炼+铁捕集技术，比利时 Umicore 采用在艾萨熔炼中硫化铜捕集熔炼，日本 Tanaka 和 Dowa 也采用铜捕集熔炼技术。这些公司都对火法熔炼捕集工艺严格保密，未见具体工艺参数和技术指标的报道。

火法熔炼富集工艺的原理是利用熔融态的铅、铜、铁、镍等金属作为铂族金属的捕集剂，或利用硫化铜、硫化镍、硫化铁对铂族金属具有特殊亲和力来实现铂族金属的转移和富集。工艺过程包括粉碎、配料、造粒、熔炼造渣、吹炼等。最后再用湿法处理富集了铂族金属的合金、高锍或阳极泥，基本沿用铜镍硫化矿熔炼富集的传统方法。因无铅汽油的广泛使用，失效汽车催化剂中含铅量大大降低，避免了火法熔炼时铅挥发的污染难题，使火法熔炼富集的优势得以充分发挥，也使该方法具有更强的物料适应性。

20.2.5.3 现代等离子体熔炼捕集铂族金属技术

等离子体是一种清洁的、高能量密度的多功能热源，对物料加热及反应速度快、反应气氛可控，是特种钢、高温合金、难熔金属熔炼常用的加热源[11]。

最早采用等离子体熔炼技术富集铂族金属的是美国 Texasgulf 公司，1984 年采用 3MW 功率的等离子体熔炼炉从二次资源中回收贵金属并成功实现工业生产。之后美国 Mascat Inc. 也采用等离子体熔炼技术处理铂族金属二次资源，用铁捕集铂族金属。

经过 30 余年优化与改进，等离子体熔炼工艺和装备现已相当成熟，更多是以铁作为捕集剂。等离子体熔炼载体催化剂富集回收铂族金属的配料及反应为：失效催化剂+捕集原料（Fe_3O_4）+冶金焦炭（C）+生石灰（CaO）充分混匀后通过双螺旋进料系统送入等离子体炉内，C 先还原 Fe_3O_4 为 FeO，产生 $CO+CO_2$ 气体，然后 C 和 CO 把 FeO 还原成单质铁。

等离子体熔炼—铁捕集技术具有配料比例小、反应速度快、铂族金属捕集回收率高、批次处理量大、可连续进出料、能耗低、环境污染少等优点。目前已成为失效载体型汽车催化剂和石化催化剂回收铂族金属的主流工业技术，被美国 Multimetco 公司、德国巴斯夫、迪斯曼、捷克 Safina 公司、中国贵研铂业和台湾光洋等世界著名贵金属公司采用。

2010 年 10 月，贵研铂业股份有限公司先后引进德国的取样制样系统、英国的等离子体熔炼装置和技术、美国的分子识别精炼系统等先进设备和工艺，配套建立了环保处理工艺和装备，于 2013 年在易门建成投产年处理 1800t 失效汽车尾气净化催化剂的等离子体熔炼富集和湿法分离提纯的完整生产系统。此后，在不到两年时间的试生产中，处理失效载体催化剂物料 24 批，合计重量为 214.91t，其中含铂71.12kg，含钯 301.53kg，含铑 43.64kg，实现铂族金属综合回收率达到 98.5%以上，成为国内最大的铂族金属二次资源再生循环回收基地。试验结果见表 20-18。

表 20-18 失效汽车尾气催化剂等离子熔炼金属平衡表

项目	物料质量 /t	PGMs 含量	金属量/g			回收率/%		
			Pt	Pd	Rh	Pt	Pd	Rh
原料	214.8	1938g/t	71118	301526	43638	—	—	—
富集物	7.46	5.53%	70508	299442	42426	99.14	99.31	97.22
熔炼渣	329.94	10.60g/t	699	1882	917	0.98	0.62	2.1
产物合计	—	—	71207	301324	43343	100.12	99.93	99.32

20.2.6 石油化工催化回收铂族金属技术[98-100]

我国是仅次于美国的第二大炼油国，截至 2014 年末，全国共有 222 家炼化企业，原油年加工能力为 7.19 亿吨，其中千万吨级炼厂有 20 余家，使用大量的铂族金属催化剂。截至 2014 年末，我国石化行业所用贵金属催化剂保有量约12000t，年平均更换量 2500t，其中含贵金属约 6t，预计到 2020 年，该行业市场贵金属催化剂保有量将达 18000t，年平均更换量约 3500t，含贵金属约 8t。

石化工业含铂族金属失效催化剂冶金回收过程也分为富集和精炼两段，常用的富集技术包括高温焚烧富集技术、高温熔炼富集技术和湿法富集技术。

对于易燃物料，高温焚烧是通用的富集方法，尾气环保处理是此过程的核心技术，国内多采用喷淋吸收技术处理尾气，而国外公司一般采用燃烧效果更佳的分级焚烧技术。基于分级焚烧技术，贵研资源（易门）有限公司建造了一台微负压高温焚烧炉，每年处理 1000t 载体可燃烧的铂族金属二次资源，尾气处理符合《大气污染物综合排放标准》（GB 16297—1996）表 2 标准。

从石化失效催化剂中回收贵金属的著名公司有美国 Gemini Industries, Inc.、Engelhard Chemicals 公司，德国 Heraeus Metal Processing, Inc.，日本 Nikki Universal，印度 Hindustan Platinum 等。我国专门从事石化失效催化剂回收的贵研资源（易门）有限公司已建成并运行了一套火法与湿法完整结合的石化失效催化剂回收生产线，可规模化处理石化行业含铂、钯、银的失效催化剂。

对于难溶的 α-Al_2O_3 基、（Al_2O_3、SiO_2、TiO_2）基、SiO_2 基、沸石基等载体型含贵金属的失效催化剂回收一般也是采用火法富集，其工艺技术与失效汽车尾气净化催化剂基本相同。

20.2.7 我国采用分子识别技术分离铂族金属的实践

我国两家重要的铂族金属冶炼公司——金川有色公司和贵研铂业股份有限公

司分别于 2010 年和 2012 年先后引进了美国的分子识别技术（MRT）和装备，建立了分子识别分离提取铂族金属的生产系统。两家公司根据各自所处理的物料及成分不同、工艺配置的差异等选择了不同的铂族金属作为分子识别技术的目标对象，金川公司用分子识别技术分离钯，贵研铂业则是分离铑。金川公司运用分子识别技术的情况已在 "20.2.3 分子识别技术在金川铂族金属分离提纯中的应用" 做了介绍，此处不再赘述。

贵研铂业公司下属的贵研资源（易门）有限公司对失效汽车尾气净化催化剂经过等离子体熔炼—铁捕集获得的富含铂钯铑的硅铁合金进行氧化熔炼除硅，再将铁合金喷成细粉，用热盐酸浸出除铁，水溶液氯化溶解铂钯铑，将三种铂族金属转入盐酸体系，铂钯铑均以氯络阴离子状态存在，采用引进美国的分子识别技术优先分离铑，然后再分离铂钯。

20.2.8　铜阳极泥提取回收贵金属

由于铜精矿或粗铜交易都不对其中微量的铂族金属进行计价，因此从铜阳极泥中回收铂族金属经济优势明显。

从一些铜冶炼企业近年从铜阳极泥中回收的铂钯量比过去有所增加的情况判断，进口硫化铜精矿和粗铜中铂钯含量可能比国内自产的要高，这对铂族金属资源贫乏的我国来说，加强从铜阳极泥中回收获取铂族金属具有重要意义。

铜阳极泥产率一般为电解铜产量的 0.2%~1.0%，若以硫化铜精矿产出 500 万吨精炼铜估算，我国当前每年大约产出 10000~50000t 铜阳极泥。随着进口铜精矿和粗铜的数量增大，国内一些铜冶炼企业的阳极泥中铂钯含量已分别高达 20g/t 和 100g/t 不等，推算出每年进入铜阳极泥的铂钯总量大致在 200~800kg 之间，甚至可能高达 1.2t 左右。我国铜冶炼企业从阳极泥回收贵金属主要针对金和银，很少关注铂和钯。对于年产 50 万吨阴极铜的企业，其阳极泥中含铂约十几千克，含钯大约 100 多千克。对于这些已无成本的铂钯金属，各冶炼企业应当予以更多关注。

目前代表性工艺流程各有优缺点，但也都适应了各公司不同原料来源产生的铜阳极泥处理：

（1）铜阳极泥处理的火法—湿法联用工艺：

1）以江铜为代表的低温硫酸化焙烧蒸硒—酸浸分铜—碱浸分碲—水溶液氯化分金（然后草酸还原提金）—亚硫酸钠分银—浇铸银阳极电解提纯的工艺；

2）以波立登公司为代表的湿法—火法结合工艺流程，其主流程为：加压浸出铜和碲—火法熔炼再吹炼—银合金—银电解—银阳极泥处理提取金的工艺。

（2）以美国肯尼科特公司为代表的是全湿法工艺，其主要流程为：加压浸出铜、碲—水溶液氯化浸出金、硒—碱浸分铅—氨浸分银—金银电解提纯。

（3）国内唯一采用选冶联合工艺技术处理铜阳极泥的只有云南铜业一家，其主步骤是：阳极泥浆化—加压氧化脱铜—脱铜阳极泥氯酸钠氧化分硒—氯化脱硒渣浮选产出银精矿—分银炉火法精炼—金银合金阳极板—电解精炼（得银粉产品）—银阳极泥水溶氯化—还原得金粉。浮选尾矿中贱金属（铅、铋、锑）返回铜熔炼，形成闭路。

20.2.9　主要技术经济指标

由于铂族金属属于战略金属，各国铂族金属公司都对其工艺和技术有较严格的保密措施，难以获得具体的工艺参数和详细的技术经济指标数据，国内现掌握的国外铂族金属冶炼公司生产工艺还是 20 世纪 80 年代的情况，最新的变化和改进基本不掌握或很零散，查到 2011 年的贵金属冶金专著中对火法冶炼设备和工艺改进的报道很少，所附国外几家铂族金属冶炼公司的火法冶炼富集工艺流程与 21 世纪初的专著中完全一样，没有变化，说明我国目前对外国铂族金属冶炼公司的近况不甚了解，仅大致了解一些公司针对矿产资源变化在选矿工艺技术方面的改进较大，而精炼分离和提纯阶段的改进则各家公司都是按自有生产工艺特点和管理方式选择性进行，比如采用的分子识别技术都各不相同，有选择识别分离铂，有选择识别分离钯，也有选择识别分离铑的装置和工艺流程。因此，难以对铂族金属冶炼工艺和技术指标进行完整和系统对比。

20.3　铂族金属冶金技术发展趋势

与 10 种主要有色金属冶金技术的研究与发展是由资源性质所决定一样，铂族金属的冶炼工艺和装备技术的发展趋势同样是由地球可提供的资源类型和便于获得的途径这两大条件决定。目前，全球矿产资源储量丰富可工业化开采利用的，和正逐步形成可规模化再生循环利用的铂族金属资源基本上就两种：（1）基性和超基性岩的共生铂族金属硫化铜镍矿资源；（2）各行业使用失效的含铂族金属工业制品形成可回收再生循环利用的物料，即二次资源。

针对这两种主要资源回收提取铂族金属的冶金工艺和技术前面已做了系统和全面的叙述。从产业技术进步的可能性、金属供需平衡和全球经济缓慢增长等因素分析，铂族金属冶炼技术发展大致有三个趋势：

（1）共生铂族金属硫化铜镍矿回收提取铂族金属冶金工艺技术的发展附属于铜、镍冶炼技术，铂族金属的冶炼富集工艺要出现创新性改变完全由铜镍冶炼主流程决定。从目前硫化铜镍精矿火法冶炼工艺和装备已经发展到相当好的阶段看，富集工艺的改进变化不太可能，只有当铂族金属富集物可单独进行分离提纯处理时，才会出现专门针对铂族金属提取工艺的改进或改变。但可能出现的改进或改变也只会是渐进式创新，很难出现"牵一发动全身"的突破式变革。

理由是硫化铜镍矿火法冶炼工艺和熔炼装备技术已发展到相当成熟的阶段，强化冶炼炉（现代物理装置）使冶炼工艺参数和生产技术指标逐步逼近冶金物理化学的理论值，在没有新的重大原理性新技术产生的条件下，出现技术上继续改进的可能性不大，若为再提高一点冶炼技术指标而进行技术改进的成本会很不划算；另外，在全球有色金属供需基本平衡，中国产能又过剩的情况下，没有巨大的经济利益驱使，铜镍冶炼技术发生重大创新或突破性变革的可能性不大。同时，铜镍冶金的重大技术研究和工业化应用的时间成本和经济成本都很高，要经过长时间验证。因此，未来一段时期看不到共生铂族金属硫化铜镍矿冶炼富集工艺和装备技术改变的可能性。

（2）数量越来越多的含铂族金属的失效载体催化剂日益成为人们可获得的重要资源形式，其富集回收铂族金属的工艺技术研究和应用得到更多重视，新工艺和装备技术出现的机会更多。目前，采用火法冶炼先富集，尤其是等离子体熔炼载体催化剂将载体物质与铂族金属分离的富集方法已形成共识，并随等离子体熔炼产物——硅铁合金溶解的难题得到攻克，对等离子体熔炼的应用起到了促进和保障作用。近年来，国际上多家贵金属公司都开始采用等离子体熔炼技术富集回收失效载体汽车尾气净化催化剂，使其逐步成为新的主流技术。所以，等离子体熔炼将在陶瓷载体催化剂、玻纤烧铸料、硝酸生产炉灰和其他重有色金属冶金残渣等物料富集回收铂族金属的工业生产得到更多应用。

（3）对于富集了铂族金属物料的分离提纯工艺技术曾经历了从传统（也是经典）的无机物反复沉淀—溶解的精制工艺，发展到溶剂萃取和离子交换分离法提纯的工艺。而分子识别技术的出现，因其具有高选择性、分离效果很好、操作简单、易于控制等明显优势，由分子识别技术替代现行的溶剂萃取和离子交换工艺有可能成为新趋势。

参 考 文 献

[1] https：//www. gold. org/cn/page/5913，2017-11-09.

[2] http：//kuaixun. stcn. com/2017/0125/13031631. html，2017-01-25.

[3] 马东升. 地球的金丰度 [J]. 黄金，1990 (6)：1-7.

[4] 徐文. 皖南地区金、多金属成矿地质特征及找矿方向探讨 [J]. 资源信息与工程，2016，31 (5)：41-42.

[5] 翟裕生，邓军，李晓波. 区域成矿学 [M]. 北京：地质出版社，1999：186-238.

[6] http：//news. cnstock. com/news，bwkx-201702-4038040. html，2017-02-27.

[7] http：//gold. cngold. com. cn/20170301d1715n125283898. html，2017-03-01.

[8] 杨晓军，译. 重选法的新进展 [J]. 国内外金属矿选矿，2002 (10)：18-20.

[9] 周廷熙，译. 用 KelseyJ1800 型跳汰机回收 Cranny Smith 矿的载金矿物 [J]. 国内外金属矿选矿，2005 (9)：13-17.

[10] 朱建光. 2004 年浮选药剂的进展 [J]. 国内外金属矿选矿，2005 (2)：5-12.

[11] 薛光，任文生. 我国金精矿焙烧—氰化浸出工艺的发展 [J]. 中国有色冶金，2007 (3)：44-49.

[12] 杨凤. 50t/d 生物氧化工程在烟台黄金冶炼厂竣工投产 [J]. 黄金，2001，22 (2)：48.

[13] 低品位难处理黄金资源国家重点实验室. 加压预氧化技术成功工业应用 [J]. 黄金科学技术，2016，24 (6)：116.

[14] 党晓娥，孟裕松，王璐，等. 黄金冶炼两大新技术应用现状与发展趋势探讨 [J]. 黄金科学技术，2017，25 (4)：113-121.

[15] 简椿林. 黄金冶炼技术综述 [J]. 湿法冶金，2008，27 (1)：1-6.

[16] 张彩轩. 全泥氰化炭浆提金工艺在我国的应用 [J]. 中国矿山工程，1988，5 (12)：34-38.

[17] 张夏弟，刘世坚，褚晓华. 金矿氰化堆浸技术简介 [J]. 黑龙江冶金，2001 (4)：30-32.

[18] 焦智，崔德文. 中国黄金生产实用技术 [R]. 2003.

[19] 梁国海，苑兴伟，刘强，等. 新型环保浸金剂在排山楼公司的应用与实践 [J]. 黄金，2017，38 (9)：62-64.

[20] 张作金，王倩倩，代淑娟. 碳质金矿预处理技术研究进展 [J]. 矿产保护与利用，2017 (5)：99-104.

[21] 杨洪英，刘倩，宋襄翎，等. 碳质金矿的碳质物及生物氧化预处理研究现状 [J]. 中国有色金属学报（英文版），2013，23 (11)：3405-3411.

[22] 丘晓斌，温建康，武彪，等. 卡林型金矿微生物预氧化处理技术研究现状 [J]. 稀有金属，2012，36 (6)：1002-1009.

[23] 徐忠敏，翁占平，国洪柱. 复杂难处理金精矿加压氧化预处理工艺试验研究 [J]. 黄金，2017，38 (2)：54-57.

[24] 陈芳芳，张亦飞，薛光. 黄金冶炼生产工艺现状及发展 [J]. 中国有色冶金，2011，40 (1)：11-18.

[25] 曲胜利, 董准勤, 陈涛. 富氧底吹造锍捕金工艺研究 [J]. 有色金属 (冶炼部分), 2013 (6): 40-42.

[26] 胡一平. 铜阳极泥处理工艺的选择 [J]. 云南冶金, 2015, 44 (4): 34-38.

[27] 杜三保. 国内外铜阳极泥处理方法综述 [J]. 中国物资再生, 1997 (2): 16-19.

[28] 王爱荣. 从铜阳极泥中湿法提取金的工艺优化研究 [J]. 湿法冶金, 2007, 26 (1): 44-46.

[29] 吴锡平, 吴立新, 陈润辉. 从高银铅阳极泥中提取金银并综合回收铅锑等有价金属 [J]. 黄金, 1996 (1): 44-45.

[30] 李怀仁, 陈家辉, 徐庆鑫, 等. 氯化浸出铅阳极泥回收金的研究 [J]. 昆明理工大学学报 (自然科学版), 2011, 36 (5): 14-19.

[31] 杨学林. 高锑铅阳极泥处理新工艺 [D]. 长沙: 中南大学, 2004.

[32] 浦恩彬, 张俊. 真空冶金在铅阳极泥回收稀贵金属中的工艺研究 [J]. 云南冶金, 2010, 39 (5): 40-43.

[33] 马莹, 于健. 浅谈废旧电路板的处理方法 [J]. 四川水泥, 2015 (5): 324.

[34] 朱萍, 古国榜. 从印刷电路板废料中回收金和铜的研究 [J]. 稀有金属, 2002, 26 (3): 214-216.

[35] 王洪忠, 刘心中, 李中宇. 氰化金泥控电氯化精炼工艺的研究 [J]. 黄金, 2006, 27 (10): 33-35.

[36] 霍松龄. 黄金精炼工艺综述 [J]. 黄金, 2014 (8): 65-68.

[37] 温建波, 隆岗, 陈敏. 黄金高效精炼电解新工艺的研究与应用 [J]. 现代矿业, 2016 (8): 94-96.

[38] 钟晋, 胡显智, 字富庭, 等. 硫代硫酸盐浸金现状与发展 [J]. 矿冶, 2014, 23 (2): 65-69.

[39] http://www.barrick.com.

[40] 钟俊. 非氰浸金技术的研究及应用现状 [J]. 黄金科学技术, 2011, 19 (6): 57-61.

[41] 党晓娥, 孟裕松, 王璐, 等. 黄金冶炼两大新技术应用现状与发展趋势探讨 [J]. 黄金科学技术, 2017, 25 (4): 113-121.

[42] 袁玲, 孟阳, 左玉明. 黄金矿山尾矿资源回收和综合利用 [J]. 黄金, 2010, 31 (2): 52-56.

[43] Piccinin R C R, Ebbs S D, Reichman S M, et al. A screen of some native Australian flora and exotic agricultural species for their potential application in cyanide-induced phytoextraction of gold [J]. Minerals Engineering, 2007, 20 (4): 1327-1330.

[44] Anderson C. Biogeochemistry of Gold: Accepted Theories and New Opportunities [M]. Southampton: WIT Press, 2005: 287-321.

[45] Victor Wilson-Cprral, Christopher Anderson, Mayra Rodriguez-Lopez, et al. Phytoextraction of gold and copper from mine tailings with *Helianthus annuus* L. and *Kalanchoe serrata* L. [J]. Minerals Engineering, 2011, 24: 1488-1494.

[46] 牛桂强, 邱立明, 綦开祥. 焦家金矿尾矿资源综合利用与生产实践 [J]. 金属矿山, 2008 (11): 159-160.

[47] 王吉青，王苹，赵晓娟，等. 黄金生产尾矿综合利用的研究与应用 [J]. 黄金科学技术，2010，18（5）：87-89.

[48] 查峰，薛向欣，李勇. 工业固体废弃物作为合成微晶玻璃原料的开发和利用 [J]. 硅酸盐通报，2007，26（1）：146-149.

[49] 吴荣庆，张燕如，张安宁. 我国黄金矿产资源特点及循环经济发展现状与趋势 [J]. 中国金属通报，2008（12）：32-34.

[50] 中国有色金属工业协会. 中国银业（有色金属系列丛书）[M]. 北京：冶金工业出版社，2015.

[51] 宁远涛. 银= Silver [M]. 长沙：中南大学出版社，2005.

[52] 陈兴荣. 全球与中国银矿资源现状及白银需求定量预测研究 [D]. 北京：中国地质大学（北京），2014.

[53] 杨志强. 白银有色金属（集团）公司50年回顾与展望 [J]. 中国有色冶金，2004，33（4）：1-4.

[54] 杜新玲，邢相栋. 贵金属冶金技术 [M]. 长沙：中南大学出版社，2012.

[55] 黄礼煌. 金银提取技术 [M]. 3版. 北京：冶金工业出版社，2012.

[56] 佚名.《重有色金属冶炼设计手册》出版 [J]. 有色设备，2004（2）：43.

[57] 黄贵才. 从铜阳极泥中提炼金银 [M]. 北京：冶金工业出版社，1959.

[58] 张若然，等. 全球主要铂族金属需求预测及供需形势分析 [J]. 资源科学，2015，37（5）：1018-1029.

[59] Johnson Matthey Precious Metals Management. Market Data Tables [EB/OL]. (2014-05-01) [2015-01-22]. http//www. platinum. matthey. com/services/market-research/market-data-Tables.

[60] Johnson Matthey. 2017年铂金供应和需求概要 [R]. 铂族金属市场报告，2018年2月.

[61] 2008年世界铂族金属矿产资源及开发 [N]. 2015-09-04.

[62] 张莓. 世界铂族金属矿产资源及开发 [J]. 矿产勘查，2010，1（2）：114-121.

[63] Wilburn D R. Global exploration and production capacity for platinum-group metals from 1995 through 2015 [R]. Scientific Investigations Report，2012.

[64] SGS. MineralsInformation [EB/OL]. [2015-01-22]. http//minerals. usgs. gov/minerals/pubs/commodity/.

[65] 陈喜峰，彭润民. 中国铂族金属资源形势分析及可持续发展对策探讨 [J]. 矿产综合利用，2007（2）：27-30.

[66] 王淑玲. 我国铂族金属开发状况 [R]. 中国首届铂业高层论坛，2008.

[67] 许勇.《CPM铂族金属年鉴2016》(中文版)[N]. 中国黄金报，2016-09-03.

[68] 杨志强，王永前，高谦，等. 金川镍钴铂族金属资源开发与可持续发展研究 [J]. 中国矿山工程，2016，45（5）：1-6.

[69] 张光弟，毛景文，熊群尧. 中国铂族金属资源现状与前景 [J]. 地球学报，2001，22（2）：107-110.

[70] 董海刚，汪云华，范兴祥，等. 近年全球铂族金属资源及铂、钯、铑供需状况浅析 [J]. 资源与产业，2012，14（2）：138-142.

[71] 铂族金属百度百科 https：//baike. baidu. com/item/铂族金属 /9249818？ fr=aladdin.

［72］向磊. 我国贵金属回收产业发展综述［J］. 世界有色金属, 2007 (6)：29-31.

［73］王永录. 我国贵金属冶金工程技术的进展［J］. 贵金属, 2011, 32 (4)：59-71.

［74］刘时杰. 铂族金属矿冶学［M］. 北京：冶金工业出版社, 2001.

［75］陈景. 铂族金属化学冶金理论与实践［M］. 昆明：云南科学技术出版社, 1995.

［76］王永录. 贵金属研究所冶金研究五十年 (1)［J］. 贵金属, 2012, 33 (3)：48-53.

［77］中国工业史有色金属卷 (金川有色公司贵金属冶炼发展史). 2016 年.

［78］陈景. 陈景文集 (中国工程院院士文集)［M］. 北京：冶金工业出版社, 2014.

［79］彭容秋, 等. 镍冶金［M］. 长沙：中南大学出版社, 2005：212-218.

［80］贺小塘, 韩守礼, 吴喜龙, 等. 分子识别技术在铂族金属分离提纯中的应用［J］. 贵金属, 2010, 31 (1)：53-56.

［81］刘时杰, 等. 云南金宝山低品位铂钯矿资源综合利用 (国家重点科技攻关项目, 编号：97-227-01) 验收材料 (含 6 份冶炼专题验收报告) (内部资料), 2002.

［82］金宝山 2t/a 铂族金属综合回收项目可行性研究报告 (内部资料), 昆明有色冶金设计研究院, 2008：28-52.

［83］黄昆, 陈景. 加压氰化法提取贵金属的研究进展［J］. 稀有金属, 2005, 29 (4)：385-390.

［84］黄昆, 陈景, 陈奕然, 等. 加压氰化全湿法处理低品位铂钯浮选精矿工艺研究［J］. 稀有金属, 2006, 30 (3)：369-375.

［85］陈景. 加压氰化处理铂族金属硫化精矿技术研究 (内部资料), 2006.

［86］黄昆, 陈景. 加压湿法冶金处理含铂族金属铜镍硫化矿的应用及研究进展［J］. 稀有金属, 2003, 27 (6)：752-757.

［87］50 升规模加压氰化处理铂族金属硫化精矿技术研究项目实施方案及结果简报 (内部资料), 2003.

［88］汪云华, 吴晓峰, 童伟锋. 铂族金属催化剂回收技术及发展动态［J］. 贵金属, 2011, 32 (1)：76-81.

［89］龚卫星, 郭峰. 铂族金属废料循环利用技术与发展趋势［J］. 中国资源综合利用, 2014 (9)：37-39.

［90］韩守礼, 吴喜龙, 王欢, 等. 从汽车尾气废催化剂中回收铂族金属研究进展［J］. 矿冶, 2010, 19 (2)：80-83.

［91］贺小塘, 李勇, 吴喜龙, 等. 等离子熔炼技术富集铂族金属工艺初探［J］. 贵金属, 2016, 37 (1)：1-5.

［92］赵怀志. 铂族金属二次资源等离子体冶金物的物相分析［J］. 中国有色金属学报, 1998 (2)：314-317.

［93］杨洪飚. 失效载体催化剂回收铂族金属工艺和技术［J］. 上海有色金属, 2005, 26 (2)：86-92.

［94］黄焜, 陈景. 从失效汽车尾气净化催化转化器中回收铂族金属的研究进展［J］. 有色金属工程, 2004, 56 (1)：70-77.

［95］含贵金属二次资源再生利用情况 (贵研资源 (易门) 有限公司), 2017-11-01.

［96］贵研资源 (易门) 有限公司"十三五" (2016—2020 年) 发展规划 (内部资料).

［97］ 贵研资源（易门）有限公司《年处理 3000 吨失效催化剂回收贵金属生产线建设》可研报告——能耗、环保治理章节.

［98］ 池玉堂. 从石油化工废催化剂中回收铂族金属的研究［J］. 化工管理，2015（12）：55.

［99］ 贺小塘. 从石油化工废催化剂中回收铂族金属的研究进展［J］. 贵金属，2013（s01）：35-41.

［100］ 石油化工行业贵金属催化剂的湿法回收（内部资料），2013.

［101］ 彭章平. 铜阳极泥稀贵金属回收工艺及优化［J］. 资源节约与环保，2015（6）：62-63.

［102］ 夏彬. 铜阳极泥稀贵金属回收工艺及优化［J］. 铜业工程，2011（3）：34-37.

［103］ 程利振，李翔翔，张三佩，等. 我国铜阳极泥分银渣综合回收利用研究进展［J］. 金属材料与冶金工程，2011（4）：40-43.

镍钴钒锡锑铋篇

21　镍　冶　金

21.1　中国镍冶金概况

21.1.1　需求和应用

镍，元素符号 Ni，位于元素周期表中第四周期第Ⅷ副族，原子序数 28，相对原子量 58.69，在地壳中的丰度仅为 0.008%。

镍作为一种重要的战略金属，主要应用领域是作为合金元素用于生产不锈钢、高温合金钢、高性能特种合金、镍基喷镀材料等，用于制造飞机、火箭、坦克、潜艇、雷达和原子能反应堆部件。镍还可作陶瓷颜料和防腐镀层；镍钴合金是一种永磁材料，用于电子遥控、原子能工业和超声工艺等领域。在化学工业，镍常用作催化剂。近年来，硫酸镍被广泛用于锂电池正极材料的生产[1]。

我国原生镍消费量从 2008 年的 32.4 万吨增至 2016 年的 108 万吨，其中不锈钢行业用镍一家独大[2]。现阶段电池行业用镍占比为 3.1%。随着新能源汽车的快速发展，未来镍电池领域将是消费增速最快的行业[3,4]。

2013~2016 年我国镍消费量见表 21-1。2016 年我国原生镍消费量为 108.5 万吨，其中不锈钢行业消费量 92 万吨，占比 84.8%；电镀行业 6.4 万吨，占比 5.9%；合金铸造领域 5.6 万吨，占比 5.2%；电池领域 2.7 万吨，占比 2.5%；其他行业约 1.5 万吨。

表 21-1　2013~2016 年我国镍消费量　　　　　　（万吨）

年　份	2013	2014	2015	2016
原生镍消费量	86.4	94.0	97.6	108.5
其中不锈钢行业消费量	72.2	77.0	82.1	92.4
占　比	83.6%	82.7%	84.1%	84.8%

数据来源：安泰科。

21.1.1.1　不锈钢

家居用品/家电占到不锈钢消费的 40%，装饰装潢/电梯占 22%，从宏观上来看与房地产相关性很大，考虑家居用品以及家电中又约有 70% 是以出口市场为主，与国内房地产相关的消费约占 19%[5-8]。

21.1.1.2 电镀

2013~2016 年我国电镀市场对镍的需求相对稳定，房地产和汽车行业带动了家用五金件和汽车装饰件的需求，电镀市场镍用量稳定在 6 万~6.4 万吨之间[9]。

21.1.1.3 电池

电池行业用镍以往主要在镍氢电池和镍镉电池用的正负极材料上，主要体现在泡沫镍、储氢合金和球镍三大类材料中，自 2014 年起，锂离子电池正极材料——三元材料用镍成为后起之秀，目前已成为电池行业第一大用镍领域。

2013~2016 年我国镍氢电池产销量持续下降，导致泡沫镍、储氢合金和球镍的产量分别下降。据统计 2016 年我国泡沫镍产量约 800 万平方米，储氢合金产量约 8000t，厦钨等传统的主力企业的产量有所下降。2016 年球镍产量为 1.5 万吨。

三元材料锂离子电池的发展，带动了硫酸镍的消费。2016 年我国三元材料产量达到 5.63 万吨。2017 年新上三元前驱体的产能至少有 15 万吨[10]。

21.1.1.4 高温合金

镍基高温合金的平均镍含量在 40%。我国高温合金产量中镍基高温合金约占 90%，钴基约占 8.5%。2016 年高温合金需求量为 2.7 万吨，我国产量为 1.3 万吨。高温合金主要生产企业有抚顺特钢、宝钢特钢及长城特钢。

21.1.2 资源情况

我国镍资源储量以硫化镍矿为主，红土镍矿储量极少，是一个镍资源相对缺乏的国家。我国硫化物型镍矿主要分布在西北、西南和东北等地，保有储量占全国总储量的比例分别为 76.8%、12.1%、4.9%。甘肃储量最多，占全国镍矿总储量的 62%。我国红土镍矿资源主要分布在云南等地，不仅储量少，而且品位低。

2011~2014 年我国镍资源基础储量逐年下降（表 21-2），2014 年为 252.9 万吨，2015 年储量增至 287.28 万吨。目前我国自产的镍精矿产量维持在 9 万吨左右，远不能满足国内近 20 万吨的电解镍的产能需求，因而还要从国外进口镍精矿、高冰镍和镍湿法冶炼中间品来满足国内冶炼厂的需求[12-14]。

21.1.3 原生镍产量

我国原生镍产量从 2011 年的 44 万吨增加至 2016 年的 60 万吨，年均递增 8.1%，2013 年我国原生镍产量为 71.6 万吨，达到历史最高点，此后受印度尼西亚禁矿和镍价下跌影响，2014 年我国原生镍产量为 70 万吨，2015 年继续减少至 63 万吨，2016 年则减至 60 万吨。

表 21-2　中国镍资源基础储量　　　　（金属量，万吨）

地区	2011 年	2012 年	2013 年	2014 年	2015 年
全国	272	260.88	253.53	252.98	287.28
内蒙古	4.96	4.96	5.04	8.76	53.43
吉林	6.71	6.01	5.5	7.62	7.22
湖北	1.92	1.92	1.92		1.92
湖南	0.45	0.35	0.42	0.42	0.42
广西	0.09	0.12	0.12	0.12	0.12
海南	0.05	0.01	0.01		0.01
四川	0.33	0.59	1.61	1.61	2.52
贵州	3.93	4.45	8.64	8.64	8.64
云南	12.25	12.25	12.25	12.25	12.25
陕西	10.07	9.92	9.84	9.71	9.61
甘肃	209.32	199.3	189.74	179.57	169.57
青海	2.79	2.39			
新疆	19.13	18.61	18.44	22.36	21.57

数据来源：国土资源部。

含镍生铁的发展带动了中国原生镍产量的大幅提高。2010 年后，随着 RKEF 技术的不断成熟，高品位镍铁的产量占据了主导地位。受部分企业在生产含镍生铁过程中添加镍板、氢氧化镍中间品及硫化镍精矿，2016 年我国含镍生铁产量仅比 2015 年减少 1 万吨，为 37.5 万吨。

21.1.3.1　电解镍

2013~2016 年，我国电解镍产量从 19.5 万吨减少至 17.3 万吨。目前国内在产的电解镍企业有金川集团、新鑫矿业、广西银亿、烟台凯实和天津茂联。2016 年金川集团电解镍产量 14.3 万吨、镍盐 1.36 万吨。我国电解镍生产情况见表 21-3。

表 21-3　我国分地区电解镍产量　　　　（t）

地区	2013 年	2014 年	2015 年	2016 年
吉恩镍业	3000	5222	3860	3280
元江镍业	1977	2347	1200	0
金川集团	143895	144462	153102	143200
新鑫矿业	10307	11188	11364	11404
尼科国润	13580	13676	6000	0

续表 21-3

地区	2013 年	2014 年	2015 年	2016 年
华泽镍钴	7183	2220	500	0
江锂科技	9064	9840	0	0
广西银亿	5803	10516	13000	10020
全国总计	194809	199471	189026	167904

数据来源：安泰科。

21.1.3.2 镍盐

据安泰科统计，2016 年我国硫酸镍产量近 15 万吨（实物量），如果包括采用废镍料生产的硫酸镍，则产量近 20 万吨。2017 年上半年国内硫酸镍产能约 40 万吨，产量约 32.6 万吨。主要硫酸镍生产企业包括金川 5 万吨、吉恩镍业 4 万吨、江门长优 5 万吨、格林美 4 万吨、广西银亿 2 万吨。

氯化镍作为电镀助剂使用，由于国内电镀市场近年来呈现萎缩的态势，最近几年产量维持在 1.2 万吨左右。

21.1.3.3 镍粉

中国镍粉生产企业主要有金川、吉恩镍业、深圳格林美、成都核八五七厂和宁波广博等，总产能大约为 6000t/a，年产量大约 3000t，主要用于电池、硬质合金、金刚石、粉末冶金、电子材料等领域。

2016 年金川集团镍粉总产能 2000t，产量 800t，其中羰基镍粉 400t、电解镍粉 200t、雾化镍粉 200t；吉恩镍业镍粉产量产能 1000t，2016 年产量 600t；格林美镍粉年产能约 1500t，2016 年销售量 1303t。

21.1.3.4 含镍生铁

据安泰科统计数据（表 21-4），我国含镍生铁产量从 2013 年的 48 万吨减少至 2016 年的 37.5 万吨。我国镍生铁优势产能集中分布于内蒙古及江苏、山东、福建、广东和广西等东部沿海地区，经 2016 年的环保督察治理，过剩产能已得到明显抑制。

表 21-4 2013~2016 年各品位镍铁产量变化分布 （kt）

年份	低品位	中品位	高品位		总量	增长率/%
			普通矿热炉	RKEF		
2013	55.1	21.6	184.9	220	480	29
2014	74.6	15.7	156.8	222.7	470	−2
2015	63.2	11.8	80	230	385	−18
2016	87.3	2.84	32	245	375	−2.6

数据来源：安泰科。

21.1.4 科技进步

我国镍冶金生产起步较晚，20世纪60年代以前没有独立完整的镍冶金工业。经过近40年的迅速发展，我国目前已成为全球最大的镍生产国和消费国。

在2007年以前，我国镍冶炼主要以硫化镍矿的处理为主，早期采用鼓风炉熔炼，此后随着金川公司特大型硫化镍矿的开采，开始采用镍精矿回转窑焙烧—电炉冶炼—转炉吹炼—高冰镍磨浮—二次镍精矿熔铸—镍电解流程。此后引进了镍闪速熔炼和富氧顶吹技术，使我国镍冶炼技术达到了世界先进水平。

在2007年以后，随着红土镍矿大规模开发利用，我国企业开始利用来自菲律宾和印尼等国的低品位红土镍矿生产含镍生铁，主要工艺为高炉、普通矿热炉和回转窑+矿热炉（简称RKEF），并成为全球最大的镍铁生产国[12,20]。

21.2 镍冶金主要方法

21.2.1 方法及主要技术特点

21.2.1.1 硫化镍矿

硫化镍矿一般工艺流程是采用硫化铜镍矿浮选工艺，阶段磨浮流程，产出铜镍混合精矿，供闪速炉和顶吹炉使用。

火法冶炼的基本流程包括备料（焙烧）—熔炼—吹炼—精炼（电解）等环节。铜镍混合精矿经闪速熔炼和转炉吹炼后产出的高冰镍，经缓冷—磨浮—硫化镍熔铸—可溶阳极隔膜电解工艺，最终生产出电解镍产品[21]，原则工艺流程如图21-1所示。

新疆阜康镍冶炼厂则采用了高冰镍细磨—二段硫酸选择性浸出（一段常压、一段加压）—黑镍除钴—镍不溶阳极电积的加压浸出流程，原则工艺流程如图21-2所示。加压浸出在150℃、0.8MPa条件下，进行镍、钴的选择性浸出，浸出液返回常压浸出，并控制浸出液pH值在6.2左右，得到含镍大于80g/L、铜/铁小于0.01g/L的浸出液，再经黑镍除钴并同时深度除锰、砷、铜、锌、铅后，产出符合电解要求的纯净硫酸镍溶液；铜则以硫化物的形态和铂族金属一起留在加压浸出渣中，经沸腾炉氧化焙烧—焙砂浸出—电积生产电铜；浸铜渣硫酸化焙烧后浸出，浸出液除铁后返镍常压浸出工序，富集了贵金属的铜浸出渣经电炉还原熔炼产出贵金属合金再分步提取贵金属；黑镍除钴渣还原浸出，经P204萃取除杂、Cyanex272分离镍/钴生产钴盐，镍液返主流程。

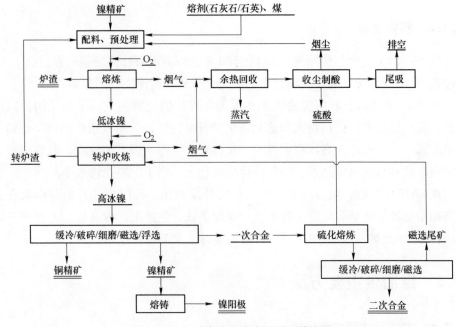

图 21-1　金川镍火法冶炼原则工艺流程

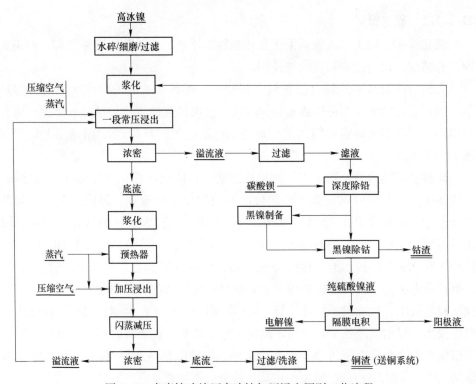

图 21-2　阜康镍冶炼厂高冰镍加压浸出原则工艺流程

21.2.1.2 红土镍矿

氧化镍矿由于铁的氧化，矿石呈红色，所以统称为红土镍矿。氧化镍矿又分为两种：一种是褐铁矿型，位于矿床的上部，铁高镍低，硅镁也低，但钴的含量比较高；另外一种为硅镁镍矿，位于矿床的下部，硅镁的含量比较高，铁钴的含量比较低，但镍的含量也比较高。

红土镍矿中镍呈化学浸染状态，很难通过选矿方法富集。虽然低品位矿加工费用较大，但开采容易，原料成本低弥补了加工费用大的不足。红土镍矿冶炼工艺总体上可分为湿法和火法两种。湿法工艺处理红土镍矿主要有两种：一是还原焙烧—常压氨浸法；二是加压硫酸浸出法。火法冶炼处理红土镍矿也主要有两种工艺：一是硫化熔炼产出含铁镍锍；二是还原熔炼产出镍铁，与脉石分离。

火法冶炼工艺通常用来处理镁含量较高（10%~35%）、镍品位较高（1.5%~3%）的蛇纹石型红土镍矿。目前，工业上常用的有回转窑干燥预还原—电炉熔炼法（RKEF）、鼓风炉硫化熔炼法、大江山法和高炉还原熔炼法，其中除鼓风炉还原硫化熔炼法生产镍锍外，其余三种工艺均生产镍铁。

在红土镍矿的湿法冶金方面，除还原焙烧—氨浸和加压硫酸浸出外，近年来，酸浸工艺研究相对较多，主要出发点为保证有价金属浸出率的前提下降低酸耗，其中代表性的主要有两种：一是将加压酸浸与常压酸浸工艺结合，提高酸利用率以降低酸耗，如 HPAL-AL 工艺；二是针对矿的特性，采用可再生浸出介质，实现降低酸耗和富集回收铁的目的，如硝酸加压浸出工艺。

A 回转窑干燥预还原—电炉熔炼法

镍铁还原熔炼通常可在电炉、鼓风炉和回转窑中进行。其中回转窑干燥预还原—电炉熔炼法（RKEF）是处理红土镍矿的经典工艺，主要用来处理含镍大于 1.8%、$SiO_2/MgO = 1.6~2.2$ 的镁质镍红土矿，原则工艺流程如图 21-3 所示。

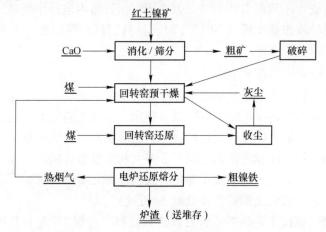

图 21-3　RKEF 生产镍铁原则工艺流程

炉料在回转窑中可实现预热脱水及镍铁的预还原，将炉料熔化时引起的翻料事故发生几率降到最低。还原电炉渣是由氧化亚铁、氧化镁、二氧化硅组成，增加氧化亚铁含量可以降低炉渣的熔点、操作温度、炉渣中损失的金属量以及提高炉渣的导电性。粗镍铁含镍一般在 15% 左右，供生产不锈钢。

B　鼓风炉硫化熔炼法

硫化熔炼一般在鼓风炉中进行。熔炼前因红土镍矿含水较高，需脱水干燥，还需制团或烧结（约 1100℃）。红土镍矿鼓风炉硫化熔炼时，需配入含硫物料作为硫化剂，如黄铁矿、石膏等。其中，石膏因为其不含铁，且所含的 CaO 还可充当熔剂，成为最常用的硫化剂。由矿石、焦炭、石膏和石灰石组成的混合料在鼓风炉中与上行的热还原气体（1300~1400℃）形成对流，换热、还原并熔化，产出低镍锍（8%~15%）和炉渣（Ni<0.15%，Co<0.02%）。镍、铁硫化物组成的低镍锍再经转炉吹炼，产出高镍硫进一步生产电解镍。

C　大江山法

20 世纪 40 年代，日本大江山冶炼厂开发了回转窑还原—磁选法，用于褐铁矿型红土镍矿生产海绵铁。1952 年，该厂以印尼、菲律宾进口的蛇纹石型红土镍矿为原料，开始改用该法生产镍铁用于生产不锈钢，并在 20 世纪 80 年代实现成熟应用，被称之为大江山法。

大江山法被公认为是处理蛇纹石型红土镍矿最为经济的方法。将磨细的红土镍矿与无烟煤及石灰石均匀混合后制成球团送入回转窑，球团料在高温（约1380℃）半熔融状态下还原焙烧；焙砂水淬后跳汰重选产出含镍大于 15% 的镍铁球粒送生产不锈钢，重选尾矿再经球磨后磁选回收残余的微细粒镍铁合金后外排，高含杂的镍铁精矿返回还原焙烧球团工序。

和 RKEF 相比，大江山法不使用昂贵的焦炭；同等规模下的设备装机不到前者的 30%，投资也不到前者的 50%，但由于在回转窑内进行半熔融还原焙烧，易引起窑内结圈导致作业率低（70%）、耐火材料消耗大等问题。十多年前，日本大江山冶炼厂停止了生产。

D　还原焙烧—常压氨浸

还原焙烧—氨浸工艺是最早用来处理红土镍矿的湿法工艺，最初由 Caron 教授提出，又被称为 Caron 流程，如图 21-4 所示。该工艺首先在古巴尼加罗冶炼厂得到工业应用，此后在印度苏金达厂、阿尔巴尼亚爱尔巴桑钢铁联合企业、斯洛伐克谢列德冶炼厂、菲律宾诺诺克镍厂、澳大利亚雅布鲁精炼厂及加拿大英可公司铜黄铁矿回收厂等也相继实现工业化。我国青海元石山镍铁矿厂也采用了还原焙烧—氨浸工艺处理红土镍矿，年处理 30 万吨矿。

还原焙烧—氨浸工艺通常适合处理含铁较高、含镍 1% 左右且镍赋存状态不太复杂的红土镍矿。主要包括还原焙烧、常压氨浸、氨回收和 NiO 烧结等工序，工艺中含镍氨浸液经蒸氨得碱式碳酸镍，再煅烧得 NiO；碱式碳酸镍也可酸溶，再经氢还原或电解生产金属镍。青海元石山采用了氨浸液萃取电解生产结晶硫酸镍技术，降低了蒸氨能耗。留在萃余液中的三价钴用硫化沉淀法回收，沉钴后液返回浸出工序。

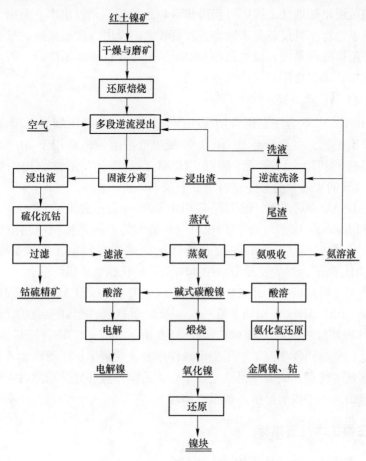

图 21-4　红土镍矿 Caron 工艺流程

E　加压硫酸浸出

硫酸加压浸出工艺可追溯到 20 世纪 50 年代，古巴毛阿湾冶炼厂（MOA）最早使用该法处理红土镍矿。20 世纪 90 年代，澳大利亚 Murrin Murrin、Bulong 和 Cawse 三个冶炼厂对该法进行改进后用于红土镍矿的处理，虽因局部问题未取得预期目标，但工艺主体是成功的。此外，澳大利亚必和必拓公司（BHPB）、巴西国有矿业公司（CVRD）、加拿大鹰桥公司（Falconbridge）等几家大公司也都进行了加压硫酸浸出的技术开发。中国的中冶集团在巴布亚新几内亚投资建设的 RAMU 项目也采用了硫酸加压浸出工艺。

硫酸加压浸出适合处理含 MgO 小于 5%、含 Ni 大于 1.3%、含铝较低的红土镍矿。该法在高温（230~260℃）和高压（4~5MPa）下用硫酸作浸出剂，控制浸出条件，使镍、钴浸出进入溶液，大部分铁水解入渣，此后再经中和脱除 Fe、Al 后，采用硫化沉淀或中和沉淀等产出镍、钴富集物。

硫酸加压浸出处理红土镍矿可获得 90% 以上的镍、钴浸出率。但由于浸出在高温、高压下进行，对设备要求较高，投资较大；浸出渣含硫量高，难被综合利用，需配套尾矿处理系统；硫酸钙/铝矾盐/铁矾盐导致的结垢严重，需定期对高压釜进行除垢；运营费用和生产成本较高。

F　HPAL-AL 联合法

常规 HPAL-AL 联合法是指将加压酸浸（HPAL）与常压酸浸（AL）结合起来的两段浸出工艺，主要特点是 HPAL 段浸出液中的游离酸用于 AL 段的浸出，从而提高了酸的利用率，降低了酸耗。HPAL 段处理的矿通常为褐铁型红土镍矿，AL 段处理的矿通常为硅蛇纹石型红土镍矿。

在 HPAL-AL 的基础上，澳大利亚 BHP Billtion 公司提出了 EPAL（enhanced pressure acid leach）工艺。该法与 HPAL-AL 最大的不同是控制浸出液中的铁含量（<3g/L）。首先将 AL 段的蛇纹石型红土镍矿进行预混，即往矿浆中混入 Na^+、K^+、NH_4^+ 离子，然后使浸出液中 80% 的铁转化成黄铁矾沉淀。

在上述工艺的基础上，北京矿冶研究总院开发了 AL-HPAL 联合硫酸浸出法。该法与常规 HPAL-AL 法不同的是第一段（AL）处理褐铁型红土镍矿，而第二段（HPAL）处理蛇纹石型红土镍矿，如图 21-5 所示。该工艺具有原料适应性强，试剂消耗低、金属回收率高，加压浸出条件温和，缓解了加压釜结垢速度，投资和运营成本低等优点；缺点是褐铁型红土镍矿的浸出渣和蛇纹石型红土镍矿的浸出渣混合产出，矿中铁的价值不能很好体现。

21.2.2　主要技术经济指标

主要技术经济指标详见表 21-5~表 21-7。

21.2.3　环境及能耗

镍冶炼生产的有价金属在原料中含量很低，由于受现有技术水平制约，在提取过程中会产生大量的废水、废气、废渣。

镍冶金过程由于原料和处理工艺的差异，产生的废气成分不尽相同，因此废气治理方法也存在着较大差别。含镍硫化矿火法冶炼时，二氧化硫的治理就尤其重要；而含镍氧化矿火法冶炼，烟尘的回收和渣的堆存就很关键。

氧化矿镍的湿法处理中，含硫酸镁、硫酸锰废水的处理以及浸出渣的堆存需引起重视。

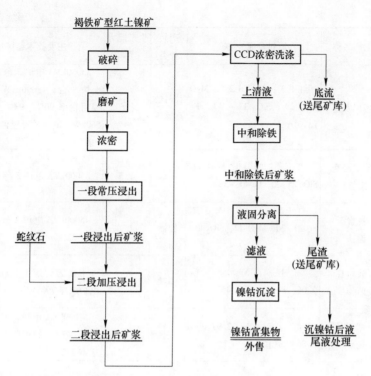

图 21-5　红土镍矿 AL-HPAL 工艺流程

表 21-5　全球主要 RKEF 镍项目主要技术经济指标

国别	工厂名称	原料及成分/%	产品种类	生产能力/万吨	主要技术经济指标
印尼	Pomala Plant	红土矿：Ni 2.2、Co 0.05、Fe 13、MgO 24、SiO$_2$ 38、CaO 0.4、Al$_2$O$_3$ 1.4	镍铁丸	1.1	
	Soroako Plant	红土矿：Ni 2.3、MgO 24、SiO$_2$ 35~40、Fe 20	高冰镍	4.5	焙砂耗油 75kg/t，镍回收率 90%，45000kV·A 电炉 3 台，电炉能耗 560~600kW·h/t-矿
日本	大江山冶炼厂（已停产）	红土矿：Ni+Co 2.5、MgO 20~24、SiO$_2$ 40~45、Fe 10~15	镍铁	1.3	回转窑高温还原产出粒铁，经磁选、跳汰富集产出镍铁合金，镍回收率 95%
	八户冶炼厂	红土矿：Ni+Co 2.5、MgO 20~24、SiO$_2$ 40~45、Fe 10~15	镍铁	2.6	回转窑还原温度 1000℃，铁还原率 60%，60000kV·A 电炉 1 台，镍铁合金含镍 13%~15%
	日向冶炼厂	红土矿：Ni+Co 2.5、MgO 20~24、SiO$_2$ 40~45、Fe 10~15	镍铁	1.8	铁还原率 60%，40000kV·A 电炉 1 台，电炉能耗 440kW·h/t-矿，镍铁合金含镍 23%

国别	工厂名称	原料及成分/%	产品种类	生产能力/万吨	主要技术经济指标
新喀里多尼亚	多尼安博	红土矿：Ni+Co 2.5、MgO 20～24、SiO_2 32～37、Fe 14～20	镍铁高冰镍	8.5	33000kVA 电炉 3 台，10500kVA 电炉 8 台，48000kVA 电炉 1 台，镍回收率 90%～93%，电炉能耗 660kW·h/t-矿，燃油 70～90kg/t-矿
马其顿	费尼马克冶炼厂	红土矿：Ni 0.8、MgO 12、SiO_2 25～30、Fe 40～45	镍铁	1.5	85000kVA 电炉 2 台
塞尔维亚	科索沃镍铁厂	红土矿：Ni 1.3、Co 0.07、Fe 20～30、MgO 12、SiO_2 40～50	镍铁	1.2	45000kVA 电炉 2 台，镍铁合金含镍 23%
乌克兰	波布日斯镍厂	红土矿：Ni 0.87、Co 0.06、Fe 22、SiO_2 45	镍铁		干燥无烟煤消耗 100kg/t-矿，电炉电耗 790kW·h/t-矿
哥伦比亚	塞罗马托萨厂	红土矿：Ni 2.97、Co 0.06、Fe 15	镍铁	3	51000kVA 电炉，镍铁合金含镍 42%～47%，镍回收率 88%，生产成本 3.22 美元/kg
多米尼加	博纳阿厂	高镁质硅酸镍矿：Ni 1.87、SiO_2 35、MgO 25、Fe 17	镍铁	3.3	55000kVA 矩形电炉 3 台，镍回收率 93%，电炉能耗 500kW·h/t-矿，镍铁合金含镍 32%～40%

表 21-6　全球主要还原焙烧—氨浸镍项目主要技术经济指标

国别	工厂名称	原料及成分/%	产品种类	生产能力/万吨	主要技术经济指标
菲律宾	诺诺克（已停产）	红土矿：Ni 1.23、Fe 37、Co 0.1	镍粉、镍块	3.1	吨镍消耗 35t 煤、1.94t NH_3，成本 6.6 美元/kg-镍
澳大利亚	雅布鲁精炼厂	红土矿：Ni 1.57、Fe 30、Co 0.1	烧结氧化镍	3	回收率镍 83%、钴 40%
古巴	尼卡罗精炼厂	高镁质硅酸镍矿：Ni+Co 1.3、MgO 29、SiO_2 35、Fe 12	烧结氧化镍	1.8	镍浸出率 85%，NH_3 消耗 410kg/t-镍，成本 1000 美元/t-镍
	切格瓦纳冶炼厂	高镁质硅酸镍矿：Ni+Co 1.3、MgO 29、SiO_2 35、Fe 12	烧结氧化镍	2.3	

表 21-7 全球主要 HPAL 镍项目主要技术经济指标[37]

国别	工厂名称	原料及成分/%	产品种类	产能/万吨	主要技术经济指标
澳大利亚	穆林穆林	红土矿：Ni 1.24	镍	4.5	酸耗 400kg/t-矿、镍钴回收率大于 95%，生产成本 5 澳元/kg-镍
	考斯（已停产）	红土矿：Ni 1.02、Co 0.07、Fe 18、SiO$_2$ 42、MgO 1.58	电解镍	1	酸耗 370kg/t-矿，镍钴回收率大于 95%
	布隆（已停产）	红土矿：Ni 1.9、Co 0.08、Fe 18、SiO$_2$ 42、MgO 1~2			酸耗 520kg/t-矿，镍钴回收率 94%
巴布亚新几内亚	瑞木	红土矿：Ni 0.9、Co 0.1	MHP	3.3	酸耗 270kg/t-矿，镍钴回收率大于 95%，加工成本 2.98 美元/kg-镍
古巴	毛阿	红土矿：Ni 1.32、Co 0.15	MSP	2.7	酸耗 250kg/t-矿，镍钴回收率大于 95%

21.2.4 各种方法的应用厂家、产量（表 21-8）

表 21-8 近年来世界主要红土镍矿项目一览

项目名称	公司	总投资额/亿美元	工艺及产品	设计产能/万吨-镍·年$^{-1}$	2015 年产量/万吨-镍·年$^{-1}$	2015 年产能利用率/%
新喀里多尼亚戈罗（Goro）	淡水河谷	43	高压酸浸（HPAL）/氧化镍	6.0	3.08	51.33
巴西巴罗阿尔托（Barro Alto）	英美资源	58	电炉/镍铁	4.1	2.8	68.29
巴西奥卡普马（Onca Puma）	淡水河谷	28.5	电炉/镍铁	5.3	2.4	45.28
巴布亚新几内亚瑞木（Ramu）	中冶金吉、高地太平洋	21	高压酸浸（HPAL）/镍钴氢氧化物	3.1	2.63	84.84
马达加斯加安巴托维（Ambatovy）	谢丽特、住友、韩国资源、拉瓦林	55	高压酸浸（HPAL）/镍钴硫化物/氢还原	6.0	4.73	78.83
新喀里多尼亚科尼安博（Koniambo）	嘉能可、浦项	60	电炉/镍铁	6.0	0.91	15.17
菲律宾塔甘尼托（Taganito）	住友金属矿业、亚洲镍业、三井	16	高压酸浸/镍钴混合硫化物	3.0	2.3	76.67
巴西韦尔梅柳（Vermelho）	淡水河谷	12	高压酸浸/电解镍	4.6		待建中

21.3 国内外镍冶金方法比较

经过近 30 年的迅速发展，我国镍冶金的工艺技术目前已接近和达到了国际先进水平，基本能生产与国外品质相同的镍产品，但在部分高品质镍产品的生产工艺上与国外先进水平还有一定的差距，例如羰基镍产品等。羰基法生产的镍丸、镍粉、镍复合粉等产品，纯度高、性能优异、附加值高，被广泛应用于特种合金、电子、航空、原子能、汽车等领域，工艺流程全部自动化，目前世界上只有少数发达国家拥有这一技术。

在羰基镍的生产工艺中，常用的方法有三种，即低压羰基法、中压羰基法和高压羰基法。低压羰基法始于 1902 年，以英国 Clydach 镍精炼厂为代表，在低温下，将经过硫化处理的金属镍和常压或低压状态的一氧化碳进行化学反应，生成羰基镍。工艺相对简单，但对原料成分要求严格，其中铁含量小于 0.3%，钴含量也要非常低，羰基镍的合成效率也比较低。

中压羰基法始于 1973 年，首先采用的是加拿大铜崖精炼厂；中压法主要是采取转动釜进行羰基合成，该方法技术先进，具有高程度的自动化水平，具有极高的镍提取率，但对生产设备的要求也非常高，尤其是转动釜技术较为复杂。

高压羰基法是由德国 BASF 工厂首先采用的工艺，可以对颗粒状态的冰镍进行处理，能够达到 95% 以上的镍提取率。高压羰基法具有较低的工程造价、很强的原料适应性、操作简单、镍提取率高。

国内目前还在研究中压羰基法工艺，目前仅金川集团和吉恩镍业有生产，年产量均不足 1000t[39,40]。

21.4 镍冶金发展趋势

全球硫化镍矿开发利用已日趋成熟和稳定，未来主要集中在氧化镍矿资源的开发利用上，氧化镍矿火法工艺处理能耗较高，如采用电炉熔炼，仅电耗就约占操作成本的 50%，目前主要处理高品位的镍红土矿。

处理中低品位镍红土矿的主要方法是湿法工艺，虽然成本比火法低，但湿法处理氧化镍矿工艺复杂、流程长、工艺条件对设备要求高[41]。

22 钴 冶 金

22.1 钴冶金概况

22.1.1 需求和应用

钴（Co），属过渡金属，具有磁性。在元素周期表中位于第 4 周期的 Ⅷ 族（铁族），原子序数为 27，金属钴密度 8.9g/cm³，熔点 1495℃，沸点 2870℃。

钴呈钢灰色，硬度和延展性高于铁，磁性弱于铁。钴化合价有 +2 和 +3，常温下与水和空气不起作用，能逐渐溶于稀盐酸和硫酸，易溶于硝酸。

由于具有不可替代的物理化学性能，钴应用领域广泛，包括可充电电池材料、超级合金、硬质合金、催化剂、釉料、磁性材料、医药等行业。人工合成的 ⁶⁰钴有强放射性，用来治疗癌症并用以检查金属铸件的裂缝。特别适合用于制作高效率的高温发动机和汽轮机等，因此钴基合金被广泛地应用在航空航天和现代军事领域中[44,45]。

22.1.1.1 全球精炼钴消费情况

全球钴消费量逐年增加，2015 年突破 10 万吨金属，2016 年为 10.4 万吨金属。2014 年电池行业用钴量占比首次超过了 50%，2016 年达到了 55%。总体来看，来自高温合金、硬质合金、金刚石工具以及硬面材料行业的需求逐年小幅增长，来自玻陶、催化剂行业的需求略有萎缩。

在过去的十几年中，钴的消费结构发生了很大变化，可充电电池行业逐渐替代了高温合金行业，成为钴的最大消费终端。2016 年，全球钴的化学应用占比约为 63%[46]。

22.1.1.2 中国精炼钴消费情况

2016 年中国钴消费量达到 4.74 万吨金属，其中电池行业的钴消费占比达到 77.4%。此外，高温合金领域对钴的需求也有较大增长，硬质合金、催化剂、磁性材料等行业对钴的需求相对稳定[47-50]。

22.1.2 资源情况

22.1.2.1 全球钴资源状况

钴大多伴生于铜、镍、锰、铁、砷、铅等矿床中，且含钴矿较低。根据美国地质调查局资料，2016 年世界钴的探明储量为 700 万吨金属，主要集中分布于刚果（金）、澳大利亚、古巴、菲律宾、赞比亚、加拿大、俄罗斯等国，上述国家钴储量总和约占世界总储量的 85.5%，见表 22-1[51-54]。

表 22-1 2016 年世界钴储量主要分布国家及其储量

国　家	储量（金属量）/万吨	储量占比/%
刚果（金）	340	48.61
澳大利亚	100	14.30
古　巴	50	7.15
菲律宾	29	4.15
赞比亚	27	3.86
加拿大	27	3.86
俄罗斯	25	3.57
马达加斯加	13	1.86
中　国	8	1.14
新喀里多尼亚	6.4	0.92
南　非	2.9	0.41
美　国	2.1	0.30
其他国家	69	9.87
合　计	699.4	100

资料来源：美国地质调查局 "Mineral Commodity Summaries, January 2017"。

全球钴资源的近 70% 集中分布在非洲，刚果（金）的钴资源约占全球的一半，澳大利亚、古巴、赞比亚，俄罗斯等也有一定储量。全球钴矿的供应也非常集中，嘉能可、自由港、欧亚资源和淡水河谷占了全球钴矿产量的 65%。

22.1.2.2 中国钴资源状况

中国钴矿资源主要伴生于金川公司的硫化镍铜矿中[55]。已知的钴矿产地有 150 余处，分布于 24 个省（区），主要分布在甘肃、山东、云南、河北、青海、山西等 6 省，以甘肃省储量最多，约占全国的 30%（表 22-2）。

表 22-2 2016 年中国钴储量 （金属量，万吨）

地区	矿区数	基础储量	储量	资源量	查明资源量
全国	220	6.7	2.67	60.31	67.01
河北	8	—	—	2.68	2.68
山西	4	—	—	1.04	1.04
内蒙古	13	0.86	—	1.88	2.74
辽宁	1	—	—	0.13	0.13

地区	矿区数	基础储量	储量	资源量	查明资源量
吉林	12	1.72	1.31	4.36	6.08
黑龙江	2	—	—	0.39	0.39
浙江	1	—	—	0.05	0.05
安徽	9	—	—	3.2	3.2
江西	4	—	—	0.47	0.47
山东	24	0.54	0.37	2.72	3.26
河南	2	—	—	1.57	1.57
湖北	16	0.32	—	1.89	2.21
湖南	5	—	—	0.4	0.4
广东	8	—	—	0.22	0.22
广西	9	—	—	0.4	0.4
海南	5	0.77	0.61	0.87	1.64
四川	14	0.57	—	5.19	5.76
贵州	2	—	—	0.02	0.02
云南	28	0.07	0.03	5.51	5.58
西藏	1	0.6	—	1.73	2.33
陕西	6	0.36	—	0.85	1.21
甘肃	14	0.25	0.17	13.03	13.28
青海	11	—	—	6.01	6.01
新疆	21	0.64	0.18	5.7	6.34

资料来源：国土资源部。

我国钴产量主要来自金川公司的硫化铜镍矿，近年来伴生副产钴量约在 1500t/a 左右。中国是贫钴资源国，钴原料的 95% 以上依赖进口[56-58]。

22.1.3 精炼钴产量

22.1.3.1 全球精炼钴生产情况

刚果（金）和赞比亚的大部分资源被嘉能可、自由港、欧亚资源等公司所掌控，自由港虽然在 2016 年将刚果（金）Tenke 项目出售给洛阳钼业，但是其在 Tenke 项目附近仍拥有一座世界级的铜钴矿山未被开发，未来一段时间欧美企业仍将在全球钴资源中占据主导地位，并对价格走势拥有绝对控制权[59]。

全球精炼钴产量从 2000 年的 3.56 万吨增至 2016 年的 10.64 万吨，中国精炼钴产量从 2000 年的 1000t 增至 2016 年的 5.76 万吨[60]。

亚洲是全球钴生产和消费最大的地区，中国是全球最大的精炼钴生产国、消费国和出口国，过去十来年中国精炼钴生产企业对钴原料需求量的持续快速增加，带动着刚果（金）和赞比亚含钴原料的出口。除了中国，芬兰、挪威、比利时、加拿大、赞比亚和马达加斯加等也有精炼钴的生产厂家[61]。

22.1.3.2 中国主要生产企业现状

2000 年中国精炼钴产量在全球的占比不到 3%，2015 年的占比就超过了 50%，全球钴产业向中国转移和集中的趋势非常明显[62]。我国钴生产企业在制造成本、下游产业链配套方面相比欧美及日韩企业具有一定的优势。

近年来我国钴行业集中度也不断提高，华友、金川、格林美、腾远、寒锐、佳纳是目前国内主要的钴冶炼企业。

22.1.4 科技进步

我国钴工业起源于 20 世纪 50 年代，1958 年勘探发现的金川铜镍钴矿，以及金川镍钴基地的开发建设，标志着我国镍钴工业发展的序幕[63]。

2000 年后，随着锂离子电池的发展，中国逐渐成为世界最大钴生产和消费大国。产品包括金属钴、四氧化三钴、氧化钴、氢氧化钴、氯化钴、硫酸钴、碳酸钴、草酸钴等。

2016 年国内众多厂商开始将精力投入到动力型镍钴锰三元材料的研发与产业化之中，厦门钨业、北大先行、宁波金和、天骄科技、中伟科技等陆续推出动力型镍钴锰三元材料产品。不过，由于结构方面的固有缺陷，镍钴锰三元材料作为动力电池正极材料在安全性能和循环性能方面仍需持续改进和提高[64]。

22.2 钴冶金工艺

22.2.1 中国钴生产厂商冶炼技术和生产工艺

目前中国钴精炼工艺全部为湿法冶炼工艺，其工艺流程如图 22-1 所示。钴原料经过还原浸出送往净化工序，分别采用黄钠铁矾除铁、LIX 系列萃取剂萃取除铜、P204 萃取除杂，和 P507 或 Cyanex272 萃取钴进行镍钴分离，生产氯化钴溶液外售或经深度净化后供给生产电积钴。电积钴生产采用国际先进的全氯化体系不溶阳极电积精炼技术，电钴作为产品销售，阳极产生的氯气送往氯气回收利用工序，阳极液在脱氯工序脱氯后送往配液工序，与阴极液和氯化钴新液配制后返回电积槽循环使用[69]。

22.2.2 中国钴生产厂商原料加工能耗情况

按照 3500t 钴金属量的金属钴生产线的生产能耗计算，主要能耗包括新鲜自来水、天然气、蒸汽（取代之前所用的煤气）以及电耗等主要指标。单吨精炼钴的生产能耗见表 22-3。

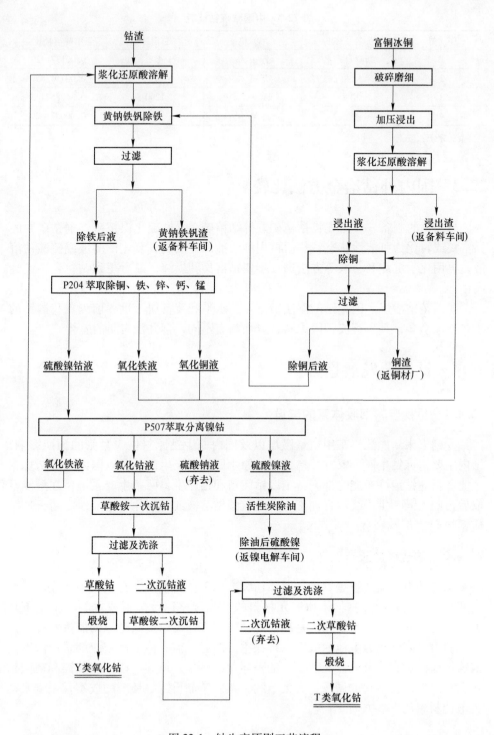

图 22-1　钴生产原则工艺流程

表 22-3　中国精炼钴能耗

序　号	名　称	单　位	总消耗	单吨消耗量
1	新鲜自来水	万 m³/a	4.8	0.001371429
2	天然气	万 m³/a	25	0.007142857
3	电力	kW·h/a	1200	0.342857143
4	蒸汽	万吨/年	2	0.000571429

资料来源：安泰科。

22.3　国内外钴冶金方法比较

当前钴的制备一般是先将钴精矿、砷钴精矿、含钴硫化镍精矿、铜钴矿中的钴富集或转化为可溶性状态，然后再用湿法冶炼方法制成氯化钴溶液或硫酸钴溶液，再用化学沉淀和萃取等方法进一步使钴富集和提纯，最后得到钴化合物或金属钴。

我国是钴冶炼大国，钴的湿法冶炼工艺水平和装备居于世界前列。我国钴的生产厂家众多，其生产流程因原料各异而略有不同，但并没有质的差异[70,71]。

22.4　钴冶金发展趋势

22.4.1　重视废料回收体系的建设

受到未来新能源汽车用钴量激增以及国内原生钴原料供应紧张的预期影响，国内主要精炼钴生产厂家难以有足够的原生原料用于生产，所以国内主要精炼钴企业在新建钴冶炼产能时都配备了以钴废料和钴原生料两条生产系统，在酸浸萃取后再归入同一生产线进行加工生产成硫酸钴溶液或者氯化钴溶液，之后再加工成钴盐产品。

22.4.2　钴盐镍盐液态生产三元前驱体

未来动力电池产量爆发后，对钴初级冶炼工艺要求不会有太大的变化，主要的变革是在三元材料前驱体和三元材料的产品规格以及降低成本的要求上下功夫。三元材料的一个重要趋势是高镍降钴，一方面可以提高电池的能量密度，另一方面可以降低动力电池的成本。现在主流的三元前驱体生产企业都采用液态硫酸镍、硫酸钴直接合成三元前驱体的一体化的流程，摒弃了以往硫酸镍和硫酸钴蒸发结晶后，再溶解的做法，大大节约了蒸发结晶再溶解环节的成本，是未来动力电池材料的发展方向[72-74]。

23　钒　冶　金

23.1　中国钒冶金概况

钒是一种高熔点稀有金属，作为重要的战略性资源，广泛应用于钢铁冶金、钛合金和化工三大领域。国内钒矿床较多，但多系共生或伴生矿，作为副产品综合回收利用。资源保障程度较高，属于优势资源[75]。其中，钒钛磁铁矿主要分布在四川攀西、河北承德地区等地区，占已开发利用80%以上。在目前技术条件下，钒钛磁铁矿是最主要的，也是最经济的提钒资源。含钒页岩（石煤）是我国另一种特有的一种低品位含钒资源[76]。

23.1.1　需求和应用

钒主要应用于冶金、航空航天和化学工业三大领域。世界范围内，钒在钢铁冶金行业中的消耗比例约占85%，在钛合金中的消耗约占10%，化学工业中约5%左右。中国在钢铁行业中的消费比例更高一些，达到91%[79,80]。

随着我国钢铁生产规模和品种结构的调整，钒在我国钢铁工业的消耗总量大幅度增加。从吨钢的消耗水平来看，我国钢铁产品中钒的应用水平还比较低：目前钒在钢中的消费强度世界平均水平约53g-钒/t-钢，欧美国家达到75~94g-钒/t-钢，我国仅52g-钒/t-钢，与发达国家相比仍有较大差距。

23.1.1.1　钒在钢铁领域的应用

在钢铁工业中，钒主要用于生产微合金钢和低合金钢：在结构钢中加入0.1%的钒，可提高强度10%~20%，减轻结构重量15%~25%，降低成本8%~10%。若采用含钒高强度钢，可减轻金属结构重量40%~50%，比普通结构钢成本低15%~30%[81]。

钒在不同类型、不同用途的钢种中，还具有许多不同的特殊的作用：在热处理钢中增加抗回火的能力；在高速钢中提高红硬性；在热强钢中改善抗蠕变性能；在耐蚀钢中改善抗腐蚀性能，以及抑制应变时效等[82]。

钒在我国钢铁品种中的应用领域如下：（1）特殊钢，包括工具钢、高速钢、模具钢、不锈钢、耐热钢等。（2）HSLA钢，涵盖建筑钢筋、造船、海洋工程、管线、桥梁、汽车等使用板、带、型钢等品种。（3）中碳结构钢，包括非调质钢、无缝管、合金结构钢。（4）热轧高碳钢，包括钢轨、线棒材、弹簧钢等。

（5）其他，包括轧辊、铸钢及铸铁材料。

A 高强度低合金钢（HSLA 钢）

作为高强度低合金钢（HSLA 钢）的微合金强化剂是钒的最大用途。HSLA 钢含钒在 0.05%~0.15% 之间。主要用于石油、天然气和汽车工业的板带钢和锻造、冷镦、建筑用钢。在建筑用 20MnSi Ⅱ 级螺纹钢筋成分的基础上，加入 0.04% 以上微量的钒可以大幅提高钢的强度，目前国家正在大力推广使用 HRB400 和 HRB500 级钢筋[83]。随着 HSLA 钢的快速推广，钒的使用量随之增加。

B 工具钢、模具钢和高速钢

工具钢及模具钢中的添加剂主要是铬、钼、钒或钨，含钒在 0.3%~5% 之间（表 23-1）。钢中加入钒，不仅可以细化晶粒，改善韧性，提高硬度、热硬性、耐磨性，而且可以减少开裂倾向性[84,85]。高速钢是含有大量用于二次硬化合金碳化物的工具钢，一般用于制造机床钻头和切刀。

表 23-1 含钒工具钢、模具钢和高速钢

钢 号	V 含量/%	钢 号	V 含量/%
W18Cr4V	1.00~1.40	W6Mo5Cr4V2	1.75~2.20
9W18Cr4V	1.00~1.40	W6Mo5Cr4V2Al	1.75~2.20
W12Cr4V4Mo	3.80~4.40	W6Mo5Cr4V5SiNbAl	4.20~5.20
W14Cr4VMnRe	1.40~1.70	W10Mo4Cr4V3Al	2.70~3.20
W12Mo3Cr4V3Co5Si	2.80~3.40		

C 工程结构用合金钢

含钒工程结构用合金钢（表 23-2）热处理后广泛用于海上设施和高压容器。含钒可焊接微合金板、带钢，在石油和天然气的高强度管线钢中，正发挥重要作用[86]。

表 23-2 含钒工程结构用合金钢

钢 种	钢 号	V 含量/%
MnVB	15MnVB，20MnVB，40MnVB，55SiMnVB	0.07~0.12
SiMnMoV	20SiMn2MoV，25SiMn2MoV，37SiMn2MoV	0.05~0.12
CrV/SiCrV	40CrV，50CrV，60Si2CrV	0.10~0.20
CrMoV	12CrMoV，35CrMoV，12Cr1MoV，25Cr2MoVA，25Cr2Mo1VA	0.10~0.30
CrNiMoV	45CrNiMoV	0.10~0.20

D 锻钢

无需热处理的钒微合金化非调质锻钢，目前在欧洲、日本和南美非常普遍，

代替了传统淬火回火的产品如连接杆、曲轴以及导向、悬架等系统的零件[87]。

E 轨道钢和其他合金钢

钒还用于合金结构钢、渗碳钢、轨道钢（含钒 0.08% ~ 0.12%）和一些特殊的合金不锈钢（含钒达 3%）等。

23.1.1.2 钒在非钢领域中的应用

非钢应用中约70%的钒用来生产有色合金和磁性合金。钛合金中的钒（添加量为1%）可作为强化剂和稳定剂；钛合金添加4%钒时，就具有好的延展性和成形性。Ti-6Al-4V 是众多钛合金中应用最广泛的一种，全世界每年消费约3500 ~ 4000t 钒铝中间合金。钒系化合物是重要的化工（硫酸催化剂、陶瓷、玻璃、生物制药等）着色剂和催化剂（表23-3），约占国内消费总量的3%[89]。

表 23-3 钒化合物在化学工业中的应用

钒化合物	用　途	最终应用领域
五氧化二钒 （V_2O_5）	把 SO_2 氧化为 SO_3 的催化剂	生产磷肥
	把环己烷氧化为己二酸的催化剂	生产尼龙
偏钒酸铵（NH_4VO_3）	把 SO_2 氧化为 SO_3 的催化剂	生产磷肥
	把苯氧化为顺丁烯二酸酐的催化剂	生产不饱和聚酯（涤纶等）
	把萘氧化为苯二酸酐的催化剂	生产聚氯乙烯
三氯氧钒（$VOCl_3$）	用作乙烯和丙烯的交联	生产乙烯、丙烯和橡胶
四氯化钒（VCl_4）	合成橡胶的催化剂	合成橡胶

23.1.2 资源

钒在自然界分布很广，已发现含钒矿物约 70 余种，其中分布最为广泛的钒钛磁铁矿是提取钒的主要的原料，选矿精矿中 V_2O_5 通常可富集到 0.5%以上[90]。

钒钛磁铁矿的特点是：钒以类质同象赋存于钛铁矿-磁铁矿系列中，无法通过物理选别的办法来获得钒的独立相，只能依附钢铁流程使钒进入铁水，采用吹钒工艺生产出钒渣（含 V_2O_5 约 10% ~ 20%），再进一步提取生产钒制品[91]。

我国碳质页岩（石煤）储量较大、分布广、结构复杂，含 V_2O_5 多在 0.1% ~ 0.5%，总量达 $1.18×10^8$ t，占我国 V_2O_5 储量的 85%以上，其中现阶段有工业开采价值（V_2O_5 含量 0.8%以上）的约 800 万吨。含钒石煤资源的特点是：物质组成较复杂，钒的赋存状态和赋存价态变化多样，分散细微[92]。

据美国国家地质调查局（USGS）数据，目前全球钒资源总量超过 6300 万吨（钒金属量，下同），储量约 2000 万吨，主要分布于俄罗斯、中国、南非等国的钒钛磁铁矿中（表23-4）。

表 23-4　2017 年世界钒资源储量　　　　　（钒，万吨）

国家和地区	储量	国家和地区	储量
中国	900	澳大利亚	210
俄罗斯	500	美国	4.5
南非	350		
全球总计	2000		

数据来源：USGS。

全球已探明的钒钛磁铁矿储量约 157 亿吨，其中我国已探明储量 110 亿吨，远景储量达 300 亿吨以上，主要分布在四川攀西地区、河北承德地区等地区。已开发的含钒石煤矿主要分布在湖北、湖南及甘肃等地。国土资源部资料显示，2016 年底，我国共探明 327 个含钒矿区，储量 348.9 万吨 V_2O_5，基础储量 951.8 万吨 V_2O_5，资源量 5450 万吨 V_2O_5[93]。

23.1.3　钒产量

当前，世界钒生产主要集中在中国、俄罗斯、南非和巴西，世界钒年产能折合 V_2O_5 总计约 24.2 万吨，2017 年实际产量约 15.1 万吨[94]（表 23-5）。其中，中国钒产能约 13.1 万吨，2017 年实际产量 9.7 万吨，在全球的占比为 54.1% 及 64.2%[95]（表 23-6）。

表 23-5　世界主要钒生产商情况

名　　　称	产能/万吨-V_2O_5·年$^{-1}$	原　　料
鞍钢集团攀钢公司	4.0	钒渣
河钢集团承钢公司	2.2	钒渣
俄罗斯（Evraz）控股公司	3.0	钒渣、燃油灰渣、铁磷矿渣、废催化剂
嘉能可 Glencore（Xstrata）	1.2	钒钛磁铁矿
Vanchem Vanadium Product（Pty）Ltd	1.0	钒钛磁铁矿、钒渣
Windimurra	1.12	钒钛磁铁矿
北京建龙重工集团有限公司	1.4	钒渣
奥地利 Treibacher Industrie AG	1.0	钒渣
加拿大 Largo 资源公司	0.96	原生钒矿
捷克、德国、加拿大、日本、印度、泰国、中国台湾等	1.2	矿渣、废催化剂、燃油灰渣等
中国其他厂商	6.5	钒渣、废催化剂、石煤
全球总计	24.2	

表 23-6　中国钒产量　　　　　　(V_2O_5，万吨)

年份	2006	2007	2008	2009	2010	2011
产量	4.1	4.5	5.3	6.15	6.88	7.85
年份	2012	2013	2014	2015	2016	2017
产量	7.74	10.48	10.49	8.69	8.70	9.70

23.1.4　科技进步

　　1979 年攀钢雾化提钒工艺成功实现产业化，使我国成为钒出口国[97]。1995 年攀钢用转炉顶吹提钒取代了雾化提钒，独创了攀钢特有的转炉顶吹提钒技术，创造了钒回收率、生产能力、提钒转炉炉龄的世界最好水平[98]。2005 年攀钢转炉复吹提钒工艺取得成功，进一步提高了钒回收率和钒渣品位[99]。2006 年攀钢钒渣产量达到 18 万吨。

　　1989 年年底，攀钢建成了设计能力年产 2000t 的五氧化二钒生产线。自主创新开发了煤气还原生产三氧化二钒及用 V_2O_3 冶炼钒铁技术。开发出具有世界领先水平的钒氮合金生产技术。2002 年 6 月 300t 钒氮工业试验推板窑建成并投入运行，打破了美国战略矿物公司的钒氮全球独家垄断。

　　由于传统的以钢铁为主导的高炉—转炉工艺无法高效回收钛资源，流程长、投资大、能耗高、污染大，发展以钛为主导的钒钛磁铁矿非高炉炼铁工艺已成为研究热点和方向[100]。

23.2　钒冶金主要方法

23.2.1　冶金方法及主要技术特点

　　目前，国内钒钛磁铁矿的处理采用的是高炉—转炉工艺，钒钛铁精矿经烧结球团造块后送入高炉冶炼，在高炉冶炼过程中钒大部分被还原进入铁水，含钒铁水经转炉吹炼获得钒渣，并进一步生产各种钒制品[101]。工艺优点是生产效率较高、规模大，缺点是钛资源得不到高效的回收利用。同时，高炉法还存在流程长、投资大、能耗高、污染大等问题，从综合利用的角度来看，高炉法并不适合作为钒钛磁铁精矿综合利用的发展方向[102]。

　　石煤提钒工艺发展为两大工艺路线，即火法焙烧湿法联合提钒工艺和全湿法提钒工艺。火法焙烧湿法联合提钒工艺，指的是矿石经过高温氧化焙烧，低价钒氧化转化为五价钒，再进行湿法浸出得到含钒液体实现矿石提钒的工艺过程；全湿法提钒工艺主要围绕酸浸开展，含钒原矿直接进行酸浸，经固液分离后浸出液用氨水中和至 pH = 2.8，萃取后氨水或铵盐沉淀，在 550℃煅烧制得 V_2O_5[103]。

23.2.1.1 钒铁

国内外冶炼钒铁所采用的工艺有电硅热法、电铝热法、碳热法、炉外铝热法等[104]。目前的主流工艺是电硅热法和电铝热法。

电硅热法是以氧化钒为原料、生石灰为造渣剂，采用硅铁、铝（硅铝铁）做还原剂，电弧炉加热生产钒铁。电硅热法冶炼的钒铁含钒品位一般为 35%～60%，钒的收得率在 97%以上，合金成分可以在线调整，成本较低，但难于冶炼含钒大于 60%的钒铁[105]。

电铝热法以氧化钒（V_2O_3）、铁屑为原料，加少量石灰造渣，金属铝做还原剂及热源，电弧炉补热生产钒铁。电铝热法因对原料、炉衬材料质量要求高及还原剂昂贵，一般只用于品位在 75%以上的高钒铁生产。该工艺产品质量好、杂质低、生产效率高、劳动强度低、冶炼渣量小；其工艺不足是合金成分不能在线调整、金属收得率约 94%～96%、成本较高[106]。

23.2.1.2 钒氮合金

钒氮合金是一种优异的合金添加剂，主要应用于高强度钢、非调质钢、高强度带钢的生产中。制备钒氮合金的设备有微波炉、ZR 真空炉、管式炉、轨道式真空炉等，已工业化生产的主要有竖式中频炉法和推板窑法。采用 V_2O_5 为原料是目前钒氮合金生产的主流工艺[108]。推扳窑是国内目前普遍采用的相对成熟的生产设备，其生产工艺趋向成熟[109]。

23.2.1.3 全钒液流电池（钒电池）

全钒液流电池是一种电化学储能装置，通过电解液中活性物质——钒离子的价态变化，实现电能与化学能的转化，从而实现电能的存储与释放。全钒液流电池因其安全性高、使用寿命长、可实时直接监测其充放电状态等特点，已成为规模储能技术领域的首选储能设备之一[110]。

23.2.2 主要技术经济指标

23.2.2.1 钒铁

（1）电硅热法。钒回收率达 97%～98%，冶炼时间 80min，冶炼 1t 钒铁（40%V）单耗见表 23-7。

表 23-7 冶炼 1t 钒铁（40%V）单耗 　　　　　　　　（kg/t）

V_2O_5	FeSi75	铝锭	钢屑	石灰
330～740	380～400	60～80	390～410	1200～1300

（2）电铝热法。攀钢西昌钢钒有限公司采用大型倾翻炉电铝热法冶炼钒铁，冶炼回收率大于 95%；铝耗 420～450kg/t-钒铁（50%V），冶炼周期 180min。

23.2.2.2 钒氮合金

钒氮合金在密闭条件下生产，钒回收率可达99%以上。

23.2.3 环境及能耗

23.2.3.1 钒铁

电硅热法生产1t钒铁（40%V）综合电耗1600kW·h，冶炼电耗1520kW·h。电铝热法综合电耗约1400~1500kW·h。

23.2.3.2 钒氮合金

在能耗方面，推板窑生产单位产品电耗约为5000~6000kW·h，与竖式中频炉（单位产品电耗超过8000kW·h）相比具有优势。

23.2.4 钒生产企业

国内主要钒生产企业基本情况见表23-8。

表 23-8 国内主要钒生产企业基本情况

企业名称	产品	年产能/t	工艺及设备
陕西丰源钒业科技发展有限公司	钒氮合金	9600	推板窑
攀钢集团	钒氮合金	10800	推板窑
河北钢铁集团承钢公司	钒氮合金	2400	推板窑
陕西五洲矿业有限公司	钒氮合金	7200	推板窑
中色东方集团有限公司	钒氮合金	3600	推板窑和中频炉
湖南汉瑞新材料科技有限公司	钒氮合金	2400	中频炉
攀钢集团	钒铁	9600	电炉
河北钢铁集团承钢公司	钒铁	8400	电炉
新万博金属材料有限公司	钒铁	9600	铝热法、电炉
攀钢集团	五氧化二钒	42000	回转窑、电炉
河北钢铁集团承钢公司	五氧化二钒	19200	回转窑
陕西五洲矿业有限公司	五氧化二钒	4800	石煤提钒

23.3 国内外钒冶金方法比较

南非、澳大利亚等国家对含钒较高的钒钛磁铁矿（精矿中V_2O_5>1%），采用只回收其中的钒的工艺。采用回转窑或多膛炉将精矿氧化钠化焙烧、水浸、沉淀而获得V_2O_5[111]。

南非、新西兰等采用回转窑—电炉流程，先将钒钛磁铁矿在回转窑中预还原，然后将得到的预还原产品热装进入电炉继续还原，得到含钒铁水，吹炼得到 V_2O_5 渣，吹钒后的半钢用转炉冶炼成钢水[112]。电炉得到的电炉渣含 TiO_2 32% 左右，丢弃或作为铺路材料[113]。

全球主要钒生产企业工艺比较见表 23-9。

表 23-9　全球主要钒生产企业工艺比较

企业名称	提钒工艺路线	优缺点
南非海威尔德钢钒公司	钒钛磁铁矿精矿造球—回转窑直接还原得到金属化球团—电炉炼铁—摇包提钒—转炉炼钢	优点：不占用炼钢设备，寿命长，设备简单，渣铁分离较好，钒/铁回收率高（91.6% 和 93%），钒氧化率高（93%）。 缺点：提钒时间长，产量低，耗氧高
俄罗斯下塔吉尔钢铁公司	钒钛磁铁矿烧结矿或球团矿—高炉冶炼出含钒铁水—氧气顶吹转炉提钒—钒渣	优点：生产效率较高、规模大。 缺点：不回收钛，副产大量高钛型炉渣，钛资源大量流失，环保压力大，工艺流程较长
新西兰钢铁公司	钒钛磁铁矿精矿造球—回转窑直接还原得到金属化球团—电炉炼铁—铁水包提钒	钒渣品位达 18%~22%，铁水包金属液面至罐口之间高度要大，否则喷溅较严重
承德钢铁公司	钒钛磁铁矿烧结矿或球团矿—高炉冶炼出含钒铁水—顶底侧三点复吹转炉提钒—钒渣	优点：生产效率较高、规模大，顶底侧多点复吹可显著提高钒渣品位和钒回收率。 缺点：不回收钛，副产大量高钛型炉渣，钛资源大量流失，环保压力大，工艺流程较长
攀钢集团	钒钛磁铁矿烧结矿或球团矿—高炉冶炼出含钒铁水—转炉顶底复合吹炼—钒渣	优点：生产效率较高、规模大。 缺点：不回收钛，副产大量高钛型炉渣，钛资源大量流失，环保压力大，工艺流程较长
建龙集团	钒钛磁铁矿烧结矿或球团矿—高炉冶炼出含钒铁水—转炉顶底复合吹炼—钒渣	优点：生产效率较高、规模大。 缺点：不回收钛，副产大量高钛型炉渣，钛资源大量流失，环保压力大，工艺流程较长
Xstrata	钒钛磁铁矿精矿（V_2O_5>1%）钠化焙烧—水浸提钒	优点：原料处理简单，钒回收率高，从精矿到氧化钒回收率达 80%。 缺点：处理物料量大，设备投资大，动力消耗大，不回收铁
陕西五洲矿业有限公司	高效浸出—石灰石中和—萃取反萃—无铵水解沉钒	优点：浸出、萃取率高，废水实现循环利用

石煤提钒工艺比较见表23-10。

表 23-10　石煤提钒工艺比较

项目	焙烧提钒（火法提钒）			湿法提钒
工艺名称	钠化焙烧	钙化焙烧	无盐焙烧（空白焙烧）	直接酸浸
工艺流程	石煤—细磨—食盐焙烧—水浸—沉钒—碱溶—铵沉—偏钒酸铵热解—V_2O_5	石灰石与石煤造球—焙烧—碳酸化浸	空白焙烧—酸浸—萃取（离子交换）—沉钒—煅烧	石煤—细磨—酸浸—萃取/反萃—氧化—铵沉—热解—V_2O_5
工艺优点	设备简易，成本低，工艺流程简单	无废气污染，实现工艺水的循环利用	无添加物，烟气污染少，酸浸浸出率较高	设备投资较少，能耗较低，资源利用率高
工艺缺点	V_2O_5总回收率50%，资源综合利用率低，环境污染重	装置投资较大，成本偏高	浸出杂质较多，工艺流程复杂，矿石适用性差	浸出条件较苛刻，酸耗高，废水压力较大

23.4　钒冶金发展趋势

国内钒钛磁铁矿资源综合利用水平还不高，传统的"高炉—转炉"流程能回收铁和钒，而钛资源进入高炉渣（TiO_2 22%~25%%）得不到有效利用。非高炉冶炼—电炉深度还原工艺成为我国钒钛磁铁矿综合利用并实现工业化的发展方向[117]。

石煤提钒需要进一步优化工艺过程，降低生产成本。继续加强提钒尾渣和工艺废水的处理研究，减少或消除提钒过程对环境的影响。

钒铁生产需要改变当前"固体废弃物"多、烟尘重、作业环境差的传统生产局面、实现绿色生产。按照循环经济理念建设万吨级、全系列钒铁清洁生产线。

钒氮合金大规模生产宜采用推板窑法。双推板窑余热利用应进一步完善，使其向着更低能耗、更环保的方向发展。

目前钒铝合金的研究主要集中在降低产品杂质、提高产品品质上，有必要系统研究钒铝合金的微观组织对合金使用性能的影响。我国钒铝合金宇航级产品很少，大部分产品品质低，且规模小、控制水平低、能耗高，宜采用先进技术、先进设备，提升生产水平，开发出宇航级产品。

24 锡 冶 金

24.1 锡冶金概况

24.1.1 需求和应用

锡的消费主要集中在焊料、锡化工、镀锡板、浮法玻璃、锡青铜等领域，以焊料、锡化工、镀锡板为主，占总量的80%左右。从近年的发展趋势来看，焊料领域用锡量基本保持稳定，镀锡板领域用锡量逐渐下降[118]。亚洲是全球的锡消费中心。1950~2015年欧洲锡消费所占比例由41.9%下降至16.4%，北美由45.2%下降至9.4%，南美由2.9%下降至2.6%，亚洲由7.3%增长至71.8%[119]。2016年全球精锡消费量约为34.89万吨，同比增长0.6%；中国是世界最大的精锡消费国，2016年消费量为15.78万吨，占全球总消费量的45.2%[120]。

锡的新用途主要集中在新材料、新能源、生物医药等领域。未来比较有应用前景的新方向有燃油催化、锡基阻燃、医药制剂、燃料电池、太阳能电池、锂离子电池等。

24.1.2 资源状况

锡在地壳中元素丰度为2.5×10⁻⁶，目前已知锡的独立矿物有近50种，主要分为自然元素和合金、氧化物和氢氧化物、铌钽酸盐、硅酸盐和硼酸盐等五类[123]。目前有工业价值的锡矿物仅有锡石和黝锡矿，以锡石为主[124]。

全球大部分锡矿床分布在环太平洋沿岸地区，可划分为8个矿床较集中的矿化区：北美区、中南美区、欧洲区、非洲区、东南亚区、澳大利亚区、前苏联区和中国区。最重要的矿化区是东南亚区，该区北起缅甸的掸邦，南至印度尼西亚的勿里洞岛，全长3000km以上，以砂锡矿为主[125]。

从国度来看，锡矿资源主要分布在中国、印度尼西亚、巴西、澳大利亚、秘鲁、玻利维亚、俄罗斯、马来西亚、泰国等国家。根据美国地质调查局（USGS）统计，2016年全球锡资源储量480万吨，其中中国锡资源储量110万吨，是世界上锡矿资源最为丰富的国家，锡资源储量位居世界第一。

　　中国共探明锡矿区数 446 处，分布于 18 个省（区）。我国锡矿资源主要有以下特点：（1）锡矿分布高度集中。主要分布于云南、广西、广东、湖南、内蒙古、江西等六省份，保有储量占全国总量的 98.57%，其中云南、广西、内蒙古三省区保有储量占比达到 82.72% 以上。（2）锡矿床类型以原生脉锡矿为主，占总储量的 80%，且品位低。砂锡矿占总储量的 16%，而砂锡矿中又以难选的高铁残积砂锡为主。（3）共伴生组分多，综合利用率低。作为单一矿产的锡矿只占全国储量的 36.2%，作为主矿产的锡矿占全国储量的 36.9%，作为伴生组分的锡矿占全国储量的 26.9%[126]。

24.1.3　金属产量

　　2016 年全球精锡产量为 33.89 万吨，全球五大锡生产国为中国、印度尼西亚、马来西亚、秘鲁和玻利维亚。

　　中国锡产量常年位居世界第一，云南锡业集团（控股）有限责任公司（云锡）是世界最大的锡冶炼企业，来宾华锡冶炼有限公司（华锡）、云南乘风有色金属股份有限公司（乘风）、个旧市自立矿冶有限公司（自立）等企业产量均居世界前十之列。据国际锡协（ITRI）统计，2016 年中国精锡产量为 16.5 万吨，占全球总产量的 48.7%，其中再生精锡产量 2.87 万吨，占全球再生精锡总产量的 52.2%。2006~2016 年中国及世界精锡年产量如图 24-1 所示[127]。

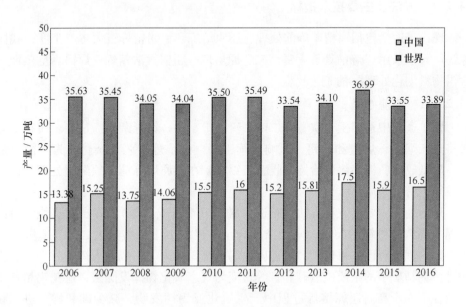

图 24-1　2006~2016 年中国及世界精锡年产量

（数据来源：ITRI，中国有色金属工业协会）

24.1.4 科技进步

中国是世界锡产业大国，在锡资源储量、产量、消费量等方面占据世界第一位，我国锡冶炼技术水平也长期处于世界领先地位。

1963 年，我国第一座烟化炉投产，处理贫锡炉渣（约 5%Sn）。1965 年，我国用烟化炉硫化挥发法直接处理富锡炉渣获得成功，完全取代了传统的加石灰熔炼法，现今此法已被世界各国炼锡厂广泛采用。同年，在柳州冶炼厂建成了我国锡工业第一座锡精矿流态化焙烧炉。1973 年，云锡用烟化炉处理锡中矿（约3.5%Sn）获得成功。2007 年，云锡烟化炉富氧熔炼技术开发成功。在火法精炼中，我国采用自制单柱悬臂式离心过滤机处理乙锡，产出甲锡和离心析渣。以电热连续结晶机脱除粗锡中铅和铋，用真空蒸馏炉处理结晶机产出的粗焊锡，成为我国锡火法精炼的特色之一[131]。

近十年来，锡矿成分日趋复杂，二次资源回收得到的含锡复杂合金产量不断增加，对熔炼和精炼提出了更高的要求，形成了顶吹熔炼—烟化炼锡和复杂锡合金真空蒸馏精炼两项新技术。

24.2　锡冶金主要方法

24.2.1　方法及主要技术指标

现代锡冶金包括锡精矿炼前处理、还原熔炼和粗锡精炼三大生产工序，我国炼锡厂大多采用"炼前处理—锡精矿还原熔炼—粗锡火法精炼—焊锡真空蒸馏—含锡物料烟化处理"的工艺流程。

24.2.1.1　炼前处理

锡矿资源中常伴生有铁、砷、锑、硫、铅、铋、钨等杂质。这些杂质在熔炼时将进入烟尘、炉渣和粗锡，影响后续工序，使精炼工艺复杂化。为了简化流程、降低成本、提高锡的冶炼回收率，锡精矿在还原熔炼前必须经过处理，以降低或除去有害杂质。

炼前处理主要有三种方法：精选（磁选、重选或浮选）、浸出和焙烧，目的是提高锡精矿中锡的品位，降低杂质含量。浸出由于耗酸量大，对环境危害严重，国内炼锡厂已不再使用。目前国内锡冶炼厂均采用焙烧进行炼前处理，其作用是使锡精矿中的杂质硫、砷和锑等转变为气态氧化物挥发除去，避免锡精矿中的硫在下一步高温还原熔炼过程中产生硫化亚锡挥发物，减少砷和锑等进入粗锡，影响粗锡精炼过程，从而提高锡冶炼直接回收率，降低冶炼生产成本。焙烧方法按采用的焙烧主体设备分为多膛炉焙烧、回转窑焙烧、流态化炉焙烧等[131]。

（1）多膛炉焙烧。多膛炉焙烧炉分人工扒料和机械扒料两种，操作简单，焙烧气氛容易控制，脱砷等指标可以达到95%以上，焙砂含砷低于0.2%，烟尘量少，但处理量较低，人工、燃料和机械设备费用大，目前已基本被淘汰。

（2）回转窑焙烧。回转窑由旋转的圆筒形窑体和位于窑体两端的供热装置以及进料、烟气排出等装置组成。回转窑作业运行稳定，操作简单，适应物料范围广，气氛易于控制，焙烧效果好，适用于锡冶金中的各类焙烧。

（3）流态化炉焙烧。流态化焙烧炉具有炉床能率高，结构简单，脱硫、脱砷率高，烟气、烟尘量少，燃料消耗低，生产成本低，经济效益好等优点，在锡精矿预处理过程得到广泛应用。

锡精矿的多膛炉焙烧、回转窑焙烧及流态化炉焙烧技术经济指标见表24-1。

表 24-1 锡精矿焙烧的技术经济指标

项　目	沸腾炉	回转窑	多膛炉	备　注
炉床指数	10~16	1.1~1.5	2~3	
焙砂产出率/%	92~96	90~93	80~90	
焙砂锡直收率/%	≥98.5	90~98.5	90~98.5	沸腾炉高温收尘密闭连续返料计入直收
焙砂锡平衡率/%	99.2~99.5	98.5~99.24	98.5~99	
脱砷率/%	75~85	80~92	85~95	焙烧温度800~960℃
脱硫率/%	85~96	70~90	75~85	焙烧温度800~960℃
焙砂含砷/%	0.4~1	0.3~0.8	0.08~0.6	焙烧温度800~960℃
焙砂含硫/%	0.2~0.6	0.3~1	0.3~0.8	焙烧温度800~960℃

24.2.1.2 锡精矿的还原熔炼

还原熔炼是冶炼锡精矿的唯一方法，还原熔炼的目的是将锡精矿中的 SnO_2 还原成金属锡，同时使铁和脉石成分造渣而与锡分离。锡精矿还原熔炼一般是采用固体碳作为还原剂，与锡精矿中的氧化物发生还原反应，反应生成含有杂质的粗锡和炉渣[131]。粗锡品位一般大于80%，主要取决于锡精矿成分、炼前处理及熔炼流程的变化，粗锡含有铅、锑、铁、砷、铋、铜、铝、硫等杂质。精矿中的脉石成分（如 Al_2O_3、CaO、MgO、SiO_2 等）、固体碳中的灰分、配入的溶剂等形成以氧化亚铁、二氧化硅、氧化钙为主的炉渣。

还原熔炼的设备有鼓风炉、反射炉、电炉、澳斯麦特炉等。其中鼓风炉基本被淘汰，电炉和澳斯麦特炉正逐步取代反射炉成为炼锡的主力设备。

A　反射炉熔炼

锡精矿反射炉熔炼是将锡精矿、熔剂和还原剂三种物料，经配料、混合后加入炉内，通过燃料燃烧产生的高温（1400℃）烟气，以辐射传热为主加热炉内的炉料，在高温下进行还原熔炼，产出粗锡与炉渣，经澄清分离后，分别从放锡口和放渣口放出[132]。粗锡流入锡锅自然冷却后送去精炼。与此同时，产出的炉渣含锡往往在 10% 以上，可在反射炉再熔炼，或送烟化炉硫化挥发以回收锡。

锡精矿反射炉还原熔炼过程以前采用两段熔炼法，即先在较弱的还原气氛下控制较低的温度进行弱还原熔炼，产出较纯的粗锡和含锡量较高的富渣；放出较纯的粗锡后，再将富渣在更高的温度和更强的还原气氛下进行强还原熔炼，产出硬头和较贫的炉渣，硬头则返回到弱还原熔炼阶段。由于原矿品位不断下降，锡精矿中含铁较高导致硬头量大，为此国内外许多采用反射炉熔炼的炼锡厂，大都采用富渣硫化挥发法来分离锡和铁，即硫化挥发法产出的 SnO_2 烟尘（含铁很少）取代硬头（Sn-Fe 合金）和返回再熔炼。

锡精矿反射炉还原熔炼对原料的适应性强、燃料无特殊要求、生产规模适应性强、炉内气氛容易控制和设备操作方便；但是其热效率低、燃料消耗高、炉床能力较低、设备占地面积大及维修费用高，已经逐渐被强化熔炼方法取代。

B 电炉熔炼

炼锡的电炉一般为电弧电阻炉，通常为圆形，由三根电极供入三相交流电，靠电极与熔渣接触处产生电弧，电流通过炉料和炉渣发热，从而进行还原熔炼。

电炉熔炼对原料的适应性强，除锡精矿外，还可以处理各种锡渣、烟尘。根据原料的不同及渣型的选择，配入的溶剂种类也有差异。电炉熔炼所用还原剂有无烟煤、焦炭、木炭等。锡精矿电炉还原熔炼一般产出粗锡、炉渣和烟尘，粗锡送精炼处理产出精锡，炉渣经贫化回收锡后废弃，烟尘返回熔炼或单独处理。电炉对铁的含量要求严格，当铁含量达到 10%~16% 时会严重影响电炉作业指标。

炼锡电炉具有热效率高、渣含量低、烟气量少、还原性气氛强、原料的适应性强及锡直收率高等优点。

C 澳斯麦特炉熔炼

澳斯麦特熔炼技术是一种典型的喷吹熔池熔炼技术，其核心是通过一支经特殊设计的喷枪，从炉顶部插入垂直放置的呈圆筒形炉膛内的熔体之中，空气（或富氧空气）和燃料（油、天然气或粉煤）从喷枪末端喷入熔体，在炉内形成剧烈翻腾的熔池，完成一系列的物理化学反应[132]。

在澳斯麦特炉熔炼过程中，燃料随空气通过喷枪喷入炉体内部，燃料直接在物料的表面燃烧，高温火焰可以直接接触传热。由于熔体不断搅动，强化了对流传热，大幅度提高热利用效率，故能耗显著降低。澳斯麦特熔炼过程可以通过调节喷枪插入深度、喷入熔体的空气过剩量或加入的还原剂的量和加入速度，以及通过阶段性放出生成的粗金属等手段，达到控制反应平衡的目的，从而控制铁的还原，制取含铁较低的粗锡和含锡较低的炉渣。

澳斯麦特技术是目前世界上最先进的锡强化熔炼技术，主要体现在熔炼效率高且强度大、处理物料的适应性强、热利用率高、环保条件好、自动化程度高、中间返回品占用资金少、占地面积小等。

锡精矿熔炼的技术经济指标见表 24-2。

表 24-2　锡精矿熔炼的技术经济指标

项　目	反射炉	电　炉	澳斯麦特炉
炉床能力/t·$(m^2 \cdot d)^{-1}$	1.80~2.20	4~4.5	18.22
锡直收率/%	73.60~78.0	85~94	65~78
燃料消耗率/%	28.0~34.0		
产渣率/%	31~37	20~30	28~39
渣含锡率/%	14~16	3~10	3~6
还原剂率/%			17~23
年生产时间/d	300	300	300
锡总回收率/%	98.89	98.5~99	98.0~99.8
烟尘产率/%	10.2~12.1	3~5	18~24

24.2.1.3　粗锡精炼

锡精矿还原熔炼产出的粗锡常含有铁、砷、锑、铜、铅、铋等杂质，无法达到 GB/T 728—2010《锡锭》对精锡质量的要求，需对其进行精炼。粗锡精炼有火法精炼和电解精炼，电解精炼存在环保成本高、电解过程中大量金属被积压等问题，目前世界上大多数炼锡厂采用火法精炼。

火法精炼是由一系列的作业组成的，每种作业能够除去一种或几种杂质，而有些杂质需要在几道作业中逐步除去[133]，主要流程包括熔析—凝析法除铁、砷，离心除铁、砷，加铝除砷、锑，加硫除铜，结晶分离除铅、铋；真空蒸馏除铅、铋。粗锡火法精炼流程如图 24-2 所示。

粗锡火法精炼的生产能力较高，生产过程中积压的锡量较少，是目前通用的技术。粗锡火法精炼工序的经济技术指标见表 24-3[134-136]。

表 24-3　某锡冶炼厂粗锡火法精炼的技术经济指标

项　目	火法精炼
锡直收率/%	79.23
锡总回收率/%	99.19
燃料消耗率/%	15.11
碳渣率/%	4.34
铝渣率/%	7.27
烟尘产率/%	2.66
能耗	0.2141tce/t-精锡

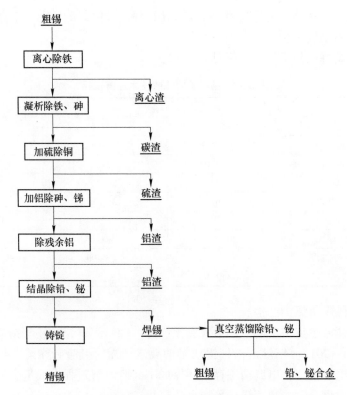

图 24-2　粗锡火法精炼流程

24.2.1.4　含锡物料的烟化炉处理

含锡物料包括锡炉渣、低品位锡精矿和锡中矿等，硫化挥发法（烟化法）是目前世界上处理含锡物料最有效、最先进的技术。

含锡物料的烟化炉处理是在液态炉渣中鼓入燃料（粉煤或燃料油）空气混合物与硫化剂（黄铁矿粉末）并强烈搅拌，使渣中锡变成 SnS 挥发，部分呈 SnO 挥发，在气流中最后变为 SnO_2 烟尘，收集后返回熔炼。

烟化炉处理工艺流程简单，物料适应性强，锡挥发效率高，机械化、自动化程度高，处理能力大，生产成本低，能把原料中的锡与铁彻底的分离，避免了铁在冶炼过程中的恶性循环[137-140]。$4m^2$ 烟化炉生产的主要经济技术指标见表 24-4。

表 24-4　$4m^2$ 烟化炉生产的主要技术经济指标

项　目	烟化炉
进料量/t·炉$^{-1}$	13 ~ 15
炉床能力/t·(m²·d)$^{-1}$	17 ~ 25
弃渣含锡/%	< 0.2

项　目	烟化炉
炉温/℃	1250 ~ 1350
冷却出水温度/℃	130 ~ 140
一次风压/kPa	60 ~ 70
二次风压/kPa	90 ~ 110
风量（标态）/m³·h⁻¹	7000 ~ 8000
炉内压力/Pa	-30 ~ -100
冲渣水压/kPa	>200
风煤比	0.7 ~ 0.9

24.2.2　锡冶金的能耗与环境

24.2.2.1　能耗

　　锡冶炼行业资源能源消耗较大。《锡行业规范条件》《锡冶炼企业单位产品能源消耗限额》（GB 21348—2004）等要求锡冶炼建设项目（包括含锡二次资源）综合能耗应在 1600kgce/t 及以下；现有企业锡冶炼综合能耗应在 1800kgce/t 及以下。近年来在科技创新、政策指引等因素的推动下，锡冶炼单位节能降耗成效明显。2015 年锡产品主要能耗指标见表 24-5。

表 24-5　锡冶炼的主要能耗

项　目	能耗数值
锡冶炼综合能源消耗/ kg·t⁻¹	1586.92
锡冶炼综合煤消耗/kg·t⁻¹	1769.64
锡冶炼综合电力消耗/kW·h·t⁻¹	2258.04
锡新水单耗/ m³·t⁻¹	25.38

24.2.2.2　环境

　　锡冶金是以火法为主的高温过程。在锡精矿焙烧和还原熔炼、粗锡火法精炼、含锡物料的烟化炉硫化挥发、电热回转窑处理高砷烟尘等过程中都不同程度地会产生含有毒物质的烟（粉）尘、废渣、烟气及废水。

　　锡冶金过程产出的"三废"以烟气、烟（粉）尘危害最大，其次是废水，再次是废渣。锡精矿中含有铅、锌、铜、砷、锑、硫、铟、氟等元素，在冶炼过程中，不同程度地进入废气、烟（粉）尘、废水和废渣之中，其中铅、锌、砷、硫、铟、氟易挥发进入烟气。澳斯麦特炉和烟化炉产生的烟气量大，锡及其他低沸点金属和化合物（SnO、SnS、As_2O_3、Pb、Sb 等）汇集在烟气中，通过收尘净化后，从烟囱中排放出来的废气中铅、氟、SO_2 等浓度达标。

《锡行业规范条件》明确规定锡冶炼企业应遵守环境保护相关法律、法规和政策，所有锡项目应严格执行环境影响评价制度，落实各项环境保护措施，企业应有健全的环境保护管理机构，制定有效的企业环境保护管理制度。

锡冶炼企业的污染物排放应符合国家《锡、锑、汞工业污染物排放标准》（GB 30770—2014）和《工业企业厂界环境噪声排放标准》（GB 12348—2008）中相关要求。污染物排放总量不超过环保部门核定的总量控制指标。冶炼渣、冶炼烟（粉）尘等固体废弃物必须按照国家固体废物和危险废物管理的要求进行规范化处置，企业必须制定突发环境事件应急预案并向环境保护主管部门备案[141,142]。

24.2.3　锡冶金的主要企业

2016 年全球十大锡生产商的产量占全球的比重达到 63%，按排名依次为云南锡业集团（精锡产量 76000t）、马来西亚冶炼集团（精锡产量 26802t）、印尼天马公司（精锡产量 23756t）、云南乘风（精锡产量 20143t）、秘鲁明苏公司（精锡产量 19583t）、玻利维亚文托公司（精锡产量 13111t）、泰国泰萨科（精锡产量 11088t）、广西华锡集团（精锡产量 11000t）、比利时梅泰洛公司（精锡产量 8500t）、个旧自立（精锡产量 8000）等。

24.3　国内外锡冶金方法比较

目前国内锡冶炼企业大都是采用"炼前处理—还原熔炼—火法精炼"的工艺流程，少数企业保留有电解精炼用以生产 4N 锡或者回收稀贵金属。国内云锡、华锡采用澳斯麦特炉进行熔炼，赤峰大井子矿业有限公司采用反射炉熔炼，其余企业全部采用电炉熔炼。

国外锡冶炼企业普遍采用"还原熔炼—火法精炼或电解精炼"的工艺流程，锡精矿的炼前处理与含锡物料烟化炉处理等工艺应用较少。秘鲁明苏公司、玻利维亚文托公司采用澳斯麦特炉熔炼粗锡，比利时梅泰洛公司采用电炉熔炼，马来西亚冶炼集团、印尼天马公司和泰国泰萨科等采用反射炉熔炼，马来西亚冶炼集团正在新建澳斯麦特炉用以替代的反射炉。

我国锡行业整体技术长期保持世界领先，我国开发成功的含锡物料富氧顶吹熔炼技术、澳斯麦特炉还原熔炼—烟化炉挥发相结合的熔炼工艺、复杂锡合金真空精炼处理技术等一批先进水平的技术正逐步向国外输出应用[143,144]。

24.4　锡冶金发展趋势

（1）随着锡矿大量的开采，锡精矿品位逐渐下降，杂质种类与含量不断上升，"强化熔炼—真空精炼"为核心的绿色短流程锡冶炼技术将成为今后锡冶炼行业的发展方向。

（2）相较于铝、铜、铅等有色金属，锡的再生循环利用水平较低，从含锡烟尘、废渣以及电子垃圾、铅酸蓄电池等含锡二次资源中高效分离回收锡是技术研发的重点。

（3）根据现代科技和工业对锡产业下游产品的需求，大力开发锡的增值冶金新产品，将粗锡精炼、含锡物料回收与高端锡合金、高纯锡或锡化工产品生产相结合，延伸锡的产业链，提高锡产品的附加值[145]。

25 锑 冶 金

25.1 中国锑冶金概况

25.1.1 锑资源概况

据地质出版社 2016 年 12 月出版的《世界矿产资源年评 2016》提供的数据，2015 年世界锑储量为 200 万吨，查明的锑资源量约为 510 万吨，主要分布在中国、俄罗斯、玻利维亚、澳大利亚、塔吉克斯坦、墨西哥等国家，见表 25-1[148]。

表 25-1 2015 年世界锑储量表　　　　　（锑，万吨）

国家	中国	俄罗斯	玻利维亚	澳大利亚	美国	塔吉克斯坦	其他	全球总储量
储量	95	35	31	14	6	5	14	200

世界锑资源主要分布在环太平洋构造成矿带、地中海构造成矿带和中亚天山构造成矿带，特别是环太平洋构造成矿带，集中了世界锑资源总量的 77%。

目前已知的含锑矿物有 120 种，但具有工业利用价值，并且含锑在 20% 以上的锑矿物仅有 10 种。世界锑矿床最重要的工业类型是热液层状锑矿床和热液脉状锑矿床，分别占世界储量的 50% 和 40%，分别提供世界锑矿山产量的 60% 和 30%。另外，铅锌矿床和铜矿床中一般也伴生有少量锑，这些伴生的锑资源已日渐成为金属锑生产的重要来源[149]。

我国是世界上锑资源最为丰富的国家，锑储量约占全球总量的 47.5%。2015 年已探明储量的锑矿区有 195 处，锑储量 95 万吨，主要分布在湖南、广西、贵州、甘肃、云南和陕西等省区。湖南省冷水江市锡矿山是全球最大的锑矿山，总面积 116km²，锑资源保有储量 30 万吨，素有"世界锑都"之称，年精锑以及氧化锑产量超过 3 万吨。我国锑资源分布情况见表 25-2[150]。

表 25-2 我国锑资源分布

省份	湖南	广东	广西	云南	山西	甘肃	河南
比例/%	77	10	8	2	1	1	1

数据来源：智研咨询。

我国锑矿资源特点如下：

（1）储量丰富，矿床多、规模大。世界上知名的大型锑矿床有 54 个，我国有 15 个。我国现已探明的锑矿区中，大型、超大型锑矿床探明的储量占全国累计探明总储量的 81%。

（2）成矿环境优越，具有形成大型、超大型矿床的成矿条件。我国的锑矿在三大成矿带中均有分布，湘、桂、滇、黔等省区的一些大型、超大型矿床，集中分布于环太平洋构造成矿带西岸。

（3）锑矿分布高度集中。现已探明的超大型和大中型锑矿床集中分布在湖南、广西、西藏、云南、贵州和甘肃，6 省区查明资源储量合计占总查明资源储量的 87.2%。

（4）工业类型的锑矿储量构成以单锑硫化物矿床为主，占全国锑总储量的 67%，并以大中型为主，有的为超大型（如锡矿山锑矿田），矿石成分简单（以辉锑矿为主）、品位高；锑金钨等共生矿床占全国总储量的 21%，规模以中小型为主，个别的为大型（如湖南沃溪金锑钨矿床），矿石成分较复杂，以辉锑矿/自然金/白钨矿/黑钨矿等为主，具有很高的综合利用价值；锑（复）硫盐多金属伴生矿床，占全国锑储量的 12%，规模以中小型为主，个别为大型（如广西大厂龙头山、茶山等矿床），矿石成分复杂，综合利用价值大，但难选难冶。

25.1.2 锑的产量

25.1.2.1 世界锑产量

锑的生产途径有三种：原生锑生产、再生锑生产和副产物回收[151]。目前世界再生锑产量约 5 万~6 万吨，并主要集中在美国、德国、英国等工业发达国家。

据"World Metal Statistics"提供的数据，2015 年世界锑矿山的原生锑产量约 14.71 万吨，其中的 75.73%约 11.14 万吨由中国生产，见表 25-3。

表 25-3 世界原生锑产量 （锑，t）

国家或地区	2013 年	2014 年	2015 年	变化率/%
中国	120937	120000	111408	-7.2
澳大利亚	3275	3639	3491	-4.1
达吉克斯坦	3945	8058	5970	-25.9
俄罗斯	9000	6400	6524	1.9
玻利维亚	4986	5440	3842	-29.4
南非	2615	1630	1080	-33.7
土耳其	1320	1320	4800	263.6
吉尔吉斯斯坦	607	2451	1998	-18.5
世界总计	153231	154224	147121	-4.6
发达国家	18742	16241	19218	18.3

25.1.2.2 中国锑产量

我国是世界原生锑的最大生产国,过去 10 年间的锑产量均占全球总锑产量的 70% 以上。20 世纪 90 年代末,随着国际锑价的大幅下跌,我国锑产量曾回落至 8 万吨左右,但 2000 年以后又随着国际锑价的升高而迅速增加到 10 万吨以上,2008 年达到了 17.9 万吨的峰值。此后,由于国家对锑矿开采实施总量控制管理,我国锑年产量大体维持在 12 万~15 万吨之间。2016 年,在供给侧改革引领作用下,锑产量也再次回落至 10 万吨以下。预计未来 3~5 年,随着再生锑和副产锑的增长,我国原生锑年产量将会维持在 10 万吨左右的水平。中国海关统计的我国近年来的锑产量见表 25-4(统计口径不同,年锑产量存在一定误差)[152,153]。

表 25-4　中国近年来的锑产量　　　　　　　　　　　　(锑,t)

年份	2007	2008	2009	2010	2011	2012	2013	2014	2015	2016
产量	15.1	17.9	12.7	14.1	13.8	13.4	11.4	11.2	10.3	9.9

数据来源:中国海关。

从主要生产省区看,湖南省锑精矿及锑品产量仍居全国之首。主产区湖南省、广西壮族自治区和云南省产量自 2013 年以来均出现不同程度的下滑。2015 年三省区锑品产量合计为 16.7 万吨,占全国总产量的 83.1%;精矿产量合计为 10.4 万吨,占全国总产量的 93.7%。

从产业集中度方面看,湖南锡矿山闪星锑业公司、湖南辰州矿业股份公司、柳州华锡集团公司、广西华锑科技有限公司、云南木利锑业公司、贵州东峰矿业集团有限公司等国内骨干锑生产企业,锑品合计产量占全国总量的 80% 以上。

从产品结构方面看,我国锑行业仍以初级产品为主导,产品附加值较低,中低端产品同质化竞争十分激烈,产品结构仍有待进一步优化[154]。目前,我国金属锑锭以及锑白占锑品总量的 80% 以上,包括高纯氧化锑在内的各系列氧化锑、乙二醇锑、锑酸钠以及阻燃母料等深加工产品的占比较以往有所提高。

2015 年全年,中国锑行业承压运行,在市场价格、生产成本以及下游需求三重压力作用下,锑品产量及精矿产量同比均出现大幅下滑,见表 25-5。分区域看,湖南、广西、云南等主要生产省区,锑品及精矿产量同比均出现不同程度的下滑;贵州省锑品产量、西藏自治区精矿产量平稳增长。总体看,国内大型综合性锑企业的生产情况相对平稳,湖南冷水江地区民营企业受年初整合,以及后期市场持续低迷的影响,锑品产量下降幅度较大。

表 25-5　2015 年中国主要省区锑精矿和锑产量　　　　（锑，t）

序号	省区	锑精矿产量		锑产量	
		12 月	2015 年 1～12 月	12 月	2015 年 1～12 月
1	湖南	9138	86199	6310	139419
2	云南	899	10874	1521	11402
3	广西	962	6947	2494	16643
4	贵州	—	—	1182	15254
5	江西			1788	10288
6	西藏	648	4523	—	
7	河南	55	1620	188	2053
8	陕西	0	802	—	
9	湖北	37	443	471	4584
	全国总产量	11739	111408	14009	200813

数据来源：中国有色金属工业协会。

25.1.2.3　中国副产锑产量

最近 10 年，我国矿产铜、铅产量增幅显著，富集于阳极泥、白烟灰、黑铜泥、砷锑烟灰等物料中的伴生锑的回收已成为金属锑生产中不可忽视的组成。2016 年我国原生铜产量约为 600 万吨，原生铅产量约为 300 万吨，按吨铜平均副产回收 1kg 锑、吨铅平均副产回收 2.5kg 锑计算，2016 年我国副产锑产量约 1.4 万吨，近 5 年的副产锑年产量约在 1 万吨左右。

25.1.3　锑的性质和应用

25.1.3.1　锑的性质和用途

锑是一种有毒的化学元素，元素符号为 Sb，原子序数为 51，相对原子量为 121.8。单质锑是银白色有光泽硬而脆的金属，具有独特的热缩冷胀性，无延展性，密度为 6.7g/cm^3，熔点为 631℃，沸点为 1750℃。

目前，锑已被广泛用于生产各种阻燃剂、合金、陶瓷、玻璃、颜料、半导体元件、医药及化工等领域，见表 25-6。其中，阻燃剂用锑约占锑消费总量的 60%，合金用锑约占 20%。

25.1.3.2　锑的消费

近年来世界锑消费量变化不大，每年 18 万吨左右，但消费结构变化明显：（1）金属锑消费量下降，氧化锑消费量上升；（2）蓄电池用锑量减少，阻燃剂用锑量增加；（3）西方国家的锑直接消费量降低，中国蓄电池和耐火材料出口而产生的替代消费增幅明显，并成为拉动全球锑消费增长的主要动力。

表 25-6 锑的特性及用途

种 类	特性及用途
高纯金属锑	生产半导体、电热装置、远红外装置理想材料
锑铅合金	耐腐蚀,化工管道、电缆包皮的首选材料
锑锡、铅、铜合金	强度高、极其耐磨,用于制造轴承、齿轮
锑白	颜料、阻燃剂、玻璃脱色剂和澄清剂、催化剂、汽油添加剂
锑白+硫化锑	橡胶填充剂
三硫化锑	生产安全火柴、弹药、鞭炮
五硫化锑	用于制造橡胶和兽药
三氯化锑	用于医疗
葡萄糖酸锑	治疗黑热病
焦锑酸钠	高档玻璃澄清剂、脱色剂
醋酸锑	化纤工业用催化剂

A 阻燃剂

随着高分子材料的发展,材料阻燃剂已经成为仅次于增塑剂的第二大橡塑助剂。2007 年全球阻燃剂总消费量约为 170 万吨,2014 年达到 262 万吨,年复合增速为 6.3%,预计未来仍将保持 6%左右的增速。作为阻燃剂的一个重要类别,目前全球锑的消费主要集中在锑系阻燃剂领域,约占全球锑消耗量的 70%,占 Sb_2O_3 消耗量的 90%。目前全球每年消耗 Sb_2O_3 约 10 万吨,其中阻燃剂用量约 9 万吨。中国是全球最大的锑消费国,2015 年国内锑消费量约为 5.8 万吨。美国、日本、韩国和欧盟也是锑的主要消费国,消费总量占世界总量的 50%以上,美国、日本同时还是氧化锑的主要生产国,并依靠进口精锑原料生产。

虽然我国仍继续保持全球最大锑品供应国地位,但随着国外锑产量占比提升,以及全球锑品多元化供给格局的逐步形成,发达经济体对中国锑品的依赖程度正在逐年降低。

B 合金

锑能与铅形成用途广泛的铅锑合金以提升合金的强度、硬度和提高耐蚀性。在铅酸电池中使用铅锑合金做栅极,除增加栅极的强度和硬度外,还能明显减少放电时析氢反应的发生。锑也用于减摩合金(如巴比特合金),以及焊料(含锑约 5%)、铅锡锑合金等。此外,硫化锑的燃点较低,常作为配料用于制作雷管和安全火柴以及发烟剂,也用于制造子弹和子弹示踪剂。锑在微电子技术中也有着广泛用途,如 AMD 显卡制造。

C 中国锑消费

我国锑消费市场起步较晚,整体则呈不断增长趋势,大致划分为两个阶段：（1）1998~2004 年的缓慢增长期，总量维持在 1.2 万~2 万吨之间；（2）2004~2013 年的快速增长期，2004~2010 年间我国锑消费量年均增长率 23.5%，2006 年锑消费量达到 4 万吨，超过美国、日本等其他主要锑消费国家，成为全球第一锑消费国，2010 年达到 6.9 万吨的峰值后开始小幅下降。2013 年以来，我国锑消费量基本维持在 5.8 万~6.0 万吨的水平，约占全球锑消费总量的 50%（表 25-7）。

表 25-7　近年中国锑消费量变化

年份	2009	2010	2011	2012	2013	2014	2015	2016
消费量/万吨	6.1	6.9	6.3	5.8	5.6	5.6	5.7	5.8

数据来源：中国海关。

在锑消费结构方面，我国在过去的 20 多年里也发生了很大变化。1996 年阻燃剂锑消费占比仅为 5%，到 2008 年已增长至约 50%。2015 年中国锑消费结构如下：阻燃剂占比 50%，合金占比 20%，聚酯催化剂占比 18%，玻璃澄清剂占比 5%（表 25-8）。除传统应用领域外，锑在太阳能光伏发电等新兴领域的应用进展，很值得关注。

表 25-8　中国锑消费结构

领域	阻燃行业	合金应用	聚酯催化剂	玻璃澄清剂	高科技领域	其他
比例/%	50	20	18	5	3	4

数据来源：智研咨询。

在铅酸蓄电池栅极材料的生产中，由于锑易造成"失水"，为减少维护，铅锑栅极合金朝着低锑、超低锑方向发展，合金含锑量也由最初的 8% 不断降低，并最终用循环寿命相对较差的铅钙合金实现了铅酸蓄电池的免维护。我国铅消费量的 80%（约 350 万吨/年）用于铅酸蓄电池生产，扣除再生循环利用的约 250 万吨外，每年约有 100 万吨的原生铅进入铅酸蓄电池领域，其中约有 40% 以铅锑合金形态存在。目前铅酸蓄电池用铅锑合金的锑含量约为 3%，依此计算的锑年消费量约在 1.2 万吨左右。

25.1.3.3　锑品出口

我国锑的出口量约占全球供应总量的 50%。2001~2005 年，全球经济快速发展，我国年锑出口量从 6.1 万吨增长到 8.5 万吨；2006~2009 年，因实行出口配额管理，取消出口退税和加征出口关税，锑出口量下降至 4.3 万吨；2010~2012 年，随着世界经济企稳，我国锑出口量又恢复至 5 万吨；2013 年以后，锑出口量步入第二轮下降通道，从 5 万吨/年降至 3 万吨/年水平，之后又有所回升，2014 年、2015 年和 2016 年全国锑及锑制品出口总量分别为 3.5 万吨、3.6 万吨、4.7

万吨。但随着铅酸蓄电池出口的锑（粗略估计约在 4000t 左右）并没有计算在锑品出口范围内。

25.1.4 锑冶炼技术发展状况及存在的问题

锑行业规模较小、企业数量较少，长期以来，科研投入同其他基本金属相比明显偏弱。除少数高校外，一般科研院所及生产企业极少开展有针对性的技术研发工作，导致中国锑冶炼一直沿用鼓风炉挥发熔炼—锑氧反射炉还原熔炼/精炼的传统工艺，技术和装备水平落后、能耗高，砷/铅/低浓度 SO_2/粉尘/炉渣/硫酸钙渣等污染严重，技术和装备始终没有取得突破性进展。

我国锑矿已利用程度较高，开采强度惊人，可设计规划利用的储量逐年减少，后备基地不足。以"世界锑都"湖南锡矿山为例，1949～1999 年 50 年间，累计探明锑储量 85.9 万吨，其中工业储量 17.58 万吨，目前已消耗掉了近 80% 的工业储量。随着以辉锑矿为主的锑资源的耗竭，我国锑矿量大的优势尚可维持，但锑矿质量佳的特点将不复存在，锑的生产将转向以处理复杂多金属共生矿为主。

此外，由于采选冶综合回收率低（一般在 35% 左右），锑资源浪费严重。以广西大厂矿田为例，该矿是我国另一个超大型锡铅锌锑矿床，已探明锑储量达 56.1 万吨，矿物形态以复杂的脆硫锑铅矿为主。大厂矿田的主要产锑矿山为铜坑矿和高峰矿，由于高峰矿矿石特富，早年间非法民采严重，其 100 号矿体已基本枯竭，105 号矿体也破坏严重。

由于我国锑资源超强度开采严重，提前动用了大量的可采储量，锑资源形势目前已非常严峻。以我国锑储量 95 万吨，分别按年产锑量 12 万吨、10 万吨、8 万吨和 5 万吨计算，锑的静态保证年限将分别为 8 年、9.5 年、12 年和 19 年。因此，如果没有新的接替资源出现，未来 15 年左右，我国将出现锑资源危机[155]。

25.2 锑冶金主要方法

金属锑的现代冶金生产方法可分为火法冶金与湿法冶金两大类，目前以火法冶金为主。火法炼锑主要采用挥发熔炼（挥发焙烧）—还原熔炼法，即先生产 Sb_2O_3，Sb_2O_3 再还原熔炼产出粗锑，再经碱性精炼生产商品锑。

湿法炼锑根据所使用溶剂的性质，可以分为碱性浸出—硫代亚锑酸钠溶液电积和酸性浸出—氯化锑溶液电积两种方法[156]。

25.2.1 火法炼锑

火法炼锑是利用硫化锑蒸气压高、易于挥发的特性，在高温下首先使硫化锑/氧化锑以气态挥发进入气相，使锑与脉石分离，气态硫化锑再经氧化燃烧、冷却、布袋收尘，最终以锑氧粉（主要为 Sb_2O_3）形态产出，锑氧再经还原熔炼和精炼，生产出金属锑。

挥发熔炼是影响锑冶炼回收率的重要环节。目前常用的挥发设备有井式炉和鼓风炉等。对于贵金属含量较高的锑精矿，则通过控制锑的挥发，使少部分锑和贵金属一起以贵锑的形态在挥发熔炼炉的炉底产出并进一步回收。

锑氧的还原熔炼一般在反射炉内进行，采用无烟煤、木炭、天然气、柴油等为还原剂，碳酸钠为熔剂。

还原熔炼产出的粗锑通常含有铁、砷、铅、硫等杂质，需要进一步精炼除杂。精炼同样在反射炉内进行，工业生产通常用苛性碱和碳酸钠作为脱除砷、铁、硫的精炼剂，用磷酸二氢铵作为脱除铅的精炼剂。由于砷的制品没有市场，精炼产出的砷碱渣目前只能采用水溶后氧化沉淀回收锑—氢氧化钙除砷—蒸发回收苛性碱的办法，尽可能降低砷碱渣的影响和消除砷害。

粗锑也可以在氢氟酸和硫酸的混合溶液中进行电解精炼，生产 99.9% 的高标号锑，并同时分离回收贵金属等[157-159]。

25.2.1.1 井式炉挥发

井式炉是在赫式炉的基础上发展起来的，用酸性黏土耐火砖砌筑。常用井式炉的炉体高 5m，炉拱呈半球状，炉膛有效面积 $4m^2$。生产上一般将 4 个井式炉并排拉固，共用一套收尘系统。辅助设施包括加料系统（料仓、运输皮带、计量装置、料罐）、排料系统（松渣机构、运渣车）和冷凝收尘系统（水冷器、表冷器、布袋收尘器、风机、烟道等）。

井式炉通常处理的是粒度 20~150mm 的块矿，细粒料和浮选精矿需要制粒后才能入炉。进料次序：焦炭—块矿—粒矿/碎矿—焦炭。初始氧化挥发温度 950~1050℃，炉口负压 -9.8Pa，控制炉内保持弱的氧化气氛以有利于 Sb_2O_3 生成。视冷凝情况，可得到结氧（冷凝至 Sb_2O_3 熔点 656℃ 的产物，含锑 77% 左右）、粉结氧（500~600℃ 冷凝产物，含锑 78% 左右）、粉氧和布袋氧（500℃ 以下冷凝产物，含锑 82% 左右）、红氧（氧化不完全产物，含锑 65% 左右）。从结氧至布袋氧，矿尘（钙、镁、硅、铝）含量逐渐减小，砷、铅含量则逐渐增高。

主要优点：（1）设备简单、投资少；（2）备料简单，锑氧产品质量好；（3）电、燃料等消耗少，易于管理，生产成本低。

主要不足：（1）设备处理能力低；（2）对原料适应性差，仅适宜处理 15% 左右的块矿；（3）渣含锑高，挥发损失大，回收率低；（4）劳动强度大，工作环境差；（5）烟气 SO_2 含量低，漏风严重，粉尘量大，污染严重。

由于工艺简单、投资少，井式炉挥发在一些环保要求不高、经济欠发达的国家如缅甸、老挝等国家还有一些应用。

25.2.1.2 鼓风炉挥发熔炼

硫化锑精矿鼓风炉挥发熔炼,是在低料柱、薄料层、高焦率、热炉顶的条件下实现的,在挥发熔炼过程中,大部分硫化锑首先由物料中高温挥发入气相后再被氧化,并最终经冷凝后以含锑80%左右的锑氧产出而回收;少部分锑以锑锍和贵锑形态产出;脉石矿物熔化造渣后由鼓风炉炉缸放出。锑精矿中90%的砷和70%~80%的铅也同时挥发进入锑氧[160-163]。

生产过程:在硫化锑精矿中加入石灰和粉煤后压制成球团,晾干后送鼓风炉挥发熔炼。料柱高度加料前300~500mm、加料后600~800mm,焦炭高度150~200mm。通常入炉物料的配比为:团矿:焦炭:铁矿石=100:30:27,鼓风量60~80m³/(m²·h),风压8000~11000Pa,焦率为炉料量的30%~45%(炉料量的20%~25%),处理能力40~45t-炉料/(m²·d)。

鼓风炉炉顶温度波动在800~1100℃之间,送入鼓风炉的炉料在高温下首先发生脱水、离解、硫化锑挥发、氧化和脉石造渣等系列反应。常用的渣型为:SiO_2 40%~42%、FeO 28%~32%、CaO 18%~22%、其他10%。

由于采用了低料柱、薄料层的操作条件,鼓风炉风口区实际上只是厚度不大的炽热的焦率层,熔渣流经的过热层较薄而不能很好地过热,同时由于处理的炉料品位高,渣、锑锍和粗锑产率低,鼓风炉炉缸的保温比较困难。因此,锑挥发熔炼用鼓风炉的炉缸均砌筑成坡形以缩小炉缸的体积,缩短渣的停留时间。

鼓风炉挥发熔炼是中国目前锑冶炼的主要工艺,在锡矿山、湘西金矿、东港锑业等锑的冶炼厂广泛使用,湘西金矿用鼓风炉替代井式炉后,不仅机械化程度和劳动条件均得到大幅改善,锑、金的回收率也分别从原来的45%~50%和75%~80%提高到了95%和92%。

主要经济技术指标见表25-9。

表 25-9 鼓风炉挥发熔炼主要经济技术指标

精矿品位/%	渣率/%	渣含锑/%	渣损失率/%	吨锑消耗/kg		
				焦炭	铁矿石	烟煤
46	59.91	0.74	0.9	906	934	123
28.73	133.77	0.73	3.62	1921	4361	305

主要优点:(1)对原料适应性强,既可处理硫化矿,也可以处理氧化矿以及硫氧混合矿。最适于处理含锑大于40%的高品位锑精矿。(2)锑挥发率一般在92%以上,所产锑氧品位可以达到80%左右。(3)相比井式炉,鼓风炉生产能力显著提高,劳动强度明显降低。

主要不足:(1)冷凝收尘系统庞大,漏风严重,外排烟气SO_2浓度低,不能制酸,采用双碱法吸收,"三废"污染严重;(2)随烟气逸散的粉尘量大,砷害严重，经济治理困难；（3）硫化物的氧化反应热不能得到回收利用，能耗依然很高。

为解决低浓度 SO_2 利用问题和降低生产能耗，锡矿山开展了富氧鼓风挥发熔炼的工业实践，并通过辐射换热器对入炉富氧空气余热，提高入炉空气温度。具体技术指标：（1）富氧浓度：28%；（2）鼓风炉处理能力：$35 \sim 40t/(m^2 \cdot d)$（入炉含锑物料）；（3）焦耗：24%；（4）熔剂率：23%；（5）渣含锑：1% ~ 1.5%。

制酸尾气经过石灰浆乳化脱硫处理制酸，外排尾气 SO_2 含量小于 $400mg/m^3$，大大降低了对环境的影响，初级雨水等生产废水收集后送废水处理站，处理后的废水部分回用，其余达标排放。

25.2.1.3 反射炉还原熔炼

挥发熔炼所产的锑氧是一种中间产物，需要进一步还原熔炼和精炼。锑氧的还原熔炼目前大都在反射炉内和 1000~1200℃ 的温度下进行，用低熔点、低密度的碳酸钠作熔剂，用天然气或柴油加热，用无烟煤或木炭进行还原。

由于氧化锑易挥发，加之锑氧堆密度低（$0.45 \sim 0.65g/cm^3$），以及炉顶加料和高温烟气等的影响，还原熔炼过程约有 20% 的锑氧会重新挥发进入收尘系统，形成二次粉氧，需再次返回还原熔炼[164,165]。

还原熔炼产出的粗锑通常就在原反射炉内进一步精炼，还原熔炼渣（泡渣）含锑较高，一般作为配料返回鼓风炉挥发熔炼。

锑还原熔炼用反射炉的特点如下：（1）由于堆密度小，炉膛较深；（2）Sb_2O_3 和锑熔点较低（分别为 656℃ 和 630℃），渗透性强，炉膛砌筑紧密；（3）操作上需要分批加入炉料，进行多次熔化和还原；（4）还原和精炼作业在同一炉内进行，以减少锑挥发损失和降低能耗；（5）反射炉用半酸性或黏土制耐火材料砌筑，以避免对锑覆盖剂的污染。

还原熔炼主要技术条件：还原熔炼温度 1000~1200℃、还原剂用量约为锑氧量的 10%、熔剂用量约为锑氧量的 3%。

泡渣产出率约为锑产量 13% ~ 22%，主要化学成分通常为：Sb 35% ~ 40%、As 0.15% ~ 0.35%、Fe 2.5% ~ 4%、Pb 0.02%、S 0.1% ~ 0.7%、SiO_2 23% ~ 28%、Na_2O 7% ~ 9%。

碱渣产出率的高低和锑氧含砷密切相关，生产表明，粗锑含砷每增加 1%，碱渣产出率要增加 10%。锑氧含砷 0.3%，碱渣含砷 3% ~ 5% 时，相对精锑而言的碱渣产出率为 5% ~ 7.5%。碱渣的化学成分通常为：Sb 30% ~ 40%、As 7% ~ 9%、Fe <1%、Pb 0.02%、S <0.02%、SiO_2 <3%、Na_2O 20% ~ 25%。

锑还原熔炼和精炼的主要技术经济指标见表 25-10。

表 25-10　锑还原熔炼和精炼的主要技术经济指标

厂　别	I			II	III
炉膛面积/m²	7	11	16.8	12.25	8.8
1m² 炉膛面积每天生产能力/t	0.77	0.62	0.624	0.46	0.94
每吨锑容量时间/h	4.45	3.50	2.29	4.25	2.89
每吨锑碱耗/kg	18.4	36.6	24.45	44.3	242.5
每吨锑还原煤耗/kg	166.1	130.3	131.8	191	313
每吨锑燃料耗/kg	300.4	257	191	458	395
直接回收率/%	71.02	70.72	>82		60.8
冶炼回收率/%	98.4	99.5	99.5	99.5	

25.2.2　湿法炼锑

25.2.2.1　碱性湿法炼锑

碱性湿法炼锑，即硫化钠浸出—硫代亚锑酸钠溶液电积法，是一种非常成熟的锑冶炼技术，碱性浸出具有选择性好和可分离金、银、铅、铜、锌等特点，适合处理多金属硫化锑矿。前苏联拉兹多利宁斯基联合企业曾采用此工艺生产，国内的锡矿山曾建成有工业试验线，后因种种原因停产。招金矿业股份有限公司在甘肃省临洮县中铺工业园、山东恒邦冶炼股份有限公司也分别建成有含锑金精矿的碱浸—电积厂。

浸出过程最佳条件为：Na_2S 浓度 120~140g/L，NaOH 20~30g/L，温度 95℃，时间 30min，粒度-200 目占 85%。用于电积的浸出液含锑通常在 70~80g/L，电积后液含锑一般在 25~35g/L。

碱性湿法炼锑优点：锑回收率高（98%）、污染小。

缺点：（1）碱耗高，1.05t-NaOH/t-Sb；（2）Na_2S 增生严重，每生产 1t 锑增生 0.4~0.8t-Na_2S；（3）硫酸钠、硫代硫酸钠、亚硫酸钠和硫代锑酸钠等积累严重，电解生产 1t 锑，需要净化处理 3~4m³ 阳极液；（4）电流效率低，隔膜电积为 80%~85%，无隔膜电积为 45%~55%，直流电耗 2200~4000kW·h/t-Sb，生产成本高；（5）阴极锑不致密，粉锑多；（6）车间碱雾大，生产环境差[166]。

25.2.2.2　酸性湿法炼锑

酸性湿法炼锑的研究和发展经历了三个阶段：第一阶段是以三氯化铁作氧化剂，在酸性氯盐介质中实现锑的氧化浸出，含锑浸出液再经电解或置换获得金属锑。第二阶段主要特征是以五氯化锑或氯气作氯化剂，在高浓度盐酸介质中直接实现锑的氧化浸出，浸出液再经水解—转型后生产锑白，并获得小规模工业应用。第三阶段，主要特征是以处理含砷复杂锑金精矿、脆硫锑铅矿和多金属复杂含锑物料为主,多种技术相互融合,实现多元素的高效/高值利用和有害元素的低毒化处置。基于国家日趋严格的环保要求,酸性湿法炼锑在开发利用我国极为丰富的复杂锑矿资源方面,具有明显优势。

A $FeCl_3$ 浸出—电积法

$FeCl_3$ 是一种强氧化剂,在适当条件下可以与硫化物中的金属形成可溶性氯化物而进入溶液,硫则被氧化为单质硫而留在浸出渣中。最佳浸出条件: $FeCl_3$ 用量为浸出原料锑所需理论量的 1.2 倍,HCl 50g/L,温度 50 ~ 70℃,时间 1h[167]。

该法工艺流程简单,对锑矿物原料的适应性较强,消除了 SO_2 的污染。但由于溶液中杂质离子钙、铁、硫酸根等积累速度较快,硫酸钙结垢堵塞隔膜导致阴离子膜损耗大,工业化存在相当的难度。最佳技术指标:锑浸出率 98.8%,金存渣率 100%,阴极电流效率 99.5%,阳极电流效率 88.7%,槽电压 2.34V,直流电耗 1560kW·h/t-Sb。

B 新氯化—水解法

新氯化—水解法的实质是氯气浸出法,在高浓度盐酸—氯化锑体系中,通入氯气使三价锑氧化为五价锑,从而降低了溶液电位,高电位杂质的浸出得到抑制。较之 $FeCl_3$ 浸出,新氯化—水解法避免了大量铁离子在流程中的循环,提高了锑产品质量,渣的过滤、洗涤性能也得以改善;同时利用氯氧锑的易水解性,在弱酸性溶液中水解生成氯氧锑沉淀,进一步转型制取锑白[168-170]。

该技术已在辰州矿业实现了工业应用,锑直收率 92%、回收率 94% ~ 97%。吨氧化锑的消耗为:液氯 0.92t,盐酸 0.5t,NaOH 0.02t,硫代硫酸钠 0.05t,石灰 0.06t,水 40t,煤 0.3t、电 400kW·h。

25.2.3 复杂锑铅矿的处理

25.2.3.1 鼓风炉挥发熔炼—贵锑电解

锑和铜、铅等一样,也是极好的金捕收剂:金能和锑形成 SbAu 金属间化合物而溶于锑内。因此,针对含砷复杂锑金精矿的处理,通常采用鼓风炉挥发熔炼—贵锑电解工艺处理,使大部分锑以锑氧产出,绝大部分金则富集于鼓风炉前床的贵锑中回收[171]。

含金 1000 ~ 2000g/t 的贵锑送反射炉精炼除铁和进一步氧化挥发降锑后,浇铸成阳极进行贵锑电解,产出含金 5% ~ 30% 的阳极泥进一步处理,贵锑电解产出的阴极锑含金约 0.3%,作为金的捕收剂返回鼓风炉前床循环使用。

产出的含金锑硫经焙烧脱硫后返回鼓风炉配料使用;鼓风炉挥发熔炼产出的布袋氧和结氧送烟化炉还原吹炼,产出高铅贵锑,再经炼金烟化炉进一步吹炼富集后,浇铸成铅阳极板进行铅电解精炼,产出铅阳极泥进一步处理回收金。

主要指标及优点：（1）由精矿至金属产品，总回收率金95%、锑93%，可综合回收铅、镍等；（2）可以处理各类含金的锑中间物料；（3）吨锑加工成本相对较低。

25.2.3.2 复杂锑铅矿火法熔炼

目前应用于工业生产的处理复杂锑铅矿的火法冶炼工艺是在20世纪80年代以北京矿冶研究总院徐又元教授为主提出的。主要工序包括：精矿沸腾炉焙烧脱硫—焙砂配料二次烧结—鼓风炉还原熔炼生产铅锑合金—铅锑合金反射炉吹炼分离铅/锑，产出锑氧粉和底铅（Pb>80%）—锑氧粉反射炉还原熔炼/精炼生产2号精锑—底铅浇铸阳极—硅氟酸铅电解生产1号电铅—铅阳极泥回收白银。该工艺不仅流程长、返料多，金属直收率和回收率均很低（铅回收率89%，锑回收率80%，银回收率75%），而且能耗高、消耗大，低浓度SO$_2$和含铅/锑/砷的粉尘污染严重，极大地影响了企业的技术指标和经济效益。随着对环保要求的日益严格，从整体上看，采用清洁、高效、低成本和拥有我国自有知识产权的冶金新工艺取代现有的火法流程势在必行。

25.2.3.3 伴生锑的双侧吹富氧熔炼

含锑小于4%的伴生锑的侧吹熔炼是在铅的侧吹熔炼基础上发展的，其实质是炼铅，生产出低锑的铅合金后再电解精炼，锑被富集在铅阳极泥中回收。

以广西南方冶炼厂的锑回收为例，生产分六个阶段进行：侧吹炉氧化脱硫—侧吹炉还原—还原渣侧吹炉烟化—铅锑合金电解精炼—阳极泥转炉灰吹—锑氧粉还原熔炼/精炼。由于主体技术是铅的冶炼，锑仅作为副产物回收，具体的经济技术指标和三段炉炼铅法很接近。所不同的是，由于锑的挥发，其熔炼段的烟尘率较高，一般在20%。

氧化熔炼过程，80%的锑进入高铅渣中，其余部分进入烟尘，部分进入一次粗铅中；侧吹还原熔炼过程，高铅渣中的大部分锑被还原生成铅锑合金；电解精炼过程，锑和贵金属一起被富集在阳极泥中，再经转炉灰吹产出锑氧粉，经反射炉还原熔炼和精炼，产出精锑[172,173]。

25.2.3.4 矿浆电解法

矿浆电解（slurry electrolysis）是近40年来发展的一种湿法冶金新技术，它将湿法冶金通常包含的浸出、溶液净化、电积三个工序合而为一，利用电积过程的阳极氧化反应来浸出矿石，其实质是用矿石的浸出反应来取代电积的阳极反应，使通常电积过程阳极反应大量耗能转变为金属的有效浸出；同时，槽电压降低，电解电能下降，整个流程大为简化。

由于不同金属硫化物的氧化电位不同，不同金属离子的还原电位也不相同，在某一特定介质中不同金属化合物的物化性质如溶解度等也存在很大差异。这些差异的存在使得矿浆电解在某种程度上可以实现对矿物的选择性浸出和金属离子的选择性提取[174-176]。

自 1998 年开始，在邱定蕃院士的指导下，北京矿冶研究总院就开始了复杂锑铅矿矿浆电解的研究，首次采用具有锑溶解度高、铅溶解度低的 HCl-NH$_4$Cl 体系，处理含锑 24%、铅 27%、铁 12%、砷 0.8%、硫 24%、银 650g/t 的复杂锑铅矿，总回收率：Sb 95%、Pb 95%、Ag 80%，平均电耗 1377kW·h/t-Sb，酸耗 280kg/t-矿，实现了锑、铅的一步分离和金属锑的一步提取，建成了年处理 3000t 复杂锑铅矿的示范线，消除了"三废"排放，实现了锑的清洁冶炼。原则工艺流程如图 25-1 所示。

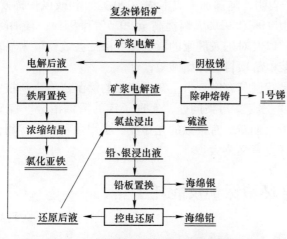

图 25-1 复杂锑铅矿矿浆电解原则流程

针对传统矿浆电解槽电极面积偏小、物料处理能力偏低、大规模应用受限的现实，王成彦带领有关人员进一步开发出了栅型网状电极矿浆电解槽，解决了电解槽大型化的一系列工程技术问题，使电极面积由 20m^2 提高至 80m^2，可通过的电流由 3000A 提高至 12000A，生产能力提高了 4 倍。新型矿浆电解槽已分别于 2013 年和 2016 年在湖南高砷锑金精矿和缅甸锑矿的处理中实现了工业应用。高砷锑金精矿矿浆电解的原则工艺流程如图 25-2 所示。

自 2013 年 5 月开始运行至今的年产 1000t 锑的高砷锑金精矿矿浆电解生产线，处理含锑 30%、金 40g/t、砷 4.5%、铁 13%、硫 25% 的复杂锑金精矿，取得了锑浸出率大于 97%，砷、金浸出率小于 0.2% 的结果，阴极锑含锑

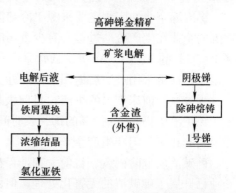

图 25-2 高砷锑金精矿矿浆电解原则流程

大于98%、含砷小于0.3%，经 Na_2CO_3 熔铸脱砷，直接产出含锑大于99.9%的金属锑锭。

砷锑金精矿矿浆电解主要技术参数：（1）电解液成分：Sb 20~45g/L、HCl 20~30g/L、Fe 3~15g/L、NH_4Cl 约200g/L；（2）矿浆温度：50~60℃；（3）电流强度：8000~12000A；（4）槽电压：2~2.2V；（5）物料处理量：300~360kg/h；（6）矿浆流量：1.6m³/h；（7）阴极补液量：0.5m³/h；（8）HCl（31%）消耗：206kg/t-Sb；（9）总电耗：3350kW·h/t-Sb，其中直流电耗2540kW·h/t-Sb，平均渣率65%，无工业废水排放。

3年多的生产表明，吨锑加工成本约7000元，和鼓风炉挥发熔炼基本持平，但金、锑回收率由95%和93%大幅提高至99.5%和97%，且消除了低浓度 SO_2、烟尘和砷的污染，以及对工人健康的影响，经济社会效益极为显著。目前，年生产1万吨锑的矿浆电解项目已开始施工设计。

锑矿浆电解是我国具有完全自主知识产权的锑湿法冶金新技术，有效解决了传统火法工艺的"三废"污染问题，实现了锑的清洁冶金。锑矿浆电解也是世界锑冶炼技术的重大创新，有很强的先导性、实用性和推广实用价值，对我国复杂锑资源的高效开发意义重大。

25.3　锑冶金环境保护及能耗

25.3.1　环境保护

锑冶炼企业的锑/砷尘源分为三类：（1）低温作业区的机械尘，主要包括原料库、配料、混料、制团、转运、烟灰输送等过程产生的灰尘；（2）炉窑的加料口、风口、枪口的机械尘和挥发尘，以及由于操作失误导致的烟气外溢等；（3）高温作业区的挥发尘，包括炉窑放渣口、放锑口外溢的烟尘等。普通布袋对锑/砷尘收尘效果不理想，导致砷/锑尘的无组织排放量较高。

锑冶炼企业的废水主要来源于冷却循环水，基本不外排。采用富氧鼓风挥发熔炼的企业在生产硫酸过程会有少量污酸产出，该污酸一般含有30~50g/L硫酸和1~3g/L的F、Cl、As等，通常采用石灰中和的办法处理。对厂区内收集的前期雨水，通常采用过滤后返回水淬的办法，基本不外排。

锑鼓风炉前床产出的炉渣，目前大都作为一般的工业固废堆存在厂区周围。由于该炉渣中仍含有约1%的锑，长时间堆存情况下对环境的影响目前尚不明朗，需要引起相关部门和生产企业的关注。

砷碱渣属危险固废，目前大都堆存在锑冶炼企业自建的危废库中，虽然一些企业已开展了砷碱渣的无害化处理，但由于成本高，企业的积极性不强。

外排的低浓度 SO_2 烟气目前大都采用双碱法处理，产出大量的含砷硫酸钙渣堆存在厂区周围，该硫酸钙渣含水很高，长期堆存和处置不当，会对地下水和当地环境带来较大的危害，急需引起相关部门和生产企业的关注[177-180]。

25.3.2 政策环境

在政策环境方面，依据《中华人民共和国矿产资源法》，国土资源部于 2015 年 12 月制定发布了《镍、锡、锑、石膏和滑石等矿产资源合理开发利用"三率"最低指标要求（试行）》，对锑矿的开采回采率、选矿回收率和共伴生矿产综合利用率做出限定，期望通过加强标准制定、完善管理制度的方式提高矿山企业的资源开发利用水平。主要内容包括：

（1）开采回采率：

1）露天开采。锑矿露天开采回采率不低于 95%，矿体形态变化大、矿体薄、矿岩稳固性差的矿山开采回采率不低于 92%。

2）下开采。依据矿山矿石品位和矿体厚度的不同，锑矿地下开采回采率最低指标要求分别为 75%~90%（表 25-11）。

（2）选矿回收率。根据锑矿矿石品位、矿石可选难易程度等的不同，锑矿选矿回收率最低指标要求分别为 60%~90%（表 25-12）。

（3）共伴生矿产综合利用率。锑矿中常伴生有砷、金、银、钨、汞、铋、硒、钴、镍、萤石、重晶石等组分，当伴生组分达到表 25-13 所列含量要求时，应加强综合评价与回收利用。

表 25-11 锑矿地下开采回采率的最低指标要求　　　　　（%）

矿石品位/%	回采率指标要求	
	矿体厚度≤5m	矿体厚度>5m
≤1.5	75	80
1.5~2.5	77	85
≥2.5	80	90

表 25-12 锑矿选矿回收率的最低指标要求　　　　　（%）

矿石品位/%	回采率指标要求	
	矿石中等可选	矿石复杂难选
≤1.5	75	60
1.5~2.5	82	65
≥2.5	90	75

注：矿石复杂难选是指矿石赋存状态微细（小于 10μm）呈浸染状嵌布，或者共伴生组分多，或者泥化严重，或者氧化率大于 30%，或者以上条件兼而有之。

表 25-13　锑矿伴生组分综合评价指标

组　分	含量/%	组　分	含量/%
砷（As）	0.2	硒（Se）	0.001
金（Au）	0.1×10^{-6}g/t	钴（Co）	0.01
银（Ag）	2×10^{-6}g/t	镍（Ni）	0.1
钨（WO_3）	0.05	萤石（CaF_2）	5
汞（Hg）	0.005	重晶石（$BaSO_4$）	8
铋（Bi）	0.05		

注：摘自《钨、锡、汞、锑矿地质勘查规范》（DZ/T 0201—2002）。

　　当锑矿石为中等可选时，其共伴生矿产综合利用率不低于50%；当锑矿石为复杂难选时，其共伴生矿产综合利用率不低于40%。

　　2015年12月31日公告的《锑行业清洁生产评价指标体系》，评价体系涵盖了锑采矿企业、锑选矿企业、锑冶炼企业和锑白（三氧化二锑）生产企业。清洁生产评价指标体系的建立，一方有助于监管部门全面客观了解掌握行业/企业的清洁生产状况，为宏观管理和政策实施提供依据，从而规范和引导行业清洁生产持续有效地向前发展；另一方面，可以为出台新的清洁生产政策、建立新的制度和机制（如清洁生产激励机制、预评估制度等）做好基础性支撑工作。

25.3.3　能耗

　　除采用鼓风炉富氧挥发熔炼的能耗低于1000kgce/t-Sb外，国内锑冶炼企业的生产能耗一般都符合《锑行业清洁生产评价指标体系》规定的国内清洁生产基本水平（Ⅲ级）要求，即能耗不大于1030kgce/t-Sb。

25.4　锑冶金发展趋势

　　锑作为我国传统的优势矿产，资源形势目前已不容乐观。由于超强度开采和以辉锑矿为主的锑资源的耗竭，我国锑的生产已转向了复杂多金属共生矿的处理，包括脆硫锑铅矿、含砷锑金精矿、锑汞矿等。

　　但目前处理复杂锑铅矿的火法工艺均不理想，资源浪费和环境污染严重，对我国锑资源的可持续发展极其不利。研究开发对环境友好、资源综合利用程度高、投资低、加工成本相对低廉、设备处理能力大、自动化程度高的锑冶炼新工艺，是复杂锑铅矿处理技术的一个发展方向。复杂锑资源的湿法提取技术尤其需要引起我们的重视[155,181]。

26 铋 冶 金

26.1 铋冶金概况

26.1.1 铋资源概况

26.1.1.1 世界铋资源

据美国地质调查局（USGS）2017 年发布的"Mineral Commodity Summaries 2017"，截至 2016 年底全球铋储量达到 37 万吨，其中中国储量为 24 万吨，占世界总储量的 64.86%；玻利维亚与墨西哥铋储量为 1 万吨，美国和加拿大各有 5000t，具体数据见表 26-1 和表 26-2[182]。

表 26-1 截至 2016 年全球矿山铋储量 （铋，万吨）

国家	美国	玻利维亚	加拿大	中国	墨西哥	俄罗斯	越南	其他	全球总量
储量	—	1	0.5	24	1	NA	5.3	5	37

数据来源：美国地质调查局（USGS）。

表 26-2 2016 年全球矿山铋储量区域格局

国家	中国	越南	玻利维亚	墨西哥	加拿大	其他
比例/%	64.86	14.32	2.70	2.70	1.35	14.05

数据来源：美国地质调查局（USGS）。

26.1.1.2 中国铋资源

我国是世界上铋资源最为丰富的国家，已探明铋矿 70 多处。铋金属储量在 1 万吨以上的大中型矿区有 6 处，储量占全国总储量的 78%，其中 5 万吨以上金属储量的大型矿区 2 处。湖南省铋资源不但保有储量具有全球优势，而且具有品位高、易开采等特点，是我国最重要的铋原料基地[183]。

湖南郴州柿竹园铋矿是在钨钼选矿过程作为副产品，经分选而产出。除主要有价元素铋外，还含有相当数量的 Mo、Cu、Pb、Zn、Sn、W 等金属元素。柿竹园铋矿主要是由辉铋矿、黄铁矿，少量辉钼矿、黄铜矿，以及数量明显的方铅矿、闪锌矿、磁黄铁矿、褐铁矿、磁铁矿、自然铋及少量锡矿、铜蓝、黄锡矿、黝铜矿、砷黝铜矿、黑钨矿、毒砂、辉锑砂、斑铜矿等矿物组成[184]。辉铋矿及少量铋的硫盐矿物所占有的铋为精矿总铋量的88.44%，自然铋为9.70%，铋华为1.86%。矿中的银少数以独立的银矿物存在，大部分以类质同象的形式固溶在辉铋矿、方铅矿及少量次生铜中[185]。

26.1.2 铋的生产

26.1.2.1 铋精矿生产情况

根据 USGS 报告显示，越南自 2013 年炮山（Nui Phao）铋-铜-萤石-钨矿投产以来，从 2014 年开始就成为世界第二大矿产铋生产国。2016 年全球铋精矿产量 12998t，在 2015 年下降 3.7%的基础上，进一步下滑 0.4%。中国以 7100t 的精矿产量继续居世界首位，见表 26-3。

表 26-3 2012~2016 年世界铋精矿产量　　　　　　　　　　　　（t）

年　份	2012	2013	2014	2015	2016
中国	7000	7500	7600	7300	7100
越南	—	—	4950	5000	5050
墨西哥	940	824	948	700	800
加拿大	121	35	3	3	3
俄罗斯	—	40	40	40	35
玻利维亚	50	10	10	10	10
全球总量	8200	8400	13552	13053	12998

数据来源：美国地质调查局（USGS）、中国有色金属工业协会铟铋锗分会。

中国矿山铋（金属含量）供需平衡见表 26-4。2016 年我国铋精矿产量继续明显下滑，主要减产发生在主产区湖南，精铋价格下跌、出矿品位下降是铋精矿产量不断下滑的主要原因[186]。

表 26-4 中国矿山铋（金属含量）供需平衡　　　　　　　　　　（t）

年份	2009	2010	2011	2012	2013	2014	2015	2016
产量	6000	6500	7000	7000	7500	7600	7500	7400
出口	1643.5	3494	5685	3469.7	4055.3	6082.1	3414.5	3033.8
进口	1043.1	747.8	468.1	302.7	616.9	302.3	75.4	306
需求	5399.6	3753.8	1783.1	3833.0	4061.6	1820.2	4160.9	4672.2

数据来源：中国海关、USGS、中国有色金属工业协会铟铋锗分会。

26.1.2.2 世界精铋生产情况

受中国精矿减产的影响，2016 年全球精铋总产量继续明显下滑，见表 26-5。墨西哥因铋精矿产量增多，精铋产量得到提升；日本则受益于下半年主要金属价格上涨提高了铜铅等主产品产量，带动了副产金属铋的产量增长。

2016 年全球共计生产精铋 14024t，较 2015 年同比下滑 10.9%，其中中国生产 12450t，较 2015 年减少 12.9%。墨西哥产量 738t，较 2015 年同比增长 21.8%。

表 26-5　2014~2016 年全球及主要国家精铋产量　　　（t）

国家	2014	2015	2016	地区同比增长率/%
中国	15300	14300	12450	-12.9
墨西哥	948	606	738	21.8
日本	582	568	573	0.9
哈萨克斯坦	150	150	150	—
加拿大	100	100	100	—
全球总计	17113	15737	14024	-10.9

数据来源：USGS、中国有色金属工业协会铟铋锗分会。

26.1.2.3　中国精铋生产

2016 年，我国精铋产量继续下滑，在价格、环保、供应过剩的多重压力下，我国铋市场供应端被迫进行了自我调节：（1）国内产量低于 500t 的小型生产企业大多停产；（2）生产的主流企业由以前的主要金属冶炼厂副产逐渐转变为以稀有金属综合回收为主的企业，且副产铋企业的铋产品大多并不直接对终端消费用户销售，而是被少数以铋为主的生产企业和贸易商在全球开展贸易；（3）国内主流供应商铋产量保持增长。详见表 26-6~表 26-8。

表 26-6　2007~2016 年我国铋产量走势　　　（t）

年份	2007	2008	2009	2010	2011	2012	2013	2014	2015	2016
铋产量	12152	12040	13215	12250	14100	15350	14145	15300	14300	12450

数据来源：中国海关；中国有色金属工业协会铟铋锗分会。

表 26-7　2014~2016 年中国精铋产能前十企业　　　（t）

排名	企业名称	设计产能/t	所在省区	生产状态
1	湖南金旺铋业股份有限公司	6000	湖南	正常
2	湖南众德企业集团	4000	湖南	正常
3	贵溪市三元冶炼化工有限公司	3000	江西	正常
4	湖南宇腾有色金属股份有限公司	3000	湖南	正常
5	湖南柿竹园有色金属有限责任公司	2000	湖南	正常
6	郴州雄风稀贵金属材料股份有限公司	2000	湖南	正常

排名	企业名称	设计产能/t	所在省区	生产状态
7	上饶县远翔实业有限公司	2000	江西	正常
8	湖南省永兴县红鹰铋业有限公司	1500	湖南	停产
9	山西太谷盛德有色金属有限公司	1500	山西	正常
10	贵溪千盛化工有限公司	1500	江西	正常

数据来源：中国有色金属工业协会铟铋锗分会。

表 26-8　2007~2016 年中国铋产量供需平衡表　　　　　　(t)

年份	2007	2008	2009	2010	2011	2012	2013	2014	2015	2016
产量	12152	12040	13215	12250	14100	15350	14145	15530	15240	15780
出口	4946	5396	3209	6730	8001	4716	5967	8082	6063	6364
进口	528	1372	1058	762	485	316	628	316	162	317
需求	7734	8016	11064	6281	6584	10950	8806	7764	9340	9736

数据来源：中国海关。

26.1.2.4　中国副产铋产量

最近 10 年，由铜、铅、锌冶炼厂副产回收的铋量增幅明显，富集于阳极泥、白烟灰等物料中的伴生铋的回收已成为铜、铅、锌冶炼厂利润的主要来源之一[187]。2016 年我国原生铜产量约为 600 万吨，原生锌产量约为 500 万吨，原生铅产量约为 300 万吨，按吨铜平均副产回收 0.5kg 铋、吨锌平均副产回收 0.1kg 铋、吨铅平均副产回收 1kg 铋计算，2016 年我国铜、铅、锌冶炼系统副产铋产量约在 6500t 左右，已接近我国矿产铋的产量[188]。

副产铋的另一个来源是钢铁工业。和进口铁精矿不同，我国自产的铁精矿成分较复杂，赋存于铁精矿中的微量铋在高炉冶炼的强还原气氛和高温下，和锌一起挥发并富集于瓦斯灰中[189]。统计表明，以处理国产铁精矿为主的钢铁厂，其高炉瓦斯灰的铋含量一般在 1%~1.5% 之间，每百万吨钢约产出 1 万吨以上的瓦斯灰。按我国铁精矿对外依存度 60%、年原生钢产量 6 亿吨粗略估算，每年富集于瓦斯灰中的金属铋约在 2 万~3 万吨之间，是我国矿产铋精矿年产量的 3~4 倍。但遗憾的是，我国瓦斯灰的综合利用和无害化处置程度较差，仅有少数建有高炉/电炉锌灰处理的钢铁厂在处理高炉和电炉锌灰时，搭配使用少量瓦斯灰作还原剂降低还原挥发的煤耗，导致富集于瓦斯灰中的铋的回收利用程度非常低下，仅有约 10% 的铋被二次富集于次氧化锌灰中，在次氧化锌的浸出过程被再次富集于锌浸出渣中得以回收[190]。调查表明，我国每年从瓦斯灰中回收的铋量不超过 1000t。

26.1.3 铋的性质和应用

26.1.3.1 铋的性质和用途

铋（bismuth）是一种金属元素，元素符号 Bi，原子序数 83，是红白色的金属，密度 $9.8g/cm^3$，熔点 271.3℃，沸点 1560℃。铋有金属光泽，性脆，导电和导热性都较差，同时也是逆磁性最强的金属，在磁场作用下电阻率增大而热导率降低。除汞外，铋是热导率最低的金属。铋及其合金具有热电效应。铋在凝固时体积增大，膨胀率为 3.3%。铋的硒化物和碲化物具有半导体性质。

铋不容易被身体吸收，不致癌，也不损害 DNA 构造，可通过尿排出体外。因此，铋被称为"绿色"稀有金属。铋在自然界中以游离金属和矿物的形式存在，丰度仅 $8×10^{-9}$ 左右。铋的主要矿物有自然铋（Bi）、辉铋矿（Bi_2S_3）、铋华（Bi_2O_3）、菱铋矿（$nBi_2O_3 \cdot mCO_2 \cdot H_2O$）、铜铋矿（$3Cu_2S \cdot 4Bi_2S_3$）等，其中以辉铋矿与铋华最为重要。除玻利维亚（Tasna Mine）和广东省怀集县外，几乎没有单独的铋矿床产出。

铋及其化合物主要用于冶金添加剂、制造低熔点合金、半导体制冷器，并广泛应用于医药、化工等领域。高纯铋（99.999%）用于核反应堆中作载热体或冷却剂，并可用作防护原子裂变的装置材料。高纯铋与碲、硒、锑等组合拉晶的半导体元件，用于温差电偶、温差发电和温差制冷，用以装配空调器和电冰箱[191]。

高纯硫化铋可制造光电自动设备中的光电阻，增大可见光谱区域内光谱的灵敏度。另外，在钙钛矿薄膜太阳能电池材料中，铋可替代铅，应用前景广阔。

26.1.3.2 铋的消费

2016 年，全球铋的总消费量约为 13000t。主要传统消费国中，美国、英国、日本出现不同程度增长，欧盟、中国则有所下滑，见表 26-9。

表 26-9　2014~2016 年全球及主要国家铋消费量　　　　　　　(t)

国家	2014 年	2015 年	2016 年	地区同比增长率/%
欧盟	5200	5000	4630	-7.4
中国	4500	5100	4900	-3.92
美国	1504	1610	1630	1.24
日本	650	574	592	3.13
英国	150	150	170	13.33
其他国家和地区	1833	934	1481	58.56
全球消费总计	13837	13368	13403	0.2

数据来源：USGS；中国有色金属工业协会铟铋锗分会；日本《工业稀有金属年鉴》。

2016 年美国制造业势头良好，其中计算机和电子产品、金属制品、机械、塑料与橡胶制品等行业均表示商业需求旺盛，带动了电子产品领域对铋的消费。不过，卫浴等领域对铋合金的消费市场因市场饱和而受到影响，占比连续两年下滑，由 8.76% 下滑至 8.54%；冶金添加剂消费占比有所上调，由 2015 年的 24.52% 提高至 25.11%；化学领域继续在 65% 左右徘徊（表 26-10）。

表 26-10   2014~2016 美国铋消费结构

应用领域	2014 年	2015 年	2016 年
化学（化妆品、医药）/%	64.55	65.63	64.75
合金/%	9.28	8.76	8.54
冶金添加剂/%	25.73	24.52	25.11
其他/%	0.44	1.09	1.6

数据来源：USGS；中国有色金属工业协会铟铋锗分会。

我国 2016 年铋消费下降 3.9%，其中医药领域消费铋 3185t，同比减少 4%。因发达国家对卫浴产品的需求萎缩，铋合金及焊料较 2015 年减少 20t，同比减少 2%；冶金添加剂减少 42t，降幅 6.7%；其他产品减少 3t，同比减少 2%（表 26-11）。

表 26-11   2014~2016 年中国铋消费量   （t）

消费领域	2014	2015	2016	地区同比增长率/%
化学（包含医药）	2820	3320	3185	-4
铋合金及焊料	930	1000	980	-2
冶金添加剂	633	630	588	-6.7
其他	117	150	147	-2
全国总计	4500	5100	4900	-3.9

数据来源：中国有色金属工业协会铟铋锗分会。

26.1.3.3 铋品进出口

我国是世界铋的最大生产国和出口国，在全球铋市场具有重要地位[192]。但由于我们对铋产业认识不深刻，社会关注度不高，我国铋产业面临着生产分散、多头出口、中间需求集中、贸易商强势、国内没有权威价格参照系的尴尬局面，因此整合铋生产资源是促进铋行业健康发展的必要措施。

2016 年中国铋的进出口量均保持增长，进口增幅显著，出口温和增长。进口铋产品以铅铋合金和粗铋为主，主要来自哈萨克斯坦、日本、韩国和墨西哥等铅铋产量较多的国家。湖南省是全国进口铋类产品最多的省份，从这一点可以看出，国内主要企业在全球配置资源已经成为主流，见表 26-12。

表 26-12   2014~2016 年中国铋贸易   (t)

年 份	进口量	出口量	贸易总量	同比增长/%
2014 年	316	8081	8397	25.5
2015 年	162	6062	6224	-25.9
2016 年 1~11 月	312	5779	6091	—
2016 年估计	340	6200	6540	5.1

数据来源：中国有色金属工业协会铟铋锗分会；中国海关。

26.1.4   铋冶炼技术发展状况及存在的问题

和其他基本金属相比，铋行业规模很小，长期以来的科研投入很少，国内的科研院所及生产企业也鲜有开展有针对性的技术研发工作，中国铋冶炼一直沿用反射炉熔炼—火法精炼的传统工艺，技术和装备水平低、能耗高，氟/氯/砷/铅和低浓度 SO_2/粉尘/硫酸钙渣污染严重[193]。

受矿物赋存特征所限，我国高品位铋精矿少，低品位、复杂含铋物料多，导致传统铋工业技术无法经济、清洁地大规模处理多元复杂含铋物料，资源综合利用程度低下，严重阻碍了铋产业的集约化发展和转型升级[194]。

由于阳极泥、白烟灰中均同时含有较高数量的砷、镉元素，富集于其中的铋的无污染高效回收，必将会成为今后研究的重点和方向。高炉瓦斯灰中铋的选择性回收利用，也应该引起我们的重视。

我国涉铋冶炼企业数量众多，但企业生产规模较小，产业集中度不高，行业管理难度大；高附加值铋产品的研发不足，同质化低端产品竞争激烈，企业利润率普遍较低，严重影响着铋冶炼企业的进一步发展和壮大；国际市场话语权缺失，和铋资源大国、生产大国、供应大国的地位极不相称。淘汰落后产能，尽快整合铋行业，提升铋行业的国际话语权，是我国铋行业发展的重点任务之一。

26.2   铋冶金主要方法

铋的生产一般需经历粗炼与精炼两个阶段。粗炼是将含铋原料通过火法或湿法的初步处理，产出中间产物粗铋。精炼是将粗铋进一步处理提纯，产出精铋。根据原料的不同，粗炼有多种生产方法，目前仍以火法熔炼为主，包括还原熔炼、沉淀熔炼和混合熔炼等。精炼则分为火法精炼和电解精炼[195]。

金属铋冶炼的原料来源大致可以分为三类：（1）选矿厂生产出的铋精矿；（2）铜、铅、锌冶炼过程中的二次含铋物料；（3）综合回收产出的含铋渣料。铋精矿冶炼以湖南柿竹园的反射炉熔炼为代表，二次含铋物料和含铋渣料的综合回收以永兴地区的鼓风炉还原熔炼为代表，郴州金旺铋业的"侧吹氧化—侧吹还原"富氧双侧吹熔池熔炼是以铅为主、搭配铋原料处理的生产企业。虽然铋的湿法提取目前仅仅作为一种预处理手段在复杂含铋二次物料的处理中偶有应用,但随着环保政策执行力度的增大,对环境友好的铋湿法提取技术预期会有较快的发展[196]。

26.2.1 火法炼铋

26.2.1.1 反射炉还原熔炼

反射炉还原熔炼处理铋精矿是经典的铋冶炼技术。铋精矿与还原剂煤粉、置换剂铁屑、助熔剂纯碱等配料混合,加入反射炉熔炼(包括采用沉淀熔炼、还原熔炼和混合熔炼等),产出渣、铋冰铜和粗铋[197]。原则工艺流程如图 26-1 所示。

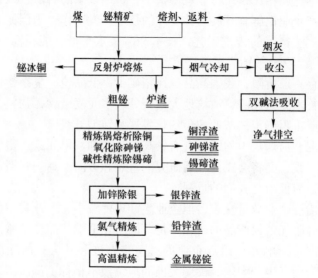

图 26-1　铋精矿反射炉火法冶炼原则工艺流程

主要技术经济指标见表 26-13。

表 26-13　铋反射炉冶炼主要技术经济指标

名称	指标	名称	指标
烟煤	4000kg/t	粗炼直收率	92%
纯碱	1400kg/t	精炼直收率	95%
铁屑	1500kg/t	回收率	88%
烧碱	28kg/t	电力消耗	577kW·h/t
氯气	100kg/t	综合能耗	3200kgce/t
锌锭	60kg/t		

26.2.1.2 双侧吹富氧熔池熔炼

A 熔炼富集

含铋物料双侧吹富氧熔池熔炼原则工艺流程如图 26-2 所示。

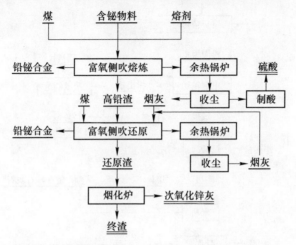

图 26-2　含铋物料富氧双侧吹熔池熔炼原则工艺流程

　　经配料后的物料首先送富氧侧吹熔池熔炼炉中进行氧化脱硫熔炼，铋、铅和贵金属等有价金属部分以铅铋合金形式产出，其余部分和锌一起进入氧化熔炼渣，熔炼烟气经余热锅炉回收余热、收尘后用于制备硫酸；氧化熔炼产出的高铅渣周期性排入富氧侧吹还原熔炼炉中进行还原熔炼，渣中的大部分铅、铋被还原成合金，锌进入还原渣中送烟化炉回收。

　　工艺控制参数见表 26-14。

表 26-14　含铋物料富氧熔池熔炼技术工艺控制参数

工艺参数	侧吹氧化炉	侧吹还原炉
物料量/t·h^{-1}	8~10	
煤率/%	2.5~4.5	10~15
熔剂率/%	2~4	~2
熔炼时间/h	1~2	1~2
温度/℃	1100~1200	1150~1300
氧浓度/%	60~80	50~60

B 铅铋合金电解

铅铋合金电解采用国内外常用的硅氟酸盐介质生产电铅技术[198]，原则工艺流程如图 26-3 所示。主要工序包括：（1）火法初步精炼及始极板制作；（2）铅铋合金电解；（3）熔铸精炼等。

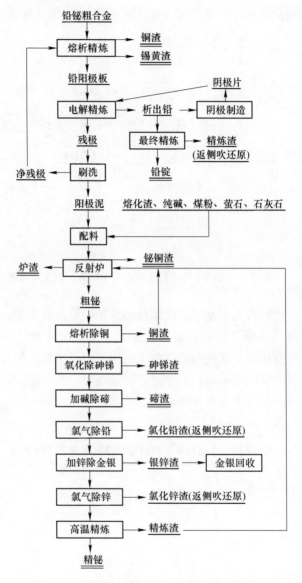

图 26-3　铅铋合金中回收铋的原则工艺流程

C　铋阳极泥处理

电解精炼后所产出的高铋阳极泥处理的主要工序包括：（1）铋阳极泥反射炉熔炼；（2）粗铋火法精炼（加硫除铜、氧化除砷锑、加碱除碲、氯气精炼除铅/银/锌、真空蒸馏除银等）。

D 双侧吹富氧熔池熔炼技术指标

与传统铋火法熔炼技术相比,项目开发的富氧双侧吹熔炼技术可处理低品位、复杂含铋物料,金属回收率高,通过烟气制酸实现硫的高效利用,能耗大幅降低。与传统铋工业技术的对比见表26-15。

表 26-15 双侧吹富氧熔池熔炼与国内外同类技术对比

指标	反射炉熔炼技术	双侧吹富氧熔池熔炼技术
原料	仅可处理铋含量大于15%的高品位铋精矿	可处理高品位铋精矿,也可处理铋约3%、铅约20%、铜约3%的低品位、复杂含铋物料
能耗	熔炼过程依靠煤燃烧供热,粗合金加工能耗为2000kgce/t	熔炼过程采用原料中硫氧化反应热供热,粗合金加工能耗仅为300kgce/t,降低85%
回收率	(1) 渣、锍含铋0.5%和1%,铋回收率约93%; (2) 未考虑综合回收	(1) 渣含铋0.05%,铋回收率99%,提高6%; (2) 综合回收铅、铜、金、银等,回收率均高于98%
环保	(1) 烟气 SO_2 浓度约0.2%,低浓度 SO_2 烟气处理成本高,石膏渣产生二次污染; (2) 低品位锍回收价值低,二次污染严重	(1) 烟气 SO_2 浓度>8%,高浓度 SO_2 烟气稳态制酸,成本低; (2) 高品位锍综合回收价值高

26.2.2 湿法炼铋

铋的湿法冶金技术的研究始于20世纪60年代后期,主要以三氯化铁做浸出剂,在酸性氯盐体系中浸出铋矿物,使铋以铋氯配合物的形态进入溶液,再用铁粉置换生产海绵铋,称为三氯化铁浸出—铁粉置换法,并首先在云锡第三冶炼厂建成湿法车间,处理锡铋混合精矿[204]。

近年来,国内外的许多科研单位相继根据硫化铋矿的不同组成,围绕降低作业成本,解决环境污染,三氯化铁的再生和溶液中有价金属浓度的富集问题,研究了许多新的湿法冶金流程:三氯化铁浸出—隔膜电积法、三氯化铁浸出—水解沉铋法、氯气选择性浸出法、矿浆电解法等[205]。

26.2.2.1 三氯化铁浸出—铁粉置换法

三氯化铁浸出—铁粉置换法由6道工序组成:铋矿的浸出与还原、铁粉置换沉淀海绵铋、氯气氧化再生三氯化铁、海绵铋熔铸粗铋、粗铋火法精炼和铋浸出渣中有价金属的选矿回收[206]。浸出过程的主要反应如下:

$$Bi + 3FeCl_3 = BiCl_3 + 3FeCl_2$$

$$Bi_2S_3 + 6FeCl_3 = 2BiCl_3 + 6FeCl_2 + 3S$$

$$Bi_2O_3 + 6HCl = 2BiCl_3 + 3H_2O$$

浸出液经加铋矿还原，使溶液中残存的三价铁还原为二价。加铁粉置换出海绵铋，置换后液通入氯气，氧化再生三价铁。

此法在工艺上比较成熟，铋的浸出率高（渣计 98% ~ 98.5%），综合利用好，污染较小，为提高铋资源的综合利用提供了一种有效的途径。但此工艺材料消耗比较高，每吨海绵铋耗用工业盐酸 1.5 ~ 1.8t，氯气 0.4 ~ 0.5t，铁粉 0.5 ~ 0.6t。由于采用铁粉置换和氯气再生技术，铁和氯离子在溶液中的积累不容忽视，废液排放量大，浸出液中由于离子浓度相对较高，黏度较大，渣的过滤和洗涤较为困难。

26.2.2.2 三氯化铁浸出—隔膜电积法

为了简化流程，研究用隔膜电积来取代铁粉置换法中的铁粉置换和氯气再生工序。其原理是在控制适当电位的情况下，让铋在隔膜电解槽的阴极还原：

$$Bi^{3+} + 3e \Longrightarrow Bi$$

阳极则发生铁的氧化反应：

$$Fe^{2+} - e \Longrightarrow Fe^{3+}$$

该流程的技术关键是电极电位的控制和溶液透过隔膜速度的控制。在阴极区，溶液中主要的阳离子是 Bi^{3+}、Fe^{2+} 和 H^+；在阳极区，溶液中主要的阳离子是 Bi^{3+}、Fe^{3+} 和 H^+，为使阳极区的三价铁不致在阴极放电而降低电流效率，应采用适当的隔膜材料把阴、阳极分开，阴极区液面应高于阳极区，并控制电解液的渗透速度，使流速与二价铁的氧化速度相当[207]。

与三氯化铁—铁粉置换法比较，隔膜电积法流程简单。但由于溶液中铁离子浓度较高，电积过程在电场力的作用下三价铁会不可避免地透过隔膜在阴极还原，电流效率低。

26.2.2.3 三氯化铁浸出—水解沉铋法

水解沉铋法的实质是利用氯氧铋的水解性，在弱酸性溶液中水解铋氯络合物，生成氯氧铋白色沉淀物，制取氯氧铋精矿[208]。

为使水解完全，溶液 pH 值一般控制在 2，这就要求大量的水稀释溶液，造成酸耗高、水耗大、试剂耗量大、铋回收率低、废水排放量大的缺点。某小型铋冶炼厂曾采用此法生产氯氧铋精矿，但效果不理想，其技术经济指标为：吨精矿耗工业盐酸 800kg，铋回收率 60% ~ 70%。

26.2.2.4 氯气选择性浸出法

采用控制电位的办法，用氯气选择性浸出硫化铋矿，同时抑制杂质的浸出。较之前面的几种方法，避免了大量的铁离子在流程中的循环和三价铁的再生问题，提高了产品质量，渣的过滤、洗涤性能也得以改善。浸出过程基本反应为：

$$Bi_2S_3 + 3Cl_2 \Longrightarrow 2BiCl_3 + 3S$$

氯气选择性浸出，铋的选择性较高，但氯气消耗量比较大，一部分单质硫会被氯气氧化生成硫酸根，氯气的污染和腐蚀问题也比较严重，设备需要密封。从经济上分析，比用三氯化铁浸出没有明显的优越性。

26.2.2.5 矿浆电解法

矿浆电解法处理铋精矿的原则工艺流程如图 26-4 所示。

铋精矿经浆化槽浆化后，加入矿浆电解槽的阳极区，精矿中的铋在阳极区被浸出进入溶液，进而穿过隔膜进入阴极区，在阴极还原析出海绵铋。海绵铋经压滤脱水后，送还原熔炼得到粗铋，再经火法精炼生产出精铋。阳极区的矿浆经压滤洗涤后，滤液返回浆化槽配矿，浸出渣根据其组成情况，可进一步回收元素硫和其他有价金属如钼等[209,210]。

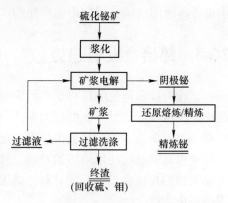

图 26-4 铋精矿矿浆电解原则工艺流程

1997 年，世界上首条年产 200t 铋的矿浆电解生产线在柿竹园铋冶炼厂投入工业应用，使用 $4.5m^3$ 的矿浆电解槽处理含铋 20% 左右的铋精矿，取得了铋浸出率 98%、铋全流程总回收率 96%、吨铋总交流电耗 2500kW·h（其中直流电耗 1830kW·h）、吨铋碱耗 121kg、吨铋酸耗 500kg（HCl 31%）的指标[211]。

采用矿浆电解处理铋精矿的一个显著优点是，和铋结合的硫大部分以元素硫的形态产出，并可进一步回收生产硫精矿或元素硫产品，同时整个系统的溶液可以基本实现闭路循环，大大减少了废水排放量。

化学定量分析表明，柿竹园铋精矿含 Be 0.0032%、含 F 0.99%、含 As 0.049%，矿浆电解时，约有 35% 的 Be、90% 的 F 和 20% 的 As 被浸出进入溶液。随着溶液循环次数的增加，Be、F 和 As 将在溶液中积累，尤以 F 的积累最为严重。因此少量外排的废电解液必须进行达标处理。

废电解液首先经铁粉置换回收 Bi，再经石灰中和处理后，溶液中的 Be 含量由 0.99mg/L 降至 0.0036mg/L，F 含量由 0.58g/L 降至 0.5mg/L，As 含量由 1.9mg/L 降至 0.003mg/L，符合地面水环境质量标准 GB 3838—2002 的 Ⅲ 类标准。

矿浆电解产出的含硫废渣，对环境无明显影响，可进一步浮选生产硫精矿或采用其他工艺回收生产元素硫。

矿浆电解技术毕竟是处于工业化初期，装备水平还比较落后，自动化程度很低，大部分是人工操作。在铋矿浆电解生产中，由于阴极产物是以粉状物产出（铋粉），需要靠人工抽取，操作工人的素质在很大程度上成为工艺指标的制约因素，人为因素对工艺指标的影响较大。由于操作不精心，石墨电极的断裂、隔膜布的破损等比较严重；加之溶液中硫酸钙的积累和在石墨电极上的结晶析出，微细颗粒对隔膜布的堵塞，海绵铋的自然氧化导致的火灾安全隐患，设备大型化困难等等原因，柿竹园铋冶炼厂铋的矿浆电解生产线于 2000 年停止了生产[212]。

26.3　铋冶金发展趋势

铋作为我国传统的优势矿产，资源形势目前已不容乐观，面临着潜在的资源危机。我国虽然是世界铋的最大生产国和供应国，但受自身产业规模小的影响和限制，铋冶金技术的发展较为缓慢。近年来开发成功的双侧吹富氧熔池熔炼也是在借鉴铅富氧侧吹还原熔炼的基础上开发的技术，其主体依旧是炼铅，因此，针对铋资源的具体特点，开展针对性的无污染提取新工艺的研究，是未来铋冶金发展的必由之路。

由于铋矿物大多与钨、铅、锌、铜、锡、钼、铁等金属矿共生，副产铋的回收利用必将成为未来铋的主要供应渠道，包括阳极泥、白烟灰、高炉瓦斯灰等。由于这些副产物均含有数量不等的砷、镉、氟、氯、铅、汞等有毒有害物质，属于国家划定的危险固体废弃物，随着地方政府对危险固废管控力度的加强，跨省区禁运极有可能成为常态。另外，由于单个冶炼企业含铋副产物的产量不大，为企业的健康发展考虑，针对这些含铋副产物，及早开发针对性的无污染湿法冶炼综合利用新工艺的研究，也将是铋冶金的发展方向[213]。

参 考 文 献

[1] 朱景和．世界镍红土矿开发与利用的技术分析［J］．中国金属通报，2007（35）：26-29.

[2] 宋丹娜，王雪婷，郭亚静，等．我国镍产业发展现状及趋势研究［J］．四川有色金属，2015（1）：5-8.

[3] Ying T K, Gao X P, Hu W K, et al. Studies on rechargeable NiMH batteries［J］. International Journal of Hydrogen Energy, 2006, 31（4）：525-530.

[4] Fetcenko M, Koch J, Zelinsky M. 6-nickel-metal hydride and nickel-zinc batteries for hybrid electric vehicles and battery electric vehicles［J］. Advances in Battery Technologies for Electric Vehicles, 2015：103-126.

[5] 钟菊芽．2016—2017年镍的市场分析与展望［J］．中国金属通报，2017（6）：118-119.

[6] 任选．铬镍生铁在不锈钢生产中的应用［J］．山西冶金，2012，35（4）：29-30.

[7] 陈程，刘琦．我国不锈钢生产消费现状分析及2020年展望［J］．冶金经济与管理，2014（5）：31-34.

[8] 王军．六大行业带动不锈钢消费［J］．市场周刊：新物流，2003（21）.

[9] 毛祖国．镍在电镀行业的应用和展望［C］//中国国际镍钴工业年会，2007.

[10] 钱亚杰，王乃用．汽车动力电池用泡沫镍技术总结报告［R］．2015．https：//www. xzbu. com/9/view-6868375. htm.

[11] 王会阳，安云岐，李承宇，等．镍基高温合金材料的研究进展［J］．材料导报，2011（s2）：482-486.

[12] 杨志强，王永前，高谦，等．中国镍资源开发现状与可持续发展策略及其关键技术［J］．矿产保护与利用，2016（2）：58-69.

[13] 路长远，鲁雄刚，邹星礼，等．中国镍矿资源现状及技术进展［J］．自然杂志，2015，37（4）：269-277.

[14] Yang Zhiqiang. Key Technology Research on the Efficient Exploitation and Comprehensive Utilization of Resources in the Deep Jinchuan Nickel Deposit［J］．工程（英文），2017，3（4）：559-566.

[15] 于然波，徐爱东．我国镍工业的发展前景［J］．中国有色金属，2013（1）：56-57.

[16] 李德东，王玉往，龙灵利，解洪晶，石煜．中国岩浆型铜镍硫化物矿床类型浅谈［J］．矿产勘查，2014，5（2）：124-130.

[17] 张念．全球2014年镍价格走势回顾及2015年展望［J］．发展改革理论与实践，2015（5）：28-33.

[18] Hoatson D M, Jaireth S, Jaques A L. Nickel sulfide deposits in Australia：Characteristics, resources, and potential［J］. Ore Geology Reviews, 2006, 29（3）：177-241.

[19] 徐爱东．镍价上涨 利好企业［J］．中国金属通报，2014（8）：18-19.

[20] 康兴东，夏春才．镍矿资源现状及未来冶金技术发展［J］．科技视界，2015（36）：273-274.

[21] 刘同有．中国镍钴铂族金属资源和开发战略（上）［J］．国土资源科技管理，2003，20（1）：21-25.

[22] 刘明宝, 印万忠. 中国硫化镍矿和红土镍矿资源现状及利用技术研究 [J]. 有色金属工程, 2011, 1 (5): 25-28.

[23] 陈景友, 谭巨明. 采用红土镍矿及电炉生产镍铁技术探讨 [J]. 铁合金, 2008, 39 (3): 13-15.

[24] 刘云峰, 陈滨. 红土镍矿资源现状及其冶炼工艺的研究进展 [J]. 矿冶, 2014, 23 (4): 70-75.

[25] Farrokhpay S, Fornasiero D, Filippov L. Upgrading nickel in laterite ores by flotation [J]. Minerals Engineering, 2018, 121: 100-106.

[26] 徐明. 镍铁回转窑温度检测方法 [C] //全国冶金自动化信息网 2014 年会论文集, 2014.

[27] 秦丽娟, 赵景富, 孙镇, 等. 镍红土矿 RKEF 法工艺进展 [J]. 有色矿冶, 2012, 28 (2): 34-36.

[28] Morcali M H, Khajavi L T, Dreisinger D B. Extraction of nickel and cobalt from nickeliferous limonitic laterite ore using borax containing slags [J]. International Journal of Mineral Processing, 2017: 167.

[29] Mu Wenning, Lu Xiuyuan, Cui F H, et al. Transformation and leaching kinetics of silicon from low-grade nickel laterite ore by pre-roasting and alkaline leaching process [J]. Transactions of Nonferrous Metals Society of China, 2018, 28 (1): 169-176.

[30] 石剑锋. 硫酸氢铵焙烧红土镍矿工艺研究 [D]. 长沙: 中南大学, 2012.

[31] 周晓文. 常压酸浸法从含镍红土矿中提取镍的研究 [D]. 赣州: 江西理工大学, 2009.

[32] 冯其明, 何东升. 国内外金属矿山低品位矿选矿新技术进展——以铝、铜、镍、钒为例 [C] //全国金属矿山难选矿及低品位矿选矿新技术学术研讨与技术成果交流暨设备展示会论文集, 2008.

[33] Ettler V, Kvapil J, Šebek O, et al. Leaching behaviour of slag and fly ash from laterite nickel ore smelting (Niquelândia, Brazil) [J]. Applied Geochemistry, 2016, 64: 118-127.

[34] 王成彦, 尹飞, 陈永强, 等. 国内外红土镍矿处理技术及进展 [J]. 中国有色金属学报, 2008, 18 (e01): 1-8.

[35] 余花琴. 电解镍生产的生命周期评价研究 [D]. 昆明: 昆明理工大学, 2006.

[36] 马小波. 红土镍矿焙烧—还原熔炼生产镍铁的研究 [D]. 长沙: 中南大学, 2010.

[37] 崔和涛, 徐有生. 我国镍冶金的发展与工艺技术进步 [J]. 矿冶, 1997 (2): 43-54.

[38] 佚名. 气化冶金技术又取得重大突破 优质羰基镍丸填补国内空白 [J]. 中国有色冶金, 2006 (5): 32.

[39] 王淑霞. 国内外羰基法精炼镍技术的比较 [J]. 机械工业标准化与质量, 2012 (8): 51-52.

[40] Terekhov D S, Emmanuel N V. Direct extraction of nickel and iron from laterite ores using the carbonyl process [J]. Minerals Engineering, 2013, 54 (12): 124-130.

[41] 郭学益, 吴展, 李栋. 镍红土矿处理工艺的现状和展望 [J]. 金属材料与冶金工程, 2009, 37 (2): 3-9.

[42] 佚名. 吉恩镍业拟募资在印尼建设红土镍矿冶炼项目 [J]. 不锈: 市场与信息, 2011

（15）：8-9.

[43] Zeng X, Zheng H, Gong R, et al. Uncovering the evolution of substance flow analysis of nickel in China [J]. Resources Conservation & Recycling, 2018：135.

[44] 陈广磊. 二次资源与原矿制得的钴及钴化合物结构与性能研究 [D]. 北京：北京工业大学, 2011.

[45] 邢家超. 镍/钴基微纳米材料的可控制备及电化学性能研究 [D]. 北京：北京理工大学, 2015.

[46] 顾其德. 2011 中国钴市场消费分析 [J]. 中国金属通报, 2012 (16)：40-41.

[47] Du J, Ouyang D. Progress of Chinese electric vehicles industrialization in 2015：A review [J]. Applied Energy, 2017, 188：529-546.

[48] Jiang W. Fueling the Dragon：China's Quest for Energy Security and Canada's Opportunities [J]. 2005.

[49] 佚名. 国家新能源汽车政策动态及展望 [M] //中国新能源汽车产业发展报告（2015）. 北京：社会科学文献出版社, 2015：189-207.

[50] Wang G, Liu J, Tang S, et al. Cobalt oxide-graphene nanocomposite as anode materials for lithium-ion batteries [J]. Journal of Solid State Electrochemistry, 2011, 15（11-12）：2587-2592.

[51] 曹异生. 世界钴工业现状及前景展望 [J]. 中国金属通报, 2007 (42)：30-34.

[52] 牟其勇. 国内外锰、钴、锂的资源状况 [J]. 北京大学学报（自然科学版）, 2006 (S1)：55.

[53] 曹异生. 钴矿山近况及发展前景预测 [J]. 中国金属通报, 2004 (10)：25-28.

[54] 佚名. 全球钴资源储量及分布情况 [J]. 金川科技, 2015 (2)：50.

[55] 乔富贵, 王永才. 金川硫化镍铜矿地质特征及深边部成矿预测 [C] //全国生产矿山提高资源保障与利用及深部找矿成果交流会, 2013.

[56] 张福良, 崔笛, 胡永达, 等. 钴矿资源形势分析及管理对策建议 [J]. 中国矿业, 2014 (7)：6-10.

[57] 于晨, 杨晓菲. 增强中国钴的国际话语权 [J]. 中国金属通报, 2008 (28)：34-36.

[58] 曾劲松. 再生亚微钴粉的工艺研究 [J]. 资源再生, 2005, 22 (8)：19-20.

[59] 杨晓菲. 从供求关系看未来钴价走势 [J]. 中国金属通报, 2012 (30)：23-25.

[60] 赵声贵, 陈元初. 世界及中国钴资源供需情况 [J]. 矿冶工程, 2012, 32 (S1).

[61] 邹仿棱. 钴的资源、市场与应用 [C] //第九次全国硬质合金学术会议, 2006.

[62] 周艳晶, 李颖, 柳群义, 等. 中国钴需求趋势及供应问题浅析 [J]. 中国矿业, 2014 (12)：16-19.

[63] 刘兴利, 吴礼春. 金川资源综合利用的十年 [J]. 有色金属工程, 1988 (3)：65-69.

[64] 徐爱东. 我国镍钴工业发展中存在的主要问题 [J]. 中国金属通报, 2005 (47)：14.

[65] 江竹亭, 杨芸, 罗明照. 辊道窑窑炉智能控制系统的应用 [J]. 中国陶瓷工业, 2013, 20 (6)：44-47.

[66] 孙宁磊, 陆业大, 刘金山, 等. 化学沉淀法在镍钴湿法冶金流程中的应用 [C] //首届全国红土镍矿冶炼技术研讨会, 2012.

[67] Teffers T H, 汪文树. 从铜浸出液中分离和回收钴 [J]. 金属再生, 1987 (6): 70-73.

[68] 李明. 刚果 (金) 氧化铜钴矿冶炼工艺综述 [J]. 有色冶金设计与研究, 2012, 33 (1): 16-18.

[69] Mimura K, Uchikoshi M, Kekesi T, et al. Preparation of high-purity cobalt [J]. Materials Science & Engineering A, 2002, 334 (1): 127-133.

[70] 冯德茂, 肖磊. 金川钴产品湿法生产工艺的新进展 [J]. 中国有色冶金, 1999 (s1): 36-38.

[71] Bai Q, Zhao S, Xu P. Technology roadmap of electric vehicle industrialization [M] // Advances in Computer Science and Information Engineering. Springer Berlin Heidelberg, 2012: 473-478.

[72] Zeng X, Li J. On the sustainability of cobalt utilization in China [J]. Resources Conservation & Recycling, 2015, 104: 12-18.

[73] 李华成, 王春飞, 谢罗生, 等. 锰系镍钴锰三元前驱体合成试验研究 [J]. 中国锰业, 2015 (4): 31-34.

[74] 罗兴武. 四氟硼酸离子液体的制备及作为锂离子电池电解液的应用 [D]. 淄博: 山东理工大学, 2015.

[75] 文友. 钒的资源、应用、开发与展望 [J]. 稀有金属与硬质合金, 1996 (1): 51-55.

[76] 吕超. 攀枝花钒钛磁铁矿精矿制备中钛渣的技术和理论研究 [D]. 昆明: 昆明理工大学, 2017.

[77] Moskalyk R R, Alfantazi A M. Processing of vanadium: A review [J]. Minerals Engineering, 2003, 16 (9): 793-805.

[78] 赖梅祥. 大型倾翻炉电铝热法冶炼钒铁生产工艺浅探 [J]. 铁合金, 2014, 45 (5): 10-12.

[79] 胡克俊, 席歆. 国外钒的应用现状及对攀钢钒产品开发的建议 [J]. 四川冶金, 2000 (4): 50-58.

[80] Macara I G. Vanadium—An element in search of a role [J]. Trends in Biochemical Sciences, 1980, 5 (4): 92-94.

[81] Li Y, Mitchell P S. 钒在钢中的应用 [C] //中国金属学会 2003 中国钢铁年会论文集 (4), 2003.

[82] 田鹏, 白瑞国, 张兴利, 等. 不同钒合金在钢中的应用 [C] //2014 全国钒钛学术交流会, 2014.

[83] 张中武. 高强度低合金钢 (HSLA) 的研究进展 [J]. 中国材料进展, 2016, 35 (2): 141-151.

[84] Liu X J, Chen D S, Chu J L, et al. Recovery of titanium and vanadium from titanium-vanadium slag obtained by direct reduction of titanomagnetite concentrates [J]. Rare Metals, 2015 (2): 1-9.

[85] 方玉诚, 曹勇家, 钟海林, 等. 粉末冶金高速工模具钢的研究与发展 [C] //粉末冶金产业技术创新战略联盟论坛, 2010.

[86] 袁慎铁, 赖朝彬, 陈英俊, 等. 含铌、钒、钛 EQ47 海洋平台用钢的高温塑性研究 [J].

有色金属科学与工程，2014（2）：52-56.

［87］殷匠．非调质钢的现状和动向［J］．热处理，1995（3）：30-32.

［88］杜光超，孙朝晖，伍珍秀．钒在非钢铁领域的应用及研究进展［C］//钒产业先进技术交流会，2013.

［89］锡淦，雷鹰，胡克俊，等．国外钒的应用概况［J］．世界有色金属，2000（2）：13-21.

［90］Xu S，Long M，Chen D，et al. Recovery of vanadium from a high Ca/V ratio vanadium slag using sodium roasting and ammonia leaching［M］//Celebrating the Megascale. Springer International Publishing，2014：613-622.

［91］谭其尤，陈波，张裕书，等．攀西地区钒钛磁铁矿资源特点与综合回收利用现状［J］．矿产综合利用，2011（6）：6-10.

［92］许国镇．石煤中钒的价态及物质组成对提钒工艺的指导作用［J］．煤炭加工与综合利用，1989（5）：5-8.

［93］吕亚男．钒钛磁铁精矿固态还原及高效利用研究［D］．长沙：中南大学，2009.

［94］Khodayari R，Odenbrand C U I. Regeneration of commercial TiO_2-V_2O_5-WO_3，SCR catalysts used in bio fuel plants［J］. Applied Catalysis B Environmental，2001，30（1）：87-99.

［95］Baraket L，Ghorbel A，Grange P. Selective catalytic reduction of NO by ammonia on V_2O_5-SO_4^{2-}/TiO_2，catalysts prepared by the sol-gel method［J］. Applied Catalysis B Environmental，2007，72（1）：37-43.

［96］Wu Qixin，Wang J P，Che D，et al. Situation analysis and sustainable development suggestions of vanadium resources in China［J］. Resources & Industries，2016，（18）3：29-33.

［97］吴惠．攀钢转炉提钒工艺获突破性进展［J］．钢铁，2000（2）：52.

［98］袁宏伟，卓钧，叶翔飞．攀钢顶底复合吹炼提钒工艺探索［C］//全国炼钢学术会议，2006.

［99］黄正华．复吹技术在攀钢转炉提钒的应用［C］//全国炼钢学术会议，2010.

［100］苟淑云．对提高攀枝花钛资源利用率的思考［J］．钢铁钒钛，2009，30（3）：89-92.

［101］王永红．高炉冶炼钒钛磁铁矿还原机理研究［D］．重庆：重庆大学，2010.

［102］Du Xinghong，Xie Bin，等．钒钛磁铁矿直接还原/熔分过程中钒钛走向的研究［C］//中国金属学会2012年非高炉炼铁学术年会，2012.

［103］朱茜．从含钒石煤酸浸液中分离制备钒产品的新工艺［D］．湘潭：湘潭大学，2013.

［104］Pattnaik S P，Mukherjee T K，Gupta C K. Ferrovanadium from a secondary source of vanadium［J］. Metallurgical Transactions B，1983，14（1）：133-135.

［105］Bond G C，Tahir S F. Vanadium oxide monolayer catalysts preparation，characterization and catalytic activity［J］. Applied Catalysis，1991，71（1）：1-31.

［106］李军，鲁雄刚，杨绍利，等．钛渣电铝热还原一步合成 Ti-Al-xFe-ySi 多元合金热力学分析［J］．有色金属（冶炼部分），2016（7）：54-57.

［107］张保华．探讨电铝热法冶炼钒铁影响金属钒直收率的因素［J］．铁合金，2017，48（8）：1-5.

［108］孙凌云，柯晓涛，蒋业华．钒氮合金的应用及展望［J］．四川冶金，2005，27（4）：12-17.

[109] Jaiswal R, Patel N, Kothari D C, et al. Improved visible light photocatalytic activity of TiO$_2$, co-doped with vanadium and nitrogen [J]. Applied Catalysis B Environmental, 2012, 126 (38): 47-54.

[110] 崔艳华, 孟凡明. 钒电池储能系统的发展现状及其应用前景 [J]. 电源技术, 2005, 29 (11): 776-780.

[111] 李兰杰, 陈东辉. 钒钛磁铁矿中回收钒的方法 [P]. CN 102703688 A, 2012.

[112] 王雪松. 钒钛磁铁矿直接还原技术探讨 [J]. 攀枝花科技与信息, 2005 (1): 3-8.

[113] 何富本, 邹京发. 开发新工艺 充分回收钒钛磁铁矿中钛资源 [J]. 攀枝花科技与信息, 2006 (3): 11-12.

[114] 李瑰生, 杜勇. 攀钢电铝热法生产钒铁技术 [C] //国际铁合金大会, 1998.

[115] Jiang T, Hwang J Y, Schlesinger M E, et al. Preparation of nitrogenous ferrovanadium by gaseous nitriding in the liquid phase ferrovanadium [M] //5th International Symposium on High-Temperature Metallurgical Processing. John Wiley & Sons, Inc. 2014: 185-192.

[116] 朱军, 张驰, 刘新运, 等. 钒氮合金生产工艺对比分析 [J]. 铁合金, 2017, 48 (9): 9-13.

[117] 俞宗衡. 江苏钒冶金发展及几点看法 [J]. 铁合金, 1995 (2): 41-43.

[118] 郭宁. 2017 年锡市场分析报告 [R]. 北京: 安泰科, 2018.

[119] 王安建, 杨兵. 全球锡资源供需形势分析报告 [R]. 北京: 有色金属矿产地质调查中心, 2016.

[120] Tom Mulqueen, Jeremy Pearce, Cui Lin. ITRI2017 年度全球锡消费调研 [R] (内部资料).

[121] Jeremy Pearce. 锡的新型工业应用领域 [J]. 世界有色金属, 2012 (5): 54-55.

[122] 陈骏, 王汝成, 周建平, 季峻峰. 锡的地球化学 [M]. 南京: 南京大学出版社, 2000.

[123] 宋兴诚. 锡冶金 [M]. 北京: 冶金工业出版社, 2011.

[124] 赵龙云. 矿区找矿效果潜力评价与成矿规律及矿床定位预测实务全书 [M]. 江苏: 中国矿业大学出版社, 2012.

[125] US Geological Survey. Mineral Commodity Summaries 2018 [M]. Reston: US Geological Survey, 2018.

[126] 国土资源部. 全国矿产资源储量通报 [M].

[127] Tom Mulqueen, Jeremy Pearce, Cui Lin. ITRI2017 全球锡工业回顾报告 [R] (内部资料), 2018.

[128] 《云锡志》编委会编. 云锡志 [M]. 昆明: 云南人民出版社, 1992.

[129] 康义, 等. 新中国有色金属工业 60 年 [M]. 长沙: 中南大学出版社, 2009.

[130] 丁学全, 王中奎. 我国锡产业现状及未来发展思路 [J]. 中国有色金属, 2016 (4): 46-47.

[131] 黄位森. 锡 [M]. 北京: 冶金工业出版社, 2000.

[132] 彭容秋. 锡冶金 [M]. 长沙: 中南大学出版社, 2005.

[133] 北京有色冶金设计研究总院, 等. 重有色金属冶炼设计手册 [M]. 北京: 冶金工业出版社, 1996.

[134] 武信. 金属铝在粗锡精炼过程中的机理研究 [J]. 金属材料与冶金工程, 2012, 40 (5): 26-29.

[135] 李一夫, 王安祥, 杨斌, 等. 粗锡真空蒸馏精炼新工艺流程试验研究 [C] //中国有色金属冶金学术会议, 2014.

[136] 彭及, 彭兵, 徐盛明. 高镍粗铜精炼综合回收镍的途径 [J]. 矿产综合利用, 1997 (3): 22-25.

[137] Zhu B M. Process research on high-lead low-tin containing Ag and Sb materials treated by newly vacuum furnace [J]. Metal Materials & Metallurgy Engineering, 2013.

[138] 王克端. 炼锡烟化炉技术条件的合理控制 [J]. 有色金属 (冶炼部分), 1980 (5): 9-13.

[139] 李果, 谢官华, 吴建民, 等. 富氧侧吹还原熔池熔炼炉及其富锡复杂物料炼锡方法[P]. CN 102433450 B, 2013.

[140] 雷霆. 熔池熔炼—连续烟化法处理高钨电炉锡渣和低品位锑矿研究 [D]. 昆明: 昆明理工大学, 2003.

[141] 佚名. 云锡公司的锡冶金技术跃居世界先进水平 [J]. 中国工程科学, 2004, 6 (7): 94.

[142] 彭天照, 徐非凡. 粗锡精炼现状及前景展望 [J]. 有色冶金设计与研究, 2016, 37 (5): 30-32.

[143] Gardiner N J, Sykes J P, Trench A, et al. Tin mining in Myanmar: Production and potential [J]. Resources Policy, 2015, 46 (2): 219-233.

[144] Rosyida I, Khan W, Sasaoka M. Marginalization of a coastal resource-dependent community: A study on tin mining in Indonesia [J]. Extractive Industries & Society, 2017.

[145] 雷霆. 锡冶金 [M]. 北京: 冶金工业出版社, 2013.

[146] 王红彬. 锡冶炼技术发展现状及展望 [J]. 中国有色冶金, 2017, 46 (1): 19-22.

[147] 肖凤. 国际锡冶炼技术现状及其发展趋势述评 [J]. 云锡科技, 1989 (1): 6-10.

[148] 陈习宜. 我国锑矿资源的分布及其展望 [J]. 中国矿山工程, 1985 (3): 48-51.

[149] 王永磊, 陈毓川, 王登红, 等. 中国锑矿主要矿集区及其资源潜力探讨 [J]. 中国地质, 2013, 40 (5): 1366-1378.

[150] 王修, 王建平, 刘冲昊, 等. 我国锑资源形势分析及可持续发展策略 [J]. 中国矿业, 2014 (5): 9-13.

[151] 陆磊. 锑的冶炼工艺和生产实践 [J]. 云南冶金, 2002, 31 (4): 23-25.

[152] 元丽滢, 刘先雨. 中国锑及其制品出口贸易分析 [J]. 合作经济与科技, 2017 (3): 115-117.

[153] 冉俊铭, 黄潮, 易健宏, 等. 浅议中国锑行业的可持续发展 [J]. 世界有色金属, 2008 (3): 14-17.

[154] 卿仔轩. 我国锑工业现状及行业发展趋势 [J]. 湖南有色金属, 2012, 28 (2): 71-74.

[155] 刘勇, 陈芳斌, 刘共元. 中国锑冶炼技术的现状与发展 [J]. 黄金, 2018 (5): 55-60.

[156] 陆磊. 锑的冶炼工艺和生产实践 [J]. 云南冶金, 2002, 31 (4): 23-25.

[157] 邓崇进, 安剑刚, 陈家荣. 脆硫铅锑矿火法冶炼工艺进展 [C] //全国锡锑冶炼及加工生产技术交流会, 2006.

[158] 刘良强. 提高铅锑火法冶炼回收率的探讨 [C] //全国 "十二五" 铅锌冶金技术发展论坛暨驰宏公司六十周年大庆学术交流会论文集, 2010.

[159] 欧家才. 大厂脆硫铅锑矿火法冶炼工艺流程中存在的缺陷及解决方法 [C] //中国有色金属学会重有色金属冶金学术委员会全国锡锑冶炼及加工生产技术交流会, 2006.

[160] 金贵忠. 浅谈鼓风炉炼锑技术存在的问题 [J]. 中国有色冶金, 2002, 31 (6): 76-77.

[161] 刘共元, 刘勇. 鼓风炉挥发熔炼锑金精矿工艺探讨 [J]. 有色金属 (冶炼部分), 2003 (3): 35-37.

[162] 金贵忠. 浅谈鼓风炉炼锑技术存在的问题 [C] //中国有色金属首届青年论坛学术会, 2002.

[163] 廖光荣, 刘放云, 龚福保. 锑鼓风炉富氧挥发熔炼新工艺研究与应用 [J]. 中国有色冶金, 2010, 39 (5): 17-20.

[164] 卢红杏. 提高锑还原熔炼及精炼过程直收率的措施 [J]. 四川有色金属, 2012 (1): 56-58.

[165] 唐朝波. 铅、锑还原造锍熔炼新方法研究 [D]. 长沙: 中南大学, 2003.

[166] 欧阳慧, 谈应顺, 廖佳乐. 低品位硫化锑矿湿法炼锑探索试验研究 [J]. 湖南有色金属, 2017, 33 (2): 40-42.

[167] Albrethsen A E, 肖永福. 美国熔炼与精炼公司锑的电积法 [J]. 中国有色冶金, 1981 (4): 37-40.

[168] 唐谟堂, 汪键. 新氯化—水解法处理硫化锑矿制取锑白 [J]. 中国化工学会无机酸碱盐学会 1991 年年会, 2007.

[169] 唐谟堂, 赵天从. 新氯化—水解法的原理和应用 [J]. 中南矿冶学院学报, 1992 (4): 405-411.

[170] 唐谟堂, 赵天从, 鲁君乐. 新氯化—水解法的原理和应用 [C] //全国有色冶金物理化学学术会议, 1991: 405-411.

[171] 胡磊, 谷新建, 王仁元, 等. 难处理脆硫锑铅矿综合利用技术研究 [J]. 国土资源导刊, 2006, 3 (3): 135-136.

[172] 刘运峰. 锑合金富氧吹炼锑白的新工艺研究 [D]. 长沙: 中南大学, 2011.

[173] 陈学兴. 富氧底吹工艺处理复杂铅锑矿的工业试验 [J]. 中国有色冶金, 2015, 44 (4): 28-30.

[174] Yang R B, Bachmann J, Pippel E, et al. Pulsed vapor-liquid-solid growth of antimony selenide and antimony sulfide nanowires [J]. Advanced Materials, 2010, 21 (31): 3170-3174.

[175] Swanson R. Extraction of antimony trioxide from antimony sulfide ore [P]. US 4078917 A, 1978.

[176] Vadapoo R, Krishnan S, Yilmaz H, et al. Self-standing nanoribbons of antimony selenide and antimony sulfide with well-defined size and band gap [J]. Nanotechnology, 2011, 22 (17): 175705.

[177] 刘楠楠, 邱伟军, 聂建瑞, 等. 铅锑冶炼污染场地周边土壤铅污染特征及潜在生态危害评价 [J]. 价值工程, 2016, 35 (29): 23-25.

［178］ 尤翔宇，谭爱华，苏艳蓉，等．锑冶炼行业污染防治现状及对策［J］．湖南有色金属，
2015，31（6）：69-73.

［179］ 孙蕾．中国锑工业污染现状及其控制技术研究［J］．环境工程技术学报，2012，2（1）：
60-66.

［180］ Ozdemir N, Soylak M, Elci L, et al. Speciation analysis of inorganic Sb（III）and Sb（V）
ions by using mini column filled with Amberlite XAD-8 resin［J］. Analytica Chimica Acta,
2004, 505（1）：37-41.

［181］ Liu W, Yang T, Zhang D, et al. A new pyrometallurgical process for producing antimony white
from by-product of lead smelting［J］. JOM, 2014, 66（9）：1694-1700.

［182］ Mineral Commodity Summaries 2017. GP Office.

［183］ 秦雯．我国铋矿资源的生产和应用现状［J］．矿产保护与利用，1991（3）：28-32.

［184］ 黄伟生．柿竹园钨钼铋尾矿回收萤石可选性试验研究［J］．湖南有色金属，2013，29
（6）：17-20.

［185］ 胡真，邹坚坚，李汉文，等．采用选冶联合流程从硫精矿中回收铜和铋试验研究
［C］// 2016 有色金属资源清洁利用与节能减排研讨会，2016.

［186］ 刘麦．2016 年上半年铋市场分析报告［J］．中国铅锌，2016（8）：35-38.

［187］ 廖婷．铜转炉白烟灰湿法提取铋的工艺研究［D］．长沙：中南大学，2013.

［188］ Jin X, Ye L, Xie H, et al. Bismuth-rich bismuth oxyhalides for environmental and energy pho-
tocatalysis［J］. Coordination Chemistry Reviews, 2017, 349：84-101.

［189］ 童晓忠，马黎阳，李永华，等．高炉瓦斯灰中有价金属回收及无害化处理技术［J］．中
国金属通报，2016（4）：35-37.

［190］ 古王胜，邓茂忠．高炉瓦斯灰的无害化处理及综合利用［J］．粉煤灰综合利用，1997
（3）：54-56.

［191］ 汪立果．铋冶金［M］．北京：冶金工业出版社，1986.

［192］ 王淑玲．中国铋资源形势与对策［J］．中国金属通报，2009（48）：39-41.

［193］ 江涛宏．减少产量 扩大内需 把我国建设成为世界铋业强国［J］．中国金属通报，2005
（2）：16.

［194］ 廖经桢．浅析我国铋矿资源的综合回收现状和潜力［J］．矿产综合利用，1990（5）：
34-37.

［195］ 白猛，纪宏巍，李光明，等．我国铋的工业生产和综合利用现状［J］．铜业工程，2015
（2）：8-10.

［196］ 余刚，吴晓松，周晓源．湖南某企业铋冶炼工艺设计［J］．有色金属工程，2014，4
（5）：75-78.

［197］ 李俊．铋精矿富氧熔池熔炼的工艺及基础研究［D］．长沙：中南大学，2013.

［198］ 陈凌．高银型方铅矿矿浆电解工艺条件研究［D］．昆明：昆明理工大学，2002.

［199］ 张壮辉，时章明．铅电解阴极短路和开路的探测［J］．计算技术与自动化，1983（2）：
21-30.

［200］ 王传龙．铅渣中有价金属铜铁铅锌锑综合回收工艺及机理研究［D］．北京：北京科技
大学，2017.

[201] Lawson F, Kelly R G, Ward D H, 胡丕成. 粗铅连续加硫除铜 [J]. 重有色冶炼, 1980 (6): 22-27.

[202] 李亮, 刘大春, 杨斌, 等. 含银铅锑多元合金真空蒸馏的元素挥发行为 [J]. 中南大学学报（自然科学版）, 2012, 43 (7): 36-41.

[203] 衷水平, 王俊娥, 吴健辉, 等. 从银阳极泥中回收银、铂、钯新工艺 [J]. 中国有色冶金, 2017, 46 (4): 44-47.

[204] 王成彦, 邱定蕃, 江培海. 国内铋湿法冶金技术 [J]. 有色金属工程, 2001, 53 (4): 15-18.

[205] 谢纲朴. 三氯化铁浸出硫化铋精矿 [J]. 有色金属（冶炼部分）, 1982 (5): 57.

[206] 陈名瑞. 三氯化铁浸出法从钨细泥硫化矿中提取铋 [J]. 矿产综合利用, 1994 (5): 20-23.

[207] 王飙. 用隔膜电积法提取铋和三氯化铁 [J]. 有色金属（冶炼部分）, 1979 (1): 18-21.

[208] 杜新玲, 马科友, 葛道健, 等. 湿法处理氧化铋渣分离铋的研究 [J]. 有色金属（冶炼部分）, 2016 (6): 26-30.

[209] 王成彦, 邱定蕃, 张寅生, 等. 矿浆电解法处理铋精矿的研究 [J]. 有色金属工程, 1995 (3): 55-60.

[210] 刘忆嘉. 矿浆电解法处理铋精矿的工艺研究 [J]. 有色金属与稀土应用, 1998 (4): 8-12.

[211] 李琨. 矿山科研院所两两联姻　资源科学技术优势互补　柿竹园矿铋产量将雄居世界首位 [J]. 中国有色金属, 1999 (7): 38.

[212] 罗吉束. 矿浆电解的研究现状及展望 [J]. 黄金科学技术, 2003, 11 (6): 36-43.

[213] 李玉鹏, 刘春艳, 吴绍华, 等. 金属铋制备方法研究现状及发展趋势 [J]. 湿法冶金, 2007, 26 (3): 118-122.